HANDBUCH DER APPRETUR

VON

ING. **JOSEF BERGMANN**†
O. Ö. PROF. AN DER TECHNISCHEN HOCHSCHULE
IN BRÜNN

NACH DEM TODE DES VERFASSERS ERGÄNZT UND
HERAUSGEGEBEN VON

DR.-ING. **CHR. MARSCHIK**
PROFESSOR, LEIPZIG

MIT 286 TEXTABBILDUNGEN

BERLIN
VERLAG VON JULIUS SPRINGER
1928

ISBN 978-3-642-89397-1   ISBN 978-3-642-91253-5 (eBook)
DOI: 10.1007/978-3-642-91253-5

Vorwort.

Der Herausgeber erfüllte einen Akt der Pietät, als er sich entschloß, das vorliegende Buch zu veröffentlichen. Der Verstorbene legte in diesen Blättern sein Lebenswerk nieder, an dessen Vollendung ihn ein unerwartet jäher Tod hinderte. Hierzu kommt noch der außerordentlich rasche Fortschritt des Textilveredlungsmaschinenbaues, der seit dem Ende des Weltkrieges zum Teil ganz neue Bahnen eingeschlagen hat und einschlagen mußte, um in dem internationalen Wettkampf bestehen zu können. Der Leser darf also nicht eine lückenlose Darstellung aller Einzel- und Sonderausführungen von Textilveredlungsmaschinen erwarten; es liegt vielmehr im Geiste des verstorbenen Verfassers, die Appreturvorgänge technologisch zu erläutern und durch Ausführungsbeispiele zu veranschaulichen. Die Bauarten verschiedener Herstellerfirmen weichen in ihrer Gesamtanordnung nicht so wesentlich voneinander ab, daß sich die Gegenüberstellung aller Einzelheiten rechtfertigen ließe. Der Studierende und der ausübende Fachmann werden auf Grund des in diesem Buche Dargebotenen ohne weiteres sich in Konstruktionen anderer als der genannten Firmen hineinfinden, sofern sie — wie es sein soll — den Stoff mit Fleiß und Liebe durchstudiert haben.

Da der Techniker imstande sein muß, Zeichnungen zu lesen, wurde in solchen Fällen, wo schon die Zeichnung für sich spricht, von einer umständlichen Erklärung Abstand genommen, welche zeitraubend und ermüdend ist, auch den Umfang und den Preis des Buches unnötig erhöht hätte.

So möge denn dieses Buch allen Appreturtechnikern und Maschinenkonstrukteuren den Nutzen bringen, den der Verfasser zu seinen Lebzeiten durch das lebendige Wort und die ebenso lebendige Zeichnung seinen Schülern gebracht hat!

Leipzig, im Mai 1928.

Prof. Dr. Chr. Marschik.

Inhaltsverzeichnis.

Berichtigungen.

Seite	4,	Zeile	9	v. u.	lies	„Abb. 134"	anstatt	„Abb. 133".
„	4,	„	4	„ „	„	„Abb. 139"	„	„Abb. 134".
„	4,	„	3	„ „	„	„Abb. 139"	„	„Abb. 137".
„	4,	„	2	„ „	„	„Abb. 219"	„	„Abb. 219 u. 220".
„	5,	„	4	„ o.	„	„Abb. 29"	„	„Abb. 85".
„	5,	„	8	„ „	„	„Abb. 227"	„	„Abb. 226".
„	10,	„	1	„ u.	„	„Entknotvorrichtungen"	„	„Knotvorrichtungen.
„	96,	„	21	„ „	„	„noch"	„	„oder".
„	136,	„	4	„ o.	„	„Verminderung"	„	„Vermeidung".
„	136,	„	6	„ „	„	„somit"	„	„soweit".
„	147,	„	20	„ „	„	„Vorrauhen"	„	„Verrauhen".
„	184,	„	3	„ „	„	„Juteschermaschinen"	„	„Jutemaschinen".
„	193,	„	7	„ u.	„	„bringt"	„	„tritt".
„	234,	„	17	„ „	„	„Schuß-"	„	„Schluß-".

Mechanische Technologie der Gewebe-Appretur.

„Unter Appretur eines Stoffes versteht man die vorteilhafteste Art, die Eigenschaften der Materialien, aus denen der Stoff besteht, zu entfalten oder sinnfällig zu machen, um dem Gewebe das günstigste Aussehen und die zu einem bestimmten Zwecke geeignetsten Eigenschaften zu verleihen." (Alcan, nach Grothe.)

Ganz abgesehen von dem Werte des Webmaterials können Gewebe durch die Verflechtungsart von Kette und Schuß, durch die Art und Feinheit der Garne, durch die Eigenartigkeit der Zeichnung (Dessin), durch die Harmonie der Farben unser Wohlgefallen schon in ihrem Rohzustande finden, d. h. in dem Zustande, wie sie der Webstuhl, die Wirk-, Strick-, Bobbinet- oder Stickmaschine liefern. Durch Vornahme gewisser Operationen kann man aber die dem Gewebe innewohnenden Eigenschaften hervorheben, wodurch sie unsere Aufmerksamkeit in erhöhtem Maße erregen.

Diese verschiedenartigen Operationen, angepaßt der Eigenart und dem Gebrauchszwecke und nicht zum geringsten Teile auch der Konkurrenzfähigkeit des Gewebes, faßt man unter dem Sammelnamen „Appretur" im weitesten Sinne zusammen.

Die Appretur kann entweder als ein Teilbetrieb der ausgebreiteten Textilindustrie (angegliederte Appretur) oder als eine besondere Industrie (Lohnappretur) ausgeführt werden.

Das Wort „Appretur", vom lateinischen adparare abgeleitet, bezeichnete ursprünglich bloß die Schlußoperationen zum Verkäuflichmachen der Ware (was die Engländer mit „finishing" benennen), hingegen drückt es nach der gegenwärtigen Auffassung die Gesamtheit der zur Verbesserung und Veredlung der Gewebe dienenden Arbeitsvorgänge aus.

Wir wollen unter Appretur alle notwendigen Arbeiten auffassen, die dem Gewebe in erster Linie für den Benützungszweck und in zweiter Linie für die Handelsfähigkeit (Konkurrenzfähigkeit) gewisse Eigenschaften, wie Reinheit, Dichte, Festigkeit, Glanz, Glätte, Decke, Krumpffreiheit, verleihen, welche es von Natur aus gar nicht oder nicht im hinreichenden Maße besitzt oder durch die Vorarbeiten in der Spinnerei und Weberei zum Teile eingebüßt hat.

Leider wird heutzutage bei vielen Geweben, namentlich bei solchen geringerer Qualität mehr Wert auf das marktfähige Aussehen als auf die Gebrauchsfähigkeit gelegt und das Publikum dadurch getäuscht. So z. B. werden schüttere Gewebe mit beschwerenden, füllenden und steifenden Hilfsstoffen imprägniert, um den Schein größeren Gewichtes, dichteren Gefüges oder besseren Griffes hervorzubringen und sie leichter verkäuflich zu machen. Bringt man aber z. B. ein schön erscheinendes appretiertes Baumwollgewebe ins Wasser oder reibt man es tüchtig, wodurch die Appreturmittel ganz oder teilweise entfernt werden, so kommt das schüttere, fadenscheinige Gewebe zum Vorschein.

Man bezeichnet das vom Webstuhl kommende, mit Webfehlern behaftete und durch Staub, Schmutz, Öle, Fette, Schlichte, Leim und Stärke verunreinigte Gewebe als Rohware. In der Tuchindustrie gebraucht man hierfür noch häufig den Ausdruck: „Loden".

Staub und Schmutz gelangen während des Webens in die Ware, dagegen Öl beim Spinnen; Schlichte, Leim, Stärke gibt man absichtlich bei den Vorbereitungsarbeiten in der Weberei hinzu, um Kette und Schuß für das Verweben widerstandsfähiger zu machen.

Dem Appretieren obliegt aber nicht nur die Beseitigung der Webfehler und der genannten Verunreinigungen, sondern auch noch je nach Bedarf die Erzielung größerer Festigkeit, Dicke, Dichte, Steifheit, Weichheit, Glanz und anderer Eigenschaften, wie sie die natürliche Beschaffenheit der Fasern und die Struktur des Gewebes zuläßt und für den jeweiligen Gebrauchszweck notwendig sind.

Die Appretur hat sich demnach zu richten: nach der Fasergattung (Baumwolle, Flachs, Wolle, Seide usw.), nach der Art der Fadenverkreuzung, der Farbe und dem Gebrauchszwecke des betreffenden Gewebes. Je nach der Fasergattung wird die Appretur verschiedenartig sein müssen; man unterscheidet daher verschiedene Appreturzweige, und zwar:

A. Die Appretur der Gewebe aus tierischen Gespinsten:
    a) Woll- und Halbwoll-Appretur,
      a_1) die Appretur der Streichgarngewebe,
      a_2) die Appretur der Kammgarngewebe,
    b) Seiden- und Halbseiden-Appretur.

B. Die Appretur der Gewebe aus pflanzlichen Gespinsten:
    a) Baumwollappretur,
    b) Leinenappretur,
    c) Hanfappretur,
    d) Juteappretur.

C. Die Appretur der Gewebe aus künstlichen Gespinsten:
    Kunstseidenappretur.

Die Fadenverkreuzung ist insofern für die Appretur von Bedeutung, als hiervon auch der Grad der Glätte, des Glanzes, ferner die Möglichkeit des Verdichtens und des Aufrauhens der Gewebe damit verbunden ist.

Bezüglich der Farbe unterscheidet man wollfarbene, fadengefärbte und stückfarbige Stoffe.

Wollfarbige Stoffe sind mit Rücksicht auf die geringere Empfindlichkeit der Farbe anders zu behandeln als stückfarbige; die letzteren können erst nach einer Reihe von Appreturarbeiten — der sogenannten Vorappretur — gefärbt und darauffolgend fertig appretiert werden.

Die mannigfachen Arbeiten zur Erzielung der verschiedenen Appretureffekte lassen sich allgemein also ohne Rücksicht auf die Art des Garnmaterials im Gewebe und die systematische Reihenfolge dieser Arbeiten, in folgende Gruppen gliedern:

I. Die Reinigungsarbeiten zur Beseitigung von löslichen und unlöslichen Verunreinigungen sowie von Webfehlern:
    1. das Noppen, Entknoten und Putzen der Ware,
    2. das Anzeichnen der Webfehler, das Stopfen und Ausnähen derselben,

3. das Waschen,
4. das Karbonisieren,
5. das Trocknen;

II. Arbeiten zur Vergleichmäßigung und Verdichtung des Gefüges:

Das Walken;

III. Arbeiten zur Herstellung gleichmäßig aussehender, glatter oder gerauhter Oberflächen:

1. das Rauhen,
2. das Schleifen,
3. das Bürsten und Dämpfen,
4. das Scheren,
5. das Sengen,
6. das Ratinieren,
7. das Veloursheben;

IV. Appreturarbeiten zur Erzeugung glatter und glänzender Gewebeoberflächen:

1. das Füllen, Stärken, Beschweren,
2. das Mangeln,
3. das Brechen der Appretur,
4. das Einsprengen,
5. das Kalandrieren,
6. das Pressen,
7. das Lüstrieren,
8. das Egalisieren,
9. das Dekatieren;

V. Vollendungs- und Nacharbeiten zur Behebung etwa noch vorhandener kleiner Fehler in dem fertig appretierten Gewebe und solche, um diese in die handelsübliche Form zu bringen:

1. das Stopfen der fertigen Ware,
2. die Entfernung von Flecken,
3. das Krumpfen oder Nadelfertigmachen der Ware,
4. das Debarrieren,
5. das Messen, Legen und Wickeln,
6. das Verpacken, Pressen in Ballen und Etikettieren.

Werden die Appreturarbeiten mit den dazu erforderlichen Maschinen nach dem oben gegebenen Schema besprochen, also ohne Rücksicht auf die Reihenfolge der Arbeitsgänge bei der praktischen Durchführung, sondern vergleichend, d. h. einem gleichen oder ähnlichen Zweck dienend, so wird dieser Lehrgang die vergleichende mechanische Technologie der Gewebeappretur genannt. Sie bietet eine bessere Übersicht, ist leichter verständlich und schafft ein besseres Beurteilungsvermögen.

Im Gegensatze zu ihr befaßt sich die spezielle Technologie der Gewebeappretur mit der Besprechung der gebräuchlichen Verfahren in der Reihenfolge mit Einschluß der erforderlichen Maschinen und sonstigen Hilfsmittel; sie gewährt einen rascheren Einblick in einen besonderen Appreturzweig.

Im vorliegenden Buche ist die vergleichende Appretur gewählt.

Die Appreturarbeiten beruhen teils auf mechanischen, teils auf physikalischen und teils auf chemischen Vorgängen (z. B. Mercerisation, Karbonisation).

Als mechanische Einwirkung kommen Druck, Zug, Schlag, Stoß, Reibung in Betracht; physikalische Einwirkungen durch Feuchtigkeit, Luft, Wärme; chemische Einwirkung durch Laugen, Säuren, Farben u. dgl.

Das Färben und Bleichen sind ebenfalls Arbeitsprozesse zur Verschönerung der Gewebe und gehören daher streng genommen auch in das Gebiet der Appretur, welche darum im weitesten Sinne als „Veredlung" bezeichnet wird.

Vor der Besprechung der Appreturarbeiten und der dabei zur Verwendung gelangenden Maschinen sollen die allgemeinen Einrichtungen zum Führen, Spannen, Ausbreiten, Transportieren und Ablegen (Abwickeln) der Gewebe in den Appreturmaschinen erläutert werden.

Führungsorgane. Die meisten Maschinen haben zur geeigneten Führung der Gewebe außer den wesentlichen zur Ausführung des betreffenden Appreturvorganges notwendigen Organen eine größere oder geringe Zahl von hölzernen oder metallenen Führungswalzen, welche durch die in Bewegung befindliche Ware in Drehung versetzt werden. Nur in seltenen Fällen sind sie durch festgelagerte Stäbe ersetzt.

Mit nur wenigen Ausnahmen läuft das Gewebe in der Kettenrichtung im gespannten Zustande durch die Appreturmaschine (Spannung in der Längsrichtung). Es gibt zwei Formen der Ware zur Führung in der Maschine, und zwar im Strang und im ausgebreiteten Zustande.

Strangführungsvorrichtungen sind Ringe, Rechen und Brillen.
Spannvorrichtungen zur Führung im ausgebreiteten Zustande:
Für getafelt vorgelegte Waren dienen:
1. Feststehende Spannstäbe.
Zur Veränderung der Spannung für leichte und schwere Ware sind die Stäbe s_1 und s_2 in der Längsrichtung verstellbar; die Lagerung der Stäbe kann auch horizontal sein (vgl. Abb. 17).
2. Nachgiebige Spannstäbe mit Gewichtszug zur Veränderung der Warenspannung und zum Spannungsausgleich. Der Stab b ist fast immer als Breithalter ausgeführt (z. B. an der Gessnerschen Rauhmaschine, Abb. 133, 163).
3. Verdrehbare Spannstäbe oder Spannriegel zur Veränderung der Längsspannung im Gewebe aus Holz, Eisen oder anderem Metall. Diese dienen zumeist

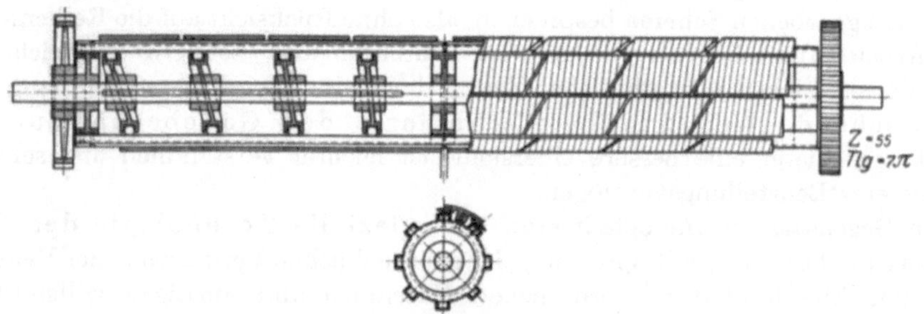

Abb. 1.   Der Progressiv-Ausbreiter.   (Zittauer Maschinenfabrik.)

für getafelt vorgelegte Waren und bestehen aus zwei vierkantigen, abgerundeten Holzriegeln (Spannstäbe) oder Walzen (Spannwalzen). Sie sind mit Sperrad und Sperrklinke einstellbar, wie die Abb. 23, 31, 32, 129, 134, 175 und 177 zeigen; die Sperrklinke ist entweder drehbar (Abb. 137, 149, 129) oder federnd (Abb. 219 u. 220) ausgeführt. Anstatt des Sperrades kann auch ein Schneckenrad sr angeordnet sein, das durch eine Schnecke s eingestellt wird (Abb. 163).

Für auf Walzen gewickelte Gewebe hat man zur Erzeugung der Spannung Bremsen in Verwendung, und zwar:

4. für geringe Spannungen die Gewichtsbremsen (Lederbandbremsen), wie die Abb. 85 und 149 zeigen;

5. für starke Spannungen die Backenbremse; nach Abb. 19a und 210 sind die Backenbremsen mit Gewichten belastet, nach Abb. 113, 217 und 226 durch Schrauben aneinander gepreßt, welche eine feinere Reglung ermöglichen.

6. Bei sehr starken Gewebespannungen, wie z. B. beim Kalandern schwerer Waren, sind die Backenbremsen auch kombiniert mit Spannstäben oder mit dem verdrehbaren Spannriegel (vgl. Abb. 164, 219, 220, 227, 228).

Ausbreitvorrichtungen. Alle Appreturmaschinen, bei denen das Gewebe in einfacher, ausgebreiteter Lage zu führen ist, sind zum faltenlosen Einführen bzw. zum Ausbreiten desselben in der Querrichtung (Schußrichtung) am Maschineneingange mit Ausbreitvorrichtungen versehen.

1. Die einfachste Vorrichtung dieser Art ist der feststehende Breithalter (Abb. 32) aus Holz, Eisen, Metall, oder hartes Holz mit aufgeschraubten Kerbenstücken aus Porzellan. Holz splittert nach kurzer Benützung ab, die Ware rauht sich auf, sogar Löcher können in die Ware gerissen werden. Daher ist die Anwendung von Breithaltern aus Metall und Porzellan, auch wegen der größeren Dauerhaftigkeit ratsamer. Bei Spannstäben ist der letzte fast immer als Breithalter ausgebildet.

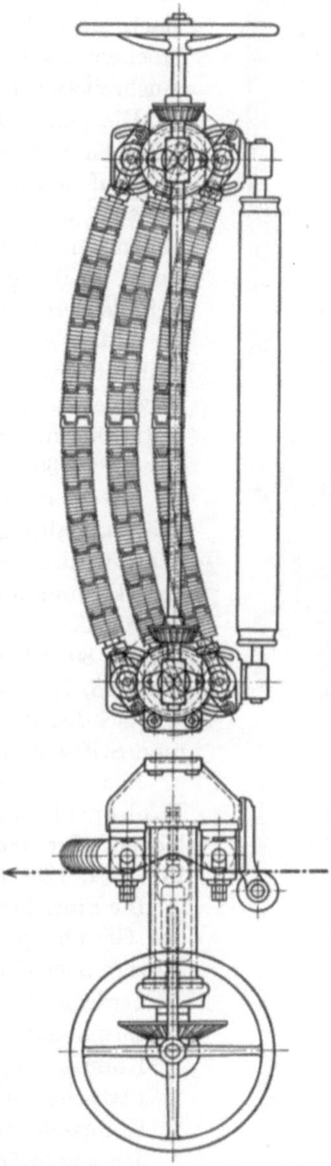

2. Der rotierende oder mitgenommene Breithalter besteht entweder aus Holzwalzen, die mit von der Mitte auseinanderlaufenden, schraubenförmigen Einkerbungen versehen sind, oder aus Holzwalzen mit schraubenförmig aufgelegtem Kupferdraht (Abb. 26).

3. Der Progressiv-Ausbreiter. Dieser besteht aus Stäben oder Walzen, deren Kerbungen von der Mitte aus unter steigendem Winkel verlaufen und das Gewebe wie mit der Hand nach beiden Seiten allmählich ausstreichen. Man nennt sie Breithalter mit steigendem Gewinde (Patent Greis, ausgeführt von C. H. Weisbach, Chemnitz) oder Progressiv-Ausbreiter (ausgeführt von der Zittauer Maschinenfabrik, siehe Abb. 1); diese dienen für Mercerisier- und andere Appreturmaschinen und haben auf jeder Hälfte 4 Breithalterstäbe, welche um 20, 40, 60 und 80 mm ausbreiten. Abb. 2 zeigt einen Ausbreitapparat mit bogenförmig angeordneten Ausbreitwalzen der Zittauer Maschinenfabrik.

Abb. 2. Ausbreitapparat mit bogenförmigen Ausbreitwalzen. (Zittauer Maschinenfabrik.)

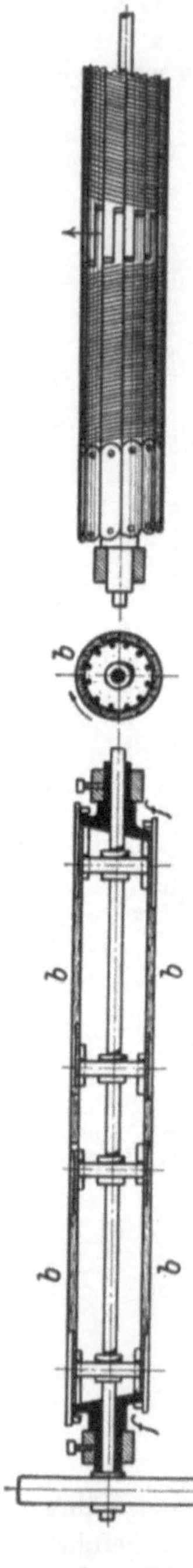

4. Der zwangläufig bewegte rotierende Breithalter (Abb. 3) mit gleichbleibender Ausbreitung.

Für trockne Ware sind die Ausbreitstäbe gerippt, für nasse Ware glatt (ungerippt). Die Führung der Stäbe ist entweder flach oder kugelförmig; für Breitwaschmaschinen, Trommeltrockenmaschinen u. dgl. verwendet man pendelnde kegelförmige Ausbreitwalzen, zwischen denen sich die Ware führt.

Die gekerbten Breithalterstäbe b werden mittels Mitnehmerscheiben von einer Riemenscheibe (Abb. 3 links) mitgenommen und auf den feststehenden schrägen Leitscheiben f in der Achsenrichtung hin- und hergeschoben. Die Gewebeenden sind bei allen genannten Einrichtungen freilaufend. Die Ausbreitung erfolgt durch Reibung an den eckigen Kanten der Ausbreitstäbe, also bei leichteren und weniger anzuspannenden Waren.

3. Der Palmerausbreiter ist die sicherste Ausbreitvorrichtung. Seine Breiteneinstellung richtet sich nach der Dehnbarkeit des Gewebes in der Schußrichtung, die Leisten sind eingeklemmt und festgehalten. Er kann für sehr schwere Waren verwendet werden (Abb. 88—90).

Die Einrichtung zur Fortbewegung der Ware in der Maschine (Längsschaltung) besteht gewöhnlich in sog. Zugwalzen. Die Ware wird zwischen zwei, zumeist mit Stoff überzogenen, Walzen eingeklemmt und von der unteren angetriebenen Walze mit der erforderlichen Geschwindigkeit weiterbewegt, wie aus den Abb. 6, 25, 32, 80, 83, 85, 86, 115, 120, 124, 126, 134, 137, 151, 157, 163, 164, 165, 175, 177, 210 ersichtlich ist. Für Waren, welche keinen Quetschdruck vertragen, z. B. Samte und Plüsche, verwendet man Stiftwalzen oder solche mit Kratzenbeschlag.

Das Ablegen der Ware geschieht mittels einer Tafel- oder Fächervorrichtung, die in einem schwingenden Paar von Holzleisten oder Walzen bestehen (Abb. 5, 6, 25, 32, 80, 83, 85, 86, 115, 124, 129, 134, 137, 151, 175, 177, 198, 210, 217).

Die Einrichtungen für veränderliche Warengeschwindigkeit, um das Gewebe je nach seiner Beschaffenheit dem Appreturprozeß kürzere oder längere Zeit ausgesetzt zu lassen:

Stufenscheibengetriebe (beschränkt in den Geschwindigkeitsverhältnissen),

Konusscheibengetriebe mit verstellbaren Riemenleitern,

Planscheibenfriktionsgetriebe,

Konusscheibenfriktionsgetriebe,

der sog. Räderkasten und der Reguliermotor.

Bei größerer Kraftübertragung hat das Planscheibenfriktionsgetriebe (Abb. 80, 83) den Übelstand, daß mit der Einstellung auf größere Planscheibengeschwindigkeiten der Radius r kleiner wird, die treibende Friktionsscheibe zur Vermeidung von Gleitverlusten stärker angepreßt werden muß und sich daher rasch abnützt. Außerdem wird für größere Geschwindigkeitsgrenzen der Durchmesser der Planscheibe unverhältnismäßig groß.

Abb. 3. Rotierender Breithalter mit gleichbleibender Ausbreitung.

Das Konusfriktionsgetriebe (Abb. 69) leidet zwar auch an der schnellen Abnützung der Friktionsscheibe bei größerer Geschwindigkeit (dementsprechend größerer Kraftübertragung), aber man kann größere Geschwindigkeitsgrenzen beherrschen; auch ist die Bauart kompendiöser und schmiegt sich der Maschine besser an.

Der Reguliermotor ist ein Elektromotor mit Regulierwiderstand oder Bürstenverstellung; er ermöglicht eine ziemlich fein abgestufte Geschwindigkeitsreglung und hat sich bei Appreturmaschinen sehr gut eingeführt.

Der Räderkasten besteht aus 8 Räderpaaren von verschiedenem Übersetzungsverhältnis. Die Antriebswelle hat einen verschiebbaren Keil, der mit den einzelnen Räderpaaren gekuppelt werden kann. Das ganze Getriebe läuft in Öl und gewährleistet einen ruhigen Gang und eine Änderung der Geschwindigkeit während des Laufes der Maschine. Abb. 4 zeigt eine Ausführung von C. G. Haubold, Chemnitz.

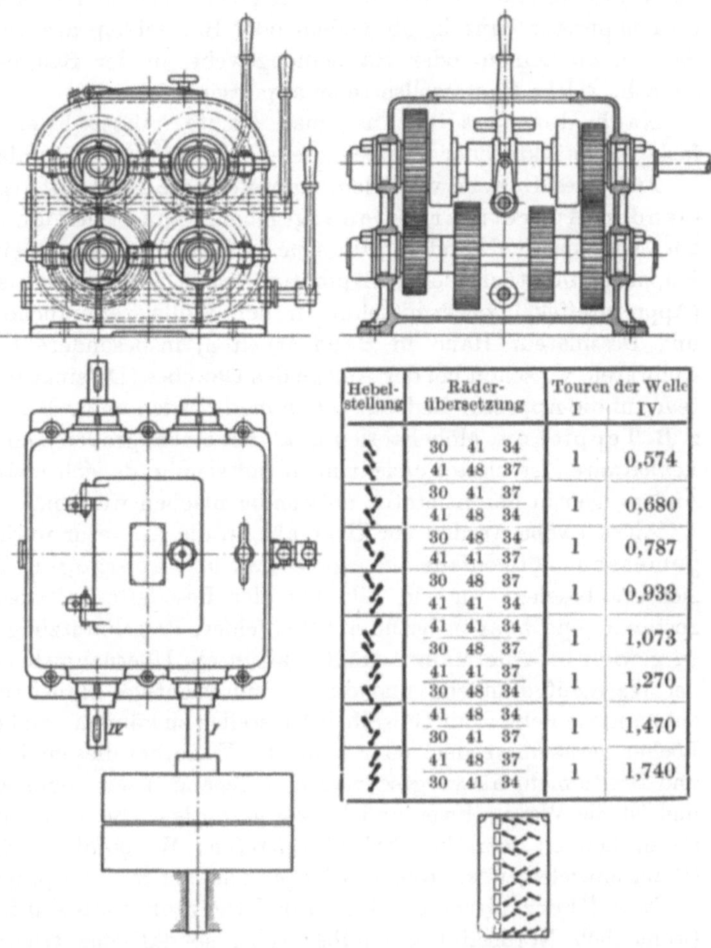

Hebel-stellung	Räder-übersetzung			Touren der Welle	
				I	IV
	30	41	34	1	0,574
	41	48	37		
	30	41	37	1	0,680
	41	48	34		
	30	48	34	1	0,787
	41	41	37		
	30	48	37	1	0,933
	41	41	34		
	41	41	34	1	1,073
	30	48	37		
	41	41	37	1	1,270
	30	48	34		
	41	48	34	1	1,470
	30	41	37		
	41	48	37	1	1,740
	30	41	34		

Abb. 4. Räderkasten für 8 Geschwindigkeiten. (C. G. Haubold A.-G.). (Die Nebenfigur rechts unten stellt die Hebelanordnung am Deckel des Räderkastens vor.)

Auch das Wagnersche Stufenrädervorgelege dient dem gleichen Zwecke und wird an den Maschinen von C. H. Weisbach, Chemnitz, angewendet.

Technische Bezeichnungen am Gewebe. An jedem Warenstück unterscheidet man ein Vorder- oder Mantelende und ein Hinter- oder Nummerende (Stücknummer) oder Schlag. Beim Fertigmachen des appretierten Gewebes kommt an das Vorderende ein Anhängzettel mit Stück- und Dessinnummer, mit Längenmaß und auch Bestellnummer. Beim Waschen, Walken, Zylindrieren, Dekatieren, Bürsten usw. läßt man das Hinderende in die Maschine einlaufen. Bei Strichwaren läuft mithin der Strich vom Hinterende zum Vorderende.

Die eigentlichen Appreturarbeiten. Den eigentlichen Arbeiten gehen voran die **Vorarbeiten:** Das Sortieren, die Bestimmung der Appretur, das Überziehen und Messen der Rohware.

Man sortiert die Rohware nach dem Garnmaterial und der Gewebequalität, und zwar hinsichtlich des Garnmaterials in der Wollappretur danach, ob Woll- oder Halbwollwaren, Streichgarngewebe oder Kammgarngewebe, in der Seidenappretur danach, ob Seiden- oder Halbseidenware, in der Leinenappretur danach, ob Leinen- oder Halbleinengewebe, in der Baumwollappretur endlich danach, welche Baumwollsorte zu appretieren ist.

Nach der Qualität hat man leichte, mittelschwere oder schwere, einfache, verstärkte oder Doppelgewebe voneinander zu sondern.

Für jedes Gewebe wird dem Appreteur die Reihenfolge der vorzunehmenden Appreturarbeiten angegeben, wenn es sich um bekannte Qualitäten oder Massenartikel handelt. Für neue Artikel führt man mit einem 3 bis 6 m langen Kupon (Probestücke) einen Appreturversuch aus, um den schließlichen Ausfall (Appretureffekt) zu ermitteln. In der Wollwarenbranche müssen Appreteur und Dessinateur Hand in Hand arbeiten, insbesondere bei Woll- und Halbwollwaren, wo schon bei der Anlage des Gewebes (Dessinatur) durch den Dessinateur auf die Appretur Bedacht genommen werden muß. Bei manchen Waren, z. B. Teppichen, Möbelstoffen u. ä., bei einem großen Teil von Baumwoll- und Leinenwaren ist diese Vorsicht nicht notwendig, da sich meist nur unwesentliche Änderungen in der Appretur notwendig machen werden.

Alle Gewebe werden vor Übergabe an die Appretur in der Länge und Breite gemessen, nötigenfalls auch gewogen und überzogen, d. h. auf dem Überziehreck besehen, um ein Bild von der Beschaffenheit des Gewebes im Rohzustande, und zwar in bezug auf Webfehler, Verschmutzung und Verunreinigung zu gewinnen. Alle Mängel trägt man in ein Übernahmsbuch ein, um später in der Ware aufgefundene und durch unvorsichtiges Hantieren in der Appretur entstandene Fehler mit Gewißheit feststellen zu können. So können in der Wäsche Löcher gerissen werden, oder kann die Ware bei diesem Prozesse in der Länge und Breite mehr als vorgeschrieben eingegangen sein; oder wurde zuviel gewalkt und ist die Ware schwer und bockig geworden. Beim Karbonisieren und Dekatieren können morsche Stellen auftreten; Waschfaltenbrüche und Schwielen (Walkschwielen) u. a. stellen sich ebenfalls erst in der Appretur ein.

Das Überziehreck oder der Überziehtisch soll immer einem Fenster (womöglich Nordseite) gegenüber sein, so daß das langsam gezogene Stück dem vollen Lichte ausgesetzt ist. Die Ware läuft hierbei über eine Walze von genau gemessenem Umfang (z. B. 1 m); ein Zählwerk zeigt sodann die Länge der Ware in m an.

I. Die Reinigungsarbeiten.

Sie bezwecken in erster Linie die Beseitigung von löslichen und unlöslichen, schon im Rohmaterial vorhandenen oder während des Spinnens und Webens in die Ware gelangten Verunreinigungen. Man verbindet damit auch die Ausbesserung der Webfehler. Insoweit die Reinigung auf nassem Wege geschieht, rechnet man auch das Trocknen zu den Reinigungsarbeiten.

1. Das Noppen, Entknoten und Putzen der Ware.

Fremdkörper aller Art, Noppen und Strohteilchen, Körner- und Schalenteilchen, Stichelhaare, tote Haare, Knötchen, nicht in das Gewebe gehörige Fasern, verleihen dem Gewebe ein unklares (schippriges) Aussehen und müssen entfernt werden. Bei Wollgeweben sind fremde Fasern an der lichten Färbung erkennbar. Aber auch kleinere Wollkügelchen und Wollknötchen (wie beim Krempeln und Weben) bezeichnet man als Noppen. Knoten (Fadenknoten) entstehen durch Verknüpfen gebrochener Fäden beim Zwirnen, in der Vorbereitung von Kette und Schuß und beim Weben selbst.

Nebst der Beseitigung der Noppen und Knoten erstreckt sich diese Arbeit auf das Abschneiden vorstehender Fadenenden, Zukratzen von Fadenlücken, Verteilen von ungleichmäßigen Stellen, Ausschneiden dicker und dünner Fadenstellen, doppelter Ketten- und Schußfäden, das Anziehen schlaffer Fäden, das Durchschneiden und Nachlassen zu straffer Fäden, das Austrennen von Fäden von nicht entsprechender Farbe, das Herausziehen von Stichel- und toten Haaren. Man unterscheidet das Noppen und Entknoten mit der Hand oder auf mechanischem Wege.

Das Handnoppen mittels Noppeisen und Schere. Die Noppen und Knoten entfernt man von den Gewebeflächen mit einer Reißbürste.

Bei wollfarbigen Möbelstoffen, ebensolchen Seiden- und Halbseidenstoffen werden nebst den angeführten Verunreinigungen Fettflecke mit Benzin oder anderen Fleckputzmitteln geputzt (Trockenreinigung).

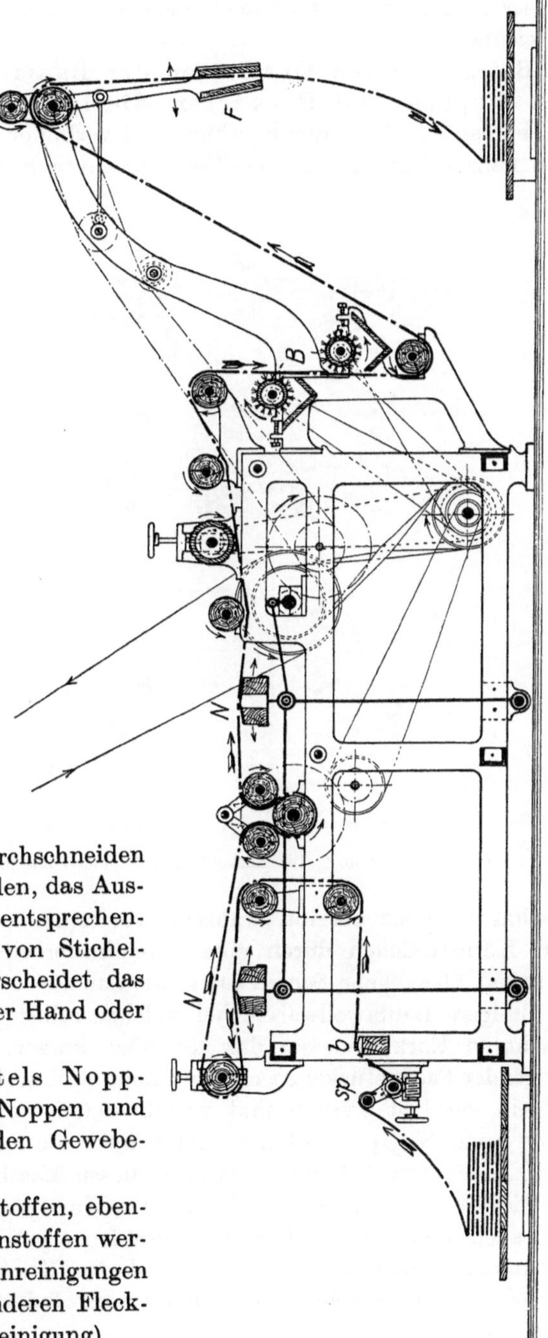

Abb. 5. Die Entknot- und Noppmaschine.

Einige Betriebe führen für bessere Massenartikel zur Erleichterung der Arbeit das Gewebe mit geringer Geschwindigkeit an den Augen der Nopperin vorüber, die nun ihre ganze Aufmerksamkeit der Nopparbeit zuwenden kann. Bei größeren Fehlern setzt sie mit einem Fußtritthebel die Maschine außer Betrieb. Dieser Vorgang wird, wenn auch nicht ganz richtig, als halbmechanisches Noppen bezeichnet.

Bei geringeren Qualitäten der Baumwoll- u. a. Waren kann für das Noppen und Entknoten die immerhin teure Handarbeit auf mechanischem Wege durchgeführt und verbilligt werden, indem man durch hin- und herschwingende zugeschliffene gezahnte Schienen die Knoten erfaßt und

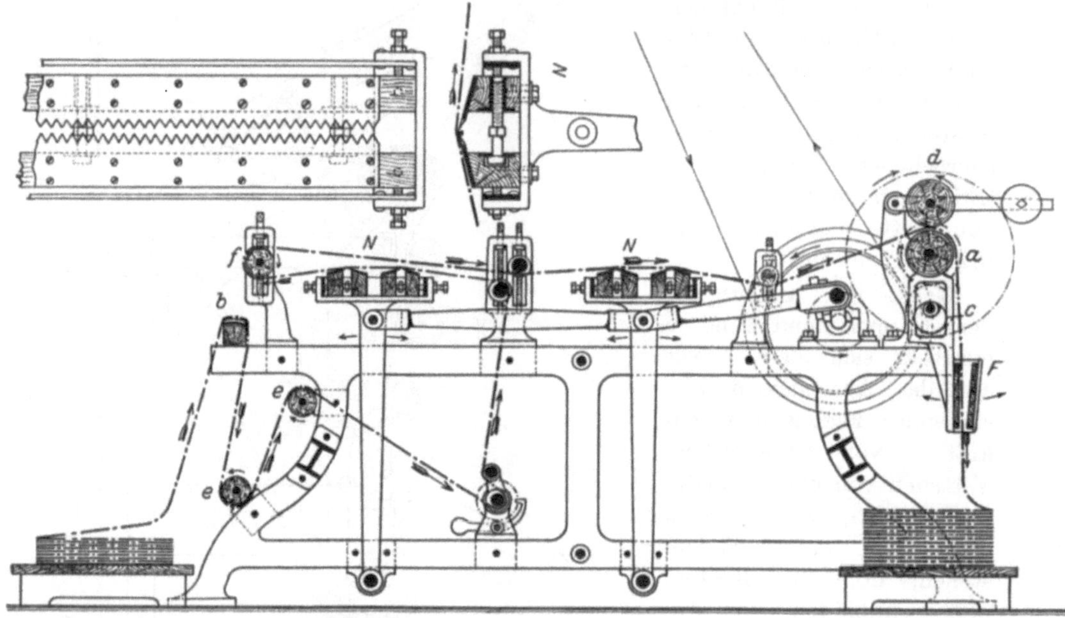

Abb. 6. Die Entknot- und Noppmaschine mit Doppelmessern.

abschneidet oder abreißt, während vorstehende Fadenenden, Stroh-, Schalen- und Körnerteilchen durch eine schnellrotierende, mit Glas- oder Schmirgel- leinwand überzogene Schleifwalze aus den Gewebeoberflächen gehoben werden.

Billigere Baumwollwaren, bei welchen selbst bei ungenügender Schärfe der gezahnten Entknotmesser das Mitreißen kurzer, mit den Knoten zusammen- hängender Fadenstückchen nicht schadet, weil die Fadenstückchen mit Appretur- mitteln verklebt werden und verschwinden, noppt man stets auf der Ent- knot- und Noppmaschine. Aber auch die Linksseiten billiger Halbwoll- und Leinenwaren behandelt man auf diesen Maschinen (Abb. 5 und 6).

Die Maschine leistet 1500 bis 1800 m Ware täglich. Anstatt der Zahnkämme sind auch scharf zugeschliffene Stahlschienen in Verwendung. Der Abstand der Entknotsägeschienen ist entsprechend der Knotengröße einstellbar. Gröbere Garne geben naturgemäß größere Knoten. Bei weniger knotigen Geweben hat man einfache Knotvorrichtungen.

Bei Wollwaren, welche von pflanzlichen Teilchen durchsetzt sind, z. B. Kletten- und Strohteilchen, ist das Noppen mühsam und zeitraubend. Man kann in diesem Falle zwei Wege einschlagen.

1. Das Karbonisieren bei ganzwollenen Geweben besserer Qualität aus klettigen Wollen im rohweißen oder stückfarbigen Zustande durch Zerstörung der pflanzlichen Teile mit chemischen Mitteln und Einwirkung hoher Temperatur;

2. die Noppenfärberei bei minderen Qualitäten wollener und halbwollener Stoffe, indem man die Noppen durch geeignete Farben (Nopptinkturen) deckt. Man kann auf diese Weise auch die Baumwollkette unsichtbar machen.

2. Das Anzeichnen (Markieren) der Webfehler, das Ausnähen (Stopfen) derselben.

Da nicht alle Gewebe, sofern dies überhaupt geschieht, sofort nach dem Noppen einer nassen Reinigung (Wäsche) unterzogen, sondern unter Umständen gleich auch noch ausgenäht werden, um die Appreturkosten zu vermindern, wie es z. B. bei billigen Kunstwollgeweben geübt wird, markiert man die zu verbessernden Webfehler mittels farbiger, gut waschbarer Stifte durch kurze Bezeichnungen. Dies erleichtert und beschleunigt das Auffinden der Webfehler. Die Fehler in der Kettenrichtung kennzeichnet man durch einen zu dieser parallelen Strich, die Schußfehler durch einen in der Schußrichtung laufenden Strich, dicke Knoten, Schlingen, Nester, dicke Fadenstellen, Löcher durch einen Kreis.

Die Fehler, welche sowohl in der Ketten-, als auch in der Schußrichtung vorhanden sein können, sind allgemeine Webfehler, z. B. Bindungsfehler (unrichtige Fadenverkreuzung), dicke oder dünne Fadenstellen, zu hart oder zu schwach gedrehte Fadenstellen, doppelte Fäden (zwei gleich bindende anstatt eines einfachen Fadens).

Fehler in der Kettenrichtung sind: Kettenfadenbrüche (stellenweises Fehlen eines Kettenfadens), Kettenbrüche (mehrere nebeneinanderliegende, gebrochene Kettenfäden), Kettenstreifen (durch falsches Garn, falsche Farbenstellung, schlechten Kamm usw.), verreihte Fäden (an unrichtiger Stelle webende Fäden), unrichtige Fadenaushebung (durch fehlerhaftes Funktionieren der Schaft- oder Jacquardmaschine).

Nicht zu vermeidende Fehler in der Schußrichtung sind: Fehlschüsse (stellenweises oder durchgehendes Fehlen eines Schußfadens), Schußbrüche (Bruchstellen von geringer Länge, herrührend von scharfen Kammzähnen, zu dicht stehender Kette, verleimten Stellen in der Kette, zu scharfer Bindung, zu schwachem Schußfaden), Blenden (falsches Garn), falsche Schaftaushebung (der Schuß kommt auf die unrichtige Gewebeseite zu liegen), schlechte Leisten (durch zu straffen oder zu schlaffen Schuß), Spannschuß (greift sich hart an).

Nachdem von dem Warenbeschaumeister die Fehler angezeichnet sind, gelangt bei minderen Qualitäten das Gewebe zum Noppen und gleichzeitigen Ausnähen, feinere Waren hingegen werden nach dem Noppen vorgewaschen, und dann erst die Fehler markiert und ausgenäht.

Das Ausnähen kann sich wiederholt notwendig machen; im Rohzustande (Ausnähen im Fett), im vorgewaschenen Zustande, nach dem Scheren und nach dem Fertigappretieren.

Alle stückfarbigen Stoffe aus Wolle und Halbwolle und gewisse wollfarbige Gewebe, welche dem Walkprozesse überwiesen werden, näht man wenn möglich „im Fett" aus. Man braucht dann nur einmal zu waschen, da die Walke die zweite Wäsche ist. Dieser Vorgang verbilligt die Appretur. Auch feinere Baumwoll- und Leinengewebe, ferner alle Teppiche, strähnfarbige Seiden- und Halbseidengewebe, im Garn gefärbte Möbelstoffe näht man vor der Übergabe zu den weiteren Appreturarbeiten zunächst im Rohzustande aus.

Bei wollfarbigen und auch stückfarbigen Wollwaren ist das Ausnähen im Fett nicht immer durchführbar. Ist nämlich das Gewebe sehr verschmutzt und sind die Farben daher unklar (insbesondere bei Modewaren) und undeutlich erkennbar, oder ist das Gewebe durch Leim, Schlichte, Stärke oder durch zu starkes Anschlagen am Stuhle hart, so läßt sich die Ausnähnadel nur mühsam durch das Gewebe stechen, die Arbeit geht dann zu langsam vonstatten. In solchen Fällen wird das Gewebe vorgewaschen, um die Farben deutlicher zu sehen oder das Gewebe weicher zu machen, worauf erst das Ausnähen erfolgen kann.

Das Ausnähen geschieht durch bindungsgemäßes Einführen fehlender Fadenstücke in das Gewebe mit der Nadel.

Man näht nicht alle Waren und auch nicht immer alle Fehler aus. Grobleinenwaren, Verpackstoffe und Säcke aus Jute näht man überhaupt nicht aus. Bei dessinierten Waren (Jacquardgeweben), z. B. Möbelstoffen, mit vielen Farben und kleinen Dessins werden geringe Fehler, weil sie wenig oder gar nicht auffallen, nicht ausgenäht.

Von besonderer Bedeutung ist das Ausnähen von Woll- und Halbwollwaren, wobei richtunggebend die spätere Appretur, die Fadenverkreuzung und die angewandten Farben sind.

Die Appretur ist insofern für das Ausnähen maßgebend, als in kahlappretierten Waren mit deutlich sichtbarer Bindung Fehler auffallender sind als bei solchen mit einer aufgerauhten Oberfläche (Decke). Aber auch bei letzteren sind größere nebeneinanderliegende Fadenbrüche, größere Nester und alle durch ihre markante Färbung hervortretenden Effektfäden, welche Streifen, Karos oder punktförmige Effekte bilden, auszunähen.

Loden ist eine mehr oder weniger grobe Ware in Tuchbindung, Kreuzköper mit Unterschuß, 6schäftigem Köper und Granitbindungen, aus Landwolle, grober ungarischer Wolle, grober Buenos Aires, mit Einmengung von grober Kunstwolle und mitunter auch etwas Baumwolle, aber selten. Nur mehrere nebeneinander fehlende Fadenstücke sind auszunähen. Er erhält nämlich Meltonappretur (d. i. Walke ohne Rauhen).

Cheviotstoffe sind solche aus Cheviotwolle. Man unterscheidet Streichgarn- und Kammgarncheviot. Austral-Kreuzzucht-Wollen haben mehr Glanz als La-Plata. Zu dichte Einstellung macht die Ware hart. Würfel- und Köperbindungen sind vorherrschend. Ein Großteil der Herrenware ist Cheviot.

3. Das Waschen der Gewebe.

Dieses bezweckt die Entfernung von Fett, Öl (Schmieröl, Schmälzmittel in der Spinnerei), Staub-, Schlichte, Leim (womit die Kette, zuweilen auch der Schuß für das Verweben widerstandsfähiger gemacht wurde).

Alle diese Stoffe, teils durch Zufall, teils absichtlich in die Ware gebracht, müssen nach Erfüllung ihres Zweckes aus dem Gewebe entfernt werden; denn fett- und ölhaltige Stoffe nehmen beim Gebrauche Schmutz auf, halten ihn fest und bilden Flecke.

Nicht alle Stoffe werden gewaschen. Kirchenstoffe, feine garnfarbige Seiden- und Möbelstoffe werden ebensowenig gewaschen wie Baumwollleinwand für Militärzwecke, Grobleinen (Zeltplanen), Segeltücher, Juteleinwand (Verpackstoffe, Sackleinen u. dgl.), gemusterte Teppiche, Treppenläufer und alle sonstigen, zur Zimmerausstattung gehörigen strähngefärbten Stoffe.

Woll- und Halbwollstoffe jeder Qualität, stückfarbige Seiden- und Halbseidenstoffe werden vor dem Färben gewaschen. Alle Baumwollzeuge und Leinenstoffe besserer Marke unterzieht man entweder einem Waschvorgang oder nur einem Spülen, und zwar ein- oder mehreremal.

Bei manchen Geweben, namentlich feineren Wollgeweben setzt sich der Waschvorgang aus mehreren Teilvorgängen zusammen: Vorwäsche (Einweichen), Fertigwäsche und Spülen. Bei zu walkenden Stoffen bildet das Walken zumeist die zweite oder Fertigwäsche.

Die Waschmittel.

Das Waschen besteht in der Behandlung der Gewebe mit warmem Wasser unter Zugabe von Waschmitteln bei gleichzeitiger mechanischer Einwirkung durch Stoß, Druck, Reibung behufs Ausquetschung oder Ablösung des verseiften Fettes und des gelösten Schmutzes.

Die Waschmittel sind Substanzen, welche die im Gewebe befindlichen Öle, Fette u. dgl. zu verseifen und Schmutz zu lösen oder zu emulgieren vermögen. In Verwendung stehen Seife, Soda, Salmiakgeist, Tetrapol, Pottasche (ist zu teuer), Walkerde u. a.

Seifen sind fettsaure Alkalien mit etwa 60 bis 65% Fettsäure. Kaliseife ist eine Schmierseife, d. h. weiche Seife, Natronseifen oder Kernseifen sind harte Seifen.

Tetrapol besteht aus 16 bis 18% Tetrachlorkohlenstoff, 28% Monopolseife, und der Rest ist Wasser. Tetrapol bei Woll- und Halbwollgeweben allein verwendet, nimmt nur wenig Schmutz auf, weil es zu wenig schäumt. Aus diesem Grunde stellt man eine Seifenemulsion her, welche auf 200 Liter Ansatz enthält: 15 kg Olein, 10 kg Tetrapol, 6 Liter Salmiakgeist, 60 kg kochendes Wasser; der Rest an kaltem Wasser wird unter Rühren zugesetzt. Eine derartige Tetrapollösung verringert die Waschdauer, macht die Farben lebhafter, frischt weiße Effekte auf und erzielt eine Ersparnis an Waschmitteln.

Wichtig für das Waschen ist die Verwendung von weichem Wasser. Die im harten Wasser enthaltenen Kalk- und Magnesiasalze fällen die Seife als Kalk- und Magnesiaseife aus, die sich in klebrigen Flocken auf die Ware setzt, schwer entfernbar ist, einen Teil der Seife unwirksam macht und somit einen größeren Zusatz von Seife erfordert. Zumeist stehen Fluß-, Quell- und Brunnenwasser im Gebrauche, welche erforderlichenfalls, d. h. wenn das Wasser über 5 Härtegrade besitzt, unter Beigabe geeigneter Chemikalien, wie Soda und Ätzkalk, weich gemacht werden müssen. Am besten hat sich das Permutitverfahren bewährt, da es das Wasser bis auf 0 Härtegrade enthärtet.

Die Walkerde wirkt mechanisch, und zwar fettaufsaugend; sie wirkt nicht verändernd auf die Farben, ist daher ein treffliches Waschmittel für stückfarbige Stoffe nach dem Färben, sowie für wollfarbige Stoffe zum Nachwaschen und Weichmachen bei zu harter Ware. Die Walkerde ist kieselsaure Tonerde, von gelblicher oder gelblichgrauer Farbe. Sie soll frei von Sand und Steinchen (wegen der Gefahr des Löcherreibens beim Waschen), leicht in Wasser schlämmbar sein und beim Drücken glänzend werden.

Die Menge der beim Waschen zu verwendenden Waschmittel richtet sich nach der Art und Menge der aus dem Gewebe zu entfernenden Verunreinigungen. Bei Woll- und Halbwollwaren genügen 10 bis 15% Seife vom Stückgewicht. Eine bewährte Waschflotte besteht aus 200 kg Elain, 100 kg Türkischrotöl oder Rizinusöl, 65 kg 21proz. Salmiak, auf 600 bis 700 kg mit heißem Wasser angerührt. Wäscht man gleichzeitig mehrere Stücke (was auf der Strangwaschmaschine in der Regel geschieht), so genügt auch ein geringerer Zusatz. Kammgarngewebe sind nicht so verschmutzt wie Streichgarngewebe und brauchen weniger Seife zu ihrer Reinigung.

Woll- und Halbwollgewebe gehen beim Waschen infolge des Krumpfens und der mechanischen Einwirkung der Waschorgane mehr oder weniger stark ein, müssen daher stets beobachtet und von Zeit zu Zeit gemessen werden. Je loser die Bindung und je wärmer die Waschflüssigkeit ist, desto größer ist der Wascheingang.

Gewebe aus pflanzlichen Fasern haben im allgemeinen weniger Neigung zum Eingehen, das nur bei lose gewebten Stoffen in nennenswertem Maße vorkommt.

Der Waschverlust beträgt bei Streichgarngeweben gewöhnlich 15%, d. h. das gewaschene Gewebe ist nach dem Trocknen 15% leichter als die Rohware. Um das vorgeschriebene Metergewicht (Normalgewicht = Gewicht des fertigen Gewebes je laufendem Meter) zu erhalten, ermittelt man die Solllänge, d. i. die Länge, welche das Stück nach dem Waschen bzw. Walken haben soll. Sie ergibt sich durch Multiplikation des Rohgewichtes des Stückes mit dem Waschfaktor. Diesen berechnet man nach der Formel:

$$\varphi = 10 \cdot \frac{100 - w}{g}.$$

In dieser Formel bedeutet φ den Waschfaktor, w den Waschverlust in Prozenten, g das Metergewicht in Gramm.

Die Waschmaschinen.

Zum Waschen stehen Waschmaschinen im Gebrauche, welche der Eigenart des Gewebes insofern angepaßt sein müssen, als deren Organ der Faserart und Warenbeschaffenheit entsprechend gestaltet sein müssen und demgemäß auch verschiedenartige Wirkung ausüben. Diese Wirkung richtet sich aber auch danach, in welcher Form das Gewebe durch die Maschine geführt wird. Man könnte beispielsweise Halbseidenstoffe nicht auf einer Kurbelwaschmaschine waschen, weil die Wirkung der zwangläufig bewegten Hämmer zu kräftig wäre und die Ware zerknittert oder zerrissen aus der Maschine käme. Waren, welche leicht knitterig und schwielig werden, oder zu Faltenbrüchen neigen, müssen mit Aufmerksamkeit beim Waschen behandelt werden, selbst dann, wenn man sie im ausgebreiteten Zustande wäscht.

Nach der Bauart unterscheidet man: die Hammerwaschmaschinen, die Waschräder und die Walzenwaschmaschinen.

Die Hammerwaschmaschinen haben im hölzernen Waschbottich gewöhnlich zwei Hämmer, die je nach der Antriebsart freifallend oder zwangläufig bewegt durch Stoß oder Druck auf das in Paketform (Bausch) in den Waschbottich eingebrachte Gewebe wirken, sie kommen im ersteren Falle für leichte, im letzteren für mittelschwere und schwere Gewebe zur Anwendung. Ist schon die Paketform eine Gewähr gegen das Bilden von Waschschwielen, so wird deren Bildung durch stetes Wenden vermittels der abgeschrägten oder stufenförmig abgesetzten Hammerenden verhindert. Zu diesen Maschinen zählen: die Waschhämmer und die Kurbelwaschmaschinen.

Der irische Waschhammer, ursprünglich zum Waschen von Leinengeweben bzw. zur Entfernung der Schlichte als Vorbereitung für das Bleichen verwendet, besitzt als arbeitende Teile Hämmer, welche von einer Daumenwelle gehoben werden und auf das Gewebe niederfallen. Die Fallhöhe ist gering, mithin auch die Stoßwirkung und daher nur für leichtere Waren berechnet. Die Hämmer bearbeiten die Ware unter Wasserzufluß, der stetig und reichlich sein muß. Er bürgerte sich auch für leichtere Baumwollwaren ein, bei welchen eine Fadenlagenveränderung nicht am Platze wäre. Bei reichlichem Wasserzufluß, wenn die Ware förmlich schwimmt, können aber leichte und zarte Baumwollgewebe sowie auch Tüllgewebe u. dgl. gereinigt werden.

2, 3 bis 4 Bottiche mit je 2 Hämmern sind zu einer Maschine vereinigt.

Die langsame Bewegung der Hämmer ermöglicht nur geringe Leistungen.

Der deutsche Waschhammer, auch fälschlich Waschwalke genannt, dient zum Waschen bzw. Spülen von Leinengeweben nach dem Entschlichten und nach dem Bleichen. Die fast senkrecht niederfallenden Hämmer sind von intensiverer Stoßwirkung. Die Leinengarne kommen nicht in solcher Reinheit in den Handel wie Baumwollgarne, weil sie von Natur aus mit schwer löslichen Pektinen durchsetzt sind. Das Bleichen und darauffolgende Spülen muß daher viel gründlicher gehandhabt werden. Man bleicht Gewebe aus feineren Garnen im Strang (Strangbleiche); die Breitbleiche hat sich bisher nicht eingeführt; die im Strahn gebleichten Garne verlieren an Festigkeit und würden beim Weben häufig reißen. Je nach dem gewünschten Bleicheffekte (¼, ½, ¾ und Ganzbleiche) wird 2- bis 3mal in Sodalauge gekocht, gesäuert und gespült (neutralisiert). Das Waschen bzw. Spülen nach dem Entschlichten und nach dem Bleichen nimmt man auf der Waschwalke vor. Sie besteht aus 2 bis 5 zu einer Maschine vereinigten Bottichen mit je 2 Hämmern.

Die Hammerwaschmaschinen sind mehr Spül- als Waschmaschinen, weil sie größtenteils nur zum Abspülen der bereits gelösten Schlichte gebraucht werden. Nur bei Leinen- und Baumwollgeweben, welche ungebleicht in den Handel kommen, wird auf ihnen die Schlichte erweicht und allmählich weggespült. Der Wasserverbrauch ist sehr beträchtlich. Die aus Holz gebauten Maschinen müssen kräftig bemessen sein. Als Waschmittel bei diesen Maschinen dient vornehmlich Wasser.

Die Kurbelwaschmaschinen sind Hammerwaschmaschinen mit zwangläufig durch einen Kurbelmechanismus bewegten Hämmern. Sie üben auf das in Paketform in die Waschkufe eingebrachte Gewebe einen kräftigen Druck aus und haben daher eine intensive Waschwirkung; man kann nicht nur mittelschwere, sondern auch die schwerste Ware, ohne Waschfaltenbildung befürchten zu müssen, auf ihnen reinigen. Die Hämmer führen 100 bis 120 minutliche Stöße aus. Sie finden zum Vorwaschen von Kunstwollstoffen, Decken, Kotzen, Hallinastoffen, starken Filzen u. dgl. Verwendung und können auch als Kurbelwalke angewendet werden.

Die erwähnten Stoffe aus Wolle oder Halbwolle sind durch Öle, Fette und Schmutz aller Art behaftet, und dementsprechend vollzieht sich der Vorgang des Waschens in anderer Weise als auf dem irischen oder deutschen Waschhammer, weil verseifende Waschmittel zugegeben werden müssen. Es zerfällt hier das Waschen in das Verseifen und Emulgieren der fettigen Substanzen (eigentliches Schmutzheben) und in das Abläutern des gelösten Schmutzes durch das Spülen mit Wasser. Das Waschen unter Zugabe von Seife und Soda dauert je nach der Art und Menge der Verschmutzung 1½ bis 2 Std., worauf das Spülen folgt. Das Öffnen des gelochten Spritzrohres muß allmählich geschehen, damit nur nach und nach mit dem Aufhören des Abschäumens — der Schaum nimmt den gelösten Schmutz auf — der Wasserzufluß stärker wird und schließlich 15 bis 20 Minuten nur im Wasser zu Ende gespült wird. Als Waschmittel sind Seife oder Soda je nach der Art der fettigen Substanzen, zu verwenden. Zum Weich - machen der Gewebe nimmt man Walkerde. Die schnelle Hammerbewegung ermöglicht große Leistungen. Das Eingehen beim Waschen ist schwer zu regu- lieren, man kann sich bis zu einem gewissen Grade durch Umtafeln der Ware helfen. Namentlich Militärdecken verlangen ziemlich genaue Einhaltung von Länge und Breite (Bettdecken, Pferdedecken). Das Gewebe wird durch das Herausstoßen der Haarenden rauh.

Die **Waschräder** sind rotierende Trommeln mit Abteilungen und wirken einerseits durch Aufschlagen des Gewebes auf die Wandungen der Waschtrommel, anderseits durch Reiben an den am inneren Trommelumfang angebrachten Holzleisten. Durch das Drehen der Waschtrommel mit 40 bis 50 minutl. Umdrehungen werden die in den Kammern befind- lichen Warenstücke fortwährend gewendet und stets neue Partien der Schlag- und Reibungs- wirkung ausgesetzt. Als Waschmittel dient hier nur Wasser, weshalb man nur Gewebe mit leichtlöslichen Verunreinigungen wie Schlichte, Stärke, Leim, darauf waschen oder leichte vorgewaschene und gefärbte Gewebe spülen kann. Da das Gewebe während des Waschens weder auf Zug, noch Druck beansprucht wird, kann man auf dem Waschrade selbst die feinsten und ganz schütter eingestellten Gewebe und solche, welche nur lose Bin- dungen haben, waschen und spülen, ohne Gefahr von Lagenveränderungen der das Gewebe bildenden Fadensysteme zu befürchten.

Die Waschräder dienen zum Waschen von baumwollenen Tüchern, leichten, schütteren baumwollenen Kleiderstoffen, Spitzen, Gardinen, Drehergeweben, Kongreßstoffen, in chemi- schen Wäschereien, in Kattunfabriken zum Spülen gescifter und gefärbter leichterer Kattune, Vitragen u. dgl. Sie haben einen Trommeldurchmesser von 2000 mm, eine Breite von 800 mm und sind durch Abteilungswände in 4 Kammern geteilt. Der Antrieb erfolgt mittels Los- und Festscheibe. Jede Kammer ist mit einer Öffnung für das Einbringen des Gewebes, mit Spritzrohr und Ausgußöffnungen für das Schmutzwasser und Holzleisten zur Reibung des Gewebes versehen.

Die Walzenwaschmaschinen.

Wie schon die Bezeichnung zum Ausdruck bringt, sind es Waschmaschinen, deren arbeitende Teile Walzen sind, die je nach ihrer Anordnung und äußeren Form und nach der Art ihrer Bewegung drückend (quetschend), knetend und auch reibend wirken können, gleichzeitig aber auch das Gewebe fortbewegen. Je nachdem das Gewebe in längsgefaltetem oder ausgebreitetem Zustande durch die Maschine geführt wird, kann man die Walzenwaschmaschinen in **Strangwaschmaschinen** und **Breitwaschmaschinen** einteilen. Sie unterscheiden sich auch hinsichtlich des Wascheffektes, der Bildung der gefürchteten Waschfalten (die unter Umständen die Ware unverkäuflich machen) und des Einganges beim Waschen.

Die Strangwaschmaschinen.

Das Gewebe wird als endloser Strang durch die Maschine geführt. Diese Form bildet immerhin eine dickere, elastische Masse und ermöglicht eine gleichmäßige Druckübertragung, so daß alle Stellen des zwischen den Quetschwalzen liegenden

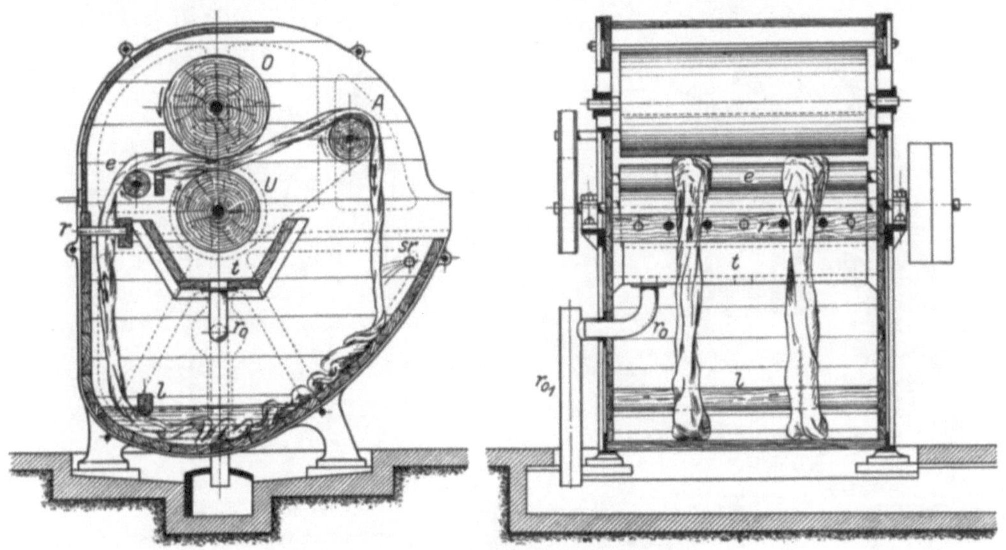

Abb. 7. Die Hemmersche Strangwaschmaschine mit Abnehmerwalze.

Strangteiles nahezu gleichem Druck ausgesetzt sind, wodurch ein schnelleres Waschen zu erzielen ist als auf den Breitwaschmaschinen; aber die Gefahr der Bildung von Waschfalten (Knicken der Fasern an der Falte), Waschschwielen (locker werdende Haarstellen am Faltbug), Faltenbrüchen (Abbrechen der Fasern an den Faltenbügen) ist größer. Die Wirkung und Arbeitsweise der Maschine ergibt sich aus den Abbildungen 7 und 8.

Zur Bearbeitung von 2 bis 6 Warensträngen führt man diese durch einen Rechen oder eine Brille, da sie sich sonst infolge der großen Geschwindigkeit (100 m je Minute) leicht verschlingen und die daneben liegenden Stränge ungequetscht durch die Maschine laufen würden. Die Quetschwalzen, die mit 45 bis 50 minutl. Touren umlaufen, fördern gleichzeitig die Stränge durch die Maschine. Sie quetschen die Waschflüssigkeit durch das Gewebe und heben den Schmutz an die Gewebeoberfläche. Ihr Durchmesser beträgt 500 bis 600 bis 800 mm; die Oberwalze ist die eigentliche Druckwalze und hat einen größeren

Durchmesser, um einen entsprechenden Druck auszuüben, der nach der Warenbeschaffenheit zu ändern ist, da leichte Gewebe einen geringeren Druck als schwere benötigen. Aus diesem Grunde belastet man die Oberwalze mit Gewichtshebel oder Federbelastungsvorrichtung, die einen ruhigeren Lauf ergibt. Die Abnehmerwalze, für schwere Waren wegen besserer Mitnahme als Haspelwalze ausgebildet, zieht die Stränge von den Quetschwalzen ab und führt sie an die Luft, da das verdunstende Wasser erfahrungsgemäß die Reinigungswirkung erhöht. Die hintere Bottichwand muß steil abfallen, damit sich der Strang durch sein Eigengewicht abtafeln kann; die unten liegende Leitwalze (Riegel) streift mitgerissene Tafelfalten ab. Die Geschwindigkeit ist bei 0,6 m Walzendurchmesser

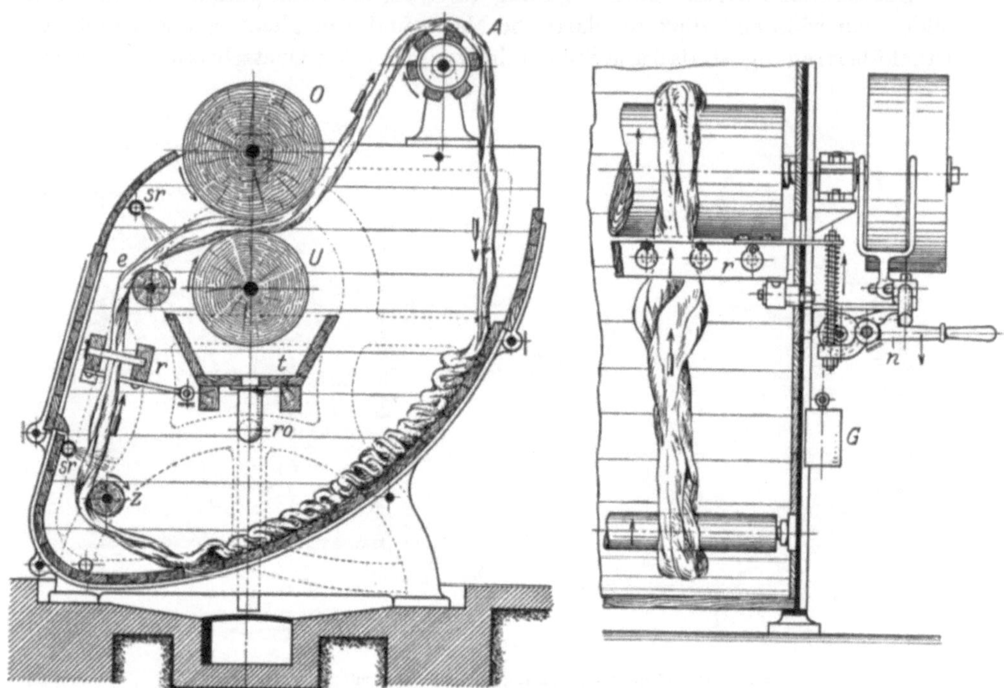

Abb. 8. Die Hemmersche Strangwaschmaschine mit hochliegendem Abnehmerhaspel.

und 50 t/min 94 m/min. Bei größerer Warengeschwindigkeit und leichteren Geweben bilden sich Knoten, die im Rechen stecken bleiben und zum Zerren und Reißen des Stranges Anlaß geben. Darum ordnet man den Rechen schwingbar an und benützt dessen Bewegung zum selbsttätigen Abstellen der Maschine, wenn er von einem Knoten gehoben wird. Auch Steinchen in der Maschine reißen Löcher in die Ware. Die Spülrohre dienen auch zum Netzen der eingebrachten Ware zum schnellen und gleichmäßigen Eindringen der Waschflüssigkeit, das den Waschvorgang beschleunigt und die Erzielung gleichmäßiger gewaschener Ware begünstigt.

Die Unterwalze ist angetrieben und festgelagert; die Oberwalze wird von dieser mitgenommen und kann sich mit wechselnder Strangdicke heben und senken. Die Waschfaltenbildung verhindert man durch mehrmaliges Recken.

Der Waschvorgang besteht aus dem **Verseifen** der fettigen Substanzen und **Heben des Schmutzes**. Man überzeugt sich von dem Fortschritt der Reinigung durch Ausdrücken eines Gewebeteiles. Während des Waschens ist die Schmutztrogöffnung geschlossen, während des Spülens dagegen offen. Auf das Schmutzheben folgt das Spülen, welches so lange fortzusetzen ist, bis das Spülwasser klar abfließt. Das Waschen und Spülen soll mit warmer Waschflotte bzw. Spülwasser vorgenommen werden, wenn dies mit Rücksicht auf die Farben zulässig ist.

Rohweiße (stückfarbige) Gewebe soll man immer warm waschen und spülen. Für das Warmwaschen ist ein Heizrohr im Bottich durch Lattenboden gedeckt, für das Warmspülen eine Dampfwassermischvorrichtung am Spülrohr vorhanden. Beim Warmwaschen und -spülen ist der Wascheingang größer.

Die Hemmersche Strangwaschmaschine dient vornehmlich zum Waschen von Woll- und Halbwollwaren. Den gelösten bzw. verseiften und emulgierten Schmutz nennt man in der Wollwarenwäscherei den **Gerber**, das Waschen daher **Entgerbern**. Der Gerber muß schäumen; ist dies nicht genügend der Fall, so muß die Seifenlösung verstärkt werden.

Sehr schmutzige Stücke sind zweimal zu waschen; zum gleichzeitigen **Waschen in einer Maschine darf man nur Stücke von gleicher Farbe** nehmen. Um beim Spülen seifenreine Ware zu erhalten, setzt man dem Spülwasser etwas Salmiak zu.

Ein zu starkes Eingehen in der Breite und Waschfalten verhindert man durch das Waschen „im **Schlauch**" mit grober Naht, damit die Luft austreten kann. Vor der Brille bläht sich der Schlauch auf, wodurch sich die Falten öffnen und neue Falten an anderen Stellen sich bilden (Faltenverlegung). Dieser Vorgang leistet auch gute Dienste bei eingerollten Warenleisten (hervorgerufen durch scharfgespannten Schuß).

Für **Rauhwaren** ist dies wegen des Durchrauhens der Leisten von Bedeutung. **Kammgarnwaren ohne Walkprozeß** wäscht man im Schlauch. Bei feineren Waren näht man das Stück mit der rechten Seite nach innen, dagegen bei gewöhnlichen Waren mit der rechten Seite nach außen.

Weil das Gewebe, in der Schußrichtung gerollt, einem immerwährenden Quetschdruck ausgesetzt ist, geht es in der Breite stark ein; insbesondere bei feinen Wollen und loser Bindung.

Leicht schwielig werdende Gewebe näht man „im Schlauch" mit kleinen Stichen und läßt alle 2 m eine größere Nahtlücke. Die Seifenlösung darf wegen der Gefahr des Zusammenklebens des Schlauches nicht zu stark sein.

Ist die Ware zu hart und bockig, was auch Anlaß zur Waschfaltenbildung ist, so behandelt man sie vor dem Strangwaschen auf einem **Brennbock**, um sie weicher zu machen; d. h. man läßt die Ware durch heißes Wasser laufen.

Das gleichzeitige Waschen von schweren und leichten Stücken ist zu vermeiden; läßt es sich aber nicht umgehen, so muß man die schweren auf die eine Seite, die leichten auf die andere Seite der Walzen einlegen, um gleichmäßige Druckübertragung zu erhalten. 2 bis 4 Stränge geben die gleichmäßigste Druckübertragung; bei mehr Strängen und verschiedenen Qualitäten bleiben die mittleren möglicherweise ohne Druck, wodurch der Wascheffekt ausbleibt.

Bei wollfarbigen Waren mit heiklen Farben nimmt man als Waschmittel

Seife und anstatt Soda besser Salmiak; dieser greift die Farben nicht an, sondern macht sie sogar frischer und feuriger. Soda macht die Ware auch rauher und härter. Zum Feurigmachen der Farben setzt man dem Spülwassser auch etwas Essigsäure zu.

Die Nachwäsche stückfarbiger Ware geschieht bei hellen Farben mit Wasser, bei dunklen mit Walkerde.

Leichte Kammgarngewebe mit größerer Stücklänge wäscht man vorteilhaft im Doppelstrang, bei welchem sich das Waschen infolge der wiederholten Verkreuzung unter fortwährendem Faltenverlegen ohne Waschfaltenbildung vollzieht; sie gehen auch schneller in der Breite ein, was insbesondere für zu walkende Kammgarngewebe vorteilhaft ist. Die Ware fällt auf Strangwaschmaschinen glatt aus, da Reibungsorgane fehlen.

Das Clapot.

Das Clapot ist eine Kontinue-Strangwaschmaschine mit fortlaufendem Strang und wird in der Baumwollwarenappretur für Massenartikel zum Waschen, Spülen, auch zum Chloren und Säuern der zu bleichenden, zu färbenden und zu bedruckenden Gewebe angewendet. Die bedruckten Waren werden nach dem Bedrucken zur Entfernung des nicht fixierten Farbstoffes im Clapot ebenfalls gewaschen und gespült.

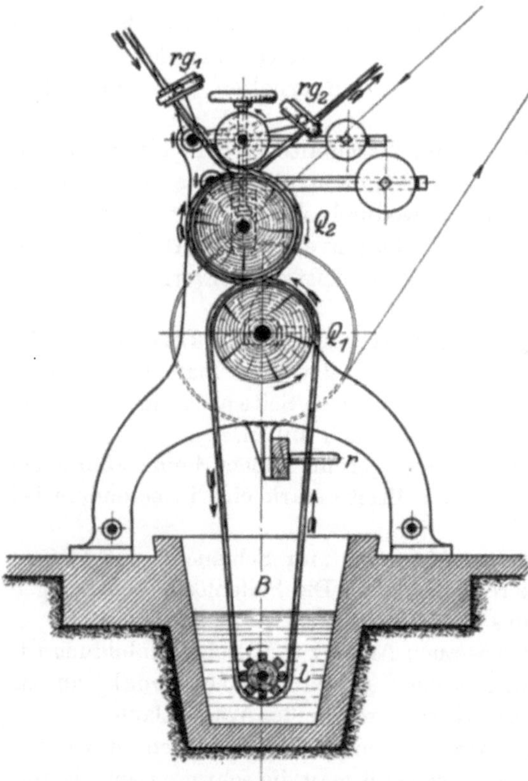

Abb. 9. Strangwaschmaschine (Clapot) mit gespannter Strangführung.

Diese Gewebe sind im rohweißen Zustande fast ausschließlich von Schlichte und von den nach dem Sengen verbleibenden Verbrennungsprodukten als Vorbereitung für das Bleichen zu reinigen. Man kocht sie für das Bleichen 12 Stunden in Natronlauge, quetscht auf dem Squeezer (Strangquetsche) ab und leitet den Strang durch Ringe zum Spülen auf das Clapot. Nun werden die Stränge in den Chlorbottich (aus Beton) gebracht, bleiben in der Chlorkalklösung von 2° Bé 4 Stunden liegen und kommen nun neuerdings zum Spülen aufdas Spülclapot mit angeschlossener Strangquetsche. Hierauf wird die Ware zur Beseitigung des noch vorhandenen Chlorkalks in einem Säurebottich mit Schwefelsäure von 2° Bé gesäuert, abermals auf dem Clapot gespült und endlich, mittels eines Strangöffners ausgebreitet, der Trockenmaschine zugeführt.

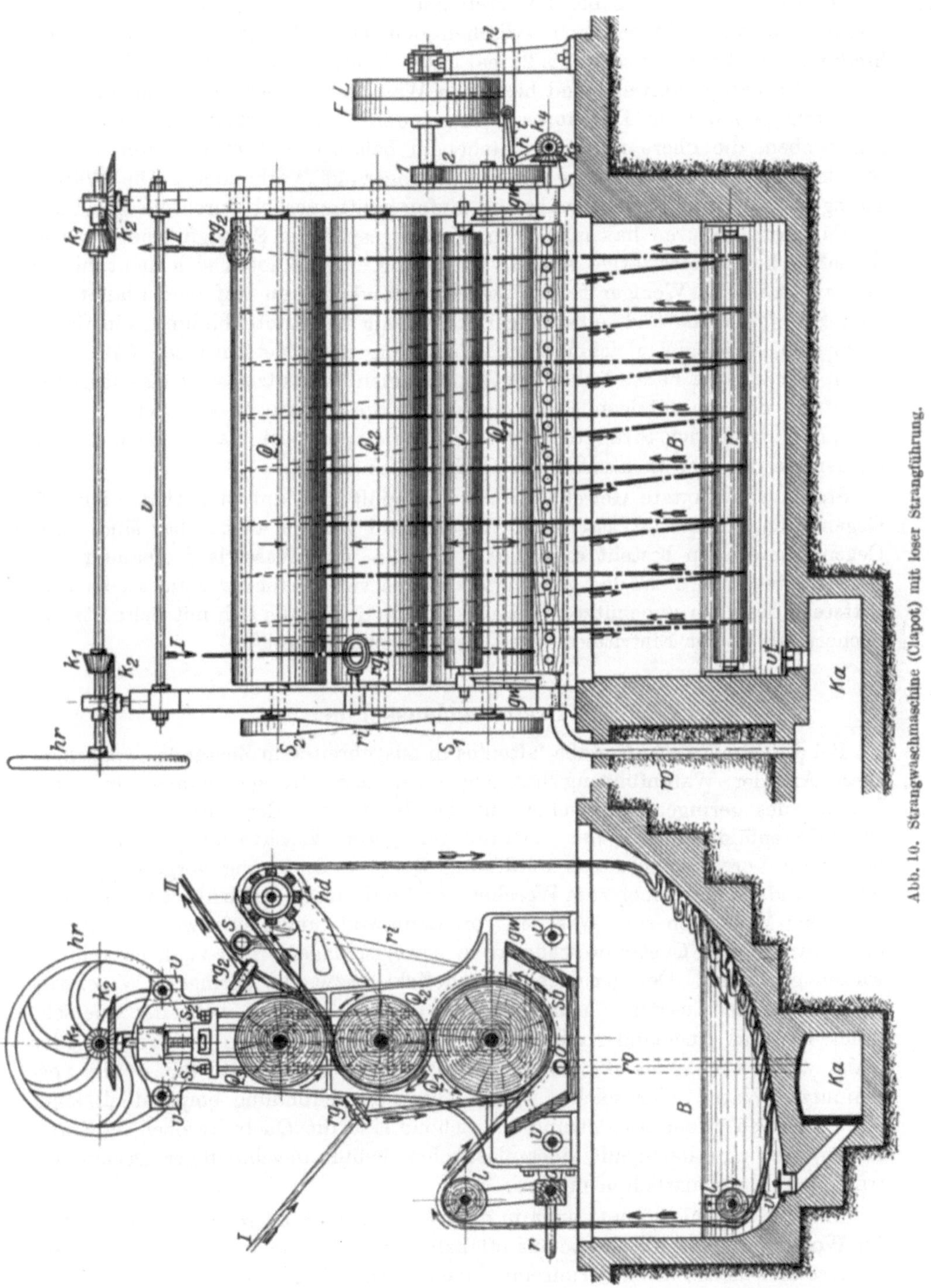

Abb. 10. Strangwaschmaschine (Clapot) mit loser Strangführung.

Die Clapots werden 2 bis 3 m breit gebaut; der Strang läuft in 18 bis 24 schraubenförmigen Windungen zwischen den Quetschwalzen und Leitwalzen hindurch. Er kommt also 18 bis 24mal unter Quetschdruck. Da sich der Druck auf 24 Strangteile verteilt, sind bleibende Waschfalten nicht zu erwarten. Von den etwa 500 mm im Durchmesser messenden Quetschwalzen ist die untere angetrieben, die obere mit Gewichtshebeln belastet und mitgenommen. Am Maschinenaus- und -eingange sind Führungsringe vorhanden. Die Warenstränge werden aneinander genäht und laufen kontinuierlich durch die Maschine.

Für festere Waren hat man Clapots mit gespannter Strangführung. Diese brauchen keine selbsttätige Abstellvorrichtung, weil Knoten sich nicht bilden können (Abb. 9). Weniger feste Gewebe behandelt man auf dem Clapot mit loser Strangführung und selbsttätiger Abstellung bei Knotenbildung; ein Changierrechen dient zur gleichmäßigen Abnützung der Quetschwalzen (Abb. 10).

In den meisten Fällen haben die Clapots einen Schmutzwassertrog zur steten Ableitung des schmutzigen Spülwassers und Spritzrohre an der Seite der im Bottich einlaufenden Strangteile. Da die Spülclapots viel Wasser verbrauchen, werden sie oft auch in künstlichen Gerinnen eingebaut.

Stark verschmutzte Gewebe wäscht und spült man auf Clapotbatterien mit Gegenstrom, wodurch Wasser und Waschmittel günstig ausnützbar sind. Das Gegenstromprinzip besteht darin, daß Gewebe- und Wasserlauf einander entgegengesetzt sind, d. h. das gereinigte Gewebe verläßt die Maschine an der Eintrittstelle des noch unbenützten Wassers, das in dem Maße sich mit Schmutz anreichert, als es der Eintrittstelle des Gewebes sich nähert.

Die Breitwaschmaschinen.

Bei diesen wird das Gewebe faltenlos in ausgebreitetem Zustande gewaschen. Diese Art der Warenführung hat gegenüber den Strangwaschmaschinen die Vorteile des geringeren Eingehens in der Breite und der Unmöglichkeit der Waschfaltenbildung, aber den Nachteil geringerer Waschwirkung, selbst wenn besondere Vorrichtungen zur Förderung der Waschwirkung vorgesehen sind. Solche sind bei Maschinen zum Waschen von Wollwaren Reibungswaschapparate, bei Maschinen zum Waschen von Baumwoll- und Leinenwaren eine größere Anzahl von Quetschwalzenpaaren, sowie schlagend und zugleich reibend wirkende Organe. Der geringere Wascheffekt bezw. die geringere Waschwirkung erklärt sich aus der Führung der Ware in einfacher Lage, wobei der Quetschdruck und das Aneinanderreiben der Falten wie im Strange geringer ist oder fehlt. Man verwendet die Breitwaschmaschinen demgemäß für wenig verschmutzte Waren oder solche, welche gegen Faltenbildung empfindlich sind.

Wesentlich in der Ausführung abweichend sind die Quetschwalzen, von welchen immer eine harte mit einer elastischen behufs gleichmäßiger Druckübertragung zusammenarbeiten müssen.

In der Konstruktion und auch in der Wirkung sind die Breitwaschmaschinen für Wollwaren und für Gewebe aus pflanzlichen Stoffen schon mit Rücksicht auf die Art und Menge ihrer Verunreinigungen verschieden.

In der Wollindustrie sind sie sehr gut eingeführt zum Waschen leichter Kammgarnwaren, namentlich Damenkleiderstoffe, aber auch zum Egalisieren

von stärkeren Waren. Stückfarbige leichte Damen-Kammgarn- und Halbkammgarngewebe kommen nach dem Sengen zum Waschen auf die Breitwaschmaschine.

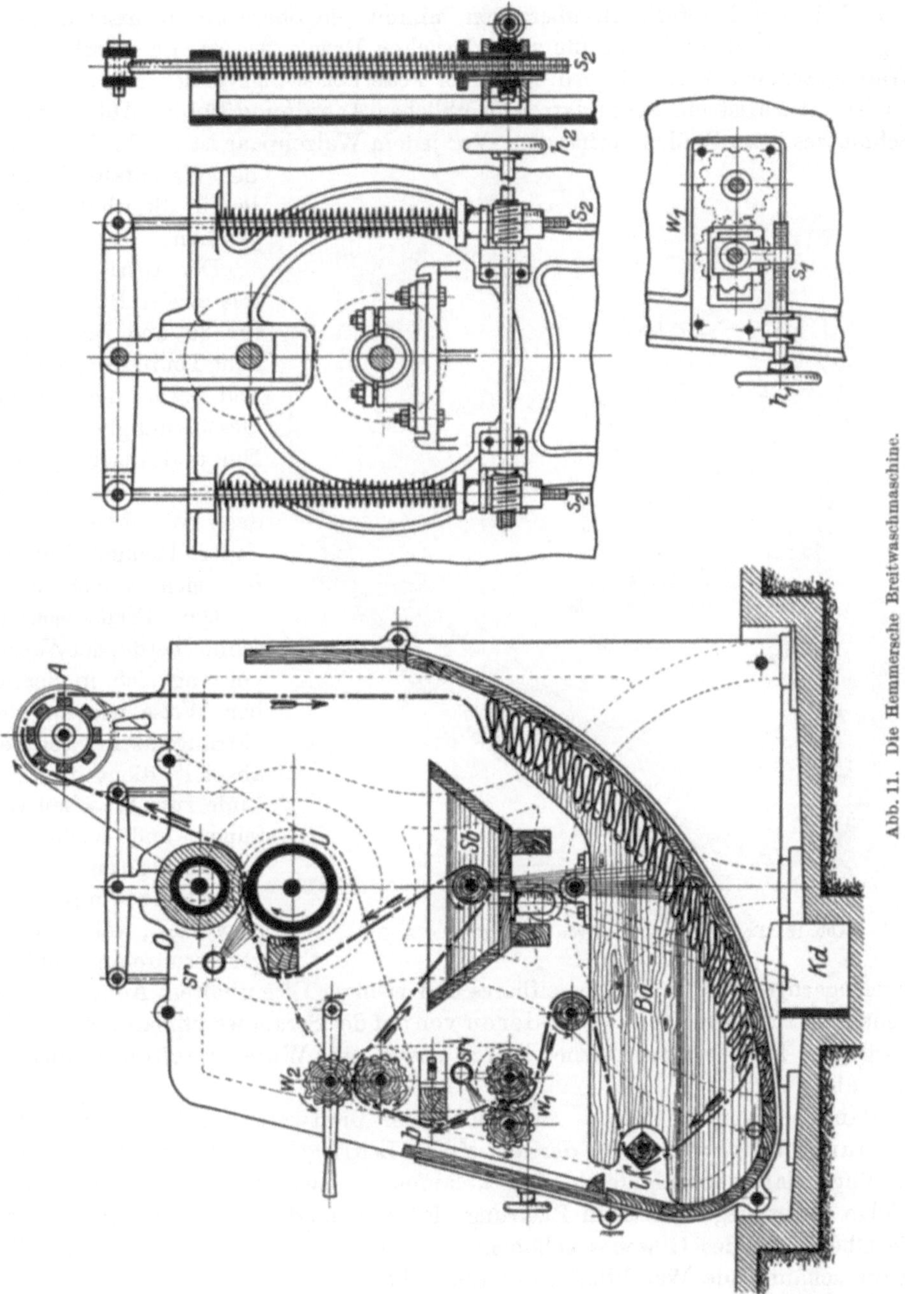

Abb. 11. Die Hemmersche Breitwaschmaschine.

Die Breitwaschmaschine von Hemmer in Aachen. Bei dieser Maschine,
die in der Ausführung nach Abb. 11 auch von E. Gessner, Aue i. Erzg., gebaut

wird, sind außer dem Quetschwalzenpaar zum Ausquetschen des Schmutzes noch ein, zwei oder drei Riffelwalzenpaare, welche das Gewebe reibend und knetend bearbeiten. Die angetriebene untere Quetschwalze, ein Gußrohr, zur Rostsicherheit mit Kupferblech überzogen, nimmt die obere mit Kautschuk überzogene Eisenwalze mit, die für veränderlichen Druck, wie er von verschiedenen Warengattungen verlangt wird, mit einer Federbelastungsvorrichtung ausgestattet ist. Auch ist ein Schmutztrog in üblicher Anordnung für das Abläutern des Schmutzes beim Spülen vorhanden. Vor jedem Walzenpaar ist zur Verhinderung der Waschfaltenbildung je ein Breithalter vorgesehen.

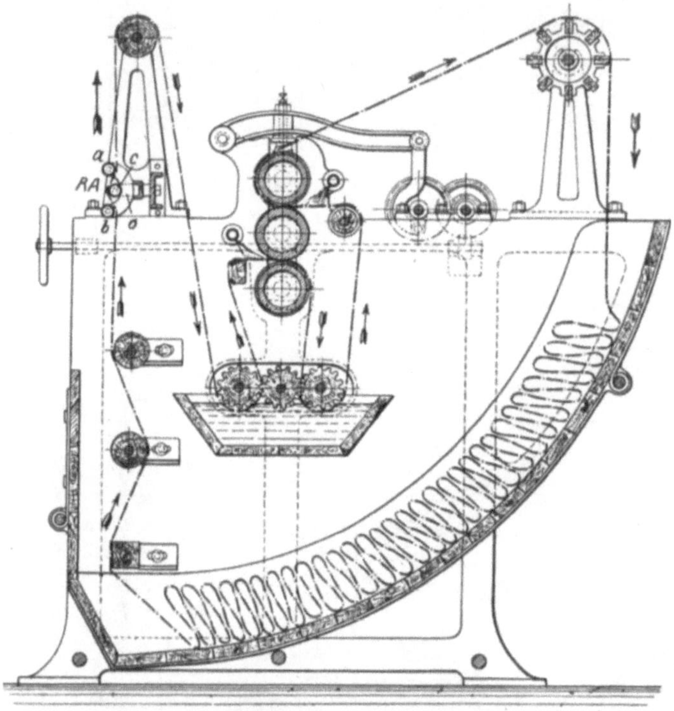

Der Antrieb ist mittels zweier Riemenleiter für 80 und 240 minutliche Touren eingerichtet und zwar die größere Geschwindigkeit für das Ein- und Ausbringen der Ware, die kleinere für das Waschen selbst. Jeder Riemenleiter ist für sich verschiebbar.

Die Breitwaschmaschine, bei der der Waschvorgang sich in derselben Weise wie auf der Strangwaschmaschine abspielt, dient in erster Linie zum Waschen von feinen und hochfeinen Kammgarn- und Halbkammgarngeweben, welche weniger verunreinigt sind als Streichgarngewebe, besser verseifbares und weniger Öl enthalten. Außerdem bedient man sich ihrer zum Egalisieren von auf der Strangwaschmaschine waschfaltig oder knitterig gewordener Waren sowie zum Weichmachen bockiger Gewebe.

Abb. 12. Breitwaschmaschine von Ernst Gessner A.-G.

Reinere Ware erzielt man mit dem in der Breitwaschmaschine eingebauten Reibungswaschapparat, der aus einem Leitriegel besteht und das Gewebe so führt, daß der zulaufende und ablaufende Gewebeteil sich berühren und infolge der entgegengesetzten Richtung sich aneinander reiben, wodurch der an die Oberfläche des Gewebes gehobene Schmutz abgerieben wird und schneller in die schäumende Waschflüssigkeit übergeht.

Den Waschmaschinen mit zwei und drei Riffelwalzenpaaren sagt man den Übelstand nach, daß namentlich leichtere Gewebe sich leicht verlaufen und knittrig werden, sich auch leicht durchreiben.

Bei der in der Abb. 12 dargestellten Maschine soll dieser Übelstand beseitigt sein. Sie hat als Neuheit noch einen Warenlauf-Regulierapparat *RA*, der das zeitweilige Faltenausgleichen durch den Arbeiter überflüssig macht und die Beaufsichtigung mehrerer Maschinen durch einen Mann ermöglicht. Der Regulierapparat besteht aus drei Walzen *a*, *b*, *c*, welche gemeinsam um den Zapfen *o* schwingen können.

Verläuft sich die Ware nach einer Seite, z. B. nach links, so wirkt an dieser Leistenseite die Warengeschwindigkeit am größeren Arm der schwingbaren Walzen, an der anderen Leistenseite am kleineren Arm. Daraus folgt eine größere Winkelgeschwindigkeit an der rechten Seite, welche eine solche Bewegung der Riffelwalze zur Folge hat, daß das Gewebe wieder zur Maschinenmitte läuft.

Die Breitwaschmaschinen für feine Gewebequalitäten aus pflanzlichen Faserstoffen kennzeichnen sich durch eine größere Anzahl von Waschbottichen, die entweder getrennt stehen oder durch Zwischenwände aus einem einzigen Bottich gebildet sind. — Jede Abteilung (Bottich) ist mit einem Quetschwalzenpaar

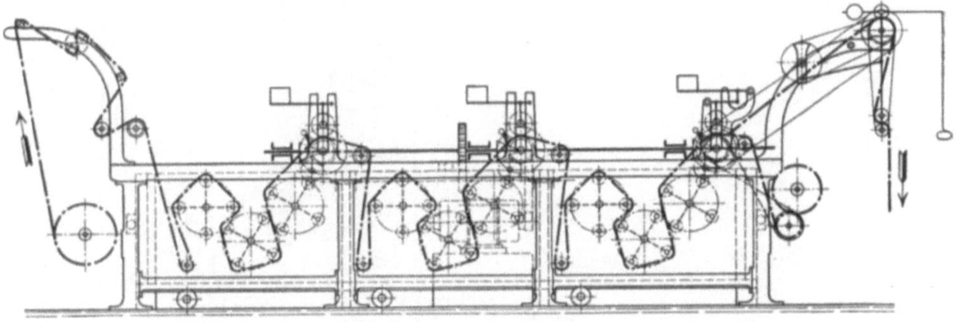

Abb. 13. Breitseif- und Waschmaschine von C. G. Haubold A.-G.

versehen. Zur gleichmäßigen Druckübertragung auf das dünne in einfacher Lage durch die Waschmaschine geführte Gewebe, und um an allen Stellen desselben den gelösten Schmutz auszuquetschen, ist eine der Walzen (gewöhnlich die Oberwalze) mit einem Baumwollseil oder Baumwollstoff umwickelt. Bei besserer Ausführung bestehen die Unterwalzen aus Gußeisen mit einem Überzug aus Messingblech, die Oberwalzen sind aus Holz mit einem Kautschuküberzug (Gummiwalzen).

Die Waschmittel sind hierbei Seifen- oder Sodalösungen. Ist im Gewebe bereits durch ein Kochen (Beuchen) die Schlichte gelöst worden, so wird auf der Breitwaschmaschine nur gespült. Alle feineren Gewebequalitäten, die ohne Quetsch- oder Knitterfalten gereinigt werden sollen, sowie solche mit farbigen Längsstreifen, die, wenn sie nicht vollkommen waschecht gefärbt sind, bluten und die übrigen Gewebeteile verfärben würden, sollen unbedingt auf den Breitwaschmaschinen gewaschen werden. Ebenso sind auch alle mercerisierten Gewebe durch Ansäuern mit verdünnten Säuren und gründliches Spülen mit Wasser von der Natronlauge zu befreien (Neutralisieren), um beim nachfolgenden Färben Fleckenbildung zu vermeiden. Indigogefärbte Waren werden ebenfalls auf Breitwaschmaschinen gesäuert und gewaschen, zu bedruckende Gewebe geseift und gewaschen.

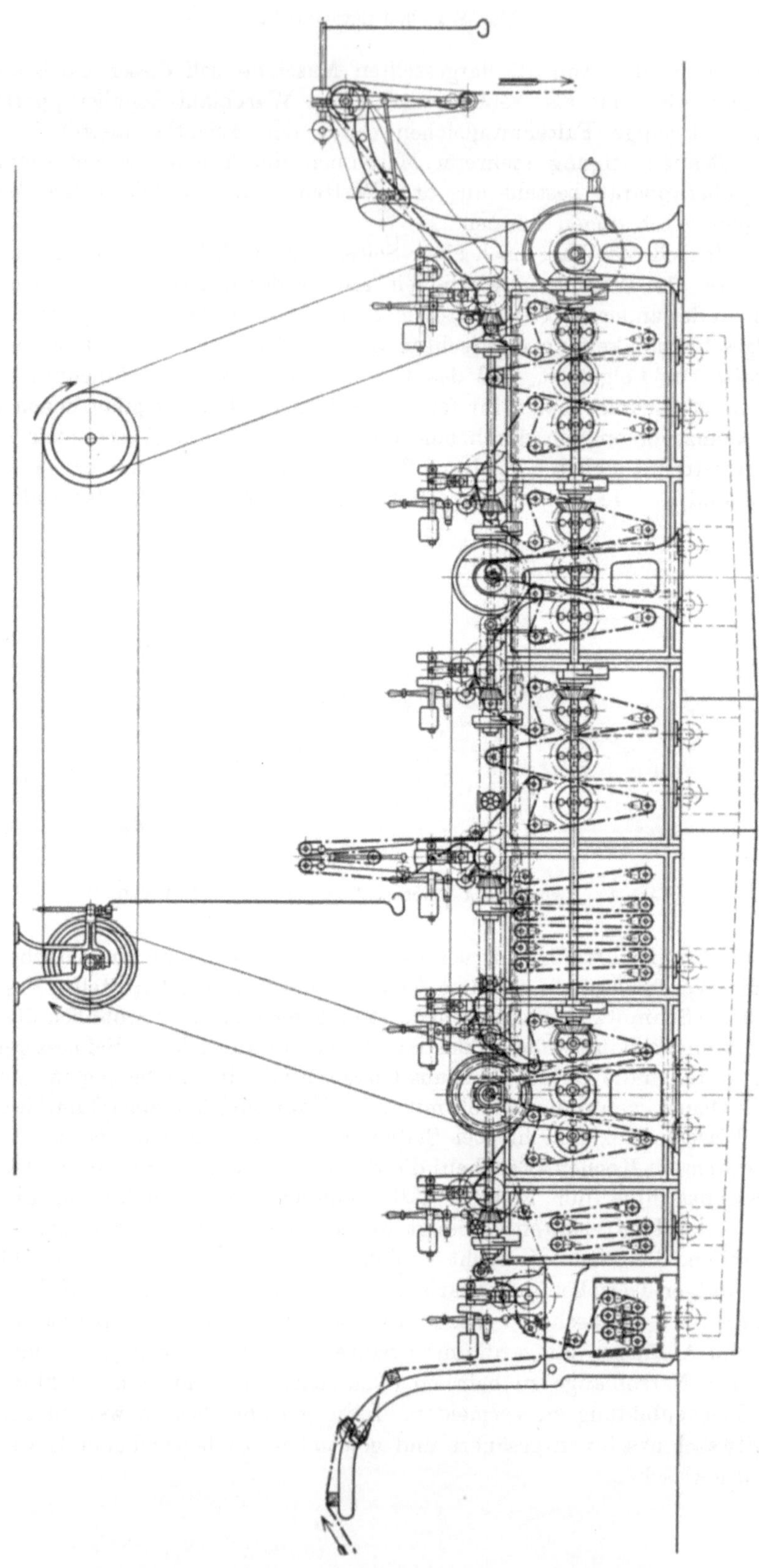

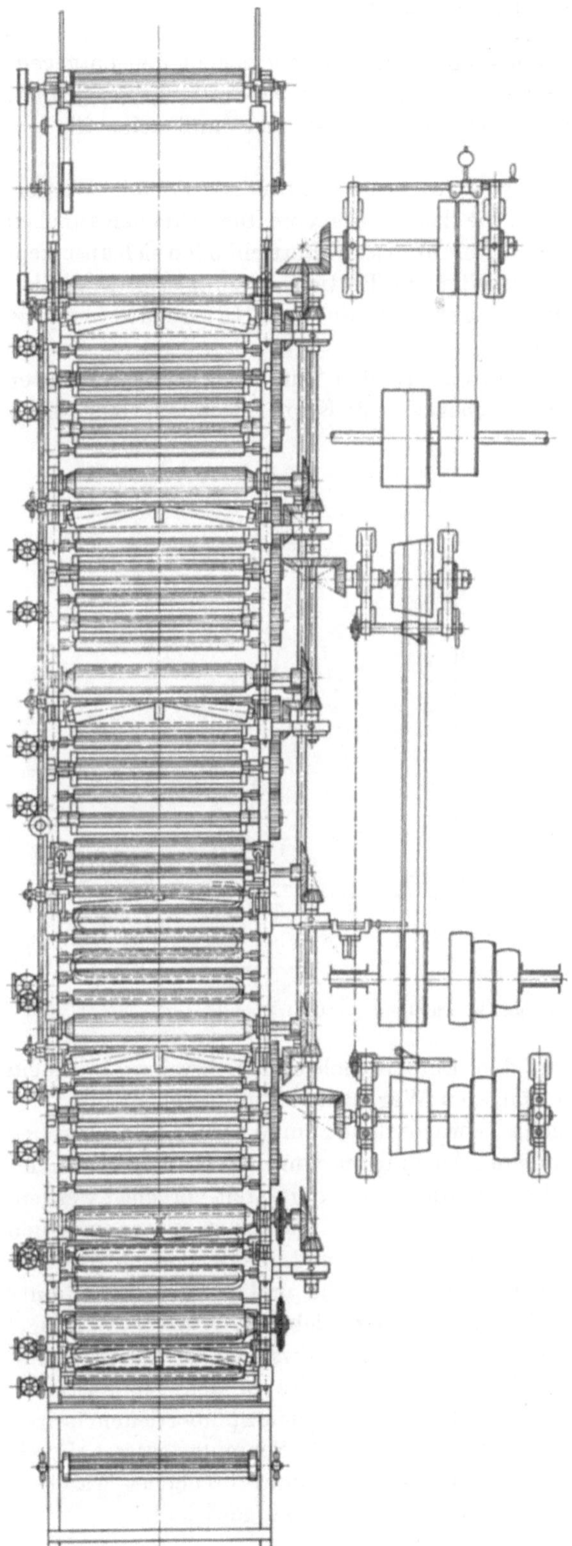

Abb. 14. Breitwasch- und Seifmaschine von C. G. Haubold A.-G.

Die Waschorgane sind je nach ihrer Ausführung verschiedenartig mechanisch wirkend. Quetschwalzen wirken drückend und pressen den Schmutz aus, Schlagwalzen wirken durch Schlag und durch Vorüberstreichen am Gewebe, also auch durch Reibung, so daß selbst fester anhaftende, bereits gelöste Schmutzteilchen schneller entfernt werden. Bei einigen Maschinen findet man beide Organe auch vereinigt.

Eine Breitwaschmaschine mit getrennt stehenden Bottichen besteht aus 3 bis 5 Bottichen, vor denen je ein rotierender Breithalter vorhanden ist. Der Vorgang ist beispielsweise so, daß im ersten Bottich das Waschmittel (Seife-, Sodalösung) sich befindet und im 2., 3., 4. Bottiche gespült und das Wasser durch Spritzrohre zugeführt wird; im 4. Bottich befindet sich außerdem noch ein Schmutzbottich. Jeder Bottich hat ein Quetschwalzenpaar. Diese Maschine eignet sich für das Waschen und Spülen rohweißer oder gefärbter Baumwollgewebe. Es können auch 2 bis 3 Bottiche Waschmittel enthalten.

Die Breitspülmaschine mit Wasserüberlauf ist zum Spülen gewaschener, gefärbter oder bedruckter Baumwollgewebe sehr gut geeignet. Der Wasserverbrauch ist hier sehr gering, da das Wasser mehrere Male ausgenützt wird, indem es von einem Bottich zum anderen fließt. Das Gewebe macht den entgegengesetzten Weg, was man als Spülen nach dem Gegenstromprinzip bezeichnet. Schwerer Schmutz setzt sich am Bottichboden fest und muß zeitweilig abgelassen werden.

Eine andere Einrichtung einer Breitspülmaschine ist die mit Wasserüberführung vermittels Steigrohre, die das Wasser vom Bottichboden abheben und den Vorteil der ununterbrochenen Abfuhr des am Bottichboden sich ansetzenden Schmutzes haben, so daß nur zeitweilig eine Bottichreinigung erforderlich ist.

Eine Breitwaschmaschine in der Ausführung von C. G. Haubold, Chemnitz, zeigt die Abb. 14.

Die Quetschwalzen können aus Eisen bestehen, und zwar sind bei guter Ausführung die Unterwalzen zur Rostsicherheit mit Kupferblech, die Oberwalzen

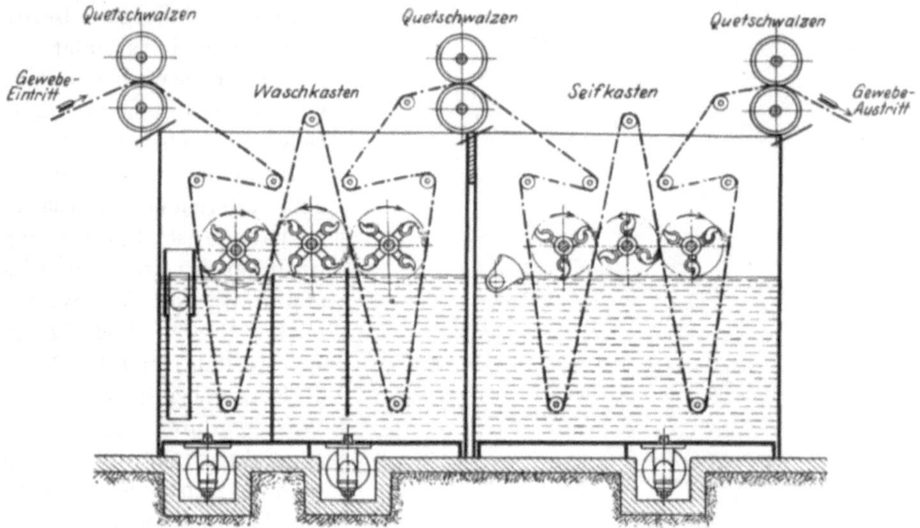

Abb. 15. Breitwaschmaschine mit Waschflügeln von C. G. Haubold A.-G.

mit Kautschuk überzogen. Durch den Einbau mehrerer Leitwalzen in einem Bottich macht das Gewebe einen längeren Weg in der Spülflüssigkeit.

Die Breitseif- und Waschmaschine, vornehmlich zum Waschen von Geweben vor dem Drucken, ist in Abb. 13 in einer Ausführung von C. G. Haubold, Chemnitz, wiedergegeben. Das Gewebe kann gewickelt oder getafelt vorgelegt werden. Im ersten Bottich wird geseift, wobei die durch den Warenzug mitgenommenen polygonalen Leitwalzen auf das Gewebe einwirken. Im 2. und 3. Bottich wird mit Wasser, das durch Rohre stetig zugeführt wird, gespült und der gelöste Schmutz durch die Schlag- und Reibungswirkung der angetriebenen Walzenschlagflügel abgelöst. Über jedem Bottich befindet sich ein Quetschwalzenpaar mit Gewichtshebeldruck und vorgestelltem Breithalter. Spritzrohre in den Spülbottichen sorgen für die Beseitigung des gelösten Schmutzes. In den Spülbottichen fangen Schmutztröge das von den Quetschwalzen abfließende Schmutzwasser auf. Sie verringern den Wasserverbrauch und bewirken ein ununterbrochenes Waschen. Das Gewebe wird abgetafelt oder auf eine Holzwalze aufgewickelt.

Die Waschwirkung der Breitwaschmaschinen wird vielfach dadurch beeinträchtigt, daß die Waschflügel (Schöpfräder) unzweckmäßig ausgebildet sind.
Sie tauchen entweder zu tief oder zu heftig in die
Flotte ein; die geschöpfte Flüssigkeit wird auch
nicht gründlich und gleichmäßig auf die Gewebelaufbahn abgegeben.

Diese Nachteile vermeiden die Waschflügel
nach Abb. 15 und Abb. 16.

Auf einer durchgehenden Welle sind Rinnen
von spiralförmigem Querschnitt befestigt, die
während der Umdrehung zuerst in die Flotte
tauchen; sie füllen sich infolge ihrer eigenartigen
Form mit Wasser.

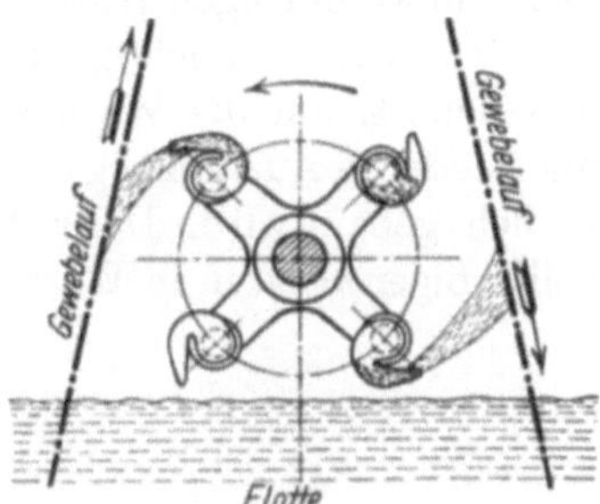

Abb. 16. Waschflügel. (Einzelheit zu Abb. 15.)

Sobald der Schöpfflügel aus der Flotte heraustritt, schleudert er das Wasser, das nicht in das Innere der Rinnen eindringen
konnte, kräftig gegen das senkrecht vorbeigeführte Gewebe.

In der Regel werden 3 Flügel in einen Kasten eingebaut.

Die Krabbmaschinen zum Kochen, Brennen, Brühen und Fixieren.

Im weiteren Sinne können zu den Breitwaschmaschinen auch die Krabbmaschinen gerechnet werden, welche in der Appretur für wollfarbige,
vornehmlich für stückfarbige Wollstoffe, insbesondere stückfarbige Kammgarnstoffe, ebensolcher Gera-Greizer-Artikel (feinere leichte Damenkleiderstoffe aus Wolle) und der Halbwollengewebe von großer Bedeutung sind.
Sie sind mehr Fixier- als Waschmaschinen, wirken also nur nebenbei reinigend und geben keinen so vollen Wascheffekt wie die Strangwaschmaschinen,
weshalb man auf ihnen nur leicht verschmutzte Gewebe mit leicht löslichen Verunreinigungen, wie Schlichte, Leim, Stärke und geringe Mengen
von Fett reinigen kann; sonst können nur vorgewaschene Gewebe darauf bearbeitet werden. Ihr eigentlicher Zweck ist das Fixieren des Gewebes, d. h.
die Beseitigung der Krumpf- oder Krimpfähigkeit, um das Eingehen (Schrumpfen,
Krimpen oder Krumpfen) des Gewebes in der Länge und Breite bei den späteren
Appreturarbeiten oder beim Färben unmöglich zu machen. Erreicht wird dieser
Effekt, indem man das Gewebe im breit und straff gewickelten Zustande 30 bis
60 Minuten in heißem Wasser unter starkem Druck rotieren läßt. Die Temperatur
des Wassers muß mindestens derjenigen gleich sein, welche das Gewebe bei den
nachfolgenden Operationen auszuhalten hat. Das Verfahren des Fixierens oder
Einbrennens, Krabbens, Kochens, Brühens beruht auf der Formbarkeit (Plastizität) der Wollfaser, welche im warmen Zustand in irgendeine Form gebracht,
diese nach dem Abkühlen beibehält. Das Krabben ist eine Art Naßdekatur,
weil nebst Krumpffreiheit man damit hohen Glanz und weichgriffige, volle Ware
erhalten kann. Die Weichheit beruht auf dem Aufquellen der Wollfaser zufolge
der Wasseraufnahme.

Man unterscheidet 3 Arten von Krabbmaschinen:
die einfache Krabbmaschine (Brennbock, Fixiermaschine),
die doppelte Krabbmaschine und
die 3fache (auch mehrfache) Krabbmaschine.

Der Brennbock (Abb. 17) dient fast ausschließlich zum Entleimen (Entschlichten) und Fixieren von stückfarbigen leichten Kammgarngeweben, aber auch von wollfarbigen Waren und hat ein Quetschwalzenpaar mit Hebelbelastung. Die Unterwalze ist mit geraden und Kreuzriemen für Vor- und Rückwärtsgang eingerichtet, um die Ware auf- und abwickeln zu können. Die Abb. 18 zeigt eine moderne Ausführung von E. Gessner, Aue i. Erzg., die auch von Haubold ähnlich gebaut wird. Das auf die Unterwalze aufgewickelte Gewebe läßt man bei wollfarbigen Stoffen in Wasser von 40 bis 60⁰ C eine Stunde und länger rotieren.

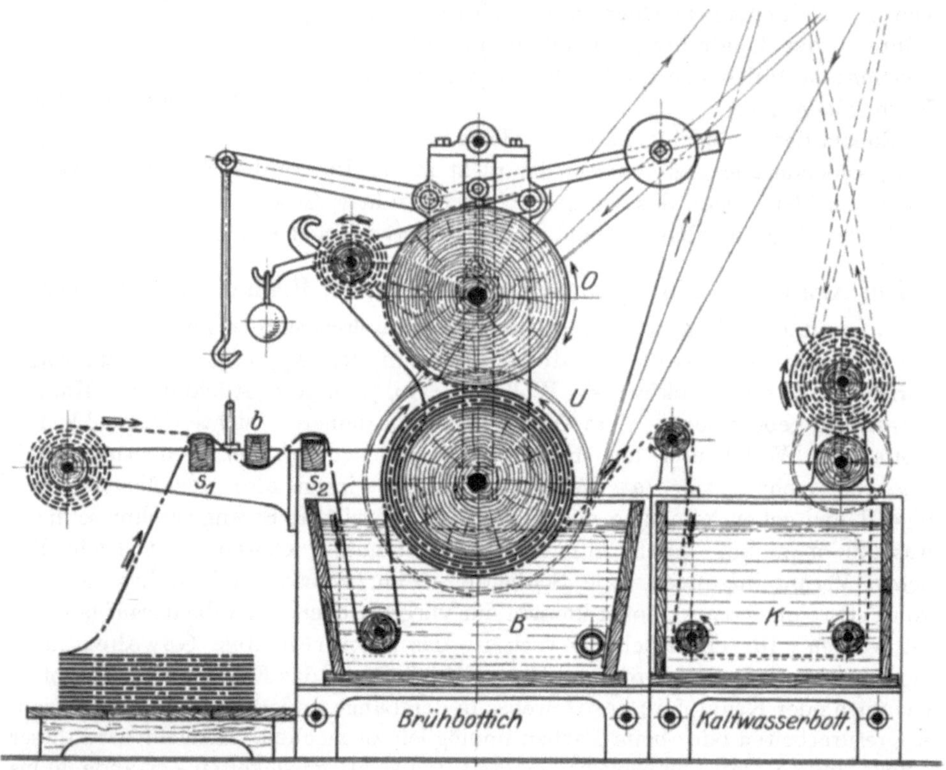

Abb. 17. Der Brennbock (ältere Ausführung).

Die Temperatur des Wassers richtet sich nach den Farben. Einfarbige Gewebe bedürfen weniger Vorsicht. Gewebe aus feinem Wollmaterial, die sich weich und voll angreifen sollen, krabbt man ohne besonderen Druck, wie auch solche, welche infolge von Längs-, Quer- oder Diagonalrippen Moirébildung befürchten lassen. Stückfarbige Cheviots bestehen aus etwas härterem Wollmaterial und bedingen zu ihrer Weichmachung eines höheren Druckes der Oberwalze. Wollfarbige Gewebe wäscht man vor dem Fixieren auf einer Strangwaschmaschine oder Breitwaschmaschine.

Für stückfarbige Gewebe, mittelschwere Kammgarne, welche nur wenig Öl enthalten, bedient man sich des Brennbockes sowohl zum Entleimen (Entschlichten) als auch zum Fixieren, um sie für das Färben vorzubereiten, gegen Eingehen

und Verfilzen zu sichern und den Glanz zu heben. Nach dem Kochen wäscht man
auf der Strangwaschmaschine und bei heiklen, leicht schwielig werdenden Qualitäten auf der Breitwaschmaschine und dekatiert sie im nassen Zustande auf der
rotierenden Dekatierwalze. Für ein vollkommenes Krabben hat man das Gewebe,
in entgegengesetzter Richtung gewickelt (so daß das frühere Innenende nach außen
zu liegen kommt), ein zweites Mal zu krabben. Zu diesem Zwecke hat man den
ersten Wickel zu überwickeln. Das entfällt bei der Doppelkrabbmaschine.

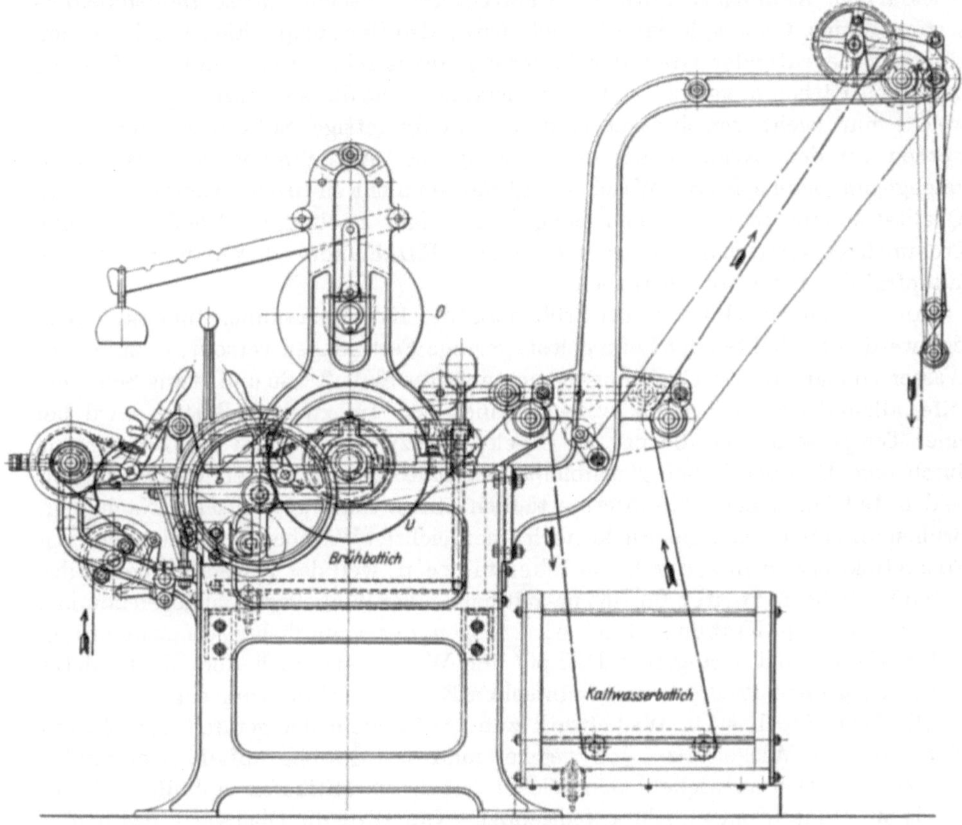

Abb. 18. Der Brennbock von Ernst Gessner A.-G.

Aber auch andere wichtige vorbereitende Appreturvorgänge lassen sich auf
dieser einfachen Maschine ausführen; z. B. das Egalisieren von auf der Strangwaschmaschine waschfaltig gewordenen Geweben; für zu rauhende Waren
die Erzielung faltenfreier Gewebe zur Verhütung von Rauhstreifen; für Strichwaren als Nachbehandlung die Fixierung der Strichlage und des dadurch
bedingten Glanzes. Man hat hierbei das Gewebe im Strich auf die Unterwalze
zu wickeln, d. h. mit dem Warenhinterende das Wickeln zu beginnen.

Zur Erzielung verschiedenen Griffes und verschiedenen Glanzes
durch das Krabben schließt man an den Heißwasserbottich noch einen Kühl-
wasserbottich mit mehreren Leitwalzen an. Führt man das fixierte Gewebe
durch kaltes Wasser, so vermindert sich der Glanz, und der Griff wird etwas

rauher und härter. Läßt man nach dem Fixieren die gewickelte Ware langsam abkühlen, durch Stehenlassen des Gewebewickels, so erhält sie Hochglanz. Der Glanz ist aber bedingt durch den natürlichen Wollglanz.

Die doppelte (zweifache) Krabbmaschine für die Vorappretur stückfarbiger, leichter und mittelschwerer Wollwaren, welche nach der Appretur eine klare, unverfilzte Oberfläche zeigen sollen, wie z. B. leichte Kammgarngewebe, Tibets (stückfarbige Kammgarnstoffe, eine Art Kaschmirstoff), Kaschmirstoffe (leichte, stückfarbige Kammgarnstoffe der Gera-Greizer Branche, meist Damenkleiderstoffe), Satins, Croisés, leichte Cheviots usw., also Gewebequalitäten, bei welchen ein ganz bedeutender Grad der Fixierung anzustreben ist, damit die Gewebe nach dem Färben unverfilzt und eben ausfallen. Alle diese stückfarbigen Gewebe, welche nur leicht verschmutzt sind und wenig fettige Substanzen enthalten, werden vor dem Krabben auf der Gassenge zur Abflammung der Faserenden gesengt, um beim späteren Waschen und Färben nicht zu filzen. Gewisse schwere Qualitäten läßt man vor dem Sengen, allenfalls nach einer Vorwäsche, eine Trommeltrockenmaschine oder auch einen Filzkalander durchlaufen, um sie faltenfrei der Senge zu übergeben.

An das Sengen reiht sich das Brühen auf der Krabbmaschine. Im ersten Bottich werden Schlichte oder Leim gelöst, geringe Fettmengen verseift, wozu heißes Wasser von 40° bis 60° C mit Zugabe von gelöster Soda 3° Bé und etwas Schmierseife, allenfalls auch Salmiak, zweckdienlich ist. Im zweiten Bottich wird bei einer Temperatur von 70° bis 80° C gekocht bzw. fixiert und die Temperatur durch eine Dampfschlange gleichbleibend erhalten. Die Flotten werden in den beiden Bottichen nach Erfordernis täglich einige Male gewechselt. Nach dem Brühen unterzieht man die Stücke noch einer leichten Wäsche. Den gleichmäßigen Fixiereffekt erzielt man durch das Überwickeln, weil das Warenaußenende des ersten Bottichs im zweiten Bottich nach innen an der Wickelwalze zu liegen kommt.

Die doppelte Krabbmaschine wird wegen der gründlichen Entschlichtung und Fixierung bei geringerem Dampf- und Wasserverbrauch und nicht zuletzt wegen der großen Produktion der einfachen Krabbmaschine vorgezogen.

Die Maschine hat ein Wickelwerk zum Aufwickeln der getafelt vorgelegten Ware auf eine Wickelwalze, von welcher man das Gewebe auf die Unterwalze im ersten Bottich aufwickelt, den Wickel mit einem Mitläufer umhüllt und nun 20 bis 30 Minuten entschlichtet (entleimt). Nun wird die Oberwalze des ersten Bottichs hochgehoben, das Gewebe über eine Leitwalze auf die Unterwalze im 2. Bottich überwickelt, wobei die Unterwalze des ersten Bottichs gebremst werden kann. Dann wird die Ware im Heißwasser fixiert und danach auf die Wickelwalze des ersten Bottichs überwickelt.

Ist das Gewebe zur besseren Fixierung und Aufnahmsfähigmachung der Farbstoffe noch zu dekatieren, so kann an Stelle der Wickelwalze eine Dekatierwalze eingelegt werden. Dieser Vorgang ist nur dann durchführbar, wenn man im ersten Bottich die Schmutzflüssigkeit durch Reinwasser ersetzt hat, die Ware soll also möglichst rein von der Brühmaschine kommen. Durch das Brühen mit Druck fällt die Ware viel glatter und filzt weniger beim nachfolgenden Färben.

Werden Gewebe nach dem Brühen auf einer Waschmaschine nachgewaschen, so verkürzt man das Brühen auch durch direktes Überwickeln von der Unterwalze im zweiten Bottich auf die ihr zugeordnet liegende Wickelwalze oder führt das Gewebe unter die Unterwalze im zweiten Bottich und wickelt auf die Wickelwalze.

Die dreifache Krabbmaschine mit großem Quetschwalzendruck eignet sich zum Entschlichten stückfarbiger wollener, härterer Gewebe (Weftgewebe) und besserer Qualitäten von halbwollenen Geweben im breiten Zustande, zum Degummieren halbseidener Stoffe, zum Kochen, Waschen, Fixieren und Lustrieren sehr guter Qualitäten von halbwollenen Futterstoffen, wie Serges, Glorias, Zanellas, Orleans und Schirmstoffen. Alle diese genannten Gewebe werden im Stück gefärbt und sollen auf Glanz gearbeitet werden. Die halbwollenen Gewebe besserer Qualität (Kammgarnkette mit Baumwollschuß), welche wegen ihrer Billigkeit ganzwollene Gewebe ersetzen sollen, werden derartig appretiert, um das Aussehen ganzwollener Gewebe zu erhalten.

Nun gestaltet sich die Appretur feinerer Halbwollwaren aus dem Grunde sehr schwierig, weil die Verschiedenheit der Eigenschaften von Wolle und Baumwolle auch ein verschiedenartiges Verhalten in den einzelnen Appreturstufen zur Folge hat. Wolle springt im feuchten Zustande bei Anwesenheit von Wärme stark ein, beim Walken filzt sie, während sich die Baumwolle in gleichen Fällen fast ganz indifferent verhält. Dieses ungleiche Verhalten des Eingehens und des Filzens der Wolle und Baumwolle führt zu welligen und faltigen Stellen im Gewebe; es ist daher zu trachten, durch geeignete Bearbeitung in der Appretur der Wolle die Neigung zum Eingehen möglichst zu nehmen. Alle diese vorgenannten Halbwollgewebe werden nach dem Sengen gekrabbt. Die beste Krabbmaschine für diese leicht wellig werdenden Stoffe ist die dreifache Krabbmaschine, die, mit weit höherem Quetschdruck arbeitend als der Brennbock und die zweifache Krabbmaschine, einen weit höheren Glanz und eine schnellere und bessere Reinigung ermöglicht. Auf den dreifachen Krabbmaschinen werden die Gewebe gleichzeitig von Leim und Schlichte befreit (gereinigt), fixiert und auf Glanz bearbeitet.

Gewebe feinerer Qualität, z. B. Kammgarnkette mit Baumwollschuß, reinigt man im ersten und zweiten Bottich mit Seife und Salmiak durch 20 Minuten, indem man die Enden wechselt, d. h. die Ware überwickelt. Hierauf entleert man die beiden Bottiche, füllt sie mit heißem Wasser und kühlt die Ware schließlich im dritten Bottich ab. Wickelt man das Gewebe, ohne im Wasser zu kühlen, im heißen Zustande auf die Walze und läßt sie im gewickelten Zustande langsam abkühlen, so erhält die Ware Hochglanz. Führt man hingegen das Gewebe aus dem Heißwasserbottich in den Kühlbottich mit kaltem Wasser, so wird je nach der Dauer des Abkühlens und der Temperatur des Wassers der Glanz mehr oder weniger abnehmen.

Kreppe, Ripse, Diagonals, d. s. Gewebe mit Rippen und Erhabenheiten, sind wegen der Gefahr der Moirébildung ohne Druck, mithin mit hochgehobenen Oberwalzen zu krabben.

Bei stückfarbigen Halbseidengeweben gibt man in den ersten Bottich zum Lösen des Seidenleims und sonstiger im Gewebe befindlicher Verunreinigungen eine kochende Seifenlösung, in den zweiten Bottich und erforderlichenfalls auch in den dritten Bottich heißes Wasser.

Bei halbwollenen Geweben reiht sich zur innigeren Fixierung des Gewebes unmittelbar das Dekatieren an. Am besten bewährt sich das Dekatieren

auf stehenden Zylindern (Stockdekatur, offen stehende Walzendekatur), um
etwas brettigen Griff zu erhalten (8 bis 10 Minuten).

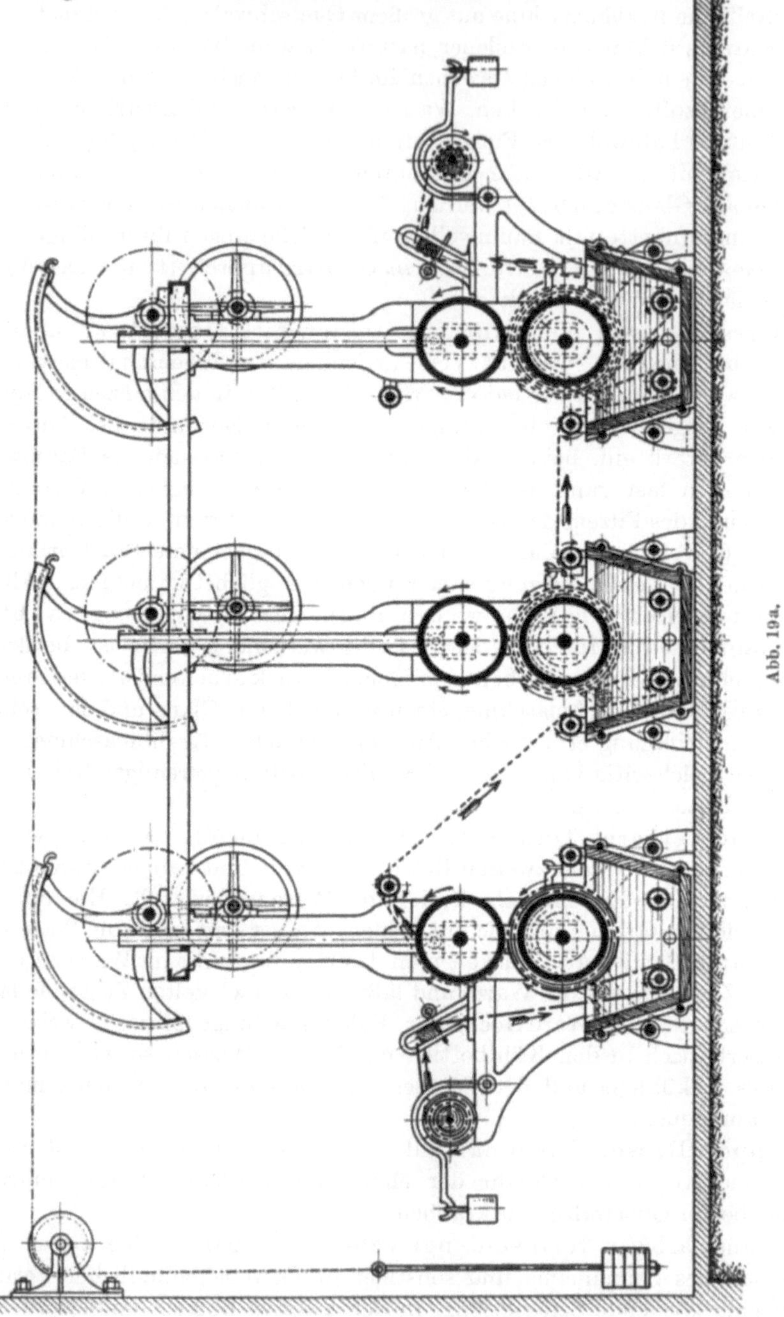

Abb. 19a.

Alle hellfarbigen Stücke unterzieht man nach dem Krabben, Dekatieren
und Färben nochmals dem Sengprozeß auf der Plattensenge, um den nach

diesen Arbeitsvorgängen wieder hervorgetretenen Faserflaum zu beseitigen und den Glanz zu erhöhen.

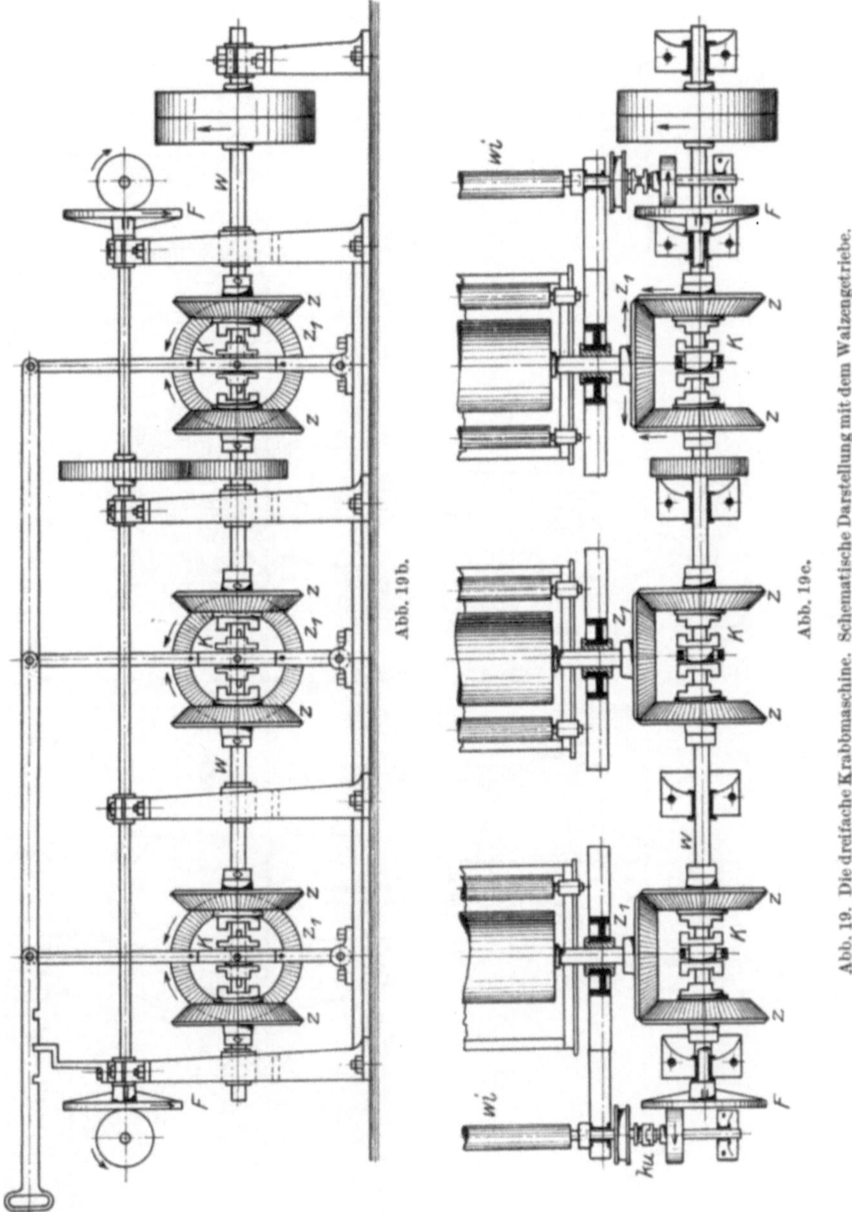

Die Quetschwalzen der dreifachen Krabbmaschine (Abb. 19) von 380 bis 400 mm Durchmesser sind aus Eisen und geschliffen. Die Unterwalzen sind mit Vor- und Rückwärtstrieb eingerichtet, bei manchen Ausführungsarten haben nur das erste und dritte Walzenpaar diese Einrichtung zum Herausarbeiten

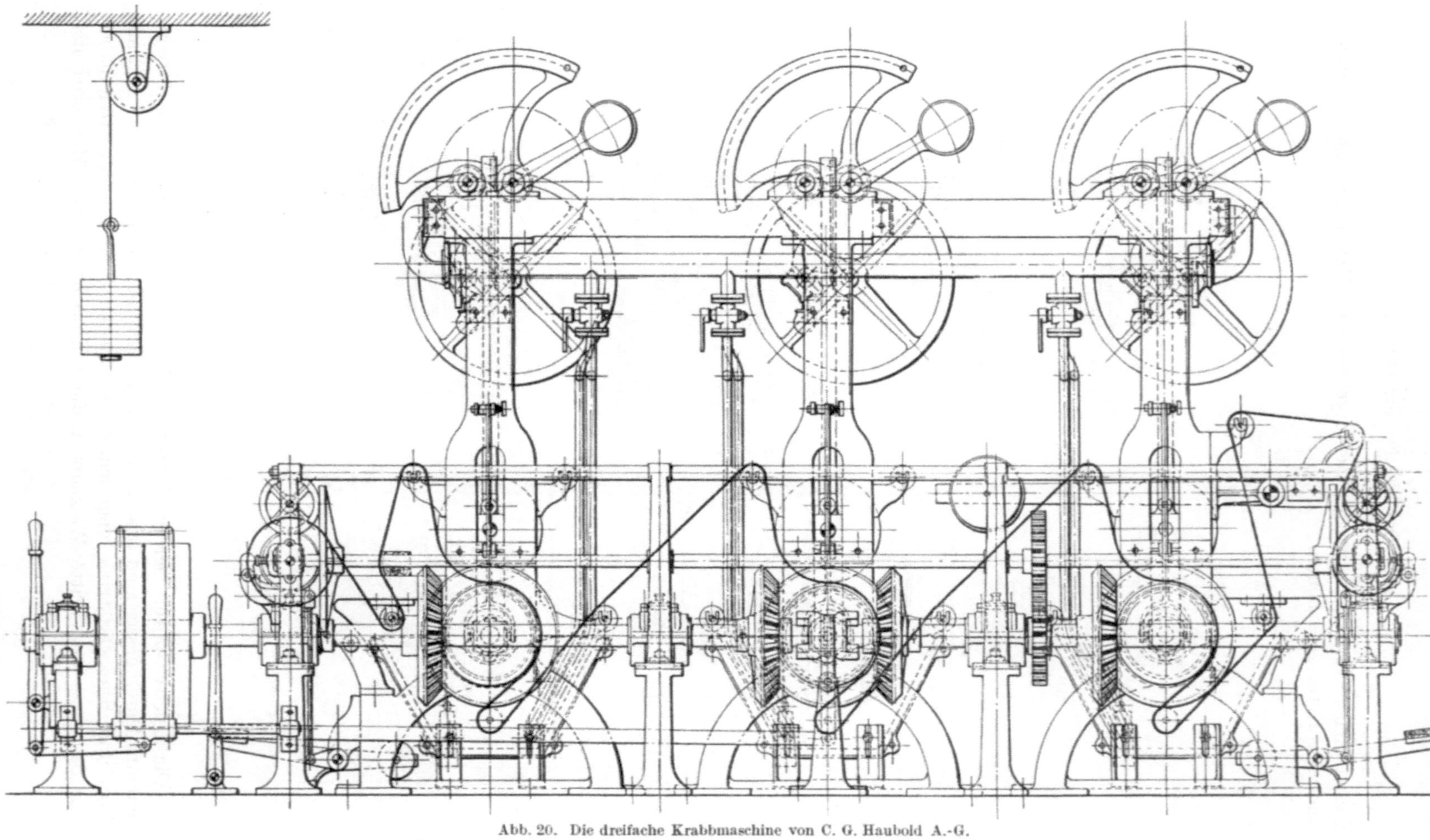

Abb. 20. Die dreifache Krabbmaschine von C. G. Haubold A.-G.

der Ware. Die Oberwalzen haben Segmentkettenbelastung mit veränderlichem Druck durch Wegnehmen oder Zulegen von Gewichtsplatten.

Die Kegelräder z sind lose auf der Welle aufgesetzt und werden nach Einrückung der mit einem Gleitkeil aufgesetzten Klaue k in Bewegung gesetzt, und zwar vor- oder rückwärts, entsprechend der Verschiebung nach links oder rechts.

Der Friktionstrieb F zum Aufwickeln des Gewebes auf die Wickelwalze W_i kann durch eine Klauenkupplung aus- und eingerückt werden. Der Hebel h ist oft auch mit einem Tritthebel, der bis zur Maschinenmitte reicht, zu betätigen. Jeder Trog hat zwei Leitwalzen, Heizrohr und Wasserzuführung; die Unterwalzen sind zum straffen Überwickeln mit Bremsen versehen.

Abb. 20 zeigt eine dreifache Krabbmaschine in der Ausführung von C. G. Haubold A.-G., Chemnitz.

Die fünffache Krabbmaschine. Sehr empfindlich sind die Halbwollüster (Baumwollkette mit Mohairschuß), weil Mohair im Verhältnis zur Baumwolle stark krumpft und das Gewebe bei der geringsten Unachtsamkeit zusammenschrumpft, faltig und wellig wird. Außerdem überziehen sich die Mohairlüster schnell mit Moiré. Man nimmt daher Krabbmaschinen mit fünf Bottichen, meist geschliffenen Eisenwalzen und einfacher Warenführung, ohne auf die Unterwalze zu wickeln, und läßt das aus dem letzten Bottich kommende Gewebe direkt auf eine angeschlossene Trommeltrockenmaschine mit 9 Trockentrommeln laufen.

Der weitere Vorgang besteht darin, daß man die Ware nach dem Krabben auf dem Zylinder dekatiert, auf der Plattensenge behandelt, hierauf zur Entfernung von Sengflecken und Sengstaub nochmals krabbt, auf dem Zylinder dekatiert, naß oder trocken zur Farbe gibt (Stückfärber), auf der Breitwaschmaschine spült, ausschleudert (Horizontalzentrifuge) und schließlich auf der Trommeltrockenmaschine oder auf dem Filzkalander trocknet.

4. Das Karbonisieren.

Feinere Wollgewebe enthalten, je nach der Wollsorte (insbesondere Austral-, Kap- und La Plata-Wollen), aus welchen die Garne gesponnen wurden, fast durchweg geringere oder größere Mengen von pflanzlichen Beimengungen, von welchen Kletten und Strohteilchen besonders zu nennen sind; aber auch pflanzliche Fasern wie Baumwolle (bei der Wiederverwendung halbwollener Gewebe), Jute (von der Verpackung herrührend) finden sich in der Wolle vor. Die vegetabilischen Bestandteile nehmen beim Färben, ob in der Flocke, im Strähn oder im Stück, die Farbstoffe für Wolle nicht an und wirken durch ihre hellere, fast weiße Farbe störend im Gewebe.

Man sorgt zwar schon in der Spinnerei für ein weitgehendes Ausscheiden der Kletten- und Strohteilchen; dies gelingt aber nur zum Teile.

Insbesondere sind es die Ringelkletten, die der Beseitigung auf mechanischem Wege einen hartnäckigen Widerstand entgegensetzen, weswegen man chemische Hilfsmittel anwenden muß, um die zumeist aus Zellulose bestehenden Verunreinigungen durch Säuren in Hydrozellulose umzuwandeln, die bei scharfem Trocknen eine leicht zerreibliche Masse wird und sich durch Klopfen oder Bürsten leicht entfernen läßt. Weil die Hydrozellulose in hoher Temperatur eine schwarze, kohlenähnliche Substanz bildet, hat man den Vorgang Karbonisation genannt, was sich — obwohl diese Bezeichnung unzutreffend ist — bis auf den heutigen Tag erhalten hat. Die Karbonisation beruht darauf, daß konzentrierte Schwefelsäure die Neigung hat, organischen Substanzen Wasserstoff und Sauerstoff in Form von Wasser zu entziehen und eine Zersetzung, oft unter Zurücklassung des elementaren Kohlenstoffes zu bewirken. Dieser Vorgang vollzieht sich, wenn man die Schafwollgewebe mit Schwefelsäure von 4⁰ Bé tränkt und hierauf scharf, d. h. bei 70 bis 90⁰ C trocknet, wobei das Wasser rasch verdampft und die sehr fein verteilte Schwefelsäure sich konzentriert. Wenn auch die Wolle gegen verdünnte Säuren nicht sehr empfindlich ist, wird sie von konzentrierten Säuren doch angegriffen, d. h. spröde und brüchig, weshalb man die Konzentration nicht zu hoch treiben darf und nach dem Trocknen (Karbonisieren) die zurückgebliebene Säure rasch und mit viel Wasser unter Hinzufügung von Alkali (Soda, Ammoniak) beseitigen (neutralisieren) muß.

Nun kann die Frage aufgeworfen werden, warum man die in der Spinnerei zur Verarbeitung kommenden Wollen nicht im losen Zustande karbonisiert, wodurch auch das Garn viel reiner ausfiele und manche Hindernisse beim Spinnen beseitigt sein würden? Wenngleich beim Karbonisieren der losen Wolle mit größter Vorsicht vorgegangen wird, wird immerhin durch das zur Konzentration der Schwefelsäure erforderliche Trocknen bei 70 bis 90⁰ C die Wolle etwas härter und spröder und büßt an Spinnfähigkeit ein. Auch das Weben mit feineren Garnen aus nicht karbonisierten Wollen geht schneller vonstatten, weil die Garne dann elastischer sind und weniger Fadenbrüche ergeben.

Aus diesen Gründen karbonisiert man Wolle mit weniger klettigen und strohigen Teilchen, sowie solche für feinere Garne, auch wenn sie klettenreich sind, nicht in der Flocke, sondern im Gewebe (im Stück).

Reich an Ringelkletten sind die überseeischen Wollen, welche, zumeist zu feineren Kammgarnen versponnen, einen Großteil der Kletten beim Kämmprozesse verlieren.

Ein ähnliches Verhalten wie bei Anwendung von Schwefelsäure zeigen die pflanzlichen Beimengungen auch in Salzsäuregas, in Chloraluminium- und Chlormagnesiumlösungen. Ersteres wirkt wie H_2SO_4 direkt wasserentziehend, die beiden anderen Chemikalien dagegen indirekt.

Bei Verwendung von Salzsäuregas zum Karbonisieren wird die im Handel erscheinende rohe Salzsäure in dem Raume, wo karbonisiert wird, entweder direkt vergast oder vergast zugeleitet. Flüssige Salzsäure würde die Wollfaser zerstören.

Chloraluminium (Aluminiumchlorid $AlCl_3$), auf 6 bis 7⁰ Bé verdünnt, zerfällt bei einer Temperatur von etwa 125⁰ C in Tonerde, Wasserdampf und Salzsäure. Letztere vollbringt die Zerstörung pflanzlicher Teile.

Chlormagnesium (Magnesiumchlorid $MgCl_2$), in Wasser gelöst, zerfällt beim Erhitzen in Magnesia, Wasserdampf und Salzsäure, welch letztere karbonisierend wirkt.

Der Vorgang beim Karbonisieren mit Schwefelsäure.

Das Karbonisieren spielt sich in mehreren Teilvorgängen ab: das Säuern (Imprägnieren), Ausschleudern, Vortrocknen, Fertigkarbonisieren (Brennen), Entsäuern und Spülen.

Das Säuern geschieht in dem Säurebottich mit Haspel zum Durchtränken des Gewebes mit verdünnter H_2SO_4 von 2 bis 4° Bé. Die Stücke müssen seifen-

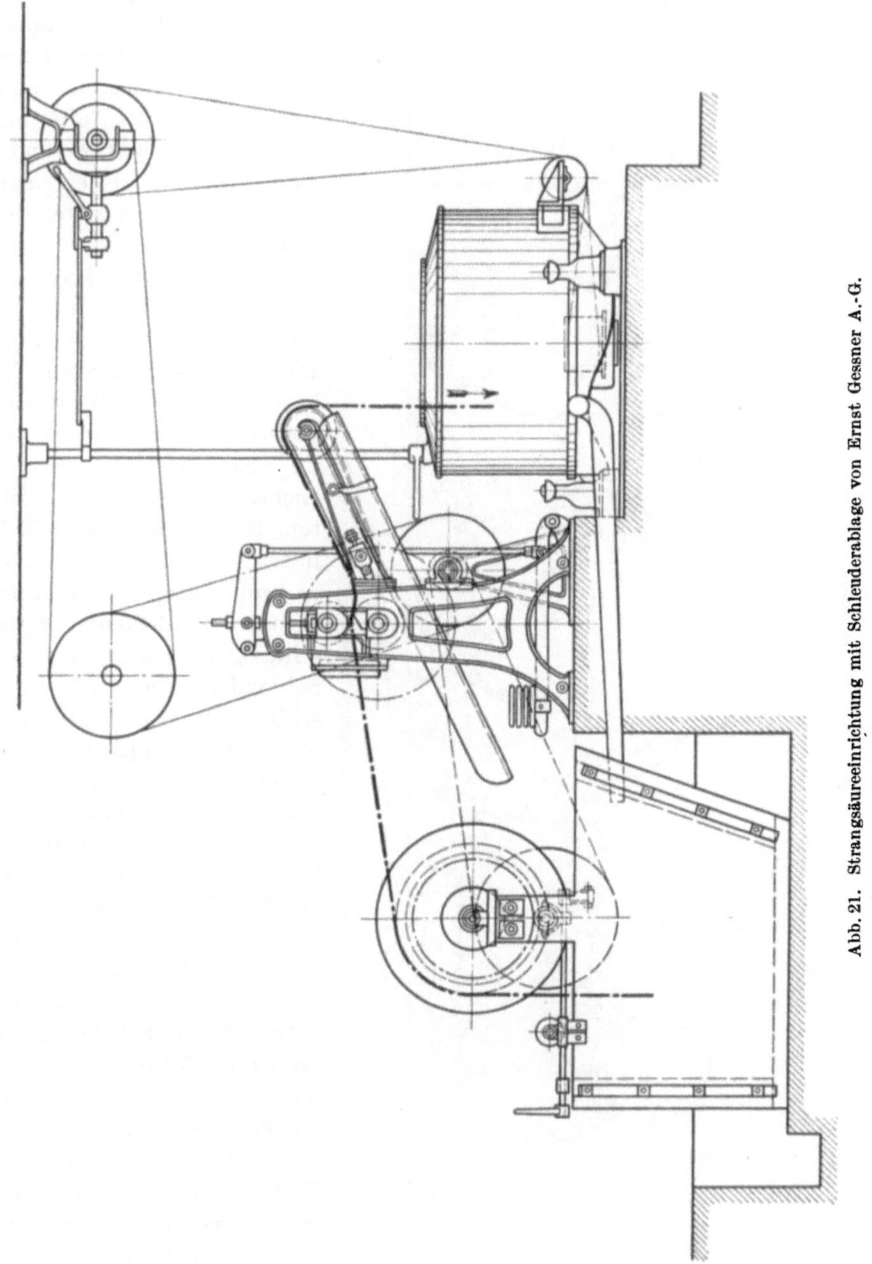

Abb. 21. Strangsäureeinrichtung mit Schleuderablage von Ernst Gessner A.-G.

rein gespült zum Säuern kommen, denn H_2SO_4 zersetzt die Seife und scheidet freie Fettsäuren im Gewebe ab; an diesen Stellen wird das Färben verhindert oder erschwert und bilden sich Färbeflecke. Um seifenreine Ware zu erhalten, ist

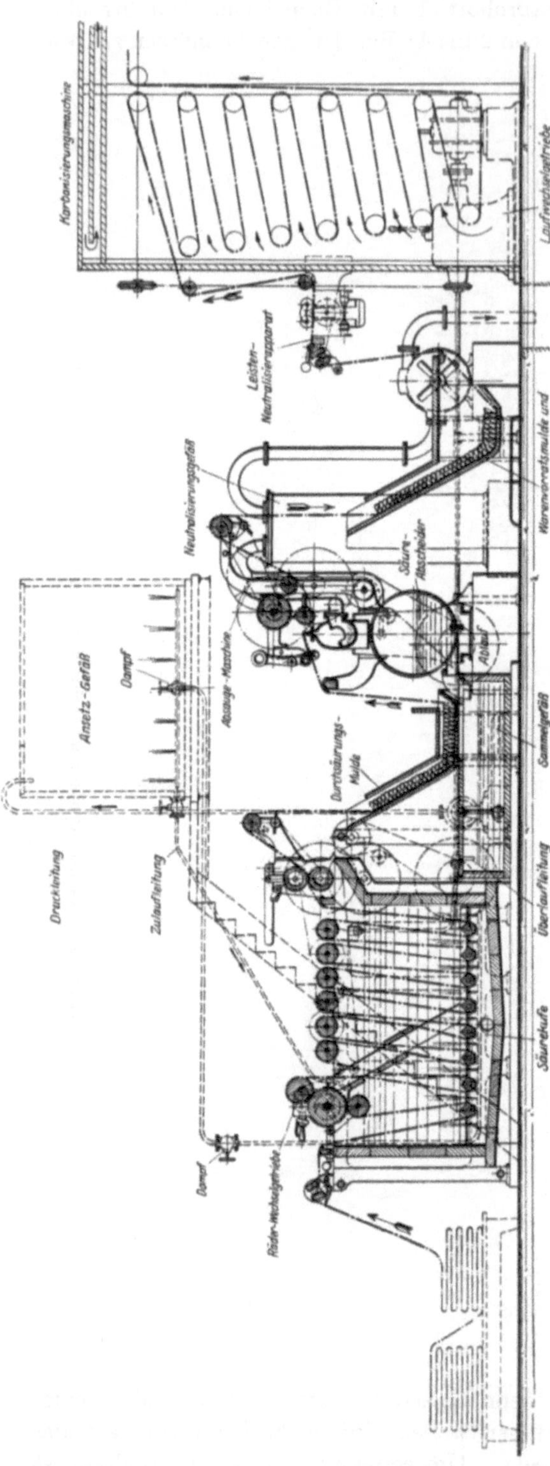

Abb. 22. Breitsäureeinrichtung mit Absaugmaschine von Ernst Gessner A.-G.

es am besten, das Stück nach dem Waschen in warmem Wasser mit Zugabe von 1 bis 1½ l Salmiakgeist gründlich und dann noch einige Minuten in kaltem Wasser zu spülen.

Die Abb. 21 gibt eine Strangsäureanlage und die Abb. 22 eine Breitsäureanlage von E. Gessner, Aue i. Erzg., wieder.

Die Säurebottiche sind meist aus Holz und für größere Dauerhaftigkeit mit Bleiblech ausgeschlagen. Man haspelt das Stück bis zu seiner vollständigen Imprägnierung im Säurebottich, was für leichte Stücke 8 bis 10 Minuten, für schwere bis zu 30 Minuten Zeit erfordert. Man läßt es nun abtropfen und bringt es zum Abschleudern der überschüssigen Säure auf eine Schleuder oder Absaugmaschine. Das Schleudern ist mit ausschlaggebend für fehlerfrei karbonisierte Ware, denn eine ungleichmäßige Verteilung des Karbonisiermittels führt einerseits zu einem ungleichmäßigen Zerstören der pflanzlichen Teile, andererseits an jenen Stellen, wo mehr Säure sich befindet, zu morschen Stellen oder zufolge der größeren Affinität für die Farbstoffe zu Färbeflecken, die kräftiger gefärbt erscheinen. Da diese Flecke beim Färben ganz plötzlich auftreten, lassen sich die betreffenden Stellen im karbonisierten Stücke nicht sofort erkennen. Die Gessnersche Strangsäuremaschine ist mit Ausquetschvorrichtung und unmittelbarem Einlauf in die Zentrifuge ausgestattet. Alle mit der Säure in Berührung kommenden Eisenteile müssen durch einen säurewiderstandsfähigen Anstrich gegen Rosten geschützt sein. Der Kessel kann auch aus Hartgummi mit Stahlblecheinlagen oder emailliert oder mit Bleiblech ausgeschlagen sein. Zum faltenlosen und gleichmäßigen Schleudern bewähren sich unvergleichlich besser die Breitschleudermaschine (Horizontalzentrifuge) und die Absaugmaschine, deren Bestandteile aus Metall sein müssen. Die Absaugmaschine ist zweckmäßig mit der Abdeckwalze (Abdecktuch) und nicht mit Saugschlitzschiebern zu versehen, damit auch die Gewebeleisten ebensogut wie die mittleren Gewebepartien abgesaugt werden.

Das Vortrocknen und Fertigkarbonisieren hat ohne Verzug auf das Schleudern zu folgen oder es sind besondere Maßnahmen zu treffen, wenn, z. B. zur Mittagspause, das Gewebe gesäuert liegen bleiben muß. In diesem Falle ist das Gewebe gegen Licht und Luft zu schützen, indem man es in einem dunklen, kühlen, möglichst feuchten Raum aufbewahrt und die Verdunstung des Wassers hindert. Die Fenster sind zur Abhaltung des direkten Sonnenlichtes mit Kalkmilch zu streichen.

Sind in den Gewebeleisten Zierfäden aus Baumwolle, mercerisierter Baumwolle oder Kunstseide eingewebt, so sind diese vor dem Trocknen durch Bestreichen mit einer Wasserglaslösung (Natriumsilikat) oder 8 bis 10grädiger kalzinierter Soda mit Walkerdezusatz gegen Zerstörung durch das Karbonisieren zu schützen. Für raschere Durchführung hat man Leistenimprägnier- oder Neutralisierapparate (siehe Abb. 22) aus Holz mit einem Zugwalzenpaar, seitlich liegendem Auftrag- und Abquetschwalzenpaar und einer Abtafelvorrichtung. Dieser Apparat kann mit der Karbonisiermaschine verbunden werden (Kettling & Braun, Crimmitschau).

Die Karbonisiermaschinen zum Brennen oder Fertigkarbonisieren sind zumeist nach dem Zweikammersystem gebaut, von welchen die erste Kammer als Vortrockenkammer eine Temperatur von 40 bis 60° C haben soll, zur möglichst raschen Verdunstung des Wassers, um die Säure, die schwerer verdunstet, zu konzentrieren, so daß in der zweiten Kammer mit einer Temperatur von 70 bis 90° C die konzentrierte Säure bereits auf die pflanzlichen Teile zerstörend einwirken kann.

Die in der Vortrockenkammer sich bildenden Wasserdämpfe sind zur Verhütung von Wassertropfen, die beim späteren Färben scharfumränderte, runde und helle Flecke erzeugen, durch geeignete Ventilationseinrichtungen ins Freie zu führen. Die Gewebeführung soll in horizontalen Bahnen zur Vermeidung des ungleichen Ansetzens der Säure erfolgen.

Einige Ausführungen von Karbonisiermaschinen sollen über ihre Einrichtung, die mannigfache Abweichungen hinsichtlich der Heißluftführung und Absaugung des Wasserdampfes zeigen, Aufschluß geben.

Der Gewebelauf (Abb. 23) ist in der Vortrockenkammer *I* horizontal oder nur wenig geneigt, in den beiden Fertigtrockenkammern *II, III* und *IV* vertikal. Der Dunstabzug saugt die Außenluft an, welche, mittels Kaloriferen erwärmt, den einzelnen Kammern zugeführt wird. Es sind hier kreisende Luftströme in Anwendung gebracht. Die Luftzirkulation und Abführung der Wasserdämpfe ist durch Pfeile angegeben. Ein Teil der Heißluft bestreicht die Decke und verhindert die verhängnisvolle Tropfenbildung. Eine Kammer *V* am Ausgang ist

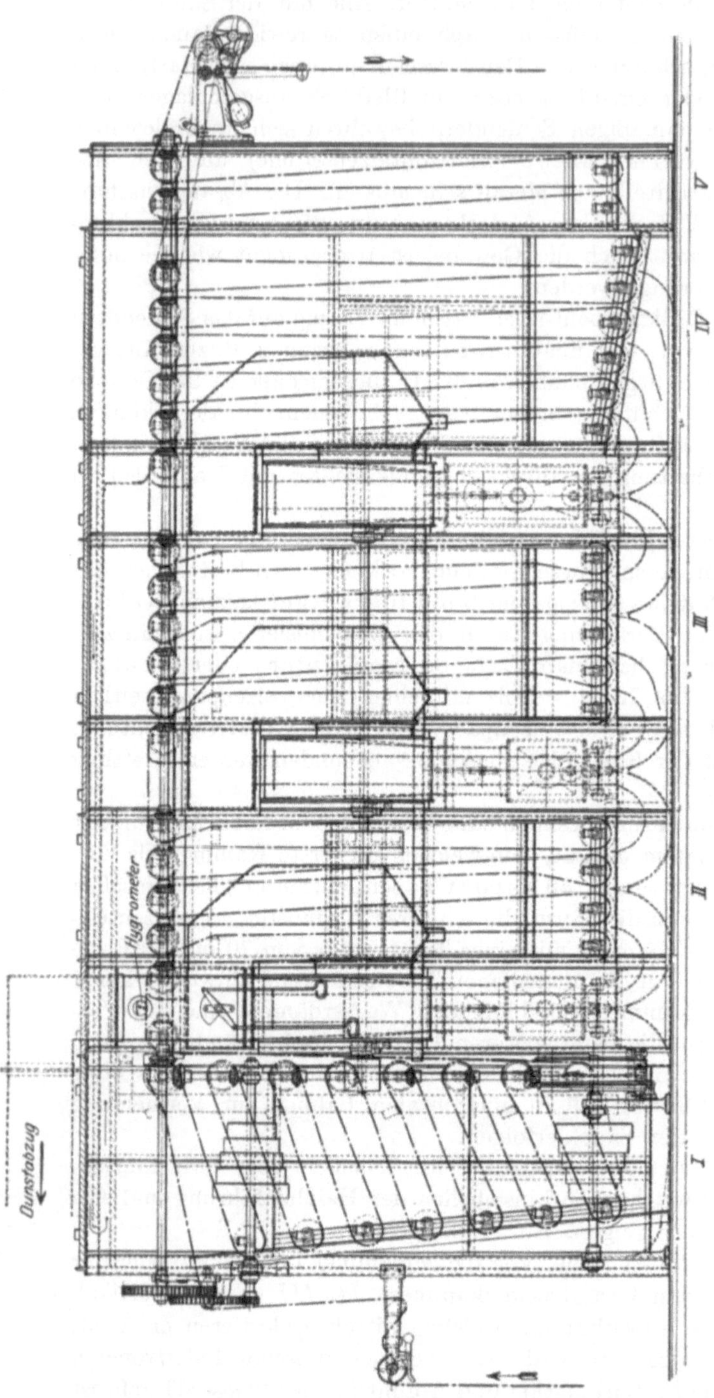

Abb. 23. Karbonisiermaschine von Ernst Gessner A.-G.

nicht geheizt; hier kann die Ware abkühlen, damit sie nicht heiß abgetafelt wird.

Die Horizontalwarenführung in der Kammer *I* läßt ein Ansetzen von Säure an einzelnen Stellen nicht zu, wogegen bei vertikaler Warenführung in den Kammern *II*, *III* und *IV* die Luft die Ware besser bestreichen kann; unterstützt wird dies noch durch die Schräganordnung der Leitwalzen.

Gebaut wird die Maschine in verschiedenen Größen bis 2400 m täglicher Leistung. Der Dampfverbrauch ist 0,9 bis 1 kg für je 1 kg trokkener Ware.

Der Antrieb muß bei allen Karbonisiermaschinen veränderliche Warengeschwindigkeit zulassen; leichte Waren schickt man mit größerer Geschwindigkeit durch die Kammer als schwere.

Auch auf jeder Spannrahm- und Trockenmaschine kann man aushilfsweise mit H_2SO_4 gesäuerte Gewebe fertigtrocknen; besonders wenn sie Röhrenheizung oder kombinierte Röhren- und Luftheizung hat, kann man die für das Karbonisieren erforderliche Temperatur erzielen.

Die verkohlten Überreste der pflanzlichen Beimengungen fallen bei leichten Waren schon während der nachfolgenden Appreturarbeiten heraus, bei schweren Waren kann man die **Klopfmaschine** zu Hilfe nehmen.

Zumeist nimmt man nach dem Trocknen oder Fertigkarbonisieren sofort das **Entsäuern oder Neutralisieren** vor zum Entfernen der zurückgebliebenen Schwefelsäure. Man bedient sich hierzu einer Strangwaschmaschine, indem man zunächst unter reichlichem Wasserzufluß eine halbe Stunde spült, hierauf eine 2 bis 3 ⁰ Bé Sodalösung ansetzt und in dieser ½ bis ¾ Stunde laufen läßt und schließlich mit Wasser so lange nachspült, bis rotes Lackmuspapier vollständige Neutralität nachweist. Sodareste geben Flecke beim Färben. Ein geringer Teil von Säure wird auch nach dem Neutralisieren festgehalten.

Kommen saure Farbbäder für das Färben im Stücke in Anwendung und wird sofort gefärbt, so unterbleibt der teure und zeitraubende Vorgang des Neutralisierens; man spart dadurch auch an Säure beim Färben. Auch karbonisiert man in diesem Falle häufig erst nach dem Färben.

Stückfarbige Stoffe karbonisiert man wegen der Billigkeit fast immer mit Schwefelsäure.

Strähnfarbige und wollfarbige Gewebe, in denen beim Karbonisieren mit Säure sich Farbenveränderungen zeigen könnten, karbonisiert man mit einer Chloraluminium- oder Chlormagnesiumlösung von 8 bis 10 ⁰ Bé. Sonst ist der Vorgang derselbe wie bei der Schwefelsäurekarbonisation bis auf die Schlußoperation. Man spült nach dem Trocknen in Wasser, wäscht mit Walkerde auf einer Strangwaschmaschine gut nach und spült mit Wasser rein. Schlechte Wäsche nach dem Karbonisieren gibt dem Gewebe einen klebrigen Griff. Das Trocknen muß zur Bildung der wirksam werdenden Salzsäure bei 130 ⁰ C geschehen. Chloraluminiumlösungen in der angegebenen Konzentration greifen die Farben nicht an.

Über den Zeitpunkt bzw. darüber, in welchem Stadium der Appretur karbonisiert werden soll, sind die Ansichten noch geteilt. Bei leichten stückfarbigen Geweben, die mit vielen pflanzlichen Beimengungen durchsetzt sind, ist das Karbonisieren nach der Wäsche ratsam, sofern sie gewalkt werden, um die durch das Herausfallen von zerstörten Pflanzenstoffen entstandenen Lücken durch das Walken zu schließen. Wohl schleicht sich dabei der Nachteil des schlechteren Walkens und des größeren Abflockens ein. Ungewalkte Stoffe werden auch schneller von der Säureflüssigkeit durchdrungen. Vorkarbonisierte Gewebe bedürfen auch mehr Seife beim Walken, um die Gleitfähigkeit der Fasern sowie deren Verfilzungsfähigkeit zu erhöhen.

Bei Rauhwaren zieht man das Karbonisieren nach dem Walken vor mit der Begründung des rascheren und besseren Walkens und der Verdeckung der mürbe gewordenen Teile durch die Rauhdecke.

Eine andere Ansicht geht dahin, erst nach dem Rauhen zu karbonisieren. Es entsteht weniger Rauhabfall, weil die Fasern noch geschmeidiger sind als nach dem Karbonisieren und ein großer Teil pflanzlicher Stoffe beim Rauhen herausfällt; die Säureflüssigkeit durchdringt in kürzerer Zeit das an der Oberfläche gelockerte Gewebe.

5. Das Trocknen.

Nach jeder Naßbehandlung sind die Gewebe ohne Unterschied des Faserstoffes und der Qualität, sofern sie nicht wieder naß behandelt werden, dem Trockenprozeß zu unterziehen, der sich — im weitesten Sinne des Wortes — in zwei scharf voneinander getrennte Vorgänge, dem Entwässern und dem eigentlichen Trocknen, scheiden läßt. Diese beiden Vorgänge stellen zwei aufeinanderfolgende Arbeitsstufen dar.

Das Trocknen ist im allgemeinen als die Beseitigung des überschüssigen Wassers auf physikalischem Wege, d. i. mit Hilfe der Wärme aufzufassen. Daran sind beteiligt: das Trockengut (d. i. das zu trocknende Gewebe), die Warenfeuchtigkeit (d. i. das zu verdampfende Wasser), das Trockenmittel (d. i. die Heißluft oder die geheizten Flächen), die Trockendauer (d. i. die Warengeschwindigkeit bzw. die Größe des Trockenraumes).

Grothe unterscheidet die in einem Gespinststoff enthaltene Feuchtigkeit nach drei Arten:

1. Das hygroskopisch gebundene Wasser, das ist jener Feuchtigkeitsgehalt, den die Faser aus der Luft oder durch Berührung mit einer Flüssigkeit in sich aufnimmt und der bei gewöhnlicher mittlerer Temperatur fast konstant an der Faser haftet, sonach nur durch Erhöhung der Temperatur bis über 100^0 C entfernt werden kann.

2. Die kapillare Feuchtigkeit, das ist diejenige, welche in einer Faser nach dem Benetzen oder nach Berührung mit einer sehr stark mit Wasser beladenen Atmosphäre zurückbleibt und mit den gewöhnlichen mechanischen Mitteln des Drehens (Wringens), Drückens (Quetschens), Aussaugens oder Schleuderns nicht herausgebracht werden können.

3. Die adhärierende Flüssigkeit, welche aus den Fasern schon mit den einfachen mechanischen Mitteln — siehe Punkt 2 — herauszubringen ist.

Das hygroskopisch gebundene Wasser ist gleichbedeutend mit dem Wassergehalt beim sogenannten „lufttrockenen Zustand". Dieser kann leicht bestimmt werden, indem man den Gespinststoff etwa 24 Stunden in einem Raum von mittlerer Feuchtigkeit und Temperatur, d. i. etwa 65% relativer Feuchtigkeit und 20^0 C, liegen läßt. Den hierbei aufgenommenen Feuchtigkeitsgehalt kann man durch den bekannten Trockenvorgang beim „Konditionieren" mit Luft von 105^0 C ermitteln[1].

---

[1] Als ich meine Untersuchungen an einer Spannrahm- und Trockenmaschine in einer Militärtuchfabrik ausführte, fand ich durch Konditionieren von Gewebeabschnitten, daß die Stoffe „übertrocknet" herauskamen; sie wiesen 4 bis 6% Wassergehalt auf, wogegen die Übernahmebehörde 11% als zulässig erklärte. Ich machte den Fabrikanten aufmerksam, daß er päpstlicher als der Papst sei und beim Trocknen sein gutes Geld zulege, da er unnötigerweise mehr Wasser aus dem Stoffe herausziehe, als man von ihm verlangt. Der Meister verteidigte sich gegen den Vorwurf der Verschwendung damit, daß er die Stoffe doch nicht aus der Maschine entlassen könne, solange sie noch feucht sind. Ich überzeugte mich auch, daß die von mir als übertrocknet nachgewiesenen Stoffe in der Maschine sich feucht anfühlten. Es galt nun, dieses Rätsel zu lösen, was keineswegs so leicht war, da es sich eben hier nicht um physikalische, sondern um psychophysische Erscheinungen handelt. Die Erklärung ist zweifellos die, daß der Stoff unmittelbar nach dem Verlassen des Trockenraumes gierig Wasser aus der Raumluft aufnimmt, das sich naturgemäß an der Oberfläche niederschlägt als Folge des Strebens nach einem Feuchtigkeitsausgleich, den ich a. a. O. als Gleichgewichts-

Die adhärierende Flüssigkeit als jene Wassermenge, welche durch einfache mechanische Mittel (Wringen, Ausquetschen, Ausschleudern oder Aussaugen) herauszubringen ist, läßt sich ebenfalls leicht bestimmen, wenn man die Gewebe vor und nach dem Entwässern konditioniert und den Feuchtigkeitsunterschied berechnet.

Die kapillare Feuchtigkeit ergibt sich als den Unterschied der Feuchtigkeitssätze, die man durch Konditionieren der entwässerten und lufttrockenen Stoffe erhält. Nehmen wir als Beispiel Militärtuche, welche im lufttrockenen Zustande 11 % Feuchtigkeit haben dürfen und nach dem Ausschleudern erfahrungsgemäß etwa 75 % Feuchtigkeit enthalten, so sind, unter Zugrundelegung einer Feuchtigkeit von etwa 175 % vor dem Entwässern, die Anteile der drei Feuchtigkeitsarten folgende: 1. das hygroskopisch gebundene Wasser = 11 %, 2. die adhärierende Flüssigkeit $175 - 75 = 100\%$; 3. die kapillare Feuchtigkeit $75 - 11 = 64\%$. Diese 64 % Wasser — vom absoluten Trockengewicht — sind es, welche durch physikalische Mittel, d. h. durch eigentliches Trocknen mittels Wärme, also durch Verdampfen zu entfernen sind.

Der Anteil der kapillaren und hygroskopischen Feuchtigkeit hängt nur vom Rohmaterial und von der chemischen Beschaffenheit des Gespinststoffes, die adhärierende Flüssigkeit hingegen auch von der Webart ab.

Die erste Stufe (das Entwässern) geschieht auf mechanischem Wege durch Ausquetschen, Schleudern oder Absaugen bei gewöhnlicher Temperatur. Sie dient zur Vortrocknung, d. h. zur Entziehung der adhärierenden Flüssigkeit, und hat die Vorteile der größeren Produktion und des geringeren Brennstoffaufwandes; sie ist gewissermaßen auch auf die Weichgriffigkeit des Gewebes von Einfluß, denn gut entwässerte Ware braucht weniger lange zu trocknen.

Die zweite Stufe, das eigentliche Trocknen, bezweckt die Beseitigung der kapillaren Feuchtigkeit durch Verdampfung des nach dem Entwässern im Gewebe zurückgebliebenen Wassers mit natürlich oder künstlich erwärmter Luft unter Vorsorge ausreichender Ventilation zur beschleunigten Abführung der mit Feuchtigkeit gesättigten und abgekühlten Luft.

---

zustand gekennzeichnet habe. Vielleicht verdampft auch die in den Fingern enthaltene Feuchtigkeit, d. h. kommt die Hand beim Betasten der heißen Gewebefläche zum Schwitzen, was das Gefühl hervorruft, daß der Stoff feucht sei. Man erkennt daraus, daß es sich um eine subjektive Erscheinung handelt, die aber keinen richtigen Maßstab für die objektive Tatsache des wirklichen Feuchtigkeitsgehaltes gibt. Ebenso subjektiv ist die Begründung des Meisters, daß er die Gewebe so stark austrocknen müsse, weil sie sonst auf der Muldenpresse „dampften“. Auch darüber klärte ich ihn auf, indem ich darauf hinwies, daß die geheizte Muldenpresse naturgemäß wie eine Trockenvorrichtung wirke und demnach die Feuchtigkeit der Ware noch mehr vermindere, also eine weitere Übertrocknung bewirke und die Ware spröde mache, was man ihr eben als Nachteil vorwarf. Wenn jedoch das Gewebe in der Trockenmaschine noch etwas Feuchtigkeit behalte, so kann es ohne Schaden einen Teil davon an die Muldenpresse abgeben, was durch das Dampfen sichtbar in Erscheinung tritt. Das Dampfen der Ware in der Muldenpresse sei also kein Nachteil, sondern eher ein Merkmal, daß der Stoff richtig getrocknet, d. h. nicht übertrocknet sei. Da der Fabrikant bei diesen Auseinandersetzungen zugegen war und sich von der Richtigkeit meiner Begründungen überzeugt hatte, sah er in der Folge selbst darauf, daß richtig getrocknet werde, und war sehr zufrieden, da die Klagen über die verminderte Warenbeschaffenheit verstummten und außerdem die Leistungsfähigkeit der Maschinen stieg. Der Herausgeber.

Das Entwässern oder Vortrocknen.

Für das Entwässern oder Vortrocknen stehen verschiedenartige Maschinen zur Verfügung, welche das Gewebe in Strangform, als Paket oder im ausgebreiteten Zustande bis auf 40 bis 75 bis 100 % ihres Wassergehaltes bringen. Ob in Strangform oder breitem Zustande dieser Prozeß erfolgen soll, hängt von der Beschaffenheit des Gewebes, von der Appretur und dem gewünschten Effekt ab. Gewebe, welche keinerlei Quetsch- oder Schleuderfalten haben dürfen, sind im breiten Zustande zu entwässern.

Der Strangausquetscher (Squeezer) dient zum Ausquetschen von Wasser oder anderen Flüssigkeiten und Lösungen (Säuren, Schlichte, Chlorlösungen u. a.)

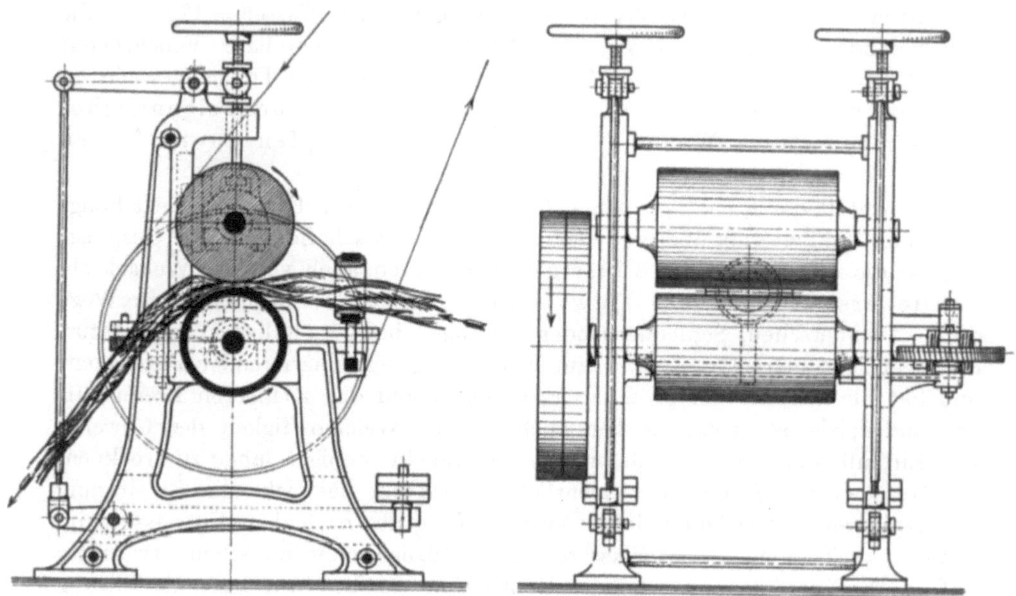

Abb. 24. Der Strangausquetscher (Squeezer) von der Zittauer Maschinenfabrik.

für Halbwoll-, Baumwoll- und Leinenwaren. Er ist in Abb. 24 in einer Ausführung der Zittauer Maschinenfabrik dargestellt und besteht aus einer Unterwalze aus Gelbbronze und einer eisernen Oberwalze mit Gummi- oder Baumwollüberzug. Der Quetschdruck ist durch ein doppelt übersetztes Hebelwerk und Gewichtsplatten regelbar. Ein mittels Exzentergetriebe langsam hin- und herbewegter Strangführungsring bewirkt gleichmäßige Abnützung der Quetschwalzen.

In Baumwoll- und Leinenwarenappreturen werden zum Ausbreiten der Stränge nach dem Abquetschen Strangöffner (Abb. 25 und 26) benützt, die täglich viele 1000 m Stränge auszubreiten vermögen, wobei beim Zerreißen von Geweben auf zu starkes Bleichen geschlossen werden kann. Der aus Messingrohren und Armkreuzen bestehende Schläger rotiert mit großer Tourenzahl und bereitet die Ausbreitung des Stranges durch die kupfernen, verzinnten Schraubenwalzen vor.

Hinter den Ausbreitwalzen ist der Regulator aus drei Messingwalzen um einen Mittelzapfen drehbar, um das Gewebe nach der Mitte zu führen. Auch

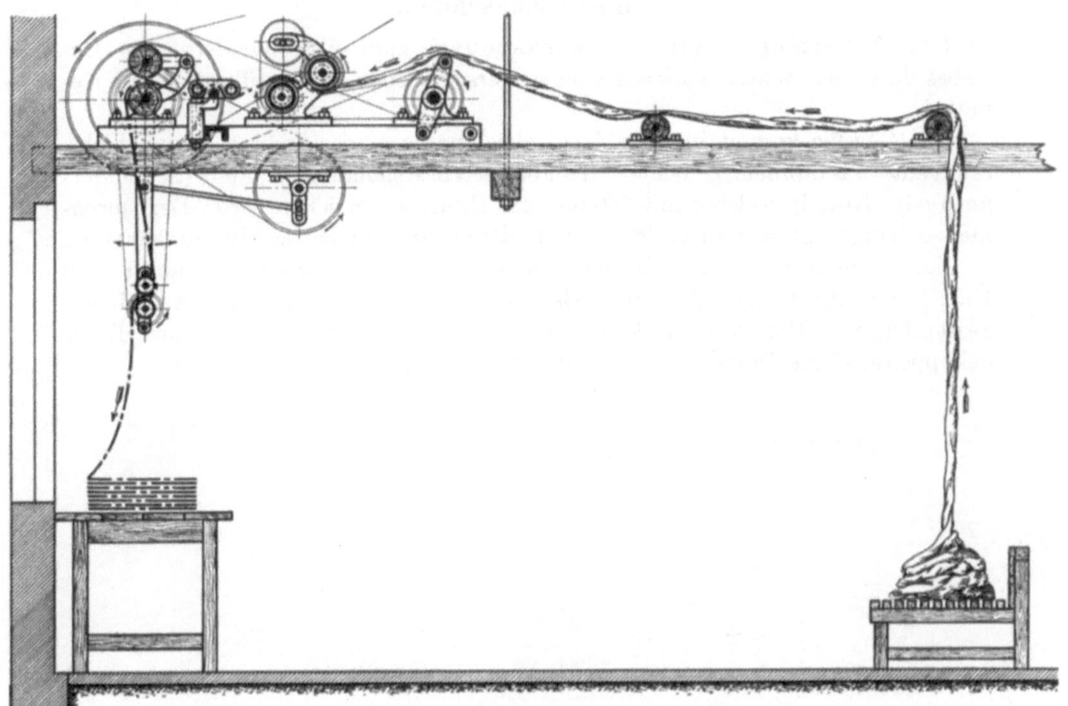

Abb. 25. Der Strangöffner (Aufriß).

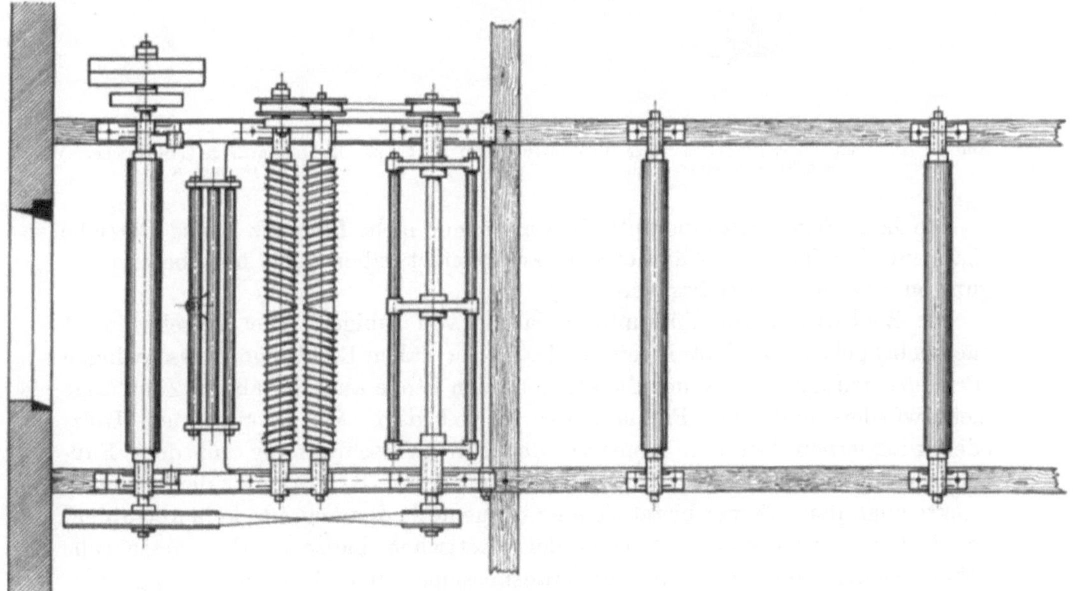

Abb. 26. Der Strangöffner (Grundriß).

die beiden Abzugwalzen aus Holz tragen zur Ausbreitung bei und überliefern
das ausgebreitete Gewebe dem Tafelapparat.

Schleudermaschinen.

Die Zentrifugen (Hydroextrakteure) zum Ausschleudern des Gewebes durch die Zentrifugalkraft sind in verschiedenen Bauausführungen im Gebrauch.

Das Gewebe kommt in Paketform gleichmäßig eingeschichtet in den Hohlraum eines aus dünnem, gelochtem Kupferblech bestehenden Zylinders (Schleuderkorb oder Kessel), welcher mit 750 bis 1200 U/min angetrieben wird. Der Durchmesser hängt von der zu erzielenden Leistung ab und beträgt bis zu 2000 mm.

Nach dem Antriebe des Kessels bzw. der Kesselwelle über oder unter dem Kessel bezeichnet man dieselben als Oberantriebs- und Unterantriebszentrifugen. Der Antrieb kann von der Transmission, durch eine direkt gekuppelte, kleine Dampfmaschine oder durch Elektromotoren erfolgen.

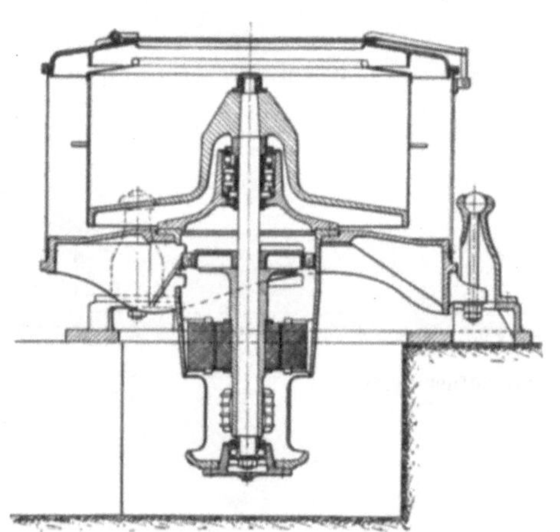

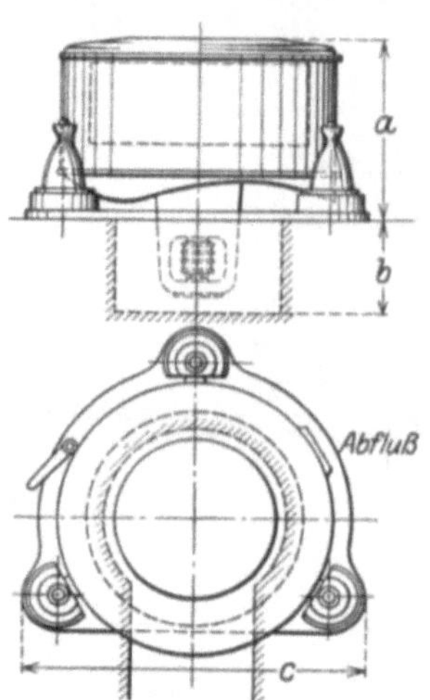

Abb. 27. Die Hänge- oder Pendelzentrifuge (Elektrozentrifuge) von Ernst Gessner A.-G. Abb. 28. Elektrozentrifuge (Einbauschema) von Ernst Gessner A.-G.

Die Zentrifugen mit Oberantrieb werden nur mehr für ganz kleine Betriebe (Lappenfärbereien und Wäschereien) angewendet, aber auch hier bereits zugunsten des Unterantriebes verdrängt.

Die Zentrifugen mit Unterantrieb laufen viel ruhiger. Die Kesselwelle ist nachgiebig gelagert und kann beim Anlassen nach allen Richtungen ausschwingen (Pendelzentrifuge); sie nimmt die auftretenden Stöße auf, so daß die Zentrifuge nicht wandert und eines Fundamentes nicht bedarf. Sie ist auf einem Holz- oder gußeisernen Rahmen montiert, der ohne Verschraubung auf dem Fußboden gelagert ist. Die Zentrifuge ist stabiler, da die Kräfte unter dem Schwerpunkte angreifen. Ferner bietet sie eine bequeme Bedienung, hat kein abtropfendes Halslager und verträgt wegen der elastischen Lagerung der Kesselwelle höhere Drehzahlen. Sie wird für Transmissions- und Motorenantrieb gebaut.

Die weitaus beste Bauart ist die **Hänge-** oder **Pendelzentrifuge,** welche neuerdings elektrisch angetrieben wird und darum Elektrozentrifuge heißt. Die Abb. 27 zeigt eine Ausführungsform von Ernst Gessner in Aue i. Erzg. Bei ihr sind sämtliche Teile mit Ausnahme des Fundamentrahmens pendelnd aufgehängt; sie vereinigt die Vorzüge der Ober- und Unterantriebszentrifugen ohne ihre Nachteile an sich zu haben, wie sichere Lagerung der Kesselwelle, bequeme Bedienung, stoßfreies Arbeiten, Massenausgleich ohne Gleichgewichtsregler, Entfall des tropfenden Halslagers und eines Fundamentes.

Die ganze Konstruktion hängt an drei in Kugel auslaufenden Hängebolzen, welche in ebensoviele am Gußrahmen befestigte Ständer und zwar in deren kugelförmigen Aussparungen eingehängt sind. Die Abb. 28 zeigt die Gesamtanordnung im Auf- und Grundriß; auch sind die Hauptabmessungen und Ladungsgewichte beigefügt.

| Kessel- | | Gesamt-höhe a | Gruben-tiefe b | Außen-maß c | Kessel- | | Kraft-bedarf |
$\varnothing$	höhe				umdr.	ladg. kg	
1500	450	1200	650	2500	560	140	12
1200	450	1150	600	2150	740	80	10
950	400	1100	550	1850	950	40	8
650	350	800	450	1300	1440	20	5

Die Zentrifugen sind äußerst gefährliche Maschinen und darum aufmerksam zu warten; geringe Schäden haben große Unglücksfälle im Gefolge, indem beim Bersten des Kessels die Sprengstücke schwere Verletzungen und Tötung von Menschen verursachen können. Diese Maschinen sollen wenigstens viermal im Jahre auf die Gebrauchstüchtigkeit ihrer Bestandteile untersucht und selbst kleinste Mängel sofort behoben werden. Unbedingt zu vermeiden ist eine Überschreitung der höchstzulässigen Drehzahl und des Höchstgewichtes für das Beschickungsgut. Man bestimmt es, indem man bei der höchsten Drehzahl des Zentrifugenkessels oder Schleuderkorbes die Maschine außer Betrieb setzt und durch Bremsen so rasch wie möglich zur Ruhe bringt. Das nun ermittelte Gewicht der eingelegt gewesenen Ware ist das maximale Belastungsgewicht. Das Naßgewicht kann also immer größer als das maximale Belastungsgewicht sein, weil ja während des Anlaufens der Zentrifuge der größte Teil des Wassers ausgeschleudert wird.

Die selbsttätige oder automatische Zentrifuge wird durch einen Druckknopfschalter in Tätigkeit gesetzt. Allmählich werden die Widerstände abgeschaltet, wodurch sich der Kessel bis zur höchsten Geschwindigkeit beschleunigt; eine Nockenscheibe bewirkt nach einer bestimmten (einstellbaren) Zeit — z. B. 3 bis 5 Minuten — die Ausschaltung des Kraftstromes, worauf eine selbsttätige Bremse den Korb rasch zum Stillstand bringt. Das Öffnen des Kesselmantels ist nur bei völligem Stillstand möglich (Ausführung von H. Krantz, Aachen, und U. Pornitz, Chemnitz).

Entwässern im ausgebreiteten Zustande.

Alle feineren Gewebequalitäten ohne Unterschied der Faserart sollen beim mechanischen Entwässern faltenlos aus der Maschine hervorgehen, was durch Ausquetschen (Kalandern), Ausschleudern oder Absaugen der Flüssigkeit der ausgebreiteten Ware möglich ist.

In der Baumwoll- und Leinenappretur benutzt man den Wasserkalander (Waterkalander) mit 3 bis 7 Walzen. An den Walzenberührungsstellen wird ein großer Lineardruck auf das in einfacher Lage passierende Gewebe

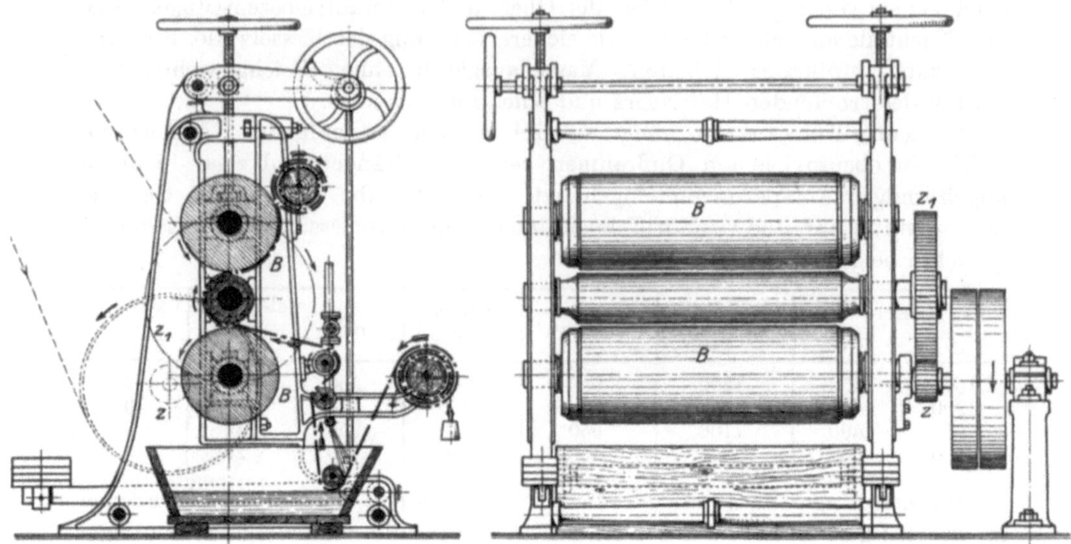

Abb. 29. Dreiwalziger Wasserkalander (ältere Bauart).

ausgeübt, das Wasser ausgequetscht und die Garnfäden breitgequetscht. Das Gewebe erhält dadurch Schluß, größere Glätte und Glanz.

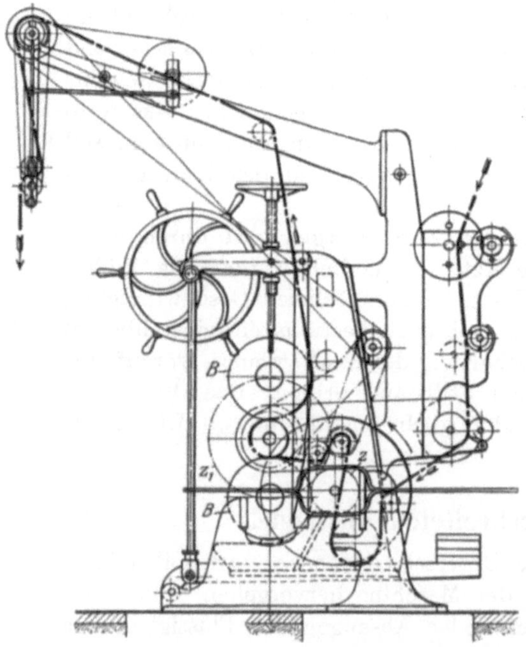

Abb. 30. Dreiwalziger Wasserkalander von C. H. Weisbach (neuere Bauart).

Die Abb. 29 zeigt einen 3 walzigen Wasserkalander älterer Bauart, Abb. 30 einen neueren Wasserkalander mit 3 Walzen von C. H. Weisbach, Chemnitz.

Die Kalanderwalzen B sind aus gepreßten Baumwoll-, Jute- oder Kokosstoffscheiben hergestellt, die auf einer durchgehenden starken Stahlwelle sitzen; die Mittelwalze ist aus Eisen mit einem Bronzemantel gefertigt. Die Durchmesser der Baumwollwalzen betragen 400 bis 500 mm, die der Bronzewalzen 210 bis 230 mm. Jute ist nicht dauerhaft, da sie von innen heraus fault.

Die Bronzewalze wird mittels Fest- und Losscheibe und Räderübersetzung z, z_1 angetrieben; die untere Baumwollwalze ist festgelagert, die obere kann mittels einer Hebelübersetzung angepreßt werden. Das am oberen Hebelarm sitzende Exzenter mit Handrad dient zur Unterbrechung des Hebeldruckes (Momententlastung), die Schraubenspindel mit Handrad zum Einstellen der oberen Baumwollwalze entsprechend der Dicke des zu entwässernden Gewebes. Das abgequetschte Wasser sammelt sich im Troge an, das entwässerte Gewebe wird von der oberen Baumwollwalze auf eine Kaule gewickelt (Abb. 29) oder von einem Faltenleger abgetafelt (Abb. 30).

Der **Wasserkalander mit 4 Walzen** hat folgende Walzenanordnung: Eine eiserne mit Bronzemantel überzogene Tragwalze, eine Baumwollwalze, eine Gelbbronzewalze und eine Baumwollwalze. Die Kalander mit mehr als 4 Walzen werden nur für das Schlußgeben der Gewebe als Vorbereitung für das einseitige Auftragen der Appreturmittel gebraucht.

Feine Qualitäten aus Wolle (Kammgarngewebe), ferner Samt- und Plüschgewebe entwässert man im breiten Zustande, um der Bildung von Falten und Knittern oder bei plüschartigen Geweben der durch Glanz hervortretenden Spiegelbildung vorzubeugen, gerauhte Gewebe zur Vermeidung der Zerstörung der geordneten Haarlage. Man entwässert diese Gewebe nach dem Abtropfen auf der Breitschleudermaschine.

Die **Breitschleudermaschine (Horizontalzentrifuge)** zeigt die Abb. 31, wie sie auch von E. Gessner, Aue i. Erzg., gebaut wird.

Das Gewebe wird auf eine horizontale Lattentrommel, die aus einem verzinnten Eisengerippe besteht, oder auf eine Kupfertrommel mit Hilfe eines Vorläufertuches gespannt und faltenlos ausgebreitet aufgewickelt; die geringe Aufwickelgeschwindigkeit ermöglicht das Ausgleichen von Falten. Die Leisten werden mit breiten Gurten niedergeschnallt. Weniger empfindliche Stoffe, so z. B. Kammgarngewebe, können auch mit Schnüren umwickelt werden, was bei plüschartigen Geweben nicht ratsam ist.

Das Ausschleudern erfolgt mit hoher Geschwindigkeit, dagegen soll auch die Abwickelgeschwindigkeit für das Tafeln des Gewebes eine geringe sein.

Die hohe Betriebsgefährlichkeit der Schleudermaschinen führte dazu, **Absaugmaschinen** zu schaffen, welche vollkommen gefahrlos arbeiten und das Gewebe im breiten Zustande zu behandeln erlauben. Man suchte das Wasser dadurch aus dem Gewebe abzuscheiden, daß man dieses über einen luftverdünnten Raum führte und so das Wasser aussaugte. So entstanden die Absaugmaschinen, die in einer Ausführungsform von Ernst Gessner in Aue in Abb. 32 veranschaulicht sind.

Die wesentlichen Teile einer solchen Maschine sind der gußeiserne Saugkasten, der oben einen Saugschlitz von 1,5 bis 2 mm Breite hat und durch ein Rohr R mit einer Kreisel- oder Kolbenluftpumpe in Verbindung steht. Diese saugt aus dem Kasten, dessen Schlitz durch das darüberstreichende Gewebe und seitlich bis an die Gewebeleisten durch verstellbare Schieber abgedeckt ist, die Luft bis 50 — 25 cm Luftverdünnung aus, so daß der Überdruck der atmosphärischen Luft die Feuchtigkeit aus dem Gewebe in den Kasten preßt, von wo das abgesaugte Wasser durch einem langsam rotierenden Rillenhahn abgeleitet wird. An Stelle des rotierenden Hahnes wird bei den neueren Konstruktionen ein Vakuumkessel mit selbsttätig sich entleerendem Drosselventil ohne rotierende Teile verwendet (vgl. auch die Breitsäureanlage Abb. 22). Ein Sieb verhindert das Eindringen von mitgerissenen Fasern in diesen, der dadurch länger dicht bleibt und gegen Abnützung gesichert ist.

Da die Gewebeleisten weder ganz gerade, noch vollkommen parallel sind, hat man die Schieber fortwährend ein wenig hin- und herzuschieben, um eine möglichst genaue Abdeckung des Schlitzes und die erforderliche Luftverdünnung zu erzielen. Da man aber nicht imstande ist, dies genau auszuführen, sind die Leisten immer etwas weniger gut entwässert.

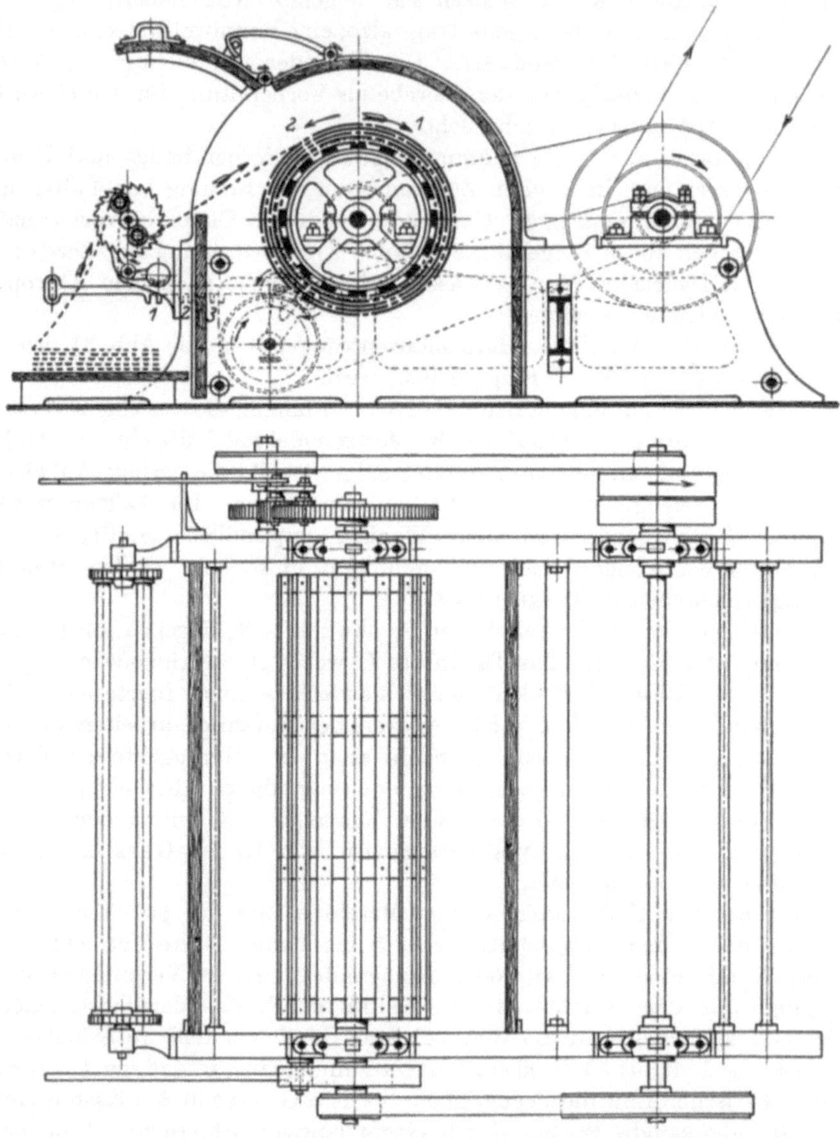

Abb. 31. Die Breitschleudermaschine (Horizontalzentrifuge) von Ernst Gessner A.-G.

Diese Ungenauigkeit in der Schieberanstellung an die Leisten ist eine der Ursachen, warum man gesäuerte Waren zum Karbonisieren auf der Absaugmaschine mit Schlitzschiebern nicht entwässern kann, weil die Leisten beim späteren scharfen Trocknen brüchig werden. Die Firma Gessner hat diesen Übelstand durch die Abdeckwalze mit daran befestigten dichten Wachstuch- oder

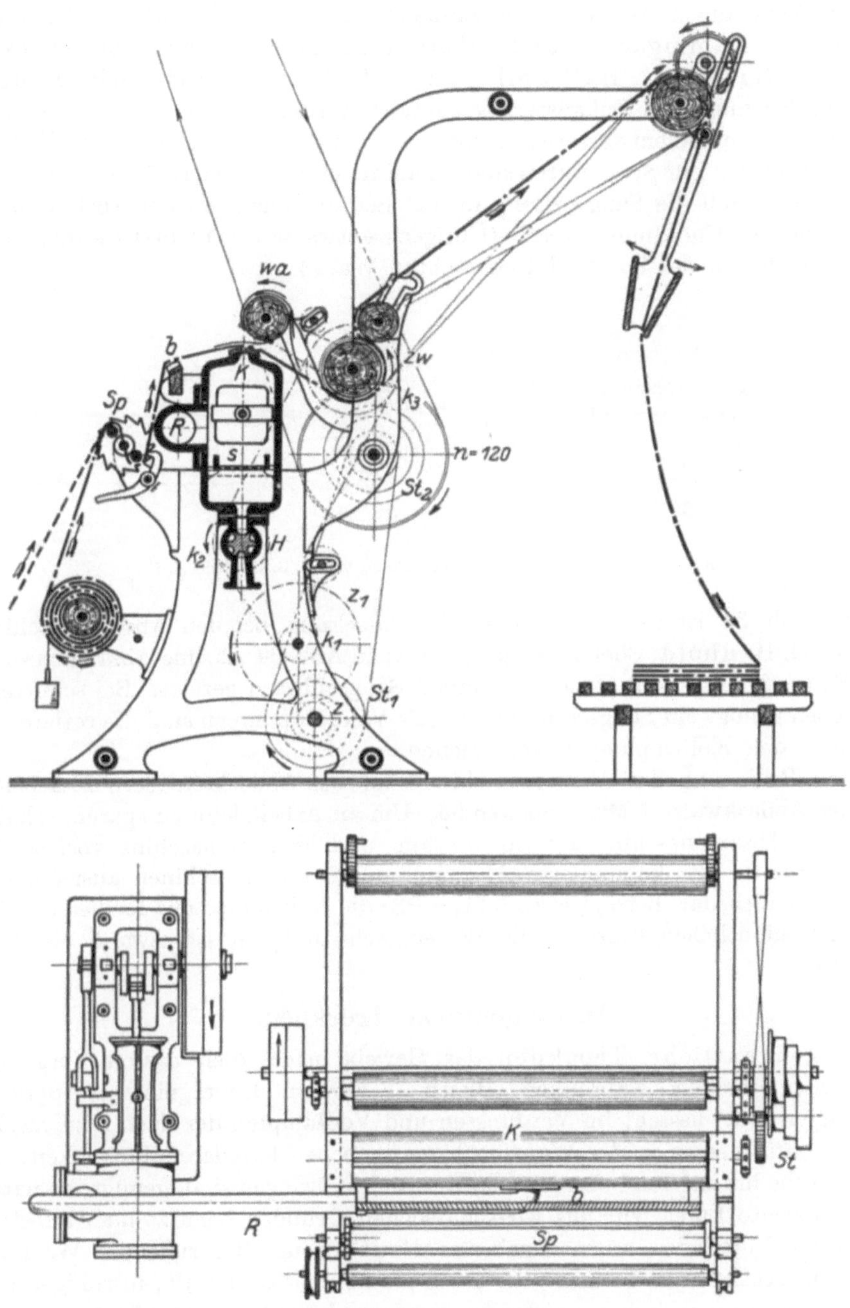

Abb. 32. Die Absaugmaschine von Ernst Gessner A.-G.

Gummilappen vollständig beseitigt. Diese Lappen übergreifen sich und decken den Saugschlitz vollständig ab. Die Kolbenluftpumpen haben 2400 bis 4400 Sekundenliter Leistung, ergeben aber nicht den gleichen Entwässerungseffekt wie die Zentrifugen. Die Absaugmaschinen können nur für leichte und mittelschwere **Kammgarn-** und **Halbkammgarngewebe,** für **stärkere Baumwollgewebe, Halbwoll-** und **Halbseidengewebe** mit genügend dichter Bindung zum Entwässern verwendet werden, da sie sehr dicke Gewebe nur unvollkommen entwässern; bei dünnen, schütteren Geweben ist ein Vakuum nicht erzielbar. Für Strichwaren sind sie unbrauchbar, weil das Gewebe immerhin ein wenig durch die Saugwirkung in den Schlitz hineingezogen wird, wodurch der Strich in Unordnung gerät. (Übrigens entwässert man Strichwaren durch Abtropfenlassen der im Wickel gebrachten Ware.)

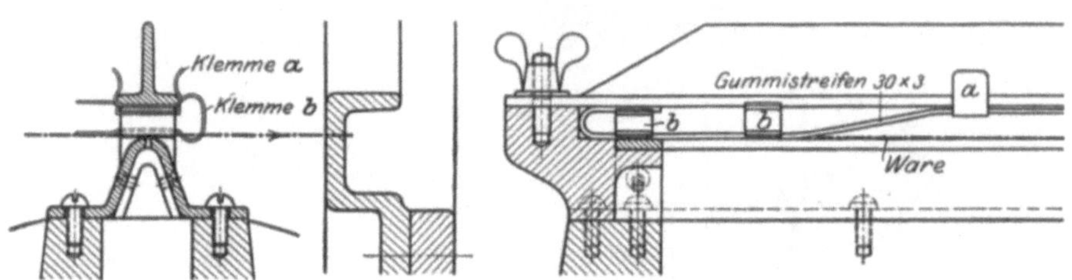

Abb. 33. Der Saugschlitz mit Abdeckung von C. G. Haubold A.-G.

In Abb. 33 ist der Saugschlitz mit Abdeckung bei den Absaugmaschinen von C. G. Haubold, Chemnitz, dargestellt; in Abb. 34 ist eine Absaugmaschine für Samt ebenfalls von Haubold, mit 2 Saugschlitzen gezeigt. Bei schütteren Geweben genügt ein Saugschlitz nicht. Als Vakuumpumpen sind die rotierenden Pumpen den Kolbenpumpen vorzuziehen.

Zur Bedienung der Absaugmaschine sind bei Abdeckschiebern 2 Arbeiter, bei der Abdeckwalze 1 Mann notwendig. Um an Arbeitslohn zu sparen, schaltet man die Absaugmaschine der Spannrahm- und Trockenmaschine vor, so daß 2 Arbeiter für die kombinierte Absaug- und Trockenmaschinen ausreichen.

Der Kraftbedarf beträgt etwa 5 bis 6 PS; die Luftpumpe mit Kolben arbeitet mit 200 minutlichen Touren. Die Warengeschwindigkeit ist etwa 5 bis 30 m minutlich.

Das eigentliche Trocknen.

Das eigentliche Trocknen der Gewebe nach allen nassen Vorgängen (Waschen, Walken, Naßrauhen, Bleichen, Färben, Imprägnieren, Appreturauftragen u. a.) besteht im Verdunsten und Verdampfen der nach dem mechanischen Entwässern in der Ware noch verbliebenen kapillaren Flüssigkeit. Da die Gewebe bis auf den lufttrockenen Zustand zu bringen sind, genügt die natürlich erwärmte Luft. Nur aus wirtschaftlichen Gründen benützt man künstlich erwärmte Luft oder wärmeabgebende Heizflächen. Bei ruhender Warmluft geht das Trocknen langsamer vonstatten als bei bewegter Luft; in ruhiger Luft bleiben die Dunstbläschen an der haarigen, rauhen Gewebeoberfläche so lange haften, bis durch Hinzutreten neuer Dunstbläschen sich ein größeres gebildet hat, das sich, dem Auftrieb folgend, vom Gewebe losreißen kann und aufwärts steigt; in bewegter Luft werden die sich bildenden Dunstbläschen alsbald nach ihrer Entstehung vom Gewebe losgerissen und vom Luftstrom mitgenommen, so daß es gar nicht zur Bildung größerer Dunstbläschen kommt.

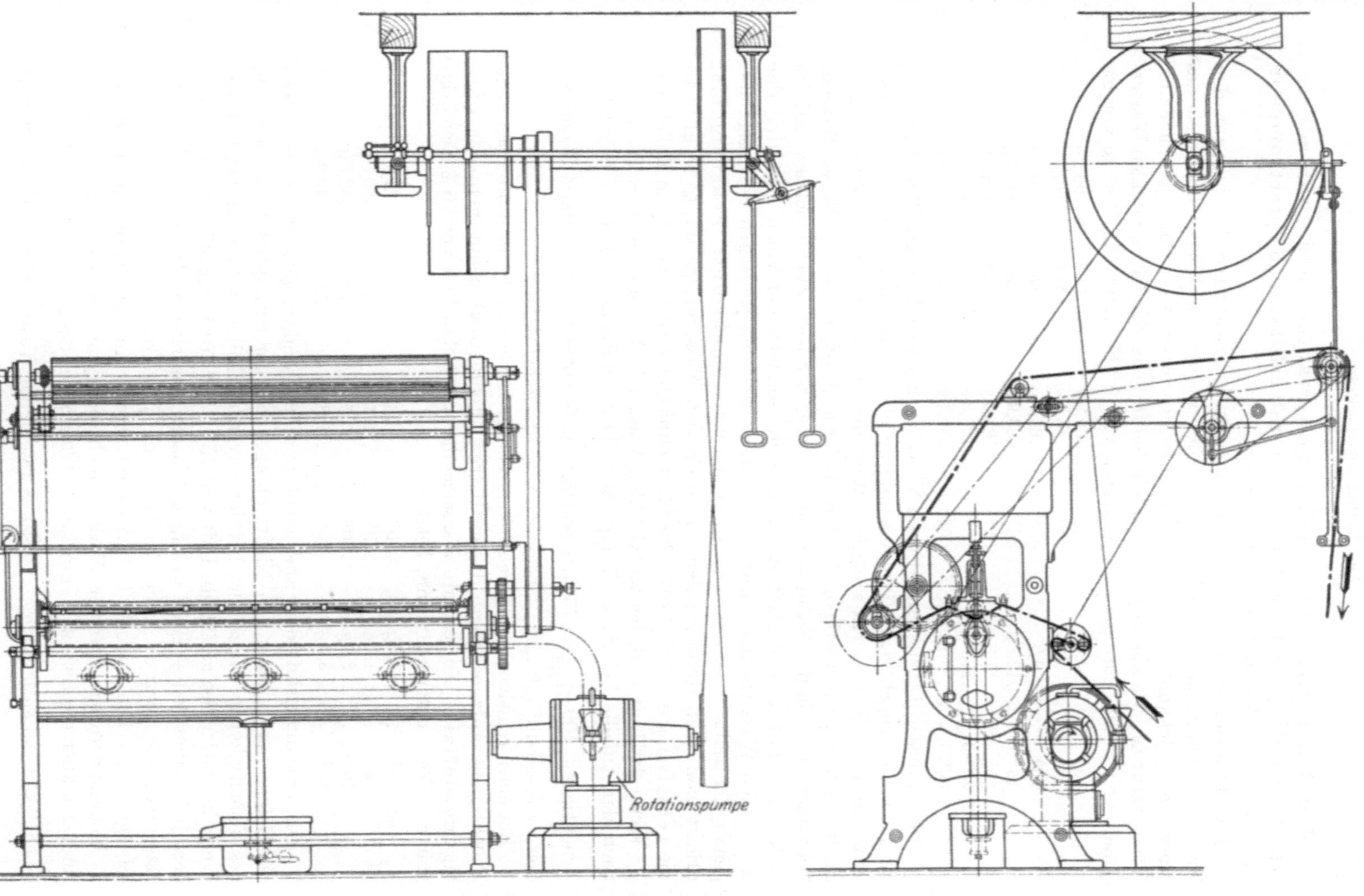

Abb. 34. Die Absaugmaschine von C. G. Haubold A.-G., für Samt mit zwei Saugschlitzen.

Man kann also zwei Trocknungsverfahren, und zwar mit erwärmter Luft (Lufttrocknung) und mit erhitzten Kupfertrommeln (Trommeltrocknung) unterscheiden.

Die Temperatur hat beim Trocknen einen bestimmten Einfluß auf den Trockenfortgang, auf den Griff des Gewebes und auf die Wirtschaftlichkeit des Vorganges. Bekanntlich nimmt die Luft um so mehr Wasser auf, je höher ihre Temperatur ist, wie aus folgender Tabelle hervorgeht, die den maximalen Wassergehalt von 1 cbm Luft bei Temperaturen von 0° bis 100° C in Gramm angibt.

0° . . . . 4,9 g	35° . . . .39,3 g	70° . . .196,8 g
5° . . . . 6,8 g	40° . . . .50,7 g	75° . . .240,0 g
10° . . . . 9,3 g	45° . . . .64,9 g	80° . . .290,8 g
15° . . . .12,8 g	50° . . . 83,9 g	85° . . .349,7 g
20° . . . .17,2 g	55° . . . 103,6 g	90° . . .418,7 g
25° . . . .22,8 g	60° . . . 129,3 g	95° . . .498,0 g
30° . . . .30,1 g	65° . . . 160,1 g	100° . . .589,3 g

Die in dieser Tabelle enthaltenen Wassermengen sind die größten, die in der Luft von der zugehörigen Temperatur schwebend enthalten sein können; man nennt dies den Sättigungspunkt. Wird dieser überschritten, so scheidet sich die überschüssige Feuchtigkeit in Tropfenform ab (Niederschlag, Nebel, Wrasen, Schwaden, Tau; in der Natur auch Regen oder Schnee). Zum Trocknen darf die Luft nicht mit Feuchtigkeit gesättigt sein, sondern nur einen Bruchteil der maximalen Wassermenge enthalten. Drückt man den jeweiligen Feuchtigkeitsgehalt der Luft in Gramm aus, so erhält man die absolute Feuchtigkeit; drückt man sie in Hundertteilen der maximalen Wassermenge aus, so erhält man die relative Feuchtigkeit, die für technische Zwecke allgemein üblich ist.

Wenn die Luft z. B. bei 20° C 12,9 g Wasser in 1 cbm enthält, so ist, da sie nach der Tabelle bei dieser Temperatur 17,2 g aufnehmen kann, die relative Feuchtigkeit $100 \cdot \dfrac{12,9}{17,2} = 75\%$. Gesättigte Luft enthält sonach 100% Feuchtigkeit, vollständig (absolut) trockene Luft 0% Feuchtigkeit.

Bei einer relativen Luftfeuchtigkeit von 75% vermag 1 cbm Luft noch 25% Feuchtigkeit aufzunehmen; diesen Betrag (Fehlbetrag) nennt man das Sättigungsdefizit. Die absolute Wassermenge, die 1 cbm Luft von 75% Feuchtigkeit der Ware entziehen kann, beträgt:

bei 0° . . . . 1,2 g	20° . . . . 4,3 g	40° . . . .12,7 g
5° . . . . 1,7 g	25° . . . . 5,7 g	50° . . . .20,9 g
10° . . . . 2,3 g	30° . . . . 7,5 g	60° . . . .32,3 g
15° . . . . 3,2 g	35° . . . . 9,8 g	70° . . . .49,2 g

Die Trocknungsluft darf aber nicht mit Feuchtigkeit gesättigt werden, weil die Gefahr der Bildung von Niederschlägen bei der geringsten Überschreitung des Feuchtigkeitsgehaltes oder bei der unvermeidlichen Abkühlung gegeben ist. Wenn beispielsweise gesättigte Luft von 75° C auf 70° C abgekühlt wird, so verliert jedes cbm $240 - 196,8 = 43,2$ g Wasser, das sich in Tropfenform auf die Maschinenteile, aber auch auf die Ware, die ja getrocknet werden soll, niederschlägt, abgesehen davon, daß hierdurch Flecke in der Ware entstehen, die — insbesondere bei gefärbter Ware — nicht oder nur sehr schwer zu beseitigen sind. Ist aber die Luft z. B. nur mit ¾ Wasser beladen, d. i. 75% relative Luftfeuchtigkeit, so enthält sie $\dfrac{75}{100} \cdot 240 = 180$ g/cbm Wasser; dies ist der maximale

Wassergehalt bei etwa 69 °C. Es tritt also bei einer Abkühlung auf 69 °C Niederschlag ein. Diese Temperatur nennt man den **Taupunkt**.

Die graphische Darstellung Abb. 35 zeigt den Zusammenhang. Die Kurve stellt den maximalen Wassergehalt bei den Temperaturen von 0° bis 100° C dar. Wenn wir beispielsweise gesättigte Luft von gewöhnlicher Temperatur (20° C)

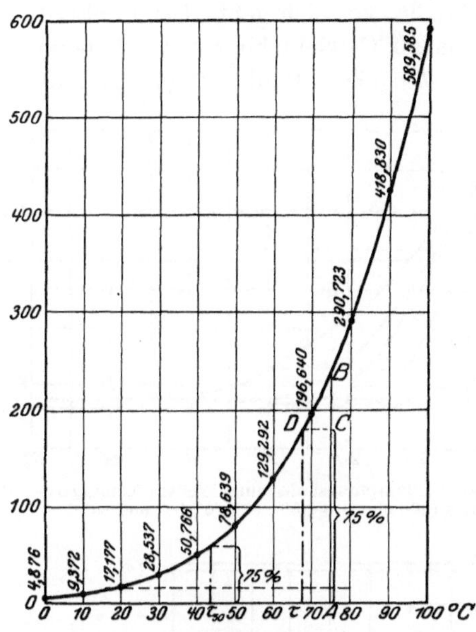

Abb. 35. Der Wassergehalt der Luft bei verschiedenen Wärmegraden.

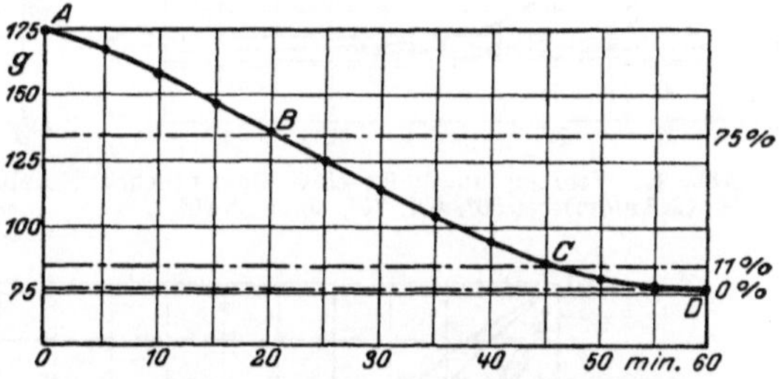

Abb. 36. Verdampfungslinie eines leichten Kammgarnstoffes (265 g/qm) bei 80° C Trockentemperatur.

Abb. 37. Verdampfungslinie eines schweren Kammgarnstoffes (946 g/qm) bei 90° C Trockentemperatur.

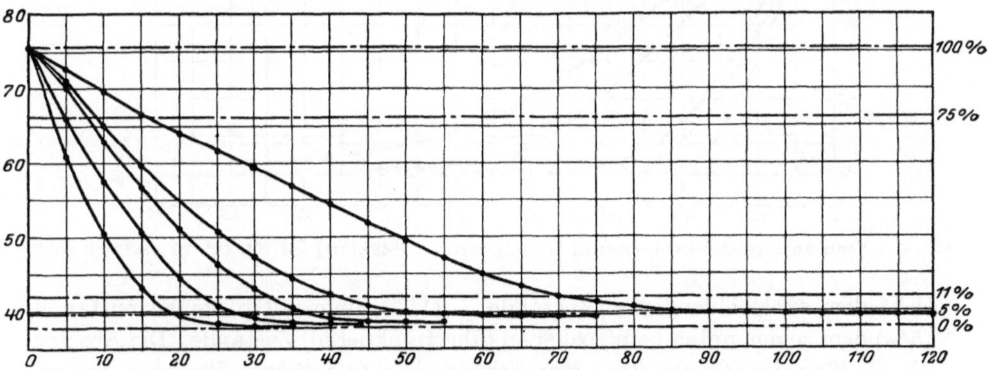

Abb. 38. Verdampfungslinien einer Winterware (Marengo 600 g/qm) bei 50°, 60°, 75°, 85° und 95° C.

auf 75° C erwärmen, so ziehen wir von dem Kurvenpunkt (17, 177) die Wagrechte bis zur Ordinate AB; die Differenz $A'B$ ist das Sättigungsdefizit. Wollen wir die Trocknungsluft nur mit 75° C Feuchtigkeit beladen, so ergibt die Strecke $A'C$ die Wassermenge, die von der Luft aufgenommen werden darf. Ziehen wir von C die Wagrechte bis zur Kurve, so ergibt der Schnittpunkt D die maximale Wassermenge für die zugehörige Temperatur (Taupunkt), die man durch Projektion von D auf die Abszissenachse findet; dieser Punkt τ ist also der **Tau**-

punkt, etwa 68,5⁰ C. In der Abb. 35 ist der gleiche Linienzug auch für 50⁰ C als Trockentemperatur eingezeichnet.

Für das Verständnis und die Führung des Trockenvorganges ist auch das Verhalten der Gewebe während der Trocknung von Bedeutung[1]. Infolge der Verdampfung des Wassers findet eine Gewichtsabnahme statt, welche im allgemeinen nach der Verdampfungslinie, Abb. 36, vor sich geht. Der Punkt A ist das Gewicht des nassen Gewebes, welches bis zur Gewichtskonstanz (wie beim Konditionieren) ausgetrocknet wurde (Punkt D). Der Punkt B (75%) ent-

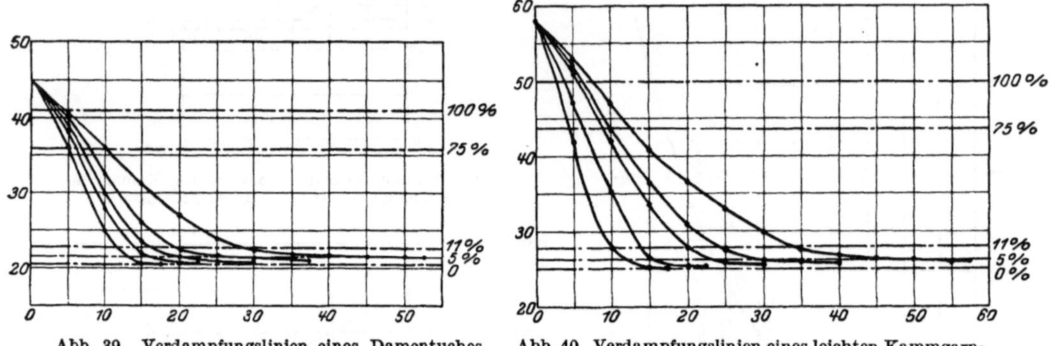

Abb. 39. Verdampfungslinien eines Damentuches (248 g/qm) bei 50⁰, 60⁰, 70⁰, 80⁰ und 90⁰ C.

Abb. 40. Verdampfungslinien eines leichten Kammgarnstoffes (300 g/qm) bei 50⁰, 60⁰, 70⁰, 80⁰ und 90⁰ C.

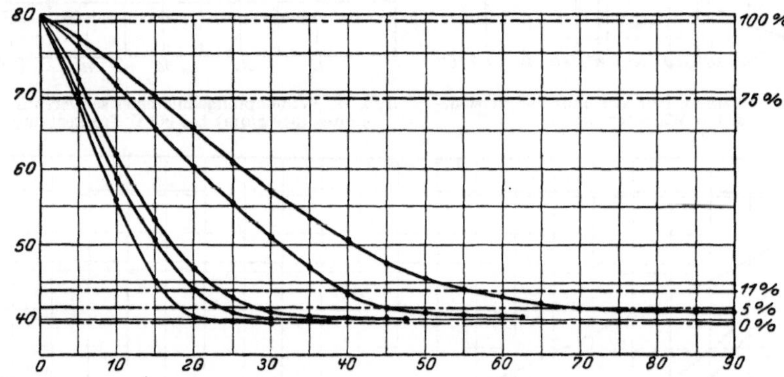

Abb. 41. Verdampfungslinien eines schweren Kammgarnstoffes (542 g/qm) bei 50⁰, 60⁰, 70⁰, 80⁰ und 90⁰ C.

spricht dem ausgeschleuderten Zustande, C (11%) dem lufttrockenen Zustande, E (5%) dem sogenannten beintrockenen (übertrockneten) Zustande. Die Abszisse stellt die Trockendauer vor. Man erkennt leicht, daß zum Trocknen des geschleuderten Stückes 10 Min. (= Wagrechte zwischen B und C) notwendig sind. Der Stoff muß also 10 Minuten im Trockenraume verbleiben, z. B. in der Trockenkammer oder Trockenhänge, wo die Ware im ruhenden Zustande getrocknet wird. In der Trockenmaschine oder mechanischen Trockenhänge muß die Ware eine solche Fortschreitungsgeschwindigkeit erhalten, daß sie in 10 Minuten die Maschine durchlaufen hat. Die Abbildungen 37—47 geben die Verdampfungs-

---

[1] Marschik: Wärmewirtschaftliche Untersuchungen über die Gewebetrocknung. Leipziger Monatschrift für Textilindustrie. 1925, S. 411 u. ff.

linien für verschiedene Warengattungen und bei verschiedenen Trockentemperaturen wieder; sie sind nach den vorausgegangenen Erklärungen ohne weiteres verständlich.

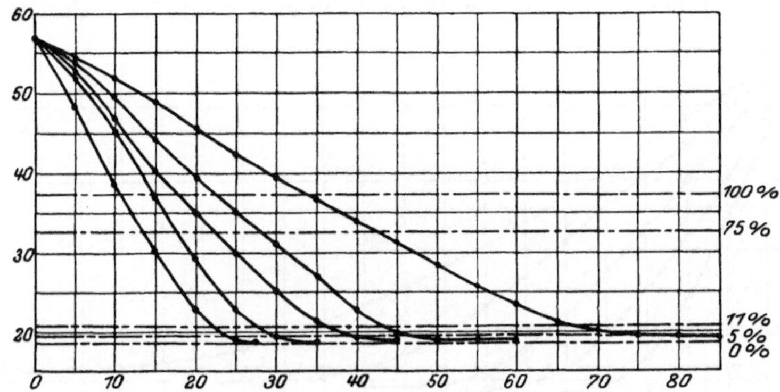

Abb. 42 Verdampfungslinien eines Baumwollflanells (340 g/qm) bei 50⁰, 60⁰, 70⁰, 80⁰ und 90⁰ C.

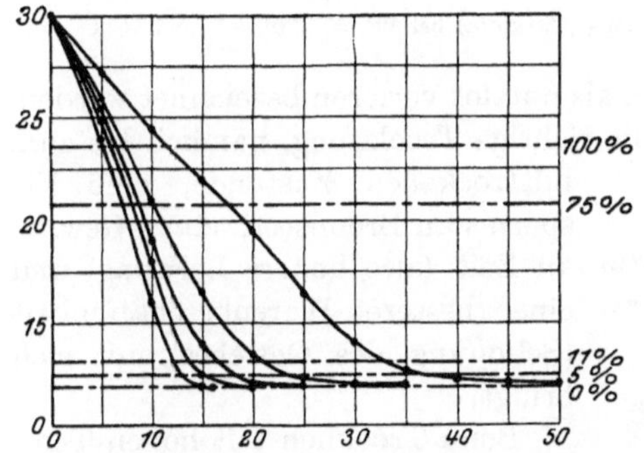

Abb. 43. Verdampfungslinien eines Baumwollbarchents (230 g/qm) bei 50⁰, 60⁰, 70⁰, 80⁰ und 90⁰ C.

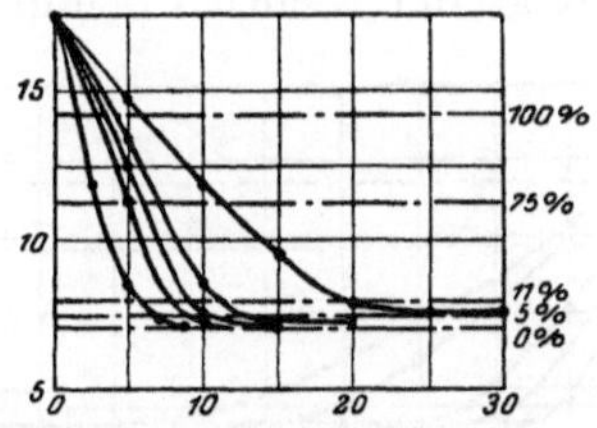

Abb. 44. Verdampfungslinien eines mercerisierten Baumwollstoffes (158 g/qm) bei 50⁰, 60⁰ .70⁰, 80⁰ und 90⁰ C.

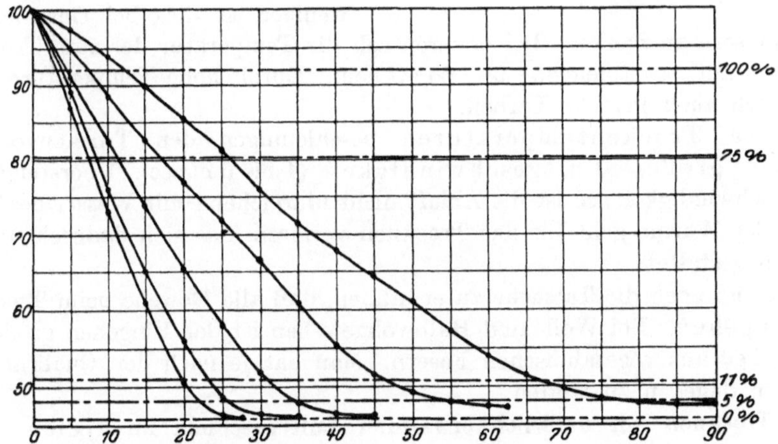

Abb. 45. Verdampfungslinien eines baumwollenen Waffelgewebes (396 g/qm) bei 50⁰, 60⁰, 70⁰, 80⁰ und 90⁰ C.

Es sei noch auf die Übertrocknung hingewiesen, ein Fehler, der fast allgemein begangen wird. Man erkennt in Abb. 36, daß zur Trocknung von

11% (*C*) bis auf 5% (*E*) 5 Minuten notwendig sind; da das Übertrocknen mit einer Herabsetzung der Warenbeschaffenheit (Hart-, Rauh- und Sprödewerden) verbunden ist, außerdem eine Wiederaufnahme von Wasser von 5% bis 11%, d. i. 6% des Trockengewichts der Ware, nach sich zieht, kann der Aufwand an

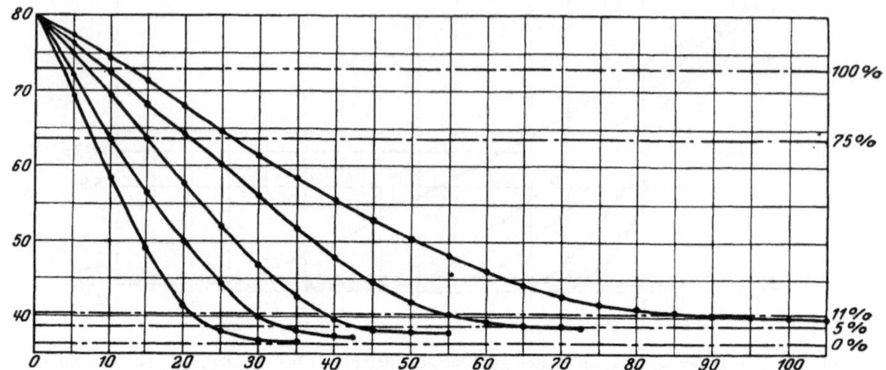

Abb. 46. Verdampfungslinien eines Rohleinenzwilchs (550 g/qm) bei 50°, 60°, 70°, 80° und 90° C.

Zeit und Brennstoff, in diesem Falle 50%, als nutzlos verloren bezeichnet werden. Daraus folgt der wichtige Schluß, daß die richtige Trocknung, nämlich bis zum lufttrockenen Zustande, eine Ersparnis an Brennstoff, einen Gewinn an Zeit (also höhere Leistung) und eine bessere Warenbeschaffenheit (Schonung des Gewebes) mit sich bringt.

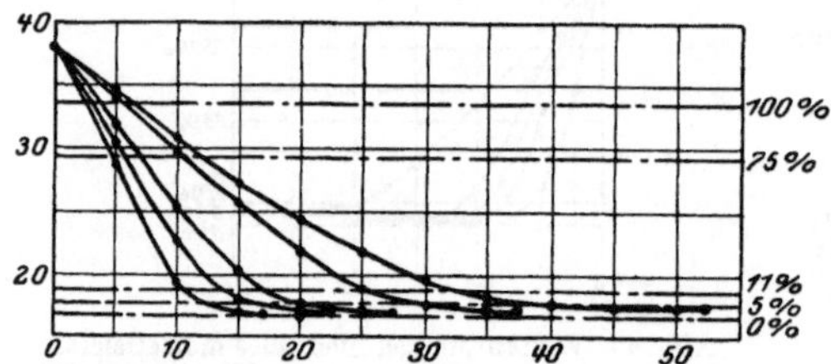

Abb. 47. Verdampfungslinien eines Rohleinwandgewebes (280 g/qm) bei 50°, 60°, 70°, 80° und 90° C.

Beim Trocknen mit hohen Temperaturen werden Woll- und Halbwollgewebe hartgriffiger und rauher, weniger ist dies bei Geweben aus Pflanzenfasern zu merken. Bei ersteren soll die Temperatur der zum Trocknen dienenden Luft zwischen 45° und 60° C sein. Durch hohe Temperaturen verändern sich auch manche Farben.

Höhere Trockentemperaturen beschleunigen den Trockenvorgang; ebenso eine größere Luftgeschwindigkeit (4 bis 6 m/sec). Übersteigt man diese Geschwindigkeit, so ist die Abluft nicht hinreichend mit Wasser gesättigt, ein Teil der Wärme geht für das Trocknen verloren, das sich dadurch unwirtschaftlich gestaltet.

Ferner ist noch die Tatsache zu erwähnen, daß alle Gewebe beim Trocknen etwas eingehen. Bei Woll- und Halbwollgeweben ist das Eingehen größer als bei Geweben aus vegetabilischen Fasern. Man hat je nach der Qualität Vorkehrungen dagegen zu treffen.

Das Trocknen mit natürlich erwärmter Luft geschieht im Freien, unter Dachböden oder gedeckten Schuppen und in Trockenhängen.

Das Trocknen im Freien auf feststehenden oder fahrbaren Spannrahmen, in kleineren Betrieben hie und da noch üblich, bietet den Vorteil der Billigkeit wegen der Ersparnis des Brennstoffes, die Berührung großer Luftmengen mit dem

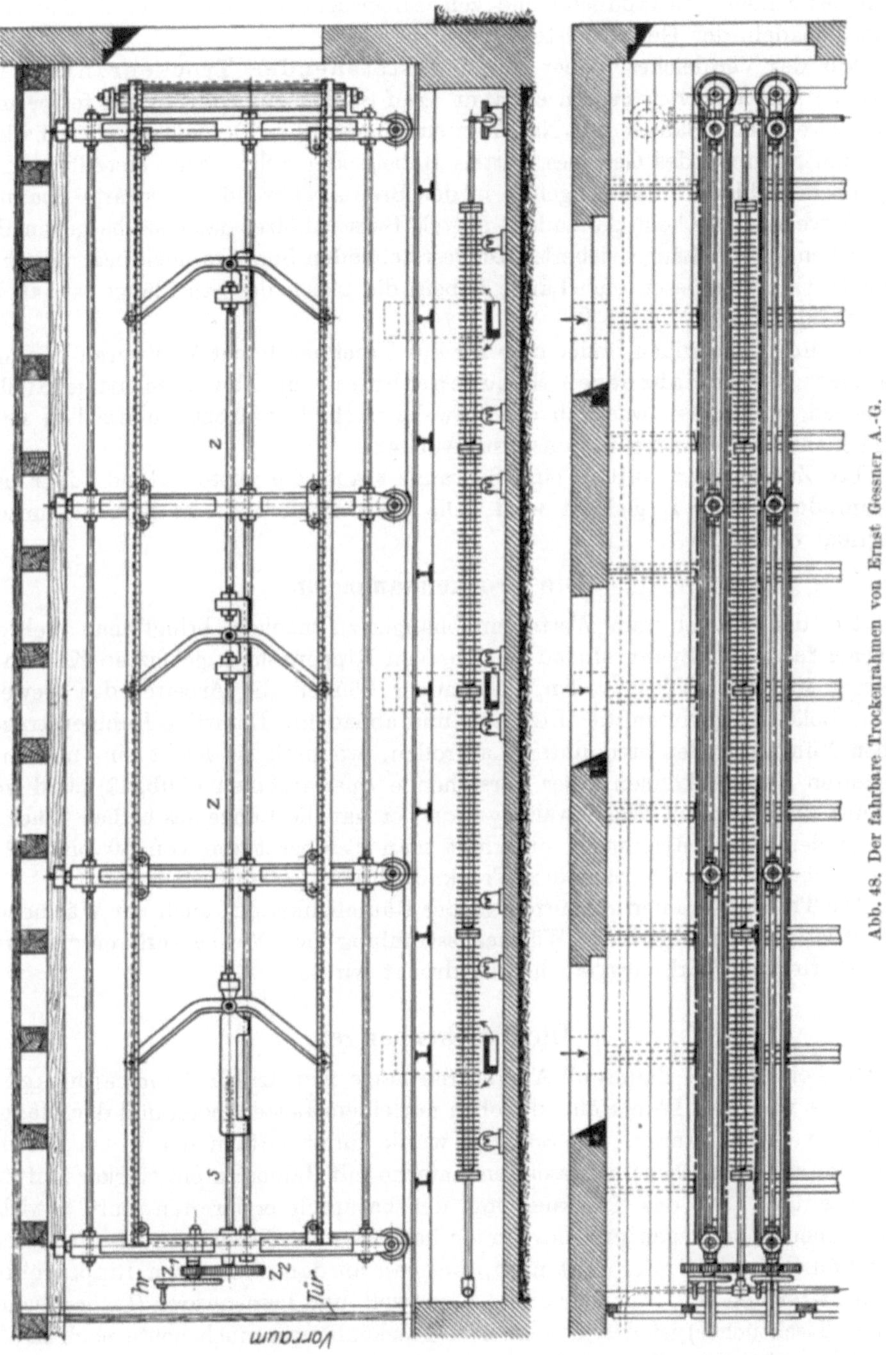

Abb. 48. Der fahrbare Trockenrahmen von Ernst Gessner A.-G.

Gewebe (besonders bei windigem Wetter) und daher auch verhältnismäßig schnelles Trocknen, weichgriffige Ware. Als Nachteile stehen gegenüber: Abhängigkeit vom Wetter, Farbenveränderungen durch die bleichend wirkenden

Sonnenstrahlen, umständliche und zeitbeanspruchende Arbeit durch das Auf-
und Abnadeln der Gewebeleisten.

Nur des Vergleiches halber sei ein feststehender Trockenrahmen für
Gewebe aus tierischen Fasern erwähnt. Auf Säulen aus Holz ist ein fester und
ein beweglicher Balken mit Nadelleisten angeordnet. Der untere Nadelbalken
ist zum Spannen des Gewebes mittels Hebels oder Schrauben verstellbar. Das
Spannen verhindert das Eingehen in der Breite, während das straffe Spannen
der Gewebeleisten beim Aufnadeln mittels Bürstenhölzer das Gewebe gegen das
Eingehen in der Länge sichert. Die feststehenden Spannrahmen beanspruchen
viel Platz und müssen eine Länge haben, die gleich der Stücklänge ist (40 bis
45 bis 50 m).

In einigen Fabriken findet man für das Trocknen feiner Wollwaren (Kammgarngewebe) den fahrbaren Trockenrahmen, um ihn in schattige Stellen
schieben zu können, wodurch das Gewebe nach dem Trocknen weichen Griff
und keine Farbenänderung aufweist (Abb. 48).

Die Zugstange z läuft in eine Schraube s aus, die mittels Handrad hr und
Zahnräder z_1 und z_2 gedreht wird. Die obere Nadelleiste ist fest, die untere
vertikal verstellbar.

Die Trockenkammern.

Um den Betrieb vom Wetter unabhängig zu machen, bringt man mehrere
solcher fahrbarer Spannrahmen in einer von Rippenrohren geheizten Kammer
unter; in einer gleich großen Vorkammer können die Arbeiter das Gewebe
ohne Belästigung durch die Hitze auf- und abnadeln. Derartige Rahmen tragen
oben Führungsrollen und unten Laufrollen, wodurch sie leicht ein- und ausgefahren werden können. Der vorstehende Spannrahmen (Abb. 48) wird von
Ernst Gessner mit Wendewalze gebaut; er hat die Länge des halben Stückes.

In den Trockenkammern unterhält man Temperaturen von 40 bis 50° C,
bei welchen die Gewebe nach dem Trocknen ihren weichen Griff behalten.

Die Trockenkammern bedürfen großer Räumlichkeiten; auch der Wärmeauf-
wand ist groß, da durch die Wärmeausstrahlung viel Wärme verloren geht und
der thermische Wirkungsgrad herabgedrückt wird.

Die Trockenhängen.

In Leinen- und Baumwoll-Appreturen hatte man früher Trockenhängen,
Gebäude von etwa 12 m Höhe, die oben mit einem Lattenboden und den Hänge-
walzen versehen waren. Im Sommer wurde durch Öffnen der vielen Fenster
und der auf dem Dache aufgesetzten Laterne mit Jalousien ein starker Luftzug
herbeigeführt und das Trocknen mit der natürlich erwärmten Luft bewirkt.
An regnerischen Tagen und im Winter half man zur Förderung des Trocknens
mit künstlich erwärmter Luft nach, die man an dampfgeheizten Rippenrohren
vorbei streichen ließ. Für sehr breite Baumwoll- und Leinenwaren (Leinentücher,
breite Tischtücher) ist das Trocknen in Trockenhängen auch heute noch häufig
in Gebrauch. Sie erfordern turmartige Bauten, Reparaturen, viel Bedienung
und haben wegen der Langsamkeit der Trocknung und der Abhängigkeit von den
Witterungsverhältnissen geringe Produktion, zeichnen sich aber durch eine
äußerst schonende Behandlung der Gewebe aus, deren natürliche Eigenschaften,

insbesondere Weichheit und Geschmeidigkeit, Farbenfrische und milder Glanz, nicht beeinträchtigt werden.

Die ununterbrochen wirkende mechanische Trockenhänge mit künstlich erwärmter Luft bietet dieselben Vorteile, ohne deren Nachteile aufzuweisen. Die mechanische Trockenhänge von Ernst Gessner A.-G. ist bereits eine Trockenmaschine, da die Ware durch den Trockenraum bewegt wird. (Siehe das folgende Kapitel!)

Die Trockenmaschinen.

Leistungsfähiger bei geringerer Raumbeanspruchung, besserer Wärmeausnützung und weniger Personal sind die Trockenmaschinen. Man trocknet auf ihnen entweder mit erhitzter Luft in einem Trockenkasten, worin das Gewebe mit einer Geschwindigkeit von 4 bis 12 m, bei leichten Waren bis zu 30 und 40 m, minutlich mittels besonderer Einrichtungen geführt wird (Lufttrockenmaschinen), oder das Gewebe wird über die Mantelfläche rotierender, dampfgeheizter Kupfertrommeln mit einer minutlichen Geschwindigkeit von 3 bis 6 m bewegt (Trommeltrockenmaschinen).

Die Lufttrockenmaschinen.

Das Gewebe wird mit mäßiger Geschwindigkeit (4 bis 12 m, bei sehr leichten Waren auch mit 30 bis 40 m minutlich) durch einen geschlossenen Raum (Trockenkasten), der mit erhitzter Luft erfüllt ist, in modernen horizontalen Bahnen hin- und hergeführt, um einen möglichst langen Weg zurückzulegen. Da die Ware sich fortwährend in Bewegung befindet und Stück an Stück angeschlossen (angenäht), getrocknet werden kann, ergibt sich die große Leistung dieser ununterbrochen arbeitenden Trockenmaschinen.

Um die Vorteile der Trockenhänge, d. i. gelinde Trocknung und Schonung des Stoffes während des Trocknens, mit den Vorteilen der Trockenmaschinen, d. i. hohe Geschwindigkeit und große Leistung, zu verbinden, werden die mechanischen Trockenhängen gebaut, von welchen die Abb. 49 eine Ausführungsform von Ernst Gessner zeigt. Das zu trocknende Gewebe kommt von einem Warenbaum (in der Zeichnung links unten) über einen Streichriegel und einen Breithalter von oben in die Maschine, wo sie zunächst in Falten gelegt wird. Dies geschieht dadurch, daß eine Stabkette in einem solchen Geschwindigkeitsverhältnis zum Warenlauf bewegt wird, daß sie um eine Stabteilung weitergerückt ist, wenn die doppelte Faltenlänge geliefert worden ist. Die Ware wandert sodann mit der Stabkette durch den Trockenraum und wird an der Austrittseite (rechts oben) von einem Zugwalzenpaar abgezogen und von einem Tafelapparat abgelegt (abgetafelt).

Die Trocknung geschieht hier nach dem „Stufentrocknungsverfahren"; dieses besteht darin, daß der Trockenraum in mehrere Kammern unterteilt ist, die je für sich geheizt werden. In die erste Kammer (in der Zeichnung links an der Eintrittseite) gelangt die nasse Ware und die heiße Frischluft, welche sich mit Feuchtigkeit sättigt. Die gesättigte Abluft streicht vor dem Eintritt in die zweite Kammer über einen Lamellenkalorifer (Heizkörper) und wird hier durch Trocknung wieder wasseraufnahmefähig. Dieses Spiel wiederholt sich in jeder Kammer. Von Ventilatoren wird die Trockenluft aus dem Trockenraum

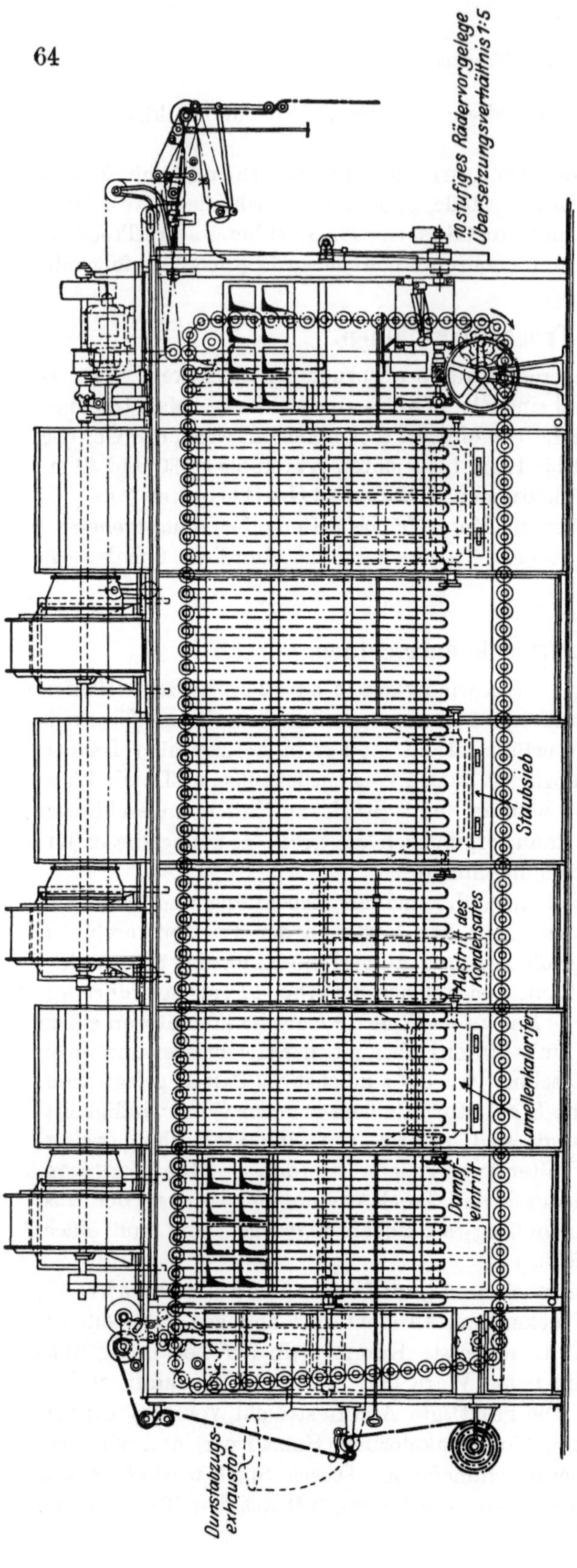

Abb. 49. Die mechanische Trockenhänge von Ernst Gessner A.-G.

abgesaugt und über den Kalorifer geblasen, um wieder nach dem nächsten Trokkenraum gesaugt zu werden.

Der Antrieb erfolgt von einem Elektromotor, welcher in entsprechendem Übersetzungsverhältnis die Ventilatorwelle und von hier durch Riemen ein Rädervorgelege für mehrere Geschwindigkeiten antreibt.

Um das Einspringen der Ware beim Trocknen zu hindern, spannt man das Gewebe beim Durchgang durch den Trockenraum in der Ketten- und Schußrichtung, indem man die Gewebeleisten in die Nadeln oder in die Kluppen endloser, bewegter Gliederketten einlegt und festhält. Solche Maschinen nennt man Spann-Rahm- und Trockenmaschinen. Sie bieten gegenüber anderen Trockenmaschinen nicht nur den Vorteil, daß das Gewebe weder in der Länge noch in der Breite eingehen kann, sondern auch andere, wie die vollständige Fadengeradheit in der Ketten- und Schußrichtung, was von besonderem Wert für gestreifte und karierte Gewebe ist; sie liefern bei einer Temperatur der verwendeten Heißluft von 40 bis 60° C eine Ware mit mildem Griff ohne Farbenveränderungen.

Wollgewebe, die immer Neigung haben, stark einzugehen, besonders solche aus feineren Garnen, sind, gleichgültig ob sie glatt, gestreift, kariert oder dessiniert sind, nur auf der Spann-Rahm- und Trockenmaschine zu trocknen, weil sie in vorgeschriebener Breite und bestimmtem Gewichte zu liefern sind, außerdem würde das Eingehen zu wirtschaftlichen Verlusten für den Fabrikanten führen, da er bei vereinbartem Meterpreis trotz des höheren Gewichtes nicht mehr bezahlt erhält, auch würde die Ware als zu schwer und (beispielsweise für Sommerware) nicht geeignet beanstandet werden.

Aber auch Gewebe aus anderen Faserstoffen wie z. B. Baumwollgewebe, Seiden- und Halbseidengewebe trocknet man, wenn Fadengeradheit erwünscht ist, auf den Spann-Rahm- und Trockenmaschinen. Beim Färben, Gummieren verziehen sich die Fäden und richten sich beim Trocknen im Spannrahmen gerade.

Werden zur Erzeugung besseren Griffes, größerer Festigkeit, größerer Dichte und größerer Steifheit die Gewebe mit Appreturmitteln entweder einseitig appretiert oder imprägniert, so sind vor dem Maschineneingang noch Appreturauftragapparate, wie Stärke- und Gummiermaschinen angeordnet. In der Wollbranche zieht man wohl die getrenntstehende Gummiermaschine trotz des erforderlichen größeren Arbeitspersonals vor, und zwar wegen des besseren Eindringens des Appreturmittels beim längeren Lagern der Ware.

Jede Spann-Rahm- und Trockenmaschine enthält drei wesentliche Teile, und zwar die Warenführvorrichtung, den Lufterhitzungsapparat und die Luftfördervorrichtung.

Der Ventilator, der zur Förderung der Trockenluft und zur Bewegung derselben im Trockenraume dient, hat einen Durchmesser von 750 bis 1200 mm).

Der Lufterhitzungskessel, der als Röhrenkessel ausgeführt ist und gewöhnlich 3 bis 4 m Länge, 800 bis 1000 mm Durchmesser hat, besitzt im Innern in den beiden Kesselböden eingedichtet, eine größere Zahl (70 bis 90) dünnwandiger Rohre von etwa 40 mm Durchmesser, durch welche die Luft vom Ventilator gepreßt und schnell erwärmt wird. Der Kessel kann auch mit Abdampf geheizt werden.

Der Warenführmechanismus besteht aus endlosen Ketten, deren einzelne Kettenglieder zum Festhalten der Leisten Nadelleisten oder Kluppen tragen. Diese Ketten werden in Führungsbahnen geführt und müssen nach der Gewebebreite enger oder weiter gestellt werden können, zu welchem Zwecke in den Kettenführungswänden in Entfernungen von 2,5 bis 3 m links und rechtsgängig geschnittene horizontal liegende Schraubenspindeln eingreifen, durch deren gleichzeitiges Drehen die Kettenwände parallel verstellt werden.

Man bezeichnet den zwischen zwei Schraubenspindeln liegenden Raum als Trockenfeld und benennt die Maschine nach der Anzahl der Felder, z. B. Trockenmaschine mit n Trockenfeldern. Das am Maschineneingange liegende Feld (Einlaßfeld) ist immer von größerer Länge und liegt außerhalb des Heißluftraumes. Mit den Ketten führt man das Gewebe in mehreren horizontalen, übereinanderliegenden Bahnen und bezeichnet zwei unmittelbar übereinander liegende Warenführungen mit Etage. Je nach der Warenbeschaffenheit und der Leistung baut man bis 6, seltener mehr, Etagen und kennzeichnet die Größe der Maschine durch die Anzahl der Felder und der Etagen.

Bei der horizontalen Warenführung, die bei allen Spann-Rahm- und Trockenmaschinen zu finden ist, reißt der vom Ventilator erzeugte Luftstrom die Dampfbläschen von den haarigen und rauhen Gewebeflächen ab und führt sie ins Freie. Die Geschwindigkeit der Heißluft ist ein ebenso wichtiger Faktor beim Trocknen wie sachgemäße Heißluftführung: die Heißluft muß beide Gewebeseiten bestreichen. Insbesondere von der Gewebeunterseite lösen sich die Dampfbläschen nur schwer los und bedürfen daher gerade eines kräftigen Luftstromes. Damit sich die in den Warensäcken (d. i. der von 2 Warenführungen an der Kehrstelle gebildete Sack) eingeblasene Warmluft nicht staut, d. h. die Luftbewegung aufhebt und einen Überdruck erzeugt, die das Abnadeln der Ware zur Folge hätte, ferner damit sich nicht etwa Feuchtluft in dem Sacke sammelt

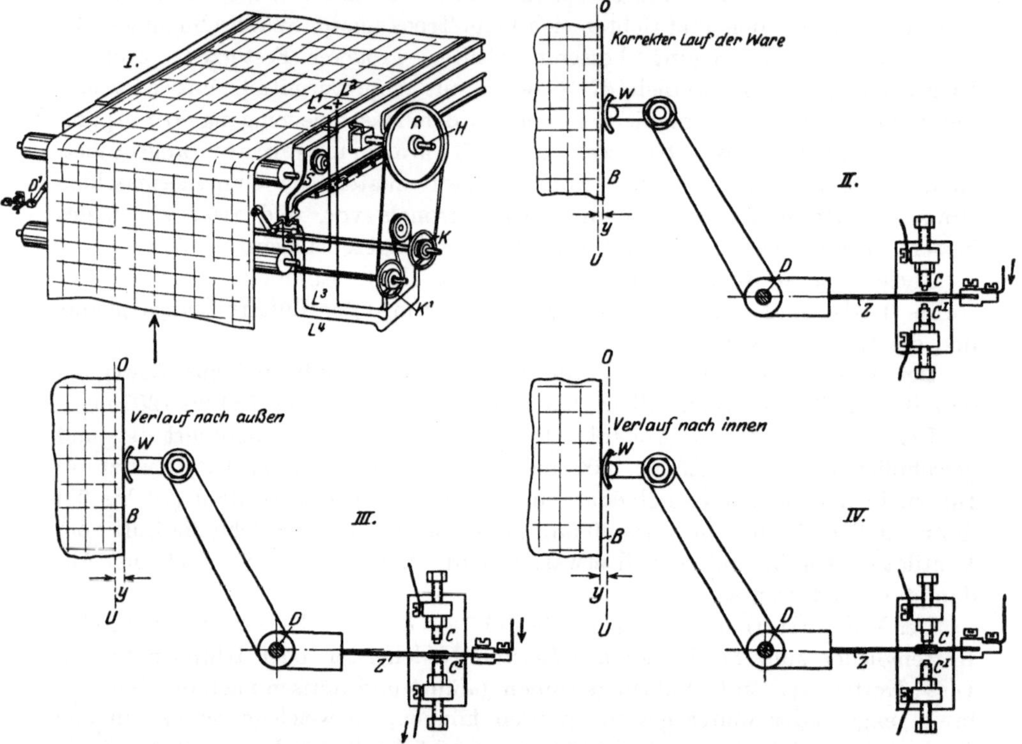

Abb. 50. Die elektrische Wareneinführungsvorrichtung von C. H. Weisbach.

und den Trockenvorgang beeinträchtigt, läßt man die Luft in den Säcken durch angeschlossene Abluftrohre ins Freie treten. Eine angemessene Luftbewegung wird durch die richtige Wahl der Luftführungsquerschnitte erzielt. Diese sind Rechtecke, deren kleinere Seiten vom Durchmesser der Kettenführungsräder bedingt sind.

Die Größe der Spann-Rahm- und Trockenmaschine und die Heißluftführung muß immer der Gewebedichte, der Leistung und der Appretur angepaßt sein, weil Gewebe mit Appreturmitteln imprägniert, einen höheren Feuchtigkeitsgehalt (oft bis 100% des Trockengewichtes) haben.

Man unterscheidet sie daher in Maschinen für leichte Gewebe (Mull, Krepp, Gaze), für mittelschwere (Baumwolle, Zanella, Orleans) und für schwere Gewebe (Velours, Kalmuck, Tuch, appretierte Gewebe).

Eine bedeutsame Neuerung sind die selbsttätigen Wareneinführungsvorrichtungen, welche nicht bloß menschliche Hilfskräfte ersparen — an jeder
Leiste ist eine Arbeiterin nötig —, sondern den Wareneinlauf einwandfrei besorgen. Eine elektrische Wareneinführungsvorrichtung, Patent Weisbach, zeigt
die Abb. 50.

Abb. *I* stellt den Einlauf einer Spannmaschine mit dem Einführungsapparat
schematisch dar. Abb. *II* zeigt den richtigen Lauf der Ware, die punktierte Linie
OU kennzeichnet die Spitzen der Nadeln oder die Mittellinie der Kluppengreif-

Abb. 51. Die pneumatische Wareneinführungsvorrichtung von C. G. Haubold A.-G

fläche. Da der Drehzapfen *D* fest mit der Kettenführungswand *S* (Abb. *I*) verbunden ist, wird die Entfernung der Linie *OU* von *D* immer gleich sein. Die
normale Entfernung zwischen der Linie *OU* und Gewebekante *B* ist *Y*. Der Taster
W liegt bei *B* an der Gewebeleiste an, die Zunge *Z* steht in Mittelstellung, berührt
also weder Kontaktschraube *C* noch C^1. Abb. *III* zeigt den Verlauf des Gewebes
nach außen. Dadurch wird die Entfernung *Y* größer. Die Ware würde, wenn die
Kettenführungswand *S* nicht bewegt wird, zu weit eingenadelt; dies geschieht
jedoch nicht, weil die Gewebekante den Taster *W* nach außen und dabei die
Zunge *Z* nach unten drückt. Hierdurch kommt letztere mit der Kontaktschraube
C^1 in Berührung, es wird ein Stromkreis geschlossen, die elektrische Kupplung K^1
(siehe Abb. *I*) betätigt, welche mittels einer Schnur auf die Rillenscheibe *R* wirkt,
die auf der Gewindespindel *H* sitzt. Die Einlaßwand wird nach außen bewegt,

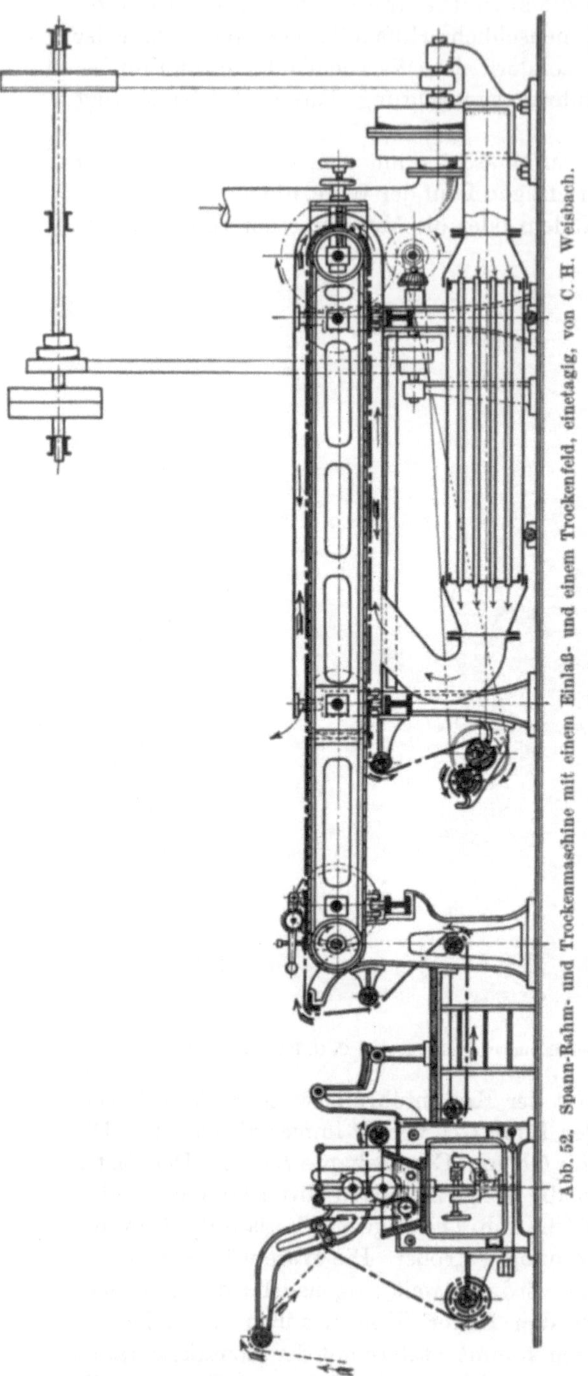

Abb. 52. Spann-Rahm- und Trockenmaschine mit einem Einlaß- und einem Trockenfeld, einetagig, von C. H. Weisbach.

bis die Entfernung Y wieder normal geworden ist. Dabei stellt sich der Taster W bzw. die Zunge Z wieder in die Mittelstellung, es tritt gleichzeitig die Unterbrechung des Stromes ein und die Bewegung der Einlaufwand hört auf. Abb. IV zeigt den Verlauf des Gewebes nach innen. Die Gewebeleiste ist soweit nach links gelaufen, daß die Linie OU außerhalb derselben liegt und die Gewebeleiste nicht mehr auf die Nadeln geführt wird. Bevor dies jedoch eintritt, hat sich der Taster bereits durch sein Schwergewicht vornüber geneigt. Die Zunge Z kommt mit C in Kontakt, ein anderer Stromkreis wird geschlossen, eine elektrische Kupplung K (siehe Abb. I) betätigt und die Rillenscheibe in umgekehrter Drehrichtung bewegt. Die Scharnierwand wird nach innen geführt, bis wieder die Entfernung Y normal geworden ist und sich der Taster in seiner Mittelstellung befindet, wodurch die Bewegung der Wand wieder aufhört.

C. G. Haubold, Chemnitz, baut die pneumatischen Wareneinführungsvorrichtungen, bei welchen anstatt des elektrischen Stromes Druckluft zur Verstellung des Einlaßfeldes benutzt wird. H. Krantz, Aachen, besorgt dies auf mechanischem Wege, nur die Einleitung der Bewegung erfolgt durch elektrische Fühler.

Die pneumatische Wareneinführungsvorrichtung ist in Abb. 51 schaubildlich dargestellt. Zur Betätigung der beiden Einlaßwände dienen zwei Verstellvorrichtungen, die durch die Maschine selbst in Bewegung gesetzt werden. Die Richtung dieser Bewegung wird durch zwei

Tastvorrichtungen bestimmt, die auf beiden Seiten des Einlaßfeldes so angebracht sind, daß sie ständig mit den Gewebekanten in Fühlung sind.

Die Gewebekante G läuft über eine kleine Auflageplatte R, die ihr als Stützpunkt dient. In deren Aussparungen schwingt in senkrechter Ebene der Taster T, der durch ein kleines verstellbares Gegengewicht so eingestellt wird, daß er sich mit ganz leichtem Druck an die Gewebekante G anlegt und allen ihren Bewegungen folgt. An seinem oberen Ende ist dieser Taster mit einem rechtwinklig angebrachten Fortsatz versehen, in dessen breite, gewölbte Stirnfläche die Kanäle für die Umleitung der Druckluft eingeschliffen sind und der in haarbreitem Abstand frei vor dem Verteilerkopf VK der Steuereinrichtung pendelt. In diesen Verteilerkopf münden drei Leitungen: die Druckluft-Zuleitung 1 und die zwei Ableitungen 2 und 3.

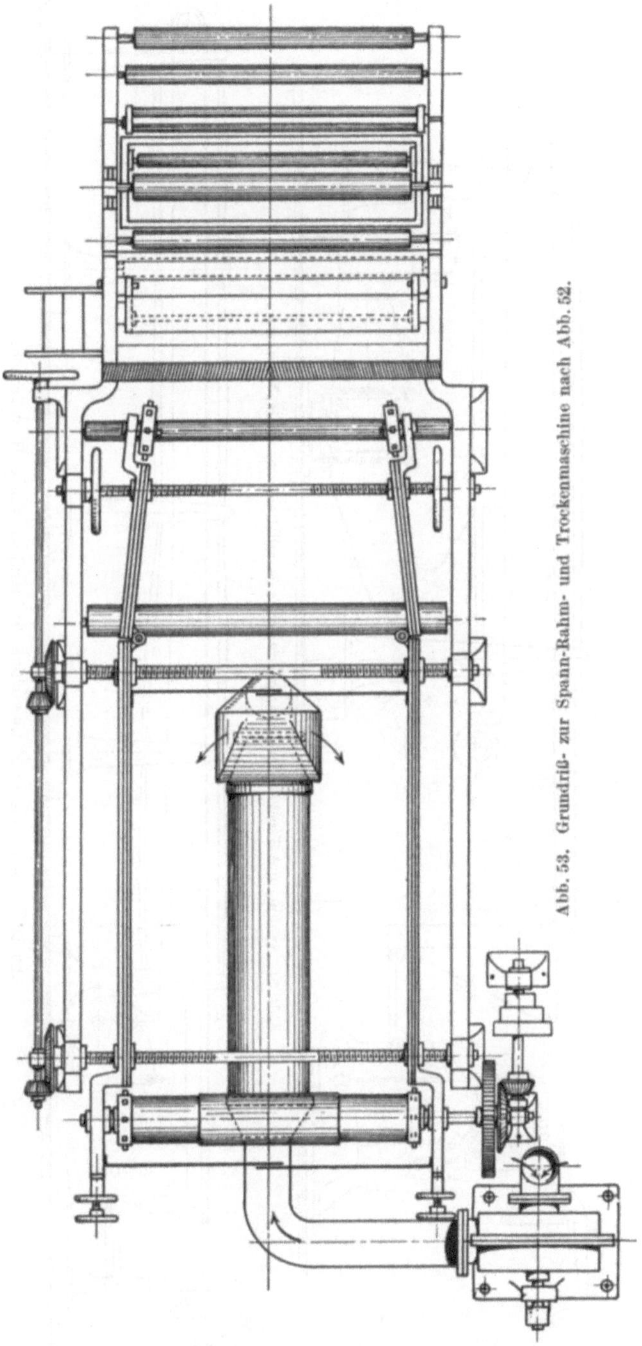

Die Druckluftzuleitung 1 erhält die von der Pumpe kommende Druckluft, die Ableitungen 2 und 3 stehen durch Spiralschläuche mit je einer Seite des Arbeitskolbens A in Verbindung. In der Mittelstellung des Tasters T ist die Druckluftzuleitung 1 mit Hilfe der in dem Tasterfortsatz eingeschliffenen Umleitkanäle gleichmäßig mit den beiden Ableitungen verbunden, so daß die Druckluft auf den Arbeitskolben A von beiden Seiten gleich stark drückt, ihn also in Ruhe hält.

Der Taster T folgt jeder Bewegung der Gewebekante. Gefährdet das Ver-

Abb. 53. Grundriß zur Spann-Rahm- und Trockenmaschine nach Abb. 52.

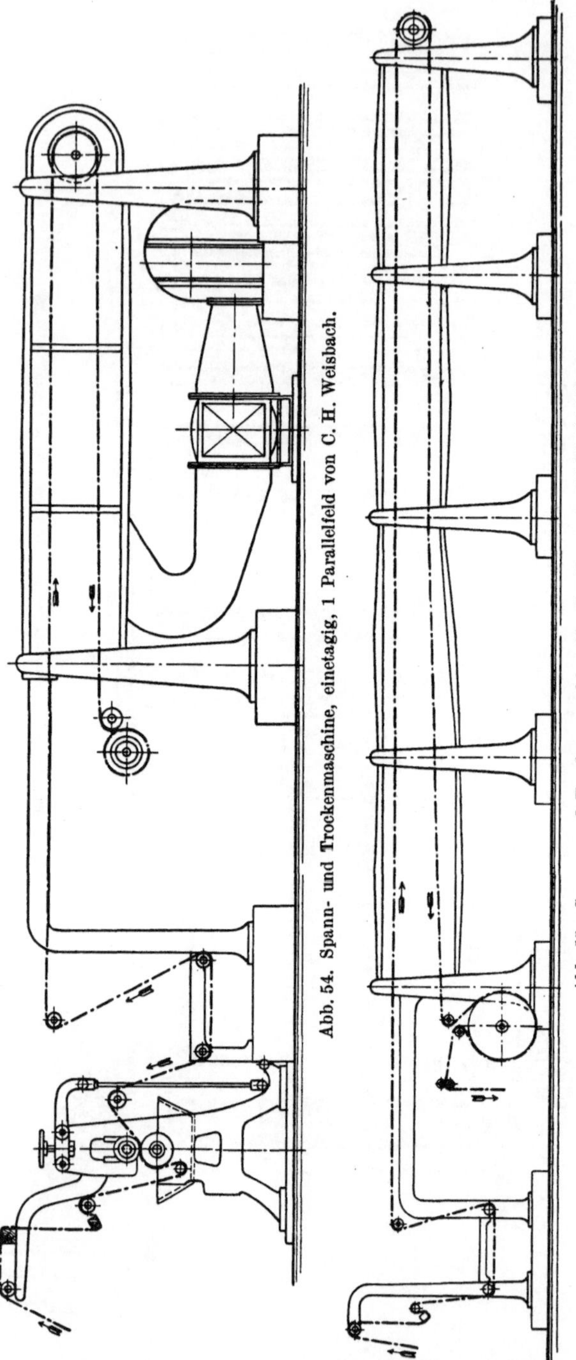

Abb. 54. Spann- und Trockenmaschine, einetagig, 1 Parallelfeld von C. H. Weisbach.

Abb. 55. Spann- und Trockenmaschine für Gardinen von C. H. Weisbach.

laufen die Gleichmäßigkeit der Einführung, so gibt, je nachdem, nach welcher Seite der Taster der Gewebeleiste folgen muß, der Tasterfortsatz eine der beiden Ableitungen *2* oder *3* frei, so daß die Druckluft aus ihr entweichen kann. In dieser Leitung entsteht daher ein geringerer Druck als in der anderen Leitung. Die Folge davon ist, daß der Kolben A sich in Bewegung setzt. Mit diesem werden der damit verbundene Hebel H, das Reibrad K, mehrere Gegenräder und ein Kettenantrieb auf der in der Mitte geteilten Verstellspindel S des Einlaßfeldes betätigt.

Einetagen-Maschinen.

Die Abb. 52 und 53 zeigen eine Spann-Rahm- und Trockenmaschine älterer Bauart mit einem Einlaß- und einem Trockenfeld, kombiniert mit einer Stärkmaschine mit einer Etage zum Trocknen weitmaschiger Gewebe, wie Verbandgaze und anderer leichter Stoffe, bei welchen die Heißluft durch die Gewebeporen leicht und ohne Widerstand hindurchtreten kann, so daß beide Gewebeseiten bestrichen werden. Das Trockenfeld ist nach allen Seiten von Verschalungsblechen zur Vermeidung von Wärmeverlusten abgeschlossen.

Im Einlaßfeld sind die Kettenwandflügel gelenkig mit dem Trockenfeld verbunden· und von Hand aus schräg einstellbar zur allmählichen Anspannung des Gewebes in der Schußrichtung (siehe Grundriß.) Man muß sich bei neuen Warengattungen von der Spannung in der Breite durch einen Vorversuch überzeugen, um ein

Einreißen der Gewebeleisten zu verhüten. Mittels besonderer Handräder, deren Naben die Muttergewinde für die im Einlaß befindliche Schraubenspindel haben, kann man die Schrägstellung jedes Kettenwandflügels regeln.

Das über einem Breithalter eingeführte Gewebe wird von zwei Arbeitern mit den Leisten in die Nadeln oder Kluppen der Kette eingelegt. Bei Nadelleistenketten sind zum Eindrücken der Leisten bis auf den Grund der Nadeln auf jeder Seite ein oder zwei Aufnadelrädchen mit Bürsten am Umfange vorhanden, um die Nadeln nicht zu beschädigen.

Das Warenlaufschema neuerer Einetagen-Trokkenmaschinen zeigen die Abb. 54 und 55 in der Ausführung von C. H. Weisbach, Chemnitz. Abb. 54 stellt eine Spann- und Trokkenmaschine, Einetagensystem, mit 1 Parallelfeld und kombinierter Nadel- und Kluppenkette dar; Abb. 55 zeigt eine Spann- und Trockenmaschine für Gardinen, Einetagensystem, mit 1 konischen Einlaßfeld, 4 parallelen Spannfeldern und Nachtrockentrommel.

Die Schraubenspindeln zum parallelen Verstellen der Kettenführungswände, entsprechend der Gewebebreite, erhalten ihren Antrieb von einer an den Schraubenspindelständern horizontal gelagerten Welle vermittels Kegelräder oder

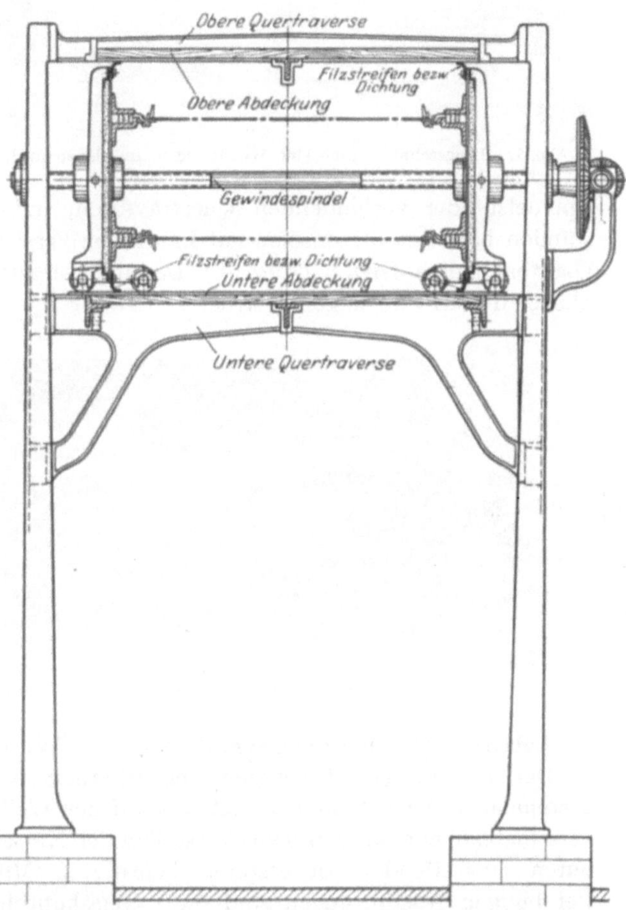

Abb. 56. Querschnitt durch ein Maschinentrockenfeld. (C. H. Weisbach.)

Schneckenradübersetzung. Bei Maschinen mit 1 bis 3 Trockenfeldern und einer Etage bewegt man diese Welle von Hand aus, bei längeren Maschinen motorisch von der Transmission durch eine Kupplungseinrichtung.

Am Ende der Maschine führt man das Gewebe über eine teleskopartig verschiebbare Wendetrommel, welche das Gewebe gegen Einsackungen und die dadurch bedingten Verschiebungen (Verzerrungen) der Ketten- und Schußfäden schützen soll, wodurch das Aussehen von gestreiften und karierten Waren beeinträchtigt würde. Am Ende der unteren Warenführung angekommen, zieht man das Gewebe durch tiefer stehende Abzugwalzen (Abnadelwalzen) ab, tafelt es oder wickelt es auf. Für die Ablesung der Breitenstellung sind an den Kettenführungswänden Maßstäbe befestigt, welche sich mit diesen verschieben. Neuere Maschinen, z. B. von H. Krantz, Aachen, haben seitlich eine Zähluhr, an welcher die eingestellte Breite vom Stande des Arbeiters aus bequem abgelesen werden kann.

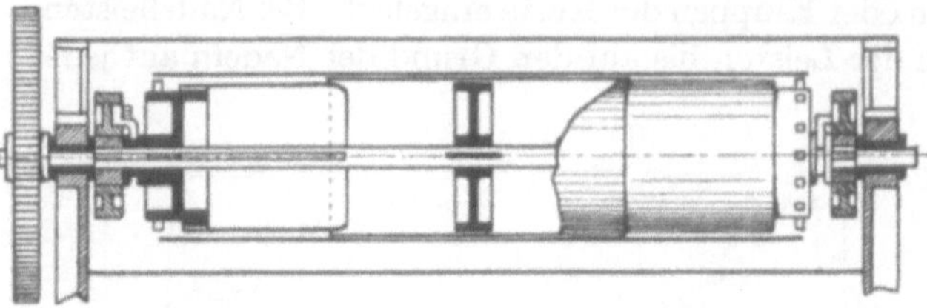

Abb. 57   Längsschnitt durch eine Wende- oder Umkehrtrommel.

Da die Spindeln sich vermöge des auf ihnen lastenden Kettenwandgewichtes durchbiegen würden und deren Drehung in den Muttern erschwert würde, überträgt man die Last auf die die Spindelständer verbindenden Quertraversen, indem man die an den Kettenwänden befestigten Konsolen mit Laufrollen versieht, die auf den Quertraversen (Laufbahnen) aufsitzen (Abb. 56). Dadurch ist auch die Bewegung der Kettenglieder in den Führungen gesichert.

Abb. 58.   Ansicht einer Lattenumkehrtrommel von C. G. Haubold A.-G.

Abb. 57 zeigt einen Längsschnitt durch die Wende- oder Umkehrtrommel. Der mittlere Teil der wegen Rostsicherheit aus Kupfer- oder Messingblech bestehenden Wendetrommel sitzt fest auf der Welle, die beiden Seitenteile sind verschiebbar und werden beim Verstellen der Kettenwände durch in ihre Nabennuten eingreifende, an ersteren befestigten Mitnehmereisen mitgenommen. Bei billigen Ausführungen sind diese Teleskoprohre aus Eisenblech, das aber Rostflecken auf der Ware erzeugt. Lattenwendetrommeln aus Holz sind wegen des Verziehens der hölzernen Stäbe in der großen Hitze häufigen Reparaturen unterworfen, die man durch Verwendung gut ausgetrockneten Holzes vermeiden kann. Eine solche Lattenumkehrtrommel zeigt die Abb. 58.

Für Gewebe mit halbwegs haltbaren Leisten bringt man an den Kettengliedern Leisten mit 1 bis 2 Reihen von Nadeln an und zwar zweireihige Nadelleisten für leichtere Gewebe wie Damensommerkleiderstoffe, feinere Baumwollstoffe, halbwollene Futterstoffe u. a. Ein besonderes Augenmerk ist der richtigen Konstruktion der Ketten zuzuwenden, namentlich was die Lage der Aufnadelebene anlangt. Diese Ebene muß durch die Mittelpunkte der Kettenverbindungsbolzen gehen, damit an den Gewebeumkehrstellen in der Maschine nicht etwa durch

Dehnen die Leisten wellig werden und infolge von Fadenverschiebungen Risse erhalten.

In Abb. 59 ist ein Nadelleistenglied dargestellt. Die Nadelleisten bestehen aus Metall; zur Verhütung von Rostflecken gebraucht man verzinnte und auch vernickelte Nadeln aus Stahl.

Abb. 60 zeigt die richtige Konstruktion der Nadelkettenglieder, bei welcher die Leisten der Gewebe durch die Achsen der Drehzapfen gehen und an den Umkehrstellen nicht gedehnt werden. Abb. 61 zeigt die gleiche Anordnung mit Kluppenkettengliedern.

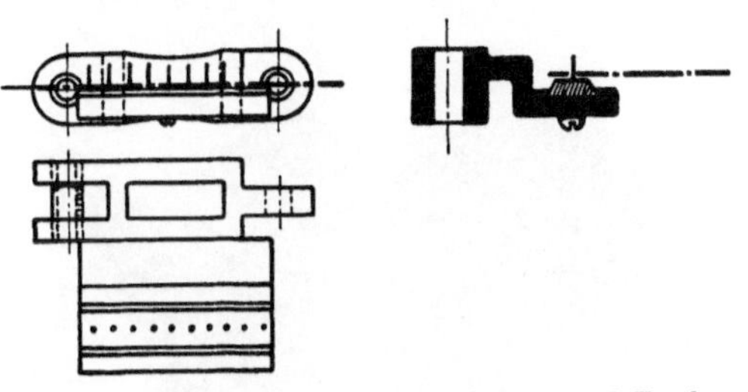

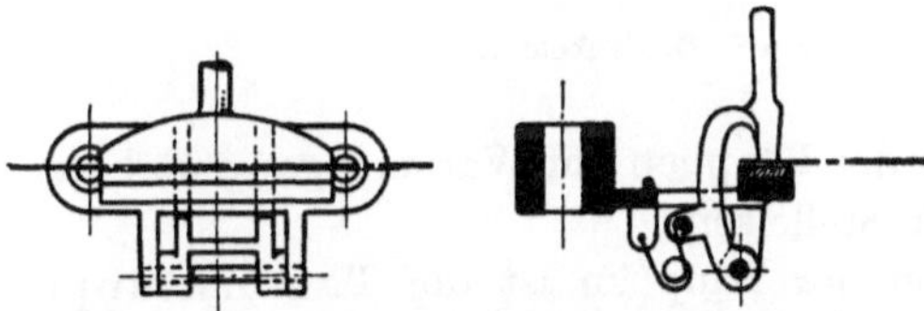

Abb. 59. Nadelleistenglied einer Spann- und Trockenmaschine.

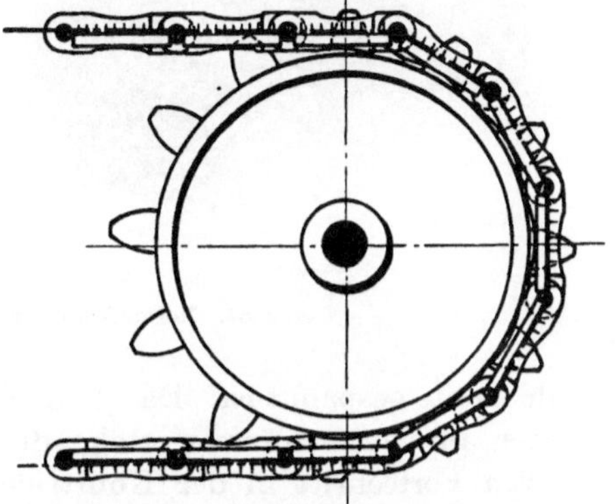

Abb. 60. Kette und Kettenrad für Nadelleisten.

Abb. 61. Kluppenkettenglied einer Spann- und Trockenmaschine.

Zum Trocknen geschwefelter Waren sind Nadelleisten aus Holz zu nehmen, bei welchen aber die Nadeln infolge des Austrocknens des Holzes mit der Zeit herausfallen.

Für feine und leichte baumwollene, halbseidene und seidene Gewebe mit durchweg schwachen Leisten nimmt man Kluppenkettenglieder zur Vermeidung der Nadellöcher, die auch

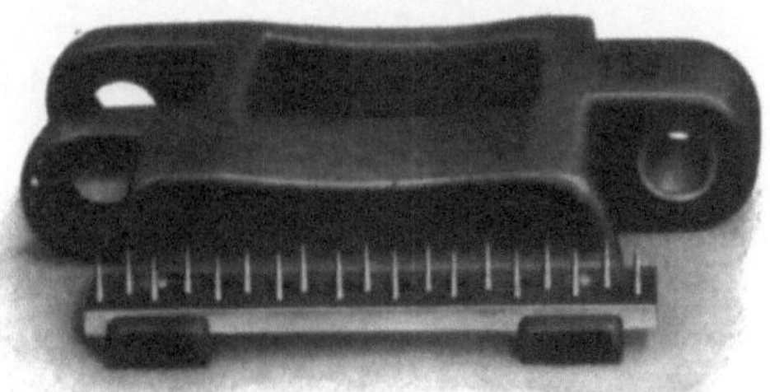

Abb. 62. Kluppenkettenglied von C. H. Weisbach

Abb. 63. Nadelkettenglied von C. H. Weisbach.

ein Einreißen der Leisten zur Folge haben können. Für Wollgewebe sind sie wegen der Entstehung von Glanzleisten nicht zu gebrauchen.

Der Kluppenkörper ist aus schmiedbarem Stahlguß und an der Greiffläche mit einer Bronzeplatte zum Schutz gegen Rostflecke belegt. Der Kluppenhebel

(Abb. 62) ist aus Metallguß und sein Drehpunkt derart gewählt, daß die Kluppe sich selbsttätig um so fester schließt, je stärker die Ware in die Breite gespannt wird.

Die Feder hat den Zweck, den Kluppenhebel im geschlossenen oder geöffneten Zustand zu halten, damit sich die Kluppe nicht selbsttätig öffnet oder schließt, ferner während des Einlaufens des Gewebes in das sich verbreiternde Einlaßfeld ein Herausschlüpfen der Gewebeleisten so lange zu verhüten bis die Ware auf die

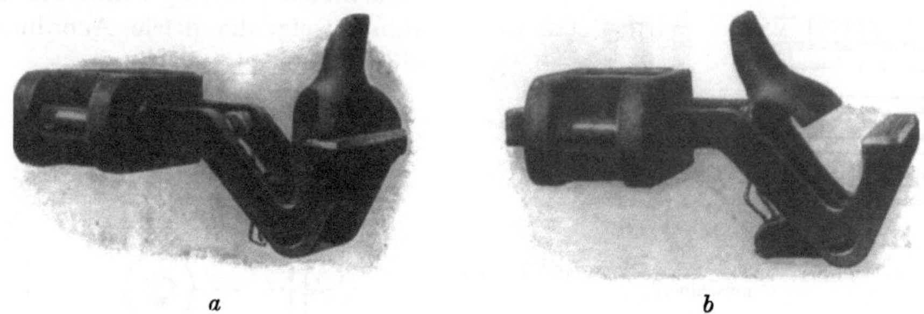

Abb. 64. Normalkluppe mit Feder von C. G. Haubold A.-G.

volle Breite gespannt ist. Das Schließen der Kluppen am Wareneingang und das Öffnen am Warenausgang erfolgt durch Stelleisen.

Ein Fortschritt in der Konstruktion der Kluppen ist die Tasterkluppe für Spann-Rahm- und Trockenmaschinen mit einfachem Warenlauf mit selbst-

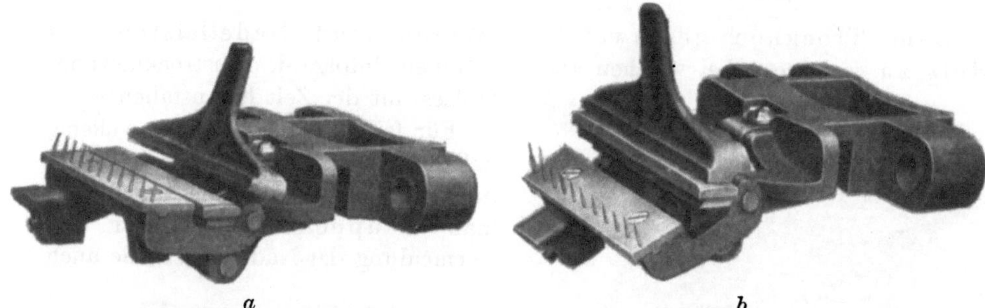

Abb. 65. Kombiniertes Nadel- und Kluppenkettenglied von C. H. Weisbach.

tätigem Aufnehmen und Festhalten der Gewebeleisten ohne Zuhilfenahme einer Feder oder Menschenhand.

Der Kluppenkörper nimmt einen Fallenhebel mit Taster auf, der unter einem bestimmten Winkel zur Warenauflagefläche so gelagert ist, daß er sich durch sein Eigengewicht selbst schließen kann, und zwar um so fester, je mehr die Ware sich in der Breite ausspannt. Der Zeitpunkt des Kluppenschlusses ist einerseits von dem Taster und andererseits von der Breite, mit der man die Warenleiste einführt, abhängig. Die Tasterkluppe wirkt in folgender Weise: Nachdem der Fallenhebel durch ein am Wareneinlauf angebrachtes Stelleisen hochgehoben ist, führt sich das Gewebe, mit seiner Leiste reichlich über den Taster herausragend, ein, der sich auf den Geweberand auflegt. Da sich der Warenlauf allmählich verbreitert, würden die Taster endlich ihre Stütze auf den Leisten verlieren, zu diesem Zeitpunkte schließen sich die Kluppen.

Die Anwendung dieser Kluppe ist, wie bereits eingangs bemerkt, eine beschränkte, d. h. nur für Maschinen mit einfachem Warenlauf und zwar infolge der Lage des Drehpunktes für den Fallenhebel vor und über dem Punkte (Klemmlinie), an welchem das Gewebe erfaßt und festgehalten wird.

Die Abb. 63 bis 65 zeigen einige Ausführungsformen von Kettengliedern, und zwar Abb. 63 ein Nadelkettenglied mit Messingleiste und Stahlnadeln (C. H. Weisbach); Abb. 64 eine Normalkluppe mit Feder, *a* (links) geschlossen, *b* (rechts) geöffnet (C. G. Haubold), Abb. 65 ein kombiniertes Nadel- und Kluppenglied (Weisbach), *a* (links) als Nadelglied mit zurückgeschlagenem Kluppenhebel und hochgeschlagener Nadelleistenklappe, *b* (rechts) als Kluppenglied mit heruntergedrückter Nadelleistenklappe; Abb. 62 eine selbsttätige Tasterkluppe (Weisbach) mit Schleiftaster und Entlastungsbügel sowie beweglicher Greiffläche am Hebel, wodurch jede Warenstärke sicher und schonend gehalten wird.

Die Einetagenmaschine mit mehreren Trockenfeldern.

Zum Trocknen leichter, nicht allzu dichter Gewebe aus Wolle, Halbwolle, Baumwolle u. dgl. werden diese Maschinen bis zu 4 Trockenfeldern gebaut. Sie erfordern lange Räume, haben relativ große Abkühlungsflächen, sind aber noch von einfacher Bauart und bequem zu bedienen. Abb. 66 zeigt eine ältere Ausführungsform. Der Kettenantrieb ist derart angeordnet, daß die Ketten auf den Strecken der Warenführung gespannt sind.

Für die Annäherung oder Entfernung der Kettenführungswände muß die Welle zum Antrieb der Schraubenspindeln nach beiden Richtungen gedreht werden können. Die Bewegung wird bei dieser Getriebeeinrichtung von der Hauptwelle abgeleitet, die unmittelbar die Welle zur Verstellung der Schraubenspindeln in einem Sinne dreht. Schiebt man hingegen eine Friktionsscheibe an die Losscheibe an, so wird die Bewegung der Kette und Kettenräder auf das Wendegetriebe und weiters auf die Welle übertragen, die mittels Kegelräder (Abb. 56) die Kettenwandspindeln treibt.

Sind die zu trocknenden Gewebe zu dicht, um die Warmluft durch die Gewebelücken hindurch zu lassen, dann bringt man Luftüberführungsrohre an, so daß beide Gewebeseiten vom Heißluftstrome bestrichen werden (Abb. 67).

Das Einblasen der Heißluft in den Warensack kann auch von vorne erfolgen; in diesem Falle sind Sicherheitsleisten unmittelbar über den Nadelspitzen liegend anzubringen, um das Abnadeln der Gewebeleisten zu verhindern.

Die Zweietagen-Spann-Rahm- und Trockenmaschinen.

Diese erfordern bei größerer Produktion und günstigerer Wärmeausnützung eine geringere Bodenfläche. Bei gleicher Produktion wie die Einetagenmaschinen benötigen sie nur die halbe Baulänge. Stärkere Baumwoll-, Halbwoll- und Wollgewebe selbst dichtester Beschaffenheit werden in kürzerer Zeit als auf Einetagenmaschinen getrocknet. Die Kette und Ware bewegen sich in 4 horizontalen, übereinanderliegenden Bahnen, zwischen denen der Heißluftstrom seinen Weg nimmt.

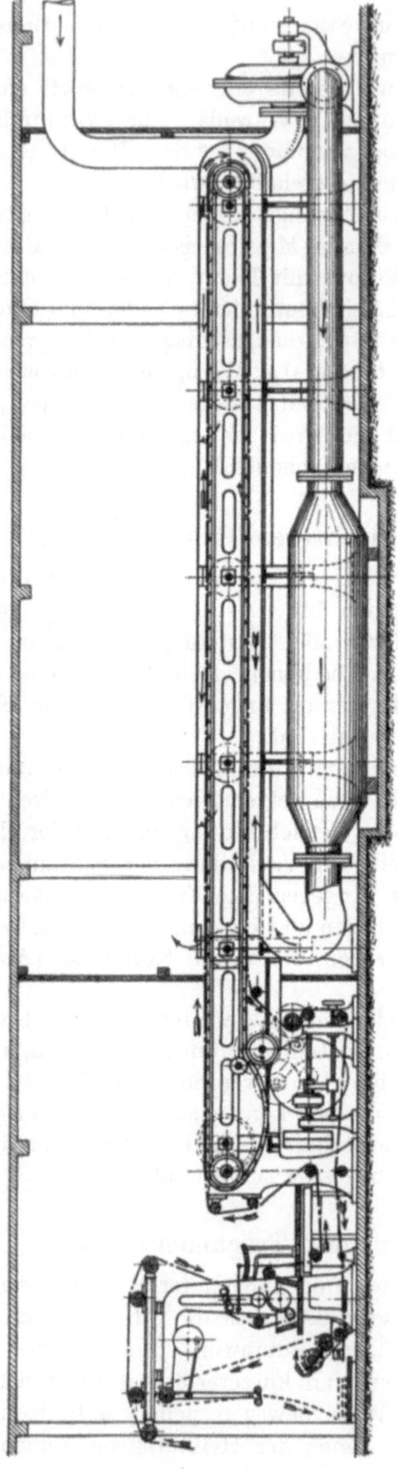

Abb. 66. Spann- und Trockenmaschine, einetagig, 4 Trockenfelder

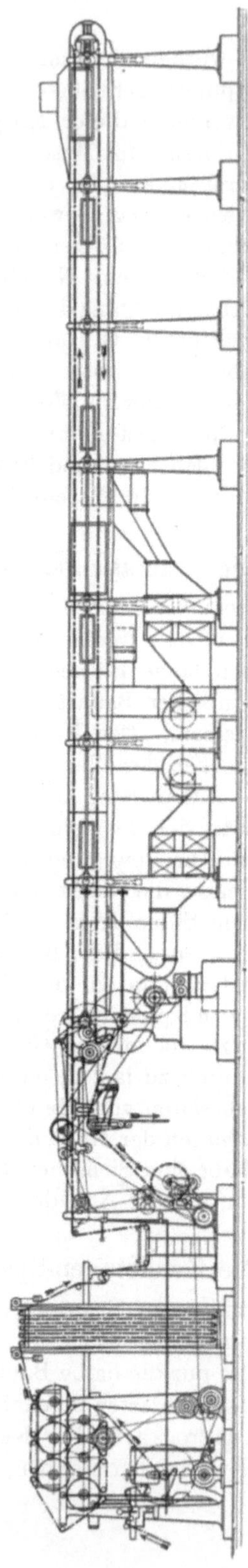

Abb. 67. Spann-Rahm- und Trockenmaschine (einetagig, 7 Trockenfelder) mit vorgebauter Appretiermaschine, Vortrockenapparat und Luftüberführung. (C. G. Haubold A.-G.)

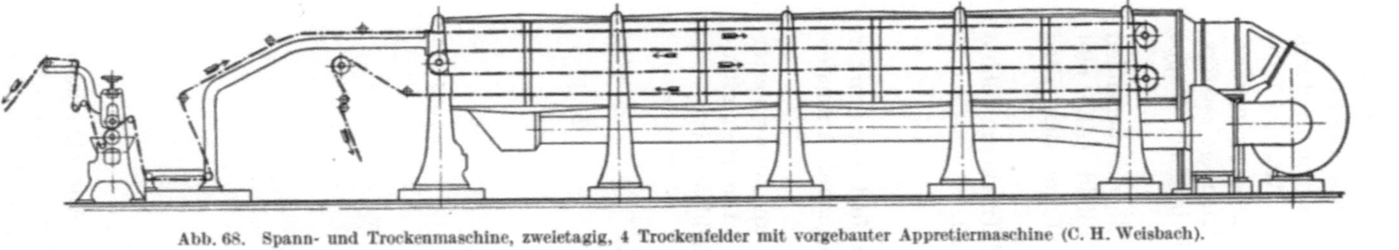

Abb. 68. Spann- und Trockenmaschine, zweietagig, 4 Trockenfelder mit vorgebauter Appretiermaschine (C. H. Weisbach).

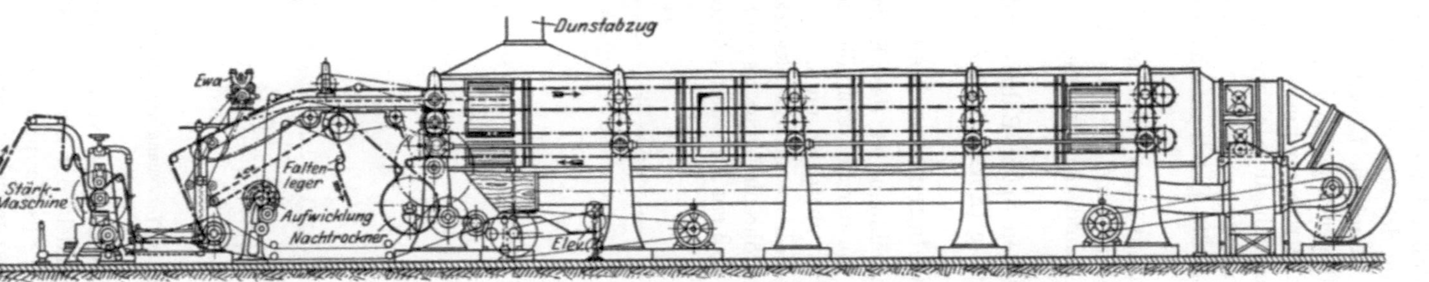

Abb. 69. Zweietagen-Rahme nach Abb. 68 (vollständige Anlage) von C. H. Weisbach

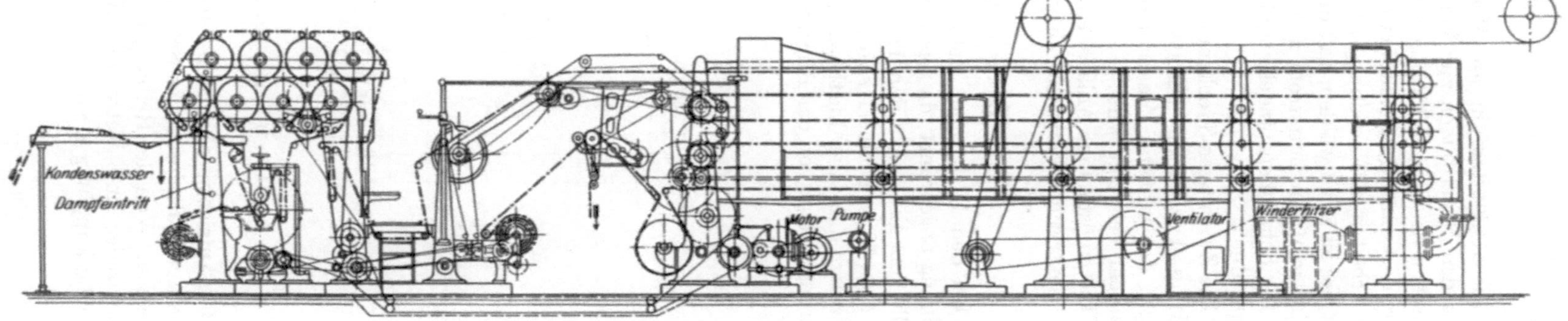

Abb. 70. Spann-Rahm- und Trockenmaschine, 3 Etagen, 4 Trockenfelder, vorgebaute Stärkmaschine, Vortrockenmaschine. (C. G. Haubold A.-G.)

Die Heißluftzufuhr am Wareneinlaß erfordert auch hier Sicherheitsleisten über den Nadelspitzen zur Vermeidung des Abnadelns. Die Heißluftverteilung zwischen den Warenführungen geschieht mittels Überführungsrohre; für Strichwaren ist eine Zustreichbürste zur Gleichrichtung des beim Aufnadeln durch die Arbeiten in Unordnung geratenen Striches vorgesehen. Der Weg des Luftstromes ist so zu wählen, daß die Härchen in die Strichrichtung geblasen werden. Führt man den Luftstrom dem Strich entgegen, so wird die Strichlage zerstört.

Die Schraubenspindeln sind wie bei der Einetagenmaschine in einer Gruppe angeordnet.

Die Zweietagen-Trockenmaschinen mit einem über dem Fußboden liegenden Heizkessel erhalten bereits ein schräg ansteigendes Einlaßfeld (Abb. 68)' wegen der größeren Maschinenhöhe, damit der Arbeiter nicht von der Hitze allzusehr belästigt wird.

Die vollständige Anlage einer solchen Spann-Rahm- und Trockenmaschine mit elektrischer Wareneinführvorrichtung (EWA) zeigt Abb. 69.

Drei- und Mehretagenmaschinen.

Bei den Drei- und Mehretagenmaschinen ist das Einlaßfeld stets unter Neigung angeordnet, da das Gewebe von der in Reichhöhe liegenden Aufnadelstelle zum Einlauf in den Trockenkasten ansteigen muß.

Abb. 70 zeigt eine Dreietagenmaschine mit Streckwerk und kombinierter Heizung, d. h. die Luftheizung mit Röhrenheizung vereint. Die Heißluftzuführung erfolgt von der Rückseite, so daß ein Abnadeln ausgeschlossen ist.

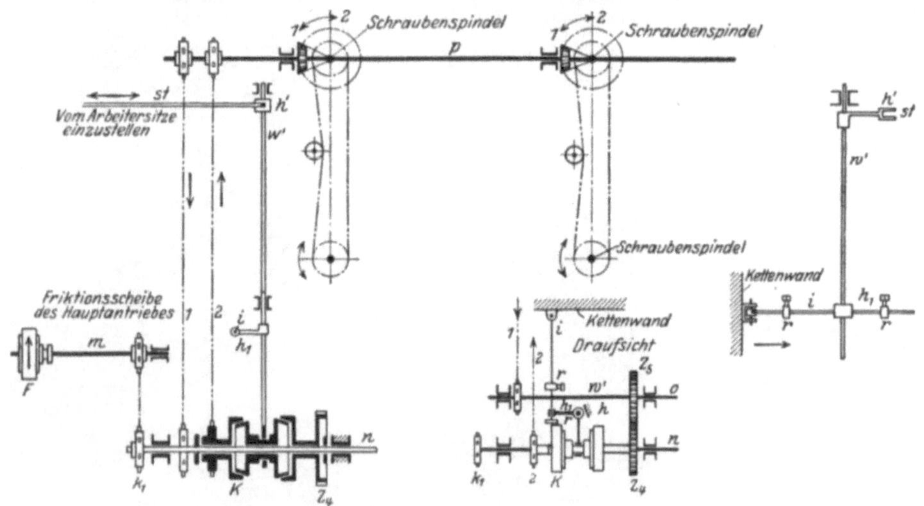

Abb. 71 Antriebsmechanismus zur Verstellung der Kettenwände.

Der Antriebsmechanismus für die Verstellung der Kettenwände (Abb. 71) erlaubt diese durch Drehung der Schraubenspindeln der Breite des Gewebes genau anzupassen. Von der Reibungsrollenwelle des Hauptantriebes aus wird vermittels Kettenräder und Kette die Welle n angetrieben, auf welcher eine doppelte Reibungskupplung K mit Feder und Nut angebracht ist. Ist die linke Kupplungsseite eingerückt, so überträgt die Kette *2* die Bewegung auf die Welle *p*; letztere ist durch Kegelräder und Kettengetriebe in unmittelbarer Verbindung mit den Schraubenspindeln. Beim Einrücken der rechten Kupplungsseite wird infolge der Zahnradübersetzung z_4-z_5 die Welle *o*, der Kettentrieb *1*, die Welle *p* und mithin auch die Schraubenspindeln in entgegengesetzter Richtung bewegt, was auch die entgegengesetzte Bewegung der Kettenwände bewirkt. Vom Arbeitersitze aus wird durch Hebel und Gestänge *st* die stehende Welle *w'* verdreht und dadurch das verschiebbare Kupplungsmittelstück mit der linken oder rechten Kupplungsseite in Eingriff gebracht.

Eine Sicherheitsvorrichtung vermeidet ein Verlaufen der Kettenwände über die Schraubengangnuten der Schraubenspindeln, weil sonst ein Bruch im Getriebe erfolgen würde. Zu diesem Zwecke ist in der einen Kettenwand eine Stange *i* angebolzt auf der zwei Stellringe *r* — für den engsten und weitesten Stand der Kettenwände — befestigt sind, die an den Hebel h_1 anstoßen und das Ausrücken der Kupplung *K* bewirken.

Für das Trocknen sehr schwerer Gewebe, wie z. B. Winterrockstoffe, Marengo, Palmerston, Presidents oder Montagnacs (deren Aussehen sich durch die starke Kräuselung der aufgerauhten Fasern kennzeichnet) versieht man die Trockenmaschine noch mit einer Röhrenheizung zur Erzielung einer möglichst hohen Trockentemperatur.

Für leichte und durchlässige Gewebe, wie Kammgarne, schaltet man der Trockenmaschine eine Absaugmaschine vor, die von denselben Hilfskräften wie die Trockenmaschine bedient werden kann.

Die Mehretagenmaschinen mit 6 bis 8, selten 10 Etagen, sind nach denselben Grundsätzen gebaut.

Die kombinierte Spann-Rahm- und Trockenmaschine.

Sind Gewebe mit Appreturmitteln imprägniert, wodurch ihr Feuchtigkeitsgehalt bis zu 80 und 100 % des Stückgewichtes betragen kann, wie dies bei Woll-, Halbwoll- und schweren Baumwollwaren der Fall ist, so ist die Kombination der Spann-Rahm- und Trockenmaschinen mit Vortrockentrommeln zur Erhöhung der Leistung sehr zu empfehlen. Für leichte Baumwollwaren verwendet man vornehmlich Kluppenketten, dagegen für Woll- und Halbwollwaren Nadelketten.

Die Vortrockenmaschine besteht aus 2 bis 8 dampfgeheizten, kupfernen Trockentrommeln von etwa 570 bis 580 mm Durchmesser oder aus 2 oder 3 doppelwandigen Trockentrommeln von größerem Durchmesser, welche je nach der Eigenart der Ware und je nach der Art der Appretur — ob einseitig oder durchtränkt — verschiedenartig angeordnet sein können.

Diese Vortrockentrommeln haben hauptsächlich die Bestimmung, die nasse und kalte Ware in solchem Maße anzuwärmen, daß die Verdunstung der darin befindlichen Feuchtigkeit bereits eingeleitet ist, wenn das Gewebe, in die Spann-Rahm- und Trockenmaschine eintretend, der Wirkung des Heißluftstromes ausgesetzt wird; hier erfolgt sofort eine sehr lebhafte Verdunstung, ohne daß das Gewebe erst einen größeren Teil des Trockenkastens zu durchlaufen braucht. Eine Vorbedingung für die wirtschaftliche Ausnützung der Vorwärmung ist die Anbringung einer selbsttätigen Gewebeeinführungsvorrichtung, damit die Maschine ununterbrochen arbeiten kann; Stillstände würden bei der Trommelvorwärmung ein Übertrocknen vor dem Eintritt in den Trockenkasten veranlassen, wodurch die nötige Elastizität dem Gewebe für das Breitstrecken verloren ginge. Zu erwähnen wäre noch, daß durch die Vorwärmung kein nachteiliger Einfluß auf die Weichheit und Fülle des Griffes, noch auf die Lebhaftigkeit der Farben ausgeübt wird, wenn die Gewebe nur angewärmt und nicht getrocknet werden. Für andere Warengattungen kann die Vorwärmung abgeschaltet werden.

Für sehr stark appretierte Gewebe kann auch eine größere Anzahl von Vortrockentrommeln notwendig werden. Eine derartige Anordnung mit selbsttätiger Gewebeeinführung, Appretier- und Vortrockenmaschine mit 8 Trommeln ist in der Abb. 70 veranschaulicht.

Auch eine Nachtrocknung mittels Trockentrommeln kommt an den Spann-Rahm- und Trockenmaschinen mit einfacher Warenführung am Ausgange in Anwendung, teils für Gewebe, deren Leisten an den Stellen, wo sie von den Kluppen festgehalten wurden, noch zu trocknen sind, teils für Gewebe, welche nach der Natur und Beschaffenheit des Apprets auf der Trommeltrockenmaschine getrocknet werden müßten, aber doch, um bei Fadengeradheit eine gleichmäßige Breite zu erhalten, eine Spann-Rahm- und Trockenmaschine erfordern, wie dies z. B. bei Seiden- und Halbseidengeweben der Fall ist, die nur einen einfachen Warenlauf haben. Gewöhnlich hat die Maschine für solche Gewebe wegen der schwachen Leisten Tasterkluppenketten und divergierend einstellbares Einlaßfeld, 3 bis 4 Trockenfelder in einer Etage und angeschlossen 2 Trockentrommeln mit Tafel- oder Wickelvorrichtung.

Anstatt der Heißluft- oder Rippenrohrheizung ist zuweilen auch Gasheizung in Verwendung, wobei zur besseren Wärmeausnützung die Trockenfelder nach außen durch eine isolierte Blechabdeckung abgeschlossen sind. Selbstverständlich können auch diese Maschinen für die Ausrüstung des Gewebes mit einer Stärk- oder Gummiermaschine am Eingange versehen werden (Abb. 67—70).

Die Spann-Rahm- und Trockenmaschine mit schwingenden Trockenfeldern, auch **Organdis-Rahm- und Trockenmaschine** genannt, dient zum Spannen und Trocknen leinener und baumwollener Futterstoffe, also stark mit Appreturmitteln versehener Stoffe aus Pflanzenfasern, sogenannter Wattierleinen, Steifleinen, für Roßhaarstoffimitationen, für Organdis, Elastiks u. a., bei welchen man in bezug auf Festigkeit der Appretur ganz besondere Ansprüche stellt und verlangt, daß diese Gewebe nebst Steifheit auch eine erhebliche Fadenbeweglichkeit besitzen sollen, so daß sich die Kett- und Schußfäden nach jeder Richtung hin verschieben können. Es sind also dem Gewebe zwei einander entgegengesetzte, gewissermaßen widersprechende Eigenschaften zu verleihen. Da die genannten Gewebe zur Hervorbringung der gewünschten Steifheit mit Appreturmitteln stark imprägniert werden müssen, ist beim Trocknen auf den bisher besprochenen Trockenmaschinen, wo das Gewebe bzw. dessen Fadensystem nur eine geringe Veränderung ihrer Fadenlage erfahren, das Zusammenkleben an den Kreuzungsstellen durch die Appreturmasse eine natürliche Folge. Beim Tragen würde die Appretur infolge Reibung an den Kreuzungsstellen abfallen. Hält man dagegen während des Trocknens solch stark appretierter Gewebe die beiden Fadensysteme ständig derart in Bewegung, daß sich die beiden Fadensysteme aneinander verschieben, so wird das Appreturmittel im trockenen Zustande den ein-

zelnen Fäden Steifheit verleihen, aber trotzdem dadurch, daß die Kreuzungsstellen unverklebt bleiben, die Verschiebbarkeit der Ketten- und Schußfäden
nicht hindern.

Erreicht wird dieser Zweck dadurch, daß man den Nadel- oder Kluppenketten
nebst ihrer fortschreitenden Bewegung für den Warentransport eine hin- und
hergehende Bewegung erteilt. Ein Kurbelmechanismus bewirkt, daß sich die
beiden zur Klemmung der Leisten bestimmten endlosen Ketten stetig in entgegengesetzter Richtung hin- und herbewegen. Durch diese Changierbewegung werden die Schußfäden von einer Diagonallage in die entgegengesetzte Lage gebracht
und dadurch das Reiben der Ketten- und Schußfäden an den Kreuzungsstellen
zur Verhinderung des Zusammenklebens bewirkt. Die Changierbewegung kann
nach der Beschaffenheit und dem Ausfall der Ware innerhalb gewisser Grenzen
beliebig groß gewählt werden; für Waren, welche ohne changierende Trockenfelder getrocknet werden sollen, kann diese Bewegung
ganz abgeschaltet werden, so daß die Maschine nur mit
fortschreitender Bewegung der Ketten arbeitet.

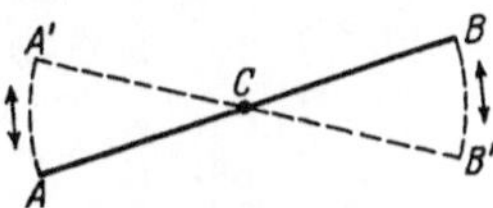

Abb. 72. Die Schwingung der Kettenwände.

Damit aber sowohl die Kette-, als auch die Schußfäden während ihrer Lagenveränderung in nahezu gleicher
Spannung verharren, müssen die Kettenwände mit den
Ketten um einen in der Mitte zwischen ihnen liegenden Punkt C schwingen,
d. h. irgendein Punkt der Kettenwand bewegt sich in einem dem Schwingungs-
radius entsprechenden Bogen AA', BB' (Abb. 72).

Die Spann-Rahmen mit schwingenden Trockenfeldern haben aber in der Praxis
nicht nur ihre Zweckmäßigkeit für das Brechen der Appretur erwiesen, sondern
auch noch den Erfolg gezeitigt, daß die Ketten- und Schußfäden sich gerade
und gleich, also parallel richteten, wodurch die Maschine noch eine weitere Ver-
wertung für feine Baumwollstoffe (Damenkleiderstoffe, Blusenstoffe, feinere
merzerisierte Stoffe) fand, um bei diesen leichten Stoffen die in der Appretur
verzogenen Fäden, schußblendige und kettenstreifige Stellen auszugleichen.

In Abb. 73 ist die Konstruktion der Organdis-Maschine von C. G. Haubold
dargestellt. Damit die Arbeiter die Gewebeleisten in die Nadelleisten oder Kluppen bequem einlegen können und um das Gewebe ordnungsgemäß aus der Maschine
zu führen, sind Ein- und Auslaßfeld feststehend, während die dazwischen liegenden Trockenfelder schwingen. Um durch die changierende Bewegung keinen
nachteiligen Einfluß auf die fortschreitende Bewegung der Ketten oder gar
schwankende Zugbeanspruchungen auf diese auszuüben, sind an den Übergangs-
stellen vom feststehenden Einlaßfeld in die schwingenden Trockenfelder und ebenso von diesen in das Ausgangsfeld die Ketten schleifenartig abgelenkt und das
Gewebe an diesen Ablenkstellen von Trommeln mit gelenkig eingehangenen
Teleskoprohren zur Vermeidung von Fadenverziehung gestützt geführt.

Der Antrieb der Welle w zum Drehen der Schraubenspindeln kann vom
Handrade hr oder durch Einlösung einer Kupplung auch von der Hauptwelle
Hw erfolgen. Die Trockenfelder sind in ausgeschwungener Stellung gezeichnet.
Röhrenheizung mit Windflügeln oder Gasheizung. Einfacher Warengang mit
Wickelbock oder doppeltem Warenlauf und Tafelvorrichtung.

Die Schwingbalken B (Abb. 74) nehmen die Schraubenspindeln in den schwingenden Trockenfeldern auf und auch das Gewicht der Kettenwände. Die Breiten-

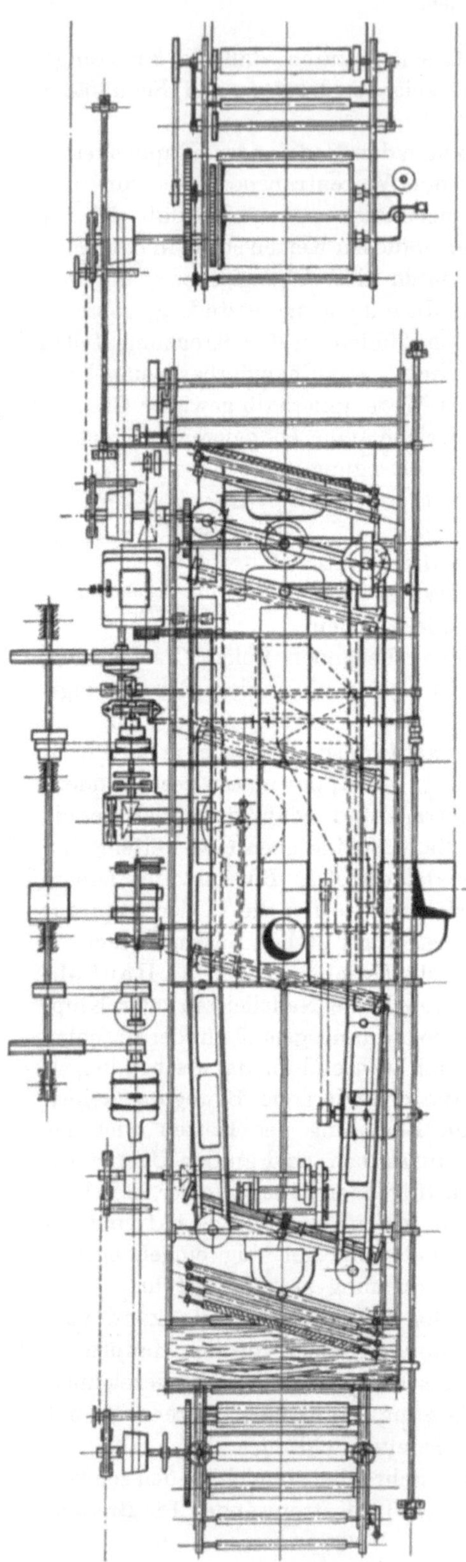

Abb. 73. Die Organdismaschine (mit schwingenden Trockenfeldern) von C. G. Haubold A.-G.

einstellung der Kettenwände im feststehenden Ein- und Ausgangsfeld und in den Trockenfeldern erfolgt mittels Schraubenspindeln sp, die durch Kettenräder kt_2 und Kette von einer untenliegenden Welle betätigt werden. Da die Kettenräder in der Schwingungsachse gelagert sind, nimmt die Kette keine nachteiligen Spannungen infolge der Schwingbewegung auf, so daß gleichzeitig sämtliche in der Maschine befindlichen Schraubenspindeln

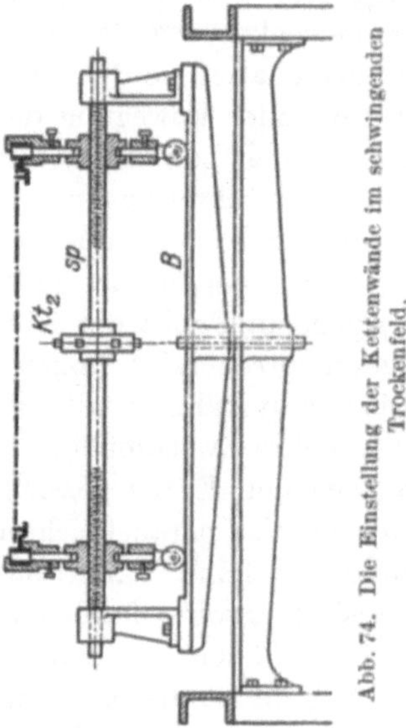

Abb. 74. Die Einstellung der Kettenwände im schwingenden Trockenfeld.

mit Ausnahme der ersten im Einlaßfeld gleichzeitig gedreht werden können.

Moritz Jahr führt die Organdis-Maschine in zwei abweichenden Typen aus: die eine dieser Ausführungen hat das feststehende Ein- und Ausgangsfeld übereinanderliegend, doppelten Warenlauf, Lufteinblasung mit Ventilator.

Zum Fadenrichten in Seiden- und Baumwollmusselins führt Jahr noch eine Type seiner Changier-Spann-Rahm-Maschinen mit größerer Changierbewegung ohne Trockenvorrichtung aus.

Die Leistung errechnet sich aus der Kettengeschwindigkeit. Diese ist bei
Nadelketten höchstens 10 bis 12 m/min; darüber hinaus muß eine selbsttätige
Gewebeeinführung angebracht sein, weil bei mehr als 12 m minutlicher Geschwindigkeit der Arbeiter mit dem Aufnadeln nicht folgen kann. Kluppenketten
können mit höchstens 15 m/min laufen.

Bei 6 m Kettengeschwindigkeit trocknet man in 10 Stunden etwa 3600 m
„ 12 m   „   „   „ „ 10   „   „ 7200 m.

Der Kraftbedarf ist bei Vieretagenmaschinen mit 4 Feldern für den Kettenbetrieb etwa 5 bis 6 PS, für den Ventilator 9 bis 12 PS, insgesamt 14 bis 18 PS.

Gummierte Waren, die bis zu 100% Feuchtigkeit enthalten, muß man mit
geringer Geschwindigkeit durch die Maschine laufen lassen, um die Ware genügend
trocken zu erhalten. Die Kettengeschwindigkeit richtet sich mithin nach der
Beschaffenheit der Ware, ob sie leicht oder schwer ist, schüttere oder dichte
Fadeneinstellung hat, ob sie appretiert ist oder keine Appretur enthält usw.

Für leichtere Gewebe, wie z. B. Kammgarngewebe, stellt man unmittelbar
vor die Trockenmaschine eine Absaugmaschine, wodurch man zwei Arbeiter
erspart.

Eine besondere Art der Trockenmaschinen sind die Heißlufttrockenmaschinen (Hotflue), wie sie in Abb. 75 dargestellt sind (Zittauer Maschinenfabrik A.-G., Zittau i. Sa.). Sie dienen in der Regel zur schonenden Trocknung
gefärbter und bedruckter Gewebe, bei denen die Farben durch Oxydation an
der Luft entwickelt bzw. fixiert werden. Sie bestehen aus vielen Gängen mit
wagrechtem Warenlauf, zwischen denen die Heißluft durch einen Ventilator
eingeblasen und durch einen Exhaustor abgesaugt wird. Die einzelnen Warengänge werden durch Zwischenwalzen getragen und gespannt, um eine faltenlose Führung zu erhalten, die zur Erzielung gleichmäßiger Färbungen notwendig
ist. Der Warenlauf ist durch Wände und Decken a vollständig verschalt.

Nach dem älteren System erfolgt die Erhitzung der Ware gleichmäßig in allen
Warengängen, nach dem neueren System stufenweise, indem die trockene
Ware mit kühler Luft, die nasse Ware mit heißer Luft in Berührung kommt.
Waren, die nicht gespannt werden sollen, erhalten hierdurch einen vollen Griff.

Die Trommeltrockenmaschinen.

Das Gewebe wird je nach dem Grade seiner Feuchtigkeit und der verlangten
Produktion über 3 bis 30 dampfgeheizte Kupfertrommeln geführt und gibt zufolge des unmittelbaren Anliegens an den hoch erhitzten Mantelflächen von über
100° C Temperatur rasch seine Feuchtigkeit durch Verdampfung ab. Die Trommeln haben einen Durchmesser von 560 mm bis 1,500 m, ja selbst 2,000 m; der
Trommelmantel besteht aus Kupferblech von 2, 3 oder 4 mm Dicke. Kleinere
Trommeln haben gußeiserne Böden, größere Trommeln solche aus Schmiedeeisen. Durch Kegel-, Stirn- und Hyperbelräder werden sie mit einer minutlichen
Geschwindigkeit von 4—6—8 m angetrieben und fördern das Gewebe in einem
in der Kettenrichtung gespannten Zustande durch die Maschine. Da die Gewebeleisten freiliegen und nicht wie bei den Spann-Rahmen- und Trockenmaschinen
durch Nadeln oder Kluppen gehalten werden, gehen die Gewebe schon infolge
der in der Kettenrichtung herrschenden Spannung in der Breite um 10% und

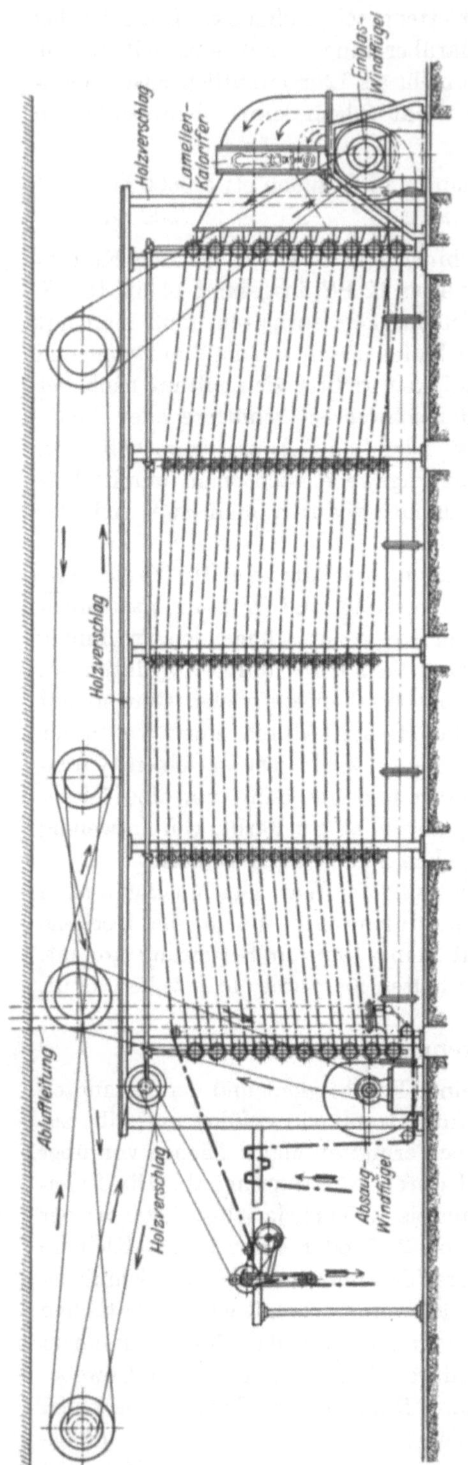

Abb. 75. Die Heißlufttrockenmaschine (Hotflue) der Zittauer Maschinenfabrik.

mehr ein. Mit der Anzahl der Trommeln nimmt diese Spannung und demzufolge auch das Eingehen in der Breite zu.

Vorwiegend benützt man die Trommeltrockenmaschinen zum Trocknen von Geweben aus pflanzlichen Faserstoffen, wie Baumwoll-, Leinen- und Halbleinenstoffen, da diese weniger eingehen als Wollstoffe; auch ist bei diesen, zumeist als Massenartikel anzusehenden, billigen Qualitäten das Eingehen in der Breite durch die damit verbundene Längendehnung ausgeglichen und sonach für den Verkauf bedeutungslos. Außerdem werden sie nachträglich auf Breitstreckmaschinen auf die erforderliche Breite „ausgereckt“.

Die ausschließliche Verwendung der Trommeltrockenmaschine für diese Warengattungen hat ihren Hauptgrund darin, daß sie fast ausnahmslos mit Appreturmitteln behandelt werden, um ihnen ein dichteres Aussehen (durch Füllen der Gewebelücken), einen besseren Griff sowie Glanz und Glätte zu verleihen. Appretierte Gewebe nehmen bis zu 100% Appreturmittel auf und bedürfen zum Trocknen großer Wärmemengen. Die hohe Temperatur der Trockentrommeln hat auch Farbenveränderungen zur Folge.

Die aufgetragenen Appreturmittel sind nicht lange haltbar und erheischen darum ein sofortiges Trocknen, weshalb die Trommeltrockenmaschinen zweckmäßig am Eingange mit einer Stärkmaschine auszurüsten sind.

Der bedeutendste Vorteil der Trommeltrockenmaschine besteht in der raschen Trocknung, welche eine hohe Leistung und einen billigen Betrieb gewährleistet. Dieser Vorteil kommt bei den erwähnten Warengattungen deshalb zur Geltung, weil es sich zumeist um billige Massenartikel handelt, die einerseits eine kostspielige Lufttrocknung nicht vertragen, anderseits einer so weitgehenden Schonung wie bei der Lufttrocknung nicht bedürfen. Auch ist durch Aneinanderschließen (Zusammennähen) der Warenstücke ein ununterbrochener Arbeitsgang (Fließarbeit) möglich.

Die hohe Temperatur würde feinere Wollstoffe rauh- und hartgriffig machen, so daß man nur Halbwollstoffe, die etwas härteren Griff haben dürfen und meist auch noch mit Appreturmitteln imprägniert werden, trotz des Eingehens auf Trommeltrockenmaschinen behandelt.

Aber auch rechtsseitige Möbelstoffe, Samte, Plüsche, Brüsseler und Tapestryteppiche trocknet man mit Vorliebe auf diesen Maschinen, um ihnen ein besonderes Aussehen zu verleihen. So werden gummierte Möbelstoffe, namentlich Ripse zum schnelleren Trocknen der Appreturmittel, Samte und Plüsche zum Aufrichten des Flores durch Dämpfen mittels eines am Maschineneingange befindlichen Dämpfzylinders, wodurch sie neuerdings Feuchtigkeit aufnehmen, aus gleichen Gründen auch Rutenteppiche den Trommeltrockenmaschinen übergeben. Abgepaßte Divanteppiche, insbesondere Fußbodenteppiche, leimt man

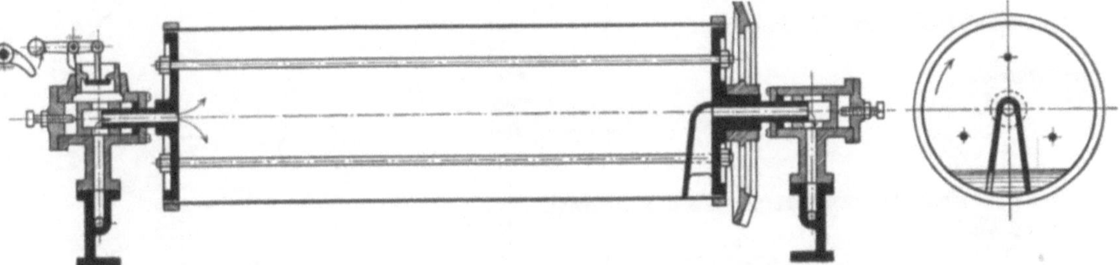

Abb. 76. Trockentrommel (Längsschnitt und Querschnitt).

vor dem Trocknen zur Erzielung größerer Steifheit, damit sie sich beim Liegen nicht einrollen oder verknittern.

Die Trommeltrockenmaschinen werden mit Rücksicht auf die dem Gewebe zu gebende Appretur in verschiedenen Ausführungen und je nach der gewünschten Leistung mit einer entsprechenden Zahl von Trockentrommeln von größerem oder kleinerem Durchmesser in horizontaler oder vertikaler Anordnung mit einer oder mehreren Reihen von Trockentrommeln gebaut. Auch können sie für einseitige oder beiderseitige Gewebetrocknung eingerichtet werden.

Da die Trommeltrockenmaschinen sehr gefährlich im Betriebe sind und die Explosion auch nur einer Trommel schwere, mitunter sogar tödliche Unglücksfälle zur Folge hat, bedürfen sie nicht nur geeigneter Sicherheitsvorrichtungen, sondern auch aufmerksamer Wartung.

Der wesentlichste Teil dieser Maschinen sind die Trockentrommeln, deren Einrichtung aus Abb. 76 und 77 ersichtlich ist.

Die kupferne Mantelfläche der Trommel ist durch schmiedeiserne, heiß aufgezogene Ringe dampfdicht an den gußeisernen Böden befestigt. Die Zylinderzapfen sind an diesen angegossen und hohl; sie dienen zum Einlassen des Dampfes auf der einen und zum Auslassen des Kondenswassers auf der anderen Seite. Die Dampfeinströmung geschieht durch ein Einlaßventil, die Kondenswasserableitung vermittels eines am Trommelboden angegossenen Schöpfers. Die hohlen Zapfen sind in Stopfbüchsen gelagert, um einen dampfdichten Abschluß der Kupfertrommel zu erhalten.

Die stete Abführung des Kondenswassers verhindert die Abkühlung der Mantelfläche. Für die Betriebssicherheit ist jede Trommel mit einem oder mehreren Entlüftungsventilen (Schnarchventilen) versehen, welche sowohl beim In-betrieb- als auch beim Außerbetriebsetzen der Maschinen zur Wirkung gelangen. Während der Betriebspausen kondensiert der in den Trommeln eingeschlossene Dampf; dadurch bildet sich im Innern ein Vakuum. Der Überdruck der äußeren Luft würde den Kupfermantel eindrücken oder zerbersten. Dies wird dadurch verhindert, daß sich das durch eine Feder oder ein Gewicht nach außen gedrückte Ventil durch den Überdruck der äußeren Luft öffnet, die in die Trommel eintritt und einen Druckausgleich herbeiführt, der die Mantelfläche vor Einbeulen oder Bersten bewahrt.

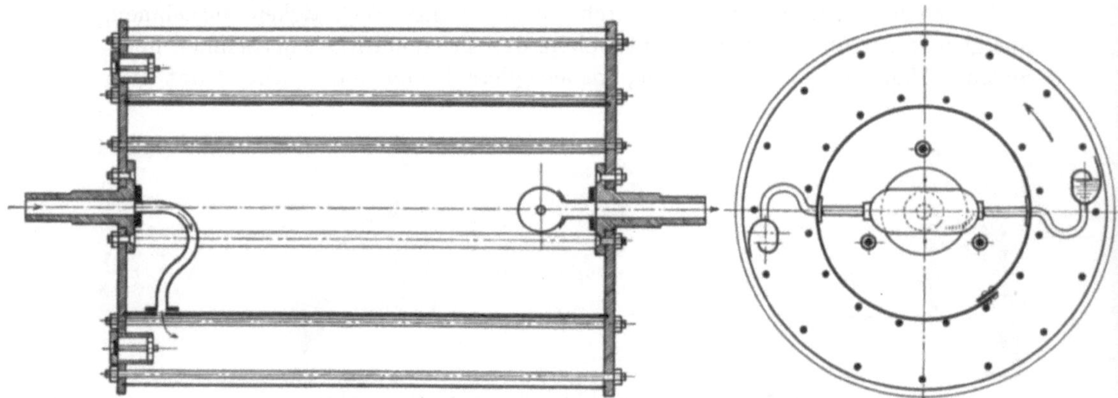

Abb. 77. Trockentrommel mit Doppelmantel (Längsschnitt und Querschnitt).

Beim Inbetriebsetzen der Maschine strömt Dampf in die Trommel und erwärmt diese, so daß die eingeschlossene Luft ungemein rasch komprimiert wird und eine Explosion der Trommel herbeiführen würde. Um diese zu vermeiden, sind die Entlüftungsventile sämtlicher in der Maschine befindlichen Trommeln zu öffnen und durch Einlegen von harten Gegenständen offenzuhalten, bis keine Luft mehr in den Trommeln vorhanden ist. Dies erkennt man daran, daß, weil die Dampfeinlaßventile auf der entgegengesetzten Seite sich befinden, bei den Entlüftungsventilen Dampf ausströmt.

Zur gleichzeitigen und bequemeren Entlüftung sind die Schnarchventile in den Stopfbüchsenlagern angebracht; die Ventilkegel sind mittels Hebel belastet. Das Öffnen geschieht durch eine Daumenwelle, die mittels eines Handrades betätigt wird. Diese Anordnung der Entlüftungsventile ist bei kleinen Trommeln von 560 bis 580 mm Durchmesser üblich.

Zur Aufnahme des auf den Trommelböden lastenden Dampfdruckes sind diese mit 3 Spannschrauben verankert.

Die Trockentrommeln von 1,5 bis 2,0 m Durchmesser haben zur Verminderung der Abkühlungsflächen der Böden und der Dampffüllung einen **Doppelmantel** (Abb. 77); der Außenmantel besteht aus **3,5 mm** bis **4 mm** starkem

Kupferblech, der Innenmantel aus Schmiedeeisen von etwa 10 bis 12 mm Dicke; die Böden sind ebenfalls aus Schmiedeeisen und haben eingesetzte, verschraubte, hohle Stahlzapfen. In Ringnuten der Böden sind die beiden Mäntel eingesetzt und durch Ankerschrauben dampfdicht befestigt. Neuerdings werden die Mäntel an den Böden angeschweißt. 2 bis 4 Entlüftungsventile sind in dem der Dampfeinströmung entgegengesetzt liegenden Boden angebracht. Zur Entwässerung sind im Dampfraume, an dem äußeren Mantel anliegend Kupferrinnen eingesetzt und durch gekrümmte Rohre mit dem zentral liegenden Sammelgefäße für das

Kondenswasser verbunden, welches das Wasser durch den hohlen Zapfen beseitigt.

Bei den kleinkalibrigen Trommeln wechselt das Gewebe schon nach kurzer Zeit die Heizflächen

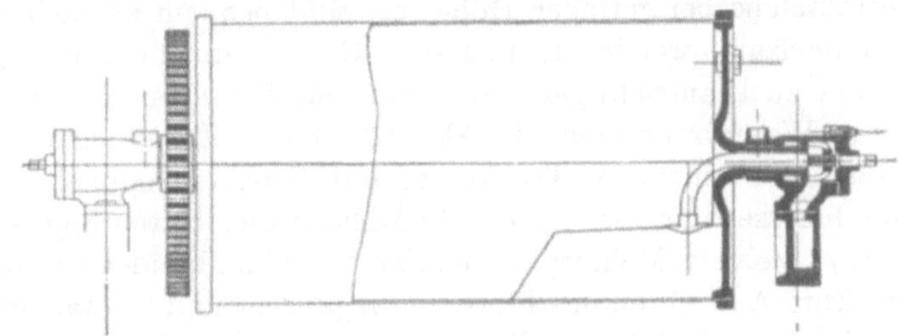

Abb. 78. Trockentrommel von C. G. Haubold A.-G. (Längsschnitt).

der einzelnen Trommeln, dagegen verweilt es längere Zeit auf den großen Trommeln, so daß im letzteren Falle, insbesondere bei stark appretierten Geweben ein härterer Griff entsteht, der für manche Gewebe (geleimte Teppiche) verlangt wird. Der rasche Übergang des Gewebes von einer Trommel zur anderen verhindert ein Festbrennen und Abblättern des Apprets bei imprägnierten Geweben.

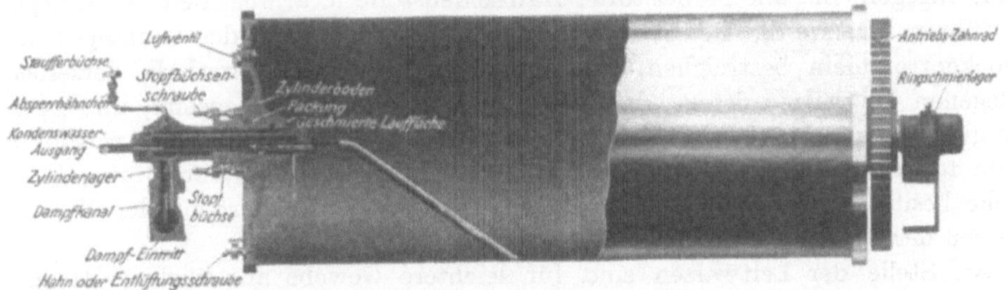

Abb.79. Schaubild der Trockentrommel von C. G. Haubold A.-G. (links Längsschnitt mit der Sonderstopfbüchse).

Die Trockentrommeln sind auf 6 at Überdruck geprüft und arbeiten mit 2, 3—3½ at Arbeitsdruck.

Besondere Sorgfalt erfordert ihre Herstellung in bezug auf Rundlaufen und gleiche Durchmesser an allen Stellen, damit das Gewebe überall mit gleicher Spannung anliegt, um ein Verziehen des Gewebes, zu große Breitenverluste zu vermeiden und eine gleichmäßige Trocknung zu erhalten. Es genügt nicht, die hartgelöteten Trommeln zu hämmern und rundzuwalzen, sondern sie sind außerdem über einen genau gedrehten eisernen Zylinder zu ziehen und nachzuarbeiten.

Die neueste Ausführungsform der Trockentrommeln von C. G. Haubold, Chemnitz, zeigt die Abb. 78, nach welcher die Schöpfer weder am Trommelmantel, noch am Boden, sondern in der Stopfbüchse befestigt und leicht zu beseitigen sind. Abb. 79 ist ein Schaubild der Anordnung mit einer Sonderstopfbüchse mit Dauerschmierung.

Es lassen sich allgemeine Grundsätze für die Wahl der Trommeltrockenmaschinen mit Rücksicht auf die verschiedenen Gewebequalitäten und die Verschiedenartigkeit der Appreturen nur schwer aufstellen; hierfür ist die beste Lehrmeisterin die Praxis. Einige Haupttypen der gebräuchlichsten Anordnungen der Trommeltrockenmaschinen mit Angabe ihrer Verwendung für verschiedene Gewebe mögen eine bessere Einsicht gewähren.

Die **horizontal gebauten Trommeltrockenmaschinen** verlangen je nach der Anzahl von Trockentrommeln eine verhältnismäßig große Montierungs- oder Grundfläche bei geringer Höhe; sie sind bequem zu bedienen. Aber bei großer Trommelzahl, welche in mehreren Reihen anzuordnen sind, ist der Warenlauf schwer zu beaufsichtigen. Man baut sie für einseitige (linksseitige) und beiderseitige Warentrocknung. In Abb. 80 ist eine Trommeltrockenmaschine liegender Bauart für einseitige Trocknung mit Trockentrommeln von 560 bis 580 mm Durchmesser dargestellt, die für Möbelstoffe, Rutenteppiche (Brüsseler und Tapestry), Velvets, Mohairplüsche, Samte und halbseidene Möbelstoffe im Gebrauche ist. Zum Aufrichten des Flors ist für plüsch- und samtartige Gewebe am Maschineneingange ein Dämpfzylinder *Dz* angebracht. Die genannten Gewebe sind teils im Stück, teils im Faden gefärbt und haben nach dem Schleudern verhältnismäßig wenig Wasser. Bei den angeführten Teppicharten handelt es sich nur um das Dämpfen und das gleichzeitige Trocknen der durch das Dämpfen feucht gewordenen Ware. Es genügen für das Trocknen 4 bis 6 bis 8 Trommeln.

Teppiche führt man über die Spannstäbe in die Maschine ein, weil sie bereits infolge des durch das Leimen gesteiften Grundgewebes vollkommen ausgebreitet sind, dagegen sind alle Möbelstoffe, Halbseidenstoffe u. a. über den Spannriegel zu führen. Damit die Gewebe einen möglichst großen Teil des Umfanges der Trockentrommeln bestreichen, führt man sie über zwei unterhalb derselben gelegenen Leitwalzen derart, daß nur eine und dieselbe Warenseite, und zwar die gummierte Seite (Rücken) getrocknet wird. Die rechte Warenseite, welche in mehreren Farben gemustert ist und (bei Plüschen, Samten, Velours) eine Flordecke besitzt, wird dadurch auch gegen Veränderung der Farben oder Niederpressen der Florbüschel geschützt.

An Stelle der Leitwalzen sind für leichtere Gewebe angetriebene Haspel (Lattentrommeln) vorhanden, wodurch die Zugwirkung auf das Gewebe, die Dehnung und folglich auch das Eingehen in der Breite geringer ist.

Der Dämpfzylinder mit seinem perforierten Mantel besitzt zur Verhinderung des Mitreißens von Wasser einen Überzug (Bombage) aus Filz oder mehreren Lagen von Juteleinwand; für Gewebe, die ungedämpft die Maschine durchlaufen sollen, kann durch ein Ventil der Dampf abgesperrt werden. Bei manchen Geweben hebt das Dämpfen den Glanz, macht die Farben lebhafter und erweicht die Appretur, die dadurch zusammenfließt, sich gleichmäßig verteilt und nach dem Trocknen eine gleichgriffige Ware liefert.

Der Antrieb der Trommeln erfolgt durch Hyperbelräder oder Stirnräder mit zwischenliegenden Transporträdern.

Abb. 81 zeigt eine Trommeltrockenmaschine liegender Bauart (C. G. Haubold) mit 11 Trommeln hintereinander für einseitiges Trocknen mit Warenführung über zwei oben liegende Leitwalzen vor jeder Trommel. Der Antrieb erfolgt hier ebenfalls von einer Planscheibe mittels Stirnräder.

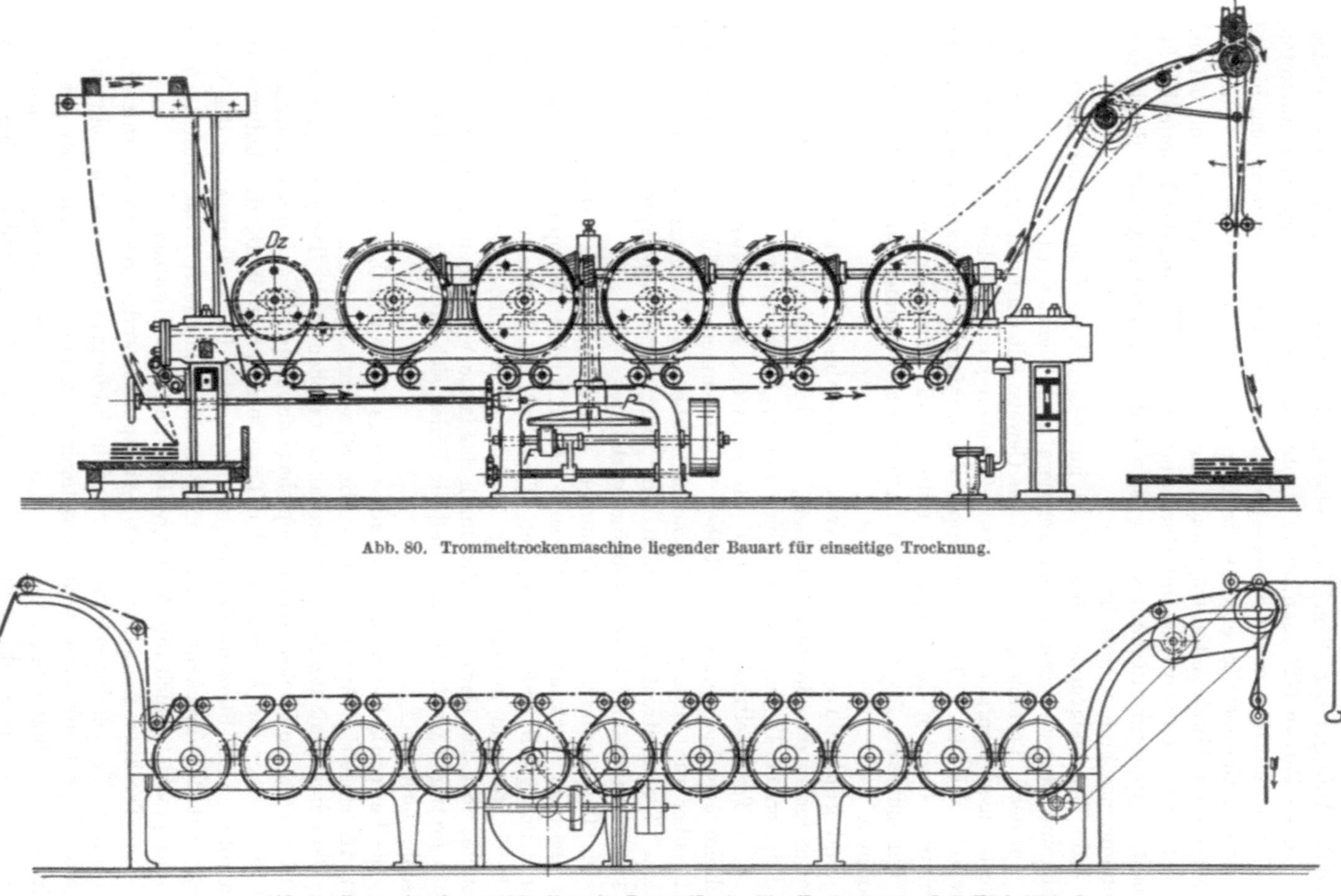

Abb. 80. Trommeltrockenmaschine liegender Bauart für einseitige Trocknung.

Abb. 81. Trommeltrockenmaschine liegender Bauart für einseitige Trocknung von C. G. Haubold A.-G.

Sind die Gewebe beidrecht oder einseitig mit Appreturmitteln versehen, so ist das Aufliegen derselben Warenseite auf allen Trommeln nicht immer ratsam; bei heiklen Farben läßt man, damit nicht wesentliche Verfärbungen auftreten, das Gewebe mit der einen Gewebeseite nur einen Teil der Trommeln und hierauf die andere Gewebeseite eine zweite Gruppe von Trommeln bestreichen. Das Wechseln der Gewebeseiten trägt auch zum rascheren Trocknen bei, und bei einseitig appretierten Geweben unterbleibt eine Verschmutzung der Trommeln. Für einseitige Appreturmittelauftragung ist am Maschineneingange eine Stärk- oder Gummiermaschine aufgestellt.

Jede Trommelgruppe *I* und *II* ist mit gesonderter Dampfeinströmung versehen und kann auf verschiedene Temperaturen geheizt werden.

Auf der 1. Trommelgruppe läuft das Gewebe mit der nicht appretierten Seite, oder bei nicht appretierten, gefärbten Geweben mit der linken Warenseite; dies wechselt auf der 2. Trommelgruppe; die kupfernen Leitwalzen liegen in der Gruppe *I* über, in der Gruppe *II* unter den Trockentrommeln.

Für schwerere Appreturen sind mehr Trockentrommeln in der Maschine anzuordnen.

Sind gebleichte oder gefärbte Gewebe zu stärken und nur einige Zentimeter in der Breite zu spannen, so schaltet man zwischen Stärkapparat und der ersten Trockentrommel einen Palmer-Ausbreiter ein.

Eine Trommeltrockenmaschine für schwere Appretur hat 2 oder auch mehrere übereinanderliegende Reihen von Trommeln, wodurch zwar die Übersicht über die Maschine beeinträchtigt, aber die Baulänge verringert wird. Solche Trommeltrockenmaschinen für vollständige Linksappretur sind mit Wasserkalander und Stärkmaschine verbunden.

Die Trockenmaschine mit Trommeln von 1,0 bis 1,5 bis 2,0 m Durchmesser für einseitige Trocknung steht für sehr schwere und stark appretierte Baumwollwaren und geleimte Sophateppiche (Tapestry), wo Farbenveränderungen nicht zu befürchten sind, in Verwendung. Sie haben eine große Heizfläche auf geringem Raume; aber das Gewebe erhält durch das lange Verbleiben auf einer Trommel einen brettigen Griff. Dadurch daß die Fäden sich abplatten, sieht das Gewebe geschlossener aus.

Die Teppich-Leim- und -Trockenmaschine von C. G. Haubold, Chemnitz, für einseitige Appretur ist in Abb. 82 veranschaulicht.

Die schnellumlaufenden Bürstenwalzen tauchen in die Tröge ein und tragen den Leim auf die Rückseite des Teppichs (Plüschteppich) auf; der mit der geleimten Seite über die Heizflächen der Trockentrommeln läuft, die dadurch verschmutzen. Die Florseite darf wegen der Gefahr des Niederpressens des Flores nicht mit den Trockentrommeln in Berührung kommen. Das Auftragen des Leimes geschieht auch mit Auftragwalzen und Anstellwalzen.

Zum Trocknen mancher einseitig zu appretierenden Seiden- und Halbseidenstoffe, bei denen es weniger auf die Fadengeradheit, als vielmehr auf ein starkes Appret ankommt, weil sie weniger dicht eingestellt sind, aber gutgriffig sein sollen, schaltet man an das Auftragkissen eine große Trockentrommel mit Kupfer- oder Stahlmantel. Man trägt das Appreturmittel (Gummi oder Tragant) wegen der geringen Gewebedichte und wegen der Gefahr des Durchschlagens der Appretur auf die rechte Warenseite mittels eines Schwammes

auf und läßt den Überschuß von einem Glas-, Messing- oder Stahllineal (Rakel)
abstreifen (Rakelappretur). Die gummierte Seite darf vor der vollkommenen
Trocknung keine Leitwalze bestreichen, damit sich diese nicht verschmutzt und
die aufgetragene Masse nicht ungleichmäßig wird. Ein regelbares Reibungsgetriebe gestattet veränderliche Warengeschwindigkeit.

Die Trommeltrockenmaschinen horizontaler Bauart für zweiseitige Warentrocknung. Bei diesen Maschinen wird das Gewebe abwechselnd mit der linken
und rechten Seite mit den Heizflächen der aufeinanderfolgenden Trommeln in
Berührung gebracht. Die Trocknung geht sehr rasch vonstatten, weil sich die
gebildeten Dampfbläschen leichter von den Gewebeflächen abheben können.
Für alle unappretierten Gewebe (mit Ausnahme der Streichgarn- und Kammgarngewebe) wird sie den Trockenmaschinen mit einseitiger Trocknung wegen der

Abb. 82. Teppich-Leim- und Trockenmaschine von C. G. Haubold A.-G.

höheren Leistung vorgezogen trotz des Übelstandes, daß infolge der größeren
Zahl von Trommeln die Spannung im Gewebe erhöht wird und die Längsstreckung
bis zu 10% und mehr erreichen kann.

Aber auch für imprägnierte Gewebe, die vom Appreturmittel durchtränkt
sind, kann man durch zwischengeschaltete Trommeln mit messingbeschlagenen
Latten das Abreißen der Appretur und das Verschmutzen der Trommeln größtenteils vermeiden. Gegen das Verschmutzen schützt man die Trommeln durch
Umwickeln mit Filz oder Stoff (Bombage). Imprägnierte Ware bedarf wegen
des größeren Feuchtigkeitsgrades einer größeren Zahl von Trockentrommeln.
Florgewebe kann man auf diesen Maschinen nicht trocknen; ebenso Jacquardgewebe mit rechtsseitig erhabener Musterung.

Zum allmählichen Trocknen, das besonders dazu beiträgt, daß das Appreturmittel nicht brüchig wird und nicht abblättern kann, sind sämtliche Trommeln
in Gruppen geteilt und für sich heizbar, wodurch deren Temperatur stetig zunehmend geregelt werden kann. Günstig gegen das Festbrennen und Abblättern

des Appreturmittels wirkt auch das Wechseln der Gewebeseiten auf den Heizflächen. Bei beiderseitiger Berührung der Ware mit der Heizfläche werden die
Fäden viel platter gedrückt als bei einseitiger Anlage.

In den folgenden Abbildungen sind die hauptsächlichsten Grundtypen mit
und ohne Stärkmaschinen dargestellt.

Die Trommeln T (Abb. 83) liegen in zwei Reihen übereinander, angetrieben
durch Stirnräder rr, die veränderliche Warengeschwindigkeit wird durch Stufenscheiben oder irgendein Planscheiben- oder Konusfriktionsscheibenvorgelege
erzielt. Die Ware wird im Tafelstoß oder auf eine Walze gewickelt vorgelegt.
Am Maschinenausgang befindet sich entweder eine Tafel- oder Wickelvorrichtung.
Die Lattentrommeln H haben den gleichen Umfang wie die Trockentrommeln.

Zum Trocknen und gleichzeitigen Kalandern von billigen Wattierleinen dienen
Maschinen, die hinter der Stärkmaschine 6 Trockentrommeln mit 5 darunter-
liegenden Lattenhaspeln besitzen, so daß das Gewebe nur mit der einen Seite an
den Trommeln anliegt und das Abreißen der Appretur eingeschränkt ist; daran
reiht sich eine Kalandriervorrichtung zum Glätten des Gewebes, von wo es noch
über 6 Trockentrommeln geht, die in zwei Reihen übereinander liegen und die
Ware beiderseitig fertig trocknen. Der erste Teil dient als Vortrockenmaschine,
um die Appretur nur soweit zu trocknen, daß sie noch einen gewissen Grad von
Weichheit für das Kalandrieren hat, da das Gewebe bei zu großer Trockenheit
sich weniger leicht glätten ließe.

Abb. 84 zeigt eine Trommeltrockenmaschine liegender Bauart (von C. G. Haubold) mit 19 Trommeln in zwei Reihen übereinander für zweiseitiges Trocknen;
die Warenführung erfolgt hier ohne Leitwalzen.

**Die Trommeltrockenmaschinen vertikaler Bauart mit ein- und zweiseitiger
Warentrocknung** zieht man jenen horizontaler Bauart vor, nicht nur weil bei
Maschinen mit einer größeren Anzahl von Trockentrommeln beträchtlich an Grundfläche gespart wird, sondern weil auch die Zugänglichkeit zu den einzelnen Trommelgruppen und mithin auch die Übersicht über die Maschine weitaus besser ist.

Ob das Gewebe mit einseitiger oder beidseitiger Warenanlage getrocknet werden
soll, richtet sich nach der Art der vorausgegangenen Appretur und der Warengattung; hierfür gelten die bereits bei den horizontalen Trommeltrockenmaschinen
gegebenen Grundsätze.

Einige Ausführungen mögen an Hand der nachstehenden Abbildungen erläutert
werden.

Vom Wareneingange gesehen, ist jede Trommelgruppe (Abb. 85) getrennt
heizbar zur allmählichen Steigerung der Temperatur der Heizflächen der Trockentrommeln. Die Dampfverteilung findet durch die hohlen Ständer statt. Zur
Verringerung des Warenzuges bzw. der Warendehnung können die Leitwalzen
mit einer der Umfangsgeschwindigkeit der Trockentrommeln gleichen Geschwindigkeit angetrieben werden.

Abb. 86 zeigt eine Trommeltrockenmaschine stehender Bauart (von C. G. Haubold) mit 16 Trockentrommeln in zwei Ständern und mit vorgebauter Stärkmaschine; sie ist für einseitige Trocknung eingerichtet, kann aber durch geeignete Warenführung auch für zweiseitige Trocknung verwendet werden.

Die veränderliche Warengeschwindigkeit, welche für das Trocknen leichterer
und schwerer, nicht appretierter oder einseitig gestärkter oder imprägnierter

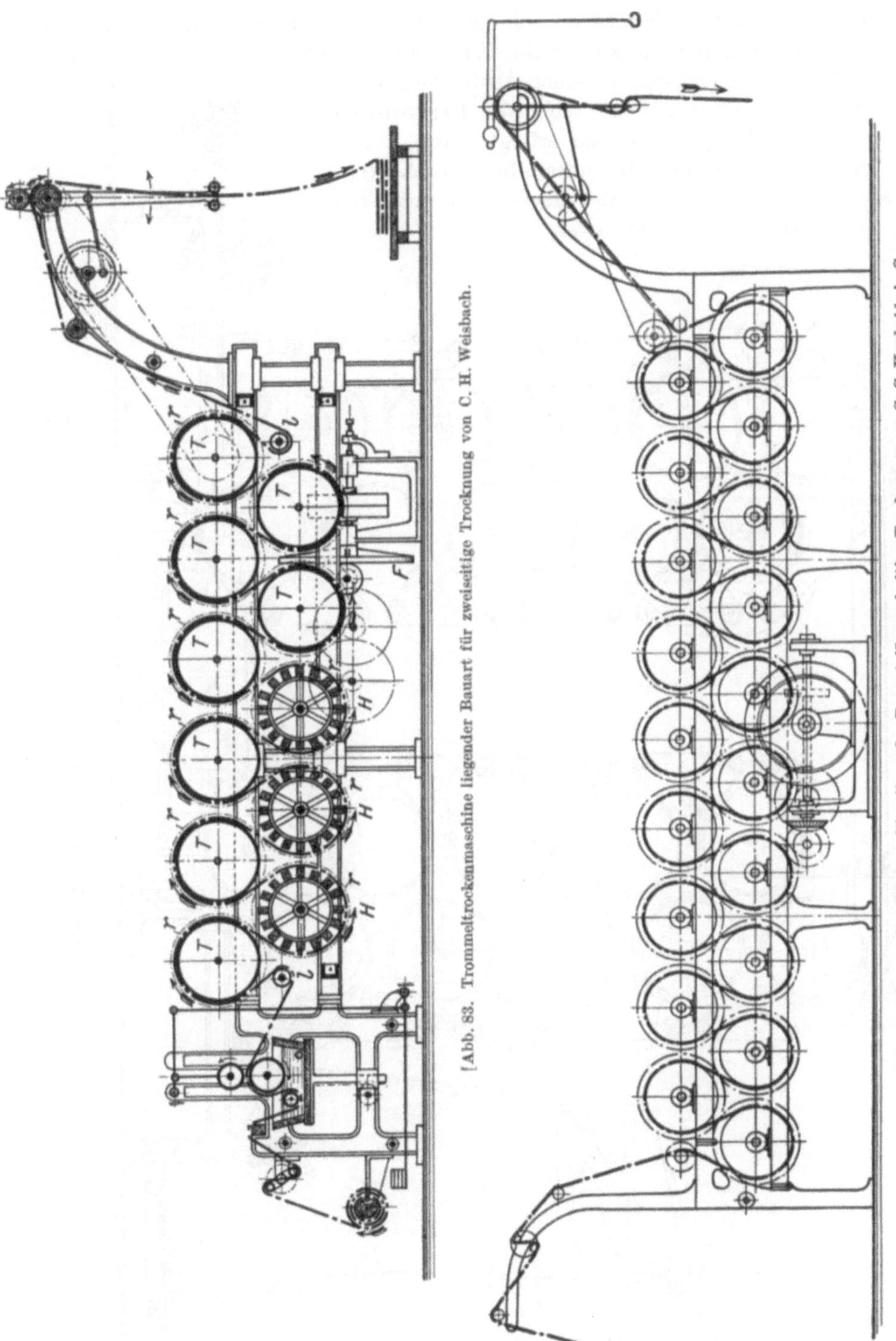

Abb. 83. Trommeltrockenmaschine liegender Bauart für zweiseitige Trocknung von C. H. Weisbach.

Abb. 84. Trommeltrockenmaschine liegender Bauart für zweiseitige Trocknung von C. G. Haubold A.-G.

Gewebe notwendig ist, leitet sich von einem Planscheiben- oder Konusfriktionsgetriebe ab. Einen Räderkasten für Stufenrädergetriebe mit 10 verschiedenen Übersetzungsverhältnissen in einer Ausführungsform von C. H. Weisbach zeigt Abb. 87. Der Antrieb der einzelnen Trommelgruppen erfolgt durch Kegelräderpaare, welche auf die unten liegende Lattenhaspel und die Zwischenräder der beiden untersten Trockentrommelpaare übersetzen.

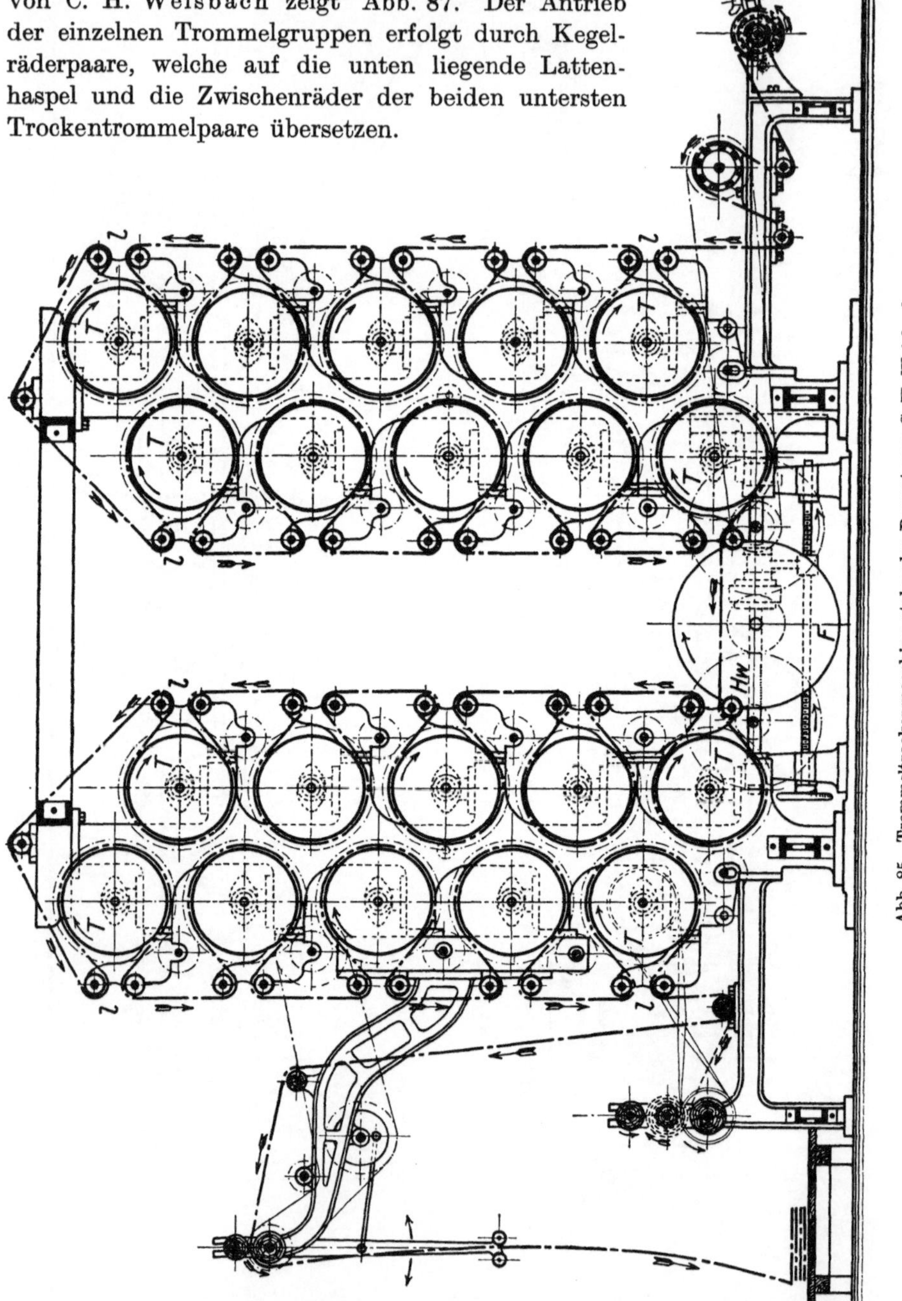

Abb. 85. Trommeltrockenmaschine stehender Bauart von C. H. Weisbach.

Denkt man sich die Haspelwalzen H (Abb. 83) durch Trockentrommeln ersetzt, so wird die Maschine für zweiseitige Trocknung verwendbar. Bei geeig-

neter Anordnung der Trockentrommeln und kleiner dimensionierten Haspelwalzen ist die Trockenmaschine auch für beide Trocknungsarten zu gebrauchen.

Außer den bereits angegebenen Luftventilen an den Trockentrommeln zur
Hintanhaltung des Einbeulens der Kupfermäntel und der Gefahr einer Explosion

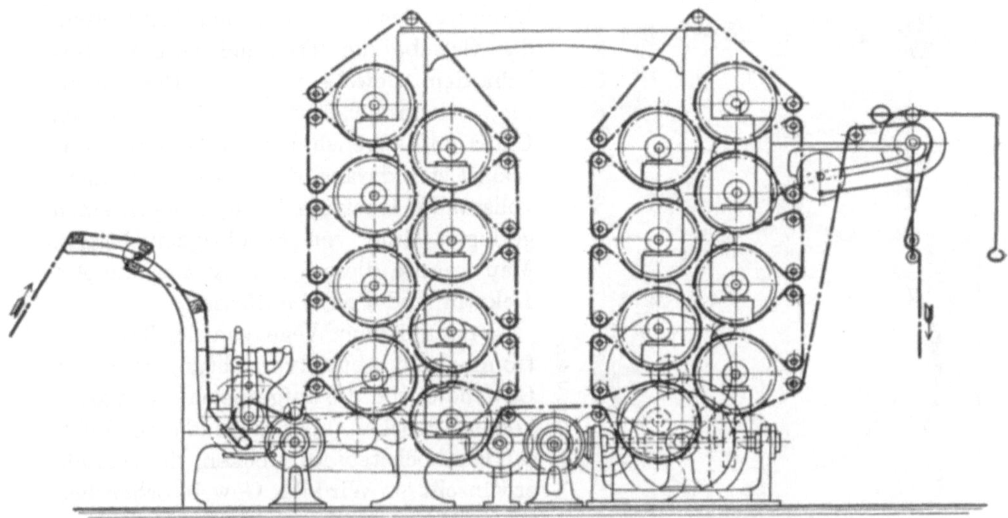

Abb. 86. Trommeltrockenmaschine stehender Bauart von C. G. Haubold A.-G.

sind noch an jeder Maschine ein Dampfdruckreduzier- und ein Sicherheitsventil
anzubringen.

Der **Filzkalander** nimmt bezüglich seiner Eigenarten als Trockenmaschine
eine Zwischenstellung zwischen Trommeltrocken- und Spann-Rahmen-Trocken-

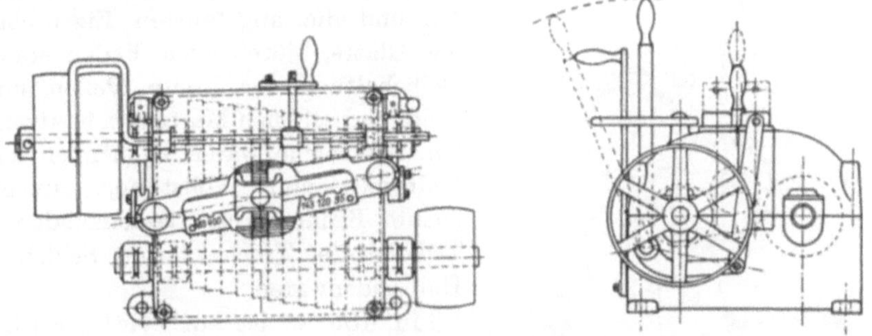

Abb. 87. Räderkasten für Stufenrädergetriebe von C. H. Weisbach.

maschine ein, in dem das Gewebe über eine geheizte Trommel von 1,5 bis 2 m
Durchmesser vollkommen ausgebreitet geführt und durch einen mitlaufenden,
ausgespannten, endlosen Filz an die Mantelfläche gepreßt wird, so daß das
Gewebe in der Breite nicht eingehen kann. Infolge der hohen Temperatur der
Heizfläche kann das Trocknen schneller als bei der Spann-Rahm- und Trockenmaschine erfolgen. Da das Gewebe ohne Zuhilfenahme von Nadel oder Kluppen
während des Trocknens breitgehalten wird, entstehen weder Nadellöcher, noch

Leistenrisse oder schlecht getrocknete Leisten, wie dies beim Klemmen mit Kluppen in der Regel der Fall ist. Das Anpressen der Ware durch den endlosen Filz an die Mantelfläche der Trommel und das damit im Zusammenhang stehende Festhalten des sich bildenden Dampfes, der erst entweichen kann, wenn das Gewebe die Trommel verläßt, verleiht dem Gewebe wertvolle Eigenschaften, wie große Glätte, schönen matten Glanz und angenehmen, milden Griff. Das erklärt sich daraus, daß das Gewebe nicht vollständig trocknen kann, sondern einen geringen Grad von Feuchtigkeit behält. Man könnte diese Wirkung als eine Art Dekatur und Presse auffassen.

Erst auf dem Wege von der Trockentrommel zur Abtafelvorrichtung wird das Gewebe durch die aufgespeicherte Wärme vollends trocken, aber nicht übertrocknet, sondern höchstens lufttrocken, wie es gerade erwünscht ist. Wird das Gewebe ordentlich in die Maschine eingeführt, so kann auch die Fadengeradheit entsprechend sein.

Der Filzkalander eignet sich für das Trocknen aller jener Waren, die wegen ihrer schwachen Leisten weder auf Nadel- oder Kluppenketten-Spann-Rahm- und Trockenmaschinen behandelt werden dürfen und die angeführten Eigenschaften wie Glätte, hinreichende Fadengeradheit, Beibehaltung der Breite, vollen milden Griff und schönen Mattglanz besitzen sollen. Als solche wären zu nennen leichte Halbwoll- und Wollstoffe, namentlich leichte Kammgarne, Damenkleiderstoffe, Trikotstoffe, Tibets, ferner Seiden- und Halbseidenwaren.

In Abb. 88 ist ein Filzkalander in der Ausführung von Moriz Jahr in Gera veranschaulicht. Das Gewebe kommt vom Warenstoß über Spannriegel zu einem Vortrockner, bestehend aus Trokkentrommeln T, welche durch Zahnräder mit gleicher Umfangsgeschwindigkeit angetrieben werden. Hierauf gelangt das Gewebe zu einem Palmerausbreiter, der in Abb. 89 und 90 größer dargestellt ist. Das einlaufende Gewebe wird durch Gummibänder, die auf die Leisten wirken, an den Kranz Kr angedrückt. Dieser erhält seinen

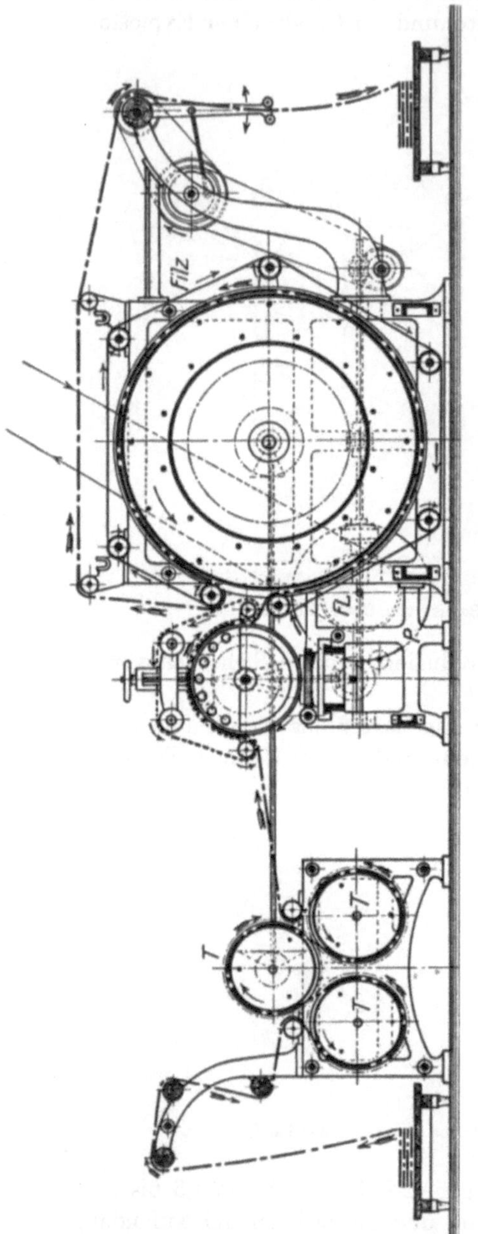

Abb. 88. Der Filzkalander von Moriz Jahr.

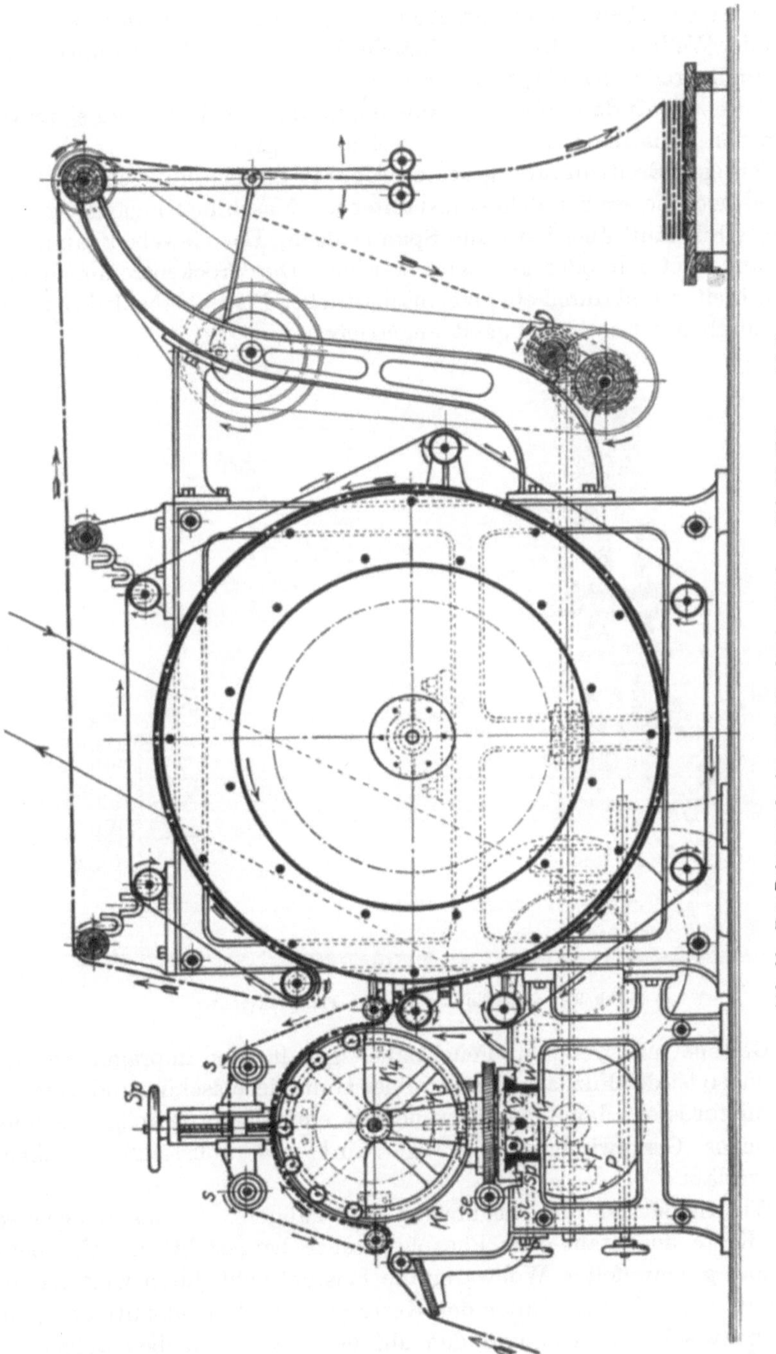

Abb. 89. Der Palmerausbreiter mit Trockentrommel zu Abb. 88 (Längsansicht)

Antrieb vermittelst der Kegelräder K_1, K_2, K_3 und K_4 von der Planscheibe P, welche ihrerseits von der Friktionsrolle F angetrieben wird. Die Kränze Kr können durch den Schneckentrieb se mittels des Schlittens si und der Schrauben-

spindel sp der Gewebebreite entsprechend eingestellt werden. Der Antrieb hierzu
geht von der Welle w aus. Die Gummibänder können mittels der Führungsrollen s
und des Spillenrades Sp gespannt werden.

Das Gewebe läuft dann über die doppelmantelige Trockentrommel, an welcher
sie durch den Rundfilz FL dicht und weich anliegt.

Zur richtigen Breiteinführung des Gewebes in die Maschine sind Lattenbreithalter und noch besser der Palmerausbreiter am Maschineneingange angebracht.
Der endlose Filz läuft über Leit- und Spannwalzen. Das Gewebe kann im trockenen Zustande getafelt oder gewickelt werden. Die Trockentrommeln und der
Palmerausbreiter sind durch ein gemeinschaftliches Planscheibenfriktionsgetriebe
mit veränderlicher Geschwindigkeit angetrieben.

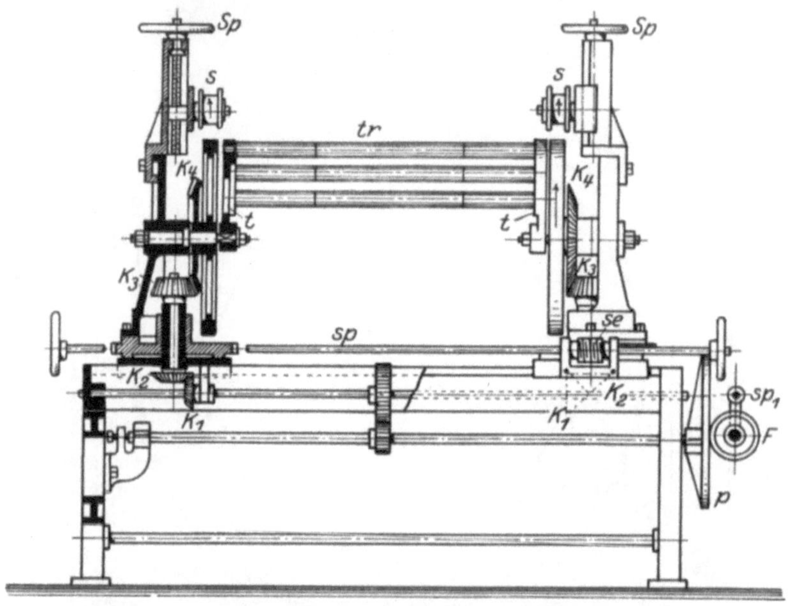

Abb. 90. Querschnitt durch den Palmerausbreiter.

Sind Gewebe mit größerem Feuchtigkeitsgehalt oder imprägnierte Gewebe
zu trocknen, so ist der Filzkalander mit einer Gummiermaschine und Vortrockentrommel auszurüsten, damit das Gewebe mit einmaligem Durchgange und mit
größtmöglicher Geschwindigkeit bewegt wird und vollständig trocken die
Maschine verläßt.

Von Wichtigkeit ist die Ausführung des Palmers, der als feingegliederte
Gallsche Kette aus Stahl oder Phosphorbronze hergestellt ist. Um bei hellfarbigen oder geschwefelten Wollwaren die Leisten nicht durch Kettenabdrücke
zu verschmutzen, läßt man unter der Kette ein Schutzband mitlaufen, so daß
die Leisten zwischen diesem und den auf den Palmerscheiben aufgebrachten
Gummiringen geklemmt bewegt werden. Die große Heiztrommel ist aus Kupferblech oder aus Stahlblech geschweißt.

Zur Rückgewinnung und Vergleichmäßigung der Warenbreite nach dem
Stärken und Trocknen dienen die Breitstreck- und Egalisiermaschinen

nach Abb. 91, welche im Wesen aus zwei rotierenden Scheiben (Egalisierrädern) bestehen, deren Achsen in Kugelgelenken gelagert und mit ebensolchen verbun-

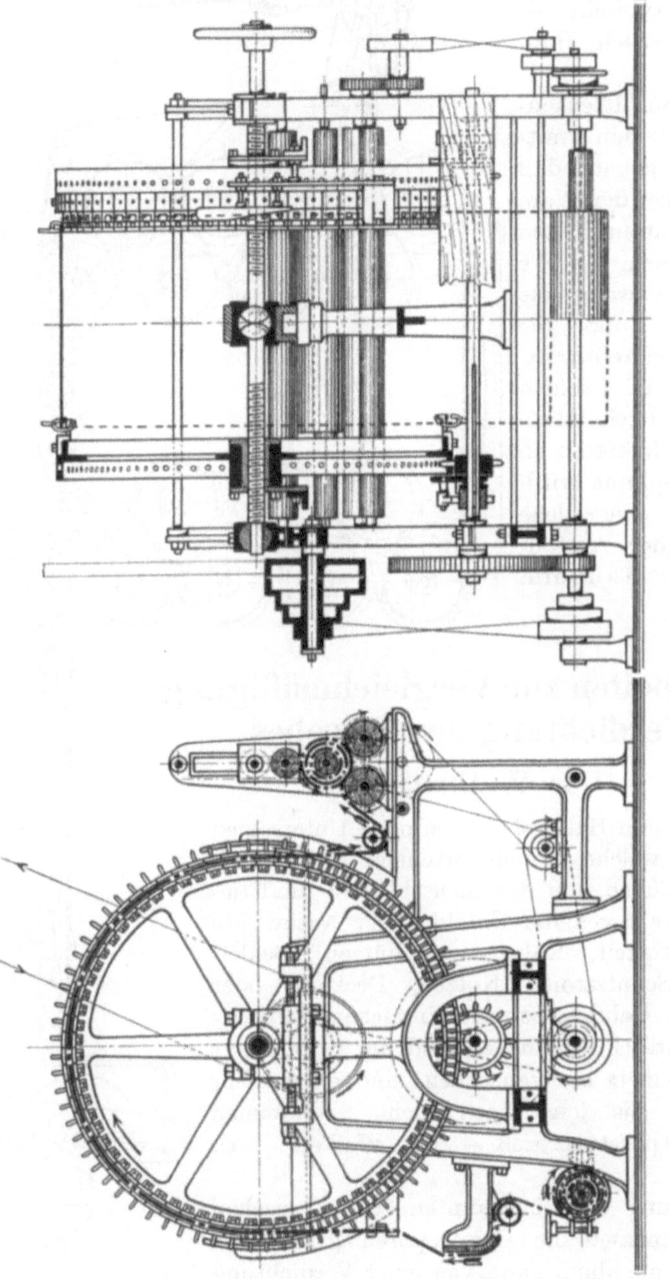

Abb. 91. Die Breitstreck- und Egalisiermaschine.

den sind, um eine Schrägstellung zu erreichen. Diese Scheiben sind mit Kluppen versehen und wirken wie das Einlaßfeld einer Spann-Rahm- und Trockenmaschine, indem sie auf der Einlaßseite näher aneinander stehen und bei der Mitnahme die

Ware mittels der Kluppen erfassen und in der Breite ausrecken. Die Ausführungsart ist typisch; sie wird von Weisbach, Haubold u. a. gebaut.

Die Trommeltrockenmaschinen werden mitunter auch so gebaut, daß das Einspringen der Ware möglichst hintangehalten wird. Zu diesem Zwecke schaltet man zwischen die Stärkmaschine und die Trockentrommeln ein Breitspannfeld ein, in welchem das Gewebe mittels Kluppen- oder Nadelketten in die Breite gespannt wird. Abb. 92 zeigt eine solche Maschine in der Ausführung von C. G. Haubold.

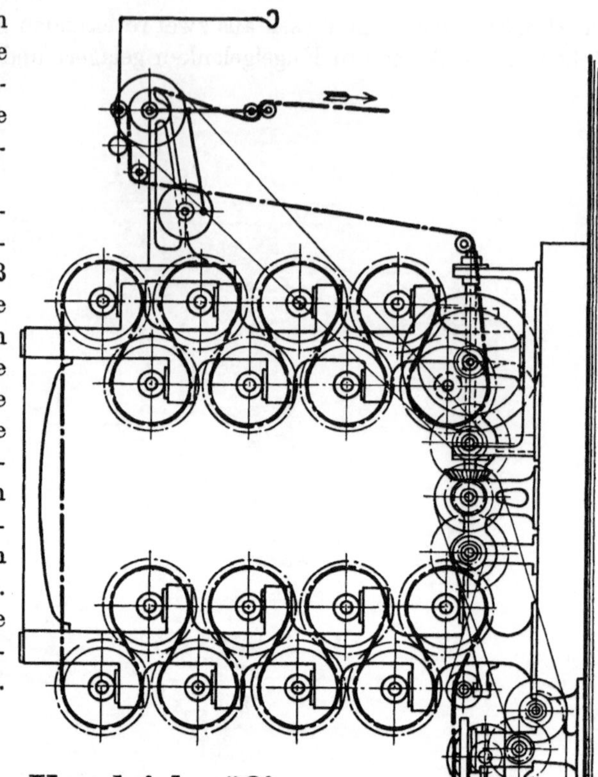

Abb. 92. Trommeltrockenmaschine stehender Bauart mit vorgebauter Stärkmaschine und einem Breitspannfeld (C. G. Haubold A.-G.)

II. Die Arbeiten zur Vergleichmäßigung und Verdichtung des Gewebes.

Das Walken.

Alle Woll- und Halbwollgewebe ohne Unterschied der Qualität, welche ein entsprechend dichtes Gefüge haben müssen, um den menschlichen (und tierischen) Körper gegen die Unbilden der Natur, wie Wind, Feuchtigkeit, Kälte, zu schützen (Bekleidungsstoffe, Schutzstoffe, Kotzen, Decken), oder eine für ihren Gebrauchszweck hinreichende Festigkeit und Dichte (Billardtücher) und die Eigenschaft der Krumpffreiheit besitzen sollen, sind einem sehr komplizierten, bis jetzt noch nicht vollkommen aufgeklärten Appreturprozeß — dem Walken — zu unterziehen.

Zur Erfüllung der obgenannten technologischen Forderungen müssen die Gewebeporen geschlossen werden; denn nur dann kann von einer Verdichtung des Gewebes gesprochen werden, die auch eine größere Festigkeit zur Folge hat.

Die Verdichtung des Gefüges beruht auf der Krimpkraft, Krumpkraft, Walkkraft oder Verfilzungsfähigkeit der Wolle und besteht darin, daß die Fasern sich unter dem Einfluß von Wärme, Feuchtigkeit und mechanischer Bearbeitung (Kneten, Drücken, Reiben) so fest miteinander verbinden, daß sie eher zerreißen, als sich voneinander abziehen lassen. Dadurch entsteht ein Zusammenschluß der Ketten- und Schußfäden, da die aus diesen vorstehenden Faserenden sich miteinander verfilzen; aber auch die einzelnen Fäden selbst erfahren zufolge ihrer lockeren, moosigen Beschaffenheit (Streichgarn) und der Kräuselung der Fasern (Streichwolle) eine Verdichtung und zugleich eine Verfestigung. Da ferner die aus der Gewebeoberfläche vorstehenden Faserenden beim Walken sich ebenfalls miteinander verfilzen, entsteht eine Filzdecke, welche die Fadenverkreuzung (Bindung) verdeckt, wodurch man eine dichte und gleichmäßige Warenoberfläche erhält, welche bei den nachfolgenden Appreturvorgängen (Rauhen, Scheren, Pressen, Dämpfen) Glätte und Glanz erhält.

Die Gewebe erhalten also ein völlig anders geartetes Gepräge. Man nennt die vom Webstuhl kommende Ware, welche die Bindung zeigt und einen bockigen brettigen Griff hat, Loden, während das gewalkte, gerauhte, geschorene, gepreßte und gedämpfte Gewebe Tuch heißt. Die zu seiner Herstellung dienenden Arbeiten faßt man auch unter der Bezeichnung Tuchbereitungsarbeiten zusammen.

Mit der Verdichtung des Gewebes ist nicht zugleich eine Gewichtsvermehrung des ganzen Stückes verbunden; infolge der Ausscheidung von Verunreinigungen beim Walken (Fettwalken, Walken im Schweiß) und des Abflockens von Wolle (Walkhaare, Walkflocken) tritt vielmehr eine Verminderung des Stückgewichtes ein. Dagegen erhöht sich das Laufendmetergewicht bzw. das Quadratmetergewicht auf Kosten des Volumens des Gewebes, d. h. das Gewebe geht in der Länge und Breite ein. Der Längenverlust ist nicht sehr beträchtlich — 5%, höchstens 20% — und kann durch nachträgliche Behandlung (Dämpfen und Strecken) wieder ausgeglichen werden; der Breitenverlust beträgt 25% bis 40% und ist bleibend, weshalb man die Rohwarenbreite (Kammbreite) um dieses Maß (Einwalken) größer halten muß.

Das Maß des Einwalkens ist in erster Linie von der Beschaffenheit der Wolle, in zweiter Linie von der Art und dem Grade der Bearbeitung während des Walkens abhängig, in dritter Linie wohl auch von der Webart (leichte oder schwere Ware, Garnnummer, Garndrehung, Bindung, Fadeneinstellung).

Die Walkmittel.

Als Walkflüssigkeit (Walkspeise) wird eine neutrale Seifenlösung genommen, welche die Gleitfähigkeit der Fasern erhöht, d. h. die Fasern schlüpfriger macht und die Wollschuppen vor Beschädigung bewahrt.

Schwerwalkende Fasern, wie die minder gekräuselten und schlichten Kreuzzuchtwollen, Ziegen-, Kuhhaare und andere sucht man durch Anwendung verdünnter Schwefel- oder Essigsäure filzfähiger zu machen, da nachgewiesen ist, daß durch die Behandlung der genannten Fasern mit verdünnten Säuren die Schuppenränder sich mehr von dem Faserschaft abheben und die Fasern sich besser ineinander festhaken können (Saure Walke).

Da die in der Rohware enthaltenen Fettstoffe (Wollschmälze, Elain, Olein) durch Zusatz von Alkalien im warmen Wasser leicht verseifen, kann man durch Anwendung von Soda (Solvaysoda) an Seife sparen und gleichzeitig eine Reinigung bewirken. Auch behält die Wolle ihre Schlüpfrigkeit, wogegen die vorgewaschene Ware spröder ist und nicht so leicht walkt. Man zieht deshalb die Fettwalke im allgemeinen vor; nur bei sehr stark verschmutzten Waren läßt man eine Reinigung (Vorwäsche) vorausgehen.

Maßgebend für die Walkfähigkeit eines Gewebes sind:

die Eigenschaften der Wolle;

deren Vorbehandlung in der Wäsche, beim Karbonisieren, Färben und Trocknen;

das Mischen der Wolle vor dem Spinnen;

der Vorgang beim Spinnen (Garnnummer und Garndrehung);

die Einstellung des Gewebes in Kette und Schuß am Webstuhle und die Fadenkreuzung (Bindung);

die mechanische Bearbeitung beim Walken,

die Feuchtigkeit;

die Wärme.

Von den Eigenschaften der Wolle sind folgende für das Filzen wichtig: deutlich ausgesprochene und unversehrte Schuppenbildung der Wollfasern; die Kräuselung, die mit der Schuppenbildung und der Stapellänge in einem ursächlichen Zusammenhang steht; die Geschmeidigkeit, die Elastizität, die Formbarkeit, die Krumpkraft, die Hygroskopizität.

Das Vorhandensein der Schuppen ist eine Vorbedingung der größeren oder geringeren Filzbarkeit; die Schuppen sind um so besser ausgebildet, je feiner die Wolle ist. Bei gröberen Wollhaaren fehlen sie mitunter stellenweise, an der Spitze oft ganz, in diesem Falle sind sie durch mechanische Einwirkung abgerieben oder durch chemische Einflüsse zerstört. So z. B. hat Sidneywolle von den feinen Merinowollen die größte Walkfähigkeit; geringer ist sie bei Kap- und Buenos-Ayres-Wollen. Von den Ziegenhaaren walkt Mohair am wenigsten.

Die Kräuselung ist eine charakteristische Eigenschaft der Wolle und von Wesenheit für die Filzbarkeit. Sie ist bei feinen Wollen am ausgeprägtesten und spielt eine große Rolle bei der Klassifizierung (Bestimmung des Feinheitsgrades) der Wolle. Gröbere Wollen sind wenig gekräuselt bis schlicht, d. h. fast geradlinig. Die Kräuselung ist stets mit der entsprechenden Schuppenbildung gepaart, d. h. je feiner die Wolle ist, desto stärker gekräuselt ist sie und desto deutlicher ist die Schuppenbildung. Darum ist die Ansicht der Appreteure zutreffend, daß die Filzbarkeit der Wolle mit dem Abnehmen der Schuppenzahl und der Kräuselung sich verringert.

Die Geschmeidigkeit ist nach Ansicht der meisten Autoren und Fachleute die Eigenschaft der Wolle, sich leicht biegen zu lassen. Biegsamere Fasern sind auch verschlingungsfähiger; spröde Fasern filzen schwerer und ergeben eine schlechte Walke.

Die Geschmeidigkeit steht in gewissem Zusammenhange mit der Formbarkeit, die darin besteht, daß die Fasern unter der Einwirkung äußerer Kräfte bei Anwendung von Wärme und Feuchtigkeit eine beliebige oder gewünschte Formänderung annehmen und diese beibehalten, wenn sie in diesem Zustande getrocknet werden. Die Geschmeidigkeit äußert sich hingegen bloß darin, daß die Faser in gewöhnlicher Temperatur und im trockenen Zustande leicht Formänderungen annimmt, die aber durch die Elastizität in den meisten Fällen wieder aufgehoben wird.

Die Elastizität ist das Bestreben der Faser, eine durch äußere Kraft hervorgebrachte Formänderung (Streckung, Biegung, Kräuselung, Drehung), nach Aufhören der formändernden Kraft wieder zu verlieren, d. h. die ursprüngliche Form wieder anzunehmen.

Auch diese Eigenschaften tragen zur Erhöhung der Filzbarkeit der Wolle bei.

Die wichtigste für das Walken in Betracht kommende Eigenschaft ist die Krumpkraft, die darin besteht, daß die Wollfasern in Gegenwart von Feuchtigkeit und Wärme unter der Einwirkung mechanischer Bearbeitung (Druck, Stoß, Reibung) sich fest aneinanderhängen. Sie trägt dadurch zum Eingehen des Gewebes in allen Richtungen bei.

Die Hygroskopizität ist die Wasseraufnahmefähigkeit; sie fördert die Krumpffähigkeit sowie auch die Geschmeidigkeit und Formbarkeit der Wolle.

Auch die Stapellänge der Wolle ist bestimmend für das Walken. Kurze Wollen walken insofern besser als lange, als im gleichen Volumen mehr Faserenden vorhanden sind, die sich verfilzen und das Gefüge verdichten. Ferner sind lange Wollen auch weniger gekräuselt, haben geringere Schuppenbildung und sind daher nicht so walkfähig wie kürzere Wollen.

Die Vorbehandlung der Wolle in der Wäsche, beim Karbonisieren, Färben und Trocknen ist von ausschlaggebender Bedeutung für die Walkfähigkeit der Stoffe.

Sind die Waschflotten zum Reinigen der Wolle zu stark alkalisch oder zu heiß, so wirken sie lösend auf die Wollfasern ein, zerstören die gezahnten Ränder der Schuppen und machen die Wolle hart und spröde.

Beim Karbonisieren sind starke Säuren, zu langes Einsäuern, zu langes Trocknen, zu hohe Trockentemperatur zu vermeiden; man soll nur bis zur vollkommenen Neutralität entsäuern, denn die Wolle ist gegen Alkalien empfindlicher als gegen Säuren. Hohe Temperaturen beim Färben und Trocknen machen ebenfalls die Wolle hart und spröde.

Die richtige Mischung der Wolle bildet die Grundlage für ein gutes Walken der Gewebe. Eine Mischung aus langen, schlichten, mehr oder weniger steifen Fasern mit einem kürzeren, geschmeidigen und gekräuselten Wollmaterial läßt ebenso wenig ein gutes Walken erwarten, wie ein Zusammenmengen von leicht filzbaren Wollsorten mit kurzen, steifen und kraftlosen Kunstwollen, welche die für das Filzen günstigen Eigenschaften durch die mechanische Aufbereitung, das Waschen, Karbonisieren, Färben, Trocknen zum Teile oder ganz verloren haben. Die mikroskopische Untersuchung ergibt, daß die Fasern die Schuppen ganz oder teilweise eingebüßt haben.

Es ist nicht gleichgültig für die Walkfähigkeit, ob das Garn nach Streichgarn- oder Kammgarnart gesponnen wurde. Die Streichgarne haben immer eine rauhe, moosige Garnoberfläche, herrührend von den vielen aus der Garnoberfläche hervorragenden Faserenden, die nicht bloß eine Folge der geringeren Stapellänge, sondern auch der technologischen Vorgänge beim Spinnen sind. Das Kreuzen der Faserpelze auf der Krempel, das Unterbleiben des Streckens und das Nitscheln an Stelle des Vorspinnens bewirken eine wirre Faserlage, um dem Garn die zum Walken erforderliche moosige Beschaffenheit zu verleihen. Kammgarne haben infolge ihrer glätteren Garnoberfläche eine geringere Filzbarkeit, was in der Ausscheidung der kurzen

Fasern durch das Kämmen und das Parallellegen der Fasern beim wiederholten Strecken und dem eigentlichen Vorspinnen begründet ist. Auch sind die Kammgarne infolge der schärferen Drehung dichter, so daß ein weiterer Zusammenschluß nicht oder nur in sehr geringem Grade möglich ist (Meltonappretur).

Nicht belanglos für einen günstigen Walkeffekt ist die Feinheitsnummer, die Drehung und die Drehrichtung der Garne. Nummer und Draht stehen in ursächlichem Zusammenhange. Der Draht nimmt proportional der Quadratwurzel der Garnnummer zu. Daraus folgt, daß gröbere Garne wegen ihres loseren Gefüges filzfähiger sind.

Sind Ketten- und Schußgarn eines Gewebes in entgegengesetzter Richtung gedreht, so liegen die Fasern an den Kreuzungsstellen der beiden Fadensysteme nahezu parallel oder kreuzen sich unter spitzem Winkel und lassen sich durch die mechanische Einwirkung viel leichter verfilzen als bei gleicher Drahtrichtung, wo sie sich fast rechtwinklig kreuzen und voneinander abgleiten.

Der Einfluß der Gewebeeinstellung auf dem Webstuhl und der Fadenkreuzung (Bindung) soll durch folgende Erläuterungen gekennzeichnet werden. Da das Walken ein Eingehen der Ware bewirkt, findet eine Annäherung der Ketten- und Schußfäden innerhalb gewisser Grenzen statt. Ist ein Gewebe zu leicht (schütter) eingestellt, so muß man zu lange walken, bis das gewünschte Gefüge (Quadratmetergewicht) erreicht ist, der Walkverlust (Ausflocken) ist zu groß und die schließliche Warenbreite zu klein. Unterbricht man aber den Walkvorgang bei der vorgeschriebenen Breite, so ist das Quadratmetergewicht noch nicht erreicht. Eine zu dicht eingestellte Ware kann man nicht auf die vorgeschriebene Breite und Länge einwalken, weil die Fäden bzw. Fasern schon zu nahe einander sind, als daß sie sich noch mehr nähern könnten. Man kann zwar in einigen Fällen durch Zugeben einer Seifenlösung nachhelfen, es wird aber immer nur zu einer Verfilzung an der Oberfläche, aber nicht zu einer solchen im Innern des Gewebes kommen. Will man aber durch längere Walkdauer die Breite erreichen, so sind „Platzer" (Durchscheuern) zu gewärtigen.

Lose Gewebebindungen, das sind solche mit größeren Fadenflottierungen, lassen ein besseres Walkergebnis erzielen als stark kreuzende Bindungen. So z. B. wird ein Gewebe mit Tuchbindung schwerer walken als ein solches in Köper- oder Atlasbindung, die Tuchbindung läßt mehr einen Oberflächenfilz zu als einen bis in das Gewebeinnere reichenden Kernfilz.

Die mechanische Einwirkung ist die tätige Ursache des Walkens, denn durch das Stoßen, Stauchen, Drücken und Reiben werden einesteils die Fäden der beiden Fadensysteme im Gewebe einander genähert, andernteils die Verschlingung der vorstehenden Faserenden bewirkt, wodurch es zur Verfilzung kommt.

Auf das Wandern der Fasern durch mechanische Einwirkung beim Walken und die Begleitumstände des Verschlingens hat zuerst Löbner hingewiesen und dadurch einen besseren Einblick in das Wesen des Walkens geboten; er stellte hierbei folgendes fest.

Da die Schuppenränder nach der Haarspitze zu liegen, findet die Wanderung nur nach der Wurzel zu statt. Die Faserverschiebung erfolgt nach allen Richtungen, indem jede Faser den Weg des geringsten Widerstandes sucht. Das Wurzelende der Fasern wird mithin auch leichter in das Gewebeinnere eindringen

können als die Haarspitze, weshalb auch die Ansicht berechtigt erscheint, daß
die mit den Haarspitzen nach außen zeigenden Fasern häufig nach außen gedrängt
werden, abfallen und den Walkabfall geben. Sicher ist dies jedoch nicht nachgewiesen, da es doch praktisch unmöglich ist, die Lage der Fasern im Gewebe in
dem obigen Sinne zu bewirken.

Über den Einfluß der Wärme und Feuchtigkeit auf das Walken gibt es verschiedene Ansichten.

Hitze erleichtert das Filzen, meint Jacobsen. Altmüller ist der Ansicht,
daß trockene Hitze und Dampf erweichend wirken und der Wolle die Elastizität
benehmen, Grothe äußert sich dahin, daß eine Temperatur bis zu 20 bis 30° C
die Elastizität, Geschmeidigkeit und Biegsamkeit erhöht und das spiralförmige
Einrollen der Fasern bewirkt. Löbner glaubt, die Erhöhung des Kräuselungsvermögens sei durch die Feuchtigkeit hervorgerufen. Diese verschiedenen Ansichten geben Zeugnis von dem noch ungeklärten Verhalten der Wollfasern in
der Wärme und Feuchtigkeit.

Daß die Feuchtigkeit eine unerläßliche Vorbedingung für das Walken
ist, geht daraus hervor, daß man beim Trockenwalken keine Verfilzung in der
Ware erhält, weil den Fasern wahrscheinlich die Schlüpfrigkeit und Gleitfähigkeit
fehlt und auch die Geschmeidigkeit nicht in genügendem Maße vorhanden ist,
um das Verschlingen zu ermöglichen. Außerdem schützt die Feuchtigkeit die
Fasern gegen allzu starke Abnützung und Brechen der Schuppen.

Namentlich aus letzterem Grunde ist die Verwendung der Seifenlösung als
Walkmittel allgemeiner als jene des Wassers allein, weil bei ersterer noch die größere Schmierfähigkeit hinzukommt. Werden die Gewebe „im Fett" gewalken,
also ohne vorher gegangene Wäsche, so erfüllt die Seife noch den weiteren Zweck,
Fett, Öl und Schmutz zu lösen und zu verseifen, das Gewebe zu reinigen und das
Abrutschen der verschlungenen Fasern zu verhindern.

Wie schon früher angeführt wurde, soll auch die Wärme einen günstigen
Einfluß auf das Filzen ausüben, da dadurch die Kräuselung gehoben wird und das
Walken im allgemeinen rascher verläuft und ein besseres Ergebnis liefert. Die
Erwärmung des Gewebes (Lodens) geschieht teils durch Aufgießen warmer
Walkflüssigkeit, teils durch das Reiben der Ware an den Teilen der Walkmaschine,
teils — aber sehr selten — durch Einströmenlassen von Dampf in die Walkmaschine.

Nach diesen theoretischen Erörterungen, deren Richtigkeit teilweise durch
die Praxis bestätigt wird, mögen noch einige in der Praxis gewonnene Erfahrungen
angeführt werden.

Man walkt die Gewebe entweder „im Fett" oder im vorgewaschenen Zustande.
Billige Halbwollwaren, deren Garne mit verseifbaren Fetten und Ölen geschmälzt
sind, wäscht man zur Verbilligung der Appretur gleichzeitig mit dem Walken,
wobei man nur eine 2proz. Sodalauge aufzugießen braucht. Dem Fettwalken
unterzieht man aus den gleichen Gründen auch Cheviots, da Cheviotwollen von
Natur wenig schweißig und fettig sind. Jedoch fallen aber wollfarbige Cheviots,
welche vor der Walke gewaschen worden sind, viel reiner und feuriger in der
Farbe aus.

Gewebe aus stark verschmutzten Kunstwollen, welche zumeist noch mit
schwer verseifbaren Ölen gesponnen wurden, walkt man so wie alle feineren

Qualitäten von Woll- und Halbwollwaren im vorgewaschenen Zustande unter Zugabe einer schwach alkalischen Seifenlösung, von welcher weder die Fasern, noch die Farben angegriffen werden.

Da feinere Wollen viel rascher walken als schlichte Wollen und Kunstwollen, muß man beim Walken vorsichtig vorgehen, möglichst oft die Stückbreite- und Stücklänge nachmessen, um sich von dem Einwalken zu überzeugen. Man verzögert das allzu rasche Filzen und Eingehen durch Aufgießen kalter Walkspeise und offene Walke (Offenhalten der Türen) zur Vermeidung des zu schnellen Erwärmens der Ware (Kaltwalke).

Im Gegensatze hierzu bedürfen die schlecht filzbaren Kunstwollgewebe der Warmwalke, da das Filzen erst mit dem Warmwerden der Ware eintritt. Nicht selten bläst man aus diesem Grunde Dampf in die Walkmaschine; solche Gewebe rauht man auch etwas vor (Verfilzungsrauhen), damit eine Faserdecke entsteht, die sich leichter verfilzt.

Walkt man mit zu großem Walkspeisezusatz, so geht das Filzen nur langsam vor sich, die Fasern gleiten aneinander vorbei und der Walkeffekt wird ungleichmäßig; bei zu trockenem Walken reiben sich viele Fasern ab, wieder andere brechen und der Abfall an Walkflocken wird sehr groß, die Ware verliert an Volumen und an Gewicht; man erreicht nicht die gewünschte Gewebedichte.

Die Menge und die Konsistenz der zugegebenen Walkflüssigkeit ist bestimmend für den Walkeffekt, der ein Kernfilz oder Grundfilz und ein Flaumfilz oder Oberflächenfilz sein kann.

Der Kernfilz ist eine durchgreifende Verfilzung, bei welcher eine ziemlich konsistente Seifenlösung (50% Wasser, 50% Kernseife) im kalten Zustande zu verwenden und der Walkvorgang möglichst langsam durchzuführen ist, damit ein zu starkes Erwärmen unterbleibt (langsam laufende Walkmaschine).

Alle gerauhten Waren, insbesonders Strichwaren, bedürfen zu Erzeugung einer schönen und dichten Haardecke des Grundfilzes.

Der Flaumfilz kennzeichnet sich durch die Verfilzung der nur an der Gewebeoberfläche liegenden Fasern und dringt nicht tiefer in das Gewebe ein. Die Seifenlösung ist weniger konsistent zu nehmen und in größerer Menge aufzugießen, der Druck der walkenden Werkzeuge soll mäßig sein, das Walken etwas rascher geschehen und ein Erwärmen möglichst unterbleiben. Meltonwaren und gedeckte Cheviots, die dem Rauhprozesse nicht unterzogen werden, walkt man mit Oberflächenverfilzung.

Kammgarngewebe, welche etwas zu leicht ausgefallen sind und beim Waschen nicht genügenden Schluß bekommen haben, unterwirft man zur Erzielung eines besseren Warenschlusses ungefähr 20 bis 30 Minuten dem Walken, das einen Flaumfilz ergibt. Kammgarnstrichware (Winterstoffe) unterwirft man einer intensiveren Walke. Kammgarnsommermeltons walkt man etwa ¾ Stunde „im Sack".

Grobe Hallinas, ordinäre Stiefel- und Pantoffelfilze aus schlecht entkalkten Gerberwollen walkt man 4 bis 5 Stunden im Wasser; hier wäre das Walken ganz unmöglich, wenn Seifenlauge zugesetzt würde, weil die sich bildenden Kalkseifen das Gewebe und die Fasern verschmieren und deren Festhaken verhindern würden.

Für 100 kg Ware benötigt man zum Walken etwa 10 bis 20 kg Seife.

Die Beschaffenheit der Walkspeise und ihre Konsistenz richtet sich aber auch nach den Farben und ist stets mit Rücksicht auf die Walkechtheit der Farbe zu wählen. Man hat aber bereits sehr walkechte Farben, so daß man neuerdings die Walkspeise nur nach dem wirtschaftlichen Erfolg des Walkens wählen kann.

Nach der Beendigung des Walkens spült man die Walkspeise aus, und zwar in der Weise, daß man zunächst mit kaltem, dann mit warmem und zum Schlusse wieder mit kaltem Wasser spült, wodurch sich die Seife vollständig löst. Das Warmspülen hat die Aufgabe, die Seife besser löslich zu machen, während das nachherige Kaltwasserspülen den Filz kernig und fest macht.

Die Walkdauer ist je nach der Filzfähigkeit der Wolle, der Gewebebindung, der Stärke des Gewebes, der Art der Verfilzung bzw. des Walkeffektes verschieden und kann von ½ bis 3 und 6 Stunden währen. Sie soll aber nicht nur aus wirtschaftlichen Gründen möglichst gering sein, sondern auch zur Schonung der Ware, welche bei langer Walkdauer chemisch (durch die Alkalien und Wärme) und mechanisch (Abflocken der Wolle und Durchscheuern) angegriffen wird.

Die Walkmaschinen.

Je nach der Beschaffenheit des Gewebes, dem gewünschten Effekte und dem Aussehen des gewalkten Stoffes arbeiten die Walkmaschinen mit knetend, stoßend, drückend und reibend wirkenden Werkzeugen. Die Bestandteile mit knetender und stoßender Arbeitsweise sind mehr oder weniger schnell bewegte schwere Holzhämmer; drückend und reibend wirken durch Feder- oder Hebeldruck gegeneinandergepreßte Walzenpaare von geringer Länge (Walkzylinder), die mit einem sich verengernden Holzkanal (Stauchkanal) zusammenarbeiten, an dessen Flächen die Gewebe sich reiben und erwärmen.

In der Regel übergibt man Walkmaschinen mit stoßenden Walkwerkzeugen das Gewebe in Paketform (wie bei den Waschhämmern) und führt es in Strangform zwischen die Walkzylinder hindurch.

Man benennt die Walkmaschinen nach der Gestaltung der arbeitenden Teile:

Stampfwalken,
Hammer- oder Kurbelwalken,
Zylinder- oder Walzenwalken.

Die Stampfwalken.

Diese waren in ihrer ursprünglichen Ausführung mit zwei oder mehreren nebeneinanderliegenden, freifallenden Hämmern aus Holz ausgerüstet; die Hämmer wurden durch die Hebedaumen einer langsam sich drehenden Welle gehoben und fielen durch ihr Eigengewicht auf das Gewebe nieder. Ihre Leistung war gering, weshalb sie heute nicht mehr im Gebrauche sind. Eine Abart findet sich noch zum Walken von Strümpfen und Trikotagen aus Wolle.

Die Hammerwalken.

Die Hammerwalken mit zwangläufig durch einen Kurbelmechanismus bewegten Hämmern, auch Kurbelwalken genannt, zeichnen sich durch große Leistung aus, haben aber nur eine beschränkte Verwendung zum Walken von

Grobhaarstoffen, wie Kotzen, Decken, Hallinas, Woilachs, groben Pantoffel-
filzen, starken Webfilzen, zum besseren Entgerbern und Vorwalken von Umhängtüchern, schwer filzbaren Lodenstoffen, Kunstwollwaren, Cheviotstoffen, Hutstumpen u. dgl. Die Walkhämmer werden mit 100 bis 120 Touren minutlich bewegt.

Die Kurbelwalken nehmen das Gewebe in Paketform im Walkbottich auf;
es bildet einen bauschigen, elastischen Klumpen, der sich zufolge der stufenförmigen Ausführung der Hämmer ständig umwälzt, so daß sich weder Walkschwielen
noch Walkfaltenbrüche bilden. Gerade bei schweren, aus groben, steifen und
harten Wollen erzeugten Geweben, sowie bei allen minderwertigen Kunstwollgeweben, insbesondere, wenn sie aus kurzen, spröden mungoartigen Kunstwollen
bestehen, ist die Gefahr der Walkfalten- oder Walkbruchbildung sehr groß.

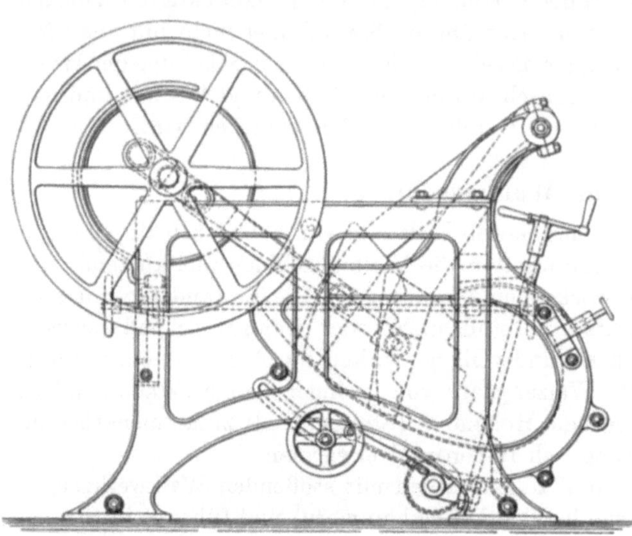

Abb. 93. Kurbelwalke von Ernst Gessner A.-G.

Diese kann man nur durch die Bearbeitung in Form eines Bausches durch die stoßenden Hämmer verhüten.

Aber auch noch ein anderer Grund spricht dafür, daß man alle schwer filzbaren Stoffe auf den Kurbelwalken fertig- oder vorwalkt, d. i. die eigentümliche Erscheinung des Hervortretens einer größeren Menge von Fasern aus den Gewebefäden, die im freiliegenden Zustande sich leichter verfilzen und zu einer dichteren, geschlossenen, weichen

und voluminösen Ware Veranlassung geben. Allerdings wird durch dieses Heraus-
treiben der an den Gewebeoberflächen liegenden Fasern eine mehr oder weniger
rauhe Filzdecke erscheinen.

Bei nur vorzuwalkenden Stoffen wird die rauhe verfilzte Gewebeoberfläche
beim nachfolgenden Walken auf der Zylinderwalke geglättet.

Das Abscheuern von Fasern (Walkflocken) in der Kurbelwalke ist verhältnismäßig gering, so daß der Gewichtsverlust der Ware aus dieser Ursache gar
nicht in Betracht kommt.

In der Bauart weisen die einzelnen Maschinen dieser Walktype nur geringfügige Abweichungen auf, die sich auf die Nachstellbarkeit des Walkbottichs
oder der Walkhämmer erstrecken, damit entsprechend dem Eingehen des Gewebes bzw. dem Abnehmen des Warenvolumens eine gleichbleibende Stoß-
intensität der Hämmer gesichert und auch eine größere Warenmenge in den
Walkbottich eingebracht werden kann.

Um das Gewebe gleichmäßig in der Länge und Breite einzuwalken, muß es
zeitweilig umgetafelt werden, damit die Richtung der Hammerstöße entweder

in jene der Kette oder des Schusses fällt; die Umwälzung der Gewebe durch die stufenförmigen Hammerstoßflächen ist nur gering, weil die Hämmer zur Hervorbringung kräftiger Stöße nicht wagrecht, sondern schräg von oben herab bewegt werden müssen.

Die Abb. 93 zeigt eine Kurbelwalke von Ernst Gessner in Aue i. Erzg. mit festen Seitenwänden und verstellbarem Bottich.

Zum Walken von Hutstumpen, Decken, Filzen, ferner zum Waschen und Walken von Strümpfen, Wirkwaren, zum Entgerbern und Vorwalken von Pre-

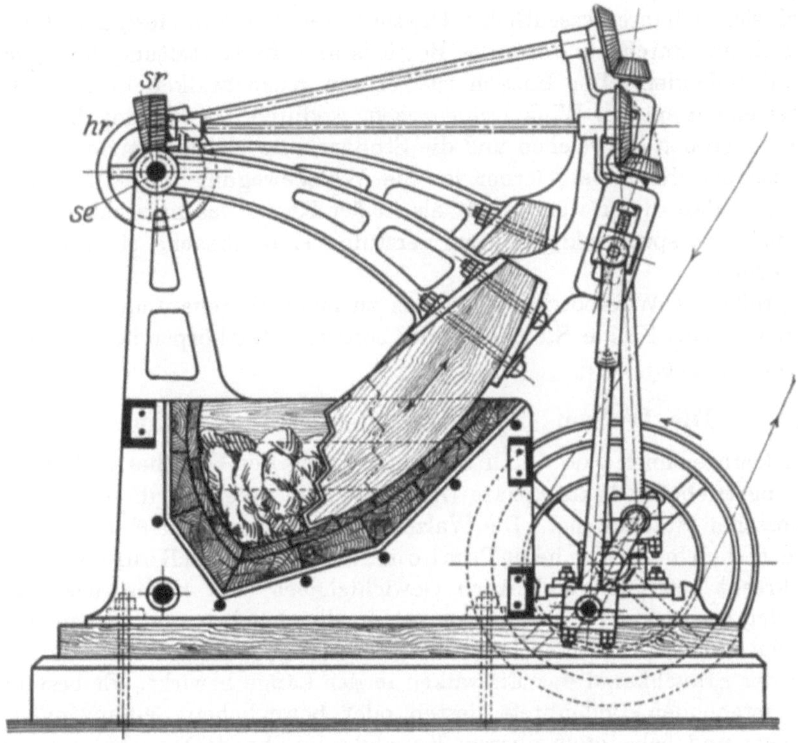

Abb. 94. Kurbelwalke, System Bernhardt.

sidents, Doubles, schweren Trikots, sowie von Kammgarn- und Halbkammgarngeweben, Cheviots, Streichgarnwaren, Buckskins u. a. werden die Kurbelwalken mit verstellbaren, von oben wirkenden Hämmern und beweglichen Seitenwänden mit oben liegenden Drehbolzen gebaut, so daß das Warenpaket seitlich nicht ausweichen kann.

Eine abgeänderte Ausführung der vorigen Konstruktion besteht darin, daß die Drehbolzen der Seitenwände geneigt gelagert sind. Diese Kurbelwalken sollen sich nicht nur für die oben benannten Waren, sondern namentlich für Konfektionsfilze eignen.

Bei diesen beiden Kurbelwalken bewegen sich die Wände beim Vorgange des Hammers nach außen und beim Rückgange desselben nach innen, wodurch die Ware, in zwei verschiedenen Richtungen geknetet und gedrückt, rascher filzt und gegenüber den gewöhnlichen Kurbelwalken eine Mehrleistung bis zu 40% sich ergeben soll.

Die Kurbelwalke mit Nachstellung der Hämmer während des normalen Arbeitsganges nach System Bernhardt in Leisnig i. Sa. zeigt die Abb. 94.

Die Kurbelwalken mit nachstellbaren Bottichen oder nachstellbaren Hämmern haben einen größeren Walkeffekt als diejenigen, bei denen derartige Einrichtungen fehlen.

Wenn man die Kurbelwaschmaschinen und die Kurbelwalken einem Vergleiche hinsichtlich ihrer wesentlichen Organe unterzieht, kann festgestellt werden, daß sie sich nur durch die Form des Bottichs und die Gestaltung der Hammerstufen unterscheiden. Der Bottich ist bei den Kurbelwalken kürzer gehalten und unter einem spitzen Winkel eingezogen, wodurch das Warenpaket weniger den Hammerstößen ausweichen und die Stoßwirkung viel intensiver als bei den Kurbelwaschmaschinen ist; ferner ist die Wälzbewegung des Warenbausches eingeengt, so daß dieser weniger oft als in der Kurbelwaschmaschine gewendet wird. Auch die spitzwinkligen Hammerstufen sind Ursache einer geringeren Wälzbewegung.

Die Größe des Walkbottichs kann bis zu einer Warenaufnahme von 50 kg bemessen werden. Kleine Steinchen oder sonstige Hartkörperchen verursachen Löcher im Gewebe.

Die Walzen-, Zylinder- oder Strangwalken.

Diese kennzeichnen sich durch die Bearbeitung des Gewebes in Strangform mittels angetriebener Walzenpaare (Zylinder) und einen an diese unmittelbar angeschlossenen Stauchkanal. Die Walzen sind in einem oder mehreren Paaren angeordnet; die Unterwalze heißt Tambour, die Oberwalzen Roulette. Letztere sind senkrecht beweglich und durch Gewichtshebel- oder Federdruck belastet, um sich der wechselnden Strangdicke entsprechend heben und senken und zugleich einen Druck ausüben zu können. Die Walkzylinder walken in der Breite, während der Stauchkanal das Einwalken in der Länge bewirkt. Er besteht aus einem feststehenden Bodenbrett, festen oder beweglichen Seitenwänden und beweglichem und belastetem oberem Kanalabschlußbrett (Stauchklappe); diese schließen einen Raum von rechteckigem Querschnitte ein und setzen dem durchgehenden Warenstrange einen Widerstand entgegen, der ihn zwingt, in der Kettenrichtung sich zu falten und zu reiben, wodurch das Gewebe in der Längsrichtung einwalkt, ohne sich stark zu erwärmen.

Während also bei den Kurbelwalken durch die stoßenden Hämmer, je nach der Einlagerung des Warenbausches, nach beiden Geweberichtungen die Walkwirkung übertragen werden kann, sind bei den Zylinderwalken zwei gesonderte, verschiedenartig wirkende Werkzeuge vorhanden, die auch in ihrer technischen Durchbildung verschiedenartig gestaltet sind und je für sich die Arbeit des Einwalkens in der Breite und Länge besorgen.

Neben diesen arbeitenden Bestandteilen sind noch solche vorhanden, die teils passiv, teils aktiv an dem Walkvorgang teilnehmen. Als passive Bestandteile sind anzuführen: die Leitwalzen, der Rechen oder die Brille zur Führung eines oder mehrerer gleichzeitig zu walkenden Warenstränge; aktiv wirkende Organe sind: die Vertikalwalzen und die Rollenstauchapparate, sowie jene Einrichtungen, die durch ihre Flächen reibend auf den Warenstrang wirken, ihn dadurch erwärmen und seine Oberfläche glätten.

Die Zylinderwalken werden je nach dem Vorhandensein dieser aktiven und passiven Bestandteile in vielerlei Abarten gebaut und entsprechend ihrer Arbeitsweise bezeichnet, wie:

Normalwalke, am meisten gegenwärtig im Gebrauche zum Walken fast aller Bekleidungsstoffe (Hosenstoffe, Anzugstoffe, Damentuche, Billardtuche, Flanelle, Paletotstoffe, Militärtuche);

Medialwalke, leichtere Bauart der Normalwalke;

Simplexwalke, einfache Ausführung;

Spezialwalke, für bestimmte Warensorten nur geeignet;

Minimalwalke oder Musterwalke für Walkvorversuche;

Universalwalke mit allen passiv- und aktiv wirkenden Bestandteilen, wie Vertikalwalzen, Rollenstauchapparaten, ausgestattet;

Radikalwalke, gewöhnlich mit Rollenstauchapparat vor den Zylindern, für mittlere und schwere Waren;

Maximalwalke, schwere, massive Ausführung für sehr schwere Waren.

All diese genannten Walken haben nur ein einziges Zylinderpaar. Zur Erhöhung der Leistung und Erzielung besonderer Walkeffekte stehen Doppelzylinder- oder Tandemwalken mit zwei unmittelbar hintereinandergereihten Zylinderpaaren im Gebrauche. Man ist der Ansicht, kernig gewalkte Waren nur auf den mehrroulettigen Walken herstellen zu können, die aus einem größeren Tambour und 2 bis 3 konzentrisch angeordneten Rouletten bestehen (Lacroix-Walken).

Die Zylinderwalken geben wegen der gleitenden Reibung, welche die Ware beim Durchgange durch die Vertikalwalzen, die Metall- oder Glasbacken sowie im Stauchkanal erfährt, eine glatte gefilzte Oberfläche. Bei entsprechender Bauart und Stärke der einzelnen Teile sind sie für alle Gewebegattungen, gleichgültig ob sie leicht, mittelschwer oder schwer sind, brauchbar, insbesondere wenn die Wolle leicht verfilzungsfähig ist.

Bei größerer Walzenbreite, bis höchstens 750 mm, können 1 oder mehrere Stränge, mit Rücksicht auf ihre Schwere, gleichzeitig gewalkt werden.

Leichte Stücke, welche wenig Platz in der Walke einnehmen, walkt man immer in größerer Zahl, bis zu 16 Strängen nebeneinanderliegend, damit sie genügende Reibung erhalten und schneller walken.

Die Abb. 95 veranschaulicht eine einroulettige Zylinderwalke mit ihren wichtigsten Teilen in der Bauart von Hemmer (Aachen) und Gessner (Aue).

Die zu einem endlosen Strang zusammengenähte Ware kommt aus dem Bottich B über den Leitriegel r zum Rechen Re, dann über die Einführwalze e, durch welche sie in die Höhe der Arbeitsfuge zwischen dem Zylinder oder Tambour Z und der Roulette R gebracht wird. Von der Einführwalze e kommt die Ware in der Pfeilrichtung zwischen den Vertikalwalzen V und den Backen Ba zu den Walkzylindern ZR; daran schließt sich der Stauchkanal Sk, der durch eine belastete Klappe k oben geschlossen wird. Die Belastung der Roulette geschieht mittels des Hebels H und des Gewichtes G, die der Stauchklappe mittels des Hebels H_1 und des Gewichtes G_1. Die aus dem Stauchkanal heraustretende Ware wird ziemlich heftig gegen die Rückwand des Bottichs geschleudert und daselbst mittels des Dampfrohres d angefeuchtet und erwärmt. Die ausgequetschte Walkflüssigkeit wird im Schmutztrog t aufgefangen. Im untersten Teile des Bottichs B befindet sich die frische Walkspeise.

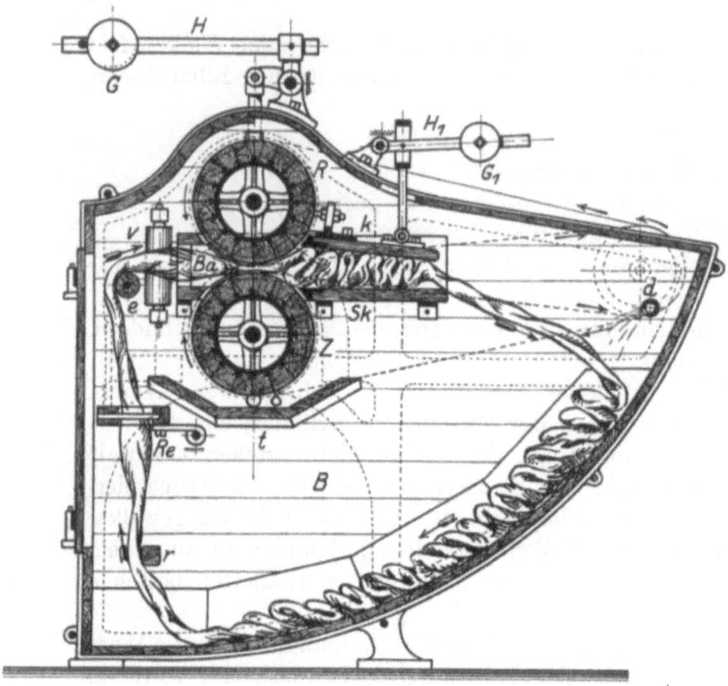

Sämtliche Werkzeuge sind im Walkbottich eingebaut, der von den gußeisernen Gestellwangen umfaßt, auch zu deren Lagerung dient, die außerhalb des Bottichs liegen müssen, um nicht durch abtropfendes Öl die Ware zu verunreinigen. Am Wareneingange ist eine verschließbare Türe in der Vorderwand des Bottichs angebracht; sonst ist dieser allseitig nach außen abgeschlossen, was für die Erwärmung der Ware während des Walkens von Bedeutung ist. Die Tourenzahl der Zylinder und damit die Warengeschwindigkeit ist mehr als doppelt so groß wie bei den Waschmaschinen.

Abb. 95. Die einroulettige Zylinderwalke, Bauart Hemmer.

Walkt man mehrere Warenstränge gleichzeitig, so führt man sie zur Vermeidung des Verschlingens getrennt zwischen den Stäben des Rechens Re. Die Rechenstäbe sind aus Holz, Metall, Glas oder Porzellan. Anstatt des Rechens ist auch ein Leitbrett mit großen, mit Porzellanringen ausgefütterten Öffnungen im Gebrauch; diese Einrichtung nennt man Brille.

Der Rechen hat noch eine zweite Aufgabe, nämlich die, wenn trotzdem ein Verschlingen der Warenstränge oder das Verschlingen eines einzelnen (Knotenbildung) sich einstellen sollte, möglichst schnell die Walke abzustellen, damit weder ein zu starkes Dehnen bzw. Strecken oder bei leichten Stücken sogar ein Reißen stattfinden kann. Die Knotenbildung oder das Verschlingen wird durch die große Warengeschwindigkeit von 200 m minutlich und darüber veranlaßt.

Diese Abstellvorrichtung steht in unmittelbarem Zusammenhange mit dem drehbar gelagerten Rechen Re und ist in der Abb. 96 wiedergegeben.

Die Riemengabel wird durch ein Gewicht G_2 von der Fest- auf die Losscheibe geworfen, wenn der Stift durch den Nasenhebel nicht mehr gehalten wird. Dies erfolgt durch den Rechen Re, wenn ein Knoten an den Rechen gelangt, der so groß ist, daß er nicht zwischen den Stäben hindurchtreten kann; dann wird der Nasenhebel links angehoben, rechts gesenkt, wodurch der Haltestift freigegeben wird und das Gewicht G_2 zur Wirkung gelangen kann.

Damit das Verschlingen oder Verknoten sich weniger oft wiederholen kann, zieht man einen feststehenden Holzbalken r unter dem Rechen einer Walze vor, weil er mithilft, die Warenschleifen oder Knoten abzustreifen, während sie über die durch Reibung mitgenommene Walze hinweggleiten können.

Die Einführungswalze e, welche drehbar gelagert ist, lenkt den Warenstrang aus seiner vertikalen Laufrichtung am Maschineneingange in die horizontale zum Einlaufen zwischen die Walkzylinder.

Fast unmittelbar an diese reihen sich zwei nebeneinander befindliche Vertikalwalzen aus Holz, welche durch Gewichtshebel- oder Federdruck in einem beliebigen Grade auf den durchgehenden Warenstrang angepreßt werden können; dieser Druck übt auf das Einwalken in der Breite Einfluß aus.

Ein höherer Quetschdruck der Vertikalwalzen hat im Vereine mit den den Warenstrang durch die Maschine ziehenden Walkzylindern weiters den Erfolg, daß der Warenstrang einer Streckung ausgesetzt wird, d. h. das Eingehen in dieser Richtung geregelt werden kann. Diese Streckwirkung beruht darauf, daß die Vertikalwalzen drehbar sind und durch den Warenstrang mitgenommen

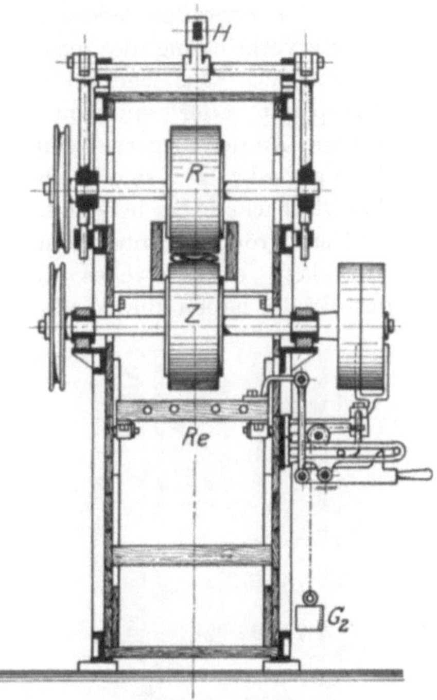

Abb. 96. Querschnitt durch die Zylinderwalke mit Abstellvorrichtung.

werden. Für Gewebe, welche in der Breite und in der Länge gar nicht oder innerhalb bestimmter Grenzen einwalken sollen, sind die Vertikalwalzen und das richtige Aneinanderpressen derselben von nicht zu unterschätzender Bedeutung.

Durch die Mitnahme der Vertikalwalzen erwärmt sich der an ihnen reibende Warenstrang, was zur Förderung des Warenstranges beiträgt. Eine weitere Einwirkung der Vertikalwalzen ist das Ausbreiten des Stranges in vertikaler Richtung, während er sich bei seinem Eintritt in die Zylinder in horizontaler Richtung ausbreitet, so daß auf dem Wege von den Vertikalwalzen zu den Zylindern eine stetige Verlegung der Strangfalten erfolgt und die Bildung von Walkfalten wirksam verhindert wird.

Vertikalwalzenanordnung mit Gewichtshebelanpressung (Abb. 97). Durch Veränderung der Hebellänge und der Gewichtsbelastung G_3 kann der Quetschdruck eingestellt werden. Diese Einrichtung hat wegen der wechselnden Strangdicke einen geräuschvollen Gang und häufig wird auch das Gewicht abgeworfen. Hinter den Vertikalwalzen V befinden sich die Backen Ba, welche gewöhnlich aus Glas bestehen, da Holzbacken sich leichter abnützen und durch Splittern die Ware beschädigen können.

Ruhiger arbeitet die Vertikalwalzeneinrichtung mit Feder-anpressung von Hemmer und Gessner (Abb. 98). Mit dem Handrade hr wird durch das Rädergetriebe z_1 bis z_4 die Bewegung auf die beiden Schraubenspindeln sp übertragen, durch deren Drehung die Schraubenfedern f zur Hervorbringung des entsprechenden Quetschdruckes angespannt oder entspannt werden. An den Lagerwangen der Vertikalwalzen sind auch die Glasbacken Ba befestigt.

Den größten Anteil am Einwalken des Gewebes in der Breite haben die Walk-

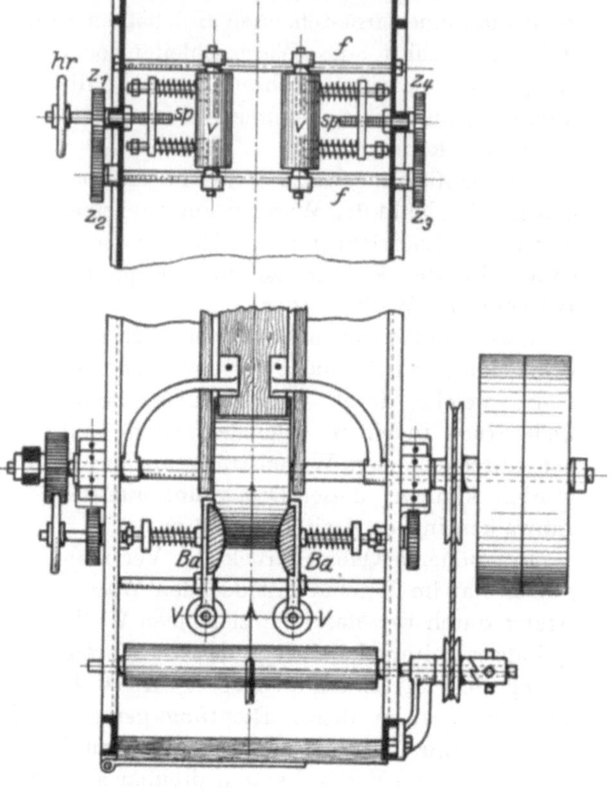

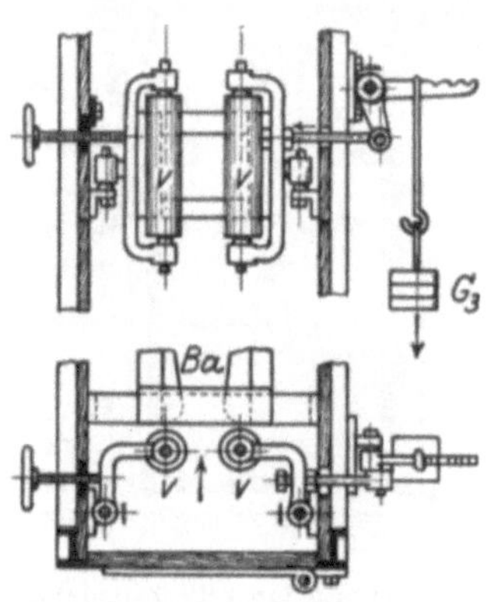

Abb. 97. Vertikalwalzenanordnung
mit Gewichtshebelanpressung.

Abb. 98. Vertikalwalzenanordnung mit Federanpressung.

zylinder, welche beide angetrieben werden. Den unmittelbaren Antrieb von der Transmission empfängt der untere Zylinder (Tambour), der ihn durch einen Zahn-rad-, Riemen- oder Seiltrieb auf den oberen Zylinder (Roulette) überträgt. Die Zylinder bewegen sich mit 110 bis 140 minutlichen Touren. Beide Zylinder müssen angetrieben sein, damit die Ware mit der gleichen Geschwindigkeit von beiden Zylindern fortbewegt und ein Schleifen am Zylinderumfang vermieden wird, das ein Abscheuern und schließlich ein Durchscheuern verursachen könnte. Die Zylinder wirken sowohl fortbewegend, als auch pressend auf den Waren-strang. Beide sind gleichartig ausgeführt, indem Holzstücke (Eiche, Buche, Akazie) aneinandergefügt auf den gußeisernen Zylinderkern in trapezförmigen Nuten eingesetzt und durch die in den gußeisernen Randscheiben eingeschobenen Eisenstifte festgehalten sind. F. Bernhardt in Leisnig verwendet anstatt des schnellverschleißenden Holzes Zylinder mit Hartgummiüberzug.

Zur Ausübung des Druckes, durch welchen die Kettenfäden einander genähert werden, ist die Roulette mit einer Gewichtshebel- oder Federdruckbelastung ausgestattet; außerdem ist sie in vertikalen Gestellschlitzen gelagert, damit sie

sich bei wechselnder Strangdicke heben und senken kann. Die erste Art der Druck-
belastung ist in der Abb. 95 dargestellt. Sie arbeitet geräuschvoll und ist auch für
den Arbeiter insofern gefährlich, als durch die stoßende Auf- und Niederbewegung
des Gewichtshebels H
das Gewicht abfallen
und den Arbeiter ver-
letzen kann, wenn es
nicht gut gesichert ist.

Die Federdruckbe-
lastung gewährt nicht
nur ruhigen und ge-
fahrlosen Gang, son-
dern bietet auch den
Vorteil der bequeme-
ren Druckeinstellung
durch Drehen eines
Handrades hr. Man
nennt solche Wal-
ken Federwalken
(Abb. 99).

Hemmer hat an
seinen Walken die
veränderliche Feder-
belastung auf die
Oberwalze (Roulette)
so ausgestaltet, daß
die Zapfenlager dieser
Walze mittels Stäng-
chen gelenkig mit
wagrechten Hebeln
verbunden sind, an

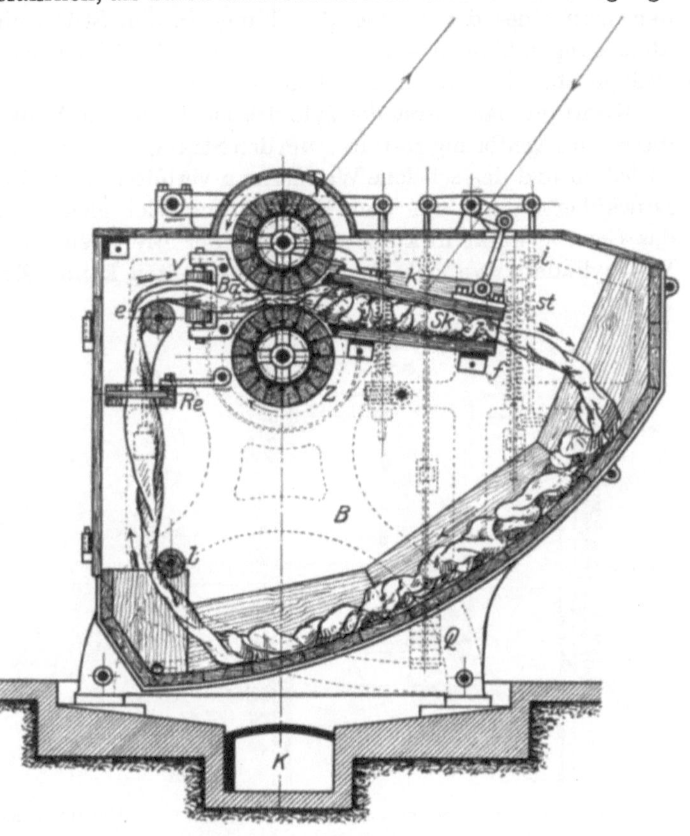

Abb. 99. Die Zylinderwalke mit Federbelastung (Federwalke).

deren Enden eingehangene Stangen unter der Wirkung von starken Schraubenfedern stehen (Abb. 99). Die Schraubenfedern brauchen infolge der Hebelübersetzung weniger angespannt zu werden. Die in Abb. 95 eingezeichneten Bezugs-
buchstaben gelten auch für diese Ausführungsform; nur ist anstatt des Leitriegels
im Bottich eine Leitwalze l vorhanden, welche drehbar gelagert ist und daher
die Ware schont. Die mittels Schnecke und Schneckenrades regelbare Roulette-

	Breite in mm	Durchmesser in mm
Minimal- oder Musterwalke	50, 75, 100	250
Simplexwalke	75, 100, 125, 150, 200	350, 450
Spezialwalke	100, 150, 200	350, 450
Normalwalke	200, 250, 300, 400	550
Radikalwalke	300, 400, 500, 600	550 bis 850
Maximalwalke	300, 450, 600, 750	650 „ 850
Universalwalke.	200, 300, 450, 600	450 „ 850
Rundfilzwalke	300, 450, 600	550 „ 850

(Die Rundfilzwalken dienen für endlos gewebte Filze, Papierfilze in der Papiererzeugung.)

8*

belastung ist strichliert dargestellt; ebenso die Belastung der Stauchklappe durch die Feder f, deren Kraft durch das Gegengewicht Q ausbalanciert werden kann. Die Weite des Stauchkanals kann durch die Stange st eingestellt werden, indem man eines der Löcher der Stange in den Stift i einhängt. Die Zylinderabmessungen hängen von der Anzahl und der Dicke der zu walkenden Warenstränge ab, wie vorstehende Tabelle zeigt.

Hemmer hat zuerst die zylindrische Form der Walkzylinder verlassen und dieselben kugelförmig gestaltet, um den Strang vollends genau in der Zylindermitte zu halten und das seitliche Wandern zu verhüten (Abb. 100). Hierdurch wird die Druckübertragung auf den Warenstrang viel gleichmäßiger und wirksamer; das Gewebe walkt in kürzerer Zeit in der Breite ein, als bei den gewöhnlichen Walkzylindern, wo sich der Strang ausbreiten kann. Zudem kann der Strang

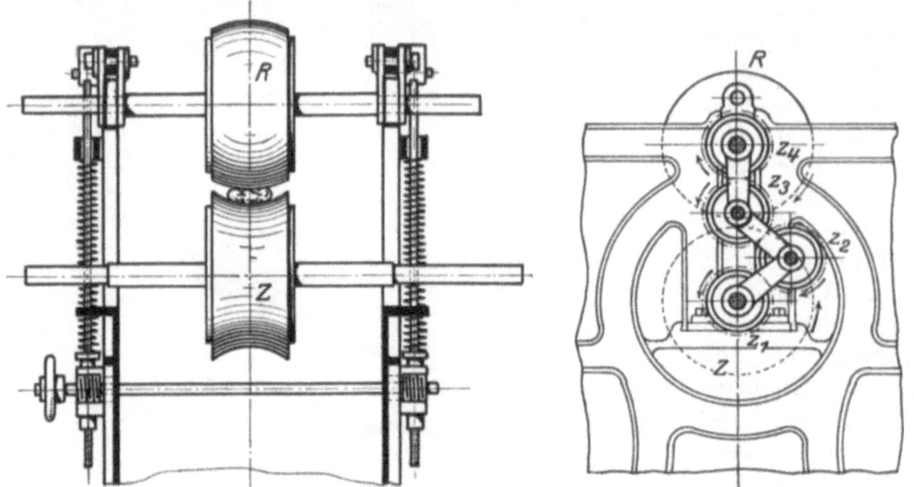

<table>
<tr><td>Abb. 100. Zylinderwalke mit Kugelroulette.</td><td>Abb. 101. Rouletteantrieb mittels Räderknies.</td></tr>
</table>

nie zwischen den Zylinder und die Stauchkanalseitenwände gelangen, was häufig Anlaß zum Durchscheuern oder Einstellen von Schnitten im Gewebe gibt. Hemmer nennt diese Walken auch Kugelwalken.

Für Halbwollstoffe, die nur in der Breite einwalken können, hat sich die Kugelgestalt der Walkzylinder bestens bewährt.

Für das Durchzwängen des Warenstranges durch den Stauchkanal, sofern auch in der Länge eingewalkt werden soll, ist ein geeigneter Antrieb für die Bewegung der Zylinder eine unerläßliche Bedingung, weil sonst Scheuerstellen in das Gewebe eingerieben werden. Solche Scheuerstellen treten besonders häufig beim Fettwalken und beim Naßwalken auf, wo die schmierige, schmutzige aus Fett und Seife gebildete Masse oder allzugroße Nässe das Gewebe zu schlüpfrig macht und die Zylinder den Strang nicht zu transportieren vermögen.

Die Bewegungsübertragung vom Tambour unmittelbar auf die Roulette durch Stirnräder, für sehr schwere Waren, wenn auch Holz in Eisen laufend, hat sich der hochflankigen Zähne wegen, die für das Heben und Senken der Roulette entsprechend der wechselnden Strangdicke notwendig ist, nicht bewährt. Die Holzzähne brechen häufig und verursachen außerdem großen Lärm.

Man hat die hochflankigen Zahnräder durch normale Zahnräder ersetzt und die Beweglichkeit der Roulette durch Zwischenräder herbeigeführt, die in Gelenkstangen gelagert (Abb. 101) werden. Bei guter Ausführung der Zahnräder z_1 bis z_4 und genügender Schmierung mit konsistentem Fett arbeitet die Zahnräderübertragung verhältnismäßig ruhig. Räderantrieb zieht man beim starken Längeneinwalken, insbesondere für schwere Stoffqualitäten vor, weil er einen zwangläufigen (präzisen) Antrieb ergibt.

Die Riemenübertragung erfreut sich selbst in feuchten und schwadigen Räumen, bei der vorzüglichen Ausführung der Waterproofriemen allgemeiner Anwendung. Am besten eignet sich der beiderseitige Riemenantrieb (Abb. 102). Die Führung des Riemens muß so gestaltet sein, daß er die Riemenscheibe s_1 auf einem möglichst großen Teil des Umfangs umfaßt. Hierzu dienen die beiden Leitrollen l und s; die in dem Gewichtshebel gelagerte Leitrolle s dient auch als Spannscheibe und hält den

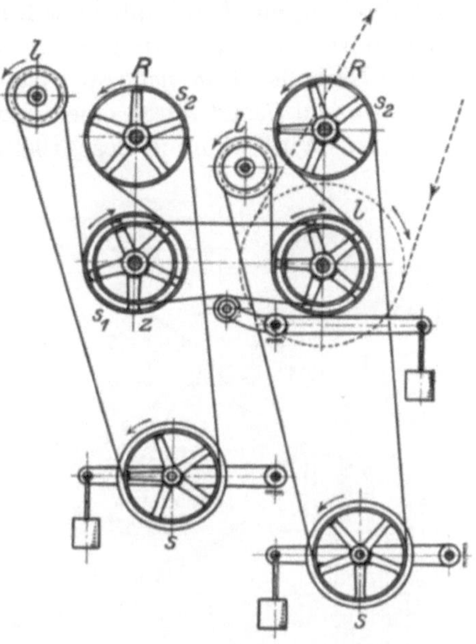

Abb. 102. Rouletteantrieb mittels Riemens.

Riemen in konstanter Spannung auch dann, wenn die Roulette sich hebt und senkt oder der Riemen sich nach längerem Gebrauche dehnt.

Vielfach findet man zum Zylinderantriebe auch den Antrieb mittels Baumwoll- oder Manilaseilen. Diese Bewegungsübertragung hat sich schnell eingeführt und wird häufig dem Riementrieb vorgezogen (Abb. 103). s_3 sind zwei nebeneinanderliegende auf einem gemeinschaftlichen Bolzen sich drehende Spannscheiben, s_1 die Seilrolle des Tambours, s_2 die-

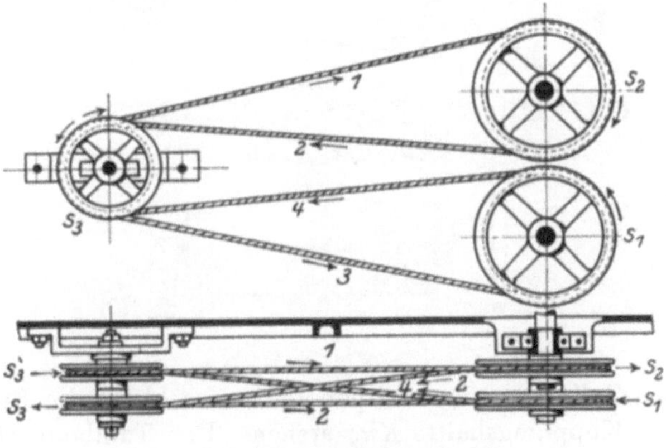

Abb. 103. Rouletteantrieb mittels Seiles.

jenige der Roulette; die Ziffern *1* bis *4* geben die Laufrichtung des Seiles an.

Zur Vermeidung von Scheuerstellen im Gewebe durch das zu lange Reiben der Zylinder am nicht bewegten Warenstrange baut Hemmer eine Sicherheitsvorrichtung ein, die in dem Augenblicke, wo die Zylinder aus irgendeinem der früher angeführten Gründe nicht mehr imstande sind, den Warenstrang zu bewegen, sofort die Walke außer Betrieb setzen (Abb. 104). Die Veranlassung zur Abstellung ist das Stehenbleiben der Einführungswalze *E*, die eine auf ihr angebrachte Zahnkupplung ausrückt. Die Einführwalze E wird vermittels der Schnurscheibe s und der mit dieser verbundenen Kupplungshälfte Ku_1 angetrieben, die lose auf dem Zapfen der Walze E sitzt, während die zweite Kupplungshälfte Ku_2 auf dem Zapfen der Einführwalze E festsitzt. Bleibt diese Walze stehen, so wird Ku_2 zur Seite gedrängt und der den Riemenleiter rl in seiner Lage haltende Nasenhebel nh nach abwärts bewegt. Die Riemenleiterstange rl wird freigegeben und bringt durch einen Feder- oder Gewichtszug den Riemen auf die Losscheibe. Wird während des Arbeitsganges der Walke der Warenstrang von

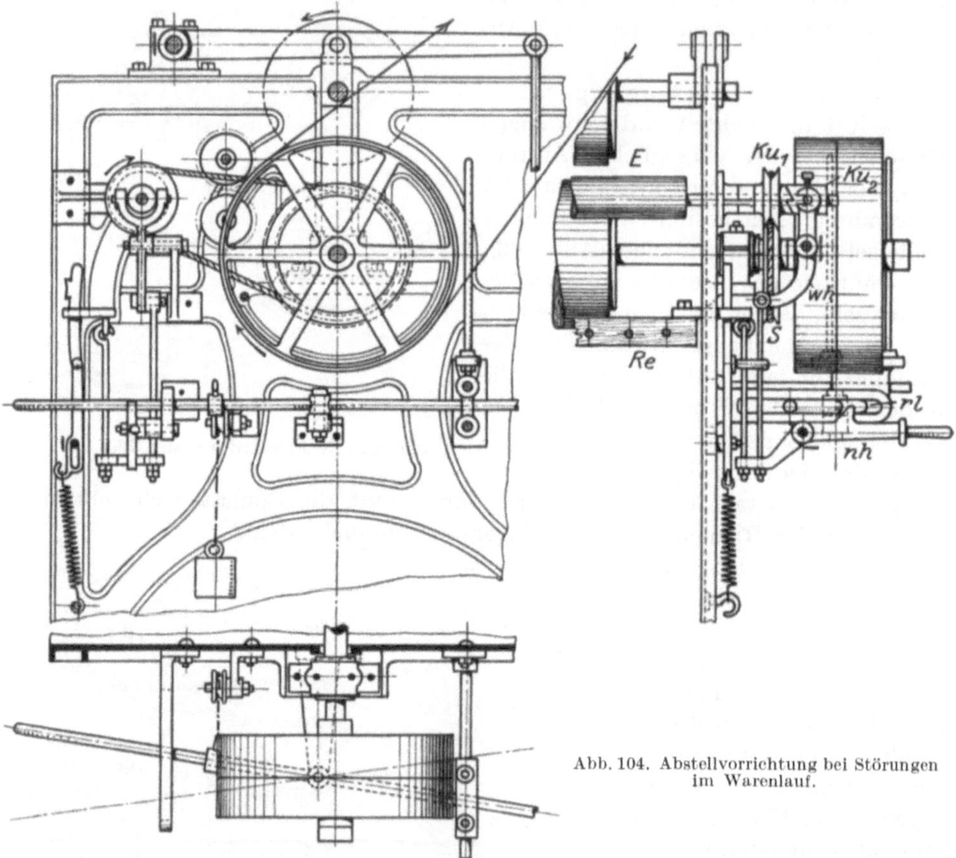

Abb. 104. Abstellvorrichtung bei Störungen im Warenlauf.

den Zylindern nicht mitgenommen, so bleibt die Einführungswalze und mit ihr die Kupplungshälfte Ku_2 stehen. Der Tambour läuft weiter und nimmt die Schnurscheibe s und die mit ihr aus einem Stück gegossene Kupplungshälfte Ku_1 mit, die nun Ku_2 um die Zahnhöhe nach rechts verschiebt, wodurch der Winkelhebel mitgenommen wird, den Nasenhebel an seinem rechten Ende senkt und die Riemenleiterstange rl freigibt.

Der Mechanismus zum Einwalken in der Längsrichtung ist der Stauchkanal, ein Holzkanal von rechteckigem Querschnitt, mit festliegendem Bodenbrett, feststehenden Seitenwänden und einer beweglichen, den Kanal oben abschließenden Stauchklappe. In Ausnahmefällen und für besondere

Waren ist der Stauchkanal mit beweglicher Stauchklappe und beweglichen Seitenwänden hergestellt. Oft ist der Stauchkanal über die Zylinder zur Strangeingangsseite verlängert. Immer ist er unmittelbar hinter den Zylindern angeordnet. Ist die Stauchklappe oder sind die beweglichen Seitenwände durch Gewichtshebel- oder Federdruck belastet, so wird der Austrittsquerschnitt des Stauchkanales verengt und setzt nach der Größe der Belastung dem durchzuzwängenden Strange einen verschieden großen Widerstand entgegen, wodurch sich derselbe in Falten legt und den Kanal erst verläßt, wenn die nachdrängende Ware die Stauchklappe hebt. Dieser Widerstand bewirkt das Aneinanderpressen der Schußfäden und das Stauchen bzw. Einwalken in der Längsrichtung. Durch das Reiben an den Kanalbegrenzungsflächen erwärmt sich die Ware, wodurch das Walken beschleunigt wird. In den Abb. 105 bis 106 sind die üblichen technischen

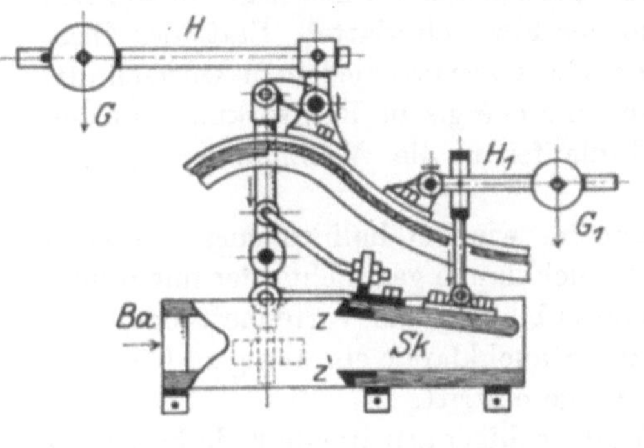
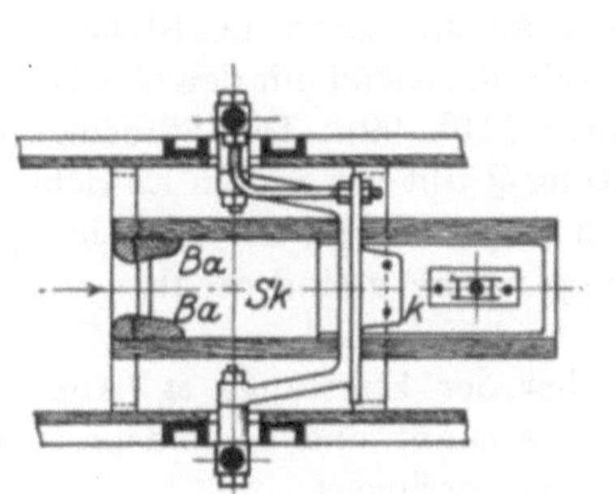
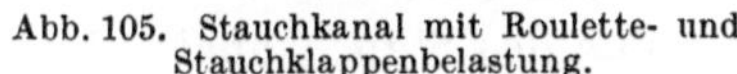
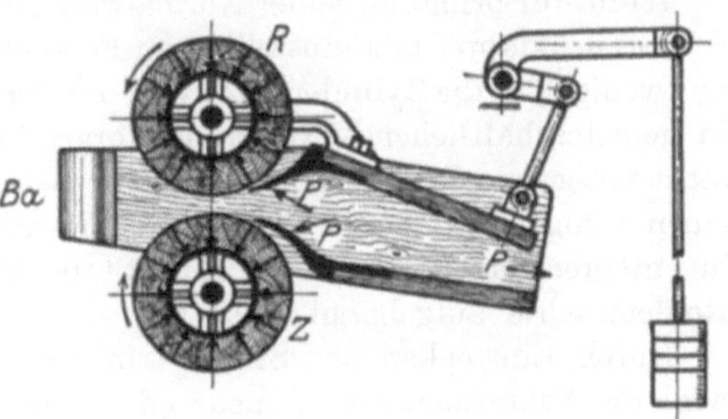

Abb. 105. Stauchkanal mit Roulette- und Stauchklappenbelastung.

Abb. 106. Die Walkwerkzeuge einer Zylinderwalke

Ausführungsformen dieses wichtigen Bestandteiles dargestellt. Die Vorderkanten der Stauchklappe und des Bodenbrettes, z und z', heißen Zungen und haben den Zweck, den an den Zylinder durch die Walkflüssigkeit anklebenden Strang abzulösen und sicher in den Stauchkanal zu leiten (Abb. 105). Das Stirnholz dieser Zungen (Abnehmer) splittert schnell aus, wodurch Löcher in die Ware gerissen werden können. Man verhindert das Absplittern durch Anbringen metallener Zungen. Diese sollen 3 bis 4 bis 5 mm von den Zylindern abstehen. Ist der Abstand größer, so besteht bei leichten Geweben die Gefahr des Mitreißens zwischen Zylinder und Zunge und das Einscheuern von Löchern. Bei zu geringem Abstande setzen sich Schmutz und abgeriebene Fasern fest, welche einen frühzeitigen Verschleiß der Zylinderoberflächen mit sich bringen oder, von dem Warenstrange mitgerissen, diesen verunreinigen.

Die Stauchklappe muß um die Zapfen der Roulette beweglich sein, damit sie sich mit dieser heben und senken kann; denn würde bei gehobener Roulette, veranlaßt durch einen dickeren Strang oder eine dickere Strangstelle, die Zunge z der Stauchklappe ihren Platz beibehalten, so würde sich der Strang in den größeren Zwischenraum zwischen Roulette und Stauchklappenzunge hindurchzwängen und das Einscheuern von Löchern hervorrufen.

Der in Abb. 106 dargestellte Stauchapparat schmiegt sich der unwillkürlichen Warenlage an; die Ware übt in den Pfeilrichtungen P die Arbeitsdrücke aus.

Zur Hervorbringung einer veränderlichen Stauchwirkung ist das Stauchklappenende durch Hebel H_1 und Gewicht G_1 belastet (Abb. 105). Durch Rechtsschieben des Gewichtes vergrößert sich die Stauchkraft.

Im Eingange des Stauchkanals sind die Glasbacken Ba befestigt, an welchen der Warenstrang sich reibt, erwärmt und der Filz sich glättet. Statt der Glasbacken hat man auch metallene Einsatzstücke von verschiedenem Querschnitt, für verschieden dicke Warenstränge, um eine energische Reibwirkung auf den Strang zu seiner Erwärmung vor dem Einlaufen in die Walkzylinder ausüben zu können.

Soll das Stück nur in die Breite walken, wie bei halbwollenen Geweben mit Baumwollkette, so belastet man die Stauchklappe gar nicht oder nur wenig. Es hat sich zur Vermeidung der Walkfaltenbildung als vorteilhaft erwiesen, selbst beim Einwalken nur in die Breite, die Stauchklappe ein wenig zu belasten, weil dadurch eine Faltenverlegung im Strange eintritt.

Hemmer bringt an seiner Normalwalke die ruhiger arbeitende Federbelastung der Stauchklappe mit einstellbarem Federdruck an und zieht den Stauchkanal nur wenig über die Zylindermitte vor; die Vertikalwalzen sind mit den Glasbacken in gemeinschaftlicher Verbindung vorgeschaltet (Abb. 99). Die Stauchklappe steht unter dem Drucke der Feder f; die Belastung Q gibt der ganzen Einrichtung einen ruhigen Gang und hält beim Einwalken in der Breite die Stauchklappe in entsprechender Hochlage. Die Stauchklappenarme a sind drehbar auf der Rouletteachse aufgehängt (Abb. 98).

Durch Einstecken des Stiftes i in die Löcher der Zugstange st (Abb. 99) wird die Schraubenfeder f mehr oder weniger gespannt und dementsprechend auch die Stauchwirkung im Kanal vergrößert oder verringert.

F. Bernhardt in Leisnig hat eine Verbesserung des Stauchkanales durch die Ausgestaltung der Abnehmerzungen geschaffen, indem er dieselben gekrümmt formt, sie möglichst nahe an die Zylinderaustrittsstelle legt, und zwischen ihnen nur so viel Spielraum freiläßt, daß der Strang in den Stauchkanal einlaufen kann. Durch diese Anordnung wird die an den Zylindern anliegende Strangfläche, welche infolge der Vollstopfung des Stauchkanales auf die Zylinderflächen einen bedeutenden Druck ausübt, vermindert, so daß einerseits der Kraftaufwand für die Bewegung der Walke verringert, anderseits die Reibung der Ware am Zylinder ganz beseitigt ist und das Abreiben von Fasern nur in geringem Maße vorkommt, also weniger Walkflockenabfall entsteht.

In Abb. 95 bedeutet d ein Dampfrohr, um Stoffe aus weniger gut filzbarem Material durch Einblasen von Dampf zu erwärmen und die Wolle durch die Dampffeuchtigkeit und Wärme geschmeidiger und formbarer zu machen.

Das Spülen der Ware nach beendigtem Walken, um die Seife vollkommen zu beseitigen, auch das Spülen im fettgewalkten Stoffe, erfordert die Anordnung eines Schmutztroges t unter den Zylindern wie bei den Strangwaschmaschinen. Bezüglich des Auswaschens der gewalkten Ware in der Walke sprechen Gründe dafür und dagegen. Der ganze Vorgang vollzieht sich zufolge der größeren

Warengeschwindigkeit, der kräftigen Druckwirkung der Zylinder, der Reibungswirkung an den verschiedenen Teilen in verhältnismäßig kürzerer Zeit als auf der Strangwaschmaschine, die aber vermöge des gleichzeitigen Auswaschens zweier oder mehrerer Stränge dessenungeachtet leistungsfähiger ist.

Ebenso ist bei Geweben, die nur bis zu einem gewissen Grade eingewalkt werden dürfen, das Auswaschen in der Walke nicht zulässig; denn, wenn auch die Walkspeise allmählich dünnflüssiger wird und die Verfilzungsfähigkeit der Wolle nachläßt, so kann doch noch ein weiterer Eingang erfolgen und das Gewebe zu schwer oder zu dicht werden. Gut bewährt hat sich der Vorgang: Vorwaschen auf der Strangwaschmaschine, Walken, Nachwaschen auf der Strangwaschmaschine.

Praktische Bemerkungen über die einroulettigen Zylinderwalken.

Der Walkeingang in der Breite kann wegen des weniger gedrehten und daher weicheren Schußgarnes weiter getrieben werden als in der Länge. Man walkt in der Breite bis zu 40% und darüber und in der Länge bis 20% und mehr.

Vor dem Walken ist die Breite und die Länge des Gewebes durch Messen festzustellen und während des Walkens hat man sich durch wiederholtes Heraustafeln des Stranges aus der Maschine und durch Nachmessen die Überzeugung zu verschaffen, daß man die in der Walkvorschrift angegebenen Grenzen nicht überschritten hat; die weitere Walkdauer kann man dann erfahrungsgemäß schätzungsweise bestimmen.

Leicht filzbare Stoffe walkt man bei offener Türe, um ein zu starkes Erwärmen hintan zu halten; denn bei einer gewissen Temperatur walken leicht filzbare Stoffe rasch ein und man hat kein Mittel, um die zu stark eingewalkte Länge oder Breite zurückzugewinnen.

Bei schwer filzbaren Stoffen hält man den Walkbottich geschlossen, gießt entsprechend dem Verdunsten warme Walkflüssigkeit nach oder läßt durch das Dampfrohr d (Abb. 95) Dampf zur Erwärmung einströmen.

Stückfarbige Ware walkt man im rohweißen Zustande vor dem Färben; sie walkt viel schneller und besser, da sie noch im Besitze ihrer ganzen Filzkraft ist. Außerdem braucht man auch auf die Walkechtheit der Farben keine Rücksicht zu nehmen, was das Walken erleichtert. Um an Auslagen zu sparen, walkt man Stückfärber häufig im Fett. Für das Färben muß die Ware nach dem Walken seifen- und schmutzrein gespült sein, sonst stellen sich Farbflecken, Wolken und andere Übelstände ein.

Für Stoffqualitäten, die man das erste Mal anfertigt, sind Walkproben unerläßlich.

Die Walkfalten, die sich bei unachtsamer Behandlung des Stranges beim Walken jederzeit einstellen, verlaufen in schräger Richtung zur Kette. Die Ursachen zur Bildung von Walkfalten (Walkschwielen, Walkschnauen) sind ziemlich zahlreich. Die Grundursache ist das Drücken des Stranges in einer und derselben Faltenlage; man kann daher der Walkfaltenbildung vorbeugen, wenn man für die regelmäßige Faltenverlegung im Strang Vorsorge trifft; am besten und einfachsten durch oftmaliges Recken in der Breite, ein Vorgang, der zugleich mit dem Nachmessen der Breite zur Bestimmung des Walkeinganges sich vollzieht. Das Breitrecken ist bei allen schweren Stoffen, ferner bei solchen aus steifem Wollmaterial, also besonders bei Cheviotwaren möglichst oft zu wiederholen.

Auch zu langes Trockenlaufen (zu wenig Walkspeise) kann Ursache zur Schwielenbildung sein, ebenso eingerollte Leisten, ein zu starker Druck der Roulette, eine zu große Konsistenz der Seifenlösung und das dadurch bedingte Zusammenkleben des Stranges.

Man begegnet der Walkfaltenbildung, insbesondere bei leichten und mittelschweren Geweben, durch das Walken des Gewebes in Form eines Schlauches, der durch Zusammennähen der Gewebeleisten gebildet wird; diese Art des Walkens heißt das „Walken im Schlauch“. Da dieser mit Luft gefüllt ist, und beim Eintritte in den Rechen zusammengepreßt wird, bläht sich der nachfolgende Strangteil auf und breitet sich aus. Dieses Aufblähen bewirkt eine Beseitigung der Falten im Strange. Wird bei leichten Geweben die Luftpressung zu groß, so reißt das Gewebe auf, indem es platzt (Walkbrüche, Walkplatzer).

Näht man die Gewebeleisten in der Weise, daß auf etwa je 1 m Länge eine Nahtlücke gelassen wird, durch welche ein Teil der Luft entweichen kann, so ist die Gefahr des Platzens behoben.

Walkt man nur in der Breite ein, so wird durch eine geringe Belastung der Stauchklappe beim Herausschießen des Warenstranges aus dem Stauchkanal eine Faltenverlegung im Strange zustande kommen, was nicht unmerklich zur Vermeidung der Walkschwielenbildung beiträgt.

Leichte Walkschwielen lassen sich auf dem Brennbock oder auf der Breitwaschmaschine bei Behandlung mit warmem Wasser entfernen und verschwinden nach dem Trocknen auf der Spann-Rahmmaschine ganz.

Harte Gegenstände in der Ware, wie Steinchen, Nadeln, Nägel und dergleichen reißen Löcher, weshalb die Vorbereitung der Loden zum Walken mit großer Sorgfalt vorzunehmen ist. Den Ursachen von solchen Fehlern muß man mit Strenge nachgehen und die Schuldigen zur Verantwortung ziehen.

Wie bereits erwähnt wurde, sind leichte Gewebe in größerer Zahl gleichzeitig oder bei ausgiebiger Länge in mehrfach geschlungenem Strange durch die Maschine zu führen, damit einerseits der Roulettendruck günstiger zur Geltung kommt, der Stauchkanal und auch die Zwischenräume der sonstigen auf das Walken einflußnehmenden Organe ausgefüllt werden und die Ware durch die Reibung erwärmen, andererseits die Neigung zur Walkschwielenbildung ganz genommen wird; auch nimmt die Leistung der Walke mit der Strangzahl zu.

Walkt man nach diesem Verfahren, so hat man darauf zu achten, daß die einzelnen Stränge oder Strangteile nicht verschieden stark walken, da sich die außenliegenden Stränge mehr reiben und stärker erwärmen als die innenliegenden, weshalb man zeitweilig die Stränge umlegen muß. Bei einem langen 2- oder 3fach verschlungenen Strang verlegen sich die einzelnen Strangteile durch ihre Führung zwischen den Rechenstäben von selbst.

Das ungleiche Einwalken in der Länge beim Walken mehrerer Warenstränge behebt Gessner durch die getrennte Einführung der Warenstränge zwischen den Backen, wahrscheinlich von der Ansicht ausgehend, daß die Erwärmung der Ware durch die Reibung an den Backen ausschlaggebender ist als an den anderen Teilen, weil ja der Strang unmittelbar nach dem Durcheilen der Backen den eigentlichen walkenden Werkzeugen übergeben wird. Gessner hat auch die übliche Übereinanderlagerung der Walkzylinder verlassen und legt die Roulette mehr nach vorne, wodurch die Ware, am Stauchkanaleingang mehr nach oben getrieben, eine bessere Stauchwirkung erfahren soll und sich auch leichter knickt und faltet.

Das Anwalken von Scherhaaren.

Minderwertigen Stoffen bringt man durch Anwalken von Scherhaaren oder Haaren, die auf besonderen Schneidmaschinen zerschnitten werden, eine größere Fülle, also eine größere Dicke und Dichte, besseren Griff und volleres Gefüge bei. So z. B. erhalten billige Bekleidungsstoffe, (billige Doubles auf der Linksseite), türkische und bosnische Dekorationsstoffe bessere Qualität. Für das Anwalken der Scherhaare ist erforderlich, das Gewebe im Schlauch zu nähen, 3 bis 4 kg der auf einer Scherhaarschneidmaschine erzeugten Scherhaare in den Schlauch einzugeben und mit Seifenlösung auf der Zylinderwalke zu walken. Ist die zugegebene Menge Scherhaare mit der Ware verfilzt, so setzt man neuerlich die gleiche Menge zu, wodurch man bei Wiederholung bis zu 50% des ursprünglichen Stückgewichtes anwalken kann; dies erfordert etwa 4 bis 5, auch 6 bis 8 Stunden Zeit.

Bei zu nassem Anwalken bilden sich Scherhaarkügelchen, die nicht anwalken. Allzutrockenes Arbeiten verzögert die Verfilzung. Stückfarbige Stoffe sind im gefärbten Zustande mit gleichfarbigen Scherhaaren anzuwalken, weil sich beim nachfolgenden Färben viele Haare loslösen würden.

Selbstverständlich ist das Anwalken von Scherhaaren kein reeller Fabrikationsvorgang, sondern darauf berechnet, eine dicht gewebte Ware vorzutäuschen.

Die Scherhaarschneidmaschine.

Die Scherhaare, die — wie der Name sagt — die Abfälle beim Scheren der gerauhten Tuche sind, haben eine sehr geringe Länge von 1 bis 2 mm und können sich darum nur oberflächlich mit den eingewebten Fasern verfilzen, wenngleich sie beim Walken auch in die Zwischenräume zwischen Ketten- und Schußfäden wandern können. Der Vorgang heißt deshalb auch nicht Einwalken, sondern Anwalken. Daraus folgt aber auch, daß der auf diese Weise erzeugte Filz nicht dauerhaft ist, sondern im Gebrauch mehr oder weniger rasch abflockt und mager, d. h. das Gewebe fadenscheinig wird. Man untersucht ein Tuch auf das Vorhandensein von angewalkten Scherhaaren, indem man mit dem angefeuchteten Daumen kräftig über das Gewebe streicht. Gutes Tuch darf dabei keine Wolle verlieren, was bei angewalkten Scherhaaren — übrigens auch bei schwer walkendem Material, z. B. Kunstwolle, der Fall ist.

Die Rundfilzwalken.

Die Rundfilzwalke dient zum Walken endlos, also in Schlauchform gewebter Filze, wie sie z. B. an den Muldenpressen mit endlosem Filz, an den Filzkalandern und an den Papiermaschinen in Verwendung sind.

Früher wurden diese Rundfilze auf den Kurbelwalken bearbeitet. Die Rundfilzwalke ist eine Zylinderwalke von sehr kräftiger Bauart. Auf der Rundfilzwalke läßt sich genauer in der Länge und Breite einwalken; die Oberflächen haben einen glatten Filz. Die Roulette hat Federdruckbelastung und wird vom Zylinder durch 4 Stirnräder angetrieben (vgl. Abb. 101). Die Zylinder bewegen sich mit 90 minutlichen Touren. Bei dem Hemmerschen System ist zum bequemen Einlegen der endlosen Filze die eine Maschinenseitenwand gelenkig eingehangen und auch alle sonstigen Teile in derartiger Anordnung, daß der Filz zwischen die Zylinder und in den Stauchkanal eingelegt werden kann. Die Lager sind auf der zweiten Maschinenwand derart durchgebildet, daß die einzelnen Teile frei-hängend, ohne sich senken zu können, gehalten sind.

Am Maschineneingange befinden sich an Stelle des Rechens zwei horizontal-liegende, verstellbare Walzen, zwischen welchen der Loden in Schlauchform einläuft, darüber sind die Einführungs- und die beiden Vertikalwalzen angeordnet, an welchen sich die arbeitenden Teile der gewöhnlichen einroulettigen Walke anschließen.

Die mehrroulettigen oder Lacroix-Walken.

Die Konstruktion der Lacroix-Walken ist seit 1840 bekannt, in welchem Jahre Wallery & Lacroix ein französisches Patent darauf nahmen. Diese Type von Walken kennzeichnet sich durch einen angetriebenen Walkzylinder von ver-hältnismäßig gro-ßem Durchmesser, damit auf dessen größeren Umfang zwei bis drei mit Gewichtshebel-druck belastete angetriebene Rou-letten Platz finden.

In Abb. 107 ist eine dreiroulettige Lacroixwalke im Längsschnitt, in Abb. 108 eine Rou-lette mit dem Tam-bour und dem anschließenden Stauchkanal-boden im Grund-riß dargestellt.

Die Ansichten über den Unter-schied in der Wir-kungsweise der einroulettigen und Lacroixwalken sind in manchen Industriebezirken sehr ver-schieden. So z. B. ziehen einige die erstere für gemusterte Wollstoffe vor, weil sie der Ware ein geschmeidigeres und weicheres Gefühl verleihen und viel we-niger Walkschwielen entstehen lassen als die letzteren. Fabrikanten, welche glatte, dünne Tuche oder Kommißware, Militärtuche erzeugen, gingen lange Zeit von den Lacroixwalken nicht ab, weil sie nach ihrer Meinung eine kernigere Ware erlangen konnten.

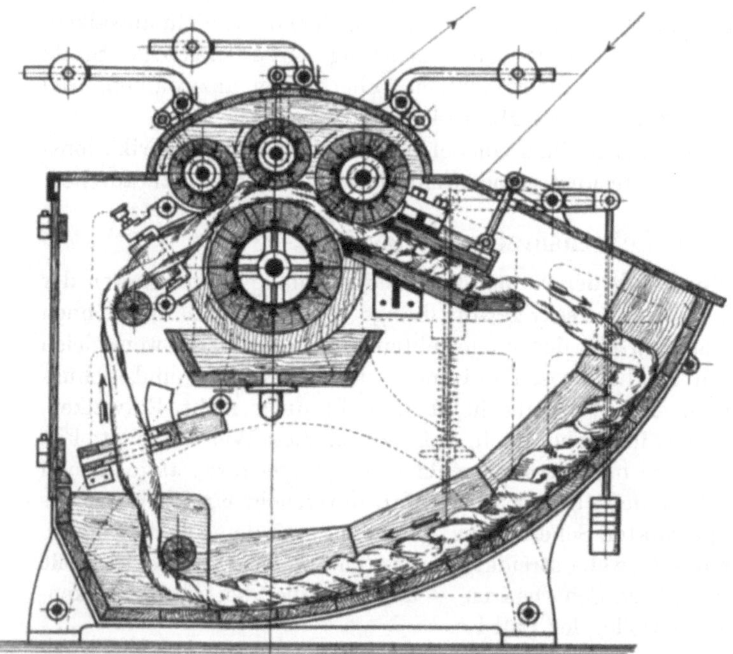

Abb. 107. Die dreiroulettige Lacroixwalke (Längsschnitt).

Wenn man in den Querschnitten der beiden Maschinentypen den Lauf des Stoffes und die darauf einwirkenden Bestandteile betrachtet, wird man zugeben müssen, daß bei Annahme gleicher Geschwindigkeit des Stoffes und gleichen Druckes für jede Roulette die Wirkung von zwei oder drei Rouletten stärker sein muß als bei der Einroulettewalke; folglich wird auch das Einwalken in der Breite ein besseres und die Warenfortbewegung selbst bei stärker zugestelltem Stauchkanal sicherer, weil der größere Tambour im Vereine mit zwei oder drei Rouletten eine größere Förderwirkung ausübt.

Diese Betrachtung gilt nur unter der Annahme gleicher Warengeschwindigkeit für beide Walkmaschinenarten. Da aber die durchschnittliche Warengeschwindigkeit bei den Lacroixwalken nur ungefähr 100 m je Minute ist, wogegen die einroulettigen mit zwei- und dreimal so hohen Geschwindig-

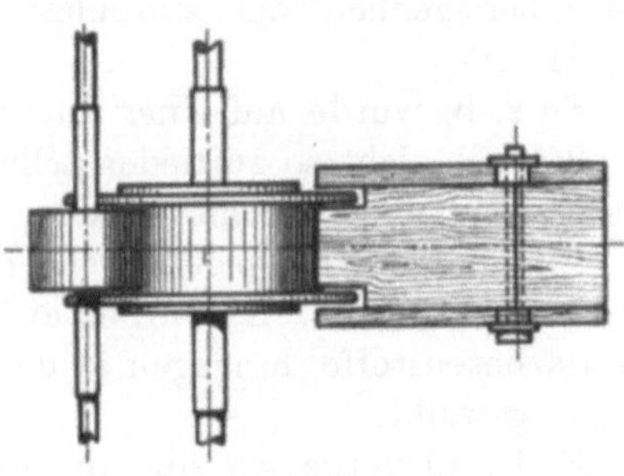

Abb. 108. Tambour mit Roulette und Stauchkanalboden (Grundriß).

keiten arbeiten, ist in derselben Zeit das Gewebe ebenso oft der Einwirkung des Roulettedruckes ausgesetzt, außerdem geht es jedesmal mit verlegter Faltenlage unter der Roulette hindurch, was bei den mehrroulettigen Walken nicht der Fall sein kann. Die Schädlichkeit des Druckes oder der Reibung des Stoffes in der nämlichen Faltenlage an zwei oder drei Stellen unmittelbar hintereinander ist jedem Walker bekannt und zeigt sich durch die Bildung von Walkschwielen als einer der größten und häufigsten Übelstände im Walkprozesse.

Schwielen, je nach der Qualität der Ware mehr oder weniger stark ausgeprägt, sind in der Lacroixwalke nicht zu vermeiden und kommen in der zweiroulettigen weniger oft vor als in der dreiroulettigen Walke, immerhin aber noch häufig genug.

Um die Bildung der Walkfalten zu verhüten, ist ein oftmaliges Breitrecken notwendig, wodurch die Leistung der Walke sich vermindert.

Trotz der Übelstände der Walkschwielenbildung, des häufig notwendig werdenden, beschwerlichen Reckens wird ihnen von manchen Walkern der Vorzug der Erzielung eines viel kernigeren Griffes und eines glätteren Gefühles zuerkannt.

Kerniger Griff und glattes Anfühlen wird hauptsächlich für hochfeine und dünne Tuchwaren gefordert und soll in der Lacroixwalke durch die Bearbeitung mit mehreren Rouletten, viel feuchter Nahrung und langsamerem Warenlauf erreicht werden.

Tatsächlich bleiben Tuchwaren beim Walken auf einroulettigen Walken bei schnellem Gange und weniger feuchter Nahrung sowie bei Anwendung mittleren Druckes bis zum Schlusse weich und mollös, werden mithin nicht so kernig wie bei langsamem Gange und saftigerer Nahrung der auf Lacroixwalken bearbeiteten Waren; aber diese Weichheit stellt sich nur dann ein, wenn der Walker diese Eigenschaft beabsichtigt und dementsprechend auch den Walkvorgang führt. Man kann sehr saftig walken, weil schon durch den Druck der ersten Roulette der größte Teil ausgequetscht wird und die folgenden Rouletten mit dem Zylinder sicher transportieren können, selbst bei stark zugestelltem Stauchkanal.

Wird aber auf einer schnellgehenden gewöhnlichen Zylinderwalke kurz vor Beendigung des Walkens, wo die Ware noch einige Zentimeter in der Breite einzugehen hat, mit geringerem Roulettendrucke und etwas frischer, kühler und dünner Seifenlösung noch kurze Zeit laufen gelassen, dann wird der kernige Griff und die Glätte nach Wunsch erhalten werden.

Immerhin glauben viele Fabrikanten, beim Walken von Militärtuchen mit der Lacroixwalke besser durchzukommen, obwohl durch vergleichende Versuche die Überlegenheit der einroulettigen Zylinderwalken in jeder Beziehung bestätigt ist.

So z. B. wurde auf einer Lacroixwalke 1 Stück Marinetuch nach 3½ tägiger Walkdauer nicht so zufriedenstellend gewalkt, wie zwei an einem Tag gewalkte Stücke auf einer Normalwalke.

Ein anderes Beispiel spricht ebenfalls für die Eignung der Zylinderwalke mit einer Roulette. Es wurden auf einer Lacroixwalke durchschnittlich 2 Stücke Militärhosenstoffe, hingegen in derselben Zeit 8 solcher Stücke auf der Normalwalke gewalkt.

Nicht zu vergessen sind die häufigen Brüche der Roulettenbelastungshebel infolge der stoßenden Auf- und Niederbewegung dieser Teile, wobei die Gefahr der Verletzung der Arbeiter besteht.

Die doppelpaarigen Zylinder- oder Tandemwalken. (Abb. 109.)

Diese haben zwei hintereinander befindliche, durch einen Zwischenstauchkanal getrennte Zylinderpaare gleicher Anordnung und geben unstreitig eine

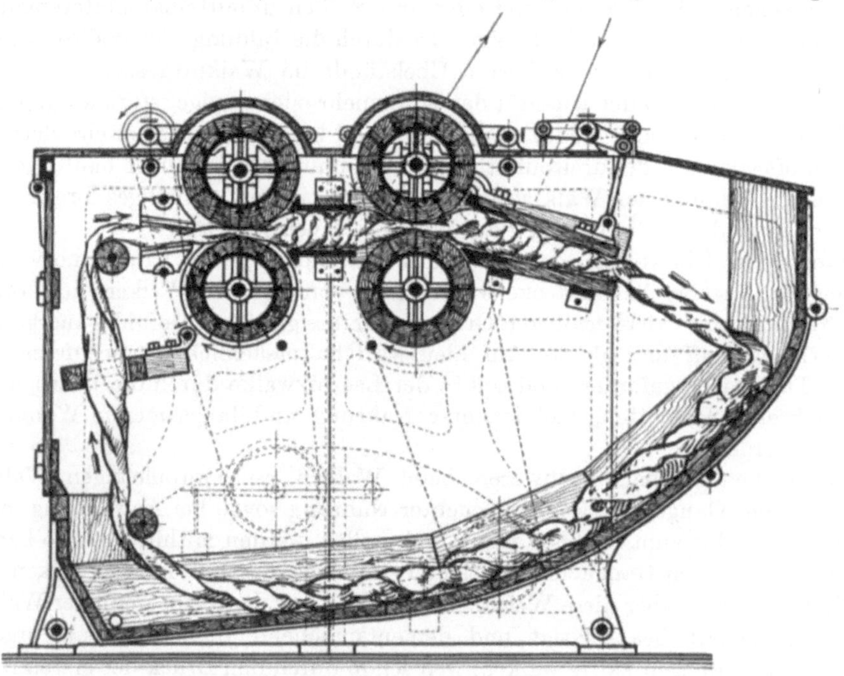

Abb. 109. Die Tandemwalke.

doppelt so große Walkwirkung in der Breite nebst glattem Filz. Als Haupteigentümlichkeit ist ihnen durch die geeignete Wahl der Umfangsgeschwin-

digkeiten der beiden Zylinderpaare das Erhalten der Stücklänge in gewissem
Grade eigen; außerdem eignen sie sich sehr gut zum Naßwalken und Reinwaschen
der gewalkten Stoffe und bieten die Möglichkeit des Walkens sehr langer Stücke
in dem langgestreckten Walkbottich.

Es ist ja für den Fabrikanten nicht gleichgültig, ob die Ware zu lange oder zu
kurz ausfällt, weil im ersten Falle nicht die gewünschte Qualität erhalten und im
zweiten Falle wegen des zu großen Gewichtes unter Umständen die Abnahme
der Ware verweigert wird oder dem Lieferanten durch die verloren gegangene
Länge, wenn der Verkauf nach Metern erfolgt, Geldverluste erwachsen.

Die Walzenwalken mit mehreren hintereinander gelagerten Walzenpaaren
sind seit vielen Jahren bekannt, ebenso daß z. B. bei der Wiedeschen Walke

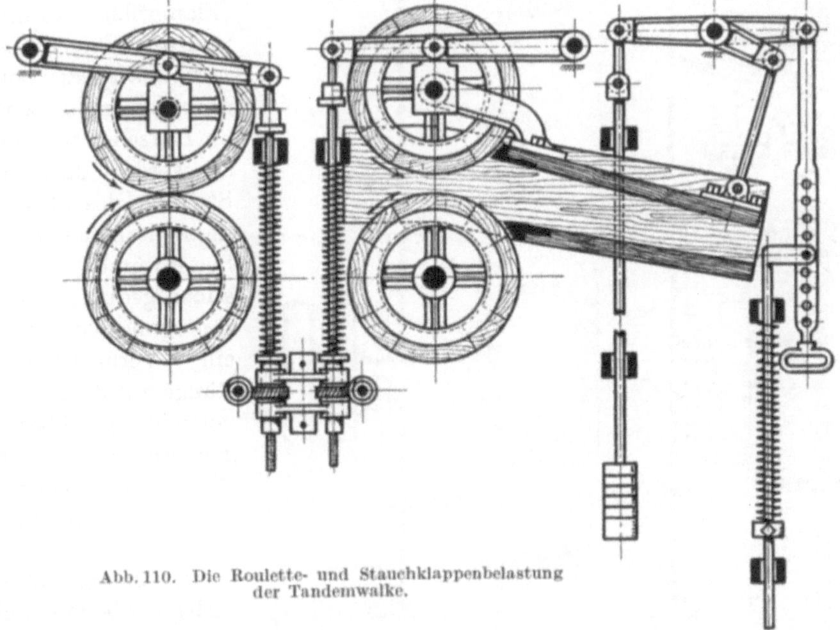

Abb. 110. Die Roulette- und Stauchklappenbelastung
der Tandemwalke.

der zu walkende Stoff nach dem Heraustreten aus dem ersten Zylinderpaar
von dem nachfolgenden aufrechtstehenden Walzenpaar in anderer Richtung
gedrückt wird, was sehr viel zur Verlegung der Falten im Warenstrange beitrug;
aber die Ausbreitung des Stranges hatte in dem Vertikalwalzenpaar nach unten
und oben keine Grenze, wodurch nicht nur ein Teil der Walkwirkung auf den
dünnen, ausgebreiteten Strang verloren ging, sondern sich häufig auch Strangteile zwischen Zapfen und Zapfenlager verwickelten, so daß das Einreißen von
Löchern unvermeidlich war.

Eine Neuerung an den Tandemwalken, die von der Walkmaschinenbau-
anstalt Hemmer in Aachen herrührt, ist der zwischen den Zylinderpaaren
eingeschaltete Zwischenkanal mit feststehendem Boden und oberer Abschluß-
wand und den beweglichen, unter nachstellbarem Federdruck stehenden Seitenwänden, die mit Backen von Glas oder sonstigem harten Material belegt sind.
Diese pressen den durchgehenden Strang mit elastischem Drucke, nötigen ihn

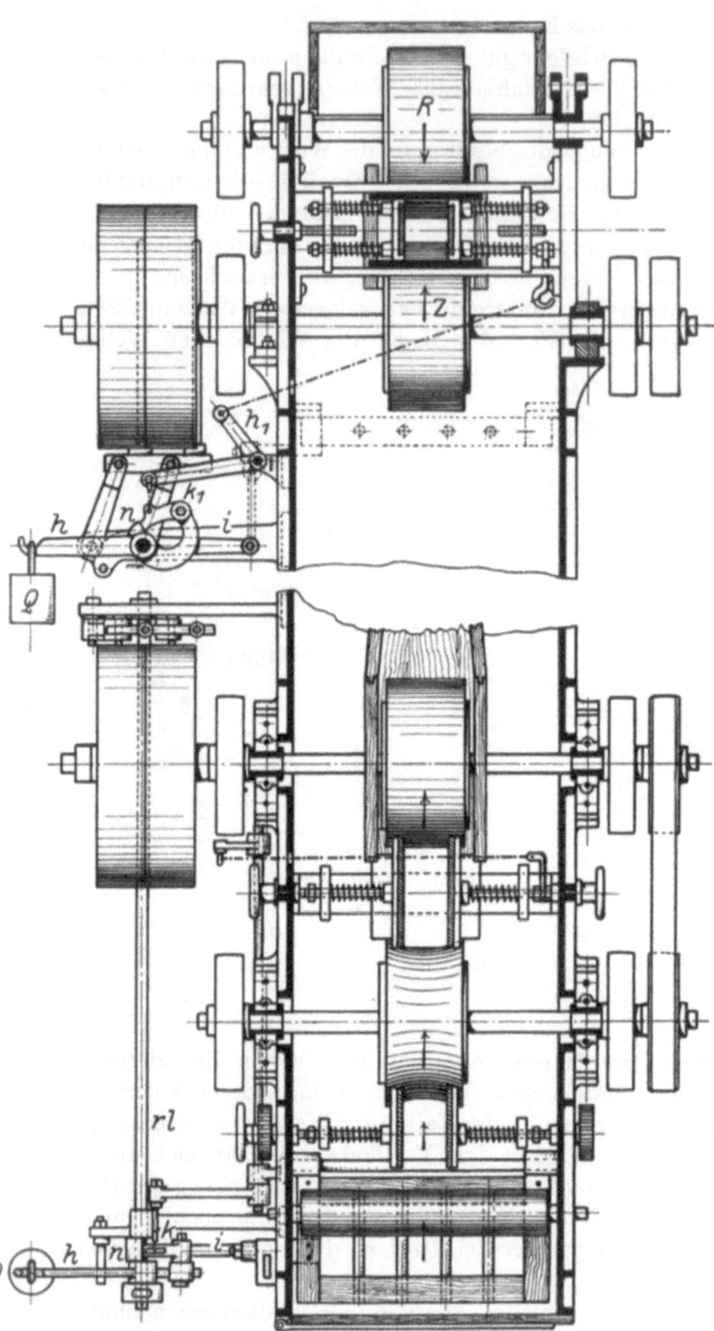

Abb. 111. Die Abstellvorrichtung der Tandemwalke (Hemmer)

zum Einwalken in der Breite und wirken durch ihre glatten Flächen glättend ein; außerdem quetschen sie noch einen Teil der Feuchtigkeit aus und setzen das zweite Zylinderpaar in den Stand, den Strang ohne Rutschen zu fördern, was für das Naßwalken (Flaumfilz, Kernfilz) und das Waschen sehr vorteilhaft ist. Sollte aber dessenungeachtet ein Rutschen eintreten, so werden durch die Stauung des Stranges im Zwischenkanal die Seitenwände nach außen gedrängt; diese Bewegung wird durch ein Vermittlungsgestänge auf die Abstellvorrichtung übertragen, was in bekannter Weise die sofortige Abstellung der Walke bewirkt.

Die günstige Faltenverlegung beim Durchgange des Stranges durch die Zylinderpaare und den Zwischenkanal, wo er abwechselnd in zwei aufeinander senkrecht stehenden Richtungen gepreßt und ausgebreitet wird, wird noch wesentlich gefördert durch die verschiedenen Profile des kugelförmigen ersten und des glatten zweiten Zylinderpaares. Die kugelförmige Gestaltung des ersten Walkzylinderpaares drängt, wie wir bereits wissen, den Strang auf die Walzenmitte zusammen. Dies hat eine bessere Druckübertragung zur Folge, wie auch die damit verbundene Auspressung der Flüssigkeit einen guten Warenlauf sichert.

Die Erhaltung einer bestimmten Warenlänge kommt dem besonders ausgebildeten Antrieb der Walkzylinder (Abb. 102) zu. Das zweite Zylinderpaar wird unmittelbar von der Transmission angetrieben und überträgt seine Bewegung durch einen Zwischenriemen, der durch einen Gewichtshebel mit verstellbarem Gewicht in geringerer oder größerer Spannung gehalten werden kann, auf den Unterzylinder des ersten Paares. Ist nun die Riemenspannung gering, so bewegt sich das erste Zylinderpaar mit geringerer Umfangsgeschwindigkeit als das zweite; der zwischen beiden befindliche Warenstrang unterliegt dadurch einer Streckwirkung von solcher Größe, daß ein allzugroßes Einwalken in der Länge verhindert wird. Selbstverständlich setzt diese Streckwirkung eine verhältnismäßig große Belastung der ersten Roulette voraus.

Die erhöhte Leistung der Tandemwalke gegenüber der einfachen Zylinderwalke ist nicht nur eine Folge der Anordnung von zwei Walkzylinderpaaren, sondern auch der Möglichkeit des gleichzeitigen Walkens zweier oder mehrerer langer Stücke. Man fand auch tatsächlich eine Leistungserhöhung durch die Tandemwalke von 40 bis 80 bis 100% je nach der Beschaffenheit der eingebrachten Ware.

In Abb. 110 ist die Federbelastung der beiden Rouletten und der Stauchklappe ersichtlich; man erkennt auch die Regelbarkeit mittels Schnecke und Schneckenrades für die Roulettebelastung und mittels der gelochten Stange für die Stauchklappe.

Die Tandemwalke arbeitet bei 140 minutlichen Zylindertouren fast geräuschlos.

Die Abstellvorrichtung hat in der Ausgestaltung durch Hemmer auf der (Abb. 111) Riemenleiterstange rl einen Gewichtshebel h festgekeilt sitzen, der an dem einen Ende belastet und am anderen Ende mit der Klinke k versehen ist, die sich gegen die Nase n des lose drehbaren Hebels i stützt, welch letzterer in seiner Lage vermöge seiner Belastung durch das Rechengewicht gehalten wird, das auch jenes des Hebels h überwiegt. Außerdem steht die Klinke k noch unter Vermittlung des Winkelhebels h_1 und Ketten in Verbindung mit einem Backen des Zwischenkanals. Bildet sich ein Strangknoten oder drängen sich durch Vollstopfung des Zwischenkanals die Seitenwände nach außen, so wird durch Anheben der Klinke die Nase n verlassen, der Gewichtshebel h verliert seine Stütze und bringt, dem Gewichtszuge Q folgend, durch seine Verdrehung den Riemenleiter mit dem Riemen auf die Losscheibe und die Walke zum Stillstand.

III. Arbeiten zur Erzeugung gleichmäßiger Oberflächen auf dem Gewebe.

Nach dem Waschen und Walken, den sogenannten Eingangsoperationen, sind die an den Gewebeoberflächen liegenden Haare mehr oder weniger verworren; eine Faserlage, die bei manchen Gewebesorten, wie bei Lodenstoffen, Meltonwaren, gewissen Cheviot- und Filzgeweben, gefordert wird. Sonst aber sollen die Haare entweder im lockeren Zustande in ziemlich gleicher Richtung oder fast parallel liegen (Rauh- und Strichgewebe) oder senkrecht zur Oberfläche stehen (Velours) oder endlich hervorragende Fasern ganz fehlen (kahl geschorene Gewebe). Es sollen also gleichmäßige Gewebeoberflächen von haarigem, rauhem oder solche von glattem Aussehen erzeugt werden. Man unterscheidet danach rauhappretierte und kahlappretierte Gewebe.

Die Arbeiten zur Erreichung dieser verschiedenen Effekte an den Gewebeoberflächen sind: das Rauhen, das Schleifen, das Bürsten und Dämpfen, das Scheren, das Sengen, das Ratinieren und das Veloursheben.

1. Das Rauhen.

Das Rauhen besteht darin, daß man mittels kratzender Werkzeuge die Fasern aus dem Gewebegrund an die Oberfläche hebt und zugleich in eine mehr oder weniger gleiche Lage bringt oder entwirrt. Werden die Fasern bloß aufgerichtet, so daß sie senkrecht zur Gewebeoberfläche stehen, so entsteht eine samtartige Faserdecke oder Velours, das Rauhen heißt danach das Veloursrauhen; werden die Fasern nach einer Richtung gelegt, so entsteht ein Strich, das Rauhen heißt danach das Strichrauhen.

Gerauht werden alle jene Woll-, Halbwoll- und Baumwollgewebe, welche eine lockere, gleichmäßig dichte und geschlossene Haardecke zeigen sollen und sich durch eine weiche wollige Oberfläche kennzeichnen.

Man rauht sowohl gewalkte, als auch ungewalkte Stoffe; jene, weil sie nach dem Walken eine wirre, also ungleichmäßige Filzdecke haben, diese, weil man ihnen das Aussehen eines gewalkten Stoffes verleihen will, in dem die Bindung nicht sichtbar sein soll.

Zum Aufkratzen der Haare bedarf man Werkzeuge mit scharfen, elastischen und dichtstehenden Spitzen, welche kräftig und doch nachgiebig in das Fasergewirre eingreifen, dieses lösen und die nunmehr gelockerten Härchen aufrichten, d. h. aus dem Grunde heraufholen.

Das Entwirren und Aufrichten der Faserdecke geht um so leichter und mit um so geringerem Faserverlust, der durch Abbrechen oder Herausreißen einzelner Haare entsteht, vonstatten, je geschmeidiger das Fasermaterial und je weniger verfilzt die Gewebeoberfläche ist.

Baumwolle besitzt von Natur aus große Weichheit und Geschmeidigkeit, so daß sich Baumwollgewebe verhältnismäßig leicht rauhen lassen, und zwar bereits im trockenen Zustande. Die Wollfasern sind im trockenen Zustande spröde, weshalb man Wollgewebe zur Vermeidung allzu großen Rauhverlustes (durch Brechen, Abreißen und Herausreißen von Fasern) in feuchtem Zustande rauht. Nur in ganz seltenen Fällen und bei nur wenigen Grobhaargeweben, die nur wenig gerauht werden, gebraucht man noch das Trockenrauhen, das immer mit dem Verlust von vielen Haaren (Rauhflocken) verbunden ist.

Das Anfeuchten der Baumwollgewebe für das Rauhen wäre sogar ein Fehler, weil die Baumwollfasern — wie alle Pflanzenfasern im feuchten Zustande — die für das Rauhen unerläßliche Elastizität gänzlich einbüßen; sie würden sich in die Rauhwerkzeuge einlegen, mit deren Spitzen verschlingen und infolge ihrer raschen Bewegung zum Bruche kommen.

Zum Aufkratzen und Herausheben der Fasern aus dem Gewebegrund dienen entweder die natürlichen Rauhkarden (Rauh- oder Weberdisteln) oder die künstlichen Rauhkarden, das sind den Krempelkratzen ähnliche Kratzenwalzen (Rauhkratzen).

Die Rauhdistel ist der trockene Blütenkopf einer zweijährigen, krautartigen Distelart, welche in Südeuropa wild wächst, dagegen ihres großen Bedarfes wegen in Nord- und Südfrankreich (Avignon), in Steiermark, Schlesien, Sachsen, Thüringen, Württemberg, Rheinpfalz, Holland, Belgien, ferner in England (Yorkshire) und in Rußland (Krim, Kaukasus) in großen Mengen angebaut wird.

Aus den Blütenköpfen von schlank eiförmiger Gestalt ragen abgebogene, feinspitzige, elastische und dichtstehende Häkchen heraus. Je größer und ausgebildeter die Distel ist, desto schärfer sind die Häkchen oder Zähne. Ihre Größe bezeichnet man nach Durchmesser und Länge, die in Bruchform geschrieben, und in französischen Linien ausgedrückt werden. Die gebräuchlichsten Sortierungen sind $^{15}/_{18}$, $^{18}/_{21}$, $^{21}/_{24}$, $^{24}/_{27}$, $^{27}/_{30}$, $^{30}/_{36}$, $^{36}/_{40}$, $^{40}/_{48}$.

Zumeist reicht man mit den Nummern 15 bis 24 aus. Die größeren Sorten sind für die Rollkarden (Veloursrauhen) bestimmt.

Als beste gelten die französischen Disteln; unter diesen nimmt die Avignoner die erste Stelle ein. Ein feinzähniges, scharfes und elastisches Gehäke von rötlichgelber Farbe kennzeichnet die französischen Disteln.

In der Härte kommt die steirische Distel der französischen am nächsten; ihr Gehäke ist jedoch nicht so gleichmäßig und fein wie das der französischen Distel; auch hat sie eine unansehnlichere Färbung. Die deutschen Rauhdisteln sind von grünlicher Farbe, mit einem weichen, elastischen, aber nicht allzu widerstandsfähigen Gehäke; sie eignen sich nur zum Rauhen leichter, weicher und weniger verfilzter Gewebe.

Die steirischen und deutschen Disteln verschleißen schneller als die französischen (Normandiedisteln); dagegen kommen letztere wegen ihrer schwachen Stielung für Rollkarden nicht in Betracht.

Der Versand erfolgt in Holzfässern. Der Versendung und Aufbewahrung der Disteln muß besondere Aufmerksamkeit gewidmet werden, weil sie im feuchten Zustande schnell faulen.

Rauhdisteln sind kostspielige Hilfsmittel, nicht nur wegen ihres hohen Preises, sondern auch wegen ihres raschen Verschleißes.

Einen dauerhaften Ersatz hat man durch die Rauhkratzen geschaffen, indem man Stahl- oder Aluminiumdrahthäkchen in ein Kratzentuch aus Baumwollstoff mit einem aus nicht vulkanisiertem Kautschuk bestehenden Überzug eingesetzt hat.

Trotz ihrer größeren Dauerhaftigkeit könnten die Rauhkratzen die Rauhdisteln nur teilweise verdrängen, weil ihnen nicht jene Elastizität beizubringen ist, die den Naturdisteln eigen ist. Im allgemeinen findet die Rauhkratze für das Trockenrauhen (wo keine Rostgefahr besteht), die Kardendistel für das Naßrauhen Verwendung. In der Baumwollrauherei ist darum die Rauhkratze allgemein eingeführt, in der Wollrauherei führt sie sich schrittweise für das Vorrauhen der rechten und das Rauhen der linken Warenseite sowie für das Verfilzungsrauhen schlechtwalkender Stoffe ein.

9*

Die Disteln oder Rauhkratzen werden auf rotierenden Walzen oder Trommeln angeordnet. Die Rauhdisteln setzt man entweder in rahmenförmige Stäbe ein (Rauhstäbe, Stabrauhen, Strichrauhen) oder spindelt sie auf drehbare Eisenstäbchen auf (Rollkarden, Veloursrauhen). Die Rauhkratzen (Metallkratzen) sind auf Stahlwalzen aufgezogen, deren Zapfen drehbar in der Rauhtrommel gelagert sind.

(Für das Naßrauhen muß zur Rostsicherheit die Metallkratze aus Aluminoiddraht bestehen.)

Führt man das zu rauhende Gewebe im gespannten, ausgebreiteten Zustande über Leitwalzen mehrere Male mit geeigneter Anpressung und entsprechender Geschwindigkeit an der umlaufenden Rauhtrommel vorbei, so greifen die Spitzen der Häkchen in das Fasergewirre ein, durchstreichen und lockern es, wobei sie die gelockerten Haare aufbürsten, d. h. aus dem Gewebegrund herausheben.

Die Rauhstäbe sind mit der Rauhtrommel starr verbunden, so daß die Kardenhäkchen die gleiche Umfangsrichtung und Umfangsgeschwindigkeit wie die Rauhtrommel haben. Die von den Häkchen erfaßten Fasern werden in dieser Richtung mitgenommen und längs der Gewebeoberfläche, welche mit verschiedener Geschwindigkeit vorbeigeführt wird, niedergelegt. Dadurch entsteht nebst der rauhenden, auch eine bürstende Wirkung, die eine Strichlegung oder ein Verstreichen zur Folge hat.

Die Rollkarden greifen wie Zahnräder in das vorbeistreichende Gewebe ein und werden von diesem in drehende Bewegung gesetzt. Die Häkchen können nicht am Gewebe entlang streichen, sondern bewegen sich mehr senkrecht zur Gewebeoberfläche und holen die Fasern aus dem Grunde herauf. Sie dienen daher entweder nur zum Veloursrauhen, um eine samtartige Faserdecke zu erzeugen, oder zur Vorarbeit für das Verstreichen; in letzterem Falle ist das Veloursrauhen ein Vorrauhen, wogegen das Verstreichen ein Fertigrauhen (Strichrauhen) ist, da der Strich nicht mehr zerstört werden darf. Er wird vielmehr durch ein schließliches Bürsten noch verschönert und vergleichmäßigt.

Die Kettenfäden, die stets stärker gedreht sind, rauhen sich nicht so gut wie die schwächer gedrehten Schußfäden. Mithin wird das Rauhen von Geweben mitKetteneffekt mehr Zeit in Anspruch nehmen und der Abfall an Rauhhaaren verhältnismäßig größer sein als bei Geweben mit Schußeffekt.

Im allgemeinen beginnt man das Rauhen der Wollwaren zur allmählichen und schonenden Lockerung der Fasern mit bereits gebrauchten, stumpfen Rauhdisteln und geringer Warenanpressung und Anlage an die Rauhtrommel. Erst nach und nach geht man auf schärfere Disteln über, indem man das Gewebe auch auf einem größeren Teil des Umfanges der Rauhtrommel anliegen läßt.

Bei stark gewalkten Waren muß man das Rauhen vorsichtig durchführen und die Rauhstärke langsam steigern; dann ist man sicher, mit geringstem Abfall zu rauhen und eine schöne und vollständig gelockerte, dichte Rauhdecke zu erhalten. Eine dichte Rauhdecke setzt eine gute Walke voraus.

Damit keine Rauhstreifen, Rauhwolken, überhaupt keine ungleichmäßig gerauhten Flächen entstehen, müssen Woll- und Halbwollgewebe gleichmäßig gefeuchtet und ohne Falten den Rauhwerkzeugen dargeboten werden, auch dürfen diese keine Lücken zwischen sich haben, die das Gewebe ungerauht lassen würden.

VERLAGSBUCHHANDLUNG  JULIUS SPRINGER IN BERLIN

Februar 1928

<u>*Soeben erschien:*</u>

Die
Mercerisierungsverfahren

Von

Dr. Erwin Sedlaczek
Oberregierungsrat

VII, 269 Seiten. 1928
Gebunden RM 18.—

Aus dem Vorwort.

Die Mercerisation hat sich aus generellen Erkenntnissen heraus in den letzten Jahren zu einer großen Anzahl von genau spezialisierten Einzelverfahren entwickelt, bei denen bereits anscheinend geringfügige Abänderungen der Arbeitsbedingungen zu vollkommen verschiedenen technischen Resultaten führten.

Man kann die Entwicklungs-Phänomene und -Werte dieser Technik nur dann richtig beurteilen, wenn man die Bedürfnisfragen der Textilindustrie in den einzelnen Entwicklungsphasen mit berücksichtigt.

Es ist unbestritten, daß den grundlegenden Anstoß für die technische Einführung der Mercerisation diejenigen Verfahren gegeben haben, nach denen es gelang Baumwolle das Aussehen von Seide zu verleihen. Seide, d. h. unbeschränkte Mengen seidenähnlicher Fasern von billigem Gestehungspreis, war seit Jahrhunderten der unerfüllte Traum der Textiltechniker. Dieser Traum hatte sich anscheinend nun erfüllt. Aber seit dem Kriegsende haben sich die Absatzmöglichkeiten nicht nur für seidenähnliche sondern auch andere Produkte der Mercerisationsveredlung noch weiterhin in überaus günstigem Maße entwickelt. . .

Die sich international vollziehende Nachkriegsmetamorphose in der Toilette der Dame, die zur fast ausschließlichen Verwendung von zarten vorzugsweise auf dem Wege der Mercerisation herstellbaren Geweben führte, hat die Abnehmerkreise für durch Mercerisation veredelte Artikel in das Ungemessene wachsen lassen und Wünsche nach steter Abwechslung in diesen Artikeln hervorgerufen, denen diese Veredlungsindustrie gerecht werden soll und auch gerecht wird. Es darf auch nicht dabei vergessen werden, daß man mit Hilfe dieser Veredlungstechnik einen billigen Ersatz für Leinen, Wolle usw. herstellen kann...

Es wäre nun ein Irrtum anzunehmen, daß die neuen Veredlungsprodukte, deren Äußeres der Seide nicht gleicht, und deren Herstellung vor Jahren weder vorausgesehen werden konnte, noch auch damals angestrebt wurde, sich nur durch eine tiefgehende Abänderung der Mercer'schen Vorschriften herstellen lassen. Im Gegenteil scheint es manches Mal erstaunlich, wie klein die Unterschiede in den Einzelverfahren sind, die überraschende Verschiedenheiten in den Endprodukten auslösen. Dadurch ist die Übersichtlichkeit und Vergleichsmöglichkeit der Einzelverfahren unter sich erschwert worden, weil sehr ähnliche Verfahren ganz verschiedene Endprodukte liefern und umgekehrt. Aus diesen Gründen kann auch die Natur der Endprodukte nicht als ein technologisch zusammenfassender Begriff ausgewertet werden, durch den diese Verfahren zusammengehalten sind.

Für den wirtschaftlich denkenden und vorwärtsstrebenden Techniker kommen nur solche Verfahren als neu zu erschließende Einnahmequellen in Betracht, die nicht nur ein leicht absetzbares Endprodukt liefern, sondern auch neu sind, d. h. dem Hersteller ein gewerbliches Schutzrecht und damit das alleinige Herstellungsrecht sichern. Diese vor Aufnahme anscheinend neuer Verfahren für den wirtschaftlichen Erfolg unerläßliche Prüfung ist z. Z. für den Techniker mit großen Schwierigkeiten verbunden...

Die technische Ausführung der Mercerisation ist bereits in einigen sehr lesenswerten Büchern abgehandelt worden und kann heute im wesentlichen auch als Gemeingut der einschlägigen Technik angesprochen werden, dagegen hat es anscheinend bisher an einer möglichst erschöpfenden und leicht übersichtlichen Zusammenstellung des für die überaus reichlichen Einzelvorschläge dieser Technik in Betracht kommenden Tatsachenmaterials gefehlt, die es dem Techniker ermöglicht, sich über die Ausführungsweise irgendeiner Arbeitsphase schnell und restlos zu informieren...

Die intensive Bearbeitung dieser Zusammenstellung, die, wie nochmals betont sei, in erster Linie für den Chemiker und nicht den

Techniker bestimmt ist, und deshalb eine bestimmten Umfang nicht überschreiten durfte, hatte zur Folge, daß wissenschaftliche Versuche, sofern sie kein für die Praxis verwertetes Tatsachenmaterial enthielten, von der Besprechung ausgeschieden werden mußten. Das gleiche gilt für die apparativen Einrichtungen und für Verfahren, die mit der Mercerisation eng verknüpft sind, wie z. B. die Regenerierung der Lauge u. a. m. Dagegen ist versucht worden, die Angaben, welche insbesondere in der in- und ausländischen Patentliteratur enthalten sind, soweit diese dem Verfasser zur Verfügung stand, nicht en bloc sondern nach verschiedenen Arbeitsphasen getrennt, d. h. unter verschiedene technologische Grundbegriffe eingeordnet, dem Leser zugänglich zu machen. In welcher Weise diese Unterteilung vorgenommen worden ist, geht aus dem nachstehenden Inhaltsverzeichnis hervor.

Inhaltsverzeichnis.

Durch das Rauhen des nassen Gewebes mit bereits abgenützten, stumpfen Rauhdisteln, welche weich und nachgiebig sind, werden die ebenfalls weichen und geschmeidigen Fasern parallel gelegt, so daß sie das einfallende Licht gleichmäßig reflektieren; es entsteht ein lebhafter Glanz.

Selbstverständlich läßt sich durch das Naßrauhen (Verstreichen) ein um so höherer Glanz erzeugen, je glanzreicher das Fasermaterial von Natur aus ist.

Geht man aber mit dem Naßrauhen von Geweben mit kurzer Rauhdecke zu weit, so entsteht ein schuppenartiger Glanz, der nicht erwünscht ist.

Wendet man das Naßrauhen auf Gewebe mit langer Haardecke an, so wellen sich die Haare und nimmt das Gewebe einen unruhigen, d. h. an verschiedenen Stellen wechselnden Glanz an.

Gummierte oder gestärkte Gewebe sind während des Rauhens mit gesättigtem Dampf zu dämpfen, behufs Weichmachens des Appreturmittels, das sich sodann während des Rauhens gleichmäßig über die Gewebeflächen verteilt und keine Flecke verursacht.

Man hat das Rauhen so lange fortzusetzen, bis die Haardecke nach Erfordernis aufgerauht ist. Man darf nicht zu viel rauhen, weil entweder der übermäßige Abfall die Ware zu leicht macht oder das fortgesetzte Rauhen zum Durchrauhen des Gewebes führt, was namentlich bei leichten, dünnen Geweben vorzeitig eintreten kann.

Mit besonders ausgebildeten Rauhtrommeln und geeigneten Hilfsmitteln gelingt es, Längs-, Quer- und Diagonalstreifen sowie Figuren einzurauhen; man nennt diesen Zweig der Rauherei das Kunstrauhen oder Musterrauhen.

Das Handrauhen ist fast ganz verschwunden; das hierfür in Gebrauch gewesene Distel- oder Kardenkreuz ist gegenwärtig nur noch zum Rauhen von Mustercoupons, zum Ausbessern fehlerhafter Rauhstellen in maschingerauhten Geweben in Verwendung. Auf einem Holzkreuze sind die Kardendisteln in einer Ebene nebeneinandergesetzt und durch eine Schnur oder einen dünnen Messingdraht festgehalten.

Außerdem ist die Handrauhkratze nur noch in kleinen Betrieben und in der Hausindustrie zum Rauhen von Grobhaardecken und Kotzen zu treffen. Das Rauhgestelle trägt oben eine mit Sperrvorrichtung ausgestattete Wickelwalze, von welcher das aufgewickelte Gewebe auf die zweite Wickelwalze gespannt befestigt und allmählich überwickelt wird. Auch die zweite Wickelwalze hat eine Sperrvorrichtung.

Die umständliche und nur bei großer Achtsamkeit und Erfahrung richtig durchzuführende Arbeit des Handrauhens ist in industriellen Betrieben nunmehr vollständig durch das Maschinenrauhen verdrängt.

Die Rauhmaschinen.

Die Rauhmaschinen unterscheiden sich nicht nur durch die Beschaffenheit der Rauhwerkzeuge an sich, sondern auch durch die Art ihrer Anbringung auf der Rauhtrommel. Man kennt danach zwei Hauptgruppen, und zwar Distelrauhmaschinen und Kratzenrauhmaschinen oder Walzenrauhmaschinen; die erste Hauptgruppe gliedert sich in: Rauhmaschinen mit Rauhstäben (Stabrauhmaschinen), Rauhmaschinen mit rotierenden Rauhdisteln (Rollkardenrauhmaschinen) und Spezialrauhmaschinen.

Die Stabrauhmaschinen.

Sie erfreuen sich zum Vor-, Fertig- und Naßrauhen (Verstreichen) wollener und halbwollener Gewebe noch immer der größten Verbreitung. Sie greifen mit ihren feinen Spitzen nur die oberste Fläche der Ketten- und Schußfäden an, so daß die Faserpartien in den vertieftliegenden Teilen zwischen den einzelnen Fäden nicht zur Bildung der Rauhdecke herangezogen werden.

Wesentlich ist die Befestigung der nach ihrer Größe geordneten Rauhdisteln in schmiedeeisernen, gitterartigen Rahmen, Rauhstäbe genannt, von welchen je nach dem Durchmesser bzw. Umfang der Rauhtrommel 16 bis 24 Stück leicht auswechselbar befestigt sind. Sie bestehen aus 2 nebeneinanderliegenden Flacheisenschienen, die mit Säulchen vernietet sind, an deren Enden eine halbrunde Hohlschiene festgenietet ist. Zwischen diesen Schienen fügt man die Rauhdisteln fest aneinander gepreßt mit ihren Stielen zwischen Flacheisen oder zwischen die untere Distelreihe ein, sodaß ihre Spitzen möglichst eine Ebene bilden. Das Einsetzen hat im angefeuchteten Zustande zu geschehen, weil die in trockenem Zustande spröden Häkchen brechen würden. Nur gleichgroße Disteln ermöglichen eine ebene Rauhfläche, die Rauhstreifenbildung ausschließt. Aus diesem Grunde sind die Rauhdisteln mittels Schablonen nach ihrem Durchmesser zu sichten. Sämtliche für eine Rauhtrommel vorgesehenen Rauhstäbe gleicher Rauhdistelgröße bilden einen **Satz Rauhstäbe**, kurzweg **Satz** genannt. Die Sätze müssen getrennt gehalten werden; ihre Vermengung gäbe einen schlechten Rauheffekt, weil einzelne Rauhstäbe nicht angreifen würden.

Größere Rauhdisteln mit naturgemäß gröberem Gehäke für das Rauhen gröberer Stoffe setzt man in 2 Reihen geordnet in die Rauhstäbe ein, kleinere Rauhdisteln in 3 Reihen; man bezeichnet sie als zwei- und dreireihig gesetzte Rauhstäbe oder in der Praxis als Zwei- und Dreisetzer. Erst nach dem Trocknen sind die fertiggesetzten Rauhstäbe benützbar.

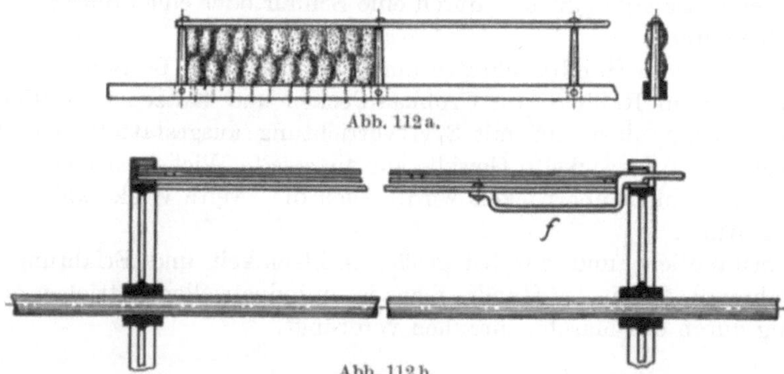

Abb. 112. Die Stabrauhmaschine. a) Das Kardensetzen. b) Die Befestigung des Rauhstabes in der Trommel.

Die Rauhtrommel ist für die Stabrauherei ein zylindrisches Eisengerippe, auf welchem die Rauhstäbe ihre Auflage finden (Abb. 112). Auf der Stahlwelle sind 3 bis 4 gußeiserne Scheiben mit angenieteten Flacheisenstäben befestigt. An den Endscheiben sind gußeiserne Kästchen angegossen oder angeschraubt; in diese sind die Stabenden eingeschoben und auf einer Seite durch federnde Verschlußstücke gegen das Herausfallen geschützt; gegen Abschleudern sind sie überdies durch Niederschnallen mittels Riemen gesichert. Bei breiten Maschinen sind die Rauhstäbe auch in der Stabmitte durch Haken oder Ringe gehalten.

Soll die Rauhtrommel zeitweilig auch zum Rauhen mit rotierenden Rauhkarden gebraucht werden, so kann sie die mit den Rollkarden belegten Bretter aufnehmen; oder die Mantelfläche ist ganz aus Holz und nimmt die Rauhstäbe oder die Rollkardenbrettchen in geeigneter Weise auf.

Man baut die Rauhmaschinen mit Rauhstäben mit einer Trommel (einfache Rauhmaschinen), zur Erhöhung der Leistung mit zwei Rauhtrommeln (doppelte Rauhmaschinen) oder mit mehreren Rauhtrommeln (mehrfache Rauhmaschinen).

Das zu rauhende Gewebe wird nicht über den ganzen Umfang des Gewebes geführt, sondern mittels Leitwalzen so geführt, daß es nur eine, zwei oder drei Stellen des Rauhbeschlages berührt. Jede Berührungsstelle, die zugleich eine Arbeitsstelle ist, nennt man Anstrich; man unterscheidet die Rauhmaschinen danach in solche mit einfachem, mit zweifachem oder dreifachem Anstrich. Die rauhende Wirkung des Beschlages kann man durch Verstellen der Leitwalzen (Anstrichwalzen) regeln, so daß es möglich ist, auf einer und derselben Rauhmaschine innerhalb gewisser Grenzen verschieden stark rauhen zu können; man drückt dies in der Praxis so aus, daß man sagt: man gibt dem Gewebe mehr oder weniger Anstrich.

Die einfache Rauhmaschine.

Die einfache Rauhmaschine führt man in verschiedenen Arten aus: mit einer oder mehreren Anstrichstellen, mit oben und unten liegenden Warenaufwickelwalzen, bei großen Trommeldurchmessern zur bequemeren Bedienung mit untengelagerten Aufwickelwalzen, oder in einer andern Ausgestaltung zur endlosen Führung des Gewebes, d. i. mit zusammengenähten Gewebeenden, wodurch ein fortlaufendes Arbeiten möglich ist und die Arbeitsunterbrechungen durch Ab- und Aufwickeln entfallen. Sie dienen zum Rauhen und Verstreichen leichter, mittelschwerer und schwerer Woll- und Halbwollgewebe; sie sind die zweckmäßigsten Rauhmaschinen für das Naßrauhen (Verstreichen) und werden daher zumeist als Verstreichmaschinen bezeichnet.

Die einfachste Ausführung mit nur einem Anstrich zeigt die Abb. 113. Die Trommel von 800 mm Durchmesser, mit 16 und mehr Rauhstäben, bewegt sich mit 130 bis 150 minutlichen Umläufen und geht bei besserer Ausführung zur Vermeidung von Rauhstreifen ein wenig in seiner Achsenrichtung hin und her (Changierbewegung). Das Gewebe ist mittels Schnüre oder besser mittels eines Läufertuches an den Ab- und Aufwickelwalzen befestigt; es wird auf einer der beiden Walzen aufgewickelt, von welcher es über die beiden verstellbaren Anstrichwalzen mit entsprechender Anstellung an der Rauhtrommel vorbeigeführt und auf die zweite Walze aufgewickelt wird. Einen solchen Arbeitsgang nennt man eine Tracht. Nach Beendigung einer Tracht steuert man die Maschine um, indem das Gewebe zurückgeht; die Aufwickelwalze der ersten Tracht dient nun als Abwickelwalze und die andere als Aufwickelwalze. Zwei Trachten bilden eine Tour. Das Gewebe wird so lange hin- und hergeführt, d. h. erhält so viele Touren, bis es genügend gerauht ist.

Zur Erzeugung der Spannung im Gewebe, die auch bestimmend für den Anstrich ist, wird die jeweils als Abwickelwalze dienende Walze gebremst, während die Aufwickelwalze angetrieben wird. Um eine gleichmäßige Rauhwirkung zu erzielen, ist die Warenspannung während des Rauhens möglichst gleichmäßig zu halten, was mit Rücksicht auf den immer kleiner werdenden Abwickeldurchmesser nur durch Vermeidung der Bremsreibung erzielt wird. Dies ist auch aus dem Grunde notwendig, weil der Durchmesser der Aufwickelwalze stetig zunimmt, soweit auch die Warengeschwindigkeit wächst.

Zum Anziehen der Bremsen sind verschiedenartige Einrichtungen vorhanden. Entweder ist jede Backenbremse für sich einstellbar durch Drehen der in den Backenbremshebel eingreifenden Schraubenspindel oder — wie in der Querschnittszeichnung (Abb. 113) dargestellt — sind beide Bremshebelarme an eine gemeinsame kurbelförmig gestaltete, an beiden Enden in Rechtsgewinde auslaufende Stange angeschlossen, durch deren Drehung die eine Bremse entspannt wird, wenn die andere angezogen wird; dies ist eine einfache, für den Arbeiter leicht zu handhabende Einrichtung.

Die Spannung der Ware beurteilt der Arbeiter nach der Stärke des Rauhgeräusches; er muß deshalb ein gutes Gehör haben.

Die Umsteuerung geht auf folgende Weise vor sich: die Kupplungsteile k_2, k_2' sind fest auf der stehenden Welle, die Kupplungsteile k_1, k_1' mit Feder und Nut verschiebbar; die stehende Welle ist mittels des Hebels h verschiebbar und kann in drei Stellungen gebracht werden. Bei einer ganzen Verschiebung ist eine Kupplung im Eingriff, die andere ausgerückt. In der Mittelstellung sind beide Kupplungen geöffnet, um die Walzen W_1, W_2 frei zu machen und das gerauhte Stück von der einen oder anderen Wickelwalze abziehen zu können.

Eine noch einfachere Einrichtung zur Umsteuerung der Aufwickelwalzen entbehrt der Klauenkupplungen auf der stehenden Welle; anstatt dessen sind die Kegelräder z_3, z_3' festgekeilt und machen die Verschiebbewegung der Welle mit, wodurch sie abwechselnd mit den Kegelrädern z_4, z_4' der Aufwickelwalzen in Eingriff kommen.

Nach Abb. 113 sind die Klauenkupplungen k_1, k_2 auf den Zapfen der Wickelwalzen W_1, W_2 aufgeschoben und können mittels eines Handgriffes gegenläufig eingestellt werden.

Gessner führt die Umsteuerung so aus, daß die einen Kupplungshälften fest mit dem Kegelrade z verbunden sind, während die anderen Kupplungshälften mittels Feder und Nut auf der stehenden Welle verschiebbar sind. Die Enden des Gabelhebels H greifen in den Hals der beweglichen Kupplungsmuffen ein und werden durch die Schraubenspindel sp verstellt, wodurch die gegenläufige Ein- und Ausrückung der beiden Kupplungen und damit die Umkehrung der Bewegungsrichtung der Wickelwalzen erfolgt.

Da die Rauhtrommel in der gleichen Richtung angetrieben wird, ergibt sich eine verschiedene relative Geschwindigkeit zwischen Ware und Rauhkarden bei zwei aufeinanderfolgenden Touren, und zwar einesteils gleich der Summe, andernteils gleich der Differenz der beiden Geschwindigkeiten. Dieser Wechsel der relativen Geschwindigkeit tritt bei jedem Warenhin- und -hergange ein, so daß im Falle gleicher Bewegungsrichtung die Rauhwirkung der Disteln weniger kräftig als bei entgegengesetzter Richtung ist. Daraus folgt, daß diese Maschine eine sehr schonende Lockerung der Haardecke bewirkt. Dies ist der Hauptgrund, warum für gewisse Warenqualitäten die einfache Rauhmaschine mit Hin- und

Herführung der Ware vorgezogen wird.

Für das Rauhen und Verstreichen von Herren- und Damentuchen, Strichkammgarngeweben, zum Rauhen von Moltons, Flanellen, von Velours, Ratinés u. a. ist sie allgemein im Gebrauch.

Nach 6 bis 8 bis 10 Touren wird die auf der Anstrichstelle befindliche Seite der Rauhstäbe mit Fasern vollgefüllt (verflockt) oder durch die Feuchtigkeit weich und für die Fortsetzung des Rauhens unbrauchbar sein; man hat mit „halbem Satz“ gerauht. Man wendet dann die Rauhstäbe und bringt die andere Seite in Tätigkeit. Sind beide Rauhstabseiten unwirksam geworden, so hat man mit „ganzem Satz“ gerauht. Dann ersetzt man die Rauhstäbe durch einen anderen Satz. Die Anzahl der Sätze zum Fertigrauhen eines Gewebes hängt von vielen Umständen ab, wie z. B. von der Stärke der Walke, der Feinheit der Wolle, dem zu erzeugenden Rauheffekte, ferner davon, ob beide Fadensysteme oder nur der weich gedrehte Schuß zur Bildung der Rauhdecke herangezogen werden soll, endlich auch von der Bindung.

Einen besonderen Glanz erteilt man gerauhten Geweben durch das Naß-

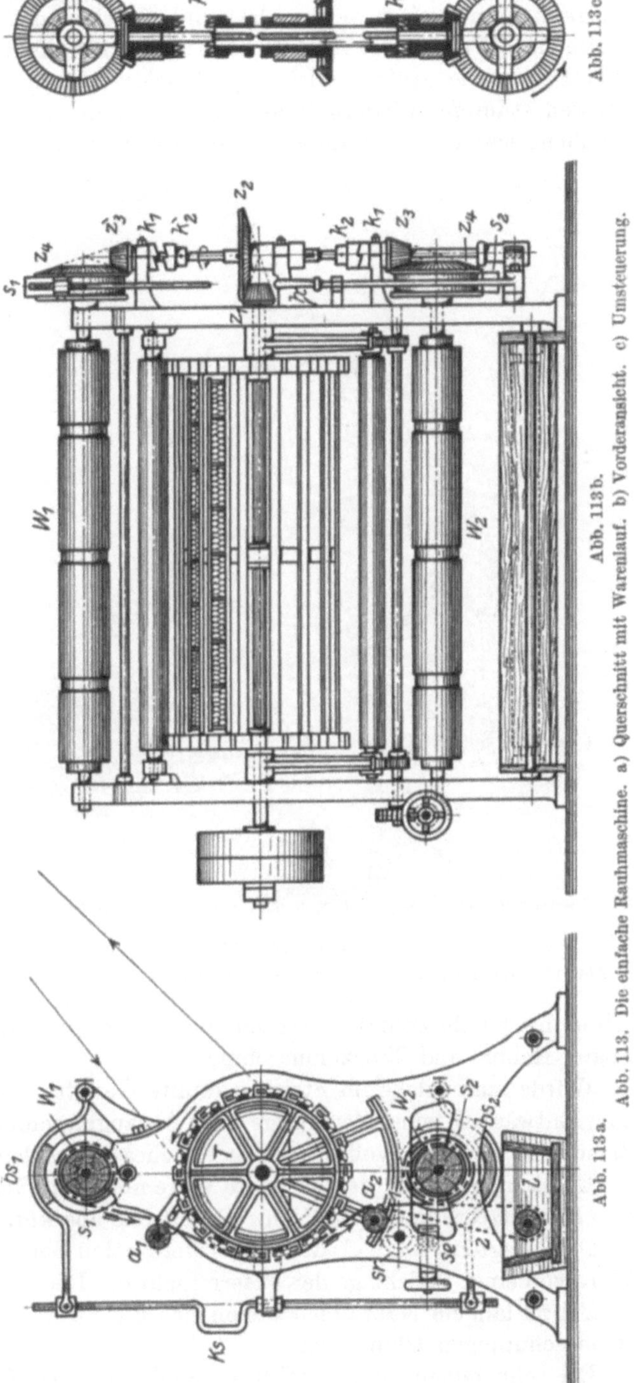

Abb. 113c.

Abb. 113b.

Abb. 113a.

Abb. 113. Die einfache Rauhmaschine. a) Querschnitt mit Warenlauf. b) Vorderansicht. c) Umsteuerung.

rauhen (Strichappretur), welcher Vorgang auch das Verstreichen oder das Rauhen im vollen Wasser genannt wird, ein Vorgang, der erst nach einem guten Vorrauhen eingeleitet werden darf und wobei man das Gewebe über die Tauchwalze eines Wassertroges zu leiten hat (Abb. 113), um durch vollkommenes Netzen den Fasern die größtmögliche Geschmeidigkeit zu verleihen. Die Rauhstäbe müssen stumpfe, wiederholt gebrauchte Rauhdisteln enthalten. Während des Rauhens erweichen sich die Häkchen immer mehr, können also in die Haardecke nicht eindringen, sondern wirken nur streckend und gleichrichtend auf die Fasern ein. Die parallele Faserlage in den Geweben bewirkt eine gleichmäßige Reflexion des Lichtes nach einer Richtung, was die Vorbedingung für einen starken Glanz ist. Für einen schönen Stricheffekt soll mit langem Anstrich gearbeitet werden.

Nach dem Verstreichen wickelt man zur Fixierung der parallelen Faserlage das Gewebe auf eine Walze faltenlos und straff gespannt auf, läßt es in diesem Zustande lotrecht aufgestellt zum Abtropfen des Wassers viele Stunden (nicht

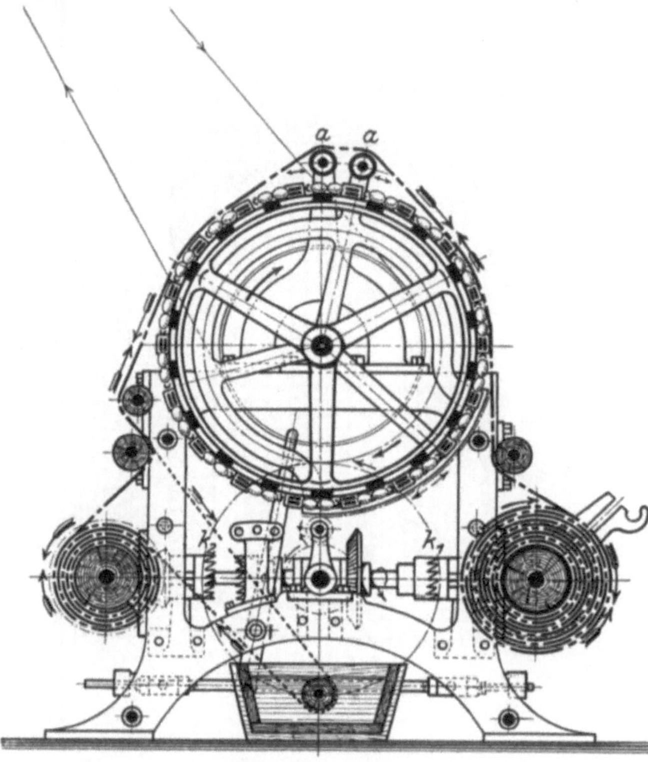

Abb. 114a.   Querschnitt.

Abb. 114. Rauhmaschine mit zwei Anstrichen von Ernst Gessner A.-G.

selten bis zu 24 Stunden) stehen und übergibt es dann zum Trocknen einer Spann-Rahm- und Trockenmaschine.

Würde man solche im Strich gerauhte Gewebe, auch Strichware genannt, zum Entwässern einer Zentrifuge oder Absaugmaschine übergeben, so wäre eine Zerstörung des mühevoll erzeugten Striches unausbleiblich.

Es ist zu beachten, daß gerauhte Ware nicht mit Strichware zu verwechseln ist. Für letztere kommt nur eine Haardecke aus kurzen, durch das Naßrauhen parallel gelegten Fasern als deutliches Merkmal in Betracht, während bei gerauhter Ware von einer Strichlage der Fasern nicht die Rede sein kann.

Bei zu langem Naßrauhen wellen sich die Fäserchen, so daß die Strichdecke einen schuppigen Glanz zeigt.

Bei sehr feinen Strichqualitäten und auch bei Geweben mit langhaariger Rauhdecke soll man zur Vermeidung des Herausreißens von Fasern nach einem kurzandauernden Rauhen die Ware im getrockneten Zustande scheren und erst, nachdem dieser Vorgang einige Male wiederholt worden ist, zum eigentlichen Rauhen schreiten. Man kann der auf diese Art behandelten Ware eine sehr gleichmäßige dichte Haardecke verleihen. Das erste Rauhen — vor dem Scheren — heißt man „im Haarmann" rauhen.

Zum faltenlosen Führen des Gewebes benötigt die einfache Rauhmaschine mit Hin- und Herwicklung des Gewebes zwei Arbeiter.

Um sie leistungsfähiger zu machen, hat man den Rauhtrommeldurchmesser auf 1000 mm und mehr vergrößert und die Möglichkeit zur Anbringung von zwei bis drei Anstrichen geschaffen. Die Leistung nimmt in geradem Verhältnis mit der Zahl der Anstriche zu. Die Trommel nimmt in dieser Größe 20 bis 24 Rauhstäbe auf. Die Wickelwalzen liegen ganz unten symmetrisch zur Trommelachse, sonst ist die Einrichtung gleich der bereits beschriebenen.

Eine Maschine mit zwei Anstrichen von E. Gessner veranschaulicht die Abb. 114, in welcher zum Aufwickeln der verstrichenen Ware ein Wickelwerk angebracht ist.

Die Firma E. Gessner baut einfache Rauhmaschinen mit endlos geführtem Gewebe, gleich-

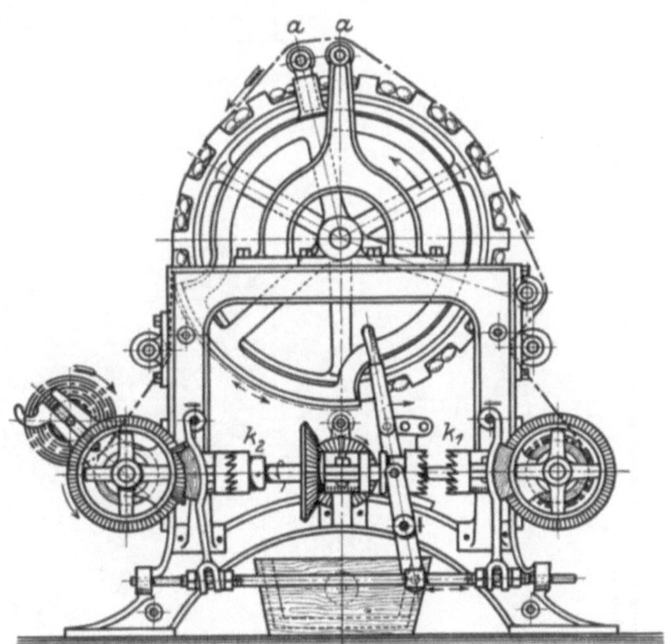

Abb. 114b. Ansicht.

Abb. 114. Rauhmaschine mit zwei Anstrichen von Ernst Gessner A.-G.

bleibender Warenspannung während des Rauhens und mechanischem, angetriebenem Lattenbreithalter, welche nur einen Arbeiter benötigen, wodurch sich das Rauhen verbilligt. Der Lattenausbreiter muß für die faltenlose Zuführung des Gewebes unmittelbar vor der Rauhtrommel angeordnet sein. Diese Maschine eignet sich vornehmlich für Gewebe, bei denen nur der Schuß zu rauhen ist (Halbwollgewebe u. a.). Die Rauhtrommel und das Gewebe bewegen sich an den Anstrichen stets in entgegengesetzter Richtung vorbei, so daß die Rauhwirkung sehr groß ist. Man muß deshalb, um schonend zu rauhen, zu Beginn mit geringem Anstrich und stumpfen Rauhdisteln arbeiten, um mit dem geringsten Verlust an Rauhhaaren zu arbeiten. Die Maschine ist mit zwei- und dreifachem Anstrich ausgestattet (vgl. Abb. 137).

Zum Verstreichen führt Gessner diese Rauhmaschine mit zwei Anstrichen und zwei Wassertrögen in unwesentlich abweichender Bauart aus. Zur Förderung des

Strichlegens wird das auslaufende Gewebe noch von einer schnellaufenden Bürstwalze bearbeitet. Zwei Anstriche ermöglichen, daß das Verstreichen

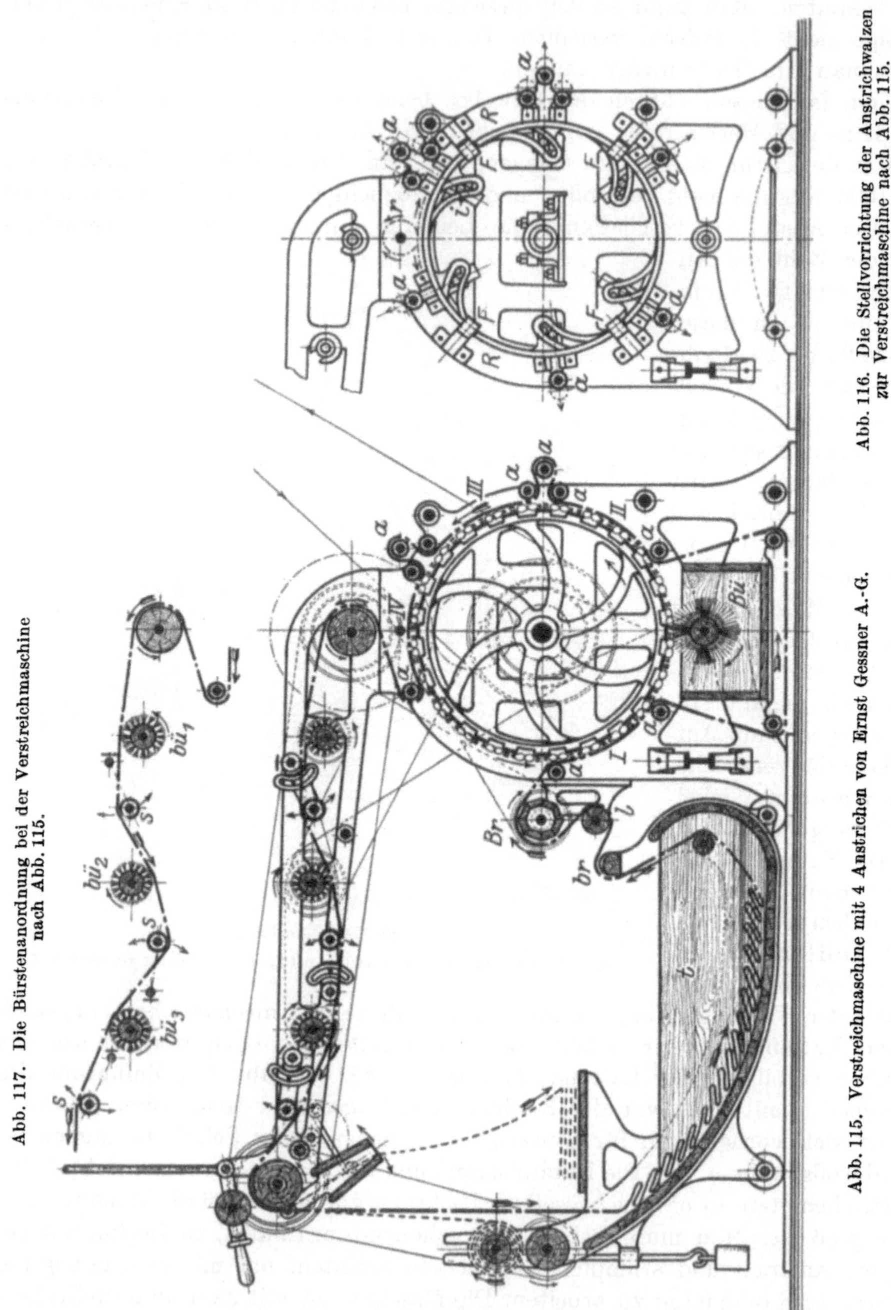

Abb. 117. Die Bürstenanordnung bei der Verstreichmaschine nach Abb. 115.

Abb. 116. Die Stellvorrichtung der Anstrichwalzen zur Verstreichmaschine nach Abb. 115.

Abb. 115. Verstreichmaschine mit 4 Anstrichen von Ernst Gessner A.-G.

beschleunigt wird. Durch das Tafeln wird der Strich in den Tafelfalten zerstört; besser ist daher ein Wickelwerk oder eine Bürstmaschine mit Wickelwerk.

Zu den einfachen Rauhmaschinen mit endlos geführtem Gewebe und gleichbleibender Warenspannung gehört auch die englische Rauhmaschine. Sie hat zum regelrechten Auftafeln des Gewebes an der Abwurfstelle eine besondere Tafelvorrichtung mit einem schaltweise bewegten Lattentisch, der das getafelte Gewebe dem Maschineneingange zuführt. Diese Einrichtung bewährt sich namentlich bei langen Warenstücken, die zur Vermeidung von Spannungsschwankungen und den daraus sich ergebenden ungleichmäßig gerauhten Stellen gleichmäßig zu tafeln sind, damit die Tafelfalten nicht ungleichmäßig aufeinander liegen, wie dies bei den Tressen mit Ablieferwalze der Fall ist.

Man baut die englische Rauhmaschine mit 1 bis 4 Anstrichen und kann bei Anordnung eines Wassertroges auch verstreichen. Ein rotierender Breithalter vor der Rauhtrommel führt das Gewebe faltenlos den Rauhkarden zu, so daß ein Arbeiter zur Beaufsichtigung der Maschine genügt. Der Breithalter ist in verzahnten Führungssegmenten gelagert, welche durch ein Getriebe von Hand aus verstellbar sind und die Reglung der Anstrichfläche innerhalb bestimmter Grenzen ermöglichen.

Die Firma E. Gessner, Aue i. Erzg., baut englische Rauhmaschinen zum Verstreichen mit Wasserbottich und Verstreichbürstwalzen, kombiniert mit Abtafel- und Warenwickelwerk; die Rauhtrommel hat 4 Anstrichstellen (Abb. 115). Zum Reinhalten der Rauhstäbe bzw. zum Schutz gegen baldige Verflockung während des Vorrauhens ist an die Rauhtrommel eine Schraubenbürstwalze angestellt. Während des Naßrauhens wird diese von der Trommel entfernt. Der Wassertrog ist fahrbar. Die Anstrichwalzen a sind radial verstellbar, die Stellvorrichtung ist aus Abb. 116 ersichtlich. Der Ring R mit den exzentrischen Schlitzen ist in den 4 Führungsstücken F geführt. In die exzentrischen Schlitze greifen die Stifte i der Stellstücke der Anstrichwalzen ein. Durch Drehen des in eine Verzahnung des Ringes eingreifenden Rädchens r verstellen sich die Anstrichwalzen gleichzeitig und gleichmäßig radial ein- oder auswärts.

Zwei Bürstwalzen bestreichen die linke Warenseite und halten sie von anhaftenden Rauhhaaren rein; eine dritte Bürstwalze reinigt die rechte Warenseite und verhindert das frühzeitige Vollfüllen der Rauhstäbe. Diese Bürstenstellung gilt für das Vorrauhen. Geht man zum Verstreichen über, dann läßt man zwei Bürsten zur Förderung des Parallellegens der Haare auf die rechte Warenseite einwirken und benützt nur eine zur Reinhaltung des Warenrückens. Mit den Stellwalzen s kann man den Anstrich an den Bürstwalzen regeln (Abb. 117).

Für den Faltentafler ist die Einrichtung getroffen, beim Tafeln in den Bottich oder beim Abtafeln nach dem Fertigrauhen auf den Tisch die Kurbelstangen verlängern und verkürzen zu können, um dem Tafler die richtige Stellung zu geben.

Die Doppelrauhmaschinen mit Rauhstäben und endloser Warenführung.

Schon durch die Anbringung mehrerer Anstriche an der einfachen Rauhmaschine wird deren Leistung vervielfacht. Eine weitergehende Leistungssteigerung bieten die Rauhmaschinen mit zwei Rauhtrommeln und je 2 bis 3 Anstrichen. Dadurch wird der Rauhvorgang nicht nur wesentlich abgekürzt, sondern auch verbilligt, weil nun gleichsam zwei Maschinen von einem einzigen Arbeiter bedient werden; weiter ist die Raumbeanspruchung viel geringer als von zwei einzelnstehenden Maschinen.

Für Gewebe, welche infolge der starken Verfilzung durch das Walken sehr vorsichtig gerauht werden müssen, damit durch das Reißen und Brechen der Härchen bei kräftig einsetzendem Rauhen die Rauhdecke nicht mager ausfällt, bewährt sich die Doppelrauhmaschine ganz besonders, um bei schonendem Rauhen durch allmähliches Steigern des Kardenangriffes nichts an Leistung bzw. an Zeit zu verlieren. Hinzu kommt noch der Umstand, daß man selbst beim Umsetzen und Wechseln der Rauhstäbe die Maschine nicht abzustellen braucht. Man hebt durch Verstellen der Anstrichwalzen das Gewebe von den Anstrichen der betreffenden Rauhtrommel ab und setzt die reinen Stäbe ein; dies ist eine Arbeit zur Leistungssteigerung, die in vielen Appreturen unbeachtet bleibt. Aber auch für alle übrigen stärker zu rauhenden Gewebe wird die Doppelrauhmaschine sehr gute Dienste leisten.

Läßt man die erste Trommel mit Strich (Ware und Trommel mit gleicher Bewegungsrichtung), die zweite mit Gegenstrich (Ware und Trommel mit entgegengesetzter Richtung) arbeiten, so vollzieht sich das Rauhen wie an der einfachen Rauhmaschine mit Auf- und Abwickelwalzen, nur mit dem Unterschiede, daß

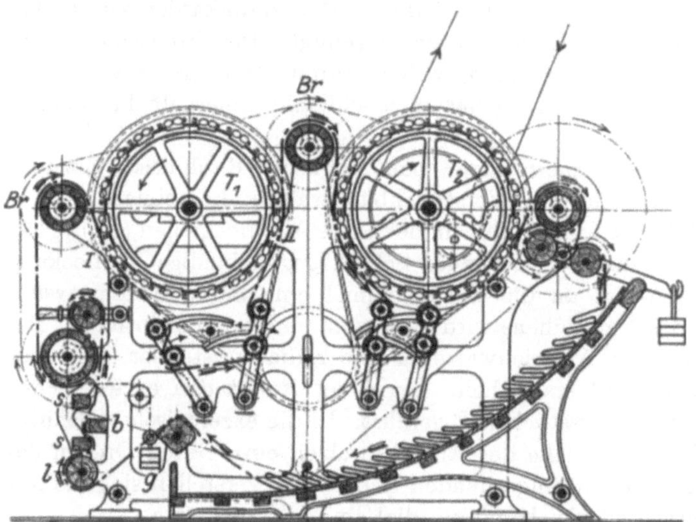

Abb. 118. Die Doppelrauhmaschine von Ernst Gessner A.-G.

keine Zeitverluste durch die Umstellung des Getriebes für die Wickelwalzen und der Backenbremsen auftreten. Während des Verstreichens gibt man beiden Trommeln die gleiche Drehrichtung, und zwar in der Warenlaufrichtung. Soll nur durch das Rauhen des Schusses die Rauhdecke entstehen, so läßt man beide Trommeln mit Gegenstrich laufen.

Diese Maschinen sind fast ausnahmslos mit endlosem Warengang und gleichbleibender Warenspannung ausgeführt und haben unmittelbar vor jeder Rauhtrommel einen rotierenden, angetriebenen Breithalter zur faltenlosen Zuführung des Gewebes und zur Hintanhaltung der Rauhstreifenbildung. Zur Erzielung einer dichten Rauhdecke und eines schonenden Rauhens versieht man die Doppelrauhmaschine am Eingange häufig mit einem Postierapparat. Das ist eine Trommel von kleinerem Durchmesser mit rotierenden Rauhkarden, welche durch ihre Schrägstellung die Fäden auch seitlich anrauhen. Während des Verstreichens wird er außer Betrieb gesetzt und ausgefahren, nachdem man den Anstrich abgestellt hat.

Durch zweckentsprechende Warenführung können Doppelrauhmaschinen gleichzeitig die rechte und linke Warenseite rauhen, und zwar mit verschiedenem

Rauheffekte, je nach Anstellung der Anstrichwalzen und Wahl stumpfer oder scharfer Rauhdisteln.

Die Abb. 118 und 119 zeigt die Doppelrauhmaschine der Firma Gessner. Jede Trommel hat 3 Anstriche, der Postierapparat t ist fahrbar. Die erste Trommel T_1 arbeitet mit Strich, die zweite T_2 mit Gegenstrich. An die Postiertrommel ist eine Reinigungsbürste angestellt.

Die **Aachener Doppelrauhmaschine** (Abb. 120) zum Vor-, Fertig- und Naßrauhen (Verstreichen) besserer Qualitäten von Wollwaren aus Kammgarn und Streichgarn, besonders solcher Gewebe, die vermöge des feinen Wollmaterials feinen Lüster und dichte Rauhdecke zeigen und sich fein und voll angreifen sollen, wie z. B. Damentuch, Drapés, Sommertuch, Uniformtuch, Eskimos, Doubles u. a., zeichnet sich durch ihre vorzügliche Konstruktion und große Leistung aus. Die Ausbreitung der Ware für den faltenlosen Durchgang durch mehrere feststehende Breithalter am Eingang und rotierende Breithalter vor jeder Trommel ist eine Gewähr, daß die Rauhstreifenbildung wirksam verhindert wird. Der Antrieb sämtlicher Zugwalzen und rotierenden Breithalter durch Stirnräder sichert einen gleichmäßigen, ruhigen Warenlauf, wogegen der Kettenantrieb infolge des schnellen Verschleißes und des Ausreckens der Kette stoßweise vor sich geht.

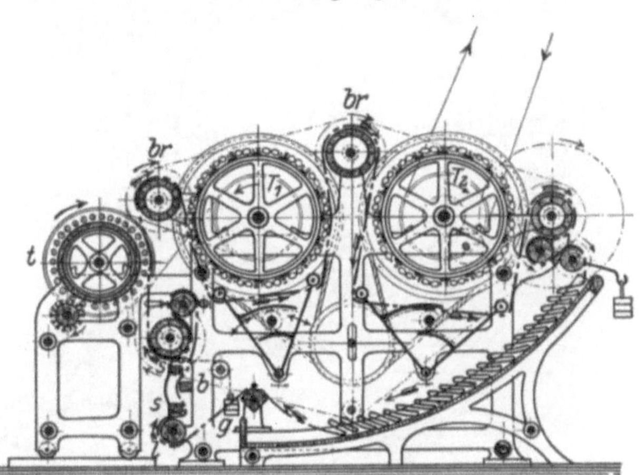

Abb. 119. Die Doppelrauhmaschine mit Postierapparat von Ernst Gessner A.-G.

Auch die Veränderung der Spannung bei Verstellung der Anstrichwalzen ist eine kaum merkliche, wodurch die Rauhdecke ganz gleichmäßig ausfällt. Die Anstellvorrichtung der Anstrichwalzen läßt große Anstrichflächen zu, wodurch nicht nur ein schnelles, sondern auch schonendes Rauhen durchgeführt werden kann. Bei ganzer Anstellung der Anstrichwalzen wirken 11 bis 12 Rauhstäbe jeder Rauhtrommel.

Die Rauhtrommeln sind leicht zugänglich, auch ist das Auswechseln der Rauhstäbe einfach. Die Warentresse faßt mehrere Stücke und läßt sich für ein gleichmäßiges Gleiten der Ware einstellen. Jede Trommel arbeitet mit 3 Anstrichen.

Eine Einsprengvorrichtung versieht das Gewebe mit der zum Naßrauhen erforderlichen, gleichmäßigen Feuchtigkeit, ohne daß Wassertropfen in die Ware gelangen können. Für das Verstreichen ist die Maschine mit einem Wickelwerk ausgerüstet.

Während des Vorrauhens arbeitet die erste Rauhtrommel mit Strich, die zweite mit Gegenstrich; während des Fertigrauhens und des Verstreichens bewegen sich beide Trommeln mit Strich (durch Einschalten eines Transportrades).

Die Einsprengvorrichtung liegt oberhalb der ersten Rauhtrommel. Von einem Wasserbehälter tropft Wasser auf die rasch rotierende Einsprengbürste, an welche eine Zerstäubungsschiene angestellt ist. Ein Blechverdeck verhütet das Herumspritzen und Abtropfen des Wassers.

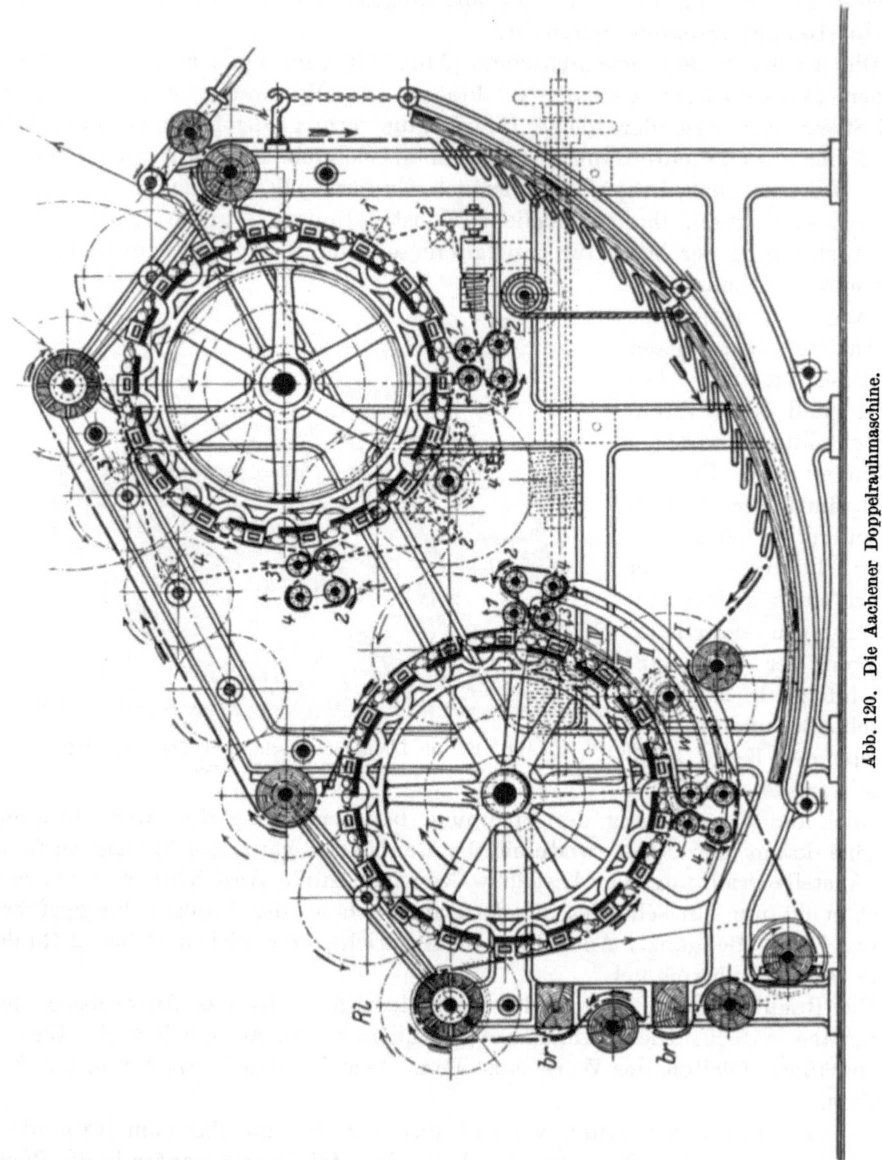

Abb. 120. Die Aachener Doppelrauhmaschine.

Die Doppelrauhmaschine zum gleichzeitigen Rauhen der rechten und linken Warenseite (Gessner) dient für Gewebe mit beiderseits gerauhten Gewebeflächen und zwar mit stärker gerauhter rechter Warenseite. Die 1. Trommel für die Linksseite hat zweifachen, die 2. Trommel für die Rechtsseite dreifachen Anstrich. Die Maschine kann auch mit Postierapparat versehen werden.

Die Doppelverstreichrauhmaschine von E. Gessner hat 2 Trommeln, deren jede 24 Rauhstäbe besitzt, um die Waren bei einmaligem Durchgang fertig verstreichen zu können; die Verstreichbürste *Bü* dient zur Unterstützung des Verstreichens.

Die Rollkardenrauhmaschinen.

Bei dieser Art von Rauhmaschinen sind auf dem Rauhtrommelumfang Eisenspindeln schräg bzw. windschief zur Trommelachse drehbar gelagert und die Kardendisteln auf diesen Spindeln befestigt (Abb. 121). Die Schräglagerung bewirkt, daß die Häkchen zweierlei Bewegungen ausführen, und zwar eine in der Umfangsrichtung der Trommel und eine zweite senkrecht zur Spindelachse; daraus ergibt sich ein seitliches Aufrauhen der Kett- und Schußfäden nebst der Bearbeitung in der Kettenrichtung, die beim Rauhen mit Rauhstäben allein vor sich geht. Außerdem hat die bewegliche Lagerung der Kardendisteln zur Folge, daß die Häkchen keine relative Bewegung zum Gewebe machen können, weil sie vom Gewebe mitgenommen werden. Sie dringen auch in die Vertiefungen zwi-

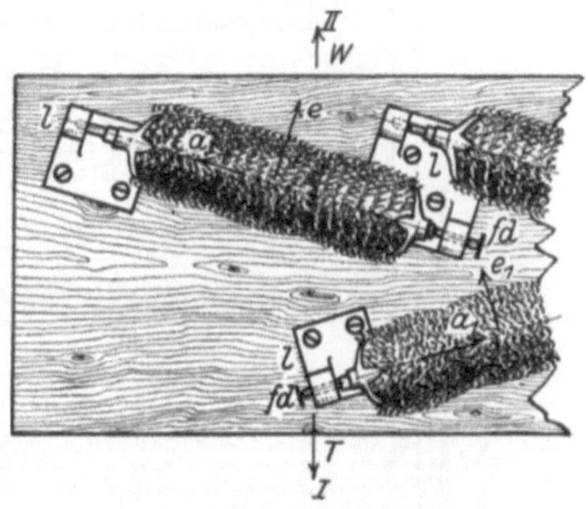

Abb. 121. Die Rollkardendisteln.

schen den einzelnen Fäden ein und heben die Fasern aus dem Gewebegrunde heraus. Durch diese Art des Distelangriffes werden mehr Fasern aufgekratzt und dichtere Rauhdecken erzeugt, die infolge der versetzten Anordnung der Spindeln auch gleichmäßig wird. Denken wir uns zwei Disteln in der zugeordneten Lage in Arbeitstätigkeit auf das Gewebe einwirken, indem sich die Trommel *T* in der Pfeilrichtung *I*, das Gewebe in entgegengesetzter Richtung *II* bewegt, so drehen sich die Disteln in der Richtung *e*. Die aufgekratzten Fasern werden dann eine Lage einnehmen, die durch die Resultierende der Richtungen *II* und *e* bzw. *II* und e_1 bestimmt ist. Daraus geht hervor, daß man mit rotierenden Disteln nicht verstreichen, d. h. die durch Wasser geschmeidig gemachten Fasern nicht in parallele Lage bringen kann. Die hauptsächlichste Wirkung ist vielmehr das Aufrichten der aufgekratzten Fasern und die Bildung einer stehenden samtartigen Faserdecke, weshalb man diesen Rauheffekt „Velours" und den Vorgang das „Veloursrauhen" nennt. Ferner wird die Faserdecke in geeigneter Weise vorbereitet, um sie auf eine gleiche Höhe abzuscheren und dadurch eine vollkommen gleichmäßige Oberfläche zu erhalten.

Endlich ist die Wirkung nicht — wie beim Stabrauhen — auf die Schußfäden beschränkt, sondern erstreckt sich auf die Ketten- und Schußfäden, was ebenfalls dazu beiträgt, daß die Rauhdecke dichter und gleichmäßiger wird. Unterstützt wird diese Absicht dadurch, daß — wie aus Abb. 122 ersichtlich ist — die Spindeln abwechselnd unter entgegengesetztem Neigungswinkel zur Längsrichtung der Trommel gelagert sind; außerdem sind sie versetzt angeordnet, das heißt, in der folgenden Reihe steht eine Spindel zwischen zwei

Spindeln der vorhergehenden Reihe, wodurch auch Rauhstreifen verhindert werden.

Allerdings werden die Fasern teils links, teils rechts gerichtet und demnach eine verworrene Rauhdecke ergeben. Daraus folgt, daß die Rauhmaschinen mit rotierenden Karden (Rollkarden) keinen „Strich" ergeben und darum

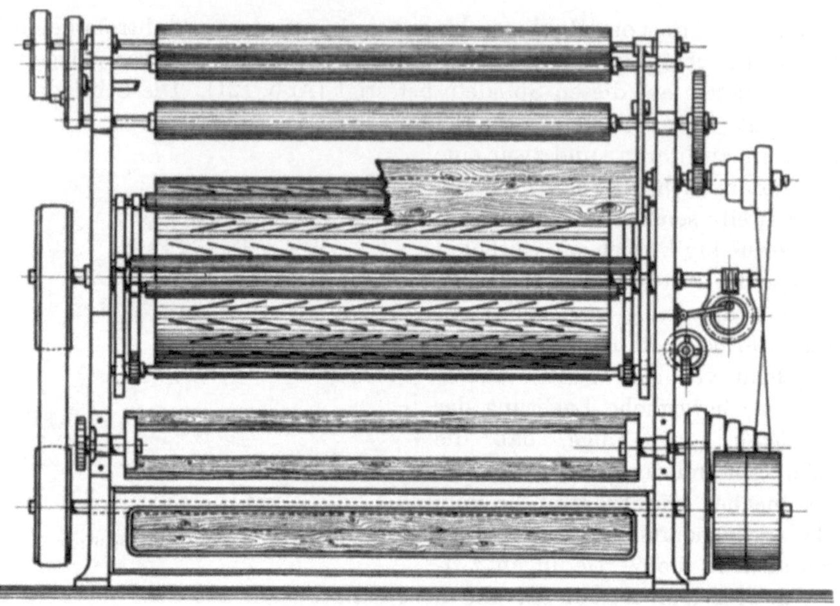

Abb. 122. Die Rollkardenrauhmaschine.

nicht zum Fertigrauhen geeignet sind. Sie finden also dementsprechend Anwendung für solche Gewebe, welche nicht im Strich gelegt werden sollen oder für Strichware zur Vorbereitung einer dichten, gleichmäßigen, wolligen Rauhdecke, also zum „Vorrauhen".

Die rotierenden Karden bestehen aus einer prismatischen, in Rundzäpfchen auslaufenden Eisenspindel, auf welcher je nach der Größe zwei oder drei Disteln aufgeschoben und auf geeignete Art befestigt sind, um sich gemeinschaftlich zu drehen. Man nimmt größere Disteln von 27/30, 30/36, 36/40, 40/48, schneidet

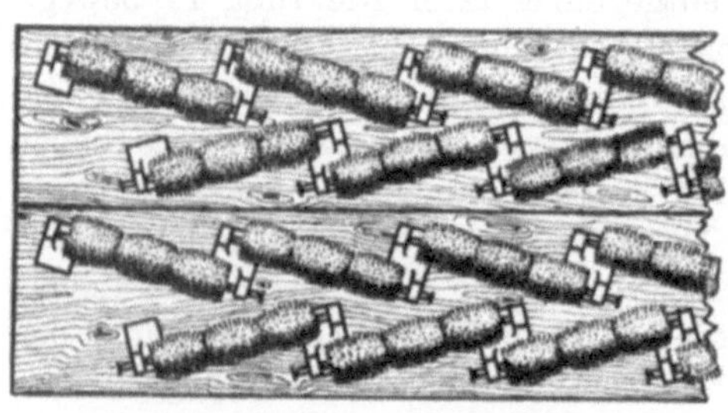

Abb. 122a. Die Anordnung der Rollkarden
in den Rauhstäben.

die Enden ab, so daß nur der zylindrische Mittelteil übrig bleibt, und durchbohrt diesen. Die Befestigung kann mittels einer hart antrocknenden Klebmasse aus Wasserglas und gepulverter Kreide geschehen, welche man auf die Spindel und an den Stirnflächen der Disteln aufstreicht (Abb. 123). Ihre axiale Verschiebung verhindert man durch eingesteckte Stifte i; nach einer anderen Ausführungsart werden die Disteln mit sternförmigen, gekämmten, auf den vierkantigen Teil der Spindel aufgeschobenen Blechscheibchen gehalten oder nur solche Endscheibchen benützt und eine Verbindung mit ausgeglühtem Messingdraht hergestellt.

Zur bequemen Einbringung der Rollkarden in die auf die hölzerne Rauhtrommel geschraubten Lagerkörper l (Abb. 121) ist ein offenes und ein geschlossenes Lager für jede Spindel vorgesehen, die durch eine Plattfeder fd gegen das Herausfallen gesichert ist. Da die Spindel während des Rauhens einen axialen Druck erfährt, müssen die geschlossenen Lager zur Vermeidung des Auswerfens der Spindeln an der den Druck aufnehmenden Seite liegen.

Die Drehung der Spindeln entsteht durch die Relativbewegung der mit verschiedenen Geschwindigkeiten in entgegengesetztem Sinne laufenden Trommel und Ware. Die Rauhdisteln nützen sich infolge ihrer rotierenden Bewegung vollkommen gleichmäßig ab und werden besser ausgenützt als jene der Rauhstäbe.

Die Rollkardenrauhmaschinen geben, wie bereits erwähnt, eine dichte und verworrene Rauhdecke und sind zum Verrauhen aller aus feinerem Fasermaterial bestehenden Gewebequalitäten mit dichter Haardecke, sowie zum Fertigrauhen solcher Gewebe, bei welchen ein Strich nicht verlangt wird, wie z. B. bei Flanellen, Umhängtüchern, Filzen, leichten Baumwollwaren u. a. geeignet. Man baut sie mit einer und zwei Trommeln als einfache und doppelte Rauhmaschine, von denen einige Ausführungsformen besprochen werden sollen.

Die einfache Rauhmaschine mit rotierenden Karden von Gessner (Abb. 124) ist mit endloser Warenführung und einer Trommel zum Einlegen von Rauhstäben oder Brettchen mit rotierenden Karden versehen, um sie für beide Rauharten verwenden zu können. Das Gewebe berührt die Rauhtrommel an 4 Stellen. Zum Putzen der rotierenden Disteln ist eine Schraubenbürstwalze angestellt. Eine andere Bürstwalze befindet sich am Maschinenausgange zur Ordnung der verworrenen Rauhdecke; auch findet das weitere Rauhen dadurch schonender statt. Das Gewebe wird, endlos zusammengenäht, so lange durch die Maschine geführt, bis eine genügend dichte Rauhdecke sich zeigt; dann wird die Naht getrennt und das Gewebe abgetafelt.

Eine besondere Einrichtung zeigt die Verstellvorrichtung für die Anstrichwalzen. Diese sind in zwei Gruppen von Segmenten s und s_1 gelagert, welche um die Trommelachse drehbar und mit angegossenen Zahnbögen ausgestattet sind (Abb. 125). In diese greifen die auf einer durchgehenden Welle befestigten Rädchen z ein. Von Hand aus (hr) sind mittels eines Schneckenradgetriebes se und sr die Anstrichwalzen a und a_1 zu verstellen.

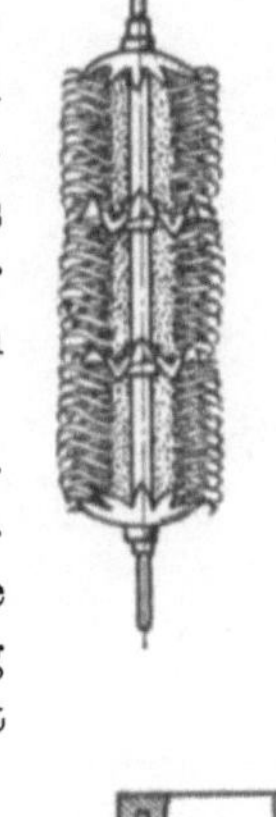

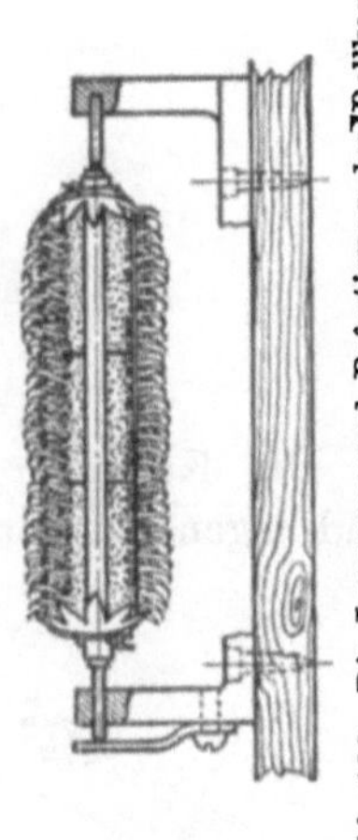

Abb. 123. Die Lagerung und Befestigung der Rollkarden.

10*

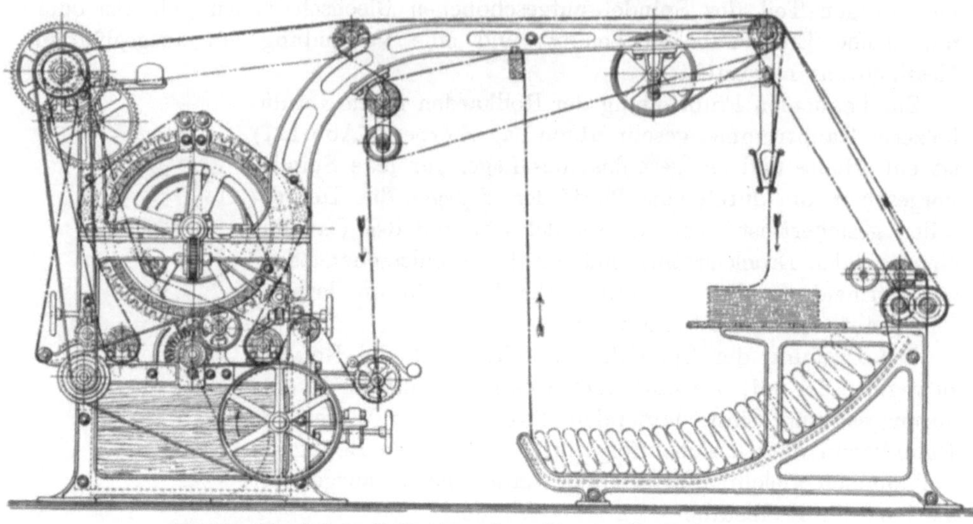

Abb. 124. Die einfache Rollkardenrauhmaschine von Ernst Gessner A.-G.

Abb. 124a. Latte mit Rollkarden.

Die Kardenbretter haben an ihren Enden Flacheisenstäbe angeschraubt und liegen mit den vorstehenden Enden in den an gußeisernem Trommelgerippe angegossenen, kästchenartigen Aussparungen. Auf einer Seite sind die Kästchen verschließbar.

Die Lagerung der Rollkarden auf dem Holzmantel der Rauhtrommel zeigt die Abb. 122. Die entgegengesetzt geneigten Spindeln sind voll auf Fug gelagert, damit die Lagerkörper der einen Kardenreihe durch die Karden der zweiten Reihe überdeckt werden und die Bildung von Rauhstreifen verhüten.

Die Doppelrauhmaschine mit Rollkarden bewährt sich durch ihre hohe Leistung für Gewebe mit dichter Rauhdecke, welche unter Umständen bei einmaligem Durchgange fertiggerauht sein können.

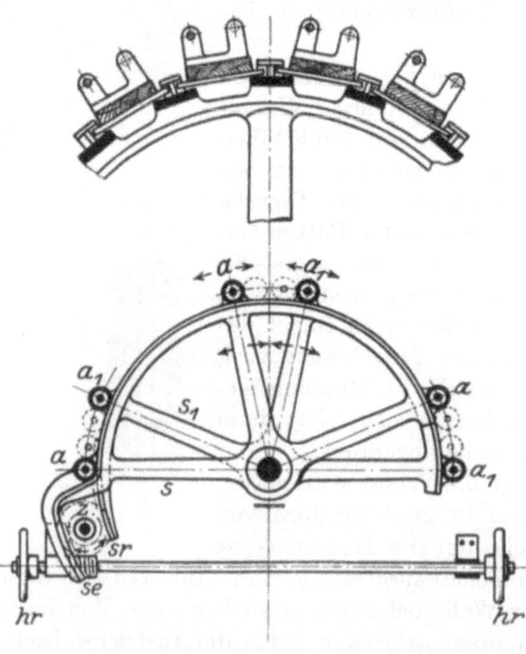

Abb. 125. Verstellvorrichtung für die Anstrichwalzen.

Spezialrauhmaschinen.

Eine solche ist die Rauhmaschine zum Rauhen endlos gewebter Filze.
Die Trommel ist je nach dem geforderten Rauheffekt mit Rauhstäben oder

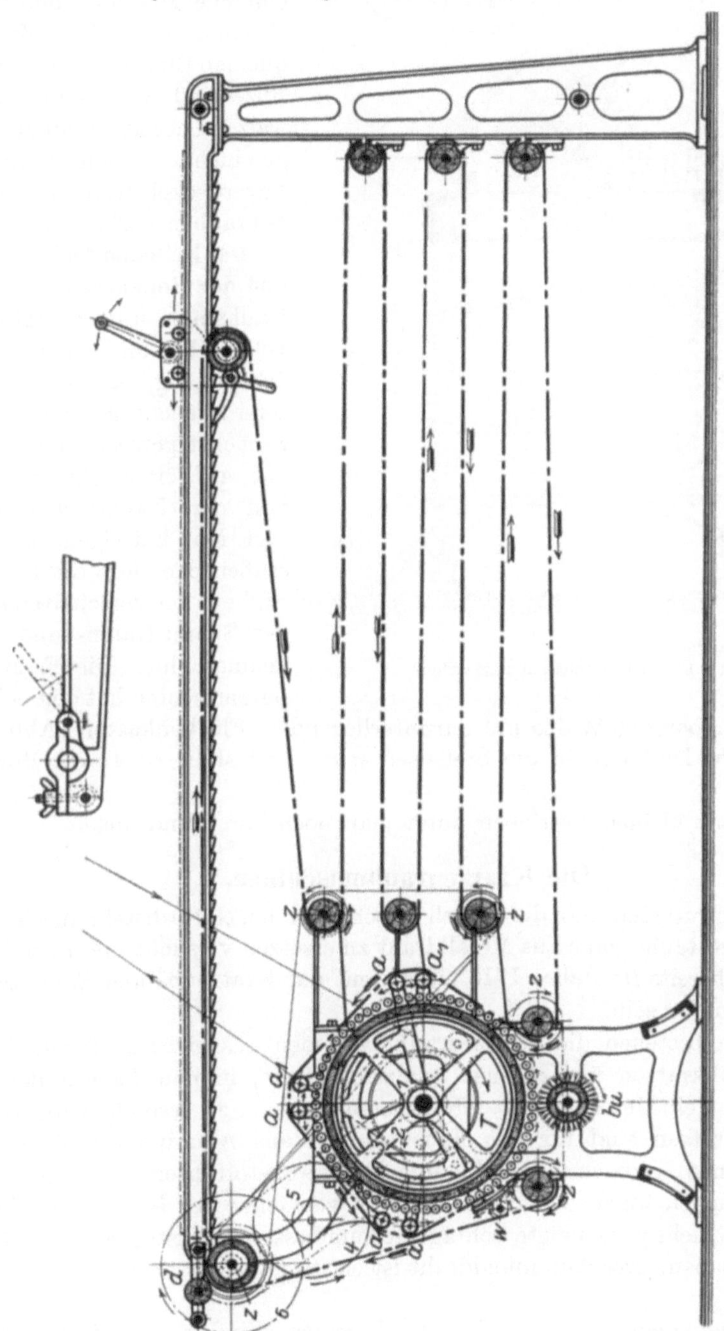

Abb. 126. Rauhmaschine für endlose Filze von Ernst Gessner A.-G.

Rolldisteln zu belegen. Durch die eigentümliche Lagerung der Leit- und Spannwalzen kann man Filze beliebiger Länge bequem in die Maschine bringen. Abb. 126 zeigt eine in ihrer Bauweise einfache Maschine der Firma E. Gessner in Aue. Zum bequemen Einziehen des endlosen Filzes sind die Zug- und Spannwalzen herausnehmbar; dies geschieht, indem man die Lagerdeckel nach Lösen der Schrauben aufklappt.

Das Reinigen der Rauhstäbe und der Rollkarden. Sind die Rauhstäbe mit Rauhflocken vollgefüllt und nicht mehr arbeitsfähig, so werden sie, sofern feucht gerauht wurde, zunächst getrocknet und hierauf auf einer Putzmaschine von den Rauhflocken gereinigt. Man hat eigene Trockenstuben oder legt die feuchten Stäbe in den verschalten Raum der Spann-Rahm- und Trokkenmaschine. Die Rauhstabputzmaschine hat eine schnellrotierende langborstige Walze mit darunterliegendem Flockenkasten (Abb. 127). Die Rauhstäbe legt man in die Stelleisen *st* ein und stellt sie an die Bürstenwalze an.

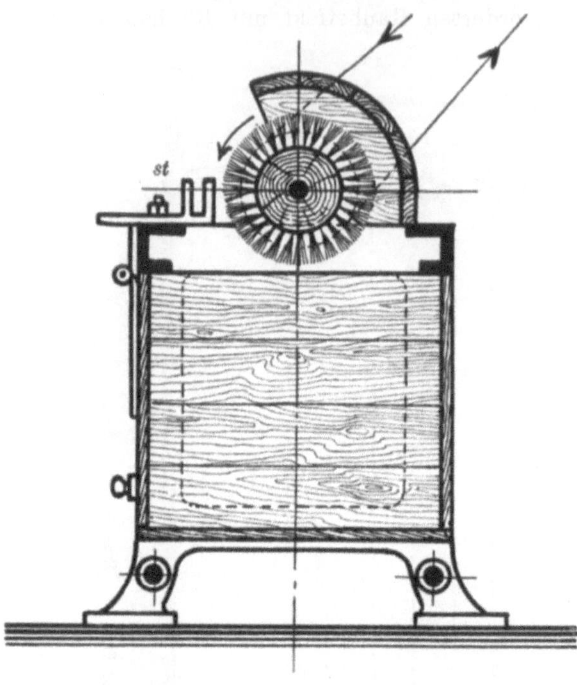

Abb. 127. Die Rauhstabputzmaschine.

Nur in ganz kleinen Betrieben putzt man noch von Hand aus.

Die Kratzenrauhmaschinen.

Schon frühzeitig hat man die schnell verschleißenden Naturdisteln durch widerstandsfähigere Rauhorgane aus Metalldraht zu ersetzen versucht und es soll nach Dr. Grothe bereits im Jahre 1718 ein Patent auf Kratzenbänder zum Rauhen genommen worden sein.

Im Wesen bestehen die Kratzenrauhmaschinen aus einer größeren Anzahl von mit Rauhkratzen überzogenen Walzen, welche, in den Lagern der gußeisernen Trommelböden eingelegt, mit diesen umlaufen und besonders angetrieben sind. Die Kratzen sind für das Feuchtrauhen aus Aluminoiddraht in einer mehrfachen, mit Kautschuk überklebten Baumwollstoffunterlage eingestochen. Die Drahthäkchen weichen der Gestalt nach von jenen der Krempelbänder ab, indem sie eine mehr vorgeneigte Schräglage zum besseren Einstechen in die Fäden der Gewebe haben. Der Aluminoiddraht ist elastisch, widerstandsfähig und rostsicher.

Die Kratzenbänder sind in schraubenförmigen Windungen auf Walzen aus Mannesmannrohr aufgezogen.

Ihre Rauhwirkung läßt sich an Hand der Abb. 128 erläutern. Die Ware und die Trommel bewegen sich in gleicher, die Rauhwalzen an der Berührungsstelle in entgegengesetzter Richtung mit verschiedenen Geschwindigkeiten, und zwar übersteigt die Umfanggeschwindigkeit der Rauhwalze jene der Ware. Die relative Geschwindigkeit ist verhältnismäßig hoch und die Rauhwirkung sehr intensiv. Durch die rotierende Bewegung der Rauhwalze werden die aufgekratzten Härchen aus der Gewebefläche herausgebürstet, so daß sich diese nach allen Richtungen, sofern sie nicht daran von den Nachbarfasern gehindert sind, aufrichten und eine verworrene Haardecke bilden.

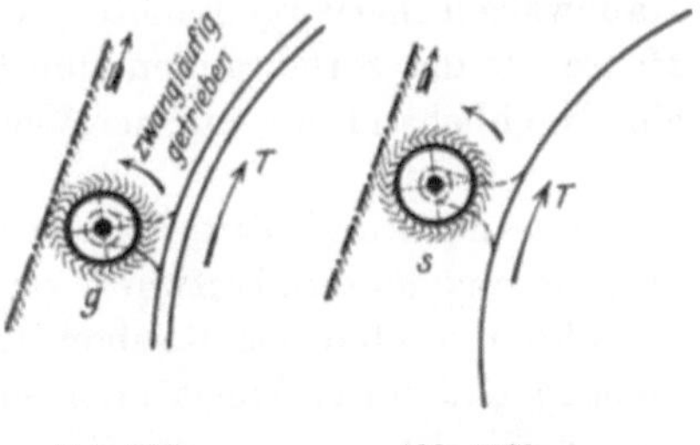

Daraus geht die Unmöglichkeit hervor, mit rotierenden Kratzenwalzen im Strich rauhen zu können.

Abb. 128a.　　　Abb. 128b.
Abb. 128. Die Wirkungsweise der Kratzenwalzen. a) Gegenstrichwalzen. b) Strichwalzen.

Würden sämtliche Rauhwalzen mit dieser intensiven Rauhwirkung arbeiten, so würde ein Großteil von Fasern herausgerissen und die Rauhdecke mager werden.

Man hat zur schonenden Lockerung der Haardecke an der Trommel noch Rauhwalzen untergebracht, die zwar nicht im eigentlichen Sinne rauhend wirken, weil sie vermöge ihrer entgegengesetzten Häkchenstellung (siehe Abb. 128b) zur Ware in diese weder einstechen, noch Fasern erfassen und festhalten können, sondern die aufgerauhten Haare durchstreichen und voneinander trennen und auf diese Weise mithelfen, die Haardecke zu lüften bzw. zu entwirren. Man bezeichnet die Rauhwalzen der ersten Art fälschlich Gegenstrich-, die der zweiten Art Strichwalzen. Richtiger wäre die Benennung Rauh- und Entwirrungswalzen.

In der Rauhtrommel sind die Rauhwalzen mit verschiedener Wirkung abwechselnd gelagert. Vor Verflockung werden sie durch Bürstwalzen bewahrt, die mit einem Bürstenbande aus feinen, langen, elastischen, radial zur Walze stehenden Drahthäkchen gebildet sind.

Damit man die Rauhwirkung der Kratzenwalzen möglichst genau der Beschaffenheit des Faserstoffes, der Bindungsart des Gewebes und dem Rauheffekte anpassen kann, sind die Antriebe dieser Walzen für veränderliche Geschwindigkeiten während des Rauhens einstellbar.

Da die Kratzenrauhmaschinen ein Strichrauhen nicht zulassen, haben sie sich wegen der größeren Dauerhaftigkeit der Rauhwerkzeuge zum Rauhen von Baumwollwaren rasch eingeführt, da ja die Baumwollfaser nicht verstreichfähig ist und erst allmählich ging man in den letzten Jahren daran, sie auch zum Rauhen der Linksseiten von Woll- und Halbwollwaren und gegenwärtig auch zum Vorrauhen der Rechtsseiten von besseren Wollwaren zu gebrauchen.

Die Linksseiten von Halbwollstoffen rauht man, um diesen ein ganzwollähnliches Aussehen zu verleihen. Erst nachdem man mit dem Linksrauhen von Paletot- und Mantelstoffen, rein- und halbwollener Kammgarnstoffe, billigen Damen-Eskimos, welche mitunter aus Mungo- und anderem Kunstwollmaterial hergestellt sind, befriedigende Ergebnisse auf der Kratzenrauhmaschine erzielt hatte, schwand das Vorurteil gegen diese Rauhmaschinen und auch die unhaltbare Ansicht, daß die Ware durch die Bearbeitung mit Metallkratzen an Gewicht und Haltbarkeit zuviel verliere; man wagte später auch das Vorrauhen der rechten Warenseiten von besseren Wollwaren als Vorbehandlung für das Verstreichen.

Die einzige berechtigte Einwendung ist die, daß man der durch die rotierenden Rauhwalzen hervorgebrachten veloursartigen Aufbürstung der aufgekratzten Haare für das Strichrauhen zum Umlegen, Strecken und Parallellegen derselben eine Nachbehandlung auf der Verstreichmaschine mit Naturkarden folgen lassen muß.

Diese nur kurze Zeit beanspruchende Nacharbeit wiegt aber die Ersparnisse an Zeit und Materialaufwand reichlich auf, wenn man bedenkt, daß bei stark gewalkten Stoffen das Rauhen auf Naturkardenrauhmaschinen einen 6- bis 10maligen und unter Umständen einen noch öfteren Wechsel der Rauhstäbe erfordert.

Die Grundbedingungen für die Erzeugung einer gleichmäßigen und dichten Haardecke sind für beide Systeme der Rauhwerkzeuge die gleichen, nämlich eine auf Grundfilz gut gewalkte, bandenfreie Ware, mit haltbaren, nicht eingerollten und festen Leisten, genügende Feuchtigkeit während der Rauharbeit, gleichmäßige Warenspannung und gleichmäßiger Angriff der Rauhwerkzeuge.

Die Kratzenrauhmaschine der Firma E. Gessner, seit dem Jahre 1886 gebaut und mit dem Namen Universal-Kratzenrauhmaschine bezeichnet, ist für Baumwollwaren mit 36 Strich- und Gegenstrichwalzen, für Wollwaren mit 24 solcher Walzen versehen (Abb. 129).

Der Kupferheizzylinder c steht fest und wärmt die Baumwollwaren an, weil diese nur in trockenem Zustande gerauht werden können. Die Gegenstrichwalzen g und die Strichwalze s werden durch Vermittlung der Riemenkegel C je nach Bedarf und Fortgang des Rauhens mit veränderlicher Geschwindigkeit angetrieben. Die Ware umspannt die Rauhwalzen etwa auf ¾ des Trommelumfanges. Nach dem Verlassen der Trommel wird das Fasergewirr der Rauhdecke von der Strichbürste (Borstenwalze) gleichgerichtet.

Die Kratzenputzbürsten $bü_1$, $bü_2$ schärfen nebst der Reinhaltung den Kratzenbelag der Rauhwalzen. Ist dieser nach längerem Gebrauche stumpf geworden, so schleift man die Rauhwalzen in einer Schleifmaschine mit einer über die ganze Walzenbreite hin und her wandernden Schleifscheibe.

Die Warenförderung kann durch die Zugwalzen Z gleichfalls mit veränderlicher Geschwindigkeit für 4 bis 20 m minutlicher Geschwindigkeit erfolgen, zu welchem Zwecke die Stufenscheiben Ss_1 (an der Trommel) und Ss_2 dem Rädergetriebe 1, 2, 3, 4 vorgeschaltet sind. An den neuesten Maschinen hat Gessner in dieses Getriebe noch ein solches eingebaut, um auch der durch das Rauhen und Fördern der Ware entstehenden Dehnung Rechnung zu tragen; für eine gleichmäßigere Rauhwirkung ist dies wesentlich.

Für Wollgewebe entfällt der am Maschineneingange befindliche Heizzylinder, an dessen Stelle ein mechanischer Breithalter das faltenlose Einführen der Ware sichert.

Die Reinigungsbürsten werden durch ein Rädergetriebe derart betätigt, daß sie nach je $^1/_{12}$ Trommeldrehung (bei 24 Rauhwalzen) eine Drehbewegung

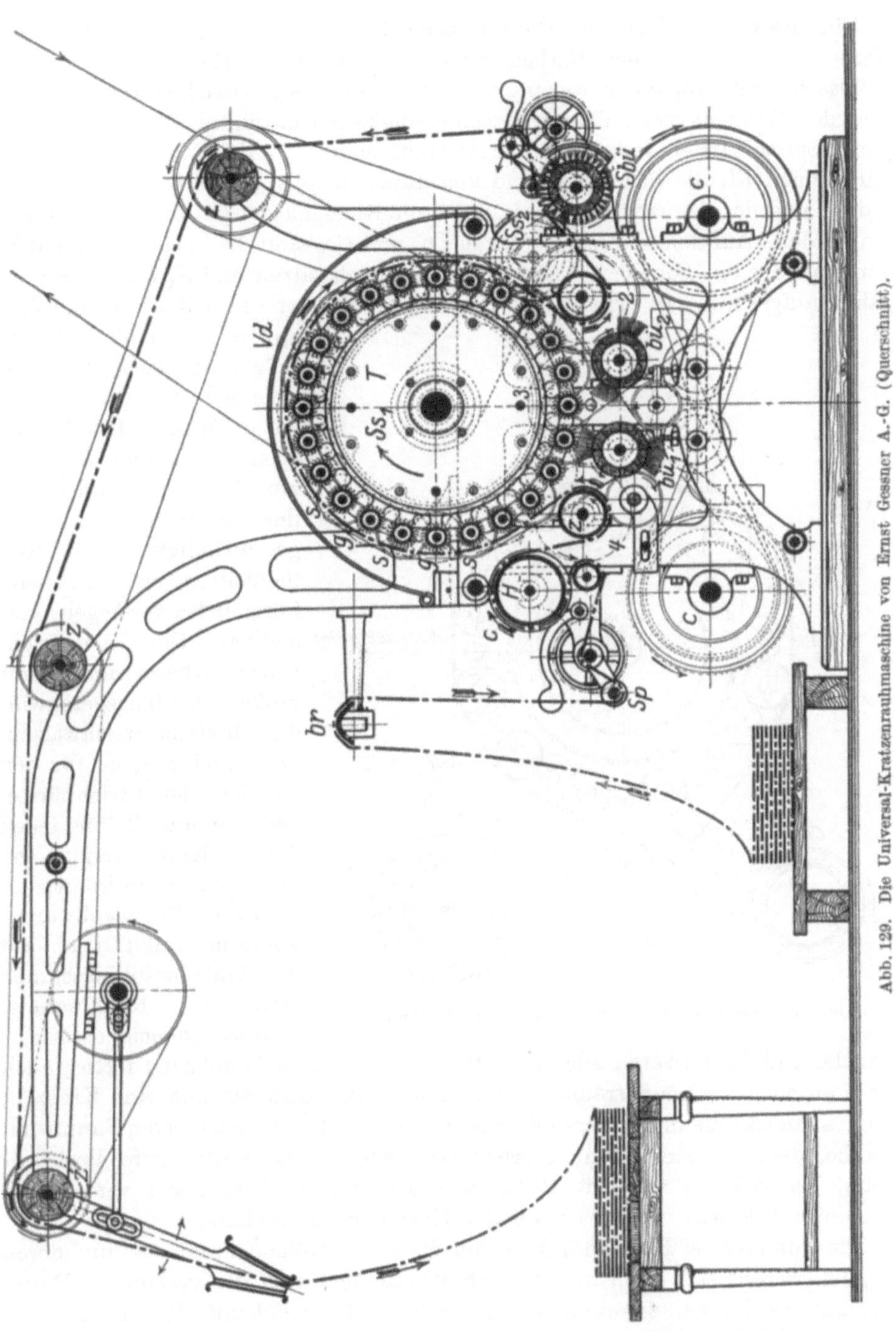

Abb. 129. Die Universal-Kratzenrauhmaschine von Ernst Gessner A.-G. (Querschnitt).

mit Eingriff ihrer Kratzenbürsten in die Strich- und Gegenstrichwalzen machen,
so daß eine Bürste eine Walzengruppe, die andere die zweite Walzengruppe
reinigt.

Ein gutes Reinhalten der Rauhwalzen erhöht die Leistung insbesondere bei Waren von verschiedenen Farben, weil das wiederholte Handputzen entfällt.

Das Getriebe für die Bewegung der Strich- und Gegenstrichwalzen mit während des Rauhens verstellbaren Geschwindigkeiten entnimmt seine Bewegung dem Trommelantrieb, indem von der Riemenscheibe S_1 (Abb. 130 bis 132) durch den Riemen Ri_1 die Scheibe S_2 und von dieser mittels zweier Riemenkegel Co_1 und Co_1' und der Kreuzriemen Ri_2 und Ri_2' die Riemenkegel Co_2 und Co_2' angetrieben werden. Auf dem Zapfen der Kegel Co_2 und Co_2' sind die Scheiben S_3 und S_3' zum Antriebe der Scheiben S_4 für die Gegenstrichwalzen und S_4' für die Strichwalzen aufgekeilt. Die zugehörigen Riemen laufen über verstellbare Spannrollen sp und Leitrollen l, um möglichst viele Riemenscheiben der Rauhwalzen zu umfassen. Die Kreuzriemen Ri_2 und Ri_2' sind zur Veränderlichmachung der Rauhwalzenumfangsgeschwindigkeit mit Riemenleitern auf den zugehörigen Riemenkegeln verstellbar. Die Gegenstrichwalzen arbeiten immer mit größerer Umfangsgeschwindigkeit als die Strichwalzen. Die Scheibe S_5 ist für den Antrieb der Strichbürste, das Zahnrad Z für jenen der Kratzenreinigungsbürstwalzen bestimmt.

In der Baumwollwarenappretur rauht man auf den Kratzenrauhmaschinen Barchente, Rauhpiquets, Touristenhemdenstoffe,

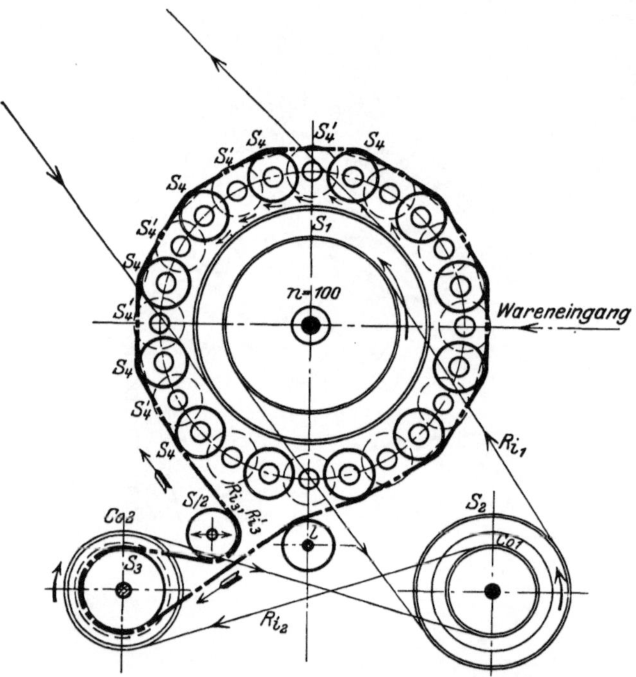

Abb. 130. Das Getriebe der Strich- und Gegenstrichwalzen.

Flanelle und Trikotwaren aller Art oft mit einmaligem Durchgang fertig; auch hat man eine Kratzenvorrauhmaschine mit etwas gröberen und eine Kratzenfertigrauhmaschine mit feineren Kratzenwalzen. Selbst die leichtesten Baumwollgewebe, welche große Schonung erheischen, wie gewisse Futterstoffe, Verbandstoffe, bei welchen sich die Fäden während des Rauhens leicht verschieben können, rauht man vorteilhaft auf der Kratzenrauhmaschine.

Die Nummer des Kratzendrahtes, der Stich, die Höhe der Häkchen und deren Biegung richtet sich nach der Warenbeschaffenheit und der verlangten Rauhwirkung; es ist am zweckmäßigsten, sich diesbezüglich mit der erzeugenden Maschinenfabrik ins Einvernehmen zu setzen, da die richtige Wahl des Rauhwalzenbeschlages ausschlaggebend für den Erfolg ist. Für die Trockenrauherei wird gut gehärteter Sektoralstahldraht in Kautschuk mit Stoff oder Runddraht, in Stoff und Filz gestochen, verwendet.

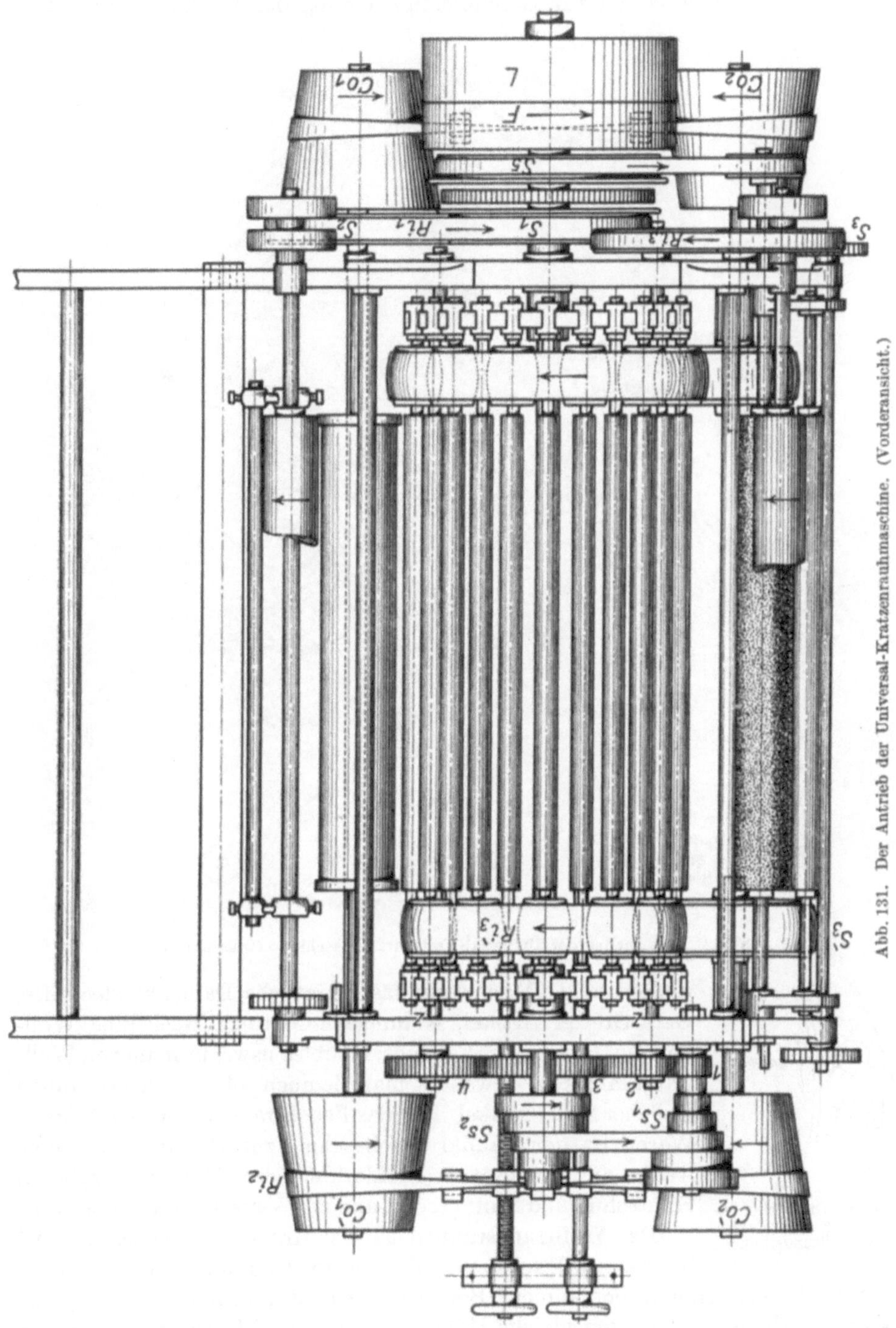

Abb. 131. Der Antrieb der Universal-Kratzenrauhmaschine. (Vorderansicht.)

Die Kratzenrauhmaschine für Woll- und Halbwollwaren hat keinen Heizzylinder, weil diese Waren zur Geschmeidigmachung der Wollfasern feucht zu

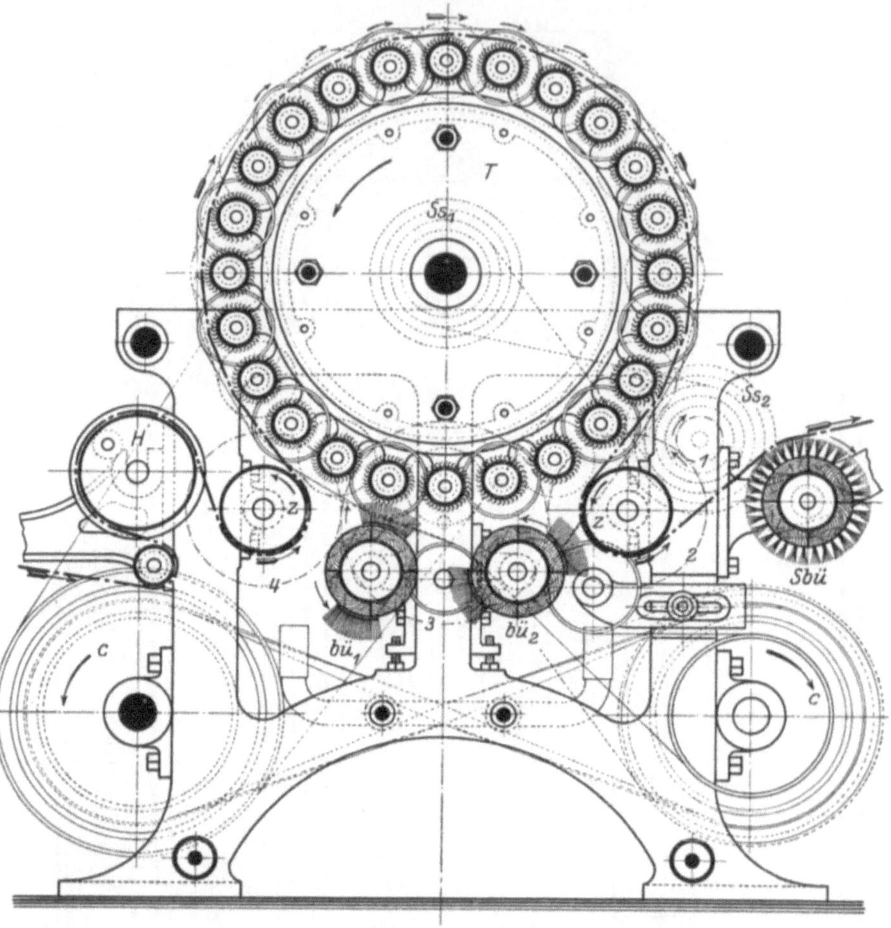

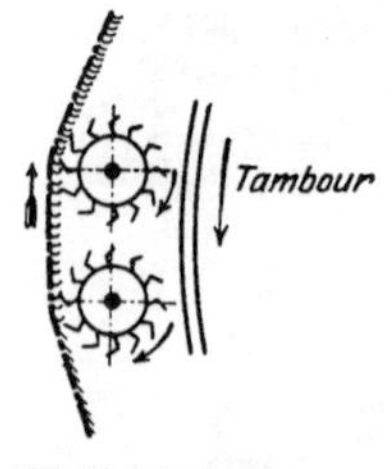

Abb. 132. Der Antrieb der Universal-Kratzenrauhmaschine. (Querschnitt.)

Abb. 133. Die Wirkungs-
weise der Kratzenwalzen
beim Verfilzungsrauhen.

rauhen sind. Man rauht fast sämtliche Damenkleiderstoffe,
Gera-Greizer Artikel, Kammgarn-Coatings, Buckskins, Woll-
flanelle, Presidents, Eskimos, Doubles usw.; in manchen Woll-
warenfabriken verwendet man sie auch schon zum Vorrauhen
wollener Strichartikel. Für das Feuchtrauhen der angeführten
Waren ist der Rauhkratzenbeschlag zur Rostsicherheit entweder aus verzinntem Stahldraht oder Aluminoiddraht in
Kautschuk und Stoff gesetzt und auf Wunsch mit Seitenschliff.

Das Verfilzungsrauhen auf der Kratzenrauhmaschine wird
für gewisse Effekte und Zwecke in der Baumwoll- und Wollrauherei in Verwendung genommen. Bei diesem eigentümlichen Rauhvorgange
haben sämtliche Rauhwalzen gleiche Häkchenstellung und bewegen sich an der
Berührungsstelle in der Laufrichtung der Ware. Die Trommel bewegt sich der

Ware entgegen (Abb. 133). Durch diese Stellung der Rauhwalzenhäkchen und die genannten Bewegungsverhältnisse werden die bereits durch ein Vorrauhen auf der Kratzenrauhmaschine mit Strich- und Gegenstrichwalzen gelockerten Härchen gestaucht und verworren, wodurch baumwollenen Stoffen (Blusenstoffen, Hosenzeugen u. a.) das Aussehen eines gewalkten Wollstoffes verliehen wird. Auch hier wird der Effekt vollkommener, wenn alle Rauhwalzen schneller laufen als beim Strich- und Gegenstrichrauhen. Werden die Stoffe nach dem Rauhen bedruckt, so bleiben die Umrisse der Muster scharf.

Für Kunstwollwaren nimmt man das Verfilzungsrauhen fast allgemein zu Hilfe, um die schwer filzbaren Fasern zu verwirren und beim nachherigen Walken ein schnelleres und besseres Verfilzen zu ermöglichen.

Jede Strich- und Gegenstrichrauhmaschine kann in wenigen Minuten in eine Verfilzungsrauhmaschine umgewandelt werden, indem man die Gegenstrichwalzen umlegt und die Bewegungsrichtung der Trommel ändert, wodurch gleichzeitig auch die Drehrichtung der Rauhwalzen sich ändert. Hierbei muß man das Gewebe gegen den Strich einlaufen lassen. Weiter ist der Riemen der Stufenscheiben zum Antriebe der Zugwalzen wegen der geänderten Drehrichtung der Trommel zu kreuzen, beiden Kratzenputzbürsten $bü_1$, $bü_2$ ist gleiche Drehrichtung zu geben und die Strichbürste *Sbü* in der Richtung der Ware laufen zu lassen. Bei Wollwaren tritt an die Stelle des Heizzylinders ein mechanischer Breithalter.

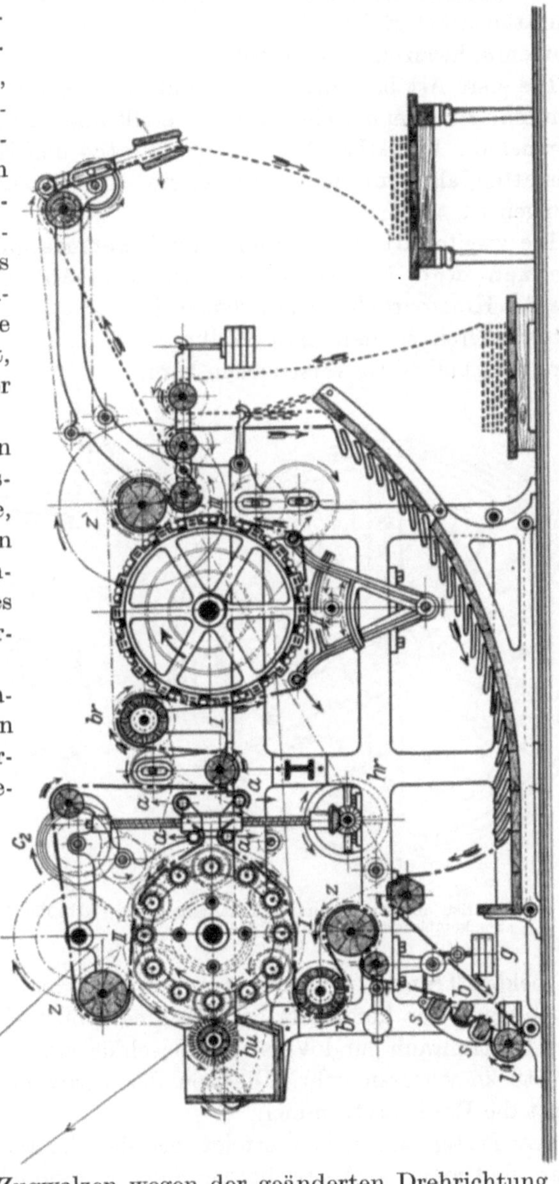

Abb. 134. Die kombinierte Rauhmaschine von Ernst Gessner A.-G.

Die kombinierten Rauhmaschinen.

Diese sind zweitrommlige Rauhmaschinen, bei denen je nach Qualität und Rauheffekt der Ware eine Trommel mit rotierenden Karden, die zweite mit Rauhstäben belegt ist; die erste Trommel kann an Stelle der Rollkarden mit Kratzenrauhwalzen ausgerüstet sein.

Die erste Art bewährt sich für gut zu rauhende Waren mit und ohne Strich. Geht man zum Verstreichen über, so stellt man die Anstriche an der Rollkardentrommel ab. Die Arbeit für das Vor-, Fertig- und Nachrauhen geht viel schneller vonstatten, als wenn man auf zwei einzeln stehenden Maschinen zu arbeiten gezwungen ist.

Die zweite Art der kombinierten Rauhmaschinen, auch die **kombinierte Kratzen- und Naturkarden-Rauhmaschine** genannt, vereinigt die Vorteile der Kratzenrauherei mit denen der Distelrauherei, so daß man Wollwaren vorrauhen und fertig verstreichen kann.

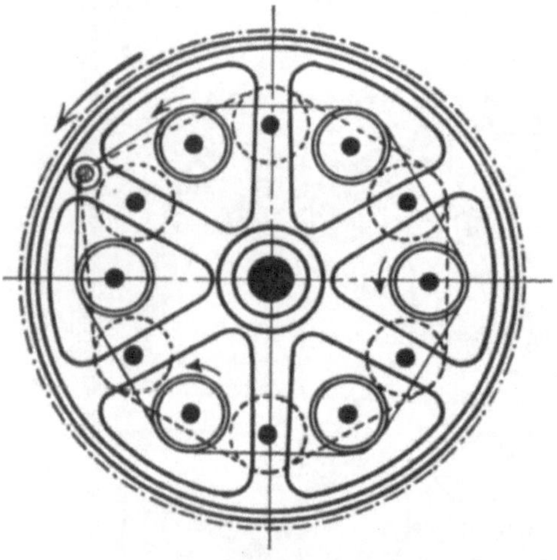

Abb. 135. Antrieb der Strich- und Gegenstrichwalzen der kombinierten Rauhmaschine.

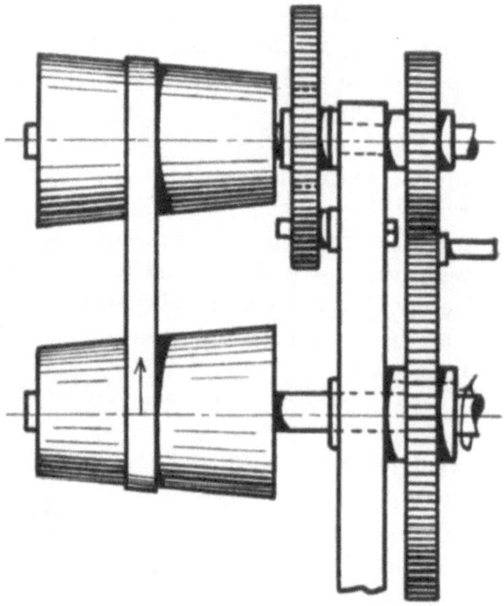

Abb. 136. Die Antriebskonusse für die Strich- und Gegenstrichwalzen.

Die beiden Trommeln unterstützen einander in ihrer Arbeit, so daß auch hier die Leistung der kombinierten Maschine größer als bei getrennter Anwendung einer Kratzenrauh- und Verstreichmaschine ist, da keine Zeit für das Vorlegen der Stücke verloren geht. Die von der Kratzentrommel erzeugte Rauhdecke ordnet die Rauhstabtrommel.

Das Fertigverstreichen erfolgt bei den letzten Warendurchgängen in der Weise, daß man die Anstriche der Kratzentrommel abstellt und die Verstreichtrommel allein arbeiten läßt.

Die Leistung ist im Vergleich zu einer Naturkardenrauhmaschine bei bedeutend geringerem Distelverbrauch ungefähr dreimal so groß, die Raumbeanspruchung geringer, ebenso auch die Regieausgaben.

Bei der Ausführung von E. Gessner (Abb. 134—136) hat die Kratzentrommel 12 bis 24 Rauhwalzen mit einem Belag aus Aluminoiddraht, in Stoff und Kautschuk gestochen, die Verstreichtrommel 18 Rauhstäbe, erstere zwei, letztere drei Anstriche.

Zu den kombinierten Rauhmaschinen gehören die **Kratzen-Strichrauhmaschinen, System „Mundorf“,** welche in der Ausführungsform nach Abb. 137 von Gessner in Aue gebaut werden. Sie besitzen eine Rauhtrommel mit 12 Paaren von abwechselnd rotierenden Rauhkratzenwalzen und feststehenden Kratzenstrichblättern. Der Beschlag besteht aus Aluminoiddraht. Die Kratzenstrichblätter für die Stäbe sind mit abwechselnd nach rechts- und linksgeneigter Zahnstellung ausgeführt. Die Strichkratzenstäbe sind zum Warenanstrich verstellbar und gleichzeitig zum Wenden eingerichtet. Die Ware erhält drei gleichzeitig und gleich-

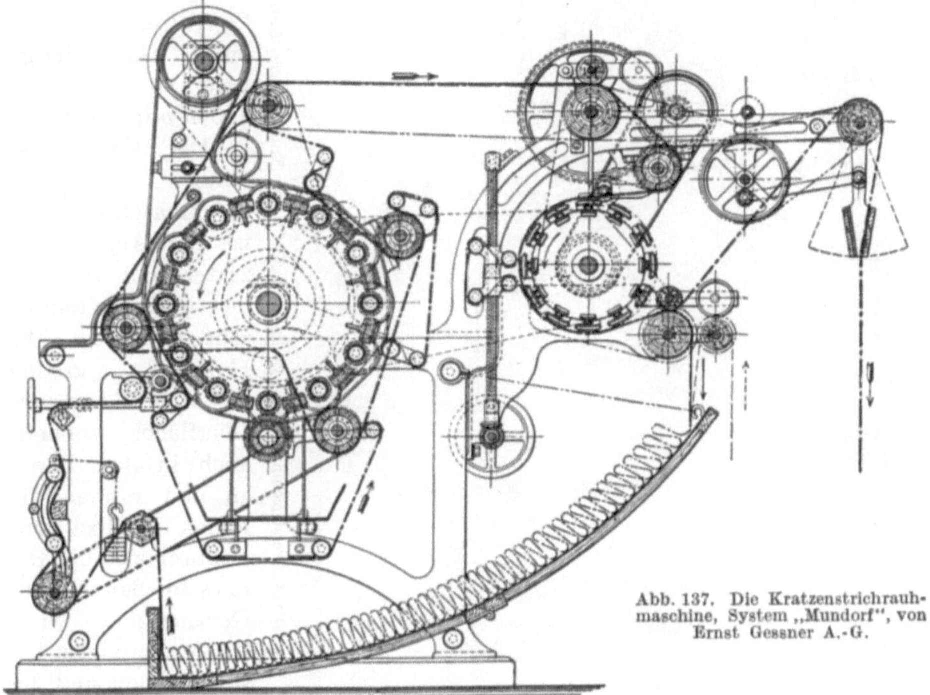

Abb. 137. Die Kratzenstrichrauhmaschine, System „Mundorf“, von Ernst Gessner A.-G.

mäßig verstellbare Anstriche an der Rauhtrommel. Der Grad der Anstellung der Anstriche ist mittels Zeiger und Skala ablesbar. Zur Erhöhung des Stricheffektes dient eine Verstreichtrommel am Ausgange der Maschine mit 12 Strichkratzenstäben und 2 gleichmäßig verstellbaren Warenanstrichen.

Abb. 138 stellt eine Naßverstreichmaschine mit 24 Kratzenstäben, System Mundorf, vor; sie besitzt eine Rauhtrommel von 1000 mm Durchmesser. Die Kratzenstrichstäbe bestehen aus verbleiten Blechschienen, in denen die Kratzenblätter eingeschoben und befestigt sind. Die Kratzenblätter werden aus Spezialfilzstoff und die Kratzenzähne aus Aluminoiddraht hergestellt; die Zahnspitzen stehen abwechselnd nach rechts und links. Die Rauhtrommel bewegt sich entgegengesetzt der Warenlaufrichtung.

Die Gewebeveredlungsmaschine zum Weich- und Dichtmachen von Geweben von E. Gessner in Aue (Abb. 139). Diese Maschine enthält als arbeitende

Bestandteile paarweise nebeneinander angeordnete Arbeitswalzen nach Art der Rauhwalzen von je 90 mm Durchmesser. Die unteren Walzen sind ortsfest gelagert, die oberen haben Gleitlager mit regelbarem Federdruck. Der Antrieb geschieht mittels Riemens in Gruppen zu je 4 Paaren. Die Maschine wird in 3 Größen zu 8, 16 und 24 Walzenpaaren mit einer Geschwindigkeit von 120 bis 140 m/min gebaut.

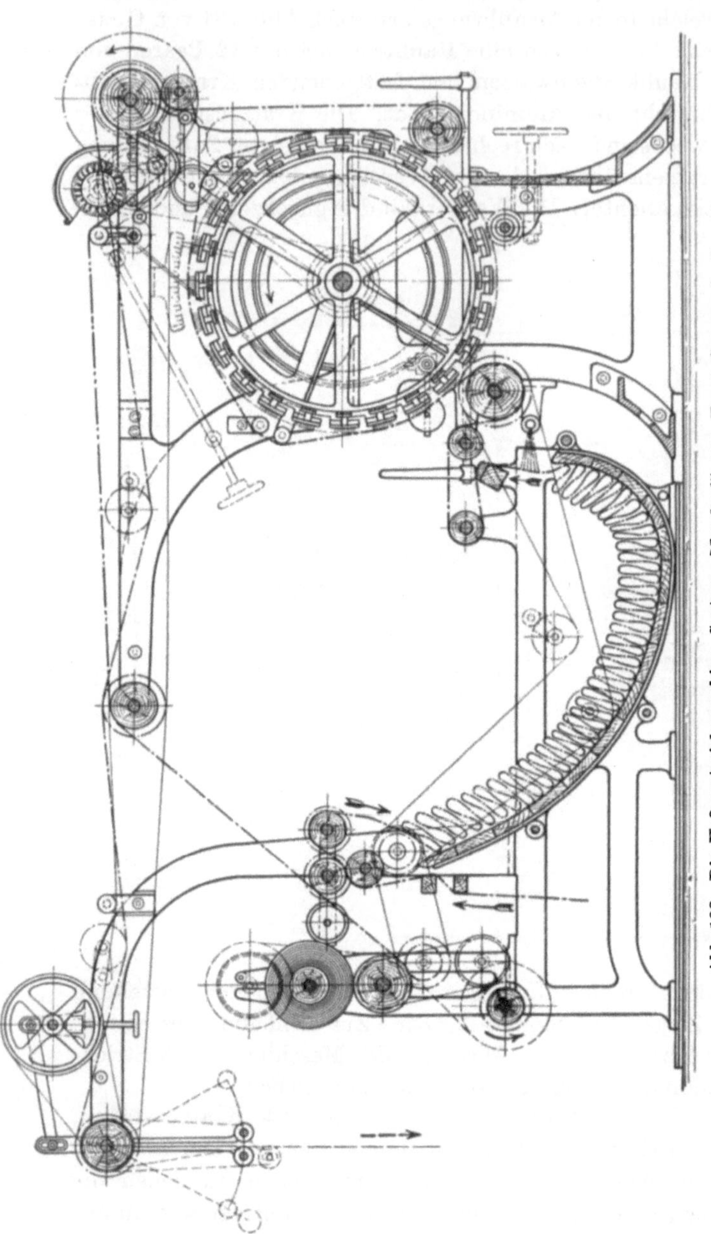

Abb. 138. Die Naßverstreichmaschine, System „Mundorf", von Ernst Gessner A.-G.

Die Wirkung ist ähnlich der einer Rauhmaschine, nur ist der Angriff viel zarter und schonender, da die Anstellung sehr gering ist. Die Häkchen greifen nicht bloß an der Oberfläche, sondern auch in den Poren an und rauhen die Fäden daselbst auf, wodurch sich die Poren schließen und das Gewebe dicht wird. Infolge der vielen Anstrichstellen und der allmählichen Bearbeitung wird das Gewebe weich und geschmeidig. Die Maschine eignet sich für hart appretierte Baumwoll- und Schafwollgewebe, welche trocken bearbeitet werden.

Allgemeine Bemerkungen über das Maschinenrauhen.

Rauhstreifen bilden sich in der Ware teils durch fehlerhafte Anordnung der Rauhwerkzeuge, teils durch unrichtiges Einstellen einzelner Maschinenteile, teils durch schlechte Führung der Ware. Wenn in den Rauhstäben nicht alle Disteln von gleicher Größe sind, wenn sie schlecht gesetzt sind, so daß sie über die anderen hervorstehen, oder wenn die Säulchen in den Rauhstäben beim Einlagern auf die Trommel in einer zur Drehungsachse senkrechten Ebene stehen und die Rauhtrommel keine Changierung hat, so entstehen Rauhstreifen, ebenso auch bei faltig geführter Ware oder wenn diese Wasch- und Walkfalten hat.

Sind die Anstrichwalzen zur Trommelachse nicht genau parallel, so wird die eine Gewebehälfte stärker, die andere schwächer an die Rauhtrommel angedrückt, wodurch ungleich gerauhte Ware entsteht, desgleichen, wenn bei der einfachen Rauhmaschine mit Wikkelwalzen die Ware vom Rauher ungleich fest an die Rauhtrommel herangehalten wird.

Bilden sich Rauhwolken, so ist die Ursache in ungleich gefeuchteter Ware (Wollwaren) oder in wechselnder Gewebespannung zu suchen.

Bei eingerollten Leisten tritt häufig der Fall des Durchrauhens ein.

Bergmann, Appretur.

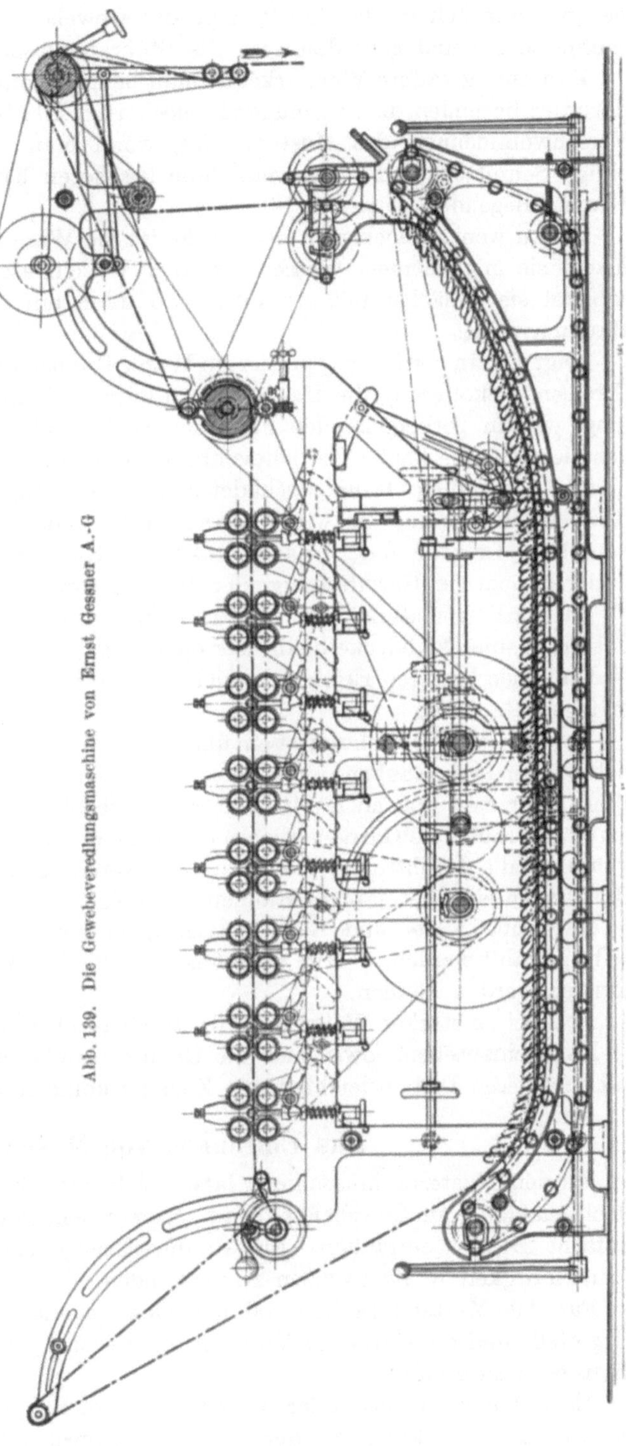

Abb. 139. Die Gewebeveredlungsmaschine von Ernst. Gessner A.-G.

Kleine Rauhfehler verbessert man von Hand aus mit dem Rauhdistelkreuz; bei größeren Fehlern behandelt man das Gewebe zuerst auf der Rollkardenrauhmaschine und geht dann auf die Stabrauhmaschine über.

Zu wenig gerauhte Ware erkennt man beim Scheiteln der Haardecke an dem darunter liegenden, nicht genügend gelockerten Filz bei Walkwaren oder an der Verschwommenheit des Musters oder, wenn man bei kurz gerauhter Decke einige Schnitte auf der Schermaschine geschoren hat, an dem ungelösten am Grunde liegenden Filz.

Bei zu wenig gelockerter Rauhdecke ist die Ware nochmals zu rauhen. Man macht sie mit warmem Wasser auf einer Waschmaschine geschmeidig und bearbeitet sie zunächst mit stumpfen und dann mit schärferen Disteln auf der Rauhmaschine.

Zeigt sich in der fertigappretierten Ware, also nach beendigter Schußoperation (Pressen, Dekatieren), die Haardecke zu kurz, so kann man durch Nachbehandlung, wie im vorhergehenden Falle ein wenig nachhelfen; immerhin wird aber das Gewebe eine kleine Gewichtseinbuße erleiden.

Ein übermäßiges Rauhen schadet mehr als ein ungenügendes Rauhen, weil das Gewebe leichter (magerer) wird und an Festigkeit einbüßt. Das übermäßige Rauhen kann seine Ursache in der Unachtsamkeit des Rauhers, im ungeeigneten Material, in der unrichtigen Garndrehung oder Bindung sowie auch in starker Walke haben.

Ist das Fasermaterial kurz, kraftlos und spröde, so fallen beim Rauhen viele Fasern ab, die Rauhdecke bleibt leer oder mager; glaubt man aber durch Weiterrauhen einen besseren Erfolg zu erzielen, so verfällt man in den Fehler des übermäßigen Rauhens.

Bei zu loser Garndrehung ist ein übermäßiges Rauhen leicht möglich, wenn man sich während des Rauhens nicht von Zeit zu Zeit von dem bereits erzielten Rauheffekt überzeugt und noch mit mehreren Rauhsätzen weiter rauht. Festgedrehte, schwer zu rauhende Garne verleiten den Rauher zum scharfen Anpressen des Gewebes an die Rauhtrommel oder zur Verwendung scharfer Disteln, was unter Umständen ein übermäßiges Rauhen zur Folge hat.

Zu große Kett- und Schußflottierungen sollen bei zu rauhenden Waren nicht gewählt werden, weil zu viele Fasern und selbst kleine Fadenstücke herausgerissen werden können.

Daß bei zu starker Walke der Filz durch Rauhen nur schwer sich lösen läßt, ist leicht einzusehen, sowie auch die Gefahr des übermäßigen Rauhens, da man mit schärferen Disteln leichter zum Ziele zu kommen glaubt.

Das Einrauhen von Mustern.

Mit den Musterrauhmaschinen lassen sich unter Zuhilfenahme von Messingblechschablonen in Geweben Längs-, Querstreifen, Karos, Diagonalstreifen und einfache Dessins einrauhen. Als Rauhwerkzeuge sind wegen ihrer größeren Dauerhaftigkeit Kratzenwalzen zu verwenden.

Für das Mustereinrauhen soll das Gewebe aus feineren, kürzeren Wollen hergestellt und die Garne dürfen nicht allzu scharf gedreht sein, um eine dichte Haardecke zu erhalten.

Als Vorbereitung ist in der Appretur eine gute Walke zu geben, alsdann naß zu rauhen, zu trocknen und dem Muster entsprechend zu scheren. Zumeist ist auch noch ein Pressen und Dekatieren zum Niederpressen der aufgerauhten Haare und zur Erzielung klarer Rauhmuster üblich. So vorbereitet gelangt die Ware in die Musterrauhmaschine. An den gelochten Stellen der Schablone werden die Haare von der Rauhwalze herausgehoben und aufgebürstet, und so

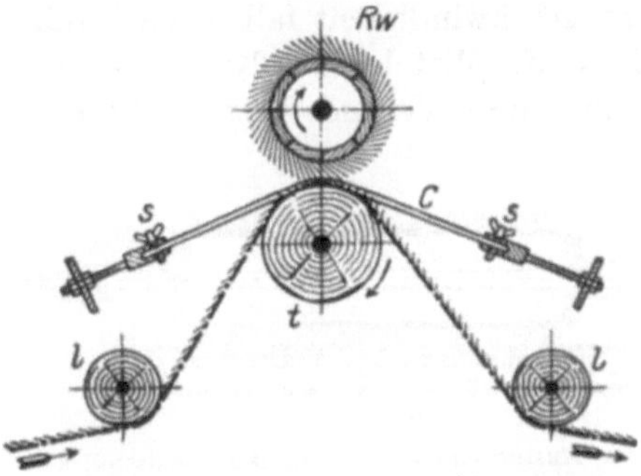

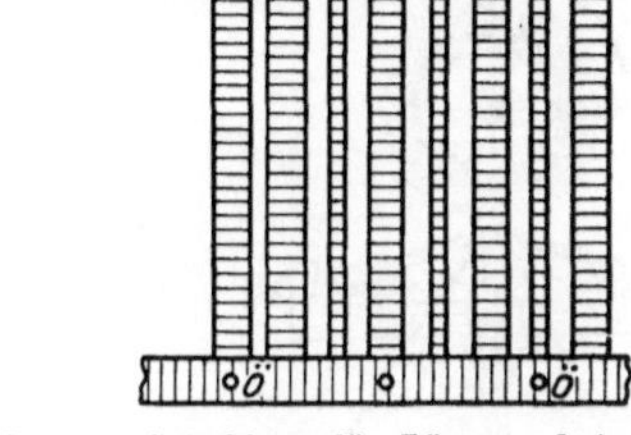

Abb. 140. Musterrauhmaschine für Längsstreifen.

Abb. 141. Schablone für Längsrauhstreifen.

bilden sich haarig hervortretende Muster. Die Ware wird entweder in diesem Zustande verwendet oder, wenn die Muster beim Tragen nicht verschwinden sollen, noch geschoren und gut gedämpft.

Eine Musterrauhma- schine für Längsstreifen zeigt die Abb. 140. Die Ware streicht an der Rauhstelle über die Tragwalze t. Die Schablone (Abb. 141) besteht aus

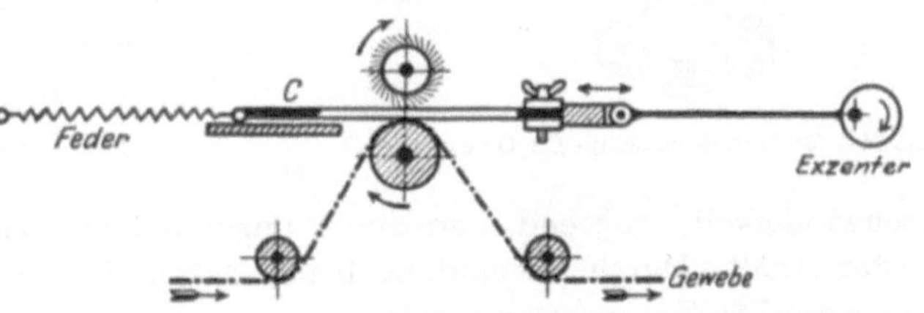

Abb. 142. Vorrichtung zum Verschieben der Rauhstellen.

einzelnen Messingblechstreifen, die an den Randstäben mit den Öffnungen $\ddot{o}$, durch welche die Klemmschrauben s hindurchgehen, angelötet sind. Je nach der Breite der Streifen und der Zwischenräume, können Streifen verschiedener Breite und in beliebiger Anordnung gebildet werden. Das Gewebe soll mit dem Strich einlaufen.

Um die Breite der Streifen während des Rauhens verändern oder unterbrechen zu können, ist die Schablone entsprechend zu gestalten und mittels Exzenter oder unrunder Scheiben an der Rauhstelle zu verschieben (Abb. 142). Wird bei gleichbleibender Schablonenbewegung das Gewebe langsamer oder schneller durch die Maschine geführt, dann bilden sich längere oder kürzere Rauhstreifen mit absetzender Breite oder größere und kleinere Unterbrechungen. Die Öffnung $\ddot{o}$ in der Schablone (Abb. 143) bringt Streifen hervor, die

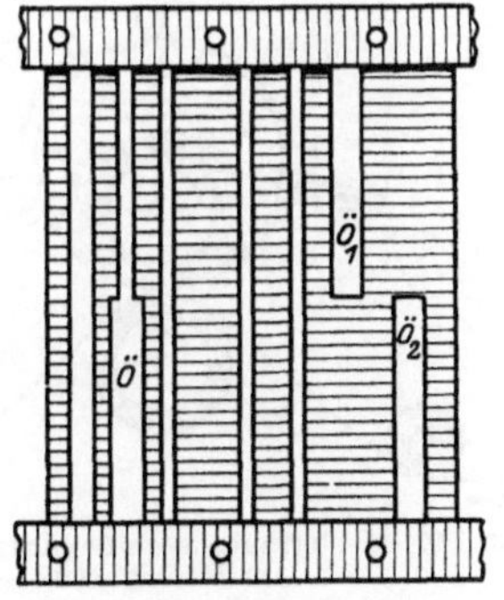

Abb. 143. Schablone für verschieden breite und unterbrochene Rauhstreifen.

abwechselnd schmal und breit verlaufen; die Öffnungen $\ddot{o}_1$, $\ddot{o}_2$ geben unterbrochene Rauhstreifen.

Das Einrauhen von Streifen ist im Gebrauch für dreischäftigen Köper mit Ketteffekt, vierschäftigen Kreuzköper mit Ketteffekt, Satins und vorzugsweise für Eskimos, mitunter auch für glatte Doppelstoffe.

Das Einrauhen von Querstreifen und Karos (Abb. 144). Für diese Rauhmuster wird das Gewebe durch eine zur Rauhwalzenachse parallel liegende Schiene mittels Exzenter oder unrunder Scheiben in einer Tischspalte von Zeit zu Zeit geschoben und gesenkt. Bei geringerer Warengeschwindigkeit fallen die Rauhstreifen schmäler aus als bei schnellem Warenlauf. Mittels eines Kreisexzenters erzielt man verschieden breite Rauhstreifen nur durch Veränderung der Waren-

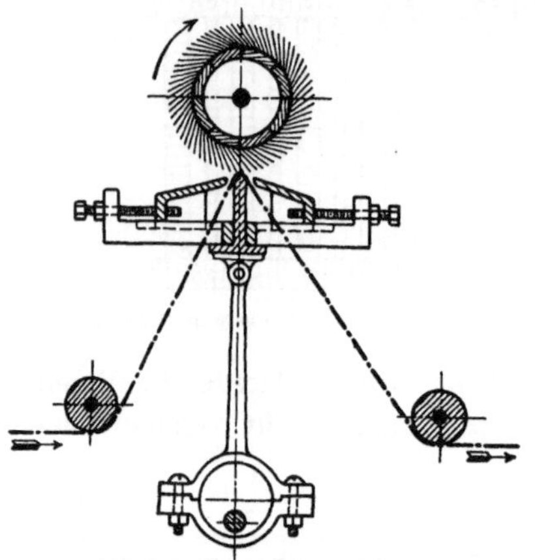

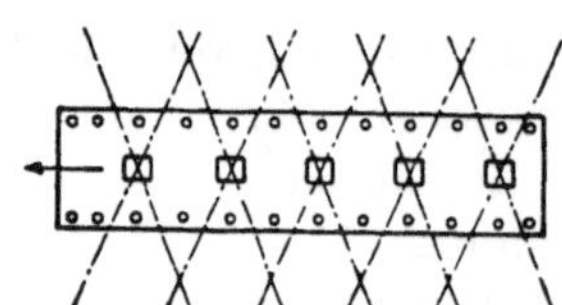

Abb. 145. Musterrauhmaschine für Diagnonalstreifen.

Abb. 144. Musterrauhmaschine für Querstreifen.   Abb. 146. Schablone für Spritzkaros.

geschwindigkeit, während man durch unrunde Scheiben beliebige Rauhstreifenmuster erhält. Durch Verbindung beider Arten (Längs- und Querstreifen) kann man gerauhte Karomuster erhalten.

Das Einrauhen von Diagonalstreifen. Die endlose Schablone C (Abb. 145) mit quadratischen Öffnungen wird in der Richtung des Schusses bewegt, und weil

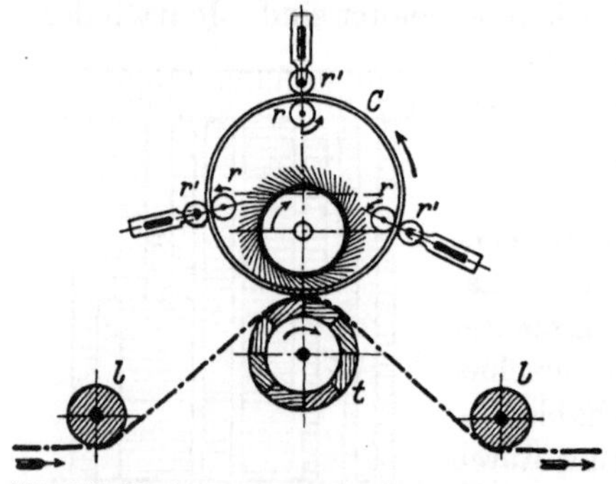

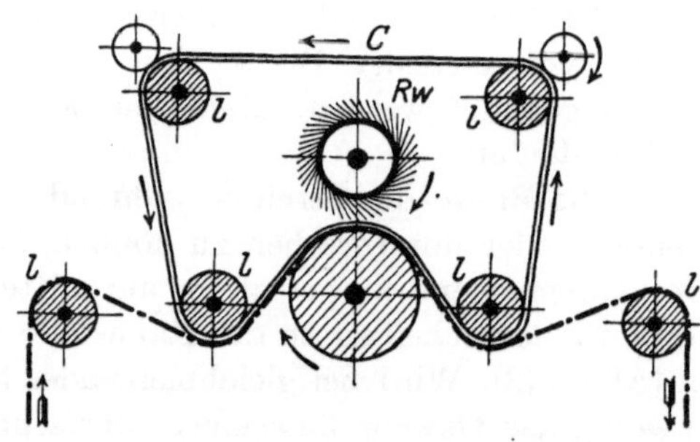

Abb. 147. Musterrauhmaschine für freie Musterung von H. Behnisch.

Abb. 148. Musterrauhmaschine für lange Schablonen von H. Behnisch.

sich das Gewebe gleichzeitig in der Kettenrichtung senkrecht dazu bewegt, bilden sich aus diesen beiden komponentalen Bewegungen Streifen in der Richtung der Resultierenden, also Diagonalstreifen, deren Gratrichtung bei gleichbleibender Schablonenbewegung von der Warengeschwindigkeit abhängt. Bei größerer Geschwindigkeit schließt die Gratrichtung einen kleineren Winkel mit der Kettenrichtung ein. Läßt man das Gewebe ein zweites Mal mit verkehrtlaufender Schablone durch die Maschine laufen, so entstehen Spitzkaros (Abb. 146).

Das Einrauhen von Figuren erfordert endlos geschlossene Schablonen mit einem oder mehreren Musterrapporten zur regelmäßigen Wiederholung der Figuren.

H. Behnisch in Trebbin bei Berlin führt eine zylindrische, geschlossene Schablone zwischen drei um 120° versetzt stehende Reibungswalzenpaare (Abb. 147). Eine andere Einrichtung mit endlos geführter und von der Warenreibung mitgenommener Schablone zeigt die Abb. 148. Diese langen Schablonen sind sehr kostspielig und verteuern die Appretur, da die Mode in jeder Saison andere Muster verlangt. Nur Lohnappreturen können mit dieser Einrichtung ihr Auskommen finden.

2. Das Schleifen der Ware.

Das Schleifen bezweckt die Erzeugung einer vollkommen glatten Oberfläche von weichem, wolligen Gefühl mit gröberem, also billigerem Fasergut. Denkt man sich die aus der Gewebeoberfläche vorstehenden Haarenden (Wolle oder Baumwolle) je nach ihrer Feinheit in mehrere 4 bis 12 Fasern oder Fibrillen gespalten (gesplissen), so ist die Möglichkeit gegeben, das Vorhandensein sehr feiner Wolle, ja sogar — bei Baumwolle — von Seide vorzutäuschen. Diese Wirkung beschränkt sich selbstverständlich auf die Oberfläche und kommt bei engmaschiger Bindung und in Kette und Schuß dicht eingestellter Ware zur Geltung, da die gespaltenen Fasern sich samtartig ausbreiten und die Bindung verdecken.

Als Werkmittel dienen scharf angreifende Spitzen, die viel schärfer und feiner als die Rauhdisteln oder Rauhkratzen sind, durch welche die Fasern niemals gespalten werden könnten.

Durch diesen eigentümlichen Appreturvorgang erhält die Oberfläche von Baumwoll- und Wollstoffen mit Flaum selbst aus gröberer Wolle eine erhebliche Verfeinerung und ein feines und weiches Gefühl, als ob sie aus feineren Wollen verfertigt wären. Man kann selbst grobhaarigen Geweben eine feinhaarige Oberfläche geben. Diese Wirkung bringen mehrere mit feinem Glaskorn, Flintstein oder Schmirgel beleimte Walzen hervor (Abb. 149). In neuerer Zeit stellt die Firma E. Gessner in Aue den Überzug aus Bimstein her. Die Walzen müssen wasser- und dampfbeständig sein. Sie sind ganz leicht an die Ware heranzustellen; nach einer Ausführung von H. Behnisch in Trebbin wird die Ware mittels eines Luftdruckkissens, das genau regelbar ist, an die Schleifwalzen angepreßt. Die zahlreichen, kleinen und scharfen Körner spalten die aus der Gewebeoberfläche hervorstehenden Fasern und legen sie gleichzeitig parallel, wodurch die geschliffenen Stoffe das Aussehen und das Anfühlen einer vollkommen glatten Ware erhalten.

Wollgewebe werden vor dem Schleifen angefeuchtet, wogegen man Baumwollwaren trocken schleift.

Dieses Verfahren wird für Tuche, Damentuche, Drapés, Eskimos, Satins, Kammgarngewebe, Flanelle, Buckskins, Filztuche, Meltons, Frisés angewendet. Alle stückfarbigen Stoffe, welche Melton- und Frisécharakter zeigen sollen, werden im rohweißen Zustande nach dem Walken im nassen Zustande gerauht und geschliffen, damit beim Färben auch die gespaltenen Haare gefärbt sind.

Eskimos, Damentuche und alle sonstigen gerauhten Waren werden im nassen

Zustande gleich nach dem Rauhen geschliffen und erhalten dadurch ein außerordentlich feines und weiches Anfühlen.

Wollfarbige Stoffe schleift man gleichfalls nach dem Rauhen im nassen Zustande, sie vertragen aber auch das Trockenschleifen im fertigen Zustande, wenn die Farben die Faser vollkommen durchdrungen haben, da sich sonst weiße Stellen im Gewebe zeigen.

Das Schleifen ist auch in der Baumwollwarenappretur im Gebrauch, um bei Stoffen aus gröberem Fasergut die Schalen- und Körnerteilchen, die als dunkle Punkte im Gewebe erscheinen, zu entfernen, oder Geweben durch den samtartigen Flaum, der durch das Schleifen entstanden ist, ein wollartiges Aussehen zu verleihen oder bei stark zu appretierenden Geweben ein besseres Anhaften des Appreturmittels zu ermöglichen.

So werden manche Hemdenstoffe, Baumwolltrikots und baumwollene Kettensatins geschliffen.

3. Das Bürsten und Dämpfen.

Diese beiden Appreturarbeiten sind entweder vorbereitende, nachbehandelnde oder selbständige Vorgänge und teils getrennt, teils vereint in Anwendung.

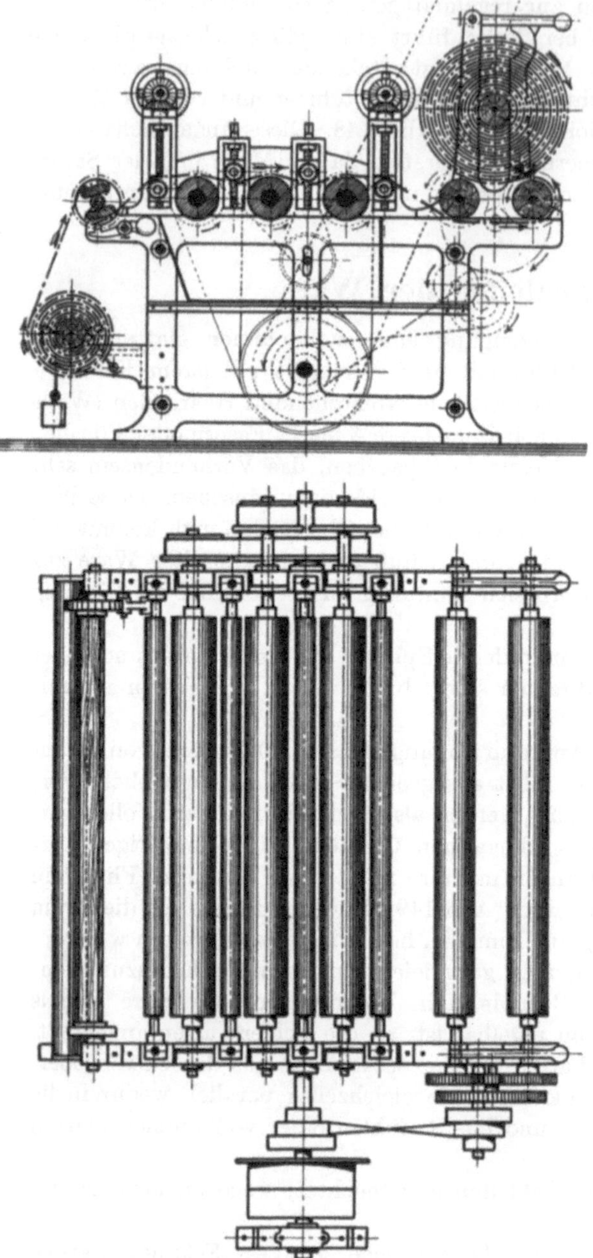

Abb. 149. Naß-Schleif- und Poliermaschine von Ernst Gessner A.-G.

Das Bürsten verfolgt mannigfache Zwecke: Als Vorbereitung für das Scheren dient es zur Entfernung lose anhaftender Verunreinigungen, wie abgeschnittene Knoten, Fadenstückchen, Staub u. dgl., die die Schneidkanten der Schermesser stumpf machen und auch Veranlassung zum Einschneiden von Löchern geben können.

Bei gerauhten und Strichwaren bürstet man zum Gleichrichten der Haare, die dann beim Scheren in gleicher Höhe abgeschnitten werden können. So dient das Bürsten als wirksame Vorbereitung zur Erzielung einer gleichmäßigen Faserdecke.

Während des Scherens verwendet man zum Aufbürsten niedergelegter Härchen schnellrotierende Borsten- oder Drahtbürsten von kleinem Durchmesser, welche in die Schermaschine eingebaut sind, z. B. für kahl zu scherende Waren.

Als Nachbehandlung werden Florgewebe nach dem Scheren auf der Bürstmaschine bearbeitet, um die in den Florbüscheln nistenden Scherhaare zu ent-

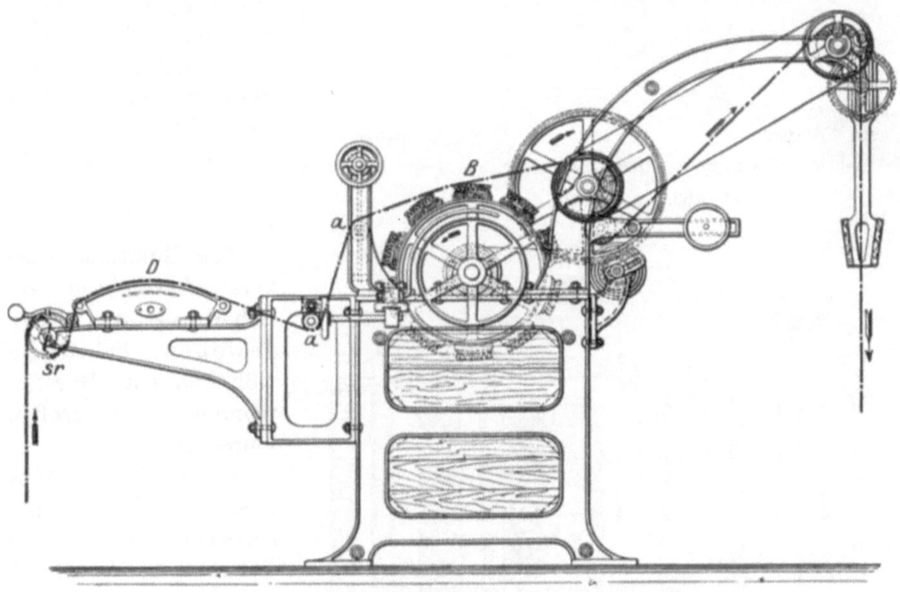

Abb. 150. Die einfache Bürstmaschine von Ernst Gessner A.-G.

fernen; durch längerdauerndes Bürsten kann man eine vollkommenere Reinheit des Gewebes erhalten.

Im trockenen Zustande bürstet man auch gewisse gerauhte und geschliffene Baumwollgewebe zur Gleichrichtung der Haare und zur Reinigung des Gewebes.

Manche Strichwaren werden nach dem Scheren naß gebürstet, indem man sie anfeuchtet oder während des Bürstens dämpft, wodurch der beim Scheren etwa in Unordnung geratenen Strichdecke wieder die parallele Lage der Haare gegeben wird; naßgebürstete Gewebe läßt man, auf eine Walze gewickelt, zur Fixierung der Strichlage mehrere Stunden stehen und übergibt sie dann dem Trocknen.

Ein wichtiger selbständiger Vorgang ist das Bürsten der Leinenplüsche mittels zweier Bürstensysteme, welche in der Kett- und Schußrichtung, also in zwei aufeinander senkrechten Richtungen die Florbüschel bürsten, dadurch werden die etwas harten Leinenflorbüschel gelüftet, die Fasern biegsamer, gefügiger und die Flordecke weich und feinfühlig.

Abb. 150 zeigt eine **einfache Bürstmaschine** mit Dämpfkasten von Gessner, Abb. 151 die schematische Anordnung einer **Doppelbürstmaschine** mit Dämpfkasten von G. Josephy's Erben, Bielitz, Poln.-Schlesien, Abb. 152 eine von Gessner ausgeführte Maschine.

Bei Führung der Ware (Abb. 151) in der Richtung „*1*" und Stellung der mittleren Anstellwalze in *a* wird nur einseitig gebürstet. Stellt man die mittlere Anstellwalze nach *a'* und führt das Gewebe in der Richtung „*2*", so werden die rechte und linke Warenseite gleichzeitig gebürstet.

Die Bürstmaschinen zum Ausbürsten der Scherhaare aus **Florgeweben** haben gewöhnlich eine Bürstentrommel von großem Durchmesser.

Für langhaarige Mantelstoffe sind **Diagonalbürstmaschinen** in Verwendung. Die Bürstwalze ist schräg zur Warenlaufrichtung gelagert und die Haare der Pelzdecke werden in schräger Richtung gebürstet.

Die mit Appret versehenen, bereits vorgerauhten Gewebe werden auf der linken Seite gebürstet; die Bürsten sind unmittelbar hinter der Stärkmaschine angebaut. Hierauf folgt ein Nachrauhen.

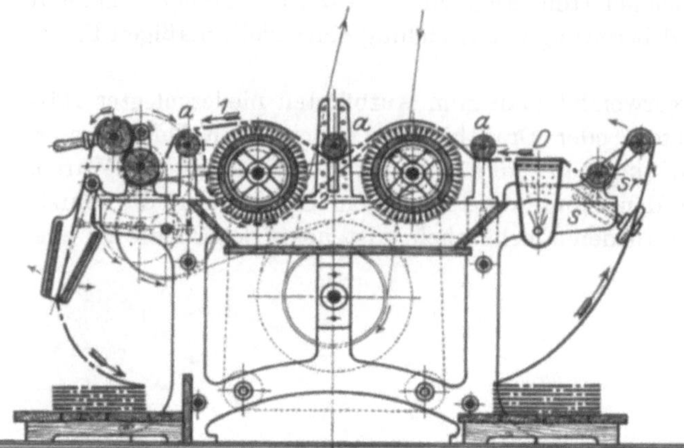

Abb. 151a. Aufriß.

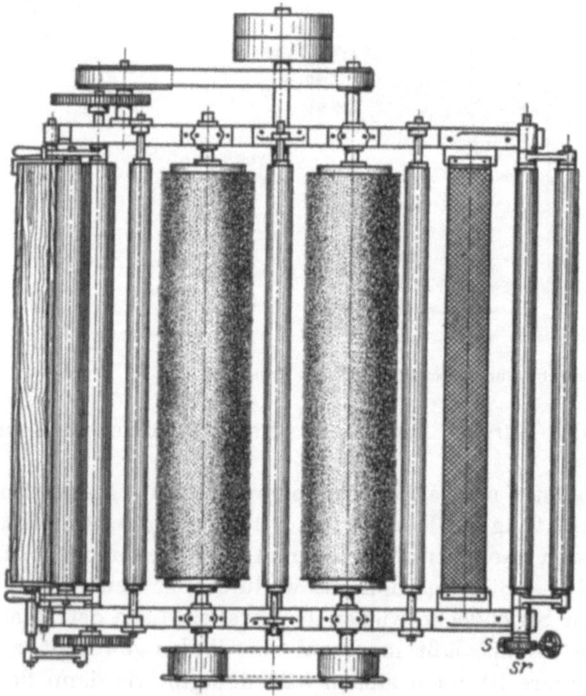

Abb. 151b. Grundriß.

Abb. 151. Die Doppelbürstmaschine von G. Josephy's Erben.

Das Dämpfen dient im allgemeinen dazu, um die Härchen im Gewebe aufzurichten oder geschmeidiger und weicher zu machen oder der Ware einen gewissen Grad von Feuchtigkeit zu verleihen.

Bei plüsch- und samtartigen Geweben richtet man die beim Lagern niedergepreßten Florbüschel durch das Dämpfen auf. Man schaltet zu diesem Zwecke der Trommeltrockenmaschine einen Dämpfzylinder oder einen Dämpfkasten vor. Nach dem Trocknen führt man die gedämpfte Ware auf die Schermaschine, auf welcher die aufrechtstehenden Haare in gleicher Höhe abgeschnitten werden.

Eine wichtige Vorbereitung für alle Strichwaren und kahl auszuscherenden Gewebe vor dem Scheren ist das Dämpfen der linken Warenseite, um die Härchen der rechten Warenseite in aufrechte Lage zu bringen, damit sie beim sofortigen nachfolgenden Scheren von den Messern des Scherzylinders getroffen, in gleicher Höhe oder bei Kahlappretur unmittelbar über dem Gewebegrunde abgeschnitten

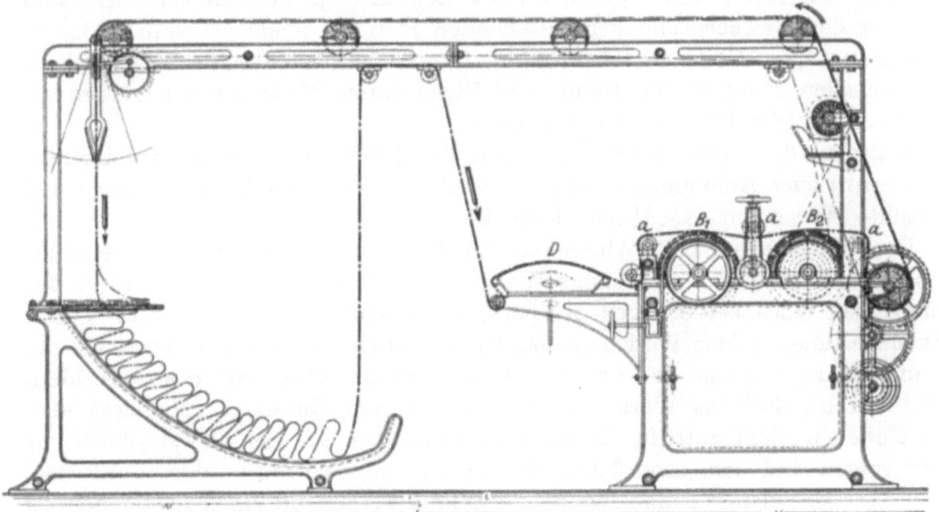

Abb. 152. Die Doppelbürstmaschine von Ernst Gessner A.-G.

werden. Ferner dient das Dämpfen zum Aufrichten der in den Tafelfalten niedergepreßt liegenden Haare bei Rauhwaren aller Art.

Gummierte und gestärkte Woll- und Halbwollwaren mit Rauhdecke dämpft man während des Rauhens mittels eines in der Rauhmaschine angebrachten Dämpfkastens zum Erweichen und gleichmäßigen Verstreichen des Appreturmittels.

Ebenso werden manche mit Appreturmitteln versehenen Baumwollwaren vor dem Kalandern zur Weichmachung des Appreturmittels gedämpft; es sind namentlich feinere Gewebe, welche beim Anfeuchten mit der Düsen- oder Bürsteneinsprengmaschine zu feucht würden, so daß der Appret an den Kalanderwalzen ankleben würde.

Gewisse leichte wollene und halbwollene Damenkleiderstoffe, wie Satins, Croisés u. a., dämpft man gleichzeitig auf der Egalisiermaschine, wodurch dieselben nebst Fadengeradheit einen schönen Lüster (Glanz) erhalten.

Woll-, Halbwoll-, Halbseiden- und Möbelstoffe zeigen oft nach dem Pressen einen zu starken Glanz, der durch Linksdämpfen bis zu einem gewünschten Grade gemildert werden kann. Das Einkrumpfen der Ware beruht auf dem Dämpfen des spannungslos geführten Gewebes.

4. Das Scheren.

Alle Gewebe, auch solche, welche nicht gerauht worden sind, zeigen eine mehr oder weniger haarige Oberfläche, da die Garne (Ketten- oder Schußgarne) teils von Natur aus, teils infolge der Verarbeitung beim Weben oder in der Appretur viele vorstehende Faserenden aufweisen, die von ungleicher Länge sind und dem Gewebe ein unansehnliches Aussehen geben. Dies äußert sich dadurch, daß die Bindung unklar erscheint, die Farben verschleiert werden, gewebte oder gedruckte Farbmuster unganze oder verschwommene Begrenzungslinien erhalten, der Glanz beeinträchtigt wird, der Griff rauher ist usw. Um nun bei kahl zu appretierenden Geweben die Bindung deutlich sichtbar zu machen, die Streifen hervorzuheben, den Karos und Figuren scharfe Begrenzungslinien zu verleihen, sind die über den Gewebegrund hervorstehenden Härchen möglichst vollständig zu beseitigen. Bei solchen Geweben, deren Oberfläche eine Faserdecke aufweisen, d. i. bei allen Florgeweben, Rauh- und Strichwaren (Meltonwaren) müssen die Haare auf gleiche Höhe gebracht werden.

Während das vollständige Beseitigen des Faserflaums durch Abschneiden (Scheren) oder Abbrennen (Sengen) geschehen kann, ist für Florgewebe und gerauhte Waren nur das Abschneiden (Scheren) am Platze.

Das Abschneiden oder Abscheren der Härchen bedingt die Zuhilfenahme von schneidenden oder scherenden Werkzeugen. Das Schneiden ist durch das Eindringen eines keilförmigen Körpers von schlank dreieckigem Querschnitt gekennzeichnet; solche Werkzeuge heißen Messer. Mit dem Spitzerwerden des Schneidwinkels nimmt die Schärfe des Messers zu. Diese Art des Schneidens setzt voraus, daß das Werkstück auf einer festen Unterlage ruht, was aber bei Geweben nicht zutrifft, da die Faserenden frei aus der Gewebeoberfläche hervorragen und beim Andrücken des Messers ausweichen würden. Außerdem müßte ein sehr kleiner Schneidwinkel verwendet werden, um einen glatten Schnitt zu erhalten und mit einem geringen Kraftaufwand schneiden zu können. Ein zu kleiner Schneidwinkel hätte aber ein frühzeitiges Ausbrechen der Schneid-

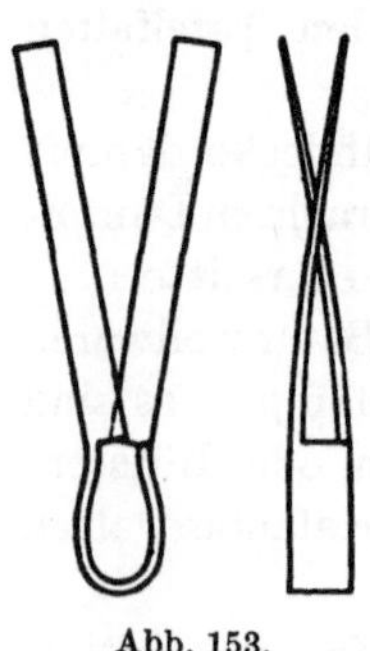

Abb. 153.
Die Tuchschere.

kante (Schartigwerden) zur Folge, wodurch das Messer bald unbrauchbar würde.

Aus diesen Gründen verwendet man für Fasern nicht schneidende, sondern scherende Werkzeuge, welche in der Hauptsache aus zwei Messern mit stumpfen Schneidwinkeln bestehen, welche so zusammenarbeiten, daß die Schneidkanten genau in derselben Ebene sich bewegen. Damit die beiden Messer ohne Zwischenraum aneinander vorbeigehen, müssen sie aneinandergedrückt werden; dies ist nur durch die Federung möglich, die man Spannung nennt.

Bei der Handschere sind die beiden Messer oder Scherklingen entweder gelenkig oder mittels eines federnden Bügels miteinander verbunden. Die zweite Art der Ausführung liegt den alten Tuchscheren zugrunde, wie Abb. 153 zeigt. Die Spannung wird dadurch erzeugt, daß die beiden Scherklingen einander federnd überkreuzen.

Würden die beiden Messerkanten einander nicht berühren, sondern in zwei parallelen Ebenen liegen, so würde der Erfolg der Messerbewegung ein Umbiegen der Faser ohne trennende Wirkung sein. Sind die beiden Messerkanten parallel und steht die Bewegungsrichtung derselben senkrecht hierzu, so entsteht der „gedrückte Schnitt", bei welchem die aufzuwendende Kraft gleich dem Schnittwiderstande ist. Man kann die Kraft verringern, wenn man bei parallelen Messerkanten die Bewegungsrichtung schräg zur Messerkante hält (Abb. 154a, Schnittrichtung R) oder bei senkrechter Schnittrichtung die Messerkanten unter einem spitzen Winkel anordnet (Abb. 154b); in diesen beiden Fällen entsteht der „gezogene Schnitt".

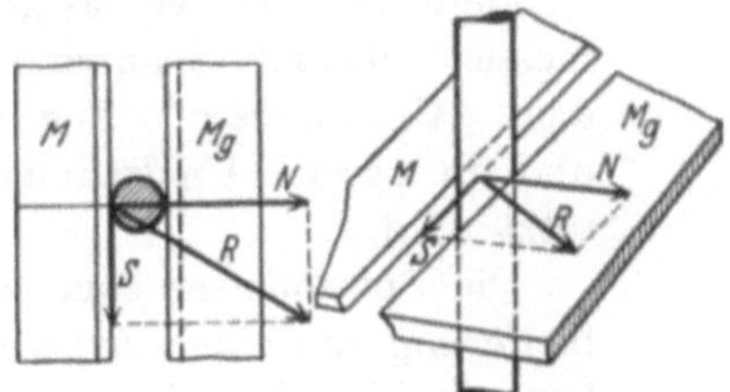
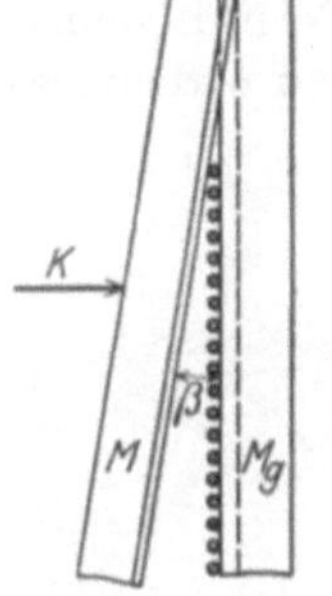
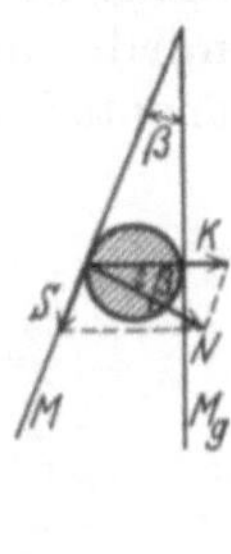

Abb. 154a. Mit parallelen Messern. Abb. 154b. Mit Winkelmessern.

Abb. 154. Der gezogene Schnitt.

Die Wirkung besteht im wesentlichen darin, daß die Schneidkante nicht alle Fasern gleichzeitig, sondern nacheinander trifft, so daß immer nur eine Faser geschnitten wird, wozu selbstverständlich eine viel kleinere Kraft erforderlich ist.

Die Messerkanten sind außerdem nicht geradlinig, sondern wie eine Säge von außerordentlich feiner Zahnung geformt, was das Festhalten der Fasern begünstigt und deren Ausweichen verhindert. Während also nach Abb. 154a die Normalkomponente N das Schneiden bewirkt, sucht die Seitenkomponente S die Fasern abzuschieben, die durch die Zahnung der Kante des Messers Mg aufgehoben werden muß.

Die mikroskopisch feine Zahnung entsteht von selbst beim Schleifen der Messer durch den fein geschlemmten und in Öl verriebenen Schmirgel. Das Stumpfwerden der Messer erklärt sich durch das Abbrechen der feinen Zähnchen; wenn diese fehlen, können die Fasern ausweichen und werden dann nicht mehr geschnitten, die Messer haben dann ihre Schneidwirkung eingebüßt und müssen frisch geschliffen werden.

Die Druckkraft N zerlegt sich in die Teilkräfte K und S. Letztere sucht die Faser aus dem Scherwinkel β herauszudrängen; die Faser wird dadurch ein wenig niedergelegt und schief abgeschnitten, wenn die Messer stumpf geworden sind. Man sieht daraus, daß zu einem regelrechten Schnitt gut geschliffene Messer notwendig sind.

S wächst mit der Größe des Scherwinkels β, dagegen nimmt K, welche die Faser an das feststehende Messer anpreßt, ab, da $S = N \operatorname{tg} \beta$ und $K = \dfrac{N}{\cos \beta}$.

Mit dem zunehmenden β wird K und auch S größer; für $\beta = 0$ wäre $K = N$ und $S = 0$.

Je größer der Scherwinkel β ist, desto leichter werden die Fasern herausgedrängt; dieser Übelstand macht sich auch bei glatten Fasern oder stumpfen Messerschneiden bemerkbar.

Man hat daher den Scherwinkel mit Rücksicht auf die Oberflächenbeschaffenheit der Fasern und deren Trennungswiderstand zu wählen, d. h. möglichst klein.

Weil beim gezogenen Schnitt nicht alle Fasern gleichzeitig, sondern nacheinander abgeschnitten werden, wäre er zu wenig leistungsfähig, wenn man die gleiche Schnittgeschwindigkeit wie beim gedrückten Schnitt anwenden würde. Auch hin und hergehende Messer würden eine zu geringe Leistung ergeben, da der Rückgang für die Scherarbeit verloren ginge. Diesen Gedankengang hat bereits Lionardo da Vinci seiner Tuchschermaschine zugrunde gelegt, indem er ein ununterbrochen wirkendes Schneidwerkzeug mit großer Geschwindigkeit verwendete. So schuf er das „Spiralmesser", das mit Spannung gegen das „Untermesser" angedrückt und in rasche Umdrehung versetzt wird.

Die Spiralmesser sind schraubenförmig um einen Zylinder gelegte Stahlbleche mit rechtwinkligen Schneidkanten; man nennt dieses Werkzeug den Scherzylinder, der mit dem Untermesser zusammen das Schneidzeug bildet.

Der schnell umlaufende Scherzylinder enthält 10 bis 16 schraubenförmig gewundene Messer aus gehärtetem Stahl. An diese ist das linealförmig gestaltete feststehende Untermesser angestellt. Die Berührungsstelle bildet die Schneid-

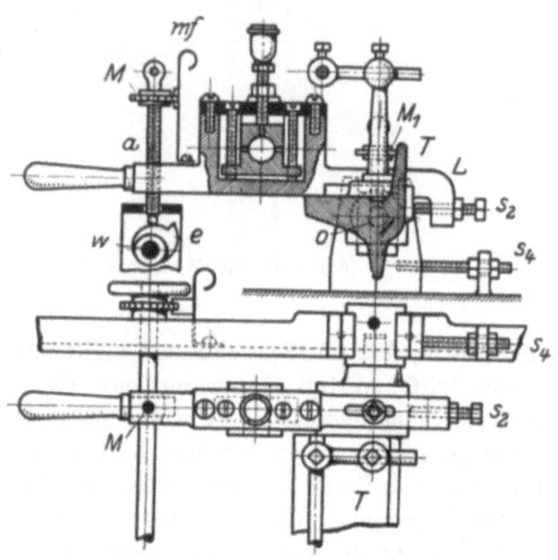

Abb. 155. Das Schneidzeug einer Langschermaschine.

stelle (Scherstelle), an welche das Gewebe mittels eines widerstandsfähigen Tisches heranzuführen ist. Den Abstand der Tischoberkante von der Schneidstelle (Scherstelle) nennt man die Schnitthöhe, die veränderlich sein muß, weil die Fasern der vielen Gewebesorten auch in verschiedener Höhe abzuschneiden sind, ferner weil nicht alle Haare desselben Gewebes in gleicher Länge über dem Gewebegrund hervorstehen und zur Vermeidung eines ungleichmäßigen Arbeitens des Scherzylinders nur durch allmähliches Verringern der Schnitthöhe und wiederholtes Scheren auf die gewünschte und gleiche Länge abgeschnitten werden können.

Die Verringerung der Schnitthöhe erzielt man durch Senken des Schneidzeuges, zu welchem Zwecke der Scherzylinder mit dem Untermesser in zwei beweglichen Armen gelagert ist (Abb. 155). Die Arme stützen sich mittels fein geschnittener, sogenannter Mikrometerschrauben auf eine feste Unterlage auf. Die Schrauben können durch gekerbte Scheiben gedreht und durch Eingreifen von federnden Nasen in deren Kerben gesichert werden. Um die Schneidstelle immer parallel zum Tische mit vollkommener Sicherheit einstellen zu können, damit das Gewebe nicht auf einer Seite (in der Breitenrichtung) tiefer geschoren wird, liegen bei allen neueren Schermaschinen die Mikrometerschrauben auf exzentrischen Scheiben auf, welche auf einer durchgehenden Welle sitzen und bei ihrer Verdrehung die Mikrometerschrauben bzw. das Schneidzeug gleichmäßig heben oder senken.

Die beiden Lagerstühle L (Abb. 156), in denen der Scherzylinder mit den Zapfen gelagert ist, sind auf dem Untermesserträger T verschiebbar; die Stellung

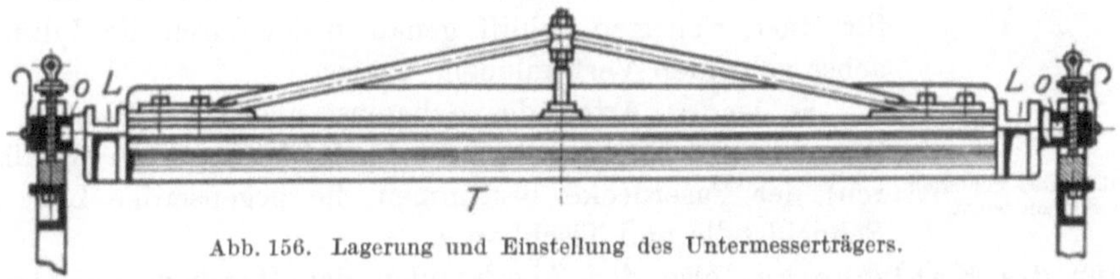

Abb. 156. Lagerung und Einstellung des Untermesserträgers.

ist mit den beiden Schrauben s_1, s_2 zu sichern. Der Träger T nimmt das Untermesser auf und ist um Zapfen o drehbar, um mit den Mikrometerschrauben M die Schnitthöhe einstellen zu können. Mit den Schrauben s_3, s_4 ist der Zylinder genau an das Untermesser anzustellen. Die Schrauben s_1, s_2 ermöglichen die genaue Einstellung der Scherzylindermesser zum Untermesser, die Mikrometerschrauben M_1 und s_4 jene des letzteren zum Tisch (Abb. 157).

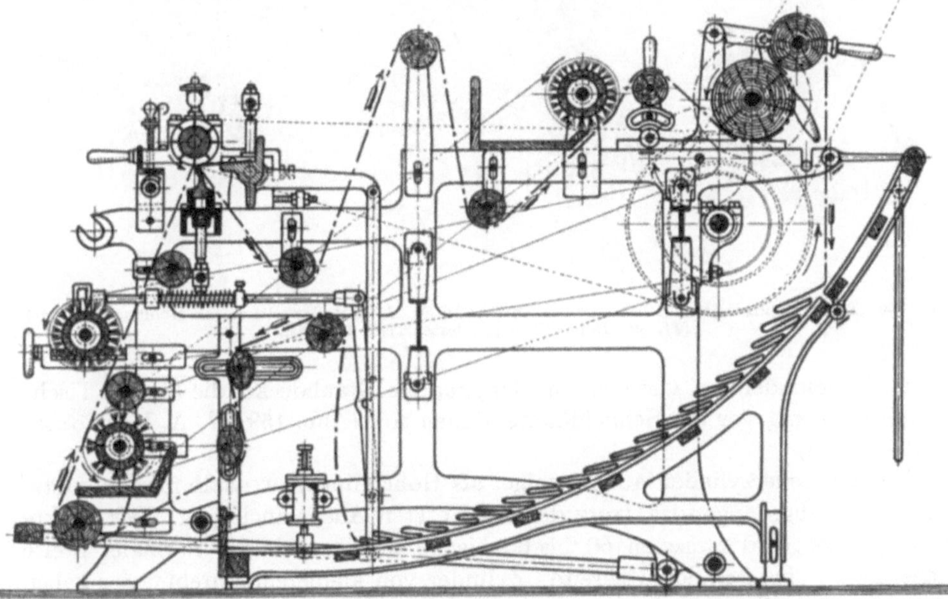

Abb. 157. Schnitt durch die Langschermaschine von G. Josephy's Erben.

Die genaue Einstellung des Scherzylinders gegen das Untermesser ist für das Schleifen und für das Scheren, jene des Untermessers gegen den Tisch für das Scheren von größter Wichtigkeit.

Die Schermesser werden nach längerem Gebrauche stumpf und sind von Zeit zu Zeit durch Schleifen mit einem Gemenge von Öl und Schlämmschmirgel zu schleifen. Zu diesem Zwecke ist zunächst mit dem Schmirgelholze die Vorderkante des Untermessers geradlinig zu machen, hierauf läßt man den Zylinder in der Pfeilrichtung (Abb. 158) unter stetem Aufstreichen des in Öl verteilten Schlämmschmirgels mit dem Untermesser zusammen laufen, wobei man für das

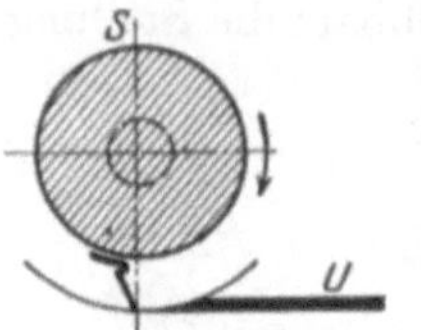

Anschleifen der Untermesserschneidkante den Zylinder nach und nach tiefer zu stellen hat. Die Untermesserkante muß für einen richtigen Schliff genau in der durch die Zylinderachse gehenden Vertikalebene liegen.

Abb. 158. Das Schleifen des Schneidzeuges.

Die beiden Arten des Scherens, und zwar Kahlscheren (für glatte Stoffe) und Spitzen bzw. Gleichscheren (Egalisieren) der Faserdecke bestimmen die gegenseitige Lage der Schneidstelle und Tischkante.

Für das Kahlscheren, also das Abschneiden der Härchen unmittelbar über dem Gewebegrund muß die Schneidstelle des Schneidzeuges bezw. die Schneidkante des Untermessers genau über der hinteren Tischkante stehen (Abb. 159 *I*), während beim Scheren zum Abschneiden der Härchen auf gleiche

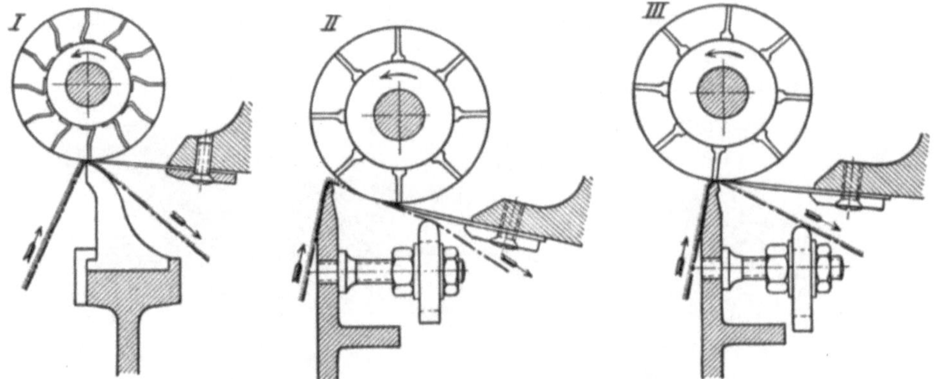

Abb. 159. Das Schneidzeug von A. Monforts. *I.* Mit Volltisch. *II.* Mit Doppeltisch (als Hohltisch benutzt). *III.* Mit Doppeltisch (als fester Tisch benutzt).

Höhe, insbesonders bei Geweben mit langhaariger Rauhdecke, die hintere Tischkante ein wenig vor der Schneidkante stehen soll (Abb. 159 *III*, A. Monforts, M.-Gladbach).

Massive Scherzylinder laufen ruhiger als Hohlzylinder, weshalb man von letzteren ganz abgegangen ist, trotz deren leichteren Ausbalancierung. Der nackte Durchmesser wird zwischen 50 bis 65 bis 85 mm gewählt für normale, breite Schermesser, bis 2 m Schnittbreite. Zylinder von kleinerem Durchmesser geben einen besseren Schnitt.

Die Befestigung aller genannten Winkelmesser erfolgt mittels der an den Aufliegeschenkeln angenieteten Schrauben, die an den Bordscheiben des Scherzylinders festgezogen werden (Abb. 168c).

Bei glattfaserigen Stoffen, wie z. B. bei Mohair, welche dem Abscheren einen verhältnismäßig großen Widerstand entgegensetzen, nimmt man die Steighöhe der schraubenförmig gewundenen Messer gering, damit nicht gleichzeitig zu viele Fasern abgeschnitten werden; aber der dadurch entstandene große Scherwinkel zwischen Untermesser und Schermesser ist Ursache des Herausdrängens der

Fasern. Dem Übelstande begegnet man dadurch, daß man den Schneidschenkel mit Feilenhieb versieht, so daß die Messerschneidkante fein gezahnt ist und die Fasern im Scherwinkel besser hält.

Die schraubenförmig gebogenen und auf dem Scherzylinder befestigten Messer aus bestem Gußstahl haben ¾ Härtung und sind je nach ihrer Verwendungsart von verschiedenen Querschnittsformen und Schneidwinkeln. Die gebräuchlichsten Querschnittsformen sind:

1. Das Bajonettmesser (Abb. 160d) von langtrapezförmigem Querschnitte mit 90° Schneidwinkel, geeignet zum Scheren von Geweben aus widerstandsfähigen, festen Fasern, wie Grobleinen-, Jute- und Grobhaargeweben. Die Messer sind mit Kupferbeilagen eingestemmt oder mit Schrauben an den Randscheiben befestigt. Erstere Ausführung ist besser, muß aber in der Maschinenfabrik besorgt werden.

2. Das Winkelschraubenmesser (Abb. 160a), mit einer Flansche auf dem Scherzylindermantel aufliegend, hat einen Schneidwinkel von 90°.

3. Das Doppelwinkelmesser (Abb. 160f) ist widerstandsfähiger, aber schwieriger herstellbar und seltener in Verwendung.

4. Das konkave Winkelmesser (Abb. 160b) hat einen spitzen Schneidwinkel und eignet sich zum Abschneiden der Haare von Stoffen aus feineren, weniger widerstandsfähigen Fasern, wie feine Wollstoffe, Seiden-, Baumwoll- und Ramiegeweben. Durch das Nachschleifen wird der Schneidwinkel stumpfer und die Schneidwirkung geringer.

Ist jedoch der Schneidschenkel des Winkelmessers nach einer logarithmischen Spirale gekrümmt, so bleibt auch beim Nachschleifen der Schneidwinkel und somit die Schneidwirkung unverändert.

5. Das Kniemesser (Abb. 160c) ist in seiner Ausführung ähnlich dem konkaven Winkelmesser, nur leichter herzustellen, weil es in seinem oberen Teile geradlinig ist.

6. Das Einstemmesser (Abb. 160e) besteht aus einer Flachstahlschiene, welche in der schraubenförmigen Nut des Scherzylinders verstemmt wird.

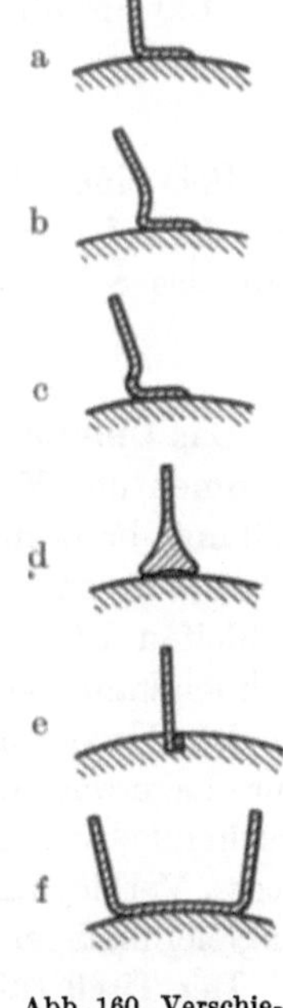

Abb. 160. Verschiedene Formen des Schermessers.

Der Scherzylinder dreht sich mit 800 bis 1200 minutlichen Touren. Je größer die Messerzahl am Zylinder ist, desto geringer braucht die Tourenzahl zu sein. Bei nicht zu hoher Tourenzahl läuft der Zylinder auch ruhiger.

Die Tourenzahl des Zylinders läßt sich bei gegebenem Schereffekt in folgender Weise ermitteln. Gleichgültig, ob der Zylinder am Ort läuft und das Gewebe die fortschreitende Bewegung macht oder ob der Scherzylinder beide Bewegungen ausführt (also das Gewebe ruht), wird beim Auftreffen eines jeden Messers eine kleine Menge von Fasern abgeschnitten. Die Arbeit eines Messers während einer Zylinderdrehung nennt man einen Schnitt. Hierbei hat das Gewebe eine gewisse relative Weglänge in cm zurückgelegt. Ist S die Anzahl der Schnitte auf 1 cm Warenlänge, also die Länge eines Schnittes $\frac{1}{S}$ cm, m die Anzahl der Messer, v die minutliche Warengeschwindigkeit in cm, n die minutliche Tourenzahl des

Scherzylinders, so werden in jeder Minute $m \cdot n$ Schnitte von der Länge $\frac{1}{S}$ cm ausgeführt, welche aneinandergereiht mindestens gleich der in der Minute an dem Scherzylinder vorbeigezogenen Warenlänge, also der minutlichen Warenlänge, sein müssen; sonach besteht die Gleichung

$$m \cdot n \cdot \frac{1}{S} \geqq v$$

$$n \geqq v \cdot \frac{S}{m}$$

Je größer die Messerzahl bei gleichbleibendem v und S ist, desto geringer ist die Umlaufszahl n des Zylinders.

Beispiel: Die Schnittzahl sei $S = 40$ auf 1 cm; die Warengeschwindigkeit $v = 400$ cm/min und die Messerzahl $m = 16$, so ist

$$n \geqq \frac{400 \cdot 40}{16} = 1000 \text{ Touren.}$$

Bei einer Warengeschwindigkeit $v = 300$ cm/min, einer Schnittzahl von $S = 50$ auf 1 cm und einer Messerzahl von $m = 12$, ist die minutliche Umlaufzahl des Scherzylinders

$$n = \frac{300 \cdot 50}{12} = 1250.$$

Das Untermesser (Abb. 157), welches das Ausweichen der Fasern beim Herankommen der Messer verhindert, ist linealförmig, 2 bis 3 mm dick und 100 bis 120 mm breit mit vielen Querschlitzen zum Durchstecken von Schrauben versehen, die zur Befestigung am Untermesserträger dienen. Nach jedesmaligem Schleifen ist das Untermesser wieder an den Zylinder anzustellen, damit die Schneidkante genau unter der Zylinderachse liegt.

Der **Untermesserträger** T (Abb. 155 und 156) ist aus Gußeisen und dient zur Lagerung des Zylinders und Aufnahme des Untermessers; er muß hinreichend stark sein, damit das Untermesser geradlinig aufliegt; um ihn außerdem gegen Verbiegung zu sichern, ist er durch ein Hängewerk versteift, da sonst ein ungleichmäßiger Schnitt entsteht.

Der **Tisch** (Abb. 159 und 161) zur Führung des Gewebes an der Schneidstelle des Schneidzeuges hat verschiedene Querschnittsformen, die entsprechend der

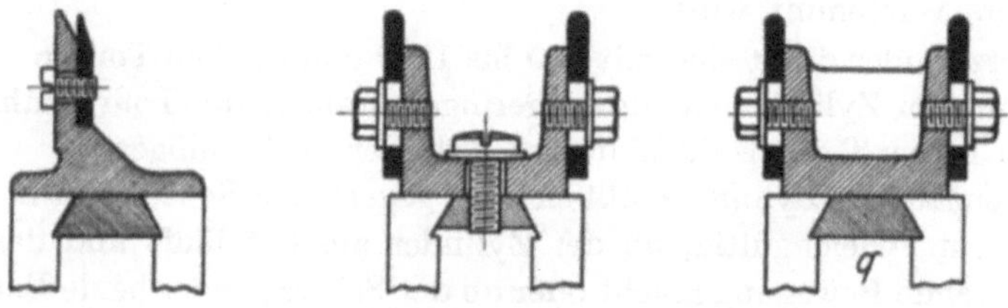

Abb. 161. Verschiedene Formen des Tisches.

Beschaffenheit des Gewebes und dem Schereffekt zu gestalten sind. Der Tisch kann festgelagert oder verschiebbar sein, je nachdem, ob die Leisten die gleiche Dicke wie das Gewebe haben oder dicker sind oder, wie bei Tüchern, Tisch- und Bettdecken, mit Fransen besetzt sind. Man unterscheidet danach den festen und den beweglichen Tisch.

Der **Volltisch,** beweglich oder fest, eignet sich vornehmlich zum Kahlscheren, zum Scheren kurzhaariger Strichwaren und sonstiger Gewebe mit kurzhaariger Rauhdecke. Für Gewebe mit dicken Leisten oder Fransenbesatz ist er in der Längsrichtung mittels Zahnstange *st* und Zahnrad *r* mittels Handrad (Abb. 162 und 163) verschiebbar, damit die Leiste nicht vom Zylinder bzw. von den Messern bestrichen werden kann.

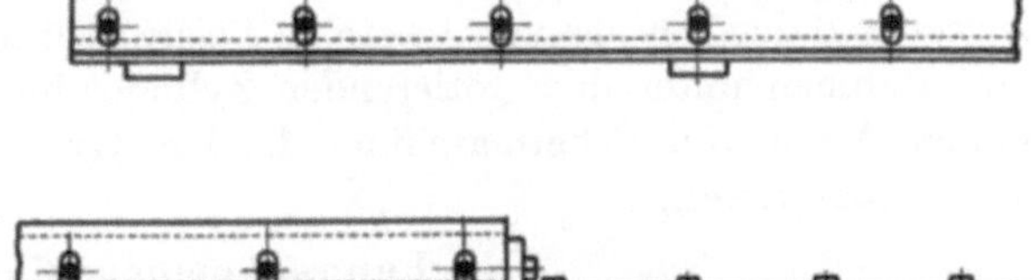

Abb. 162. Die Längsverschiebung des Tisches.

Der **Hohltisch,** der ebenfalls fest oder beweglich sein kann, dient zum Kahlscheren sowie zum Scheren von Waren, welche wegen ihrer Billigkeit nicht entknotet werden, wie z. B. billige Halbwollwaren ,Grobleinen- und Jutegewebe, oder von Stoffen, bei welchen die Knoten nur klein sind, das Aussehen der Ware nicht beeinträchtigen und deren Entfernung mühevoll wäre, wie z. B. bei wollenen Damenkleiderstoffen, bei Stoffen aus Noppengarn, und bei Volltisch Anlaß zum Einschneiden von Löchern geben könnten. Wo ein Knoten auf den Tisch zum Aufliegen kommt, bildet sich eine Erhöhung, die von den Messern durchschnitten wird. Die durch Knoten veranlaßten Löchern nennt man „Scherlöcher".

Beim Hohltisch (Abb. 159 *II*) liegt das Gewebe an der Schneidstelle des Schneidzeuges frei, es kann beim Herankommen der Messer ausweichen, so daß selbst bei größeren Knoten Löcher nicht eingeschnitten werden können. Der Querschnitt der Hohltische zeigt die verschiedenartigsten Formen, und ist zumeist der Garndicke bzw. der Knotengröße angepaßt. Zum Scheren von Knüpfteppichen kann der Tisch auf der Oberseite auch etwas breiter ausgebildet sein.

Das mit Tuch gefütterte Beölungsleder ist mit Öl getränkt und trägt auf die Schneidkanten der Messer ununterbrochen Öl auf, um ein Erwärmen und ein Nachlassen der Messerhärte zu verhüten. Die Schneidkante des Untermessers muß genau geradlinig und parallel zur Tischoberkante sein.

Zylindermesser von ungleichmäßiger Härte nützen sich ungleichmäßig ab und verursachen Scherstreifen im Gewebe.

Das Schneidzeug findet sich bei allen Schermaschinen mit nur geringen baulichen Abweichungen. Außer diesem eigentlich arbeitenden Teile sind noch Bürstwalzen zum Aufrichten der Härchen, die dadurch von den Messern besser erfaßt werden, oder zum Gleichrichten der Haare bei Strichwaren (Strichlegung), zum Reinigen der rechten oder linken Gewebeseite von lose anhaftenden Verunreinigungen und Scherhaaren. Beim Kahlscheren hat man anstatt der Bürstwalze auch feine Kratzen- und Schmirgelwalzen, die auf der Rechtsseite des Gewebes angreifen und das Herausheben niederliegender oder in den Gewebevertiefungen befindlicher Härchen dienen.

Im übrigen sind an den Schermaschinen passive, an der eigentlichen Scherarbeit nicht teilnehmende Bestandteile vorhanden, wie Leitwalzen (zur richtigen Führung des Gewebes), Spannstäbe oder gebremste Walzen (zur Erzielung eines gleichmäßigen und faltenlosen Warenzustandes) und Zugwalzen (zur Förderung der Ware durch die Maschine).

Die Schermaschinen.

Die Schermaschinen führen das Gewebe entweder in der Längs- (Ketten-) richtung an dem örtlich rotierenden Scherzylinder vorbei (Langscher- oder Longitudinalschermaschinen) oder das Gewebe ist in einem Rahmen eingespannt, in dem der rotierende Scherzylinder sich in der Schußrichtung bewegt und das Gewebe von Leiste zu Leiste bearbeitet; zuweilen wird der fahrbare Rahmen unter dem rotierenden Zylinder hin- und herbewegt; die beiden letzten Arten von Schermaschinen heißen Querscher- oder Transversalschermaschinen.

Die Langschermaschinen.

Diese kennzeichnen sich dadurch, daß der Scherzylinder am Ort rotiert und die Ware sich in der Längsrichtung mit einer minutlichen Geschwindigkeit von 2 bis 5 bis 6 m, bei leichten glatten Stoffen bis 20 m, durch die Maschine

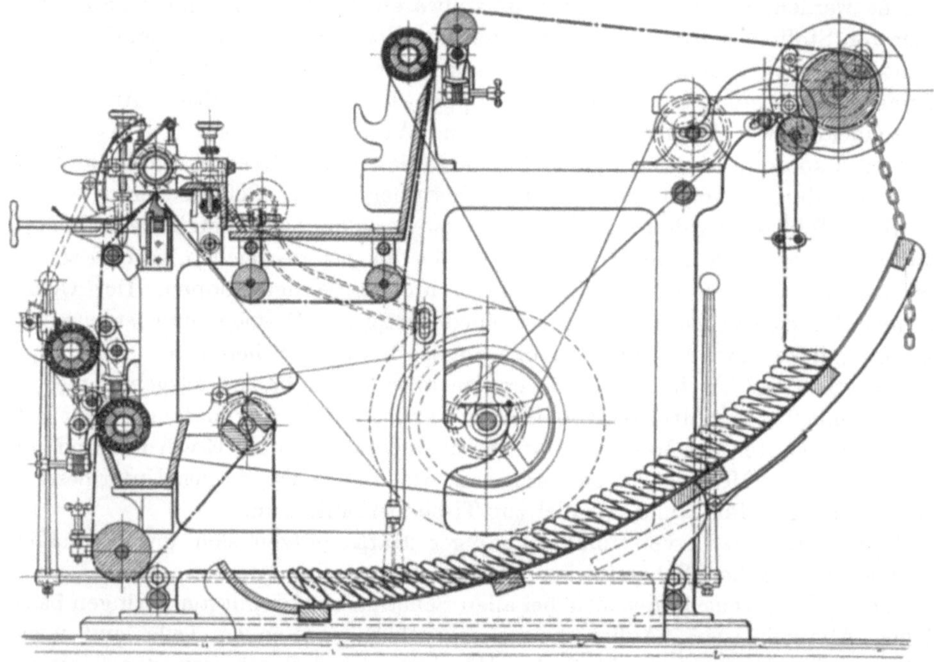

Abb. 163. Die Langschermaschine mit einem Schneidzeug von Ernst Gessner A.-G.

bewegt. Für Gewebe mit dicken Leisten, die besondere Vorsicht wegen des Durchschneidens der Leisten erheischen, haben die Langschermaschinen 1 Schneidzeug, während für Gewebe mit dünnen Leisten, für solche ohne Fransen und Florgewebe zwei, vier und sogar 8 Schneidzeuge eingebaut werden; letztere hauptsächlich für feinere Stapelartikel, um diese mit einmaligem Warendurchgange fertigscheren zu können. Sie sind entweder mit Volltisch oder mit Hohltisch hergestellt, der auch hier fest oder beweglich sein kann.

Da sich die Härchen infolge der schraubenförmigen Windung der Scherzylindermesser immer ein wenig seitlich niederlegen, werden sie von dem nächstfolgenden Scherzylinder nicht gut erfaßt oder schräg abgeschnitten; diesem Übelstande beugt man vor, indem man die Messer auf den folgenden Zylindern abwechselnd entgegengesetzt, also rechts- und linksgängig windet.

Für das Kahlscheren ist es zweckmäßig, die Ware zuerst scharf links zu dämpfen, nach einigen Schnitten das endlos genähte Gewebe zu trennen und in entgegengesetzter Richtung durch die Maschine zu führen.

Eine Langschermaschine mit einem Schneidzeug von Gessner für Waren aus feinfaserigem Material ist in einem Längsschnitte in Abb. 163 dargestellt.

Bei allen Schermaschinen ist die Einrichtung zu treffen, das Schneidzeug bequem vom Tisch abheben zu können, um nicht durch in der Ware befindliche harte Fremdkörper, wie Nadeln u. ä., oder durch die Nahtstelle die Messer zu

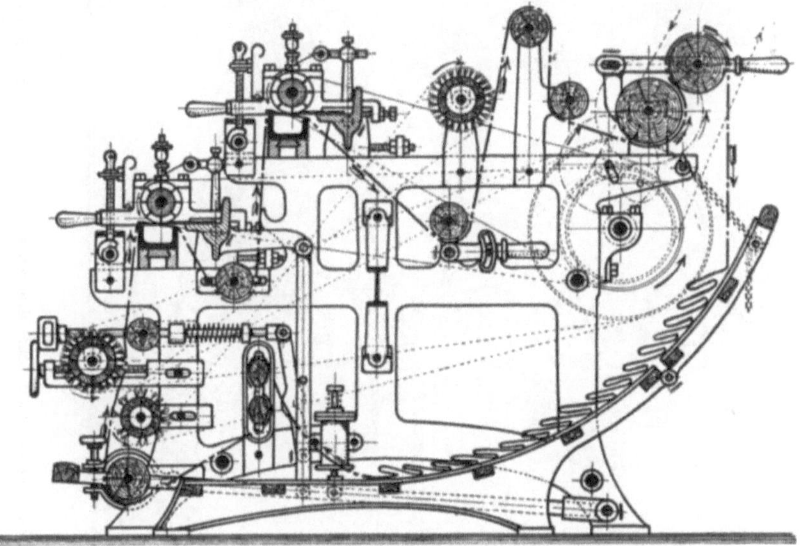
Abb. 164. Die Langschermaschine mit zwei Schneidzeugen von G. Josephy's Erben.

beschädigen. Man schließt daher an den Untermesserträger ein mit einem Tritthebel in Verbindung stehendes Hebelwerk an; durch Niedertreten des Tritthebels wird das Schneidzeug um die Zapfen des Untermesserträgers gedreht bzw. vom Tisch abgehoben und außer Bereich der Ware gebracht. Eine Sicherung hält das Schneidzeug in gehobener Lage.

Kleine Aussprengungen an den Messerkanten schaden nicht so sehr, daß man die Messer entfernen müßte; man braucht diese nur soweit abzuschleifen, um die Scharten zu beseitigen und kann sie weiter verwenden. Zumeist werden die Fremdkörper von den Messern ausgeworfen, ehe die folgenden Messer an die Reihe kommen, die sonach nur selten Schaden leiden.

Bei 200 Touren der Hauptwelle läuft das Gewebe mit 4 m Geschwindigkeit je Minute durch die Maschine. An jeder Schermaschine sind Schutzvorrichtungen vor jedem Scherzylinder angebracht, um die Arbeiter vor Verletzungen durch die scharfen und raschlaufenden Messer zu bewahren; diese Schutzvorrichtungen sind derart ausgebildet, daß der Scherzylinder nur bei in Schutzstellung be-

findlichem Schutzgitter in Betrieb gesetzt werden kann. Ist das Schutzgitter für
das Reinigen des Untermessers von Scherhaaren aufgeschlagen, so ist die Einrückung der Maschine durch eine Verriegelung unmöglich gemacht.

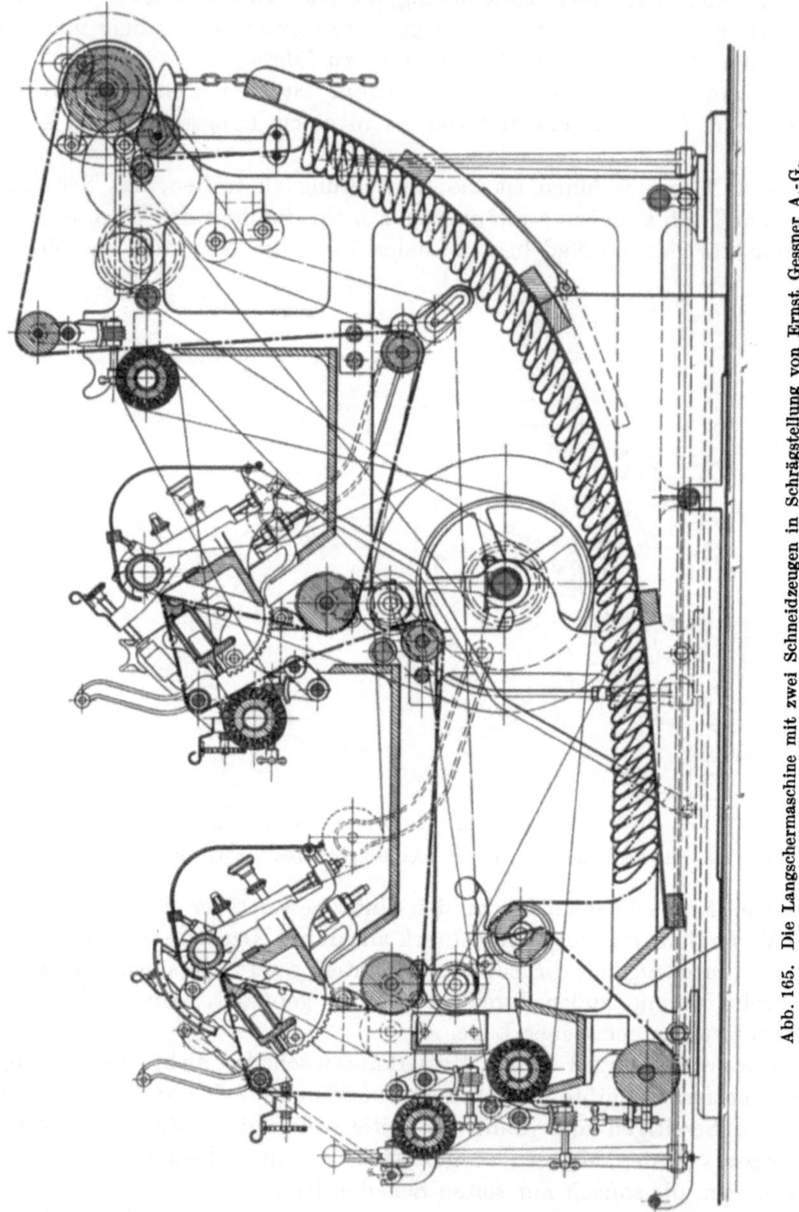

Abb. 165. Die Langschermaschine mit zwei Schneidzeugen in Schrägstellung von Ernst Gessner A.-G.

Bei den Maschinen von Gessner sitzt auf einem der Zylinderzapfen eine
Scheibe mit einer Aussparung, in welches ich eine an dem Schutzgitterseiten-
schilde angegossene Nase einlegen läßt. Bei abgestellter Maschine muß man zur
Herabdrehung des Schutzgitters den Zylinder von Hand aus so weit verdrehen,

bis der Ausschnitt in der Scheibe mit der Nase in gleiche Lage gebracht ist.

Da der Zylinder aber jederzeit bei heruntergelegter Schutzvorrichtung in Betrieb gesetzt werden kann, entspricht diese nicht den Anforderungen der Unfallverhütung.

Die **Schermaschinen mit mehreren Schneidzeugen** zum Scheren von Geweben mit dünnen Leisten, wie Damenkleiderstoffen, Halbwollgeweben, Kammgarnwaren, Baumwollstoffen, Plüschen, Samten, Teppichen u. a., haben eine größere Leistungsfähigkeit. Sie sind zumeist mit festen oder beweglichen Hohltischen ausgerüstet; die Schermesser sind auf den aufeinanderfolgenden Zylindern abwechselnd mit rechts- und linksgewundenen Messern versehen.

Die Abb. 164 zeigt die Einrichtung einer Zweizylinderschermaschine mit 2 Schneidzeugen von G. Josephy's Erben in Bielitz, die für 1,80 bis 2 m bis 3 m Schnittbreite der Scherzylinder gebaut werden.

Eine Langschermaschine mit zwei Schneidzeugen in Schrägstellung von Ernst Gessner A.-G. zeigt die Abb. 165.

Die Schermaschinen von A. Monforts, M.-Gladbach, mit mehr als zwei Schneidzeugen sind abweichend davon.

Mit 4 bis 8 Schneidzeugen kann das Gewebe in einem Durchgange durch die Maschine fertig geschoren sein. Abb. 166 stellt eine Gewebe-,

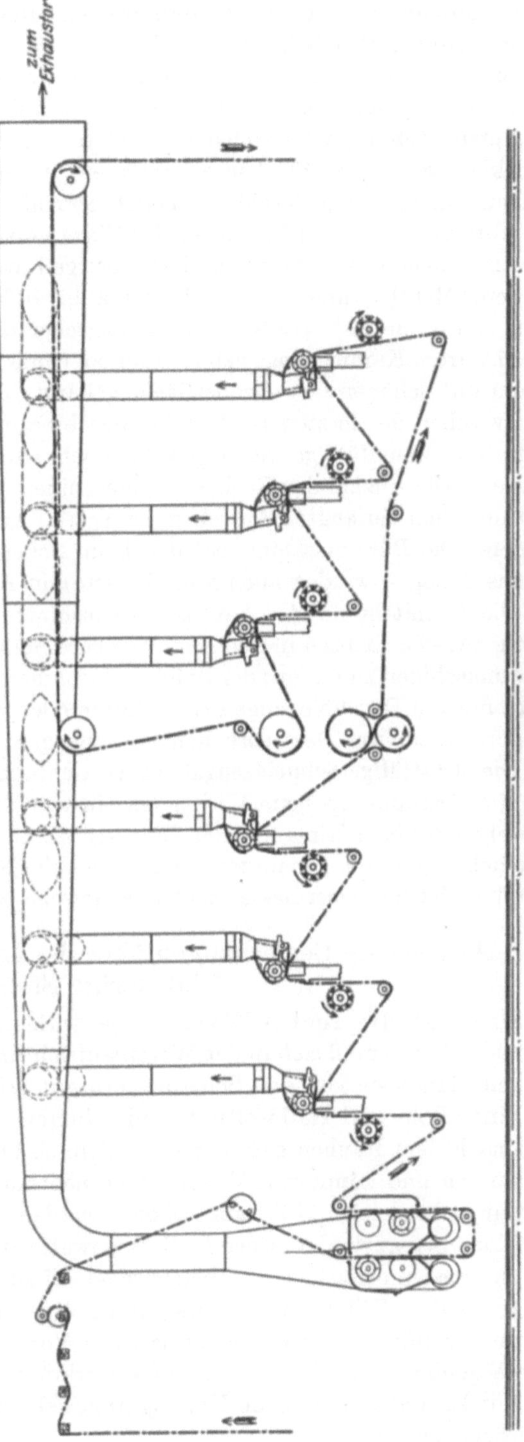

Abb. 166. Die Gewebe-Putz- und Schermaschine von A. Monforts.

Putz- und Schermaschine mit 3 Schneidzeugen für jede Warenseite, 2 Schab- und 2 Schmirgelwalzen, 6 Borstenbürstwalzen und Entstaubungsrohrleitung von A. Monforts, M.-Gladbach, dar.

Sie dient für ein kombiniertes Scherverfahren, um mit einmaligem Warendurchgange das Gewebe durch Dämpfen, Links- und Rechtsscheren, Dämpfen, Schmirgeln (Schleifen), Bürsten, mit glatter Schur, weichem Griff und klar gereinigten Flächen auszurüsten. Diese verschiedenen Arbeiten lassen sich auf einer solchen Maschine in beliebiger Aufeinanderfolge ausführen; sie bietet die Vorteile, daß das Übertragen der Ware von einer Maschine zur anderen (bei einzelnstehenden Maschinen) und das hastige Ein- und Austafeln entfällt, wodurch sich eine Mehrleistung von etwa 50 bis 60 bis 70% und eine Ersparnis an Arbeitslohn von 40 bis 50% ergibt. Zum Fertigscheren mit einmaligem Durchgang von Strichwaren, Kammgarngeweben, kahl oder mit Strich und allen sonstigen Wollwaren mit schönen Gewebeoberflächen, kann die Maschine angewendet werden.

Zwischen der letzten Rechtsschermaschine und der Bürstmaschine kann für fein- und weichfühlige Strichgewebe noch eine Schleifmaschine eingeschaltet werden. Die Anzahl der Rechtsschermaschinen richtet sich nach der Beschaffenheit und dem verlangten Aussehen der Ware. Am Wareneinlauf liegt ein Dämpfkasten. Die Bürstmaschine legt den beim Scheren aufgerichteten Strich nieder. Solche Anlagen werden auch von Gessner in Aue gebaut.

Die Schnittbreite der Längsschermaschinen schwankt je nach der Warenbreite zwischen 1 bis 4 m und 5 m. Größere Schnittbreiten sind nur an Teppichschermaschinen zu finden; der Zylinderdurchmesser ist bei diesen größer gehalten, nicht nur um Durchbiegungen zu verhüten oder Vibrationen besser aufzunehmen, sondern auch, um Messerbrüchen vorzubeugen. Die Messer sind eingestemmt.

Die **selbsttätige Schneidzeugabhebevorrichtung** der Firma E. Gessner in Aue hat die Bestimmung, beim Vorhandensein von Knoten und Fremdkörperchen im Gewebe oder beim Einlaufen der Naht, das Schneidzeug unabhängig vom Arbeiter abzuheben, ehe die genannten Fehler oder die Naht zum Schermesser gelangen, damit weder die Schermesser noch das Gewebe beschädigt werden.

Allgemeine Bemerkungen über die Langschermaschinen für feinfaserige Stoffe.

Die auf die rechte Warenseite wirkende und vor dem Scherzylinder liegende Bürste muß sich in der Warenlaufrichtung zur Aufbürstung der Härchen drehen, damit sie von den Schermessern gut erfaßt und abgeschnitten werden.

Sind Woll- und Halbwollstoffe mit Gummi- oder Leimlösungen imprägniert und nach dem Rauhen getrocknet worden, so kleben die Fasern der Haardecke zusammen und könnten in diesem Zustande auf der Schermaschine nur schwer und nicht in gleicher Höhe abgeschoren werden. Man ersetzt in diesem Falle die vor dem Scherzylinder liegende Borstenwalze durch die steifere Kratzenwalze, die die zusammengeklebten Haarbüschel öffnet.

In beiden Fällen ist die Anwendung einer Messerschiene in der Höhe der Achse der Bürst- oder Kratzenwalze von Vorteil, weil das Ausweichen des Gewebes gehindert wird, was eine volle Wirkung der Aufbürstung zur Folge hat.

Für kahl auszuscherende Kammgarngewebe bringt man zwei solcher Bürsten mit Schienen an.

Strichgewebe läßt man mit dem Strich einlaufen, so daß die Härchen gegen das Untermesser stoßen und aufgerichtet, d. h. den Schermessern entgegengestellt werden.

Ist die aufgeraute Faserdecke sehr langhaarig, so sind zur Beseitigung des zottigen Aussehens der Ware in der Regel nur die Faserspitzen abzuschneiden, ein Vorgang, der mit dem Ausdruck „Spitzen" bezeichnet wird. Desgleichen spitzt man auch feinere, „im Haarmann" zu rauhende Gewebe.

Beim Scheren mit Hohltisch soll die Schneidstelle des Schneidzeuges nahe der hinteren Tischkante liegen, wodurch das Gewebe gehindert wird, zu stark auszuweichen (Abb. 159).

Bei kahl auszuscherenden Geweben genügen, wenn in der Wäsche die Härchen an der Gewebeoberfläche nicht zuviel filzten, 2 bis 4 Schnitte bei einer Warengeschwindigkeit von 4 bis 10 m minutlich. Bei Zweizylinderschermaschinen langt man dann mit zwei Warendurchgängen aus.

Kahl auszuscherende Damenkleiderstoffe aus Wolle und Halbwolle, Satins, können mit einmaligem Durchgang durch die Zweizylindermaschinen fertig geschoren sein.

Strichwaren brauchen 6 bis 8 Schnitte.

Gefärbte Baumwollgewebe wie Blusenstoffe, Kleiderstoffe, welche geschoren werden, läßt man mit einer minutlichen Geschwindigkeit von 20 m und darüber die Zweizylindermaschine durchlaufen.

Von besonderer Wichtigkeit für große Warengeschwindigkeiten ist das faltenlose Zuführen des Gewebes zur Schneidstelle; insbesondere bieten leichte Gewebe die Gefahr des faltigen Einlaufs und die Scherjungen haben vor dem Einlaufen in das Schneidzeug ihre ganze Aufmerksamkeit dem Ausbreiten des Gewebes zu widmen, sonst sind Löcher unvermeidlich. Auch sind die Warenspannvorrichtungen zur Vermeidung des faltigen Einlaufens des Gewebes richtig anzuordnen und instand zu halten. Sehr gut bewährt sich hierfür auch das Vorlegen des Gewebes mittels einer Vortresse und Abtafeln auf einer Warentresse. Durch den langen Warenlauf zwischen Vortresse und Spannstäbe breiten sich faltige Stellen aus.

Von der richtigen Einstellung des Schneidzeuges zum Tisch überzeugt man sich durch Probieren mit dünnem Papier (Zigarettenpapier); an allen Stellen müssen die Messer gleich gut streifen. Mit dem Papiere prüft man auch die Schärfe des Schneidzeuges.

Vor dem Scheren ist das Gewebe zu entknoten.

Nach dem Scheren bürstet man und näht zum Vorschein kommende Fehler und Scherlöcher aus.

Die Langschermaschinen für Grobleinen und gröbere Jutegewebe.

Bei gröberen Leinen- und Jutegeweben ist man vom Sengen des Faserflaumes abgegangen, weil gröbere Verunreinigungen wie Schäbe hierbei nicht entfernt werden konnten. Gegenwärtig ist zur Herstellung gleichmäßiger Oberflächen bzw. zur Milderung des rauhharigen Aussehens solcher Gewebe, wie Wagendecken, Segel- und Zeltleinwand, Jutesackstoffe, allgemein das Scheren in Gebrauch, nicht nur zum Abschneiden der hervorstehenden Fasern, sondern auch zum Entfernen der anhaftenden Schäbeteilchen. Der stehenbleibende Faserflaum gibt dem Gewebe einen angenehmen weichen Griff und bietet eine günstige Anhaftungsfläche für Appreturmittel, die zur Verleihung größerer Dichte und zum Wasserdichtmachen dem Gewebe einverleibt werden.

Die Leinen- und Jutemaschinen weichen von den Tuchschermaschinen wesentlich durch den kräftigen Bau und einige Einzelheiten ab, von welchen besonders das gleichzeitige Scheren beider Gewebeseiten, die Schneidzeugabhebevorrichtungen und die Zurichtung des Untermessers zu erwähnen sind.

Die zumeist billigen Gewebe aus Grobflachs- und Jutegarnen werden nicht genoppt; darum sind die Schermaschinen mit Hohltischen auszurüsten.

Die Leinen- und Juteschermaschinen erhalten eine Schnittbreite von 1300 bis 2500 mm, mit 75 mm starkem Zylinder, 8 bis 12 Bajonettmessern von 500 bis 750 mm Steighöhe, das Untermesser von 90 bis 110 mm Breite und 2 bis 3 mm Dicke. Zum besseren Erfassen und Festhalten der Fasern im Scherwinkel

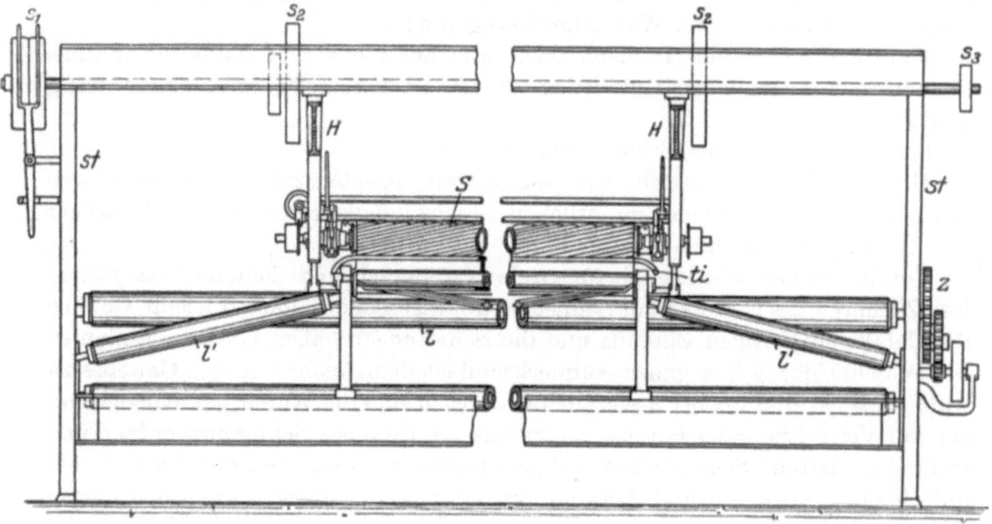

Abb. 167.   Die Teppichlangschermaschine von Karl Brückners Nachf.

sind die Messer mit Feilenhieb versehen und an der Schneide glashart gehärtet. Das Untermesser ist nur wenig gehärtet und nicht vollkommen ausgeschliffen, so daß die ¼ bis ½ mm starken Schneiden dem Ausspringen durch die kräftigen Fasern hinreichenden Widerstand entgegensetzen. Die Grobjute- und Grobleinengewebe schert man bis auf den Grund und da Jute- und Werggarne niedriger Nummer viele Unregelmäßigkeiten, holzige Schäbeteilchen und große Knoten enthalten, ist die Gefahr des Einschneidens von Löchern weitaus größer als bei Tuchgeweben, weshalb man den Doppel- oder Hohltisch von 60 bis 80 mm Breite unbedingt benützen muß.

Zur Verbilligung der Arbeit schert man mit zwei Schneidzeugen die Ober- und Unterseite des Gewebes gleichzeitig; das Gewebe ist demnach über das erste und unter das zweite Schneidzeug zu führen. Da die Schneidzeuge in geringem Abstande voneinander gelagert sind, ist die Aushebevorrichtung so eingerichtet, daß man mit einem Handgriff beide Schneidzeuge vom Gewebe abheben kann.

Die Teppichlangschermaschine mit hängendem Schneidzeug

dient zum Scheren breiter Tisch-, Sofa- und Knüpfteppiche in den gebräuchlichen Breiten bis zu 10 m und mehr und jeder Länge. Abb. 167 zeigt das Schema einer solchen Maschine von Karl Brückners Nachfolger, Glauchau. Bei zu großer Schnittbreite des Scherzylinders ist selbst bei größerem Zylinderdurchmesser ein ruhiger Gang ohne Vibrationen ausgeschlossen; man ging deshalb von den breiten Schneidzeugen für diese Art von Waren, die zumeist aus gröberen und härteren Wollen oder Jute erzeugt sind, ab und nimmt nur Schnittbreiten von 2 bis 2,5 m. Um Gewebe von größerer Breite als der Schnittbreite zu scheren, muß man nach und nach, sobald eine Schnittbreite fertig geschoren ist, das Scheren so oft wiederholen, wie die Schnittbreite in der Gewebebreite enthalten ist. Zur bequemen Durchführung dieses Vorganges ist das Schneidzeug aufgehängt und der Zwischenraum zwischen demselben und den Gestellen so groß bemessen, daß man die freihängenden, von dem Scherzylinder nicht berührten Teppichteile auf Walzen führen kann.

Wo es die örtlichen Verhältnisse zulassen, befestigt man die Traversen zum Aufhängen des Schneidzeuges an der Decke oder an den Mauern und wenn dies nicht möglich ist, lagert man sie auf massiven, gußeisernen Gestellen. Bei längeren Teppichen hat man am Maschineneingange eine vom Fußboden zum Schertisch ansteigende Holzbühne zur faltenlosen Zuführung unter Zuhilfenahme weniger Arbeiter. Gewöhnlich benötigt diese Schermaschine 3 Arbeiter, nämlich den Scherer und 2 Hilfsarbeiter zur Führung der über den Tischen überhängenden Teppichseitenteile.

Der Tisch ti übergeift mit seinen Enden die seitlich liegenden Leitwalzen l'.

Die Querscher- oder Transversalschermaschinen.

Wie schon die Bezeichnung besagt, scheren diese Maschinen das Gewebe in der Quer- oder Schußrichtung; die Schneidstelle des Schneidzeuges liegt demnach parallel zur Kettenrichtung.

Diese Maschinen waren früher für das Kahlscheren häufiger in Anwendung und wurden von den Langschermaschinen nach und nach verdrängt, wozu einesteils die an diesen angebrachten Vervollkommnungen und Verbesserungen, andernteils die geringe Leistung der Querschermaschinen beitrug. Bei den Querschermaschinen ist das Gewebe auf zwei Walzen aufgewickelt; zwischen diesen liegt ein Rahmen, auf welchen das Gewebe gespannt aufliegt. Das Einspannen geschieht mittels Schienen, in deren Haken die Gewebeleisten eingestochen werden. Dies geschieht zunächst im ungespannten Zustande, indem die eine Schiene feststeht und die andere Schiene mittels Gurten angespannt wird. Die Gurten werden auf eine Holzwalze gewickelt, die durch Sperräder an der Rückdrehung gehindert werden. Diese Vorrichtung ermöglicht es auch, Gewebe von verschiedenen Breiten einzuspannen. Das Gewebe kann nur stückweise geschoren werden, und zwar immer nur eine Länge, welche der Scherzylinderbreite entspricht. Nach einigen Schnitten bzw. Fertigstellung der Schur einer solchen Länge sind die Gewebeleisten abzuhaken, das Gewebe um eine Schnittbreite weiterzurücken bzw. aufzuwickeln, anzuspannen, mit den Leisten wieder in die Haken einzulegen und nun kann wieder ein Schnitt gegeben werden. Ferner folgt auf

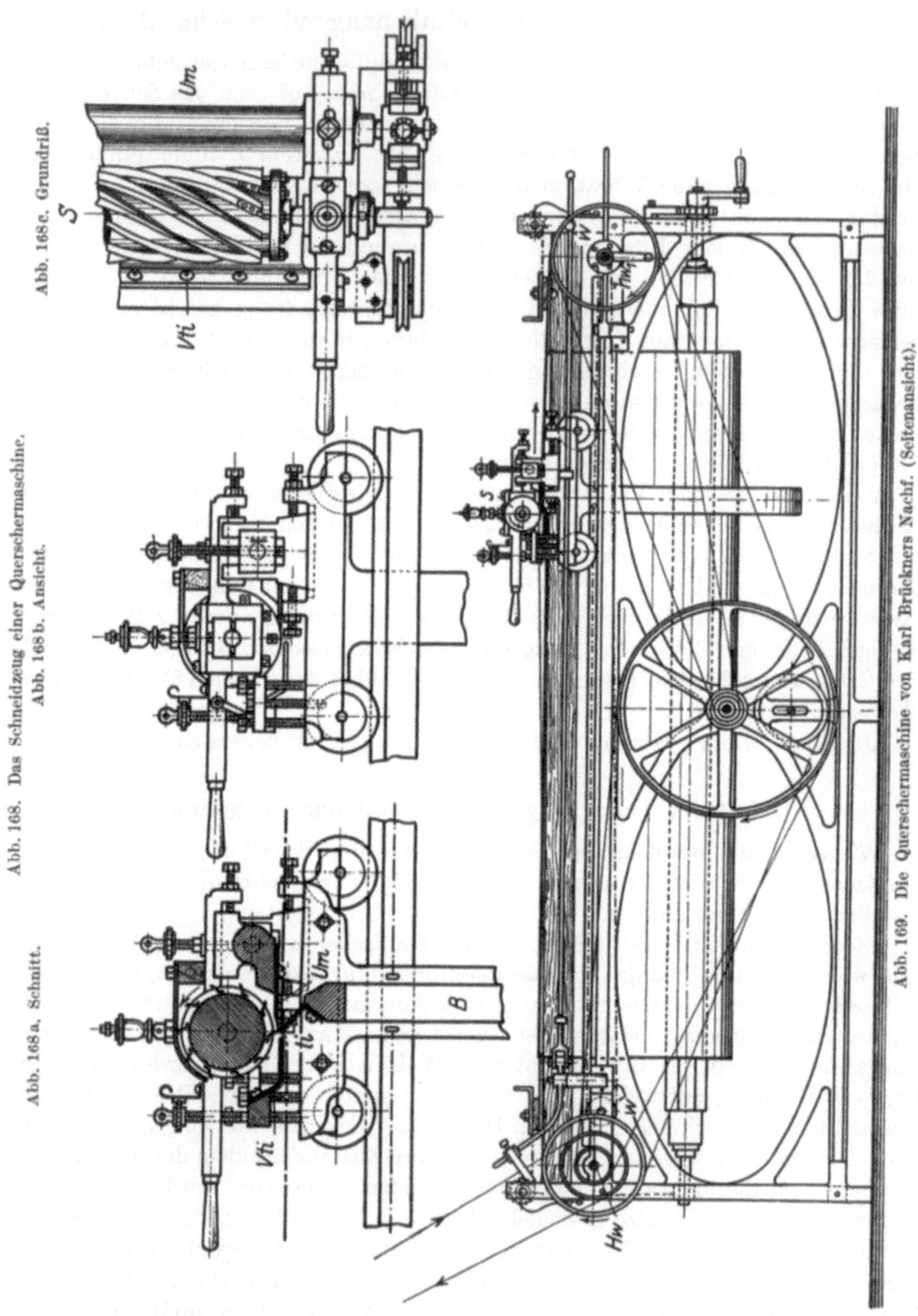

jeden Arbeitsgang des Scherzylinders ein Leergang. Diese Arbeitsweise erfordert
viel Zeit und vermindert die Leistung. Es gibt aber dennoch Arbeiten, die immer
noch und fast ausschließlich auf den Querschermaschinen auszuführen sind.

1. Sind Gewebe mit Diagonal- oder Längenrippen kahl auszuscheren, so kann dies nur auf der Querschermaschine geschehen, weil die Messer auch in die Vertiefungen zwischen diesen Rippen eindringen können. Wesentlich unterstützt wird dieses Eindringen noch durch die Anwendung eines Vortisches, der vor dem eigentlichen Tisch liegt und die Ware zwingt, unter einem sehr kleinen Winkel über den Schertisch zu streichen (Abb. 168a).

2. Weiters nimmt man die Querschermaschine zum Ausscheren des Mantels und Schlages (Vorderende oder Mantelende; Hinterende- oder Nummernende oder Schlag), wenngleich ein geübter Scherer auch auf der Langschermaschine dieselbe Arbeit verrichten kann. Selbstverständlich muß er dabei das Stück mit der Naht parallel zur Schneidkante des Untermessers führen; läuft es

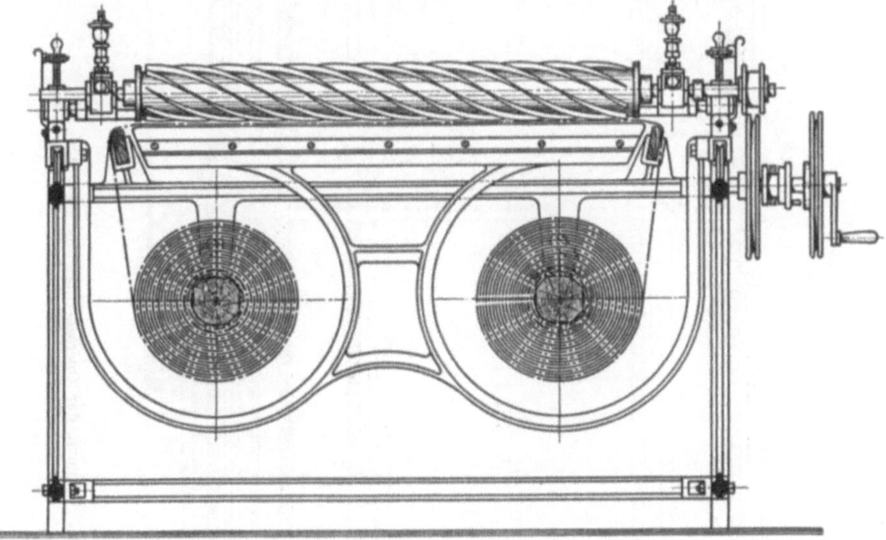

Abb. 170. Vorderansicht der Querschermaschine nach Abb. 169.

schräg ein, so werden die Messer beschädigt (übrigens hat man zum Ausscheren von Schlag und Mantel die leistungsfähigeren Schlagschermaschinen). Siehe Seite 189.

3. Auch für eine vollendete Schur, auch Rundschur genannt, bei feinen Strichwaren geht man nach dem Scheren auf der Langschermaschine zur Querschermaschine über, damit die Härchen nach zwei aufeinander senkrecht stehenden Richtungen abgeschoren werden; nicht um eine gleichmäßiger abgeschnittene, sondern eine mit ruhigem Glanz ausgestattete Schnittfläche zu erhalten. Beim Scheren auf den Langschermaschinen legen sich die Härchen immer ein wenig in der Richtung der Schraubenwindung der Messer nieder, wodurch der Schnitt schief wird. Schert man das Gewebe auf der Querschermaschine fertig, so verbessert sich der Schnitt durch Abschneiden der scharfspitzigen Haarenden.

Die Schnittbreite ist zumeist 1,2 m.

Man unterscheidet zwei Systeme von Querschermaschinen. Gebräuchlicher ist die Querschermaschine mit feststehendem Warenrahmen und fahrbarem Schneidzeug. Eine solche Maschine ist in Abb. 169 bis 171 in der Ausführung von

Karl Brückners Nachfolger, Glauchau, dargestellt. Nachdem sich wegen Zuordnung des Untermessers der Scherzylinder nur nach einer Richtung bewegen kann, um scherend zu wirken, ist ein Arbeitsgang und ein Leergang bei jedem Schnitt zu verzeichnen.

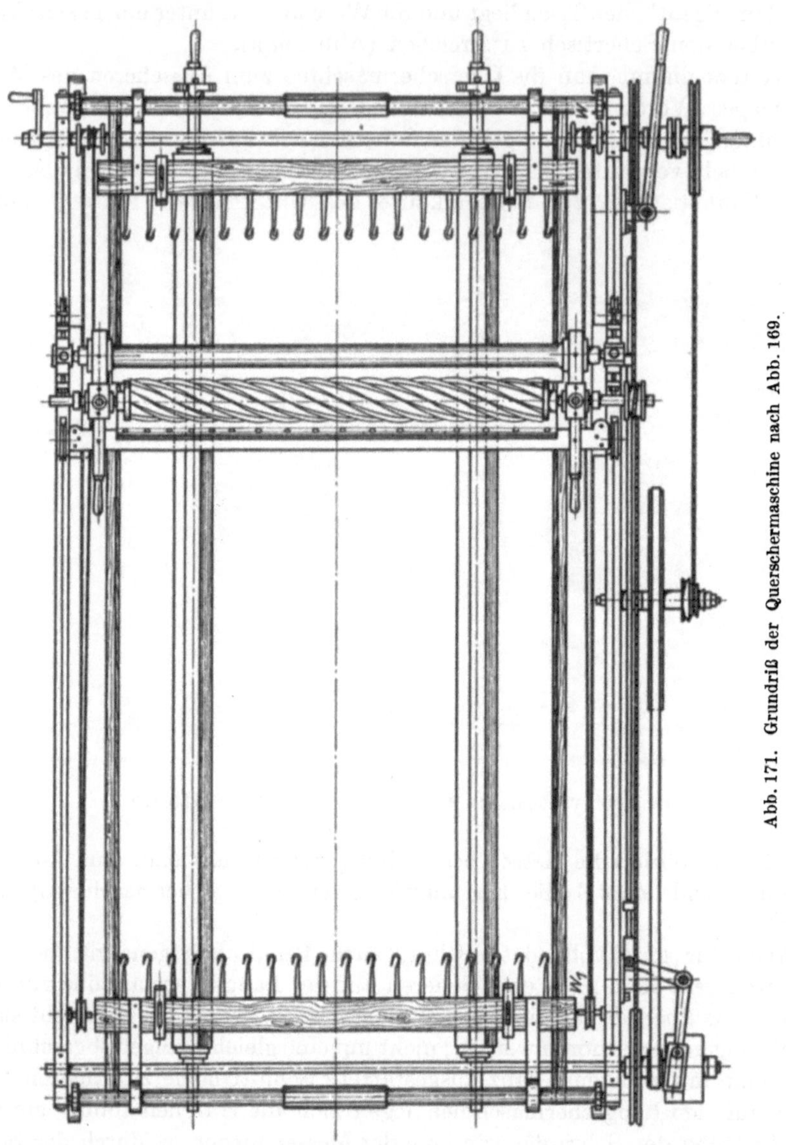

Abb. 171. Grundriß der Querschermaschine nach Abb. 169.

In der Kettenrichtung ist das Gewebe gespannt durch Anziehen der Warenwickelwalzen und Sicherung gegen Rückdrehung durch Sperrwerke. Stahlhaken, an nachstellbaren Hartholzleisten befestigt, oder verstellbare Klaviernadelleisten dienen zum Spannen des Gewebes in der Schußrichtung.

Nach Vollendung eines Arbeitsganges (Schnittes) wird die Maschine selbsttätig abgestellt und der Schneidzeugwagen durch ein Handgetriebe in seine

Anfangstellung zurückgeführt. Mit Rollen führt sich der Wagen auf den Führungsbahnen der gußeisernen Gestellwände.

Die zweite Art ist die **Querschermaschine** mit feststehendem Schneidzeug und fahrbarem Warenrahmen. Der unruhige Gang des Warenrahmens dürfte der Grund sein, warum dieses System weniger Anwendung gefunden hat als das erstgenannte.

Die Maschine hat gewöhnlich 1,15 m Schnittbreite und 1,6 m bis 2,00 m Warenbreite; ihre Geschwindigkeit beträgt 200 minutliche Umläufe der Hauptwelle.

Die **Knüpfteppichschermaschine** von Karl Brückners Nachfolger, Glauchau, ist mit fahrbarem Schneidzeug ausgebildet und wird für Schnittbreiten bis 1,5 m und in einer Länge bis 15 und mehr m gebaut; sie benötigt zur Bedienung nur einen Scherer und einen Hilfsarbeiter. Das Arbeiten ist einfacher und bequemer als auf der Knüpfteppichschermaschine mit hängendem Schneidzeug. Die Anschaffungskosten sind größer, machen sich aber in wenigen Jahren durch die Ersparnisse an Arbeitslohn bezahlt. Der Teppich wird auf einer Maschinenseite gerollt vorgelegt, über fixierbare Stiftenwalzen und Holztisch geführt und stückweise geschoren. Nach jedem Schnitt bürstet man den beim Rücklauf des Scherzylinderwagens niedergelegten Flor mit einer Handbürste auf und stellt das Schneidzeug ein wenig tiefer. Mit Beendigung der Schur eines Stückes überwickelt man den Teppich durch Drehen der Stiftenwalzen mit Handkurbeln und fixiert ihre Stellung mit Sperrklinke und Sperrad. Die Wagenbewegung wird am Ende des Wagenweges automatisch eingestellt. Die Wagenrückbewegung besorgt ein besonderes von Hand aus einstellbares Getriebe.

Die **Schlagschermaschine** von Karl Brückners Nachfolger, Glauchau, dient zum Scheren des Stückvorder- und -hinterendes (Mantel und Schlag). Diese Enden können auf der Langschermaschine wegen der Gefahr der Messerbeschädigung beim Anlaufen der Zylindermesser an die Naht nicht ausgeschoren werden. Früher wurden die Stückenden auf den Querschermaschinen geschoren. Aber die Vorarbeiten hierfür sowie das Aufwickeln der Ware auf einem der Warenbäume, dann das Überwickeln auf den zweiten Warenbaum, nahmen viel Zeit in Anspruch und erforderten zwei Arbeiter.

Die Schlagschermaschinen werden auch mit einseitig freiliegendem Tisch ausgeführt, so daß das Stückende bequem zwischen diesem und dem Schneidzeug eingeführt werden kann. Das von der Langschermaschine in getafeltem Zustande kommende Gewebe legt man auf den fahrbaren Warentisch und führt es von diesem durch das offene Seitengestelle in das Schneidzeug ein, was ein Arbeiter besorgen kann. Für größere Betriebe und Lohnappreturen bietet die Schlagschermaschine außerordentliche Vorteile. Die Schnittbreite ist 500 mm, die Maschinenlänge 3,275 m, die Breite 1,27 m. Die Hauptwelle macht minutlich 200 Touren, der Kraftbedarf ist etwa $^1/_{10}$ PS.

Die Herstellung von Mustern durch Scheren. Das Einscheren von Mustern in flor- und veloursartigen Geweben ist nur selten in Anwendung zu finden. Erst nach dem Fertigscheren auf der Langschermaschine übergibt man das Gewebe der Effektschermaschine. Dieses muß bei Langschermaschinen, wo einfache streifenförmige Muster in der Kettenrichtung eingeschoren werden können, sehr langsam durch die Maschine laufen, um mit einem Schnitt das zu erzeugende

Muster fertig zu scheren; es würde zu Fehlern Anlaß geben, wenn man das Gewebe mehrere Male durch die Maschine führen würde, um etwa den Effekt stärker hervorzuheben. Selbst die kleinste axiale Bewegung des Scherzylinders muß verhindert werden, wenn Längsstreifen eingeschoren werden sollen.

Das Einscheren von Längsstreifen ist nur mit Schablonen ausführbar, die an den vollen Stellen die Faserdecke niederdrücken und der Einwirkung des Scherzylinders entziehen, während die vorstehenden Fasern abgeschnitten werden. Durch Dämpfen nach dem Scheren richten sich die niedergelegten, ungeschorenen Fasern auf und bilden das hochflorige Muster.

Querstreifen sind mit gleichgestalteten Schablonen auf der Transversalschermaschine oder mit Hebe- und Senkvorrichtungen des Schneidzeuges der Langschermaschine herstellbar. Mit der letzten Einrichtung fallen die Querstreifen nicht scharf abgegrenzt aus. Durch die Kombination von längs- und querstreifig geschorenen Geweben entstehen eingeschorene Karos.

Schermuster kann man auch durch besondere Ausführung des Tisches erhalten. Verwendet man einen gezahnten Tisch, so erhält man Längsstreifen; ein mittels Exzenters parallel zur Laufrichtung des Gewebes hin und her bewegter Tisch ergibt Querstreifen, während man mittels einer Reliefwalze an Stelle des Tisches figurierte Muster einscheren kann. Die Querstreifen können zweckmäßig auch mit auf und ab bewegbarem Tisch erhalten werden. Das Mustereinscheren ist nur bei dünnen Florgeweben, wie leichten Velours, Samten u. dgl., durchführbar.

5. Das Sengen.

Das Sengen ist ein Appreturprozeß für kahl zu appretierende Gewebe zur vollständigen Beseitigung des Faserflaumes von den Gewebeflächen durch Abbrennen mittels glühender Eisen- oder Kupferplatten oder mittels einer nicht leuchtenden Gasflamme (Bunsenbrenner). Es wird in den Fällen angewendet, in denen durch das Scheren der gewünschte Kahleffekt nicht zu erreichen ist, wie z. B. bei Stoffen mit Längs-, Quer- und Diagonalrippen (Schrägrippe, Adriabindungen, Gabardine, gemusterte Ripse, Köpergewebe, Waffelbindungen), aus Wolle, Halbwolle, Baumwolle und Seide, bei allen Jacquardgeweben, Möbelstoffen mit erhabenen Dessins. Für billige Gewebe, wo das Scheren sich weniger wirtschaftlich erweist, verwendet man das Sengen, weil die Warengeschwindigkeit hierbei weitaus größer, bis zu 50 m minutlich, sein kann, wodurch sich der Arbeitslohn beträchtlich verbilligt. Das Noppen entfällt hierbei ganz.

Namentlich in der Leinen- und Baumwollwarenappretur sengt man vor dem Bleichen alle besseren Qualitäten; der durch das Sengen hervorgebrachte gelbliche Stich wird durch das Bleichen beseitigt.

Stückfarbige, kahl zu appretierende, leichte Kammgarn-, Halbkammgarn- und Lüstergewebe, Futterstoffe u. dgl., sengt man vor dem Färben, damit sich der Faserflaum während dieser Arbeit und während des Waschens nicht verfilzen und man eine vollständig faserfreie, glatte Oberfläche herstellen kann. Zu diesen Geweben zählt eine große Zahl der Gera-Greizer Artikel wie Kaschmirstoffe, Tibets, Damenjacquards (schwarz und in bunten Farben).

Nach dem Färben wird bei manchen Geweben neuerdings gesengt, um den hierdurch wieder hervorgebrachten Faserflaum zu beseitigen.

Stückfarbige Möbelstoffe, wie z. B. Satins, Ripse, Croisés, sengt man vor und nach dem Färben.

Auch bei strähnfarbigen Möbelstoffen besteht keine Gefahr für die Farben, wenn man mit entsprechend hoher Geschwindigkeit das Gewebe an der Sengstelle vorüber bewegt.

Um beim Flammensengen gut und rasch sengen zu können, soll das Gewebe der Sengmaschine trokken übergeben werden, zu welchem Zwecke man am Maschineneingange auch dampfgeheizte Vortrockentrommeln anbringt.

Nach dem Sengen krabbt man Woll- und Halbwollgewebe zum Entfernen des Senggeruches und zum Fixieren der Wollfaser, damit diese beim Färben nicht allzu stark eingehen und einen besseren, dauerhafteren Glanz erhalten.

Sengmaschinen mit glühenden Eisen- oder Kupferplatten nennt man Plattensengen (Abb. 172), solche zum Abbrennen der Härchen mittels Gasflammen heißen Gas- oder Flammensengen (Abb. 175).

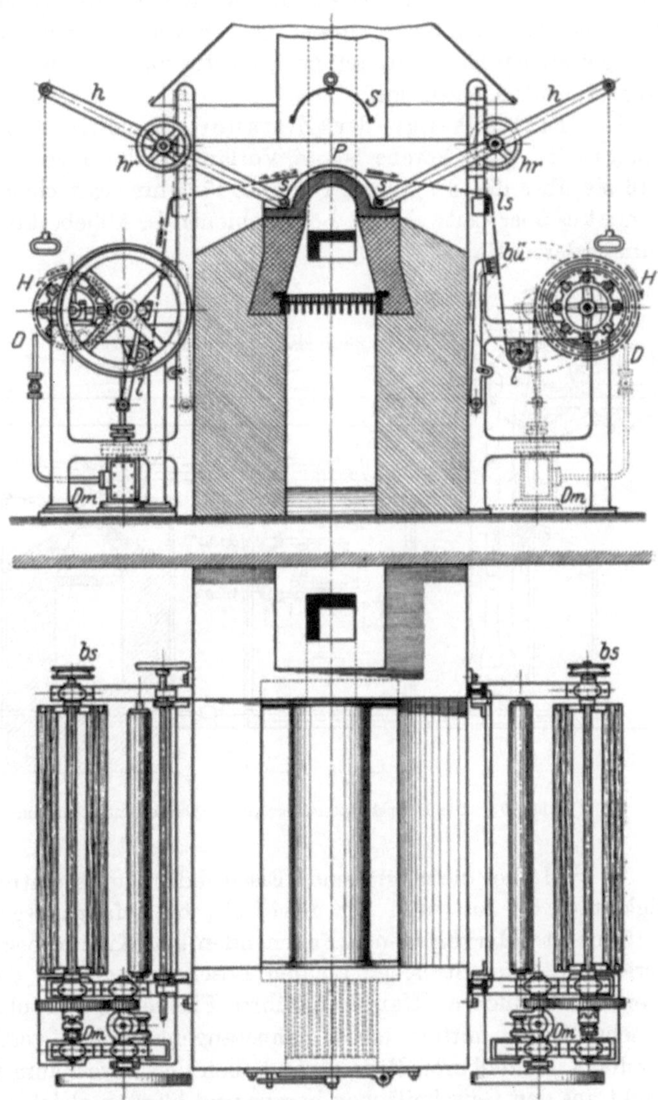

Abb. 172. Die Plattensenge (Zittauer Maschinenfabrik).

Die Plattensengen.

Die Plattensengen sind vornehmlich für glatte, dichtgewebte Waren brauchbar, da sie nur die Härchen an der Gewebeoberfläche abbrennen und nicht in die Tiefe, geschweige denn in die Poren der Gewebe wirken. Für schüttere Gewebe (Voiles, Kongreßstoffe, manche Drehergewebe) und solche mit erhabenem Bindungseffekt (Ripsbindungen, Waffelbindungen u. dgl.) kommt nur die Gassenge in Betracht, weil die Gasflamme auch in die Tiefe und in die Gewebelücken eindringt.

Bei manchen Geweben, auch solchen von dichterer Einstellung, wird auf der Plattensenge infolge des Gleitens über die Sengplatte eine Art Lüster (Glanz) hervorgerufen. Da hierbei in den Gewebevertiefungen der Faserflaum mehr oder weniger stehen bleibt, haftet bei einseitig zu appretierenden Geweben auch das Appreturmittel besser an.

Die Plattensenge der Zittauer Maschinenfabrik ist in Abb. 172 dargestellt. Das Gewebe ist an Vorläufertüchern von solcher Länge befestigt, daß sie über die Sengplatte P (Abb. 172) hinwegreichen. Vom Warenhaspel H kommt es über Leitwalzen l, Löschschienen ls, Abhebestangen s und Sengplatte P zum anderen Haspel.

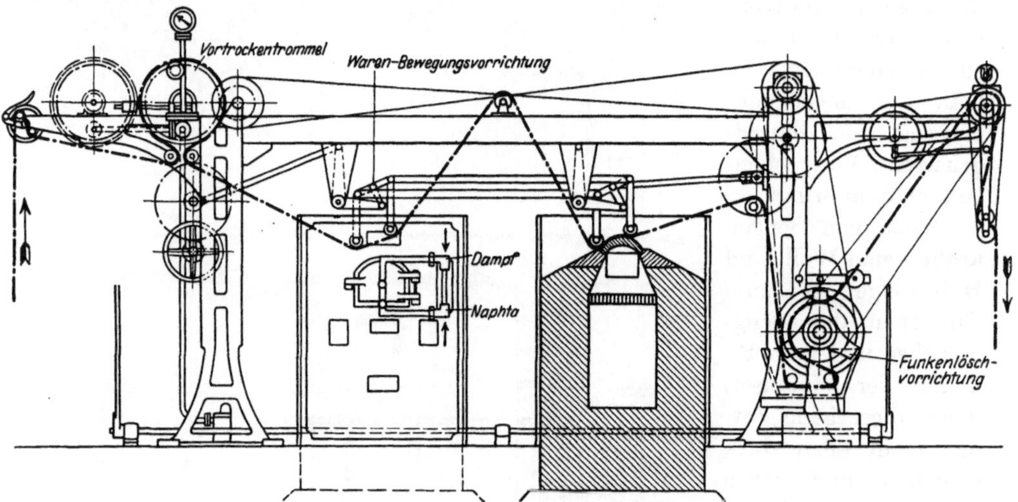

Abb. 173. Die Doppelplattensenge für Naphthaheizung (Zittauer Maschinenfabrik).

Es wird über die rotglühende Eisen- oder Kupferplatte mit großer Geschwindigkeit so oft hin- und her gewickelt, bis erfahrungsgemäß aller Faserflaum entfernt ist. Hervorragende Fadenenden und Knoten beginnen zu glimmen und verlöschen beim Streichen an den Löschschienen, die dadurch das Löchereinbrennen verhindern. Um die berührte Fläche der Sengplatte zu regeln, sind die Löschschienen mittels eines Zahnstangengetriebes vertikal verstellbar. Die ebenfalls verstellbaren Bürsten $b\ddot{u}$ heben den Faserflaum für einen klaren Sengeffekt aus den Gewebeflächen heraus und bürsten gleichzeitig den Sengstaub ab.

Ist die Sengplatte zu heiß und dadurch die Gefahr des Ansengens oder Durchbrennens des Gewebes vorhanden, so hebt man durch Ziehen an den Hebeln h die Abhebestangen s und mit ihnen das Gewebe von der Sengplatte ab; das gleiche geschieht bei der Umsteuerung, welche nicht so rasch vor sich gehen kann, daß nicht ein Durchbrennen möglich wäre, wenn das Gewebe nicht abgehoben würde.

Zum Ableiten der Senggase und des sich bildenden Wasserdampfes beim Feuchtsengen sowie eines Teiles des Sengstaubes hat man über der Sengmaschine einen ins Freie führenden Abzugtrichter T.

Das Anheizen der Sengplatte *P* erfordert etwa 1 Std., währenddessen die Sengplatte gegen Abkühlung zu schützen ist, was durch Abdecken mit dem Schutz-
schirm *S* geschieht. Der Rost, etwa 400 mm unter der Sengplatte, wird mit
Kohle beschickt. Während des Hin- und Herführens des Gewebes über die
Sengplatte, wobei es von einem Haspel auf den anderen überwickelt wird, ist
der abzuwickelnde Haspel zu bremsen, um die Ware zu spannen; auch ist für
eine faltenfreie Führung Sorge zu tragen, damit keine ungesengten Stellen durch-
gehen und auch ein Durchbrennen der Ware verhütet wird.

Die Sengplatte führt man auch wellenförmig mit mehreren Sengstellen aus.

Zur Erhöhung der Leistung stellt man mehrere Plattensengen zu einer Batterie
zusammen. Eine Doppelplattensenge mit Naphthaheizung der **Zittauer Maschinenfabrik** zeigt die Abb. 173.

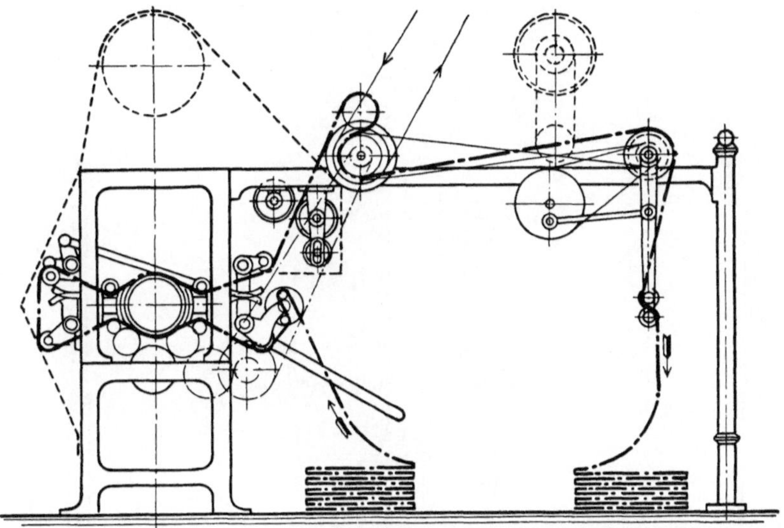

Abb. 174. Die Zylindersenge (Zittauer Maschinenfabrik).

In Abb. 174 ist eine **Zylindersenge** der **Zittauer Maschinenfabrik**
dargestellt. Die Ware wird über einen von innen geheizten, dickwandigen Kupferzylinder geführt. Wie aus der Zeichnung ersichtlich ist, ermöglicht der Zylinder
zwei Sengstellen, erreicht also die Leistung einer Doppelplattensenge; auch kann
der Zylinder angetrieben werden, so daß eine Reinigung der Sengstelle während
des Ganges möglich ist. Der Sengeffekt kann durch Anstellwalzen geregelt werden.

Das Sengen mit Gas.

Preßt man durch einen feinen Schlitz eines geschlossenen Gefäßes ein Ge-
misch von Gas und Luft und tritt dieses Gasluftgemisch zur Entzündung,
so entsteht eine nichtrußende, bläulich brennende Stichflamme von großer Hitze.
Eine solche Flamme ist zum Abbrennen des Faserflaums geeignet, da sie das
Gewebe nicht durch Ruß verunreinigt. Sie tritt auch in die tiefliegenden Stellen
des Gewebes ein und dringt sogar durch die Poren des Gewebes hindurch.

Das Sengen mit Gas eignet sich daher für Gewebe mit Längs- und Querrippen
(Ripse), mit Diagonalrippen (Adriabindung, Gabardine), Struckgewebe, Piqués

und waffelbindige Stoffe, für Gewebe mit aufgeworfenen Dessins, aber auch für alle glatten Baumwoll-, Halbkammgarn- und Kammgarngewebe, für Möbelstoffe aller Art, Seiden- und Halbseidengewebe, wenn es sich um die Erzielung einer vollkommen glatten und faserflaumfreien Gewebeoberfläche handelt.

Stückfarbige Satins, Futterstoffe, Kammgarnkleiderstoffe gehen nach dem Sengen auf der Gassenge zum Waschen, Naßdekatieren, Brühen und kommen in feuchtem Zustande zur Plattensenge, wobei sich durch das Sengen im feuchten Zustande ein glatter Sengeffekt mit Glanz einstellt.

Samuel Hall soll bereits im Jahre 1817 Leuchtgas zum Sengen in Verwendung genommen haben.

Aber auch Sengapparate mit Weingeist- oder Alkoholflammen wurden versucht, bewährten sich aber wegen der rußenden Flamme nicht.

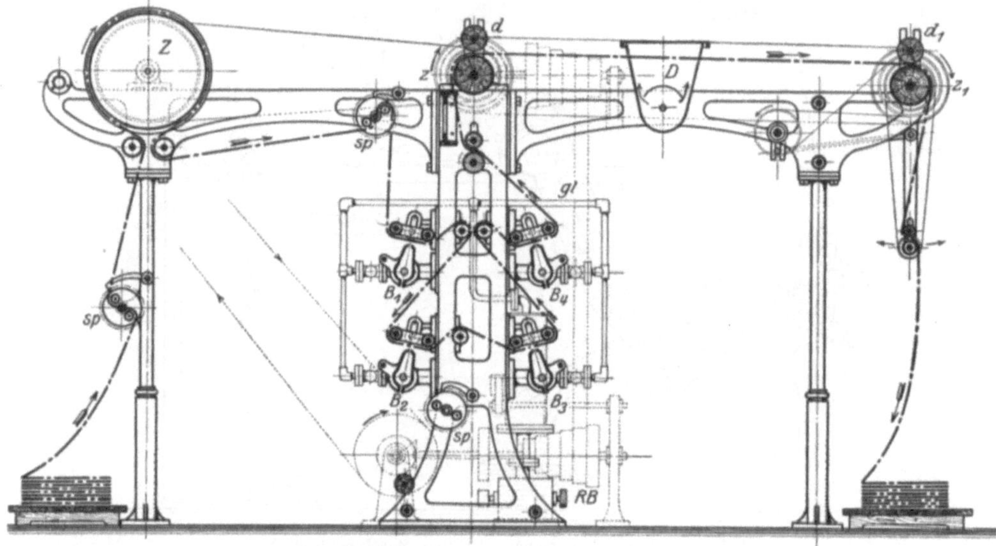

Abb. 175. Die Gas- oder Flammensenge mit Vortrockentrommel (Zittauer Maschinenfabrik).

An allen neueren Gas- oder Flammensengen besteht die Sengvorrichtung aus einem Schlitzbrenner, welcher über die ganze Gewebebreite reicht und eine ebenso breite Gasstichflamme erzeugt, an der das Gewebe mit 15 bis 50 m minutlich vorbeigeführt wird.

Man benützt Leucht- und Benzingas, mit einer entsprechenden Menge atmosphärischer Luft gemischt, um eine nicht rußende Flamme zu erhalten.

Die wichtigsten Bestandteile der Gassenge sind die Apparate zur Erzeugung des Gas- und Luftgemisches. Um eine genügend lange Stichflamme zu erhalten, führt man gepreßte Luft zu; die Kompression kann nach Erfordernis geregelt werden. Die Mischung geschieht erst in dem Augenblick der Entzündung und an der Austrittsstelle der Sengflamme, da sonst eine Explosion (Verpuffung oder Zündschlag) entsteht.

Mit Leuchtgas läßt sich eine kräftiger wirkende Stichflamme erzeugen als mit Benzingas. Letzteres wird nur dort in Gebrauch genommen, wo Leuchtgas nicht vorhanden ist, wie z. B. in entlegenen Appreturanstalten. Das Benzingas oder

Gasolin erzeugt man in aus Eisen- oder Kupferblech hergestellten Gasolinapparaten durch Verdunsten von Benzin; auf diese Apparate wird später noch näher eingegangen.

Die atmosphärische Luft muß frei von mechanischen Verunreinigungen sein, weil die Schlitzbrenner sich sonst verstopfen und eine ungleichmäßige Stichflamme sowie Sengstreifen verursachen; auch vermindert das oftmalige Reinigen der Brennerschlitze die Leistung. Das Luftzuführrohr muß daher über Dach geführt und gegen Regen oder Schnee durch eine kegelförmige Blechhaube geschützt sein. Die Reinigung der Brennerschlitze geschieht mittels dünner Stahllamellen.

Die größte Verbreitung hat die Gassengmaschine in der Leinen- und Baumwollwarenappretur gefunden. Für Bleichware ist das Sengen die erste Arbeit, die nach dem Weben vorgenommen wird; dann erst werden die Gewebe dem Bleichen, Chloren, Säuern, Waschen und Färben übergeben. Damit schon der erste Schlitzbrenner sengend und nicht etwa bei feuchter Ware nur trocknend wirkt, ist es an allen Gassengmaschinen für Gewebe aus pflanzlichen Faserstoffen zweckmäßig, eine Vortrockentrommel anzubringen.

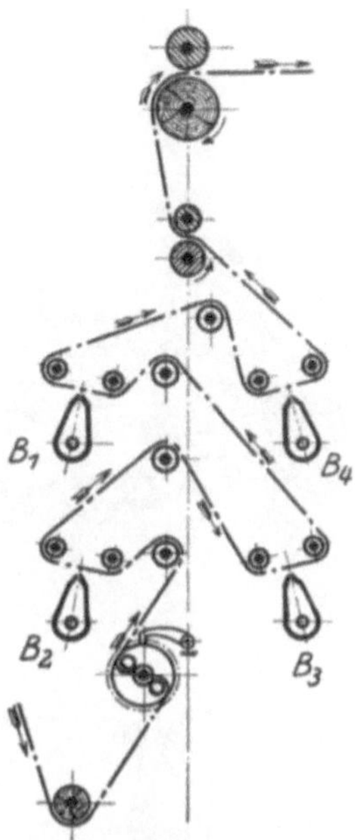

Abb. 176. Die Gassenge mit 4 Brennern (nach Abb. 175) für zweiseitiges Sengen.

Eine Gassenge mit Vortrockentrommel für Leinen- und Baumwollwaren von der Zittauer Maschinenfabrik ist in Abb. 175 dargestellt.

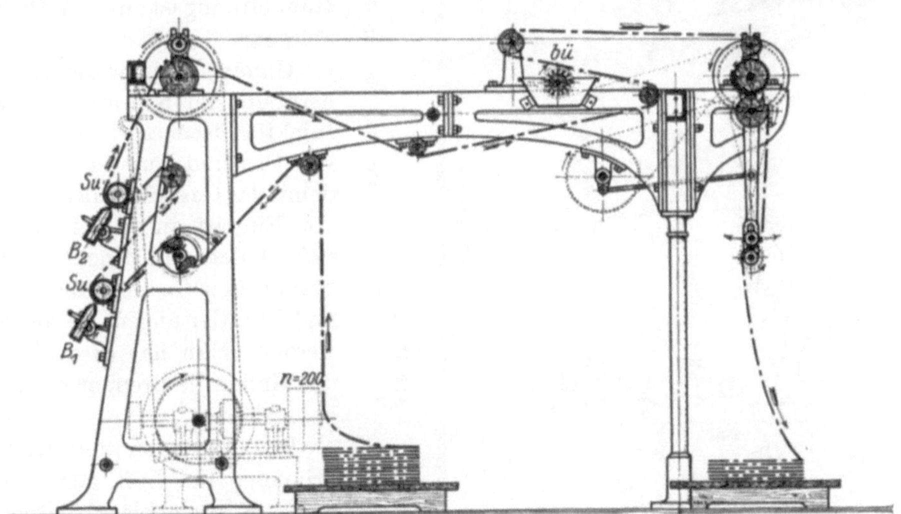

Abb. 177. Die Gassenge von Moritz Jahr.

Die Warenführung geht über die Vortrockentrommel Z und über Leitwalzen an den 4 Brennern B_1 bis B_4 vorbei, durch den Dämpfkasten (Löschkasten) D hindurch und wird schließlich abgetafelt. Die Spannriegel sp sorgen für faltenlose Gewebeführung. Das erste Zugwalzenpaar $z—d$ bildet gleichzeitig ein

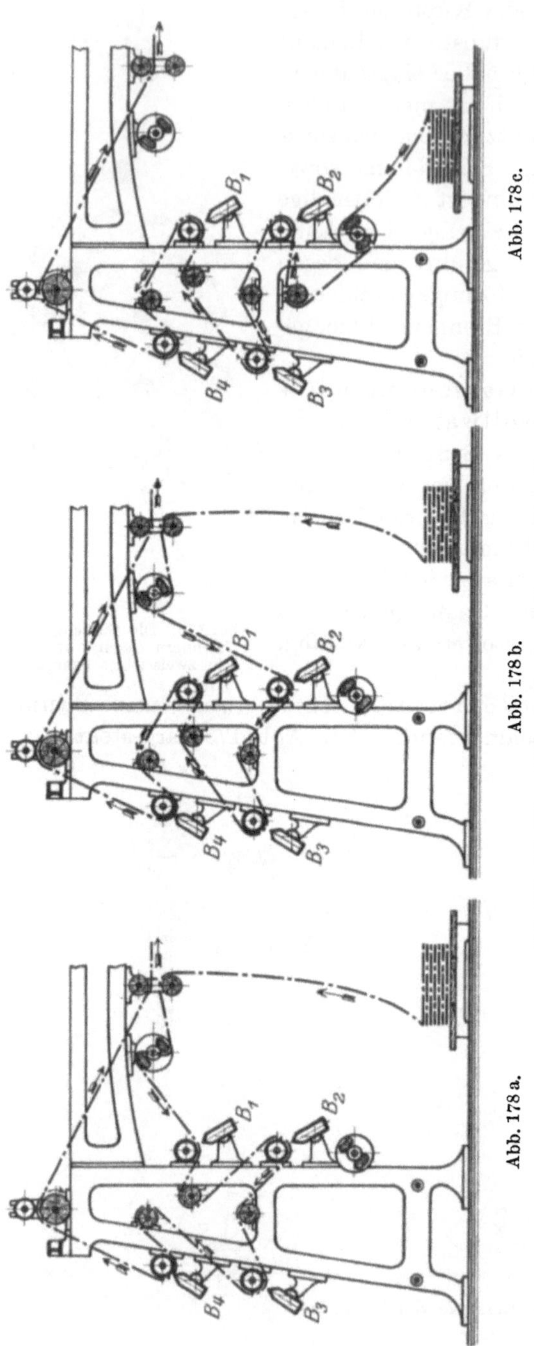

Löschwalzenpaar zum Ablöschen glimmender Knoten- und Fadenteile. Für einen besseren Löscheffekt ist z mit Filz oder Plüsch überzogen, wodurch auch eine bessere Zugwirkung entsteht; dies gilt auch für das Abzugwalzenpaar z_1-d_1.

Die Brenner B_1 bis B_4 bestehen aus zwei miteinander verschraubten, gußeisernen Schienen, die an der Oberseite einen feinen Schlitz frei lassen. Sie sind drehbar gelagert und können rasch vom Gewebe abgewendet werden, wenn die Gefahr des Versengens oder Durchbrennens zu befürchten ist.

Die Brenner sind mittels einer Stopfbüchse an ein Kniestück und im weiteren mittels Hähnen an die Luft- und Gasleitung angeschlossen; die Hahnöffnung ist an einer Skala ablesbar.

Unmittelbar vor den Brennern sind im Kniestutzen die Injektordüsen zur Mischung von Gas und Luft eingebaut, damit das Gasluftgemisch kurz vor Eintritt in den Brenner sich bildet und Rückschläge brennenden Gases in die Gas- und Luftleitungen verhütet werden. Man hat es auch in der Hand, die Brenner einzeln abzuschalten.

Das Ansaugen und Komprimieren der Luft geht von dem Kapselgebläse (Roots Blower) aus, das die Luft in einen Windkessel drückt. Dieser verhindert etwa auftretende Stöße und gewährleistet eine gleichbleibende Pressung, was für eine gleichmäßige Stichflamme und ein gleichmäßiges, sparsames Sengen unerläßlich ist.

Das Gewebe führt man an den Sengstellen freischwebend über Leitwalzen,
wodurch jede Abkühlung des Gewebes an der Sengstelle entfällt und eine beträcht-
lichere Sengwirkung erreicht wird. Für Woll- und Halbwollgewebe sind zur Beseitigung des Sengstaubes von den gesengten Gewebeoberflächen noch ein bis
zwei umlaufende Bürstwalzen angeordnet.

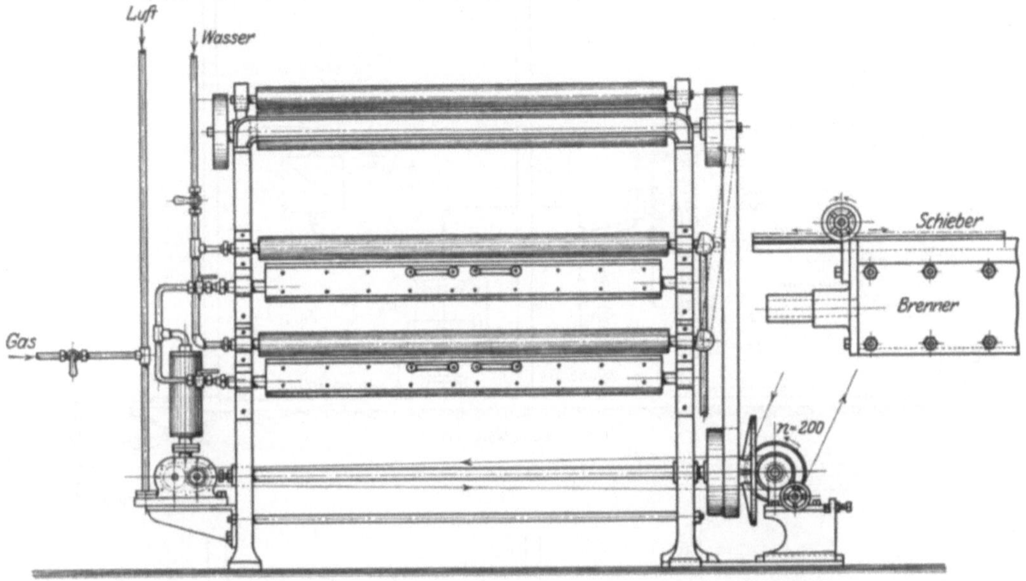

Abb. 179. Die Gassenge (Vorderansicht) mit Abdeckung des Brenners.

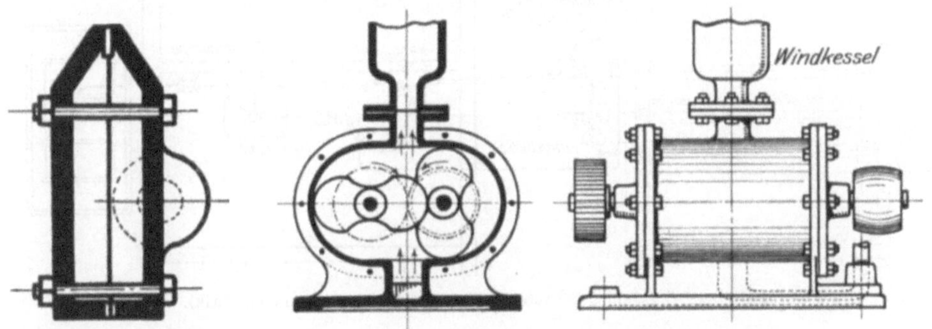

Abb. 180. Der Brenner einer
Gassenge (Querschnitt).

Abb. 181. Das Gebläse für das Gas-Luftgemisch.

Die Regulierung der Warengeschwindigkeit erfolgt unter Berücksichtigung
leicht und schwer sengbarer Gewebe durch Planscheiben-Konusscheibenfriktions-
vorgelege oder durch Stufenscheibenvorgelege, in neuerer Zeit durch Räderkasten oder Reguliermotor.

Man verbindet mit der Gassenge auch die zweikästige Annetz- und
Säuremaschine, wenn Leinen- oder Baumwollwaren unmittelbar nach dem
Sengen für das Auskochen vorzubereiten sind. In neuerer Zeit geschieht die
Reinigung nach dem Sengen mit Diastafor, wozu dann auch ein Bottich genügt.

Die in Abb. 175 dargestellte Sengmaschine sengt mit 4 Brennern die rechte Warenseite.

Wird das Gewebe in derselben Maschine von unten kommend (Abb. 176) nach oben an den Brennern vorbeigeführt, so sengen die Brenner B_1, B_2 die

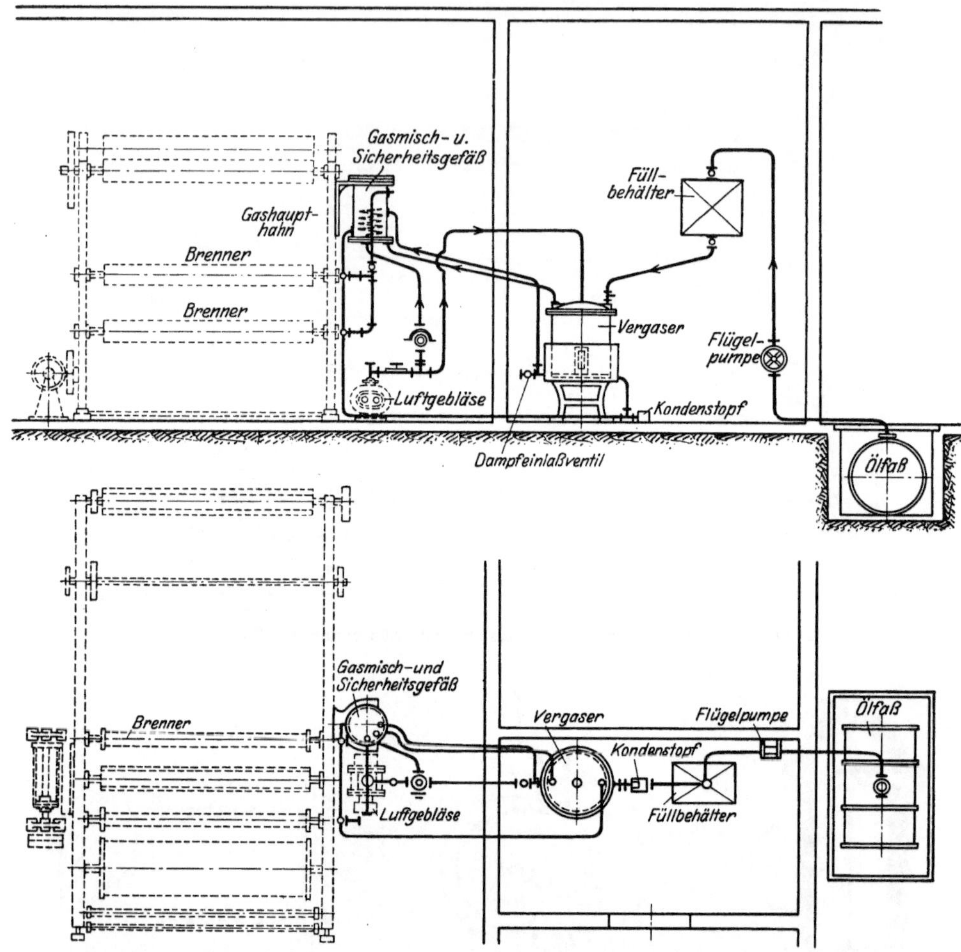

Abb. 182. Ölgasanlage, System Schüttig (Zittauer Maschinenfabrik).

rechte, die Brenner B_3, B_4 die linke Warenseite; man erhält gleiche Sengwirkung auf beiden Gewebeseiten, wie dies für beidrechte Gewebe notwendig ist.

Die Gassenge von Moritz Jahr in Gera (Abb. 177) unterscheidet sich von der vorher beschriebenen Ausführung durch die wassergekühlten Sengwalzen aus Messingblech; diese sind während des Sengens durch Wasser gekühlt zu halten, damit sie sich nicht durchbiegen. Sie haben den Nachteil, daß sie schwitzen und ziemlich viel Wasser verbrauchen, ganz abgesehen von der zugehörigen Wasserrohrleitung. Für Woll-, Halbwoll, Seiden- und Halbseidengewebe genügen zum Löschen glimmender Teile die als Löschwalzen mit Filzüberzug ausgebildeten Zugwalzen. Für Baumwollgewebe sieht man noch einen Dampflöschkasten vor.

Die Abb. 178 zeigt Warenführungen mit vier Brennern für verschiedene Sengeffekte auf den beiden Gewebeseiten, wie dies bei Baumwollwaren erforderlich ist.

Wirken alle vier Brenner auf einer Warenseite, so handelt es sich um das Sengen von Gewebe mit ausgesprochener rechter und linker Warenseite; es wird dann nur die rechte Seite gesengt (Abb. 178a).

Drei Brenner rechts, ein Brenner links dienen für Gewebe mit ausgesprochener Rechtsseite, die aber auch noch linksseitig leicht gesengt werden sollen (Abb. 178b).

Für beidrechte Gewebe führt man das Gewebe so, daß zwei Brenner auf jede Warenseite einwirken (Abb. 178c). Für das Sengen verschieden breiter Waren

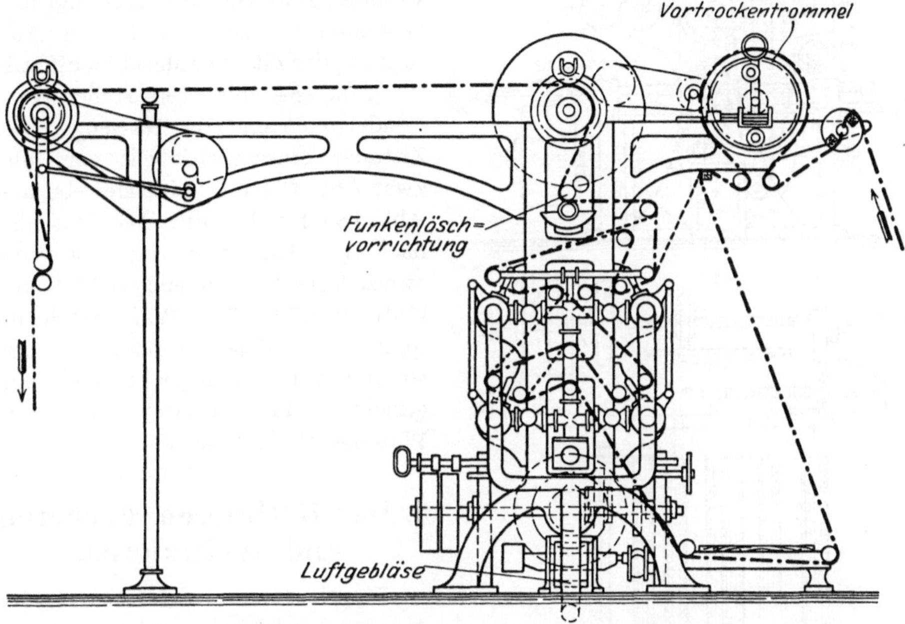

Abb. 183. Gassenge für Sauggas (Zittauer Maschinenfabrik).

sowie zur Vermeidung von Gasverlusten sind an den Brennern verstellbare Schieber angebracht, welche bis an die Gewebeleisten anzustellen sind und die seitlich vom Gewebe liegenden Teile des Brennerschlitzes abdecken (Abb. 179).

In Abb. 179 ist auch die Bildung des Gas-Luftgemisches veranschaulicht, das durch ein Gebläse den Brennern zugeleitet wird. Die Sengwalzen werden mit Wasser gekühlt (vgl. auch Abb. 177). Die Einrichtung des Brenners ist aus Abb. 180 zu ersehen; die beiden miteinander verschraubten und abgedichteten Teile lassen oben einen Spalt frei, den Brennerschlitz. Das Gebläse ist ein Kapselgebläse oder Roots Blower (Abb. 181), das eine gleichbleibende Zuführung des Gas-Luftgemisches gewährleistet. Dies ist eine Voraussetzung für gleichbleibende Temperatur der Sengflamme und für gleichmäßiges Sengen; auch wird dadurch dem Rußen der Sengflamme vorgebeugt.

Steht Leuchtgas nicht zur Verfügung, so erzeugt man das Gas (Gasolin) aus Öl oder Benzin in eigenen Gasolinapparaten oder Ölgasanlagen. Eine solche Anlage nach System Schüttig, ausgeführt von der Zittauer Maschinen-

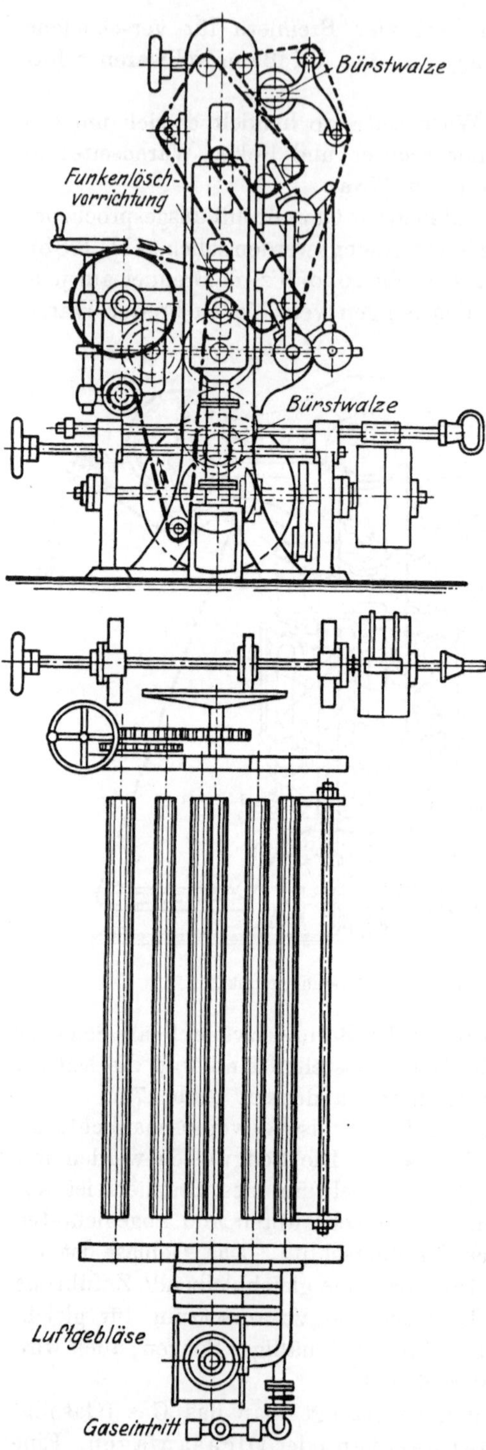

Abb. 184. Gassenge, Sonderbauart für Seidengewebe (Zittauer Maschinenfabrik).

fabrik, zeigt die Abb. 182. Eine Flügelpumpe hebt das Öl aus dem Ölfaß in den Füllbehälter, aus welchem es zum Vergaser fließt. Die Vergasung geschieht mittels Dampf, worauf das Öl mit Luft gemischt und dem Gasmischgefäß zugeleitet wird. Die Anlage wird zweckmäßig der Sengmaschine vorgebaut, so daß das Gas unmittelbar den Brennern zugeführt werden kann. Die Abb. 183 zeigt eine Gassenge für Sauggas in der Ausführung der Zittauer Maschinenfabrik.

Abb. 184 und 185 stellen zwei Sonderbauarten von Gassengen der Zittauer Maschinenfabrik vor, und zwar Abb. 184 für Seidengewebe und Abb. 185 für Velvets. Die Maschine nach Abb. 184 ist für einseitiges und zweiseitiges Sengen eingerichtet und läuft mit 25 bis 75 m Warengeschwindigkeit; die Maschine nach Abb. 185 ist nur für einseitiges Sengen eingerichtet und arbeitet mit 60 m Warengeschwindigkeit.

6. Das Ratinieren, Frisieren und Wellinieren.

Eine besondere Ausrüstung in der Appretur erfahren gewisse wollene, langhaarige Mantelstoffe, Mützenstoffe und Fellimitationen dadurch, daß die Gewebe nach einer sorgfältigen, im Noppen, Waschen, Walken, Rauhen und Scheren bestehenden Vorappretur zwischen zwei mit Plüsch überzogenen Platten unter mehr oder weniger starkem Drucke gerieben (frottiert) werden, wodurch sich die aufgerauhten Härchen je nach der Bewegung der Reibungsplatten zu Knötchen, Flöckchen und Zöpfchen zusammendrehen oder in Wellen legen. Die auf diese Art hergestellten Gewebe bezeichnet man allgemein mit Ratinés, welche nach der Eigenart des Gewebes und des Ratinémusters verschiedene Namen führen, wie Perlratiné (Flocken- und Perlstoffe), Längsratinés (Längswellinés, welliné à long), Querratinés (Querwelliné, welliné à travers), Diagonalratinés (Diagonalwellinés). Auch die Moutonnés oder Pelzstoffe, das sind Schaffellimitationen und Gewebe mit floconnéartigem Gepräge unterzieht man dem Ratinieren.

Das Ratinieren oder Frisieren (letztere Bezeichnung bezieht sich auf das Anordnen der Härchen zu einfachen Mustern) besteht im wesentlichen im Reiben oder Frottieren der Gewebe im gut vorgerauhten Zustande zwischen zwei widerstandsfähigen elastischen Platten von 400 bis 450 mm Breite unter mehr oder weniger starkem Druck. Die eine Platte (der Ratiniertisch) ist an den Gestellwangen der Maschine befestigt, die andere, die eigentliche Reib- oder Frottierplatte, in zwei aufeinander senkrecht stehenden Schlitzen mittels Exzenter bewegbar. Zwischen diesen Platten läßt man das Gewebe mit sehr geringer Geschwindigkeit von 0,3 bis

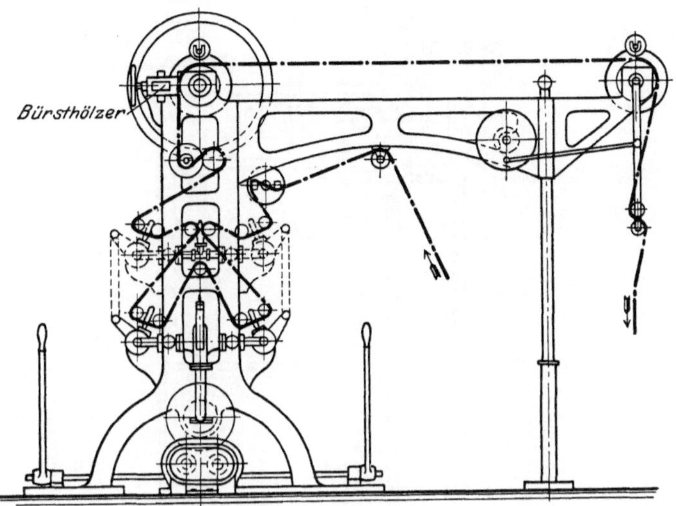

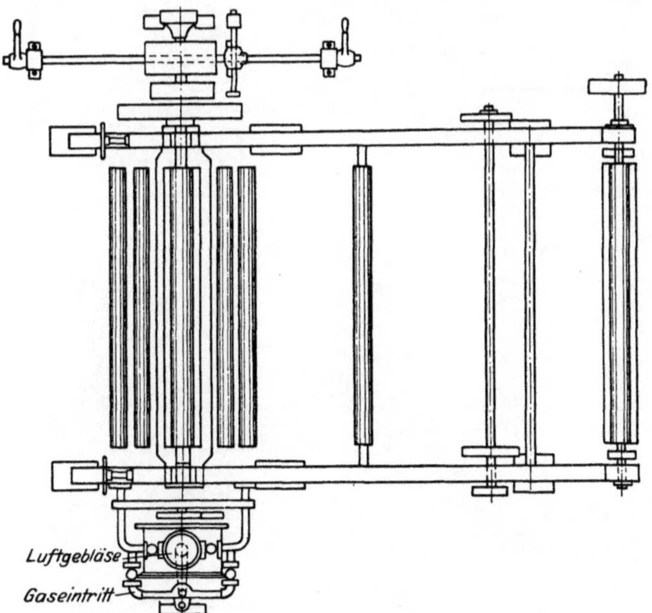

Abb. 185. Gassenge, Sonderbauart für Velvets (Zittauer Maschinenfabrik).

0,5 m je Minute in straff gespanntem Zustande 3 bis 6mal durchlaufen. Die untere Platte (Ratiniertisch) ist mit Plüsch, Filz oder Tuch, die obere mit Plüsch, Tuch oder Gummi überzogen; auch kann sie mit einer Bürstenplatte ausgerüstet sein.

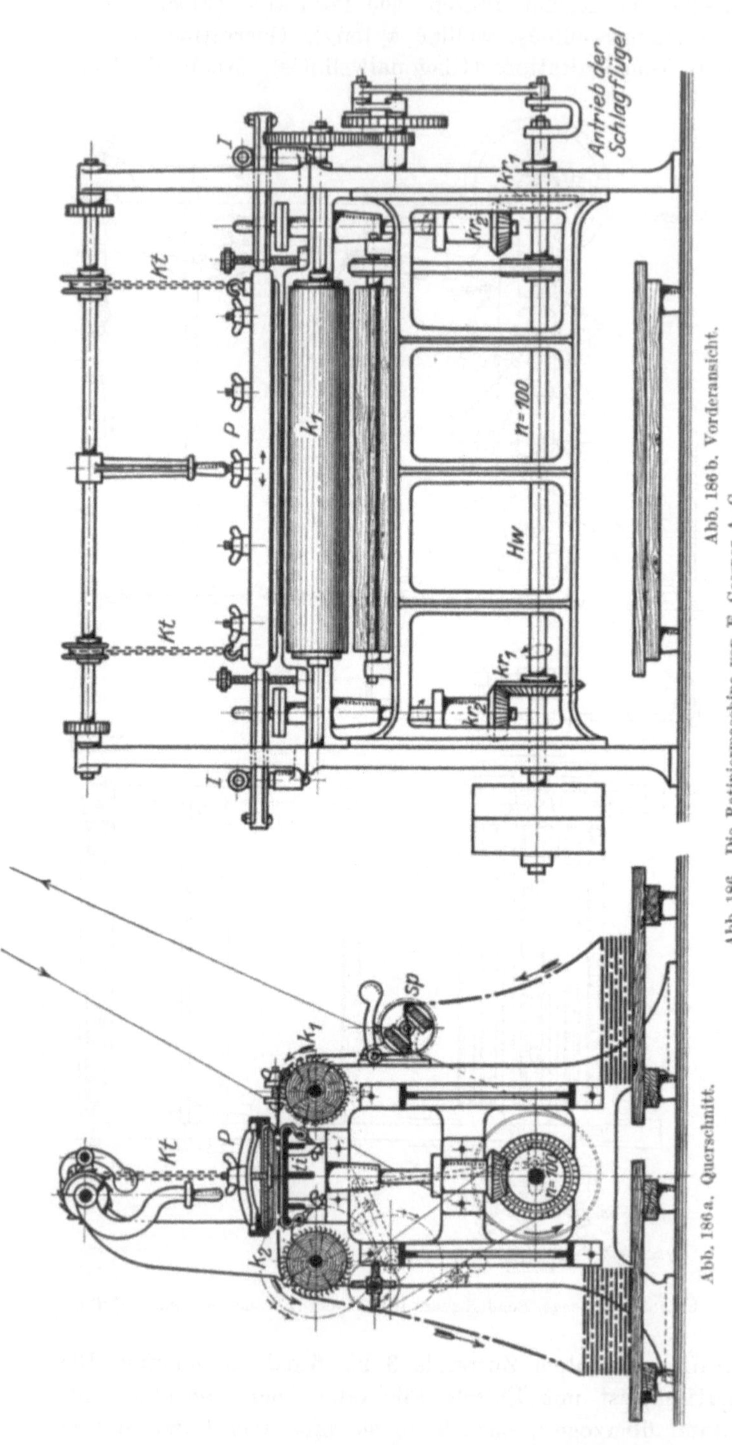

Abb. 186b. Vorderansicht.

Abb. 186a. Querschnitt.

Abb. 186. Die Ratiniermaschine von E. Gessner A.-G.

Eine Ratinier- und Welliniermaschine mit einer einfachen und bequem verstellbaren Einrichtung für die verschiedenen Bewegungsarten der Ratinierplatte von E. Gessner, zeigt Abb. 186. Das Gewebe wird über den Spannriegel sp und eine gebremste Kratzenwalze k_1 unter straffer Spannung zwischen dem Ratiniertisch ti und der Frottierplatte P hindurch geleitet und von der durch ein Schaltwerk betätigten Kratzenwalze k_2 abgezogen. Der Schlagflügel f verhindert das Aufwickeln auf der Kratzenwalze k_2.

Die Frottierplatte P ist an den beiden Enden mit Ketten aufgehangen, die an dreh- und feststellbaren Segmenten befestigt ist. Diese Anordnung ermöglicht die Reglung des Preßdruckes zwischen den beiden Platten.

Zur Bewegung der Frottierplatte P sind auf der Hauptwelle Hw (Abb. 186b) die Kegelräder Kr_1 befestigt und im Eingriffe (Übersetzung $= 2 : 1$) mit den Kegelrädern Kr_2 auf den Vertikalwellen Vw (Abb. 187), welche am oberen Ende exzentrisch einstellbare Zapfen e (Abb. 187) tragen. Diese führen sich mit Gleitstücken in verstellbaren Schlitzen, der in den Plattenenden drehbar gelagerten Zahnräder.

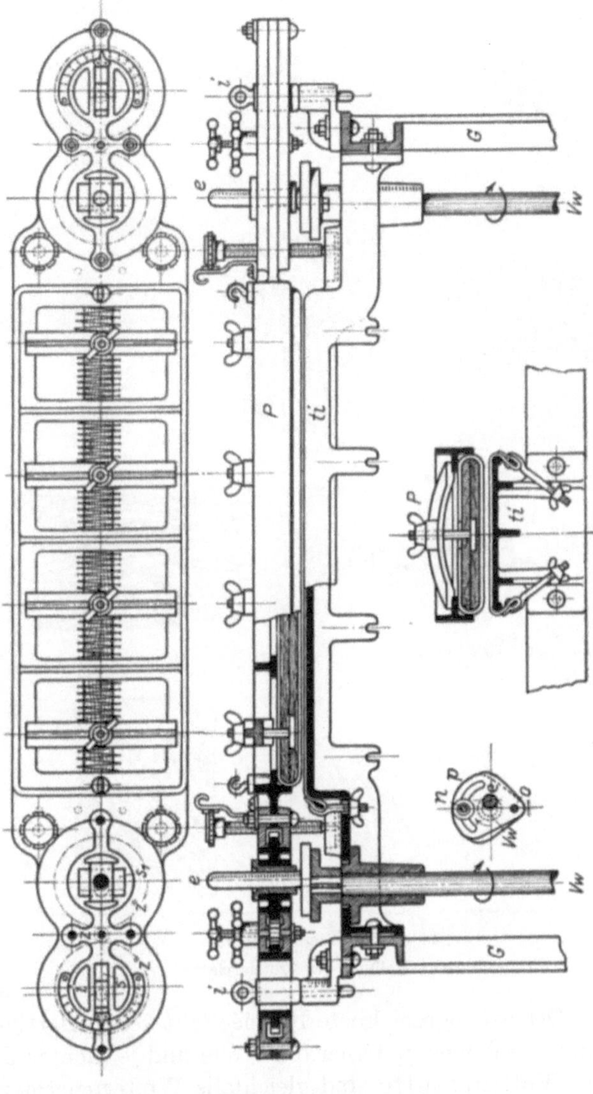

Für die jeweilige Verstellung der Parallelführungen der Frottierplatte sind mit den eben erwähnten Zahnrädern solche von gleicher Zähnezahl ($z' = z'' = 30$) vermittels eines Zwischenrades ($z = 6$) untereinander in Eingriff. Die Parallelführungen bestehen aus den in den Naben der Stirnräder z' eingeschnittenen Schlitzen s, die sich an den feststehenden, drehbaren Bolzen i, gelagert an den Gestellswänden G, führen. Die Exzentrizität der Zapfen e ist für die verschiedenen Ratinéeffekte von 4 bis 7 mm einzustellen, zu welchem Zwecke die Zapfenplatten p um den Bolzen o drehbar und deren Lage mit der Schraube n feststellbar ist.

Die beiden Schlitze s und s_1 sind senkrecht zueinander eingestellt.

In den nachstehenden Ausführungen sollen die zugeordneten Stellungen der Führungs- und Kurbelzapfenschlitze sowie die Exzentrizität der Kurbelzapfen eingehender dargelegt werden.

Für den eigentlichen Ratiné, auch Perlratiné genannt, ist das Gewebe in zumeist 8 bindigem Schußatlas auf der rechten Warenseite mit 1 oder 2 Unterschüssen auf 1 Oberschuß hergestellt. Solche Gewebe dienen als Wintermantelstoffe. Nach einer guten Walke rauht man wegen besserer Beaufsichtigung auf der einfachen Rauhmaschine. Gerauht wird der Schuß mit deutschen Disteln. Der Oberschuß soll nicht zu stark gedreht sein. Während des Rauhens soll das

Abb. 187. Die arbeitenden Bestandteile der Ratiniermaschine nach Abb. 186.

Gewebe gut handfeucht sein. Durch das Rauhen der Linksseite fällt die Ware weicher aus. Zum Herausheben der aufgerauhten Härchen geht man nach dem Rauhen zum Klopfen über und führt das Gewebe womöglich von der Klopfmaschine unmittelbar in die Spann-Rahm- und Trockenmaschine ein. Nach dem Scheren auf der Langschermaschine soll die Haardecke etwa 3 mm hoch sein. Hierauf wird gebürstet und alsdann das so vorbereitete Gewebe ratiniert.

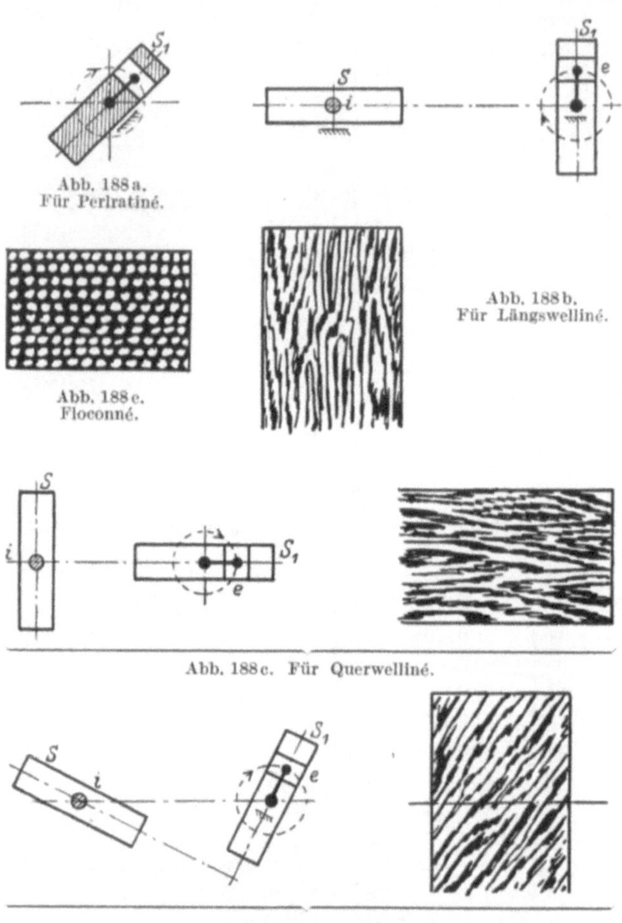

Abb. 188a.
Für Perlratiné.

Abb. 188b.
Für Längswelliné.

Abb. 188e.
Floconné.

Abb. 188c. Für Querwelliné.

Abb. 188d. Für Diagonalwelliné.

Abb. 188. Stellung der Frottierplatte.

Durch diesen Appreturvorgang werden die Haare zu größeren kugelförmigen Zotten zusammengedreht. Die Frottierplatte ist mit Tuch zu füttern; sie muß sich in einer Kreisbahn bewegen. Zu diesem Zwecke werden die Stifte i entfernt und das Gleitstück im Schlitze s_1 durch Einlagstücke und Schrauben festgestellt. Die Einlagstücke sind schraffiert angedeutet (Abb. 188a). Die Exzentrizität soll ungefähr 4 mm sein. Man ratiniert dreimal nacheinander, spitzt auf der Querschermaschine (Straffscherer ohne Vortisch) und läßt das Stück nochmals 3 mal durch die Ratiniermaschine laufen. Der nebengezeichnete Ratinéeffekt von perlartigem Aussehen (Abb. 188e) wird um so schöner, je feiner die Wolle und je dichter die Haardecke ist.

Die Wellinéstoffe sind gleichfalls Winterpaletotstoffe, die in der Weberei wie die Ratinés hergestellt sind. Bei billigen Qualitäten nimmt man die Kette aus Baumwolle- oder Leinengarn. Im Aussehen weichen sie von den Ratinés insofern ab, als die Härchen nicht zu Knötchen, Flöckchen oder Perlen, sondern zu gekräuselten, wellenförmigen Haarsträhnchen verdichtet werden. Je nach deren Verlauf in der Ketten-, Schuß- oder Diagonalrichtung führen sie die Namen Längs-, Quer- und Diagonalwelliné. Die Appreturvorarbeiten vor dem Ratinieren sind die gleichen wie für Ratinés. Der Rauhstapel muß etwas höher, etwa 4 mm sein. Man ratiniert 3 mal hintereinander mit Gummibelag der Frottierplatte, um die Wellen möglichst fest und haltbar zu machen, spitzt auf der Querschermaschine und ratiniert neuerdings 3 mal.

Für Längswellinés stellt man die Längsachse der Führungsschlitze in die Mittellinie der Frottierplatte und gibt den Kurbelzapfen *e* eine Exzentrizität von 4 bis 4½ mm (Abb. 188b). Der sich ergebende Effekt ist in Abb. 188b links unten gezeichnet.

Querwellinés erhält man in gleicher Art, nur mit einer anderen Stellung der Parallelführungen der Frottierplatte. Diese müssen senkrecht zur Mittellinie stehen (Abb. 188c).

Diagonalwellinés, in manchen Industriegegenden Biber genannt, behandelt man mit Ausschluß des Klopfens bis zum Trocknen wie Ratinés. Nach dem Trocknen preßt man ohne vorhergehendes Scheren unter starkem Drucke auf der Muldenpresse, dekatiert 5 Minuten und läßt das Gewebe, auf der Walze gewickelt, abkühlen. Hierauf verstreicht man in vollem Wasser, läßt im Wickel abtropfen und trocknet das Gewebe. Eine zweimalige Passage auf der Velourshebemaschine und 10 bis 12 Schnitte auf der Langschermaschine geben der Ware ein plüschartiges Aussehen. Die Stapelhöhe soll 5 mm sein.

Für die ersten beiden Durchgänge durch die Ratiniermaschine ist die Frottierplatte mit Bürstendeckel zu belegen, die aber nicht allzu fest auf die Ware gepreßt werden dürfen. Die Schlitze *s* zur Parallelführung der Frottierplatte sind senkrecht zu dem Diagonaleffekt zu stellen, die Exzentrizität ist 6 bis 7 mm zu nehmen (Abb. 188d). Durch diesen Ratiniervorgang verfilzt man die Haare in diagonal verlaufenden Strähnchen und fixiert sie in dieser Lage, indem man die Bürstendeckel durch Gummiplatten ersetzt und das Gewebe bei 5 mm Exzentrizität 3 mal durch die Maschine laufen läßt. Bei zu hohem Stapel fallen die Wellen grob aus.

Die Flockenstoffe (Floconnés) haben ein ratinéartiges Aussehen (Abb. 188e); es sind Winterrockstoffe von ziemlicher Dicke und Weichheit. Die flocken- oder perlartigen Effekte entstehen teils durch die Webart, teils durch die Appretur. Der Effekt wird in der Weberei durch flottierende Schüsse vorbereitet und tritt nach dem Rauhen durch mehr oder weniger zerstreut liegende Haarbüschel hervor.

Die vorbereitende Appretur verläuft wie bei der Erzeugung von Ratinés. Man bringt bei den beiden ersten Durchgängen Bürstendeckel an der Frottierplatte an und zwar so, daß die Borsten am Tischeingang bis auf den Haargrund greifen, am Tischausgang aber nur die oberste Schichte berühren. Bei dieser Stellung der Frottierplatte drehen sich die Haare trichterförmig zusammen. Die Stellung der Kurbelzapfen muß der Frottierplatte eine Kreisbewegung von größerem Durchmesser erteilen als bei der Erzeugung von Perlratinés. Man schert nun die obersten Haarspitzen auf dem Langscherer, ratiniert noch 2 mal mit Tuchbelag der Frottierplatte unter mäßigem Druck mit 4 bis 5 mm Exzentrizität und spitzt auf dem Querscherer.

Durch Ratinieren erzeugt man auch die Moutonnés oder Pelzstoffe, das sind mehr oder weniger langhaarige Winterrockstoffe, ähnlich den Diagonalwellinés. Die Bindung der Oberseite ist 6er, 8er und 10er Atlasbindung, verstärkt durch Unterschuß 1:1 oder 1:2 oder die Oberseite in 4er Kreuzköper verstärkt durch Unterkette 1:1.

Die Vorappretur geschieht in fast gleicher Art wie bei Ratinés, nur wird nach dem Rauhen sofort getrocknet, mit starkem Drucke zylindriert (auf der Muldenpresse gepreßt), 5 Minuten dekatiert, auf der Walze abkühlen gelassen, verstrichen, abtropfen gelassen, 2 mal durch die Velourshebemaschine (S. 209) genommen und mit 8 bis 10 Schnitten bis auf 2 mm Höhe geschoren. Um der Ware die eigenartige unruhige Oberfläche zu verleihen, ratiniert man mit der Gummi-Frottierplatte bei 2 mm Exzentrizität und Stellung der Parallelführungen wie bei Längswellinés.

Wirbelplüsch. Mohairplüsche, welche als Damenjackenstoffe oder als Reisedecken benützt werden, bearbeitet man mit einer größeren Anzahl versetzt

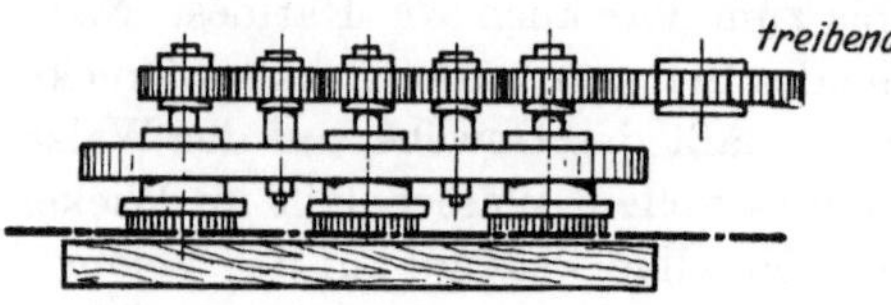

Abb. 189. Die Wirbelplüschvorrichtung.

stehender, rotierender, größerer und kleinerer, runder Bürsten, die die Haare in Kreislinien anordnen. Die Bürsten werden durch Stirnräder getrieben (Abb. 189). Damit die Haare sich besser in die Kreisform legen, bestreicht man den Plüsch vor dem Frottieren mit Britishgum, trocknet sofort nach dem Wirbeln und bringt ihn in den Dämpfapparat. Man kann ihn dann in jeder beliebigen Farbe ausfärben.

Die Frottierbürsten können sich in beliebiger Richtung drehen. Der Effekt gewinnt dadurch seine Eigenart, daß die in Kreisform angeordneten Haare den natürlichen Glanz in gesetzmäßiger Weise reflektieren, also weder ein gleichmäßig mattes, noch ein einförmig glänzendes Aussehen erhalten. Der Glanz ändert sich je nach dem Standpunkt des Beschauers oder nach der Faltenlage des Stoffes.

7. Das Klopfen und Veloursheben.

Velours sind samtähnliche Stoffe aus Wolle, welche mit einer dichten aufrechtstehenden Haardecke versehen sind und als Winterstoffe, namentlich Hosen- und Mantelstoffe dienen. Das samtähnliche Aussehen rührt nicht wie bei den eigentlichen Samten und Plüschen von dem Aufschneiden der Kettennoppen oder Schußflottierungen her, sondern von dem Aufrauhen von Schußflottierungen und anschließendem Aufrichten der Härchen senkrecht zur Gewebeoberfläche. Dieses Aufrichten ist die Aufgabe des Velourshebers; es kommt nicht allein für die mit „Velours" bezeichneten Gewebesorten, sondern auch für Ratinés und Wellinés in Betracht, wie im vorhergehenden Abschnitt bereits angedeutet wurde.

Die Velours sind schußflottierende Gewebe, bei welchen die Schußgarne leicht rauhbar sein müssen. Früher nahm man hierzu Kämmlinge und weiche Kapwollen, gegenwärtig erzeugt man aus verschiedenen Wollen und deren Mischungen viele Arten von Velours.

Da die vornehmste Eigenschaft dieser Gewebe ein feiner, voller und weichwolliger Griff sein soll, ist die Appretur dementsprechend durchzuführen und nach der Vorwäsche besondere Aufmerksamkeit dem Walken und hauptsächlich dem Rauhen zuzuwenden. Die Haardecke soll nicht lang (etwa 1 bis 1½ mm), aber sehr dicht sein, weshalb man zunächst mit 5 bis 10 Touren auf der Rollkardenrauhmaschine die Haardecke gut und schonend lockert und dann zum

Strichrauhen im vollen Wasser übergeht, die Haare also ordnet, und zwar in der Richtung vom Vorder- zum Hinterende verstreicht.

Für die weitere Behandlung ist der gewünschte Glanz maßgebend. Für Mattglanz tafelt man das naßverstrichene Gewebe, läßt es 1 bis 2 Tage liegen und hebt die Decke mit stumpfen Rollkarden; für stärkeren Glanz brüht man das Gewebe, auf Holzwalzen gewickelt, in heißem Wasser; Hochglanz verlangt eine Dekatur bei nicht zu straffer Wicklung auf der Dekatierwalze unter mäßigem Druck von ¾ bis 1½ at 1 bis 1½ Stunden lang, worauf bei stückfarbigen Velours das Färben folgt.

Nach nochmaligem Verstreichen nimmt man das eigentliche Veloursheben vor, das aus dem Klopfen und dem Veloutieren besteht. Diese beiden Arbeiten bezwecken das Lockern und Aufrichten der gerauhten Haare, um dem Gewebe ein samtartiges Aussehen zu geben.

Für kurzhaarige Velours reicht das Handklopfen aus. Im gerahmten Zustande auf einer nachgiebigen Unterlage aufliegend wird das Gewebe mit Rohr- oder Haselnußstöcken auf der linken Warenseite geklopft, wodurch sich auf beiden Seiten der Schlagstelle die liegenden Haare mehr oder weniger aufrichten. Eine gleichmäßige Feuchtigkeit trägt zum Aufrichten und zur Standhaftigkeit der Haardecke wesentlich bei. Obzwar das Handklopfen eine langwierige und umständliche Arbeit ist, ermöglicht es doch ein Klopfen in jeder beliebigen Stärke sowie das Verbessern mangelhaft geklopfter Stellen unmittelbar nach der Bearbeitung auf der Klopfmaschine. Mangelhaft geklopfte Stellen entstehen bei unregelmäßigen und nicht gleich kräftigen Schlägen und zeigen sich als Schwielen (Stockschwielen), die ihre Ursache auch in zu großer Gewebefeuchtigkeit haben können.

Wirtschaftlicher und gleichmäßiger arbeitet die Klopfmaschine (Abb. 190.) Sie hat an ihren beiden Längsseiten 12 bis 16 Klopfstäbe angeordnet, die durch langsam bewegte Daumenwellen angehoben und vermittels starker Stahlschraubenfedern auf das Gewebe geschnellt werden, hierbei einen plötzlichen, kräftigen Schlag ausübend. Die Daumen sind versetzt auf der Welle angeordnet, damit die Schläge abwechselnd erfolgen. Die Tourenzahl der Daumenwellen muß im Einklange mit der Federspannung stehen; ist sie zu groß, so können die Stäbe nicht genügend rasch nachfolgen und werden wieder angehoben, ehe sie auf das Gewebe niedergefallen sind, wodurch die Schläge zu schwach oder ganz ausfallen. Bei zu kleiner Tourenzahl bleiben die Stäbe zu lange auf dem Gewebe liegen und beeinträchtigen den Erfolg des Aufrichtens der Haare. Die Geschwindigkeit der Daumen muß also derart gewählt werden, daß die Stäbe mit der vollen Federkraft niederfallen können, aber unmittelbar darauf wieder angehoben werden.

Zur schonenden Durchführung des Klopfens und zur Verhütung des Durchreißens des Gewebes ist der rahmenartige Oberteil der Maschine mit einem straff gespannten und starken Segeltuch überzogen, welches für das mit nur geringer Geschwindigkeit bewegte Gewebe eine kräftige, aber nachgiebige Unterlage bildet. Mittels Spannvorrichtungen ist das Segeltuch nachspannbar.

Zum Anfeuchten kann am Maschineneingange eine Einsprengvorrichtung angebracht sein.

Mit Kratzen überzogene Walzen am Maschinenein- und -ausgang fördern das Gewebe in ziemlich straff gespanntem Zustande durch die Klopfmaschine. Ein Schlagflügel hindert das Aufwickeln der Ware auf die Kratzenabzugwalze.

Abb. 190 zeigt die Klopfmaschine von E. Gessner.

Beim Klopfen auf der Maschine erfolgen die Schläge regelmäßig und mit gleicher Stärke; Stockschwielen sind daher ausgeschlossen.

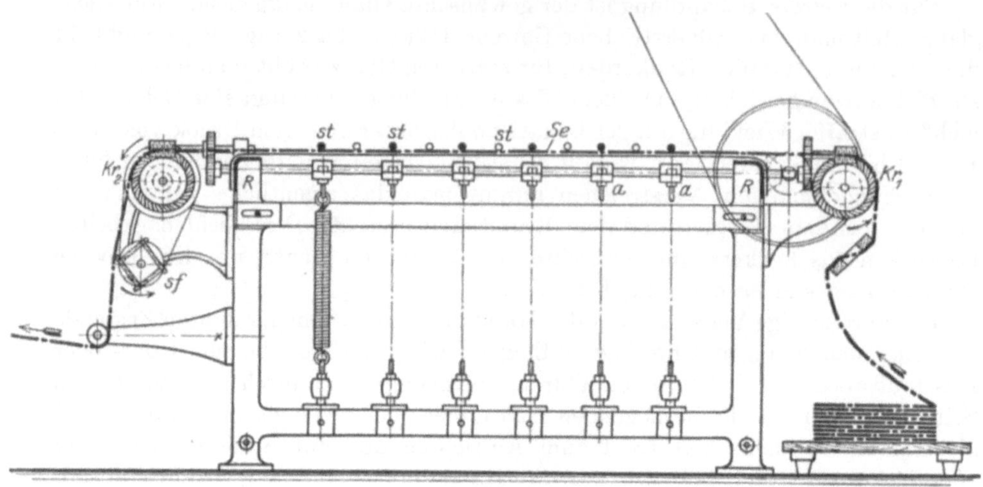

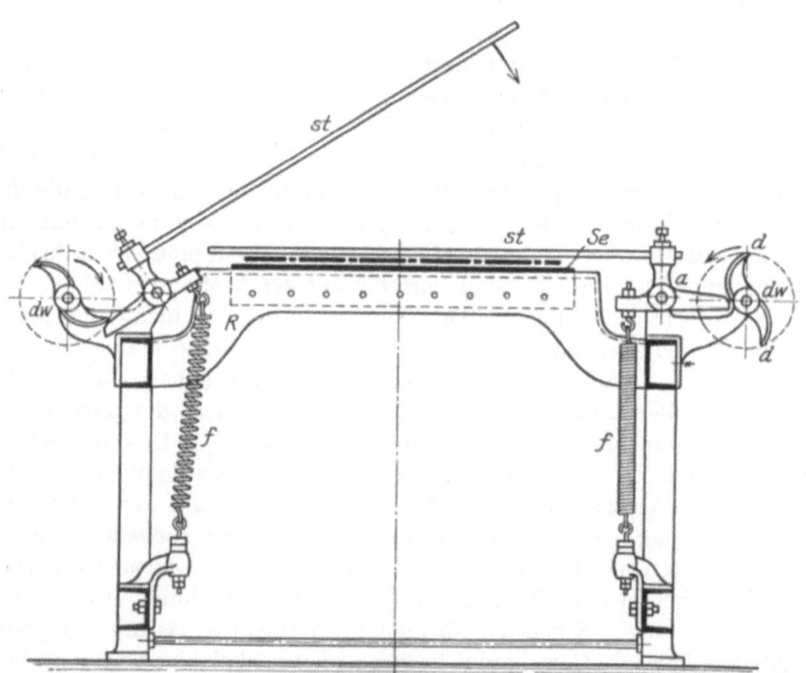

Abb. 190. Die Klopfmaschine von Ernst Gessner A.-G.

Nach dem Klopfen ist das Gewebe sofort zu trocknen; es ist daher am besten, dasselbe unmittelbar von der Klopfmaschine der Spann-Rahm- und Trockenmaschine zuzuführen, damit die Haardecke ohne Knickungen fixiert wird. Wenn man es getafelt der Trockenmaschine übergibt, sind Streifen mit niedergelegten Haaren unvermeidlich.

Nach dem Trocknen ist es zweckmäßig, als Vorbereitung zum Scheren die Veloursheberbemaschine (Veloutiermaschine) in Verwendung zu nehmen (Abb. 191). Das Gewebe wird hierbei um die Kante eines stumpfen Messers in einem spitzen Winkel geführt und mit einer Kratzenwalze bearbeitet, welche alle Fasern aufrichtet, die sodann beim Scheren in gleicher Höhe abgeschnitten werden können. Denn selbst durch das Klopfen richten sich einzelne Fasern oder Faserbüschel nicht vollkommen auf; beim Vorlegen im getafelten Zustande oder beim Trocknen selbst, besonders an den Leisten, werden Faserpartien niedergelegt.

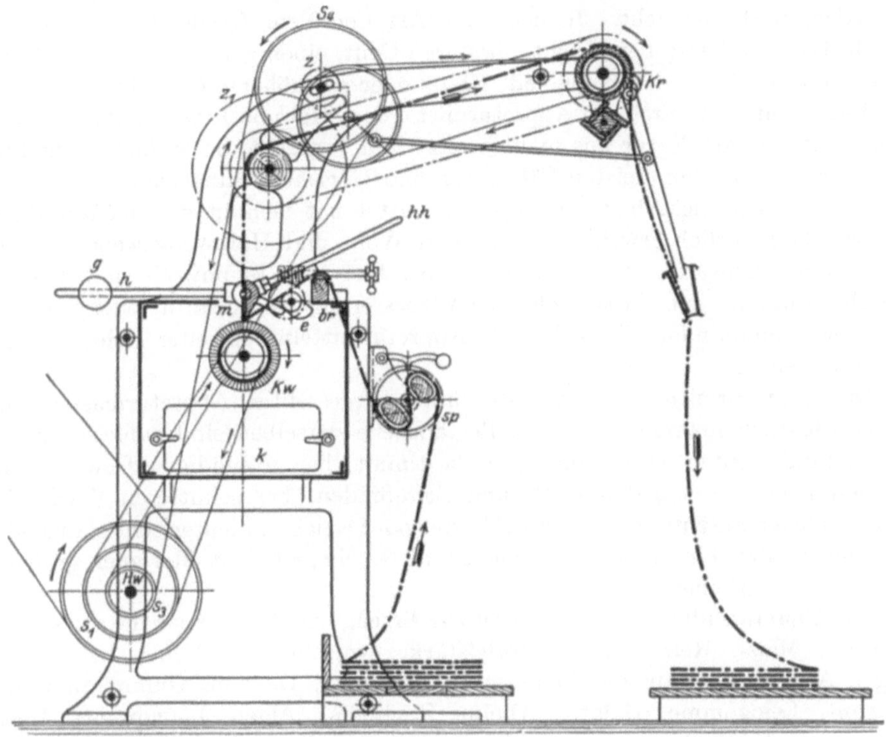

Abb. 191. Die Veloursheberbemaschine von Ernst Gessner A.-G.

Weiters dämpft man scharf links und schert. Das Veloursheben, Dämpfen und Scheren sind bei manchen Geweben zu wiederholen, bis der gewünschte Effekt erreicht ist.

Die Veloursheberbemaschine von E. Gessner (Abb. 191) ist von einfacher Bauart. Das Gewebe läuft über verstellbare Spannstäbe *sp* und einen feststehenden Breithalter *br* im gespannten und faltenlosen Zustande über das stellbare, gußeiserne Messer *m* und zwar unter einem spitzen Winkel, damit die Messinghäkchen der Kratzenwalze *Kw* bis auf den Gewebegrund eingreifen können. Zum genauen Anstellen dient das Exzenter *e*, an das sich ein mit dem Messer verbundener Daumen anlegt. Eine angetriebene, mit Kratzenbeschlag überzogene Zugwalze *Kr* zieht das Gewebe ab und übergibt es dem Tafler. Die Warengeschwindigkeit ist sehr klein, etwa 3 m je Minute.

IV. Die Erzeugung glatter und glänzender Gewebeoberflächen.

1. Das Leimen, Gummieren, Stärken und Beschweren der Gewebe.

Schütter eingestellte, lose gewebte und auch Waren aus minderwertigem Material verbessert man in der Qualität, indem man die Gewebelücken mit klebenden Stoffen ausfüllt, sowie auch die Oberfläche mit einer dünnen Schichte dieser Klebmittel überzieht. Je nach der Art und dem Grade der „Appretur" erhält das Gewebe größere Dichte, besseren Griff, einen geringeren oder höheren Grad von Steifheit oder Weichheit, Glanz oder ein höheres Gewicht.

Man sucht also durch die Appreturmittel dem Gewebe Eigenschaften zu verleihen, die es von Natur aus nicht besitzt und verdeckt die wirkliche Qualität der Ware, was in den meisten Fällen auf eine Täuschung hinausläuft.

Das Anwendungsgebiet der Appreturmittel hat sich in den letzten Jahrzehnten beträchtlich erweitert; es werden Woll- und Halbwollgewebe, Seidenund Halbseidenwaren, Kunstseidengewebe, fast alle Baumwoll- und Leinengewebe sowie gewisse Jutegewebe zur Verbesserung der Qualität oder zur Verdeckung anhaftender Mängel mit Appreturmitteln einseitig oder beiderseitig versehen.

Die Appreturmittel bzw. die aus ihnen hergestellten Appreturmassen sind außerordentlich mannigfaltig. Die Bestandteile derselben sind zumeist Chemikalien indifferenter Natur und dazu bestimmt, bei grobfädigen Geweben die Vertiefungen zwischen den Kett- und Schußfäden, bei schütteren Waren die Gewebelücken auszufüllen, den Stoff härter oder weicher, dichter oder glänzender zu machen oder ihm größere Weichheit und Geschmeidigkeit oder auch größeres Gewicht zu verleihen.

Die **Appreturmittel zum Füllen und zur Erzeugung eines besseren Griffes** sind: Weizen-, Mais-, Reis- und Kartoffelstärke, verschiedene Mehlsorten, Salep, Sago, Arrowroot, Tapioka, Leinsamen, Mandioka, Dextrin, Gummiarabikum, Tragant, Leiogomme, Gelatine (Leim, Fischleim), Algen, Isländisches Moos, Flohsamen, Karragheenmoos, Hai-Thao u. a.

Die meisten dieser angeführten Appreturmittel werden mit Wasser gekocht, bis sie eine klare, gleichmäßige Flüssigkeit von entsprechender Konsistenz bilden. Die Abkochungen der Stärkearten geben Kleister, alle übrigen schleimige Lösungen. Die Kleister überziehen die Gewebefäden mit einer weicheren oder härteren Schichte, die schleimigen Lösungen dringen teilweise oder ganz in die Gewebefäden ein.

Die Stärke ist im kalten Wasser, in Äther und Alkohol unlöslich, im heißen Wasser tritt die „Verkleisterung" ein (je nach der Stärkesorte bei 65—80⁰ C).

Kartoffelstärke ergibt im heißen Wasser bereits bei 65⁰ C einen fast durchsichtigen Kleister sowie eine weiche Appretur. Sie ist auch wegen ihrer Billigkeit fast ausschließlich in Gebrauch. Maisstärke dagegen gibt eine steife Appretur. (Gute Stärke soll frei von Kleber sein; Mehle haben außer Stärke noch 6 bis 10% Kleber.) Weizen- und Reismehl liefern mit heißem Wasser einen zähen, leicht zersetzlichen und leicht zur Schimmelbildung neigenden Teig.

Mehlkleister geben wegen des Klebens mit mineralischen Füll- und Beschwerungsmitteln ein besseres Verdickungsmittel.

Das Dextrin entsteht aus Stärke unter der Einwirkung von verdünnter Salpetersäure oder Salzsäure durch Erhitzen derselben auf etwa 160 ⁰ wobei sie, verflüssigt wird. Diesen Vorgang nennt man das „Aufschließen" der Stärke, die dadurch wirksamer wird. Leiogomme ist das Röstprodukt der Kartoffelstärke, British-gum jenes der Reis- und Maisstärke.

Dextrin gibt an und für sich keine sehr harte Appretur.

Gummiarabikum bildet nach dem Trocknen eine spröde, harte Masse, springt leicht ab und hat daher nur eine beschränkte Verwendung als Appreturmittel. Für glasartige, harte Appreturen setzt man es dem Dextrin zu.

Salep ist die Zwiebel mehrerer Orchisarten in der Türkei und Persien.

Arrowroot ist die Stärke aus Maranta arundinacea und aus Curcuma angustifolia, d. s. Pflanzen, die auf den Antillen, Tahiti und Ostindien vorkommen.

Sago wird aus dem Marke des Sagus ruffia auf den Molukken gewonnen und in mehreren Formen in den Handel gebracht, so als Sago-Tapioca von rötlicher Farbe.

Tapioca wird aus der Wurzel verschiedener Mandiokaarten bereitet, welche in Indien, Java, China und Afrika angebaut werden.

Gelatine (Leim) ist leicht zersetzlich und teilt den Geweben einen unangenehmen Geruch mit, was ihre Verwendung beschränkt.

Abkochungen von isländischem Moos und Algen liefern gut füllende und nicht deckende Gallerten, geben weiche Appretur und werden selten allein gebraucht.

Hai-Thao, von einer javanischen Alge stammend, gibt eine geschmeidige und doch etwas steife Appretur; bei Zugabe von etwas Glyzerin erhält man eine recht geschmeidige Appretur.

Die verschiedenen Gummiarten, Gummiarabikum, Senegalgummi und inländisches Gummi sind Ausschwitzungen zahlreicher Akazienarten am Senegal, in Ägypten, Indien, auf Java und von einheimischen Obstbäumen. Mit Wasser bilden sie klare und dünne Lösungen für die Appretur von Tüll-, Seiden- und Halbseidengeweben; sie eignen sich wegen ihrer steifen und harten Appretur weniger für Leinen- und Baumwollgewebe.

Tragantgummi ist ein Ausschwitzungsprodukt der Astragalusarten in Kleinasien. Ohne die Farben zu decken, gibt es guten Griff.

Die Appreturmittel zum Weich- und Geschmeidigmachen des Appretes (auch Softenings genannt) sind: Glyzerin, Talg, Seife, Olivenöl, Kokosnußöl und Türkischrotöl, Stearin, Paraffin, Walrat, Japanwachs, Bienen- und Erdwachs, Vaselin.

Die allgemeinste Verwendung hat, seiner Eigenschaften halber, Glyzerin. Es erleichtert das Auftragen kleisterartiger Appreturen, läßt ein gleichmäßiges Befeuchten des Gewebes zu, macht dieses weich und geschmeidig und kann mit fast allen Appreturmitteln gemeinsam angewendet werden.

Talg, Seifen, Stearin, Öle machen die Gewebe geschmeidiger; sie sind lediglich Zusatzmittel, werden daher nicht allein verwendet. Auch bei Beschwerungsmitteln wie essigsaure Tonerde, Chinaclay u. a. verhindert ihr Zusatz das Rauh- und Brüchigwerden der Ware.

Türkischrotöl ist wasserlöslich und mit allen Appreturmitteln gut mischbar; es gibt den Stoffen Weichheit, ohne daß diese an Griff einbüßen.

Wachs, Walrat, Kolophonium ermöglichen als Zusatzmittel zum Appret einen mehr oder weniger starken Glanz und kommen für Waren, welche glaciert oder lüstriert werden sollen, in Betracht.

Vaselin eignet sich zur Herstellung milder und gut füllender Appreturmassen

Zum Füllen und Beschweren der Gewebe dienen: Chinaclay, Kreide, Gips, Talkum, Speckstein, Kaolin, kohlensaurer Baryt, Chlormagnesium, Bittersalz, Schwerspat, Traubenzucker, essigsaure Tonerde.

Solche Beschwerungs- und Füllmittel müssen fein gepulvert in Wasser und sonstigen in der Appretur vorkommenden Flüssigkeiten unlöslich sein.

In mehr oder minder hohem Grad besitzt diese Eigenschaften Chinaclay, eine Tonerdeart, die durch Zersetzung der Feldspate aus Granit entstanden ist.

Ähnlich verhalten sich Kreide, Gips, Kaolin; sie sind aber weniger ausgiebig als Chinaclay.

Talkum gibt einen Appret von schlüpfrigem Gefühl.

Traubenzucker macht die Stoffe geschmeidiger und etwas gewichtiger; er ist sehr hygroskopisch und neigt infolgedessen zur Schimmelbildung.

Die Schimmelbildung verhindern **antiseptische Zusätze:** Salizylsäure (geruchlos), Formaldehyd, Phenol, Kreosot. Diese Stoffe schützen kleisterartige Appreturmittel auch vor dem Sauerwerden und Gären. Weitere antiseptisch wirkende Mittel sind außerdem Zinkvitriol, Kupfervitriol.

Den Appreturmassen muß man mitunter Farbstoffe zusetzen, und zwar entweder zur Verdeckung ihrer eigenen Farbe oder zur Erhöhung des Farbtones im Gewebe oder bei Weißwaren, um durch Zugabe von Blau den gelben Stich zu beseitigen (Bläuen, Blaumittel). Man verwendet hierzu Ultramarin, Berlinerblau, Blauholzextrakt, Kurkuma u. a.

Appretierte Gewebe. Ursprünglich waren die mannigfaltigen Appreturmittel zum Steifen, Beschweren, Weich- und Griffigmachen und zur Glanzerzeugung fast ausschließlich in der Baumwoll-, Leinen- und Seidenbranche üblich. Erst allmählich, namentlich seit der Zeit, wo man zur Erzeugung leichter und geschmackvoller Woll- und Halbwollartikel aus minderwertigen Wollen und Kunstwollen überging, fanden sie auch in der Wollappretur größere Verbreitung.

Zunächst waren es die leichten oder billigen Damenkleiderstoffe (leichte Kammgarn- und Halbkammgarngewebe der Gera-Greizer Qualitäten), welche mit gummiartigen Appreten bessergriffig gemacht wurden.

Gegenwärtig wird ein Großteil wollener und halbwollener Stoffe, wenn diese lappiger Natur sind, zur Verleihung eines kernigen und festen Griffes mit steifenden und beschwerenden Appreturmitteln behandelt, neben Damenkleiderstoffen auch in kleinerem Umfange geringere und mittlere Qualitäten von Herrenstoffen, wie leichtere Kammgarnstoffe, Cheviots, Strichwaren und ein großer Teil der Halbwollstoffe.

Der Hauptzweck des Appretierens dieser Stoffe mit den genannten Appreturmitteln ist immer in der Verleihung eines besseren, volleren Griffes, größerer Dichte und größerer Steifheit gelegen, wobei auch eine Gewichtsvermehrung nebenher geht.

Als Appreturmittel finden in erster Linie klebende und steifende Stoffe, wie Stärke (Kartoffelstärke), Dextrin, Gummi, Leim Verwendung. Unter diesen Stoffen ist wegen ihrer Billigkeit die Kartoffelstärke besonders beliebt, welche einen sehr vollen und griffigen Appret gibt. Dextrin ist weniger gebräuchlich, mehr dagegen die aufgeschlossene, lösliche Stärke, Gummilösungen und Leimabkochungen, welche alle dem Gewebe einen dünnen und geschmeidigen Griff verleihen.

Eine bessere Geschmeidigkeit wird durch Zusatz von Glyzerin, seltener von Ölen und Fetten erzielt.

Häufig verwendete Beschwerungsmittel sind: Traubenzucker, Alaun, Bittersalz, Chlormagnesium. Mit der Zugabe dieser Mittel muß man vorsichtig sein, weil diese stark hygroskopischen Mittel nach längerem Lagern Stockflecke und Schimmel verursachen.

Vor dem Gummieren oder Leimen ist es angezeigt, die Ware gut zu netzen und auf der Breitschleuder oder Absaugmaschine zu entwässern. Im vorgenetzten Zustande wird das Appreturmittel von der Ware schneller und gleichmäßiger aufgenommen.

Beim Trocknen der gummierten oder geleimten Ware ist auch die Temperatur von Einfluß auf die Hartgriffigkeit. Fällt die Ware zu hart und bockig aus, so wurde zuviel Appret in die Ware gebracht. Es ist daher zweckmäßig, sich an gewisse Erfahrungsregeln zu halten, die den örtlichen Verhältnissen anzupassen sind.

Im nachstehenden sollen einige bewährte Rezepte angegeben werden.

Für geringe Wollwaren, die einen vollen und kräftigen Griff erhalten sollen, nimmt man mit Natronlauge aufgekochtes Kartoffelmehl (50 Liter Wasser, 100 g Natronlauge von 28° Bé, rührt gut, setzt 5 bis 6 kg Kartoffelmehl zu, kocht 1½ Std., setzt 200 bis 400 g in heißem Wasser aufgelöste Monopolseife zu, rührt gut durch und appretiert bei 50 bis 60° C. Soll auch Beschwerung erfolgen, so setzt man noch 1 bis 2 l Bittersalzlösung von 20° Bé oder eine Chlormagnesiumlösung zu.

Kammgarnstoffe appretiert man häufig linksseitig mit einer Leimlösung. In 50 l kochenden Wassers gibt man 2 bis 5 l Leimabkochung und setzt zur Beseitigung des üblen Geruches 40 bis 50 g Salizylsäure zu. Die Leimabkochung stellt man aus Leim mit der 12 bis 15fachen Menge Wassers her, indem man einen Tag lang weicht und dann kocht.

Eine andere Appreturmasse für Kammgarn-, Halbwollstoffe und Cheviot besteht aus 50 l Wasser, 3,5 kg Sagomehl, 5 l Leimabkochung und 1,5 kg Glyzerin. Man kocht 1 Stunde und appretiert bei 50 bis 60° C.

Zum Leimen von Lodenstoffen eignet sich folgendes Mittel: Auf 180 l Wasser nimmt man 2 bis 3 kg Glanzgummi und ebensoviel Kartoffelmehl, kocht gut auf und setzt 6 bis 7 kg Glyzerinwachs zu, welches in heißem Wasser gelöst wurde, und kocht nochmals auf. Man leimt auf kaltem Wege.

Andere Rezepte sind: 40 Teile Wasser, 0,2 Gewichtsteile Glyzerin, 0,5 Teile Dextrin, 2 Teile Gelatine;

60 Gewichtsteile Wasser, 0,75 Teile Kölnerleim, 1 Teil Reismehl, 2½ Teile Sago, 2½ Teile Weizenstärke;

20 kg Kartoffelmehl und 80 kg Chlormagnesiumlösung 30° Bé kocht man 1 bis 2 Stunden;

115 kg Chlormagnesiumlösung 30⁰ Bé, 12,5 kg Chlorzinklösung 50⁰ Bé, 1 kg Kartoffelmehl kocht man und läßt erkalten. Von dieser Masse nimmt man 1 bis 2 kg auf 50 l Wasser und appretiert auf kaltem Wege.

Kammgarn-Damenkleiderstoffe, Strichwaren appretiert man nur linksseitig.

Leichte Herrenkammgarnstoffe gummiert man beidseitig. Leichte Eskimos für Damenmäntel gummiert man linksseitig; aber auch die schweren Qualitäten bekommen durch das Gummieren einen volleren Griff. Das Gummieren geschieht nach dem letzten Verstreichen, dann wird getrocknet. Durch Nachrauhen der linken Seite nach dem Trocknen auf der Rollkardenmaschine wird die Ware wieder weicher, ohne den vollen Griff zu verlieren.

Presidents, das sind Strichwaren mit Baumwollkette und Kunstwollschuß, werden nach dem Verstreichen dekatiert und gehen dann zum Färben. Danach folgt das Schleudern und das Leimen auf der Leimmaschine. Wenn eine solche nicht vorhanden ist, läßt man die Ware auf einer Strangwaschmaschine in der Appretlösung 20 Minuten laufen. Auf das nunmehrige Trocknen folgt nochmals ein Rauhen mit stumpfen Karden unter gleichzeitigem Dämpfen, wodurch das Gummi gelöst und gleichmäßig verstrichen wird, Gummiflecke verschwinden und der durch das Gummieren entstandene graue Schein sich verliert.

Ruten-Teppiche leimt man linksseitig und trocknet auf der mit der Leimmaschine verbundenen Trommeltrockenmaschine.

Knüpfteppiche bestreicht man auf der Rückseite im gespannten Zustande mit Dextrin und läßt sie in diesem Zustande, auf den Fußboden genagelt, trocknen.

Halbwollene Möbelstoffe werden mit Dextrin- oder Gummilösungen auf der Linksseite appretiert und über die Trommeltrockenmaschine geleitet.

In der Seidenindustrie griff man zu Appreturmitteln erst, als man mit der Erzeugung billigerer, dünner und loser gewebter Stoffe begann, insbesondere als man zur weiteren Verbilligung die Erzeugung der Halbseidengewebe aufnahm. Die Appreturmittel haben auch hier die Bestimmung, das Gewebe weicher, steifer, dichter und schwerer zu machen, oder ihm einen milden oder starken Glanz oder endlich, wie z. B. bei Regenschirmstoffen, Wasserdichtheit zu verleihen. Die gebräuchlichen Appreturmittel sind vorzugsweise Gummisorten, besonders Tragant, weniger Gummiarabikum, ferner Gelatine, Paraffin, Stearin, Wachs, auch Seife mit Paraffin und Wachs gemeinschaftlich und Öle zum Weich- und Griffigmachen. Ein Zusatz von Chlorzinn zur Tragantlösung verleiht der Seide den eigentümlichen krachenden und knirschenden Griff in erhöhtem Maße.

Für Halbseidengewebe besserer Qualität kommen die vorgenannten Mittel in Verwendung; für geringere Sorten genügen Stärke, Mehle, Dextrin, Gelatine, Flohsamen.

Bei den meisten Seiden- und Halbseidengeweben trägt man die Appreturmittel linksseitig auf (Rakelappretur) und hat darauf zu achten, daß sie nicht auf die Rechtsseite dringen und dadurch Appreturflecke erzeugen. Die Vollappretur (Foulardappretur, beidseitige Appretur) ist bei leichten, ganzseidenen, doppelseitig gemusterten Geweben und Seidenbändern in Anwendung.

In der Baumwollindustrie haben die verschiedenartigsten Appreturmittel ausgedehnte Anwendung gefunden. Es gibt kaum ein Baumwollgewebe, das nicht mehr oder minder stark mit Appreturmitteln versehen ist. Dies wird verständlich, wenn man bedenkt, daß die Baumwollgewebe zur Nachahmung von Schafwollgeweben, Leinengeweben und Seidengeweben benützt werden; es wurden darum allerlei Weich-, Hart-, Matt- und Glanzappreturen versucht, um erfolgreich mit den Leinengeweben, Schafwoll- und Seidenwaren in Wettbewerb zu treten. Außerdem sind ganz neuartige Veredlungsverfahren erfunden worden, wie Mercerisieren, Transparentieren, Pergamentieren, Opalisieren.

Fast in jeder Appreturmasse findet sich irgendeine Stärke vor. In erster Linie kommt stets die billige Kartoffelstärke in Betracht, daran reihen sich Weizenstärke, Weizenmehl, für beschwerte Appreturen Chinaclay, Kreide, Mineralweiß, Baryt u. a.; für weiche Appreturen Talkum, Seife, Kokosnußöl, Stearin, Paraffin, für Glanzappreturen Wachs, Walrat, Kolophonium u. a. Aber auch Leim- und Gummilösungen sowie alle sonstigen bereits erwähnten Appreturmittel finden in der Baumwollappretur reichliche Verwendung.

Ihre Zusammensetzung richtet sich danach, ob sie für Weißwaren (gebleichte Waren), gefärbte oder bedruckte Waren bestimmt sind.

Von den vielen bekannten und bewährten Appreturrezepten seien nur einige angeführt.

Weißwarenappretur für Leinenimitation:

3 kg Weizenstärke, 10 kg Kartoffelstärke, 10 kg Kaolin, 1,6 kg weiße Seife, 0,6 kg weißes Wachs, 0,4 kg Talkum, 0,06 kg Ultramarin, 4 l Glyzerin werden auf 120 l gebracht. Mit dieser Masse wird Vollappretur gegeben, auf der Trommeltrockenmaschine getrocknet, befeuchtet und liegen gelassen, alsdann mit zweiseitiger Friktion kalandriert und gemangelt.

Shirtingappretur (Shirting sind feinere appretierte Kalikos):

240 l Wasser, 2,5 kg Weizenmehl, 2,5 kg Chinaclay, 10 kg Mineralweiß, 0,4 kg Kokosnußöl, 2,5 kg Marseiller Seife, 0,125 kg krist. Soda.

Harte Satinappretur:

100 l Wasser, 3,5 kg Kartoffelstärke, 0,375 kg Talg werden gut gekocht und heiß aufgetragen, auf der Trommeltrockenmaschine getrocknet, befeuchtet, kalandriert, ausgebreitet und gebeetelt.

Linksappretur für Druckkattune:

35 kg Kartoffelstärke, 25 kg Weizenstärke, 8 kg Leim, 8 kg Dextrin, 300 l Wasser werden gut gekocht, auf 25° abkühlen gelassen, dann werden 17,6 kg Magnesiumchloridlösung 30° Bé zugesetzt und auf 400 l verdünnt. Mit dieser Masse wird links appretiert, hierauf rechtsseitig auf der Trommeltrockenmaschine getrocknet, eingesprengt und aufgebäumt, aber nicht kalandriert.

Die Appreturmittel werden in der Baumwollwarenappretur entweder nur einseitig oder beidseitig aufgetragen. Bei einseitiger Auftragung muß zum Schließen der Gewebeporen ein Naßkalandern vorausgehen, weil dadurch das Gewebe dichten Schluß erhält und dann das Durchschlagen des Appreturmittels auf die andere Gewebeseite verhindert wird.

Die Leinen- und Halbleinengewebe unterliegen nicht in so großem Umfange wie die Baumwollgewebe der Verbesserung der Qualität mit Appreturmitteln, weil die Leinenfaser von Natur aus härter, dicker und glanzreicher ist als die Baumwollfaser; nur bei solchen Geweben, wo ein besonders fester, brettiger Griff beabsichtigt wird (z. B. Steifleinen, Buchbinderleinen), oder bei leichter eingestellten Waren, die voller erscheinen sollen, endlich bei vielen

Halbleinengeweben wird die Anwendung eines Apprets sich als notwendig erweisen.

Als Appreturmittel sind hauptsächlich Weizen- und Kartoffelstärke, Sago und Tapioka und zum Anbläuen Ultramarin im Gebrauche.

Nur wenige Jutegewebe versieht man zu ihrer Qualitätsverbesserung mit einer Appretur aus Stärke oder Leim; die meisten Jutegewebe werden zumeist nur geschoren und kalandriert.

Das Herstellen und Auftragen der Appreturmassen.

Das Auftragen der Appreturmasse erfordert viel Aufmerksamkeit, Umsicht und Erfahrung, da bei einseitig zu appretierenden Geweben das Durchschlagen des Appreturmittels auf die rechte Warenseite die gefürchteten Appreturflecke erzeugt, während bei ein- und beidseitiger Appretur sowohl eine übermäßige, als auch eine ungenügende Auftragung des Apprets den gewünschten Effekt beeinträchtigt. In erster Linie muß auf eine möglichst gleichmäßige Verteilung des Apprets im Gewebe gesehen werden.

Alle bekannten Auftragmethoden mittels maschineller Vorrichtungen sind rein mechanische Vorgänge. Der Appret wird entweder durch den elastischen Quetschdruck zweier oder mehrerer übereinander gelagerten, unter regelbarem Gewichtshebeldruck stehenden Walzen und entsprechender Warenführung ein- oder beidseitig eingepreßt (das „Klotzen oder Pflatschen“) oder einseitig aufgestrichen mittels einer pikotierten (Pikotgravur)[1] Gelbbronze-unterwalze und angestellter Rakel (Abstreichlineal) und einer über ersterer liegenden, unter Gewichtshebeldruck stehenden Walze mit Kupferblechüberzug. In neuester Zeit hat sich das einseitige Auftragen des Apprets durch Reibung sehr gut bewährt; dies geschieht durch eine gravierte oder glatte Auftragwalze, die eine dem Warenlauf entgegengesetzte Bewegungsrichtung hat. Der Überschuß wird durch eine Rakel abgestrichen. Durch das Einreiben oder Friktionieren dringen selbst dickere Appretur- und Beschwerungsmassen besser in das Gewebe ein.

Das **Auftragen der Appreturmasse von Hand aus** ist nur noch bei sehr feinen ganzseidenen Stoffen wie Spalierdamast, Brokat, Seidensamt und bei feinen seidenen oder halbseidenen gemusterten Möbelstoffen in Anwendung, damit auf keinen Fall durch den Auftragedruck die Rechtsseite beschmiert wird. Mittels eines Schwammes wird die Gummilösung auf die linke Warenseite mit leichtem Drucke aufgetragen, wobei das Gewebe über einen gepolsterten und mit Kautschuktuch überzogenen Tisch geführt und der Überschuß durch ein leichtes Rakel abgestrichen wird. Das appretierte Gewebe läuft unmittelbar in eine Spann-Rahm- und Trockenmaschine oder über eine Trockentrommel.

Die Maschinen zum **Klotzen** oder **Pflatschen, auch Paddingmaschinen** oder **Foulards** genannt, werden nach der Beschaffenheit der aufzutragenden Appreturmasse auch Leim-, Gummier- oder Stärkmaschinen genannt; in der Woll- und Halbwollwarenappretur stehen sie gesondert, in der Seiden-, Baumwoll- und Leinenappretur sind sie in der Regel der Trockenmaschine vorgebaut. Die

---

[1] Pikotgravur sind kegelförmige Vertiefungen in der Walze; Hachürgravuren sind Nuten, welche parallel, senkrecht oder diagonal zur Walzenachse eingeschnitten sind.

Ware kann entweder nur zwischen den Quetschwalzen oder unter eine Messingtauchwalze durch die Appreturflüssigkeit hindurch und hierauf zwischen den Quetschwalzen geführt werden, wodurch man ein- oder beidseitig appretieren kann.

Je nach dem Zweck und der Art der zu behandelnden Ware sind die Quetschwalzen aus Holz, mit oder ohne Bombage (Stoffumwicklung) oder aus Eisen mit Messing- oder Kupferblech, mit Kautschuk oder mit Bombage überzogen oder auch aus Phosphorbronze. Die Anzahl der Walzen beträgt 2, 3 oder 4, ihr Durchmesser 180 bis 400 mm. Die Walzen stehen unter regelbarem Gewichtshebeldruck, der entsprechend der Warenqualität und der Konsistenz des Apprets einzustellen ist.

Beim einseitigen Appretieren ist die im Appreturtrog (Chassis) laufende Unterwalze die Auftragwalze und die Oberwalze die Ein- und Abquetschwalze zum Einpressen des Apprets und Abquetschen des Überschusses. Die Anzahl und der Durchmesser der Walzen sowie die Größe des Walzendruckes bestimmen die Stärke der Auftragung, welche auch von der Konsistenz der Appreturmasse abhängt. So wird bei dünnflüssigem Appret, kleinem Walzendurchmesser und hohem Druck weniger aufgetragen, hingegen bei zäher flüssigem Appret, großem Walzendurchmesser und geringem Druck eine dickere Appreturschicht sich an der Gewebeoberfläche ansetzen.

Der Appreturtrog ist zumeist aus Holz, mit Kupfer- oder Zinkblech ausgeschlagen, seltener ein kupferner Doppelmanteltrog; er ist heb- und senkbar, um das Eintauchen der Auftragwalze regeln und das Reinigen bequemer vornehmen zu können. Zur Führung der Ware ist eine herausnehmbare Messing- oder Kupferblechleitwalze und zur Gleichmäßigerhaltung der Temperatur ein indirekt heizendes, also geschlossenes Dampfrohr vorhanden. Die Temperatur ist gleichmäßig zu halten, da hiervon die Konsistenz der Appreturmasse abhängt. Die indirekte Heizung ist notwendig, damit durch das sich bildende Kondenswasser nicht etwa der Appret dünnflüssiger werde.

Das Gewebe wird teils getafelt, teils gewickelt vorgelegt. Für ein straffes, faltenloses Einlaufen wird die Wickelwalze gebremst, auch sind am Maschineneingange Spannstäbe und Breithalter vorgesehen. Wird das Gewebe getafelt zur Maschine gebracht, so ist ein langer Warenvorlauf über Spannstäbe oder Leitwalzen für den Faltenausgleich sehr vorteilhaft.

Eine als Leim-, Gummier- und Stärkmaschine gleich gut benützbare Maschine zeigt die Abb. 192 (C. H. Weisbach.)

Für einseitige Appretur führt man das Gewebe in der Richtung *1* oder, wenn es im Wickel vorgelegt wird, in der Richtung *2—1*; appretiert man beidseitig oder, wie der appreturtechnische Ausdruck lautet, „ganz durch", so ist die Ware in der Richtung *1—3* bzw. *2—3* zu leiten; sie geht also durch die Appreturmasse hindurch oder taucht ein.

Für das Gummieren und Leimen in der Woll- und Halbwollwarenappretur ist die mittlere Walze aus Eisen, die Oberwalze aus Eisen mit Kautschuküberzug und entfällt die untere Auftragwalze.

Für das einseitige Appretieren der letztgenannten Waren besteht bei richtigem Quetschdrucke keine Gefahr der Appreturfleckenbildung. Für stärkere, schwerere Gewebequalitäten soll man die Auftragmaschine nicht mit

der Trockenmaschine .verbinden, damit sich der Appret während eines 15 bis
20 Minuten andauernden Lagerns besser in das Gewebe hineinziehen kann.

Gummiert werden wollfarbige Stoffe in angefeuchtetem Zustande, und zwar
nach dem Waschen oder Walken oder Rauhen; stückfarbige Stoffe nach dem
Waschen und nach dem Färben. Alle anderen Stoffe aus Wolle sollen angefeuchtet werden. Leichte Herrenkammgarnstoffe erhalten Vollappretur.
Leichte Wollwaren (Damenkleiderstoffe) werden teils einseitig, teils ganz
durch appretiert. Bei letzterem Verfahren appretiert man mit größerem Quetschdruck zum Einpressen und gleichmäßigen Verteilen des Apprets im Gewebe,
worauf man es sofort in die Trockenmaschine einführen soll, weil bei längerem

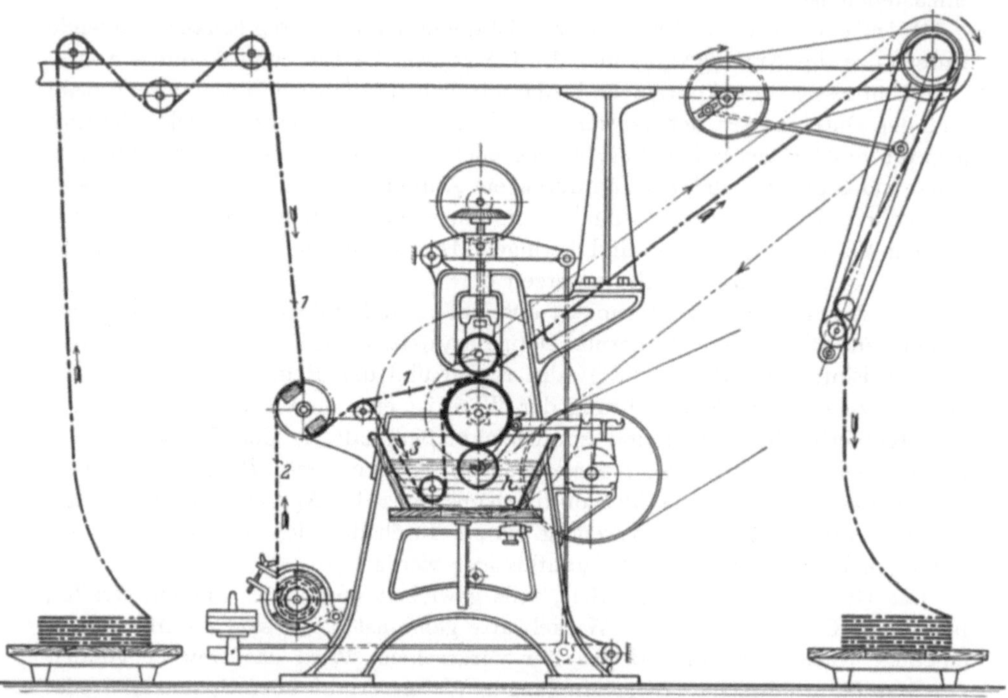

Abb. 192. Leim-, Gummier- und Stärkmaschine von C. H. Weisbach.

Lagern sich die dünne Gummilösung ungleichmäßig absetzt und nach dem
Trocknen in der Ware Appreturstreifen bzw. harte Streifen erscheinen. Ferner
ist nach jeder Farbe die Gummilösung zu erneuern, da ein Anfärben stattfinden
kann und bei andersfarbigen Waren Farbflecke entstehen. Das beidseitige Appretieren ist zwar mit Schwierigkeiten verbunden, aber hinsichtlich des Gummiver-
brauchs günstiger als das einseitige Appreturauftragen, weil durch den höheren
Walzendruck der Appret besser abgequetscht wird.

Bei besseren Maschinenausführungen für das Appretieren wollener und halbwollener Gewebe besteht die angetriebene Quetsch- bzw. Auftragwalze aus
Eisen mit Kupferblechüberzug und außerdem ist wegen des häufigen Wechselns
der Appreturflüssigkeit der Appreturtrog kleiner bemessen und aus Kupferblech gefertigt.

In Abb. 193 ist das Warenlaufschema einer Universalstärkmaschine von C. H. Weisbach, Chemnitz, für verschiedene Zwecke und Warengattungen dargestellt. Skizze 1 zeigt den Warenlauf für Vollappretur und leichte Baumwoll- und Leinenwaren; die Ware wird mittels der Tauchwalze t durch die Appreturflüssigkeit hindurchgeführt und leicht abgequetscht; r ist ein Führungsriegel. Nach Skizze 2 geht die Ware ebenfalls durch die Appreturflüssigkeit, wird aber auf einem längeren Wege hindurchgeführt und bleibt längere Zeit mit den Walzen in Berührung; dies gilt für Vollappretur schwererer Baumwoll- und Leinengewebe. Skizze 3 ist für einseitige Appretur; die untere Walze U dient als Auftragwalze, die obere Walze O zum Einquetschen der Appretur. Für dickflüssige,

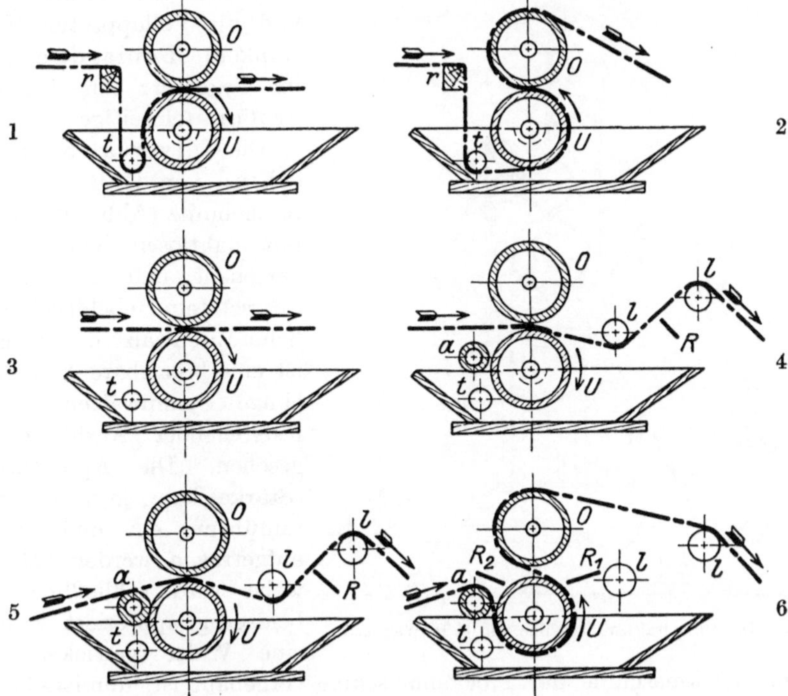

Abb. 193. Warenlaufschema einer Universalstärkmaschine von C. H. Weisbach.

einseitige Appretur dient die Einrichtung nach Skizze 4. Die Eintauchwalze U nimmt nur wenig Appretur mit, da der Überschuß von einer (links angestellten) Walze a abgequetscht und von einem Rakel R abgestrichen wird. Führt man die Ware auch über die Anstellwalze a (Skizze 5), so wird die Appreturmasse noch mehr verstrichen, wodurch man eine steifere Appretur erhält. Eine noch kräftigere einseitige Appretur erhält man mittels der Warenführung nach Skizze 6; ein Rakel R_1 dient zum Abstreichen des Überschusses der Appretur von der Ware, das zweite Rakel R_2 zum Reinigen der Eintauchwalze U.

Wenn nur einseitig appretiert wird, darf die Ware nicht gewickelt werden, sondern muß sofort in die Trockenmaschine einlaufen.

Die **Gummiermaschinen für Seiden- und Halbseidenwaren** tragen das Appreturmittel nur in sehr dünner Schichte auf, um die Ware nicht zu steif oder brettig zu machen, wodurch ihnen das Gepräge eines Seidengewebes genommen würde. Diese dünne Schichte ist nur mit drei kleiner dimensionierten Eisenwalzen mit Kupferblechüberzug und geringem Quetschdruck aufzutragen. Die Maschine ist nach der in Abb. 192 dargestellten Bauart ausgeführt, wobei die unterste Walze in die Appreturflüssigkeit taucht und diese in dünner Schichte auf die angetriebene Mittelwalze abgibt, von welcher sie auf die linke Warenseite aufgetragen wird. Halbseidenwaren werden ausschließlich auf der linken Warenseite mit Appret versehen, während billige, aus minderen Seidensorten schütter gewebte ganzseidene Stoffe auch beidseitig behandelt werden. In der Seidenwaren-appretur führen die Gummiermaschinen den Namen Foulard und die Vollappretur (Durchtränken) Foulardappretur, im Gegensatz zur Rakelappretur (einseitige Appretur).

Die Universal-Stärk-Maschine von C. H. Weisbach in Chemnitz (Abb. 194) hat zwei mit nahtlosen Kupferbezügen versehene und unter doppelt übersetztem Hebeldruck befindliche Eisenwalzen. Am Einlaß ist eine bremsbare Abwicklung, einige Spannwalzen und ein feststehender Ausbreiter vorgesehen. Die Appreturmasse (Stärke) kann je nach der Warenführung ein- und zweiseitig aufgetragen werden. Das Gewebe wird schließlich, wenn beidseitig appretiert wird, auf eine Walze gewickelt, oder,

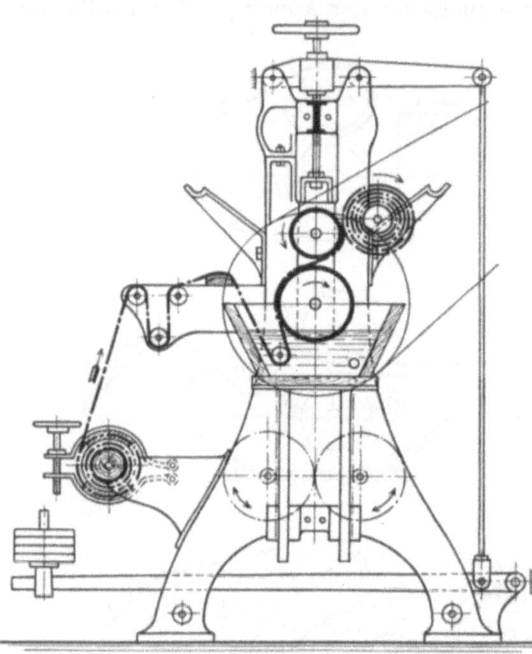

Abb. 194. Die Universalstärkmaschine von C. H. Weisbach.

wenn die Stärkmaschine der Trockenmaschine vorgebaut ist, unmittelbar von den Quetschwalzen in diese eingeführt.

Dies ist insbesondere bei einseitiger Appretur notwendig, um auf der Gegenseite keine Appreturflecke zu erhalten.

In schwerer Ausführung kommen diese Maschinen für Leinen- und vorzugsweise für Halbleinengewebe in Betracht.

Die **Rakel-Stärk-Maschinen** dienen nur zum einseitigen Appretieren (Abb. 195). Je nach der Qualität der Ware und der aufzutragenden Menge des Apprets ist die Ausführung bezüglich der Anordnung der Rakel (Abstreichlineale) verschieden. Zum Füllen weitmaschiger Gewebe und zur Vergleichmäßigung des Apprets im Gewebe läßt man die Rakel mit geringerem oder größerem Druck auf dem Gewebe streichen. Bei zunehmendem Druck wird die Appretschichte dünner und umgekehrt.

Sind aber bedruckte Kattune, Piqués, Damaste und auch Weißwaren einseitig zu appretieren, und zwar nur mit dünner Appreturschichte, so stellt man die

Rakel an die angetriebene pikotierte Gelbbronzeunterwalze an; die Rakel streicht den Überschuß der Appreturmasse ab. Diese Art der Appreturauftragung schließt ein Durchschlagen des Apprets auf die rechte Warenseite selbst bei dünner oder dicker Schichte aus.

Die aus Gelbbronze hergestellte gravierte (pikotierte) Unterwalze ist angetrieben. Eine Stirnräderübersetzung vermittelt ihre Bewegung auf die mit nahtlosem Kupferblech überzogene eiserne Oberwalze. Der Hebeldruck auf diese

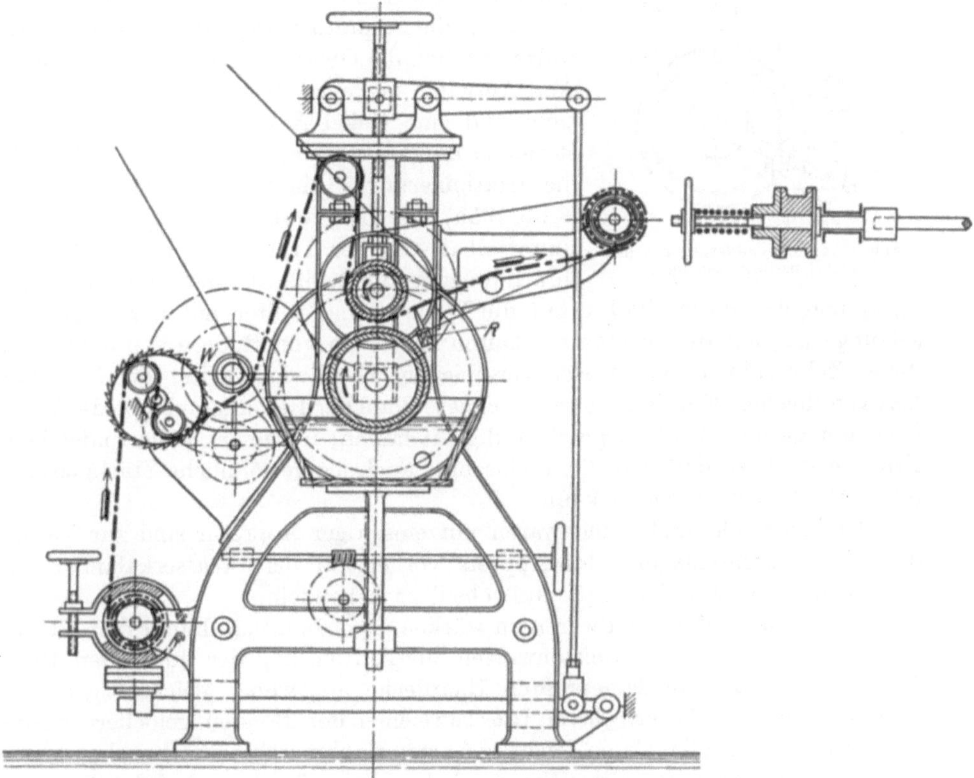

Abb. 195. Die Friktionsstärkmaschine mit Abstreichlineal (Rakelstärkmaschine) von C. H. Weisbach.

beiden Walzen kann einfach oder doppelt übersetzt sein. Die Rakel changiert ein wenig in horizontaler Richtung, d. h. sie wandert in der Achsenrichtung hin und her, um Rillenbildung und damit Längsstreifen zu verhüten.

Friktionsstärkmaschinen, das sind Auftragmaschinen zum einseitigen Appretieren, die das Auftragen des Apprets durch Reibung bewirken, sind für alle Appreturarten geeignet; es können mit ihnen sowohl sehr geringe, als auch außerordentlich große Mengen von sehr zähflüssigen und beschwerenden Appreturmassen dem Gewebe einverleibt werden.

Viel intensiver zum einseitigen Stärken mit dicken oder beschwerenden Appreturmassen wirkt die Friktionsstärkmaschine von Weisbach, bei welcher durch ein Wechselrädergetriebe die beiden Walzen mit verschiedenen Umfangsgeschwindigkeiten laufen (Abb. 195). Die Unterwalze aus Holz oder aus Eisen, im letzteren Falle mit einem starken Bronzeüberzug versehen, ist mit gleichbleibender Geschwindigkeit, die Oberwalze aus Eisen mit Bronzeüberzug je nach der erforderlichen Friktion mit veränderlicher Geschwindigkeit angetrieben, welche aber immer größer als jene der Unterwalze sein muß. Dieser Geschwindigkeitsunterschied der beiden unter Doppelhebeldruck stehenden Walzen bewirkt ein kräftiges Einreiben des Apprets in die Ware, ohne auf die andere Warenseite durchgedrückt zu werden.

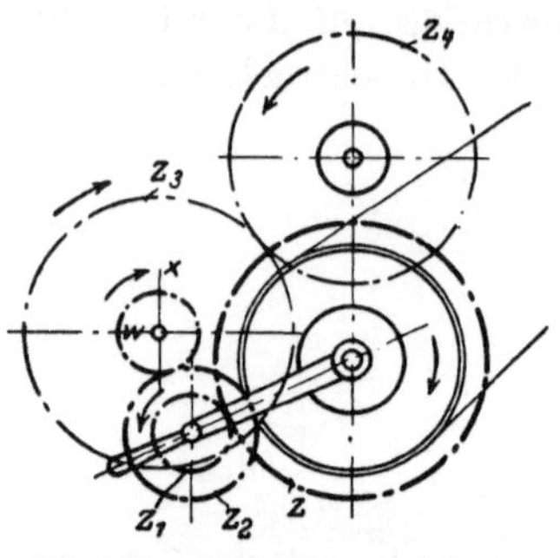

Abb. 195a. Das Rädergetriebe der Friktionsstärkmaschine.

Die in die Appreturmasse eintauchende Unterwalze hat 400, die Oberwalze 200 mm Durchmesser. Am Ausgang ist eine Friktionsaufwickelvorrichtung und eine Rakel R zum gleichmäßigen Verstreichen des Apprets angebracht. Der Antrieb für die Friktionierung ist in folgender Art ausgeführt (Abb. 195a): die Unterwalze empfängt den Antrieb unmittelbar von der Transmission und überträgt ihre Bewegung durch die Stirnräderübersetzung z, z_1, z_2 und das Wechselrad x auf die Welle w und weiter mit der Räderübersetzung z_3, z_4 auf die Oberwalze. Durch Einsetzen von Rädern x mit verschiedenen Zähnezahlen ergeben sich verschiedene Geschwindigkeiten der Oberwalze bez. verschiedene Friktion. Durch geeignete Wahl der Räder können beide Walzen auch mit gleicher Umfangsgeschwindigkeit laufen; in diesem Falle findet keine Friktion statt, so daß man diese Maschine auch als gewöhnliche Stärkmaschine (ohne Friktion) verwenden kann.

Alle Baumwoll- und Leinenwaren mit einseitiger Appretur sind zur Vermeidung des Durchschlagens des Apprets vorher auf dem Wasserkalander zum Schließen der Gewebefugen (Schlußgeben) zu behandeln.

Sind gerauhte Baumwollwaren zu stärken, so ordnet man hinter dem Stärketrog zwei rotierende Bürstleistenwalzen zur Aufrichtung der durch den Druck der Quetschwalzen niedergepreßten Haardecke an, wobei gleichzeitig die aneinanderklebenden Fasern beim Durchstreichen der Borsten gelockert werden und sich nach dem Trocknen leicht auf einer Rauhmaschine nachrauhen lassen.

Gestärkte oder gummierte Waren erhalten beim Trocknen auf der Trommeltrockenmaschine einen härteren Griff als auf der Spann-Rahm- und Trockenmaschine.

Eine **Teppich-Appretiermaschine** in der Ausführung von C. G. Haubold A.-G., Chemnitz, zeigt die Abb. 196. Das Gewebe streicht über eine Spannvorrichtung zur Auftragwalze, welche in den Appreturtrog eintaucht; eine Bürstwalze verstreicht die aufgetragene Appreturmasse gleichmäßig. Über einen Dämpfkasten hinweg kommt der Teppich zu einer großen Trockentrommel von 2 m Durchmesser und wird von einer Zugwalze abgelegt.

2. Das Appreturbrechen.

Nach dem Trocknen fühlen sich die meisten der mit Appreturmassen versehenen Gewebe mehr oder minder hart, steif und brettig an und sind in diesem Zustande nicht verwendungsfähig. In höherem Grade ist das hauptsächlich

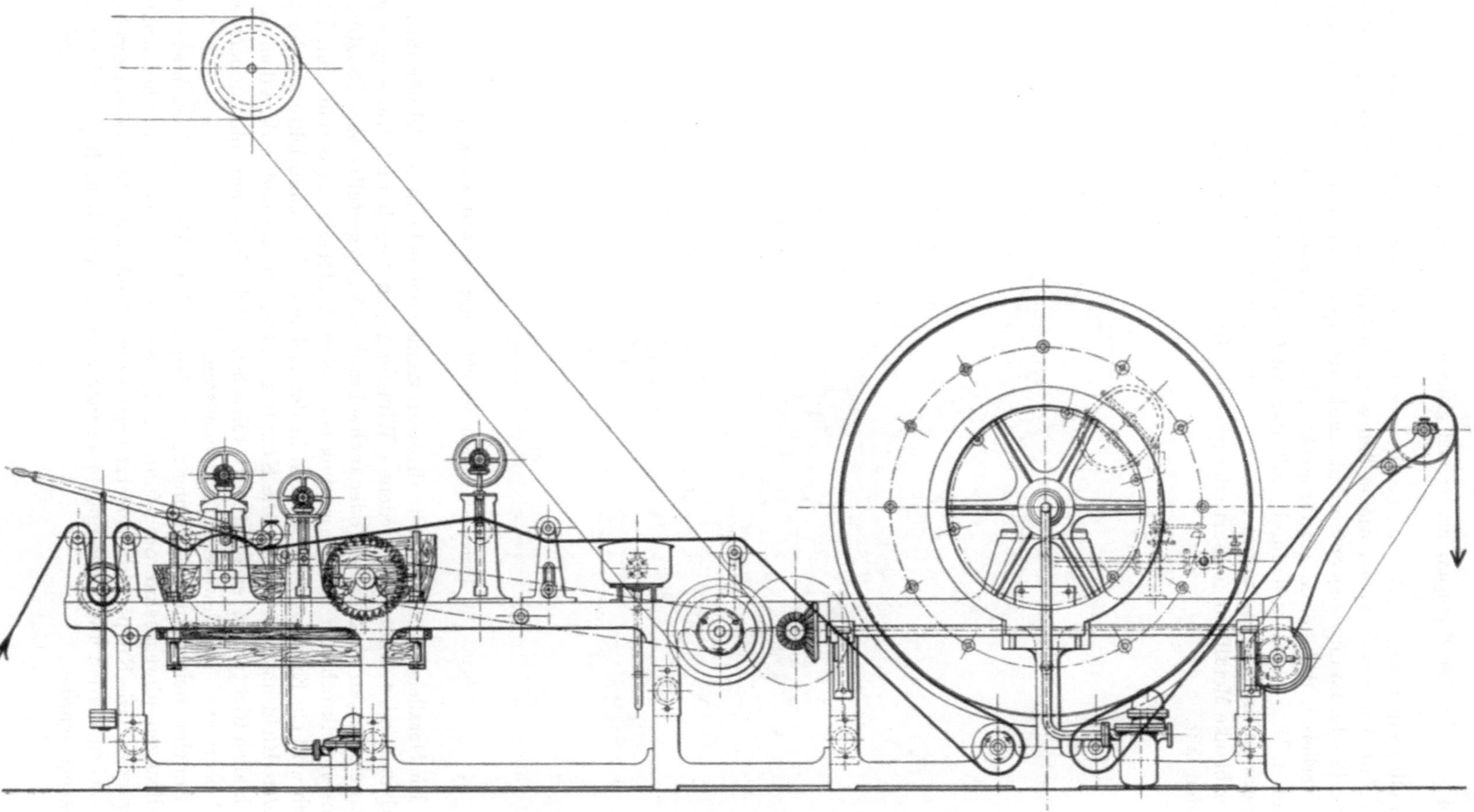

Abb. 196. Die Teppich-Appretiermaschine von C. G. Haubold A.-G.

bei allen mit Leim, Stärke und beschwerenden Substanzen appretierten Geweben
der Fall. Um den Geweben wieder den weichen Griff zu verleihen, der dem Roh-
stoff (Seide, Baumwolle) entspricht, muß der Appret, ohne den Zusammenhang
zu verlieren, d. h. ohne abzubröckeln oder abzustäuben, schmiegsam gemacht
werden. Dies geschieht dadurch, daß man das Gewebe vielen örtlichen Biegungen
unterwirft, indem man es mit straffer Spannung über stumpfe Metalleisten oder
über blanke Metallknöpfe führt oder zwischen Rillenwalzen (kalibrierten Walzen)
laufen läßt.

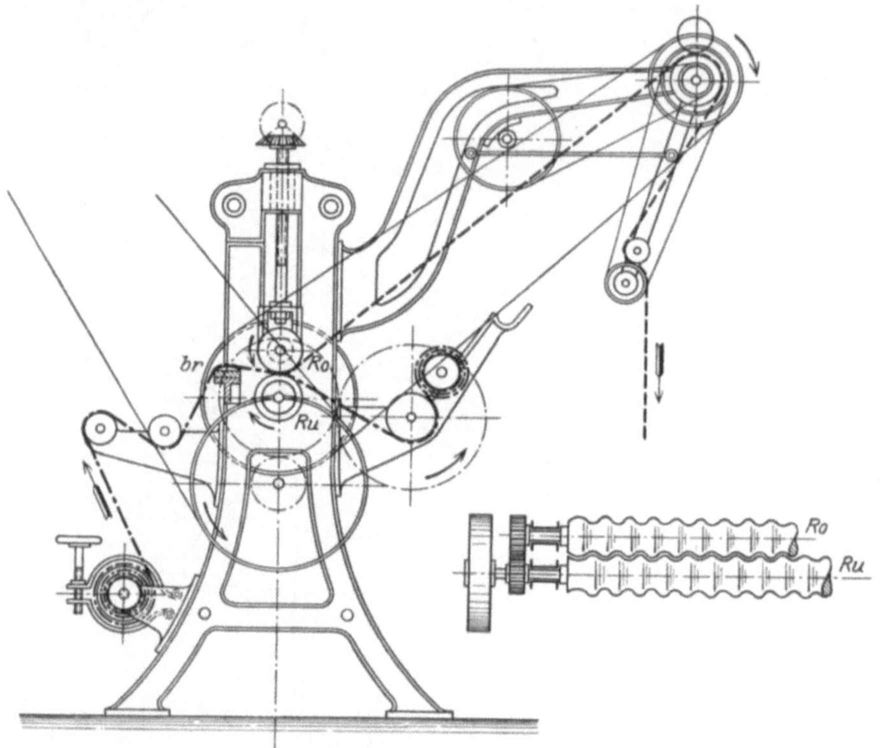

Abb. 197. Die Appretbrechmaschine mit Rillenwalzen von C. H. Weisbach.

Die Metalleisten oder Brechschienen können entweder in der Schußrichtung
verlaufen oder unter verschiedenen Winkeln gegen Schuß und Kette geneigt
sein; sie können winkelförmig oder auch schraubenförmig gestaltet sein. Die Rillen
können senkrecht zur Achsenrichtung oder schraubenförmig eingedreht sein. Danach wird ein Knicken des Gewebes in der Ketten- oder Schußrichtung oder in
beiden Richtungen erfolgen. Die Knöpfe sind kugelförmig und wirken demnach
nach allen Richtungen; sie ersetzen das Brechen mit der Hand am vollkommensten
und bearbeiten das Gewebe am schonendsten.

Um eine gleichmäßige Wirkung zu erzielen, sind die Messer in verschiedenen
Richtungen abwechselnd ausgeführt, z. B. rechts und links schraubenförmig
gewunden. Die Knöpfe sind versetzt angeordnet, damit alle Stellen des Gewebes
gebrochen werden und keine ungebrochenen Stellen verbleiben, die Streifen verursachen würden.

Die Wahl der Appretbrechmaschine richtet sich nach der Gewebequalität und dem gewünschten Griff, sowie auch nach dem Apprete.

Sollte mit einem Durchgang der gewünschte Grad an Weichheit sich nicht einstellen, so ist das Gewebe zwei und auch mehrere Male nacheinander durch die Maschine zu schicken.

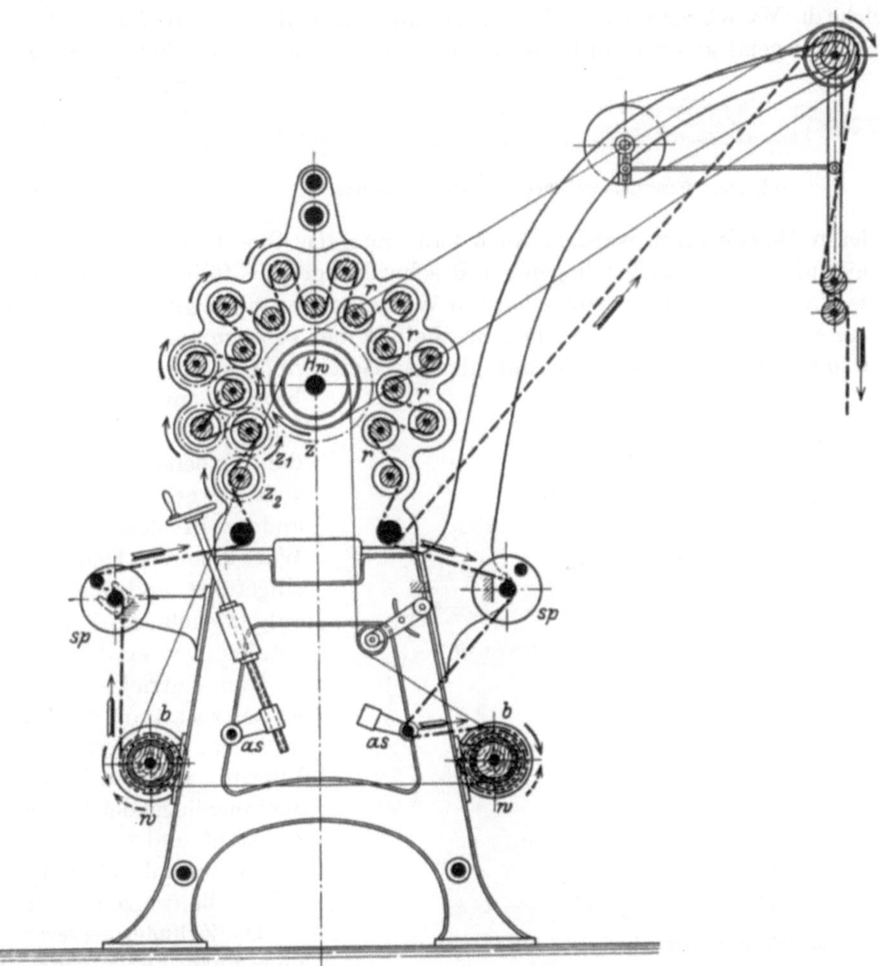

Abb. 198. Die Appretbrechmaschine mit schraubenförmigen Rillenwalzen von C. H. Weisbach.

Die **Brechmaschinen mit Brechschienen** eignen sich für das Brechen harter und schwerer Waren (hartappretierte Baumwoll- und Leinenwaren). Je nach der Stellung der Brechschienen, d. h. je nachdem ob sie zueinander parallel sind oder unter einem Winkel verlaufen, wird der Appret nur in der Kettenrichtung oder in der Kett- und Schußrichtung gebrochen.

Die **Appretbrechmaschinen mit Rillenwalzen** knicken das zwischen ihnen hindurchgeschickte Gewebe in der Schußrichtung unter stumpfen Winkeln wellenförmig, so daß leichter appretierte baumwollene, halbleinene und leinene Gewebe sich danach weicher anfühlen.

Nach der Ausführungsform der Firma C. H. Weisbach sind die angetriebenen, unter einstellbarem Druck stehenden Rillenwalzen mit Gummihosen überzogen, um einen gleichmäßigen und elastischen Druck auszuüben (Abb. 197).

Die von derselben Firma gebaute Appretbrechmaschine (Abb. 198) hat 19 eigenartig schraubenförmig geschnittene und angetriebene Rillenwalzen, über welche die Ware bei größerem Brecheffekt abwechselnd mit der rechten und linken Seite anliegend geführt wird. Wenn die Brechwirkung schon bei einem Durch-

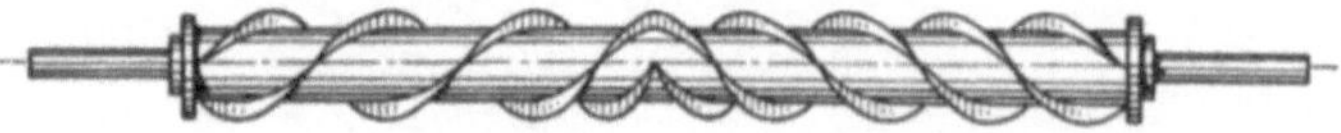

Abb. 199. Messerzylinder einer Appretbrechmaschine.

gang zu stark ist, leitet man das Gewebe nur über eine kleinere Anzahl von Walzen, während die anderen übersprungen werden. Auch kann man das Gewebe nur mit einer Seite anliegend über die außen liegenden Brechwalzengruppe führen. Hierdurch ist diese Maschine für die verschiedensten Warengattungen geeignet, also sehr vielseitig. Sie gibt einen vorzüglichen Brecheffekt bei vollkommener Schonung des Gewebes, da die Brechwalzen mit gleicher Geschwindigkeit wie die Ware sich bewegen und jegliche Reibung entfällt. Außerdem ist die Arbeitsgeschwindigkeit weitaus größer als die der anderen Brechmaschinen. Die Ware kann von beiden Seiten eingeführt und auf Walzen aufgewickelt oder auch abgetafelt werden.

Zum Antriebe der Rillenwalzen r sitzt auf der Hauptwelle das Zahnrad z, das im Eingriffe mit den Rädern z_1 der innenliegenden Rillenwalzen steht und vermittels der Stirnräder z_2 die außenliegenden Rillenwalzen betreibt.

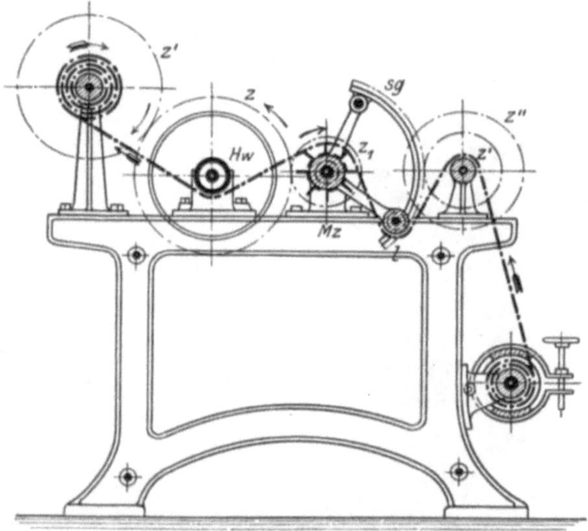

Abb. 200. Zylindermesserbrechmaschine von C. G. Haubold A.-G.

Die **Zylindermesserbrechmaschinen** haben einen bis drei Messerzylinder mit von der Mitte aus rechts- und linksgängig gewundenen Stahlmessern (Abb. 199), über welche das Gewebe mehr oder weniger stark gespannt geführt wird. Die schnell umlaufenden Messerzylinder bewegen sich entgegengesetzt zur Warenlaufrichtung. Der Appret wird in der Kett- und Schußrichtung, aber unter einem stumpfen Winkel gebrochen, weshalb der Brecheffekt nicht so kräftig wie bei den Brechmaschinen mit winkelförmig stehenden Brechschienen ist. Die Zylindermesserbrechmaschinen benützt man zum Brechen hart appretierter, leichter Baumwoll-, Seiden- und Halbseidengewebe.

Die Zylindermesserbrechmaschine von Haubold zeigt die Abb. 200. Die Hauptwelle Hw treibt einerseits durch die Stirnräderübersetzung z, z_1 den Messerzylinder Mz, andererseits durch die Übersetzung z, z_1' die Aufwickelwalze an.

Das Gewebe ist auf die Aufwickelwalze nur aufgelegt, bei zunehmendem Wickeldurchmesser gleitet der Wickel auf der Walze.

Mit einem verzahnten Segmente sg ist die Leitwalze l verstellbar, um den
Brecheffekt verändern zu können. Zur Feststellung des Segmentes greift in z''
ein verzahnter Ge-
wichtshebel ein. Die
Verstellung des Seg-
mentes erfolgt nach
Auslegen dieses He-
bels durch Drehen
von z'' mit der
Hand. Je nach dem
gewünschten Grade
des Brechens und der
Beschaffenheit des
Apprets ist es not-
wendig, die Ware
mehrere Male durch
die Maschine zu
führen.

Die in Abb. 201

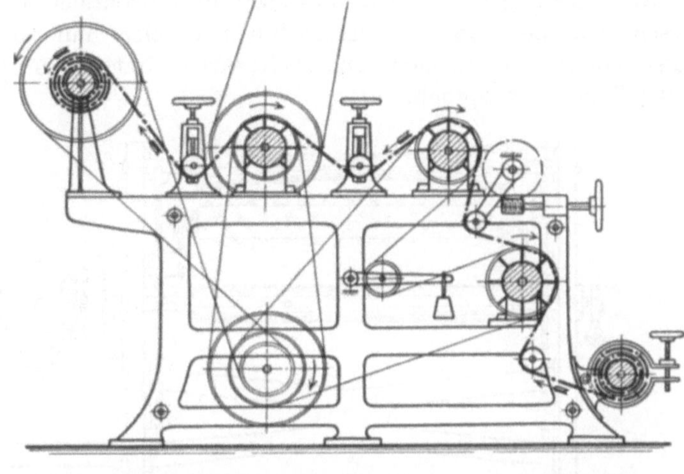

Abb. 201. Appretbrechmaschine mit 3 Messerzylindern von C. G. Haubold A.-G.

dargestellte Messerzylinder-Appretbrechmaschine von Haubold hat
drei Messerzylinder, die bei einmaligem Warendurchgang einen vollkommen
befriedigenden Brecheffekt ergeben.

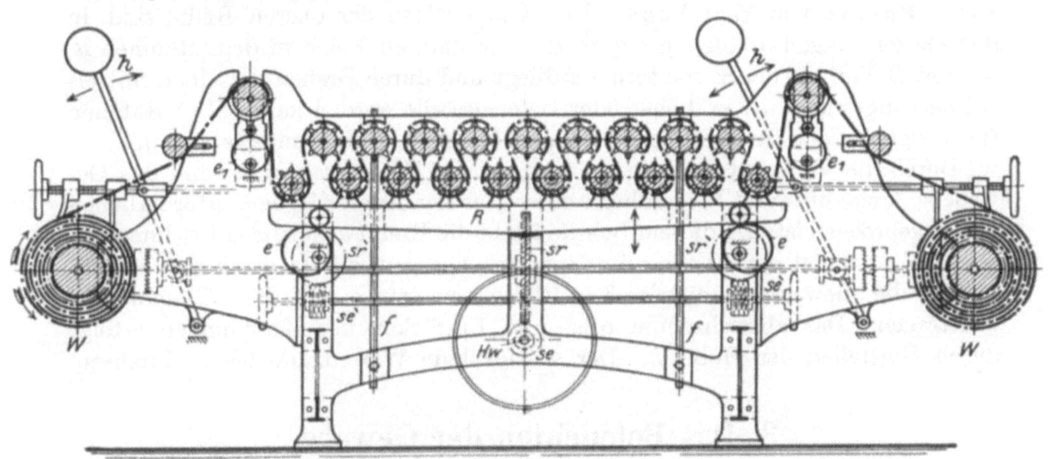

Abb. 202. Die Knopfwalzenbrechmaschine von C. H. Weisbach (Querschnitt).

Die **Knopfwalzenbrechmaschinen** von Haubold und Weisbach bestehen
aus zwei Reihen horizontal oder vertikal liegender und mit vernickelten Knöpfen
besetzter Holzwalzen, von welchen die eine Reihe in einem feststehenden Rahmen, die andere in einem verstellbaren Rahmen gelagert ist, um den Brecheffekt
in der Ketten- und Schußrichtung verändern zu können. Die Wickelwalzen
ziehen das Gewebe durch die Maschine; durch Reibung werden die Knopfwalzen

15*

von der Ware mitgenommen. Die Brechwirkung beruht auf dem örtlichen Knicken des Gewebes an den Knöpfen; sie ist gering, weshalb dieses Brechverfahren für leichter appretierte Baumwoll-, Halbleinen- und Leinenstoffe, hauptsächlich aber für leichte Halbseiden- und Seidengewebe bestimmt ist.

Nach der Lagerung der Knopfwalzen in horizontalen oder vertikalen Reihen lassen sich diese Appretbrechmaschinen in solche mit horizontaler und vertikaler Bauart unterscheiden. Die zweite Art nimmt weniger Grundfläche zu ihrer Aufstellung in Anspruch.

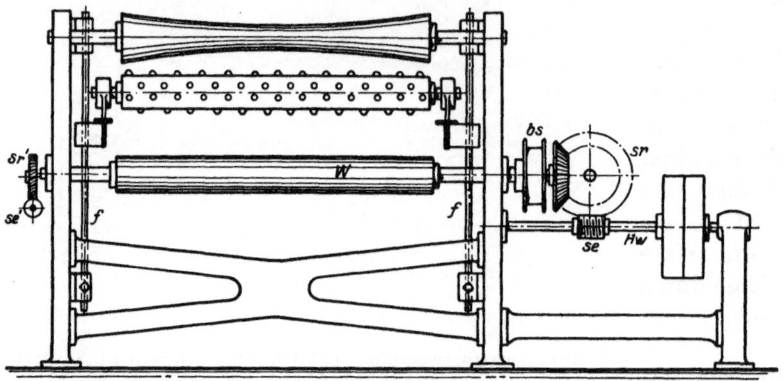

Abb. 203. Die Knopfwalzenbrechmaschine von C. H. Weisbach (Vorderansicht).

Die Abb. 202 und 203 zeigen die **Knopfwalzen-Brechmaschine horizontaler Bauart von Weisbach**. Die Knopfwalzen der oberen Reihe sind in den Gestellwangen drehbar gelagert, die der unteren Reihe in dem Rahmen R, der mit Rollen auf den Exzentern e aufliegt und durch Drehen derselben mittels Schneckengetriebe se', sr' höher oder tiefer gestellt werden kann. Der Rahmen führt sich an den an den Gestellwangen befestigten Führungsstangen f.

Durch die Vor- und Rückwärtsbewegung der Wickelwalzen w kann das Gewebe so lange hin- und hergeführt werden, bis der Appret in dem erforderlichen Grade gebrochen ist. Zu diesem Behufe treibt die Hauptwelle Hw mit Schneckengetriebe se, sr auf eine Welle mit Klauenkupplungen, die im geschlossenen Zustande die Bewegung mittels Kegelräderübersetzung auf die Wickelwalzen übertragen. Das abwechselnde Aus- und Einrücken der Kupplungen erfolgt durch Umstellen der Hebel h. Der abwickelnde Warenbaum ist zu bremsen.

3. Das Befeuchten der Gewebe.

In trockenem Zustande sind sowohl die Fasern, als auch der der Ware einverleibte Appret (trotz des Brechens) für gewisse Schlußarbeiten, die zum Ebnen, Glätten und Glänzen dienen, zu steif und zu hart. Bei allen diesen Arbeiten setzt man das Gewebe einem mehr oder minder lang andauernden, verhältnismäßig hohen Druck aus, um die Fasern in die Gewebeflächen niederzulegen.

Durch das Anfeuchten werden die Fasern nachgiebiger und weicher und folgen besser der Druckwirkung in der Mangel, im Kalander und in der Presse, das Gewebe fällt auch voller und dicker aus. Bei Woll- und Halbwollgeweben beruht diese Erscheinung auf der Formbarkeit der Schafwolle, die sich im feuchten Zustande leicht formen (biegen, kräuseln oder glätten) läßt und die Form dauernd beibehält, wenn sie in diesem Zustande getrocknet und abgekühlt wird. In geringem Maße besitzt auch die Baumwolle diese Eigenschaft.

Der erweichte Appret läßt sich nach dem Anfeuchten, ohne rissig zu werden oder abzublättern, breitquetschen und bildet einen vollkommen gleichmäßigen Überzug, der auch die Gewebelücken (Poren) gut ausfüllt.

Woll- und Halbwollgewebe sind, sofern sie durch übermäßige Hitze beim Trocknen zu hart- und rauhgriffig geworden sind, zur Erzielung eines weicheren Griffes, eines lebhafteren und nachhaltigen Glanzes vor dem Pressen auf der Mulden- oder auf der Spanpresse mit reinem Wasser zu befeuchten. Das Befeuchten mit nassem Dampf ist weniger zu empfehlen, weil sich die Wollfasern kräuseln würden, wodurch die Glanzwirkung beeinträchtigt würde.

Der Feuchtigkeitsgrad und die gleichmäßige Verteilung der Feuchtigkeit des Gewebes sind für die dem Gewebe zu verleihenden Eigenschaften, wie Glanz, Weichheit und Glätte, von großer Bedeutung; ebenso für das nachherige Verhalten des Appreturmittels in den appretierten Geweben. Insbesondere bei letzteren kann eine zu geringe Feuchtigkeit die Erreichung des vollen Effektes an Glanz und Glätte verhindern. Bei zu großer Feuchtigkeit hingegen wird das Gewebe zu weich und lappig, verliert den Griff und setzt in feuchten oder warmen Räumen leicht Schimmel an, der Flecke (Stockflecke) und Farbenveränderungen erzeugen und sogar zur Zerstörung der Ware Anlaß geben kann.

Das Anfeuchten kann in zweierlei Art ausgeführt werden: mit reinem Wasser, das frei von schlammigen Beimengungen, Säure, Soda, Chlor und anderen Flecke erzeugenden Stoffen sein muß, oder mit Dampf von vollkommener Reinheit.

Das Anfeuchten der Gewebe, das sich auf die Hygroskopizität der Fasern und auf hygroskopische Beimengungen zum Appret stützt, hat sich nicht bewährt; es ergibt entweder ungleichmäßig feuchte Ware oder zieht zuviel Feuchtigkeit, und zwar auch im fertig appretierten Zustande, an.

Das ursprüngliche Anfeuchten mit der Hand, nämlich das Einsprengen mit in Wasser getauchten kleinen Besen bildete die Grundlage für das Einsprengen mit rasch rotierenden Bürstwalzen, die in einen Wasserbottich eintauchen und das mitgenommene Wasser in Form eines Sprühregens auf die Ware schleudern. Für ein geringeres Anfeuchten läßt man das Wasser mit Hilfe einer Auftragwalze auf die Bürstwalze übertragen.

Ein anderes Verfahren besteht in dem Zerstäuben des Wassers durch Düsen unter Anwendung von Preßluft oder Preßwasser, wodurch man jeden beliebigen Feuchtigkeitsgrad erzielen kann.

Recht gut bewähren sich die Anfeuchtmaschinen mit Auftragung des Wassers mittels einer gravierten Walze mit Rakel und Quetschwalze, weil sich mit ihnen ein vollkommen gleichmäßiges Befeuchten des Gewebes erzielen läßt.

Das Anfeuchten mit Dampf ist für Waren in Anwendung, die nur mäßige Feuchtigkeit vertragen. Feine, glatt ausgeschorene Wollstoffe, wollene, halbwollene und baumwollene Möbelstoffe dämpft man zur Anfeuchtung vor dem Einlaufen in die Muldenpresse nur leicht, um einen besseren Preßeffekt und höheren Glanz zu erzielen.

Baumwollgewebe mit feinen Appreturen, bei welchen der Appret nur in sehr dünner Schichte aufgetragen ist, sowie Buntwaren von empfindlichen Farben dürfen nur ganz wenig angefeuchtet werden, damit der Appret nicht zu sehr erweicht und fließt oder die Farben ineinanderlaufen. In solchen Fällen ist das Dämpfen dem Einsprengen vorzuziehen.

Einseitig gerauhte Baumwollgewebe, wie Barchent, Rauhpiqué, sowie stark appretierte Gewebe, welche aus irgendeinem Grunde das Einsprengen nicht vertragen, sind zu dämpfen, und zwar in der Weise, daß man den Dampf nicht direkt gegen das Gewebe strömen läßt.

Sollte sich während des Kalanderns wegen der ungenügenden Feuchtigkeit im Gewebe ein nochmaliges Anfeuchten nötig machen, so darf nur gedämpft werden, indem man das Gewebe über ausströmenden Dampf leitet, weil durch das Einsprengen der Feuchtigkeitsgrad voraussichtlich zu groß werden würde und die bereits beschriebenen Übelstände nach sich ziehen würde.

Damit sich die Feuchtigkeit gleichmäßig verteilen kann, soll das Gewebe nach dem Einsprengen mehrere Stunden in einem kühlen Raume lagern; stärker appretierte Waren sind länger (bis zu 10 Stunden) zu lagern und einmal umzubäumen, um das Aufreißen etwa zusammengeklebter Stellen zu verhindern.

Die **Bürstwalzen-Einsprengmaschinen** von Haubold und Weisbach sollen das Wasser als Sprühregen auf das anzufeuchtende Gewebe schleudern, ohne daß Tropfen in dasselbe gelangen. Tropfen geben stets die Veranlassung zur Fleckenbildung. Man bringt daher vor der Bürstwalze ein Sieb zur Zerteilung abgeschleuderter Tropfen an oder lagert die Bürstwalze in größerer Entfernung unter dem Gewebe, so daß die Tropfen vermöge ihres größeren Gewichtes niederfallen und nicht bis zum Gewebe gelangen. Andere Vorrichtungen zur Vermeidung der Tropfenbildung sind Auftragwalzen, welche im Wasser tauchen und dieses in ausreichender Menge auf die Bürstwalze bringen.

Am Maschineneingange befindet sich eine doppelte Spannvorrichtung mit Wareneinzugwalzen, in dem mit verzinktem Blech ausgeschlagenen Wasserkasten die schnellumlaufende Bürstwalze $Bü$ und eine im Wasser laufende Auftragwalze t mit Einstellvorrichtung. Die hölzerne Abstreichschiene ist durch Schrauben höher oder tiefer zu stellen. An ihr biegen sich die Borsten der Bürstwalze ab, schnellen dann vor und schleudern das Wasser als Sprühregen auf das unten laufende Gewebe. Die vordere Kastenwand ist im oberen Teile als Sieb Sb ausgebildet. Da man Baumwoll- und Leinengewebe der Mangel und dem Kalander auf eine Docke (Kaule) gewickelt vorlegt, ist am Warenausgange eine Wickelvorrichtung anzuordnen.

Woll-, Halbwollgewebe und Möbelstoffe tafelt man, zu welchem Zwecke die Einsprengmaschinen mit Tafelvorrichtungen am Maschinenausgange einzurichten sind.

Die **Bürstwalzen-Einsprengmaschinen** für **schwere Jute-** und **Leinengewebe** von Weisbach haben zwei schnellumlaufende Bürstwalzen in einem gemeinsamen, in zwei Kammern geteilten und mit Zinkblech ausgeschlagenen Wasserkasten zum zweiseitigen Einsprengen. Die Bürstwalzen stellt man anstatt mit Holz- auch mit Zinkkörper her.

Die **Bürstenwalzen-Einsprengmaschine mit unter der Ware liegender Bürstenwalze** von C. H. Weisbach in Chemnitz (Abb. 204) bietet den Vorteil, daß Tropfen

vermöge ihres größeren Gewichtes nicht auf das Gewebe gelangen, sondern niederfallen. Für heikle Gewebe mit feinem Appret ist diese Maschine jenen mit über
der Ware liegender Bürstwalze vorzuziehen. Am Eingange liegt eine bremsbare
Abwickelwalze und drei Spannriegel aus eisernen Rohren. In dem eigenartig
geformten Wasserkasten laufen die langsam umlaufende Auftragwalze t aus Eisen
mit nahtlosem Kupferüberzug und die schnellumlaufende Bürstenwalze $Bü$.
Durch Verstellen der Auftragwalze in horizontaler Richtung ist die Möglichkeit
der Erzeugung eines feineren oder gröberen Sprühregens je nach der erforderlichen
Warenfeuchtigkeit geboten.

Die Warenabzug- und Aufwickelvorrichtung besteht aus einer angetriebenen
Unterwalze und einer in Gewichtshebeln liegenden Oberwalze sowie einer auf die
mit Friktionsantrieb versehenen Wickelwalze für die Bildung des Warenwickels.
Für Mangelkaulen hat man ein dreiwalziges Wickelwerk, bestehend aus zwei
angetriebenen Unterwalzen, der Warenwickelwalze und darauf lastender Druckwalze. Das Abdeckbrett des Wasserkastens ist verstellbar.

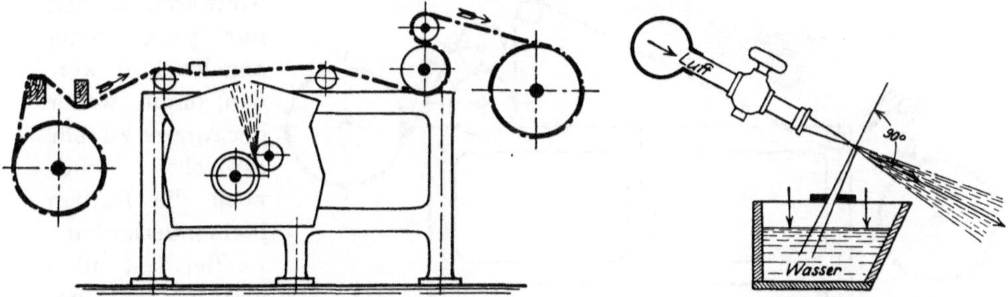

Abb. 204. Die Bürsteneinsprengmaschine von C. H. Weisbach.
Abb. 205. Die Einsprengdüse (Erklärungs-
skizze).

Viel gleichmäßiger als die Bürstwalzen-Einsprengmaschinen feuchten die
Maschinen mit unmittelbaren Auftragwalzen und die Düsen-Einsprengmaschinen, welche hinsichtlich der Reglung der dem Gewebe zuzu-
führenden Feuchtigkeit genauer arbeiten.

Mather & Platt in Manchester haben im Wasserkasten eine langsam
umlaufende, mit tiefen Pikots gravierte Kupferwalze mit starker Rakel zum Auftragen des Wassers auf das Gewebe, während zwei vertikal verstellbare Kupfer-
walzen das Anpressen der Ware regeln. Die Zug- und Druckwalzen führen das
angefeuchtete Gewebe der mittels Friktion bewegten Aufwickelwalze zu.

Die **Düsen-Einsprengmaschinen** gründen sich auf das Gesetz des hydrodyna-
mischen Seitendruckes, der bei wachsender Strömungsgeschwindigkeit negativ
wird, also in eine Saugwirkung übergeht (Saugstrahlpumpen). Die erforderliche
Strömungsgeschwindigkeit erzeugt man mittels Preßluft (Abb. 205), welche
beim Austreten aus der Düse saugend wirkt und das Wasser aus dem in die Leitung eintauchenden Röhrchen mitreißt. Das Wasser wird hierbei in Tropfen
zerteilt und bildet einen Sprühregen, wie er zum Einsprengen erforderlich ist.
Da sich der Sprühregen ausbreitet, ist es möglich, mit einer entsprechenden
Anzahl von Düsen, in Entfernungen von 60 bis 80 mm nebeneinandergereiht,
die ganze Gewebebreite zu besprengen. Auf diesen Grundsätzen beruhen im
wesentlichen die Düsen-Einsprengmaschinen; in ihren übrigen Einrichtungen

sind sie nur insofern verschieden, als man Woll- und Halbwollwaren am Maschinenausgange tafelt, Baumwoll- und Leinenwaren, je nachdem, ob sie für das Mangeln oder Kalandrieren vorbereitet werden sollen, auf Kaulen oder Walzen wickelt.

Sämtliche Luftdüsen sind in einem weiten mit einem Kapselgebläse in Verbindung stehenden Rohre eingeschraubt; jede Düse kann mit einem Hahn gedrosselt und abgesperrt werden, um die Saugwirkung des austretenden Luftstrahles zu regeln. Unter einem rechten Winkel sind die in einem Wasserkasten tauchenden Röhrchen an einer eisernen Schiene befestigt.

Die Warengeschwindigkeit ist mittels Stufenscheiben veränderlich, um das Gewebe mehr oder weniger stark anfeuchten zu können.

Das Schema der Einsprengmaschine, Düsensystem, von C. H. Weisbach, zeigt die Abb. 206.

Baumwollene Gewebe mit feinen Appreturen in ganz dünner Schichte, Buntwaren mit empfindlichen Farben und gewisse gerauhte und appretierte Baumwollwaren dürfen nur ganz wenig angefeuchtet werden, damit weder der Appret zu sehr erweicht wird, noch die Farben ineinanderlaufen.

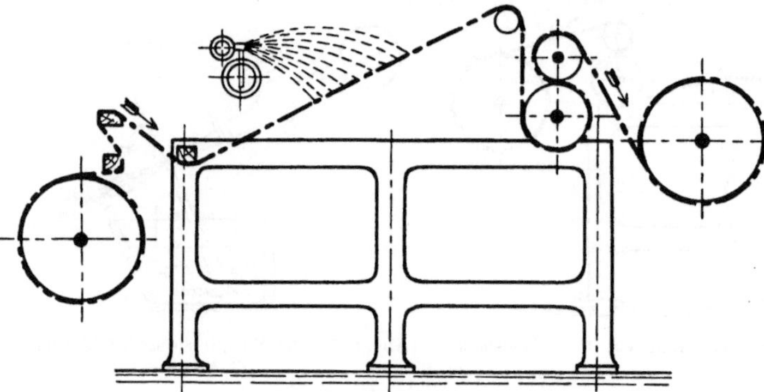

Abb. 206. Die Düseneinsprengmaschine von C. H. Weisbach (Schematische Darstellung).

Bei fast allen glatten und gerauhten Buntwaren wird nebst billigem Preis die Forderung nach gutem, weichem Griff und guter Fülle (Qualität) erhoben, so daß man gezwungen ist, diese Gewebe mit Appreturmitteln zu füllen oder zu beschweren und trotz des hohen Appretgehaltes mit möglichst natürlichem Griff, Qualität und schönem Aussehen auszurüsten. Größere Mengen von Appreturmitteln verleihen dem Gewebe einen harten, brettigen Griff. Gibt man ein hygroskopisches Mittel (Chlormagnesium) hinzu, so wird das Gewebe bei längerem Lagern stockfleckig und verliert an Haltbarkeit.

Mit der kombinierten Einspreng- und Dämpfmaschine (Abb. 207) ist man imstande, den mit Dextrin, Stärke und anderen Appreturmitteln verhältnismäßig stärker appretierten Geweben einen milden und geschmeidigen Griff beizubringen. Aber auch leichte, glatte Buntwaren, welche nach dem Appretieren und Trocknen durch den Kalander Schluß erhalten sollen, sind vorher auf der kombinierten Maschine anzufeuchten, weil sie sonst einen papiernen Griff haben.

Am Maschineneingange der kombinierten Einspreng- und Dämpfmaschine von C. H. Weisbach befindet sich eine Einlaßvorrichtung für getafelte oder gewickelte Ware mit Spann- und Bremseinrichtungen. Die Einsprengvorrichtung besteht aus dem doppelreihig gebohrten Rohr r, welches von der Flügelpumpe FP gespeist wird. Ihr Antrieb wird von dem mit einem Kurbelzapfen versehenen

Zahnrade z durch die Kurbelstange st bewerkstelligt. Unterhalb des Rohres ro sind die drehbaren und in ihrer Lage fixierbaren Spritzplatten aufgehängt, unter denen ein Wassersammeltrog t liegt; das Wasser fließt von diesem in den Wasserkasten K zurück, in welchen das Saugrohr der Pumpe eintaucht. Die Pumpe ist mit einem Windkessel Wk versehen.

Beim Auffallen zerstäuben die sich ergießenden Wasserstrahlen und besprengen das Gewebe zufolge der Warenführung zweimal. Die aus Eisenblech und Winkeln bestehende Dämpfkammer mit doppelwandiger, heizbarer Decke (zur Verhütung der Tropfen- und Fleckenbildung) enthält mehrere angetriebene Walzen, um das Gewebe in mehreren Windungen hindurchzuführen, sowie die notwendigen Dampfrohre und Vorrichtungen zur Verhinderung der Tropfenbildung. Zugwalzen liefern es einer Tafel- oder Wickelvorrichtung zu.

Will man zum leichten Anfeuchten nur dämpfen, so stellt man die Einsprengvorrichtung ab.

4. Das Ebnen, Glätten und Glänzen der Gewebe.

Das Ebnen, Glätten und Glänzen sind wichtige Schlußarbeiten in der Appretur. Nach der Vollendung der unter der Bezeichnung „Vorappretur" zusammengefaßten Arbeiten vom Noppen bis einschließlich des Einverleibens von Appreturmitteln sind die im Gewebe zurückgebliebenen Unebenheiten, Knitterfalten,

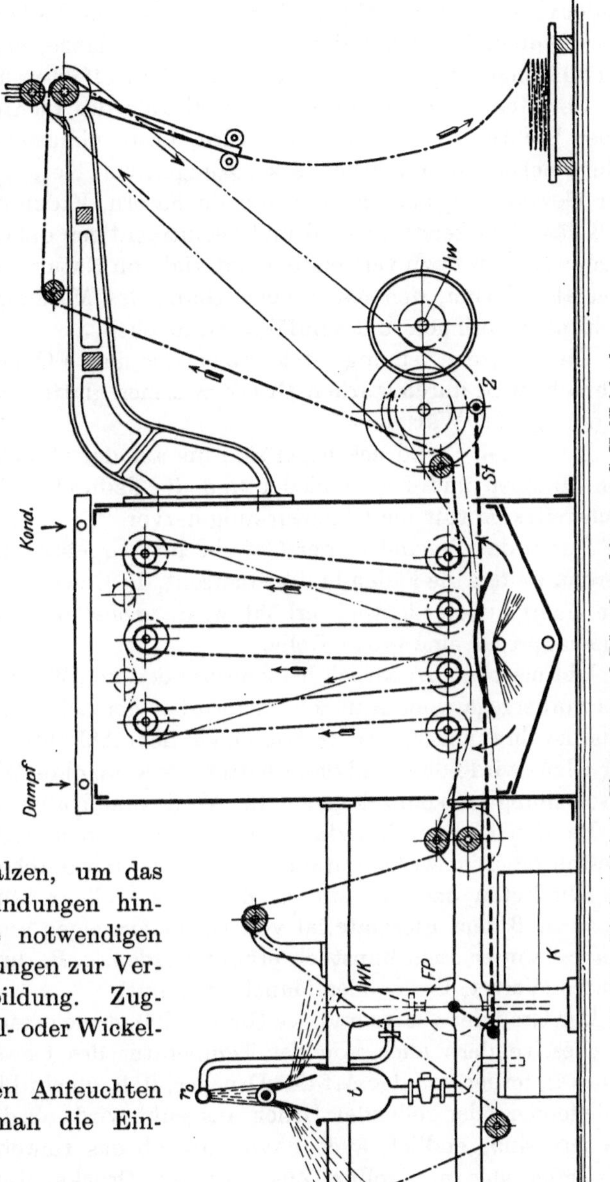

Abb. 207. Die kombinierte Einspreng- und Dämpfmaschine von C. H. Weisbach.

Fadenverzüge zu beseitigen, die runden, starken Fäden breitzuquetschen und die Gewebeoberflächen mit dem gewünschten Glanze, entweder mit Matt-, Mittel- oder Hochglanz, oder mit besonderen Glanzeffekten auszurüsten.

Der Glanz entsteht durch die Reflexion des Lichtes; je mehr dasselbe nach einer Richtung zurückgeworfen wird, desto glänzender erscheint das Gewebe. Alle Unebenheiten, starke Verkreuzungen von Kett- und Schußfäden, stark aus der Gewebeoberfläche hervortretende Fasern, Fäden oder Bindungen bewirken, daß das Licht zerstreut wird und beeinträchtigen daher den Glanz des Gewebes, auch wenn das dazu verwendete Material von Natur aus glänzend ist. Es handelt sich also darum, den natürlichen Glanz des Materials mehr oder weniger zur Geltung zu bringen und sinnfällig zu machen.

Die Glanzerscheinung setzt immer eine glatte Oberfläche voraus, die hervorgebracht wird durch starken Druck zwischen glatten Flächen mit oder ohne Anwendung von Wärme.

Durch den Preßdruck legen sich die aus der Gewebeoberfläche heraustretenden Härchen und Fäden nieder und die dadurch sich ergebende gleichmäßige Lichtreflexion ruft die Glanzwirkung hervor.

Durch das Behandeln der Gewebe im ausgebreiteten Zustande unter Druck werden weiters die Fäden breitgequetscht, die Gewebelücken geschlossen, wodurch der Glanz außerordentlich erhöht wird. Dies spielt in der Leinen- und Halbleinenappretur eine große Rolle.

Übt man den Preßdruck bei Anwesenheit von Wärme aus, so werden die durch das vorhergegangene Anfeuchten formbar gemachten Fasern mehr oder weniger dauernd ihre niedergepreßte Lage nach dem Abkühlen unter Druck beibehalten; der Glanz wird höher und dauerhafter, als wenn ohne Wärme gepreßt wird. Diese Erscheinung ist kennzeichnend für Woll- und Halbwollgewebe.

Bei den Florgeweben dürfen die Falten und knitterigen Stellen nicht durch Pressen beseitigt werden; diese Gewebe sind nur durch das Trocknen im faltenlos ausgebreiteten und gespannten Zustande vollkommen eben zu erhalten. Der Glanz muß dem Flormaterial von Natur aus eigen sein; bis zu einem gewissen Grade kann er auch künstlich erhöht werden, z. B. durch Wachsen des Schlußsamtes (Velvet, Cord- oder Manchestersamt).

Der Grad der Glätte und des Glanzes hängt nicht nur von der Größe des Preßdruckes, sondern auch von der Temperatur des Gewebes, von der Dauer des Druckes, ferner von der Art des Druckes, d. h. ob ein Linear- oder Flächendruck, schleifender oder rollender Druck ausgeübt wird, ob die Preßflächen glatt oder graviert sind, endlich auch davon ab, ob das Gewebe in einfacher Lage, im gefalteten oder im gerollten Zustande dem Drucke ausgesetzt wird.

Die Glätte und der Glanz des Gewebes werden auch durch die Eigenschaften des Faserstoffes bestimmt, das sind besonders die Elastizität, die Schmiegsamkeit, die Formbarkeit und der Naturglanz.

Die Pflanzenfasern vertragen im allgemeinen einen höheren Preßdruck als die tierischen, haben aber dagegen eine geringere Formbarkeit.

Die vorstehenden Betrachtungen deuten darauf hin, daß für das Ebnen, Glätten und Glänzen der verschiedenen Gewebearten mannigfache Verfahren in Anwendung sind; zu diesen gehören das Mangeln, das Beeteln, das Kalandern, das Pressen.

Das Mangeln.

Das Mangeln kommt in erster Linie bei Leinengeweben zur Anwendung; Halbleinengewebe und Baumwollgewebe werden nur dann gemangelt, wenn man ihnen das Gepräge eines Reinleinengewebes verleihen will.

Im Wesen besteht das Mangeln darin, daß man das Gewebe möglichst straff und faltenlos auf eine Hartholzwalze (Kaule), seltener auf eine Eisenwalze, aufwickelt und zwischen einer hochpolierten feststehenden Platte und einer ebenfalls hochpolierten, unter hohem Drucke stehenden, hin- und hergehenden Platte oder zwischen zwei hochpolierten Hartgußwalzen einem wechselnden rollenden Drucke aussetzt. Durch das Rollen nur nach einer Seite hin würde die Spannung im Gewebe dermaßen anwachsen, daß ein Reißen eintreten würde.

Das Mangeln ist besonders dadurch gekennzeichnet, daß die Ware in mehrfacher Schicht dem Preßdruck ausgesetzt wird. Der auf die einzelnen Wickellagen ausgeübte Druck wird daher elastisch und bringt an jenen Stellen, wo sich die Ketten- und Schußfäden zweier aufeinanderliegenden Wickellagen kreuzen, plattgedrückte (breitgequetschte) Fäden hervor, die stärker glänzen als die übrigen Stellen. Diese Glanzpunkte sind unregelmäßig zerstreut, aber dicht aneinanderliegend und erzeugen in ihrer Gesamtheit einen unruhigen, wellenartig verlaufenden Glanz, den man mit Moiréglanz bezeichnet. Die sich nicht kreuzenden Fadenstellen bleiben rund und erscheinen glanzlos.

Der elastische Druck verleiht aber dem Gewebe auch einen weichen, milden Griff, der im Vereine mit der vorhin geschilderten eigenartigen Glanzerscheinung „moiréartiger Effekt" genannt wird, die darauf abzielende Appreturarbeit führt die Bezeichnung „moiréartige Appretur", die nicht mit der eigentlichen Moiré-Appretur verwechselt werden darf.

Zur Erzielung eines schönen Mangeleffektes muß die Ware gleichmäßig angefeuchtet sein.

Mangelt man zuviel, so wird infolge des hohen Druckes die Ware geschwächt.

Kaulen von großem Durchmesser geben einen schöneren moiréartigen Effekt (weil die Wickelschichtdicke geringer und der Druck etwas härter ist; solche von kleinem Durchmesser geben weniger Glanz und weniger Moiré, dagegen aber milderen Griff.

Alle Leinengewebe mit moiréartiger Appretur werden im gewaschenen, gebleichten oder glatt gefärbten Zustande dem Mangeln unterzogen, vornehmlich die Gewebe mit Weißappretur und die küpenblau gefärbten Leinengewebe.

Die älteste und bekannteste Mangel ist die deutsche Kastenmangel, die in der Ausführung von Richard Heinrich & Co., Beiersdorf O.-L., in der Abb. 208 dargestellt ist.

In einem massiven und gut verankerten Holzgerüste ist die aus starken, gut polierten Ahornpfosten (feinfaseriges Holz) gebildete Platte P eingebaut, auf welcher beim Hin- und Herschieben des aus Holz hergestellten und mit Steinen gefüllten Mangelkastens die Kaulen gerollt werden, damit jedes Teilchen der gewickelten Ware unter Druck gebracht wird. Das Kastengewicht beträgt 10000 bis 40000 kg, der Druck ist also ein ganz beträchtlicher. In den letzten Jahren hat man die infolge der fortwährenden Stoßwirkung sehr oft ausbesserungsbedürftigen Mangelkasten aus eisenarmiertem Beton von 5 bis 6 cm Dicke hergestellt.

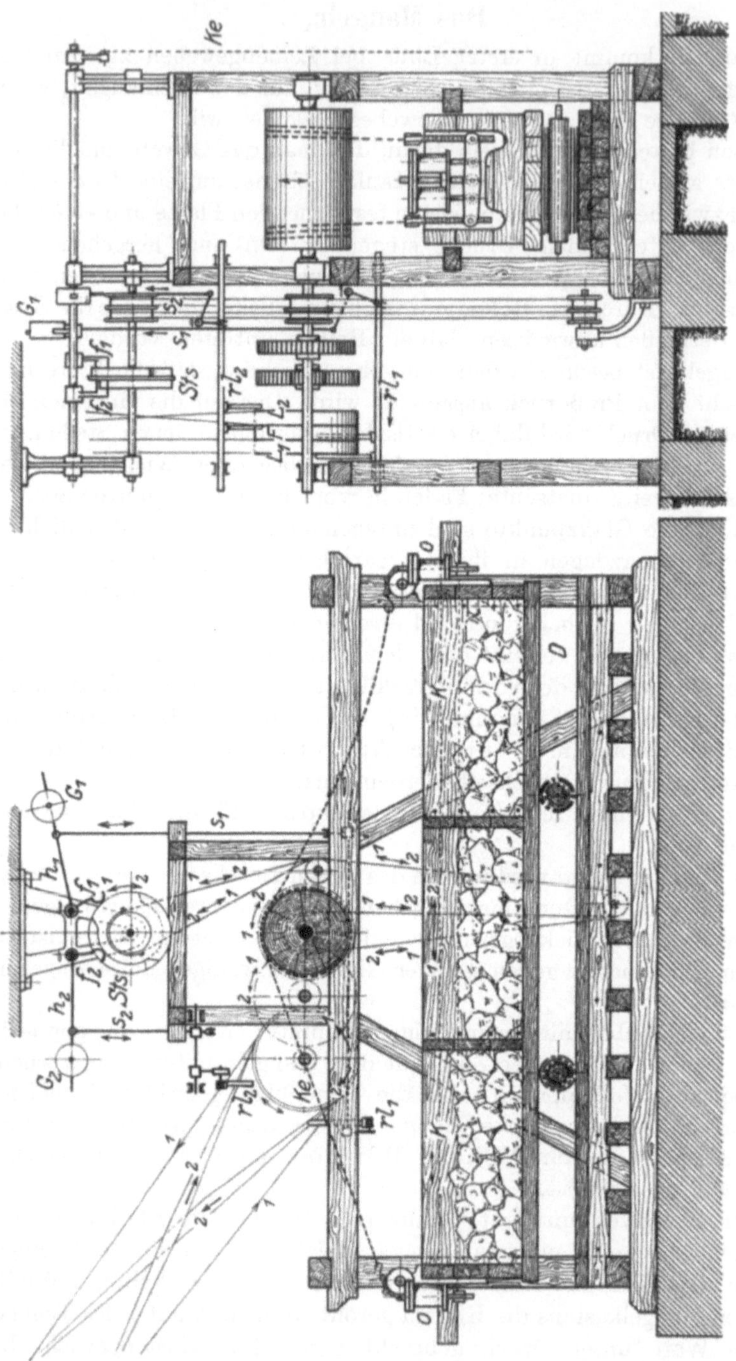

Abb. 208. Die deutsche Kastenmangel von Richard Heinrich & Co.

Die Mangelkaulen bestehen aus Ahornholz. Zur Erzielung eines gleichmäßigen
Effektes ist das Gewebe nach dem ersten Mangeln umzubäumen. Die Zittauer
Maschinenfabrik baut die Kastenmangel in normaler Größe mit einer Mangel-

platte von $3,100 \times 1,200$ m; man geht aber auch auf Größen von 6,300 bis 8,400 m Plattenlänge und bis 1,400 m Plattenbreite. Der Kraftbedarf ist etwa 14 bis 16 PS; den größten Kraftaufwand erfordert die Umkehrbewegung.

Zur Hin- und Herbewegung des Mangelkastens dienen Ketten, die einerseits an den Kastenenden befestigt sind, sodann mehrere Male um eine in der Balkengerüstmitte gelagerte, massive Holzwalze gewickelt und mit dem anderen Ende an dieser befestigt sind.

Ein Steuer- und Umkehrmechanismus führt die selbsttätige Bewegungsumkehrung aus. Dieser besteht aus der Doppelsteuerscheibe Sts, an deren Umfange die Hebel h_1 und h_2 mit Fühlern f_1 und f_2 anliegen, die durch Stangen s_1 und s_2 mit dem Hebelwerk der Riemenführer rl_1 (für den offenen Riemen 1) und rl_2 (für den gekreuzten Riemen 2) in Verbindung stehen. Auf der Hauptwelle sitzt eine doppeltbreite Festscheibe F_1 und zu beiden Seiten die einfachbreiten Losscheiben L_1, L_2 für den offenen und gekreuzten Riemen.

Ein endloser, an den Scheiben der Kettenwalze und an jenen der Steuerscheibe befestigter Riemen überträgt die Bewegung von der Kettenwalze auf die Steuerscheibe. Bewegt sich z. B. der Kasten in der Pfeilrichtung 1, so drehen sich die Kettenwalze und die Steuerscheibe entgegengesetzt der Uhrzeigerbewegung ($\rightarrow 1$), bis am Kastenwegende der Steuerhebel h_1 gehoben, h_2 gesenkt wird und der Riemenleiter rl_1 mit dem offenen Riemen auf die Losscheibe L_1, der Riemenleiter rl_2 mit dem gekreuzten Riemen auf die Festscheibe gelangt, wodurch die Umkehrung der Kastenbewegung erfolgt. Für das Außerbetriebsetzen der Kastenmangel zieht man an der Kette Ke, wodurch der mit ihr verbundene Hebel H, die Stangen s_1 und s_2 hochzieht und beide Riemenleiter ihre Stellungen über den Losscheiben L_1, L_2 einnehmen.

Dasselbe gilt auch für das Kippen des Mangelkastens behufs Auswechselns der Kaulenwickel.

Für das Kippen steuert man die Umkehrbewegung von Hand aus derart, daß der Mangelkasten ein wenig mehr ausfährt und schließlich kippt, indem man den Gegenfühlhebel mit einem besonderen Hebel und Kettenzug hochhält. Durch das Kippen wird eine Kaule frei, die man herausnehmen kann. Beim Kippen entstehen leicht Falten. Für die stoßfreie Umkehrbewegung sind die Zugketten des Mangelkastens an Schrauben angehängt, die an einen wagrechten Hebel angelenkt sind. An diesem Hebel sind auch die Kolbenstangen der mit Glyzerin gefüllten Zylinder (Puffer) gelenkig befestigt.

Dem Mangeln geht das Aufdocken oder Aufbäumen des Gewebes auf die Kaule voraus, um faltenlos und straff bewickelte Kaulen zu erhalten. Die hierzu dienende Maschine ist zumeist als doppelter Mangelbäumstuhl ausgeführt, so daß gleichzeitig zwei Kaulen gewickelt oder umgebäumt werden können. Soll nämlich der moiréartige Effekt im Stück ganz gleichmäßig sein, so ist nach dem ersten Mangeln die Kaule umzubäumen und neuerdings in die Kastenmangel einzusetzen, da beim ersten Mangeln die äußeren Lagen stärker als die inneren bearbeitet werden. C. H. Weisbach in Chemnitz hat in seinem Doppeldockstuhl (Abb. 209) für den Kaulenantrieb auf der Hauptwelle der Maschine eine angetriebene Friktionsscheibe, in welcher mittels Fußtrittvorrichtungen die Gegenfriktionsscheiben angepreßt werden. Auf den Kaulenzapfen ist ein Mitnehmer aufgesetzt. Für das straffe Wickeln der Ware sind 3 feststehende Spannriegel aus

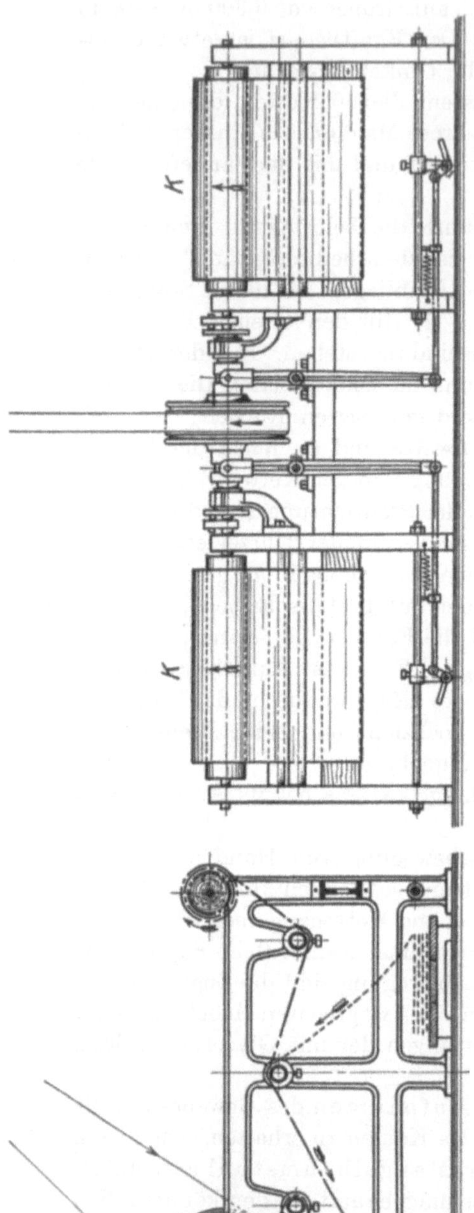

Abb. 209. Der Doppeldockstuhl von C. H. Weisbach.

Eisenrohren und ein hölzerner Bremsriegel an den Gestellwänden befestigt.

Beim ersten Aufdocken legt man die angefeuchtete Ware getafelt vor; für das Umdocken legt man die gemangelte Kaule in die an den Hinterenden der Gestellwände befindlichen Lager ein. Das Ausbreiten der Ware besorgt der Arbeiter.

Bedeutend schneller bäumt man auf dem **Schnellhaspel** um, der zum Ausstreichen von Falten eine rotierende Breitstreichwalze hat.

Am Eingange befinden sich Lager zum Einlegen einer Kaule oder eines Vierkantstabes, 2 Bremsriegel, 1 Leitwalze; die rotierende, schraubenförmig gerillte Ausbreitwalze a läuft der Ware entgegen. Die Aufbäumvorrichtung besteht aus zwei angetriebenen hölzernen Zugwalzen und einer harthölzernen oder gußeisernen Druckwalze, zu deren Aushebung an den Lagern Zahnstangen im Eingriffe mit einem zusammengesetzten Stirn- und Schneckenradgetriebe stehen.

Die **Kaulen-Abrollmaschine** von **C. H. Weisbach** in Chemnitz (Abb. 210) dient zum schnellen Abwickeln der Mangelkaulen. Die Handarbeit ist zeitraubend und bringt eine Verschmutzung der Gewebeleisten mit sich.

Die **Kastenmangel** gibt einen schöneren Moiréeffekt als die hydraulische Walzenmangel, weil infolge des elastischen Druckes zwischen dem hölzernen Kasten und der Platte eine freiere Zeichnung entsteht, während zwischen den polierten Hartgußwalzen der Walzenmangel ein gleichbleibendes Muster zutage tritt. Die Gewichtsbelastung ist der Ware entsprechend zu verändern, indem man die Steine vermehrt oder vermindert; dies ist sehr umständlich und zeitraubend. Die Nachteile der Kastenmangel sind: große Raumbeanspruchung, hoher Kraftaufwand (14 bis 16 PS), häufige Reparaturen (verursacht durch die Stöße bei der Umkehrung); bei schlechtem Baugrund ist eine kostspielige Pilotage (Pfahlrost) und gutes Fundamentmauer-

werk notwendig, auch ist die
Reglung des Kastengewich-
tes für verschiedene Warenqualitäten mit Schwierig-
keiten verbunden.

Der hydraulischen
Walzenmangel haften
diese Übelstände nicht
an. Sie leistet mehr, der
Druck läßt sich für jede
Warenqualität leicht ein-
stellen, die Bedienung ist
einfacher, die Raumbean-
spruchung geringer, dage-
gen fällt der moiréartige
Effekt, wie bereits erwähnt,
nicht so schön aus.

Die in Abb. 211 darge-
stellte Walzenmangel von
C. H. Weisbach in Chem-

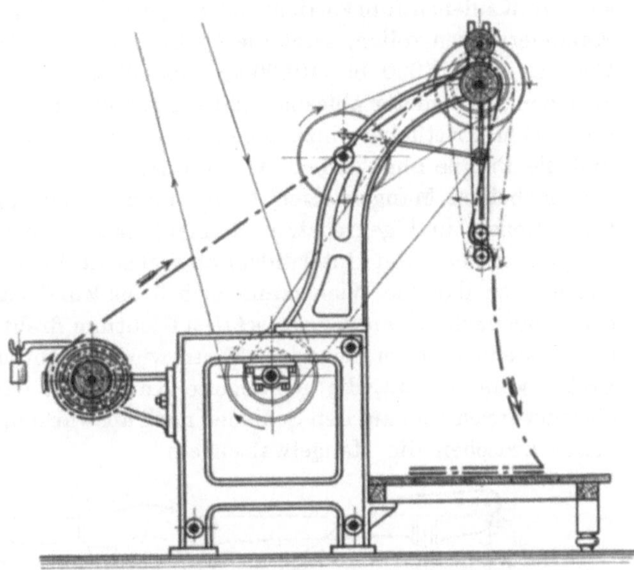

Abb. 210. Die Kaulenabrollmaschine von C. H. Weisbach.

nitz enthält in massiven, gußeisernen Gestellwänden die gußeiserne Oberwalze
drehbar gelagert; die Lager der gußeisernen Unterwalze sind in einem verti-

kalen Führungs-
schlitz auf dem Kol-
ben der hydrauli-
schen Zylinder be-
festigt. Die Zylin-
der sind durch eine
Rohrleitung mit
einer Transmissions-
Preßpumpe in Ver-
bindung. Ein in der
Preßrohrleitung ein-
gebauter Windkes-
sel, welcher einer-
seits mit der dop-
peltwirkenden Preß-
pumpe, andererseits
mit dem zur Um-
schaltung dienen-
den Doppelventil
bzw. mit den beiden
hydraulischen Zy-
lindern in Verbin-
dung steht, gestat-

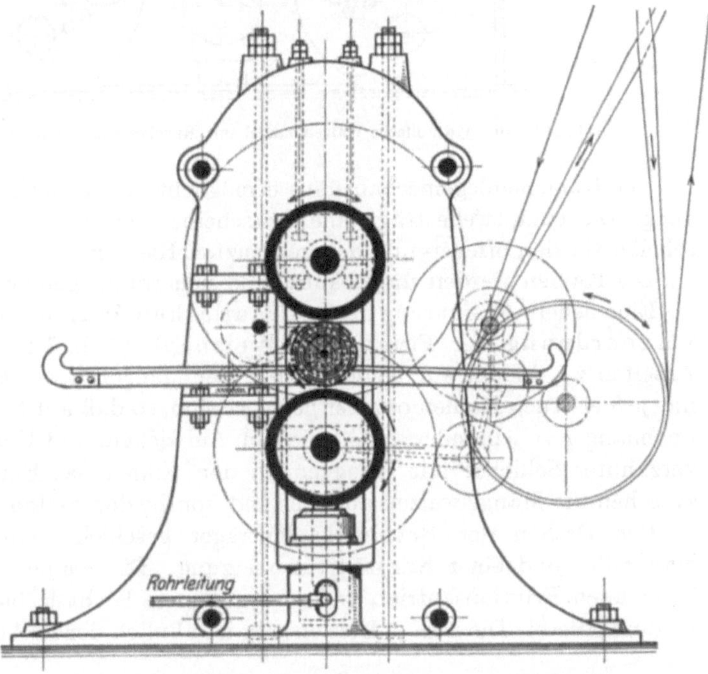

Abb. 211. Die hydraulische Walzenmangel von C. H. Weisbach.

tet ein sofortiges Heben oder Senken der Unterwalze. Die Mangelkaulen legt
man in größerer Zahl auf den Gleitbahnen auf und läßt sie durch eine be-

sondere Kauleneinführvorrichtung bei gesenkter Unterwalze zwischen die beiden Kalanderwalzen rollen, setzt die Preßpumpe in Betrieb und gibt einen in den Grenzen von 25000 bis 40000 kg einstellbaren Druck. Der jeweilige Druck ist an einem Manometer ablesbar und bei genügender Größe von dem Mangelführer mit einem Tritthebel einzustellen, wodurch die Saugventile ausgelöst werden und die Pumpe ohne Arbeit weiterläuft.

Die beiden Mangelwalzen bringt man mittels eines Doppelriemenantriebes (mit offenem und gekreuztem Riemen) und einer Gelenkstirnräderübersetzung (wegen der hebbaren Unterwalze) abwechselnd in rechts- und linksdrehende Bewegung, so daß die Wickelkaule sich 5 bis 8mal nach der einen Richtung und ebensooft nach der entgegengesetzten Richtung dreht, wodurch die Rollbewegung der Kastenmangel erreicht ist. Dann wird die Unterwalze durch Auslassen des Preßwassers gesenkt, die gemangelte Kaule rollt nach Betätigung der Kauleneinführvorrichtung auf den Schienen nach auswärts und eine andere zu mangelnde Kaule zwischen die Mangelwalzen ein.

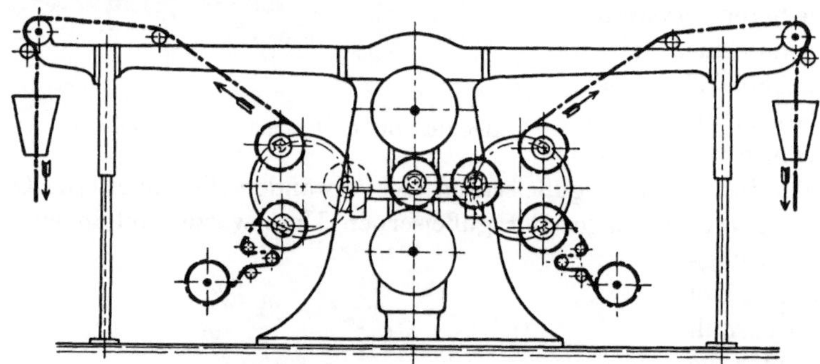

Abb. 212. Die hydraulische Walzenmangel mit Revolveranordnung von C. H. Weisbach.

Der Kauleneinlegemechanismus ermöglicht einen ununterbrochenen Arbeitsgang. Die Hauptwelle trägt eine Festscheibe und zu beiden Seiten je eine Losscheibe für den offenen und den gekreuzten Riemen.

Die Kaulen werden umgebäumt und neuerdings gemangelt.

Eine neuere Ausführung der hydraulischen Walzenmangel mit Revolveranordnung der Firma C. H. Weisbach (Abb. 212) läßt ein schnelleres Arbeiten zu, indem auf beiden Seiten der Mangelwalzen Revolverkaulenträger mit je 3 eisernen Kaulen ortsfest gelagert sind, so daß auf beiden gleichzeitig und unabhängig voneinander das Abwickeln, Aufwickeln und Umbäumen und mittels verzahnter Schieber mit Knaggen an den Enden das Einschieben der Kaulen zwischen die Mangelwalzen abwechselnd von beiden Seiten erfolgen kann.

Das Drehen der Revolverkaulenträger geschieht von Hand aus mittels Handräder und einer Stirnräderübersetzung. Die Kaulen werden durch einen besonderen Friktionsantrieb und eine geeignete leicht lösbare Kupplung in Bewegung gesetzt. Die übrige Einrichtung ist ähnlich der in Abb. 211 dargestellten.

Das Beeteln.

Das Beeteln oder Stampfen ist eine dem Mangeln ähnliche Arbeit. Die mechanische Einwirkung durch Stoß ist kräftiger als der rollende Druck beim Mangeln und dementsprechend auch der Ausfall der Ware, die einen höheren Glanz, größere Weichheit und einen feineren Griff erhält.

Die für diese Arbeit dienenden Maschinen heißen Beetlekalander, Stampfkalander oder Stoßkalander.

Im Stoßkalander wird das auf eine kräftige Holz- oder Eisenwalze aufgewickelte Gewebe unter langsamer Drehung durch das Niederfallen der Stampfhölzer

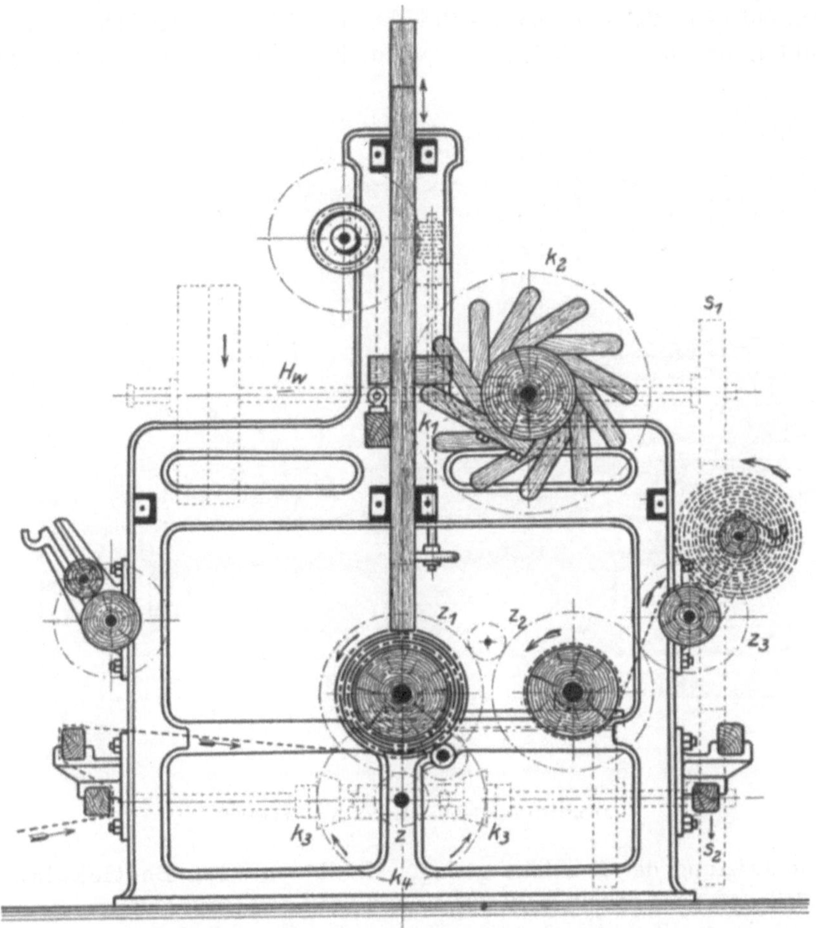

Abb. 213. Der Beetlekalander (Querschnitt).

schlagend oder stoßend behandelt. Der Erfolg des Stoßens ist derselbe wie beim Mangeln, indem die Fäden der aufeinanderfolgenden Wickelschichten an ihren Kreuzungsstellen plattgedrückt werden, an den übrigen Stellen aber ihre Rundung beibehalten. Infolge der kräftigeren Wirkung der Stampfer erscheint der moiréartige Glanz (Lüster) viel stärker ausgeprägt als der durch das Mangeln erzeugte.

Der Stampfkalander wurde zuerst in Irland für feinere Leinengewebe zur Entfaltung des der Leinenfaser eigenen hohen Naturglanzes im Gewebe gebraucht und in den 50er Jahren des vorigen Jahrhunderts für die Appretur feiner Baumwollwaren eingeführt.

In seiner ursprünglichen Bauart hatte der Stampfkalander entsprechend der Warenbreite 30 bis 40 Stampfhölzer von 10 cm im Geviert, die oft auch mit Blei zur Gewichtserhöhung ausgegossen waren. Ihre Nasen wurden von den Daumen einer langsam bewegten Daumenwelle erfaßt und angehoben. Nach dem Vorbeigang der Daumen fielen sie frei herab und übten einen kräftigen Schlag auf das auf eine Walze gewickelte Gewebe aus. Die Zahl der Schläge (etwa 60 je Minute), die ein Stampfholz gab, war durch die Fallgeschwindigkeit begrenzt

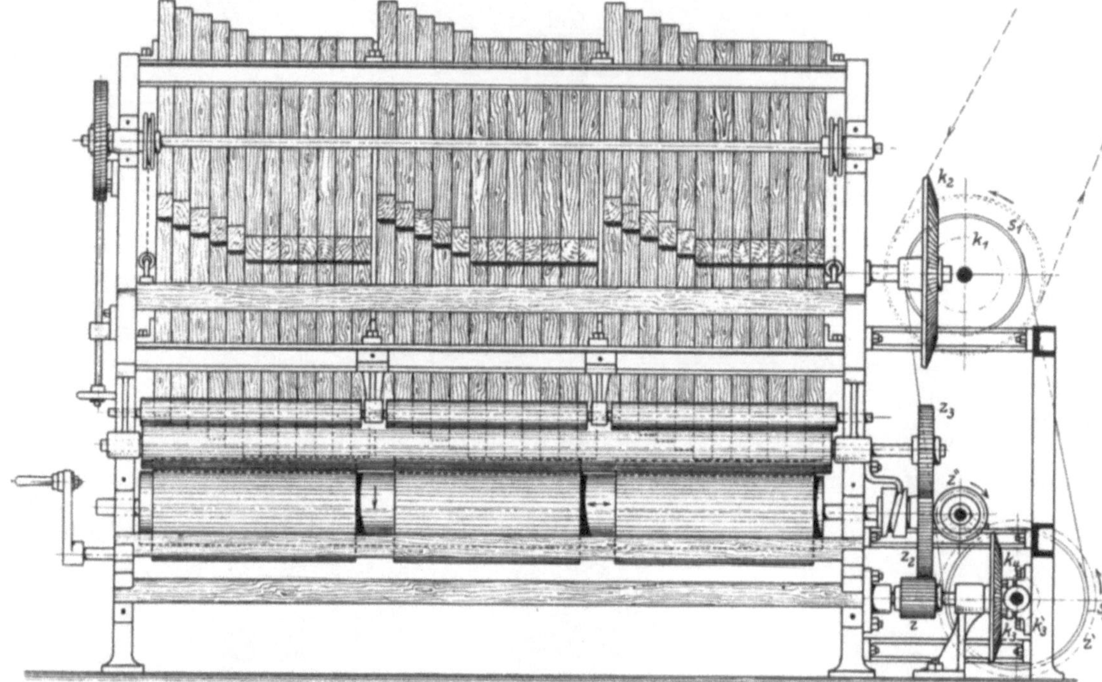

Abb. 214. Der Beetlekalander (Vorderansicht).

und die Leistung der Maschine gering. Mit den neueren **Beetlekalandern** (Abb. 213 und 214) erzielt man 420 bis 450 Stöße in einer Minute.

Damit in den Zwischenräumen zwischen den Stampfhölzern oder nach Abnützung der Stoßkanten der Stampfhölzer, die sich mit der Zeit abrunden, nicht unbearbeitete Stellen entstehen, die durch ihren Mattglanz sich bemerkbar machen würden, erteilt man der Warenwickelwalze nebst ihrer langsam drehenden Bewegung noch eine kleine axiale hin- und hergehende Bewegung.

Um einen ununterbrochenen Betrieb zu erhalten, sind zwei Wickelwalzen in der Maschine, mit ihren Zapfen in den Ausnehmungen verzahnter Schieber eingelegt und horizontal verschiebbar. Während die eine der bewickelten Walzen der Stoßwirkung der Hölzer ausgesetzt ist, wird die zweite Walze umgebäumt oder neu bewickelt. Gewöhnlich ist die Maschinenbreite so bemessen, daß 2 bis 3 Stücke nebeneinander auf der Wickelwalze untergebracht werden können.

Jedes Stück wird zur Erzielung eines vollkommenen gleichmäßig moiré-artigen Glanzes zweimal gebeetelt; beim ersten Mal wird es stärker angefeuchtet, für das zweite Beeteln umgebäumt. Der Kraftbedarf ist 8 bis 10 PS.

Während des Ein- und Ausschiebens der Wickelwalzen werden die Stampf-hölzer durch eine besondere Vorrichtung in ihrer Hochlage gehalten. Die Wickel-bäume sind aus Holz oder Eisen.

Während des Bearbeitens einer Wickelwalze wird die zweite abgewickelt bzw. neu bewickelt, wodurch ein ununterbrochener Betrieb aufrecht erhalten wird.

Das Kalandern.

Unter Kalandern versteht man die Bearbeitung des faltenlos ausgebreiteten Gewebes unter hohem Druck zwischen glatten Walzen. Da die Gewebe gewöhn-lich in einfacher Lage zwischen den Walzen hindurchgehen, ist die Wirkung des Quetschdruckes an allen Stellen die gleiche, so daß man eine gleichmäßige, also glänzende Gewebeoberfläche erhält. Die Glanzwirkung wird um so größer sein, da die Fäden plattgedrückt (breitgequetscht) werden, wodurch sich auch die Poren schließen und die Ware sonach nebst Glätte und Glanz auch eine grö-ßere Dichte (Schluß) erhält.

Man kalandert nur selten Woll- und Halbwoll-, Seiden- und Halbseidengewebe, dagegen fast alle Leinen-, Halbleinen-, Baumwoll- und Jutegewebe, die den hohen Druck vertragen.

Damit aber die Fäden nicht zerquetscht werden, ist das Zusammenarbeiten von harten, polierten Eisenwalzen (Hartgußwalzen) mit solchen, die aus einer harten, widerstandsfähigen und doch elastischen Masse (Papier, Baumwoll-, Kokos- oder Jutestoff) bestehen, aber auch aus technischen Gründen notwendig, da zwei zusammenarbeitende harte Walzen nie mit solcher Genauigkeit herstell-bar sind, daß sie sich genau in einer Geraden berühren. Auch wenn dies der Fall wäre, würden nach längerem Gebrauche durch Abnützung Ungenauigkeiten entstehen, die eine gleichmäßige Druckübertragung auf das durch die Preßfuge laufende Gewebe ausschließen. Dagegen schmiegt sich die elastische Walze stets der Hartgußwalze an und gleicht dadurch kleine Ungenauigkeiten aus.

Der Walzendruck ist ein Lineardruck, von beträchtlicher Größe, der nur kurze Zeit auf das von den Kalanderwalzen mitgenommene Gewebe einwirkt. Dieser Druck richtet sich nach der Art des Faserstoffes und nach dem verlangten Kalan-dereffekt.

Gewebe aus Wolle, Seide und anderen tierischen Fasern vertragen keinen allzu hohen Druck, weil die Fasern zerquetscht und zersplittert werden. Flachs-, Baumwoll-, Hanf-, Jute- und Nesselgewebe können beim Kalandern außerordent-lich hohen Drücken ausgesetzt werden, ohne daß man eine Beschädigung der Fasern, also eine Beeinträchtigung der Festigkeit der Gewebe befürchten müßte.

Als Stoffe zur Herstellung der elastischen Walzen kommen Papier, Baum-woll-, Jute- und Kokosgewebe zur Anwendung. Diese werden in Scheiben geschnitten, angefeuchtet auf eine Stahlwelle aufgespindelt und unter einem Drucke von 1 Million bis 3 Millionen kg zwischen eisernen Scheiben zusammen-gepreßt, die man durch Schrauben sichert. Nach dem Trocknen werden die Wal-zen abgedreht und geglättet. Den Papierwalzen verleiht man eine höhere Härte und Glätte durch Imprägnieren mit einer Flüssigkeit, die aus 50 l Wasser, 150 g

Marseiller Seife, 50 g Borax, 20 g Walrat durch Kochen hergestellt wird. Während des Auftragens läßt man die Papierwalze mit einer geheizten Hartgußwalze unter Druck zusammen arbeiten.

Während des Kalanderns werden die Walzen entweder durch ein auf die oberste Walze wirkendes Doppelhebelwerk mit Gewichtsbelastung oder durch einen auf die unterste Walze wirkenden Druck einer darunter befindlichen hydraulischen Presse hervorgebracht.

Wenngleich erhöhter Druck stärker plättend wirkt, so ist er doch nicht ausreichend, um der Ware den hohen Glanz zu geben. Man muß auch Wärme zu Hilfe nehmen, die erst ermöglicht, die Fasern und Fäden zu formen, also niederzulegen und zu glätten. Unter Ausnützung der Formbarkeit wirken demnach Feuchtigkeit, Wärme und Druck zusammen, um den natürlichen Glanz zu entfalten oder zu erhöhen.

Die Wärme erzeugt man dadurch, daß man eine der eisernen Walzen hohlzylindrisch herstellt und mit Dampf oder Gas heizt. Mit Gas erreicht man die höchsten Temperaturen und den schönsten Glanz.

Wohl leiden die mit den geheizten Walzen (Glanzwalzen, Glanzwellen) zusammenarbeitenden elastischen Walzen (Papierwalzen,

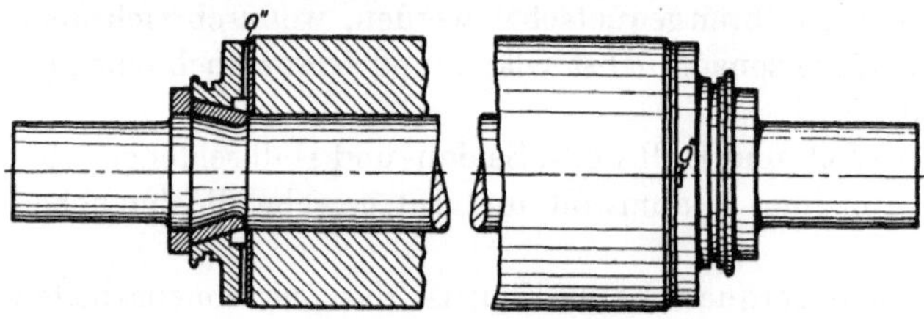

Abb. 215. Kalanderwalze.

Baumwollwalzen usw.) mit zunehmender Temperatur und müssen infolge des Brüchigwerdens der äußeren Schichten von Zeit zu Zeit abgedreht werden. Man hat die Erfahrung gemacht, daß Papier- und Baumwollwalzen mit dampfgeheizten Glanzwalzen 8, 10, ja sogar 15 Jahre ohne Abdrehen arbeiten.

Infolge der hohen Temperatur kommt die Ware getrocknet aus der Preßfuge.

Den Bau und die Herstellung der Kalanderwalzen aus Papier, Baumwoll-, Jute-, Leinen- und Kokosgeweben zeigt die Abb. 215.

Die Tauglichkeit des Kalanders ist in erster Linie durch die Güte der Herstellung der Kalanderwalzen bedingt. Die Achse der elastischen Walzen ist aus bestem Stahl gefertigt. Auf diese werden die ringförmig geschnittenen Stoffscheiben aufgeschoben und mit einem hydraulischen Drucke bis zu 3 Millionen kg zusammengepreßt. Die aufgepreßten Stofflagen werden durch Seitenscheiben aus Schmiedeeisen festgehalten, die auf konischen zweiteiligen Ringen aufliegen. Ein heiß aufgezogener Eisenring bildet den Abschluß.

Die Hartgußwalzen sind hochfein poliert und genau geschliffen.

Das Gewebe muß mit der zu glänzenden Seite an der geheizten Walze anliegen.

Die Erfahrung ergab, daß es für die Glanzerzeugung vorteilhafter ist, bei starkem Druck und niedrigerer Temperatur als bei geringem Druck und hoher Temperatur zu kalandern. Außerdem ist noch eine günstige Warengeschwindigkeit notwendig.

Soll den weitestgehenden Anforderungen an Glanz und Glätte entsprochen werden, so hat man nebst Druck und Wärme auch noch Reibung auf das Gewebe einwirken zu lassen, indem man die geheizte Metallwalze mit größerer Umfangsgeschwindigkeit als die elastische Walze laufen läßt. Da diese Walze nicht so glatt ist, hat sie mehr Adhäsion als die Hartgußwalze und nimmt die Ware mit, die demnach ebenfalls langsamer als die Hartgußwalze läuft. Diese übt also eine plättende oder bügelnde Wirkung auf die Ware aus und erzeugt Hochglanz. Man nennt diesen Vorgang das Friktionieren oder Lüstrieren auf dem Kalander; den hierzu dienenden Kalander den Friktionskalander, zum Unterschied vom Roll- oder Mattkalander.

Selbstverständlich ist für den Glanz auch die Zusammensetzung der Appreturmasse bestimmend. Vor dem Kalandern ist die Ware, ob sie appretiert ist oder nicht, anzufeuchten, um sie schmiegsamer zu machen, d. h. die Formbarkeit zur Geltung zu bringen, oder den Appret zu erweichen, damit er nicht bricht, sondern sich breitquetschen läßt, ohne abzubröckeln. Je höheren Glanz man erzielen will, desto mehr ist das Gewebe anzufeuchten.

Die Kalander teilen sich nach ihrer Verwendung in zwei Hauptgattungen, und zwar in:

Kalander für nasse Waren (Wasser- oder Waserkalander),

Kalander für trockene bzw. angefeuchtete Waren.

1. Die Naß-, Wasser- oder Waterkalander dienen zum Ausquetschen der nassen, gebleichten, gewaschenen oder gefärbten baumwollenen, leinenen und halbleinenen Gewebe, um diese möglichst gut zu entwässern oder ihnen schon vor dem Auftragen des Appreturmittels einen entsprechenden Schluß zu geben und das Durchschlagen des Apprets auf die andere Warenseite bei einseitiger Appretur zu verhüten.

Das Gewebe läuft hierbei durch einen 3- bis 6 walzigen Kalander in einfacher, ausgebreiteter Lage im nassen Zustande unter hohem Walzendruck. Das Wasser wird abgequetscht, die Gewebefäden plattgedrückt und das Gewebe glätter und dichter, d. h. geschlossener.

Die Anzahl der Walzen und der Walzendruck sind der Warenbeschaffenheit (ob leichte oder schwere Waren) und dem gewünschten Kalandereffekte anzupassen.

Das Kalandern der Ware im nassen Zustande trägt viel zur Erzielung eines schönen Aussehens, Erzielung besonderer Glätte und Geschlossenheit des Gewebes bei und ist die beste Vorbereitung für einseitig zu stärkende Gewebe.

In erhöhtem Maße verleiht man diese Eigenschaften der Ware durch Kalandrierung mit übereinanderlaufenden Gewebelagen.

Bei diesem Verfahren (übereinanderlaufende Kalandrierung) werden die aus der Bleiche kommenden Gewebe zusammengeheftet, über Spann- und Breithaltervorrichtungen in den Wassertrog geführt, um sie zu netzen; hierauf laufen sie in die Preßfugen, und nehmen über Leitwalzen wiederholt den Weg in 4 bis 6 Lagen übereinanderliegend, um schließlich auf einer Walze aufgewickelt zu werden oder, über einen geheizten Kupferzylinder geführt, in ziemlich getrocknetem Zustande abgetafelt zu werden. Das Gewebe geht sodann zur Stärkmaschine.

Durch die auflaufende Kalandrierung wird auch das Wasser besser ausgequetscht, weil der Druck elastisch ist.

Die Wasserkalander (Abb. 216) haben 3 bis 6 Walzen, die teils aus Baumwoll-,

Kokos-, Jute- oder Sykomoren-(Platanenahorn-) Holzwalzen, teils aus Gelbbronze- oder mit Kupfer- und Messingblech oder Gelbbronze überzogenen Eisenwalzen bestehen. Die Walzen dürfen nicht rosten, damit die Ware nicht beschädigt wird. Die Metallwalze kann auch geheizt sein. Die Papierwalzen widerstehen auf die Dauer nicht der Nässe.

Ein doppeltes Hebelwerk mit Gewichtsbelastung übt den Druck aus, der durch Auflegen oder Abnehmen von Gewichtsplatten veränderlich ist. Besondere Einrichtungen sind zum Abheben der Walzen während der Arbeitspausen am Kalander vorgesehen. Ruhen die Walzen zu lange Zeit aufeinander, so platten sie sich ab und verursachen Querstreifen im Gewebe.

Am Kalandereingange befinden sich Spann- und Ausbreitvorrichtungen, ein Wassertrog mit Tauchwalze oder eine Einsprengvorrichtung, am Maschinenausgange Wickelvorrichtungen. Sicherheitseinrichtungen dienen zum Schutze der Hände.

Der dreiwalzige Wasserkalander ist bereits in dem Kapitel über das Entwässern der Gewebe erläutert worden.

Die Walzenanordnung ist folgende: Unten befindet sich eine eiserne, mit Bronzemantel über-

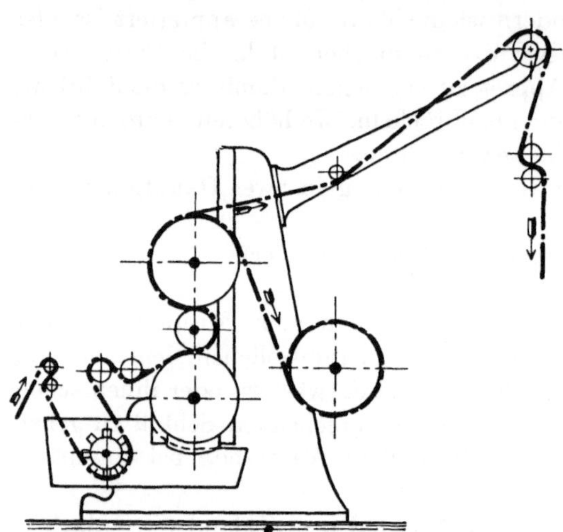

Abb. 216. Der dreiwalzige Wasserkalander von C. H. Weisbach.

zogene Tragwalze, darüber eine Baumwollwalze, eine angetriebene Gelbbronzewalze und oben eine Baumwollwalze. Die Walzenabhebung geschieht mit Handrad, Stirnräderübersetzung und Exzenter.

Am Einlaß befindet sich eine bremsbare Abwickelwalze, eine Leitwalze und zwei angetriebene Ausbreitwalzen aus Messing. Der Dreiwalzenkalander wird von Haubold ohne und mit Strangausbreiter gebaut. Am Ausgange ist eine Aufwickelvorrichtung angeordnet. Der Wareneinlaß erfolgt mit geringer Geschwindigkeit, der normale Gang mit größerer Geschwindigkeit. Die Tragwalze hat 400 mm, die Baumwollwalzen 450 bis 500 mm, die Gelbbronzewalze 230 mm Durchmesser. Das Gewebe läuft über 3 Druckstellen und auch die größere Druckausübung, unterstützt durch die Tragwalze, ermöglicht ein besseres Entwässern und einen höheren Grad von Glätte. Die Tragwalze verhindert auch, daß sich die Zapfen der darüberliegenden Walzen verbiegen; ferner ist der Kraftbedarf geringer.

Den Wasserkalander von Weisbach und Haubold mit 5 Walzen zeigt die Abb. 217 in einer älteren Bauart. Dieser Kalander hat 4 Preßfugen; die Druckausübung ist eine verhältnismäßig hohe und die Anwendbarkeit für die verschiedenen Warengattungen sowohl für leichte, als auch sehr schwere Gewebe zulässig, weil man sie durch 2 bis 4 Quetschstellen leiten und dadurch den Druck innerhalb weiter Grenzen verändern kann.

Die Walzenanordnung von unten nach oben ist folgende:

1. Jutewalze von 450 mm Durchmesser,
2. heizbare Gelbbronzewalze (oder nicht heizbarer, mit Gelbbronzebezug versehener Eisenzylinder),
3. Jutewalze.
4. wie unter 2. (230 mm Durchmesser),
5. Jutewalze.

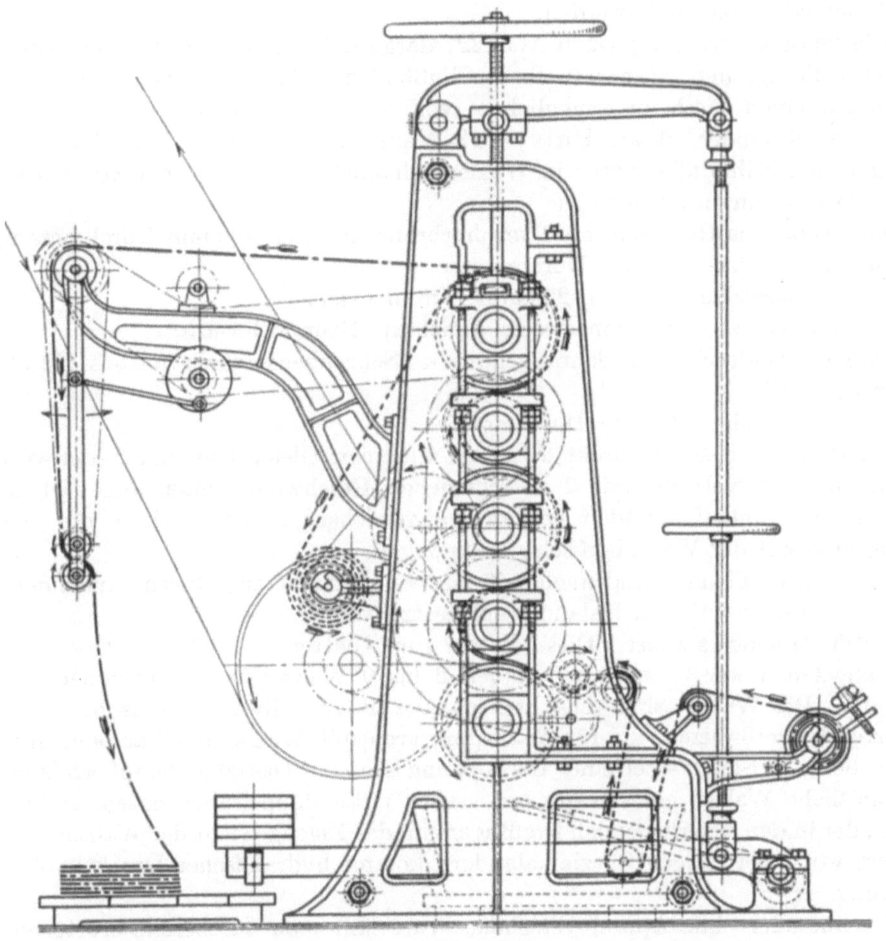

Abb. 217. Der fünfwalzige Wasserkalander.

Durch das Heizen der Metallzylinder trocknet die Ware ein wenig und wird glätter.

In konstruktiver Hinsicht unterscheiden sich die neueren Kalander dadurch, daß die **Ständer einseitig** sind, so daß man die Walzen leicht aus- und einheben kann, ohne sie der Länge nach führen zu müssen.

Ein besseres Trocknen und eine glättere Oberfläche erzielt man mit dem Wasserkalander mit 6 Walzen, mit übereinanderlaufender Kalandrierung und einer Trockentrommel. Für Weißappreturen ist dieser Kalander sehr gut geeignet.

Es wurde bereits die Wirkung und der Erfolg der übereinanderlaufenden Kalandrierung dargelegt, was auch hier gilt; das Ergebnis ist, kurz zusammengefaßt, folgendes. Die größere Anzahl der Preßfugen und der höhere Quetschdruck, insbesondere das Übereinanderlaufen zweier Gewebelagen, wodurch die Druckübertragung auf das Gewebe gleichmäßiger ist, liefern es in sehr gut entwässertem, sehr glattem und geschlossenem Zustande ab. Das Trocknen besorgt eine dampfgeheizte Trockentrommel. Das Gewebe kann auf eine Wickelwalze gewickelt oder abgetafelt werden.

Die **Chasingvorrichtung** ist in Abb. 227 dargestellt; sie besteht in einer mehrfachen Führung und ist unterhalb des Fußbodens gelegt, um das Abtafeln der Ware auf einen Tisch zu ermöglichen, von wo sie weggefahren werden kann.

Dieser Kalander ist als Universal-Wasserkalander zu bezeichnen; es lassen sich auf ihm alle Waren in Wasser behandeln. Die Walzenanordnung ist folgende (von unten an gerechnet):

Tragwalze aus Gußeisen mit Phosphorbronzeüberzug, 400 mm Durchmesser;

Baumwollwalze, 500 mm Durchmesser;

Gelbbronzewalze (heizbar), 230 mm Durchmesser;

Baumwollwalze, Gelbbronzewalze (heizbar), Baumwollwalze;

Doppelhebeldruck und Schraubendruck (Schraubenspindeln mittels Handräder drehbar);

Trockenzylinder, 700 mm Durchmesser.

Die Hauptwelle Hw ist direkt gekuppelt mit einem Gleichstrommotor oder wird durch ein Rädergetriebe mit 2 verschiedenen Geschwindigkeiten angetrieben.

Vor dem Einlauf befinden sich zwei angetriebene Ausbreitwalzen, die sich entgegengesetzt der Warenlaufrichtung bewegen.

Die Wasserkalander sind auch mit mechanischen Strangöffnern verbunden, welche ganz oben auf dem Kalander aufgesetzt werden.

2. Die Trockenkalander. Diese dienen zum Glätten und Glänzen trockener oder angefeuchteter Gewebe und haben 2 bis 9 Walzen in verschiedener Anordnung. Die Walzen sind teils Papier- oder Baumwollwalzen, teils heizbare, polierte Hartgußwalzen, die für Mattappreturen mit Wasser kühlbar oder gravierte, heizbare Stahlwalzen sind. Die Heizung kann mit Gas oder Dampf erfolgen.

Sämtliche Walzen eines Kalanders stehen unter doppeltübersetztem Hebeldruck, der in den tieferliegenden Preßfugen um das Eigengewicht der Walzen vergrößert wird; bei einigen Spezialkalandern kommt hydraulischer Druck in Anwendung.

Die mit oder ohne Appret versehene Ware läßt man aus bereits erörterten Gründen im angefeuchteten Zustande in den Kalander einlaufen.

Das Trockenkalandern verleiht der Ware nicht nur Glätte, sondern auch alle Grade des Glanzes, von Mattglanz bis Hoch- und Seidenglanz, ferner mangelartige Appretur und eingepreßte Muster.

Die mannigfachen Effekte erhält man durch die verschiedenartige Anordnung elastischer und harter Walzen, die glatt oder graviert sein können. Der Kalandriereffekt hängt auch von der Temperatur der geheizten Walzen, von der Art der Warenführung, die in einfacher oder mehrfacher Lage vor sich gehen kann, von den Geschwindigkeitsverhältnissen, von dem Drucke der Walzen, von der Beschaffenheit des Apprets und der Warenfeuchtigkeit ab.

Kalandriert werden vornehmlich Baumwoll-, Leinen-, Halbleinen-, Jute-, Seiden-, Halbseidengewebe, Wachsleinwand, manche halbwollenen und wollenen

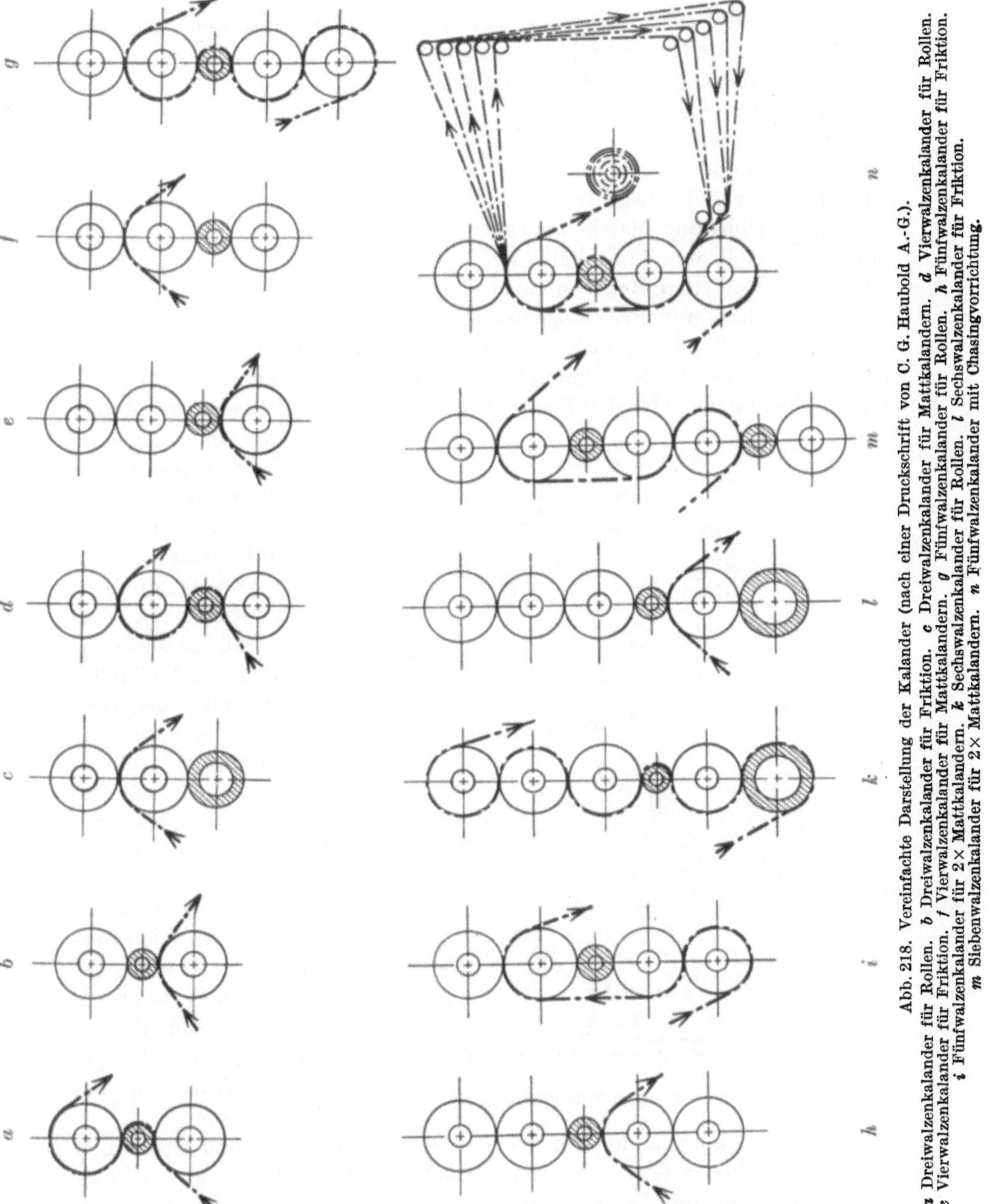

Abb. 218. Vereinfachte Darstellung der Kalander (nach einer Druckschrift von C. G. Haubold A.-G.). *a* Dreiwalzenkalander für Rollen. *b* Dreiwalzenkalander für Friktion. *c* Dreiwalzenkalander für Mattkalandern. *d* Vierwalzenkalander für Rollen. *e* Vierwalzenkalander für Friktion. *f* Vierwalzenkalander für Mattkalandern. *g* Fünfwalzenkalander für Rollen. *h* Fünfwalzenkalander für Friktion. *i* Fünfwalzenkalander für 2× Mattkalandern. *k* Sechswalzenkalander für Rollen. *l* Sechswalzenkalander für Friktion. *m* Siebenwalzenkalander für 2× Mattkalandern. *n* Fünfwalzenkalander mit Chasingvorrichtung.

Stoffe. Die Kalanderwalzen bewegt man mit direkt auf der Hauptwelle gekuppelten Gleichstrommotoren oder mit Friktionsrädergetrieben in der Weise, daß die

Ware zum bequemen und gefahrlosen Einführen in die Walzenfugen mit geringer Geschwindigkeit eingelassen und mit größerer (normaler) Geschwindigkeit kalandriert werden kann.

Während des Kalanderstillstandes sind die Walzen zu entlasten, damit sie an den Berührungsstellen nicht plattgedrückt werden.

Man unterscheidet folgende Arten von Kalandern:

1. Rollkalander,
2. Beetlekalander,
3. Friktionskalander,
4. Kombinierte Kalander; zu diesen sind zu zählen:
   a) komb. Roll- und Mattkalander,
   b)   ,,   Roll- und Finishkalander,
   c)   ,,   Roll- und Beetlekalander,
   d)   ,,   Roll- und Friktionskalander,
   e)   ,,   Roll-, Matt-, Friktions- und Beetlekalander.

Mit Ausnahme der Friktionskalander bewegen sich die Walzen mit gleicher Umfangsgeschwindigkeit; bei den Friktionskalandern laufen die geheizten Metallwalzen mit größerer Geschwindigkeit als die stoffführenden Baumwoll- oder Papierwalzen.

Die Rollkalander sind 2- bis 5walzig; die Walzenanordnung ist derartig, daß zwischen je 2 Baumwoll- oder Papierwalzen ein heizbarer Hartguß- oder eine gewöhnliche, blank polierte Gußwalze liegt. Die Metallwalzen sind angetrieben und nehmen die übrigen durch den hohen Druck mit, so daß sämtliche Walzen sich mit gleicher Umfangsgeschwindigkeit bewegen. Die zu glänzende Warenseite muß mit der geheizten Walze in Berührung sein.

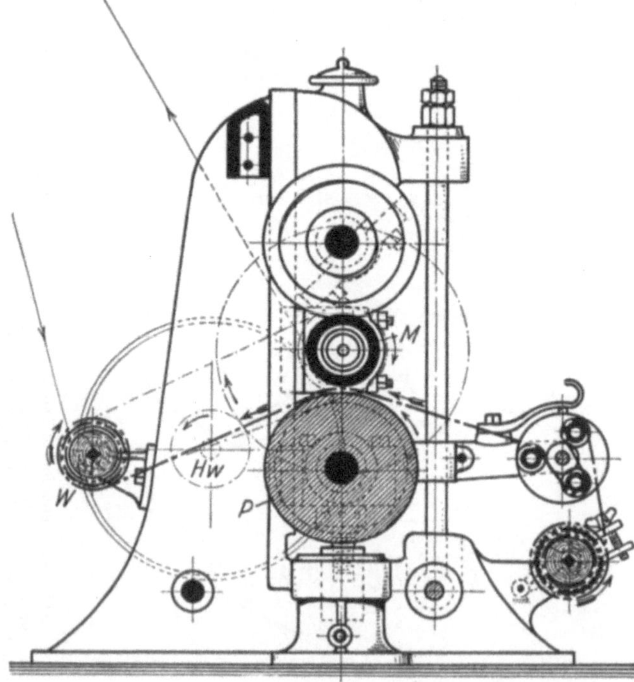

Abb. 219. Der dreiwalzige Friktionskalander.

Der Effekt der Rollkalander kennzeichnet sich im Gewebe durch Glätte und mehr oder minder hohen Glanz. Mit der Vermehrung der Walzen bzw. der Preßfugen, der Erhöhung des Druckes und der Temperatur der geheizten Metallwalze nimmt der Glanz zu.

Für matt zu appretierende Gewebe sind die Metallwalzen mit Wasserkühlung eingerichtet.

In Abb. 218 ist eine Zusammenstellung der verschiedenen Kalanderarten und ihrer Wirkungsweise gegeben.

Der zweiwalzige Rollkalander mit Papier- und heizbarer Gußeisenwalze dient zum Glätten von leichten Stoffen, wie Gardinen und Tüllgeweben, Geweben mit Stickereien. Die Druckerteilung erfolgt mittels Doppelhebelübersetzung; die Wickelwalze ist mit Friktionsantrieb versehen. Am Eingange befindet sich der bremsbare Warenwickel, drei Brems-
riegel aus Metall,
eine Führungsplatte
und darüber vor dem
Einlauf in die Preß-
fuge eine Sicherheits
walze.

Der dreiwalzige
Friktionskalander
(Abb. 219) dient zum
Kalandrieren
von Buntwaren, wie
Drells, Barchenten,
Gradeln, Oxforden,
Zephiren, Schürzen-
zeugen und Hemden-
stoffen, ferner zum
Glätten und Glänzen
von baumwollenen
und leichten wollenen
und halbwollenen Da-
menkleiderstoffen,
Futterstoffen, Satins.
Die wollenen und
halbwollenen Da-
menkleiderstoffe er-

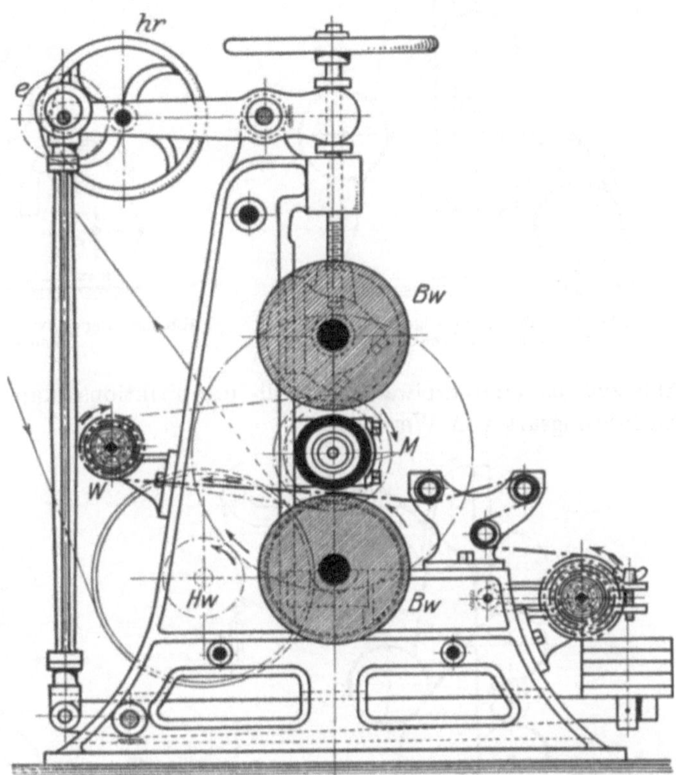

Abb. 220. Der dreiwalzige Friktionskalander von C. H. Weisbach.

halten hierdurch mehr Schluß als durch das Pressen. Bei Führung der Ware nach Abb. 218a kann dieser Kalander auch als Rollkalander angewendet werden.

Die Abb. 220 zeigt eine andere Ausführungsform des Friktionskalanders der Firma C. H. Weisbach. Die Walzenanordnung ist folgende:

Baumwoll- oder Papierwalze,

heizbare Metallwalze,

Baumwoll- oder Papierwalze.

Die Papierwalzen sind härter und geben unter gleichen Verhältnissen dem Gewebe höheren Glanz. Bleibt die Mittelwalze ungeheizt, kalandert man also kalt, so wird das Gewebe wohl Glätte, aber keinen Glanz erhalten, weil die Fasern nach dem Kalandern zum Teil wieder aufstehen.

Zur Momententlastung der Walzen laufen die Zugstangen im Belastungs-hebelwerke an den oberen Enden in Exzenterringe aus und umfassen die Exzenter *e*, deren Welle mittels Handrädern *hr* drehbar ist. Auch hier kann mit der Walzenführung nach Abb. 218a ein Rolleffekt erzielt werden.

Die **Kalander mit offenem, einseitigem Gestelle** lassen ein bequemes Einbringen der Walzen zu. Abb. 221 zeigt das Schema eines dreiwalzigen Rollkalanders,

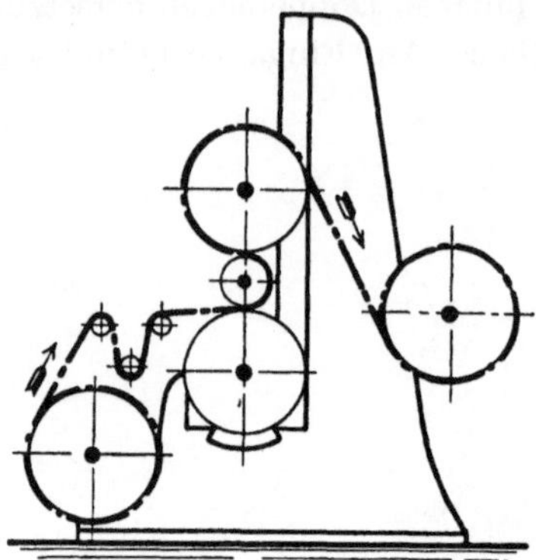

Abb. 221. Der dreiwalzige Rollkalander von C. H. Weisbach.

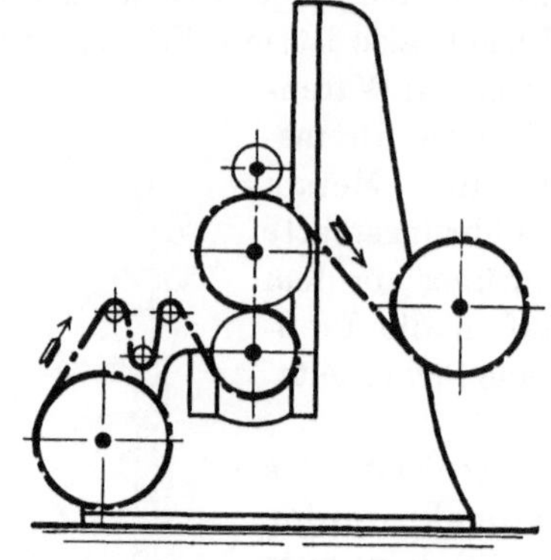

Abb. 222. Der dreiwalzige Roll- und Friktionskalander von C. H. Weisbach.

Abb. 222 das eines dreiwalzigen Roll- und Friktionskalanders nach der neueren Ausführungsart von Weisbach.

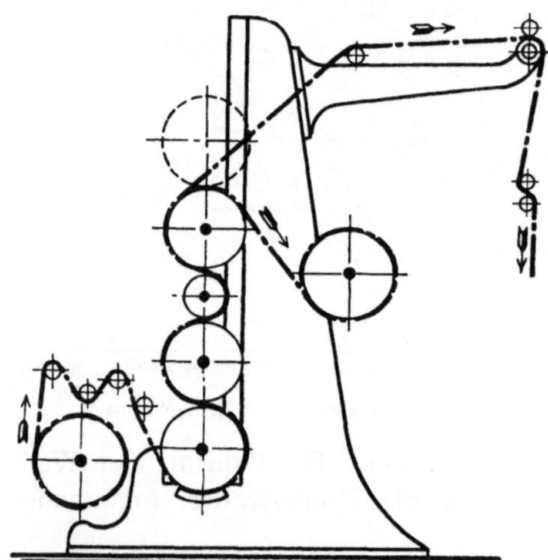

Abb. 223. Der vierwalzige Roll- und Mattkalander von C. H. Weisbach.

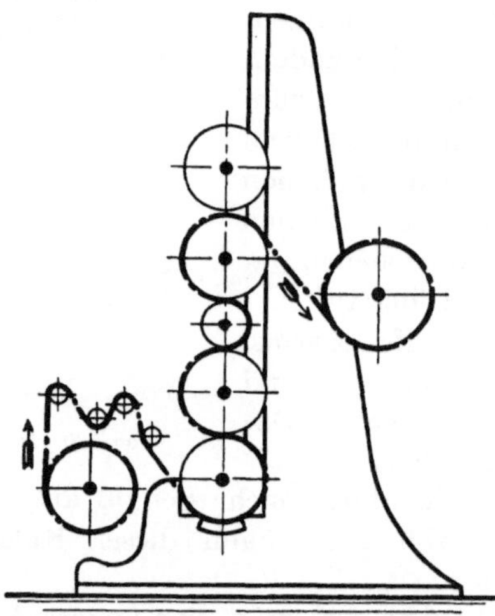

Abb. 224. Der fünfwalzige Roll-, Matt- und Friktionskalander von C. H. Weisbach.

Der dreiwalzige Rollkalander für 2 Warenbahnen dient zum gleichzeitigen Kalandern von zwei Warenstücken. Für gewisse Waren genügt der Durchgang durch eine Preßfuge (einmalige Kalandrage), so daß beim gleichzeitigen Durchlassen zweier Gewebe die Leistung doppelt so groß ist.

Die Anordnung der Walzen ist folgende:

Baumwoll- oder Papierwalze,

geheizte Hartgußwalze,

Baumwoll- oder Papierwalze.

Beim Einlaufen eines Warenstückes allein können beide Preßfugen benützt werden.

In Abb. 223 ist ein Roll- und Mattkalander mit 4 Walzen, in Abb. 224 ein Roll-, Matt- und Friktionskalander mit 5 Walzen von Weisbach schematisch veranschaulicht.

Der Rollkalander mit 5 Walzen von C. H. Weisbach. Die Walzenanordnung ist folgende:

Eiserne Tragwalze, 400 mm Durchmesser,

Baumwoll- oder Papierwalze, 500 mm Durchmesser,

heizbare Hartgußwalze, 250 mm Durchmesser mit Wasserkühlung eingerichtet,

Baumwoll- oder Papierwalze,

heizbare und ebenfalls mit Wasserkühlung eingerichtete Hartgußwalze, 330 mm Durchmesser.

Mit kalten Walzen erhält man eine mattglänzende, sehr gut plattgedrückte und gut geschlossene Ware, mit geheizten Walzen einen höheren Glanz.

Das Gewebe wird bei einem Kalanderdurchgang in 4 Quetschfugen gepreßt; der Kalandereffekt ist naturgemäß höher als mit 4 Walzen, bzw. 3 Preßfugen.

Für schwere Gewebe, stärker appretierte Gewebe oder solche mit höherem Kalandereffekt wird dieser Kalander vollkommen ausreichen. Mit vertikal verstellbarer Einlaßvorrichtung kann man auf dem 5 walzigen Rollkalander auch die auf 2-, 3- und 4 walzigen Kalandern dieser Art erreichbaren Effekte erhalten.

Die Glanzseite des Gewebes ist immer diejenige, die mit der geheizten Walze in Berührung kommt.

Das Durchleiten des Gewebes durch mehrere Preßfugen im voll-

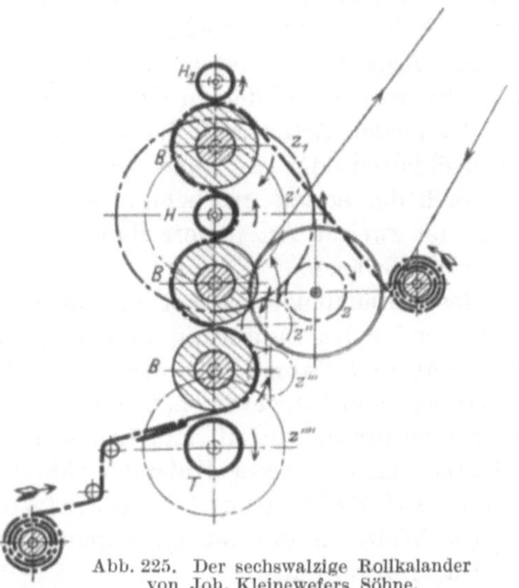
Abb. 225. Der sechswalzige Rollkalander von Joh. Kleinewefers Söhne.

kommen faltenlosen Zustande erfordert große Aufmerksamkeit, Erfahrung und Gewissenhaftigkeit, denn selbst kleine Fältchen werden bei dem hohen Preßdrucke durchgequetscht, wodurch Schnitte oder Löcher entstehen.

Den 6 walzigen Rollkalander von Joh. Kleinewefers Söhne, Krefeld, zeigt die Abb. 225.

Die Walzenanordnung ist folgende:

T = heizbare, polierte Hartgußtragwalze,

B = Baumwoll- oder Papierwalze,

B = Baumwoll- oder Papierwalze,

H = heizbare, polierte Hartgußwalze (angetrieben),

B = Baumwoll- oder Papierwalze,

H = heizbare, polierte Hartgußwalze.

Das Stirnrädergetriebe z', z'', z''', z'''' vermittelt die Übertragung der Bewegung von der angetriebenen Hartgußwalze auf die Tragwalze.

Die Beetle-Kalander. Diese haben über der polierten Hartgußtragwalze 4 bis 5 Baumwoll- oder Papierwalzen mit zwischengelagerten heizbaren Hartgußwalzen oder 1 polierte Tragwalze, 4 bis 5 Baumwoll- oder Papierwalzen und oben eine geheizte Hartgußwalze. Der Walzendruck ist größer als bei den Rollkalandern. Man arbeitet mit ihnen auf zweierlei Art:

Die eine Art besteht darin, daß man das Gewebe die Preßfugen bis zur obersten Baumwollwalze passieren läßt und schließlich auf diese aufwickelt und einige Touren dreht; dieser Vorgang heißt die **auflaufende Kalandrierung.** Die Ware wird zunächst einem schärferen Lineardruck zwischen elastischen Walzen ausgesetzt und erhält Glätte und Appretur, die dem Beetleeffekt annähernd gleichkommt.

Die zweite Art ist das Durchführen des Gewebes durch alle Walzenfugen in mehreren Lagen mit Hilfe einer **Chasingvorrichtung (Leitwalzensystem).** Diese Art des Kalanderns bezeichnet man wie beim Wasserkalander als **übereinanderlaufende Kalandrierung** oder vielfache Kalandrierung. Der Effekt ist ähnlich wie beim Mangeln und Beeteln, nämlich eine moiréartige, weichgriffige Appretur mit etwas höherem Glanz, der von der Heizwalze und dem Plattdrücken der Fäden in den Preßfugen herrührt.

Bei beiden Arten muß das Gewebe vollkommen faltenfrei laufen, weil sonst Quetschfalten oder gar Risse sich einstellen.

Nach der ersten Art behandelt man zumeist Jute- und Grobleinengewebe, nach der zweiten Art feinere Baumwoll- und Leinengewebe, mit Vorliebe appretierte Weißwaren.

Der Jutekalander gehört ebenfalls in die Gruppe der Beetlekalander mit auflaufender Kalandrierung und arbeitet mit außerordentlich hohem, mittels Handrad und Zahnstange regelbarem Hebeldruck (Abb. 226). Er dient zum Kalandern von Jutegeweben, Sackleinen und Segeltuchen, für geschlossene Waren, aber auch für Baumwoll- und Leinengewebe, welche eine Art Mangelausrüstung erhalten sollen. Dieser Kalander führt auch die Bezeichnung **kombinierter Universal-Roll- und Mangelkalander.**

Die Walzenanordnung ist folgende:

Hartgußtragwalze,

Baumwoll- oder Papierwalze,

heizbare Hartgußwalze (angetrieben, mit Vor- und Rückwärtslauf),

Baumwoll- oder Papierwalze,

Hartgußwalze (auf welche die Ware nach dem Durchgang durch sämtliche Preßfugen zur Erzielung eines Mangeleffektes aufgewickelt wird).

Der Antrieb der Hauptwelle ist ein Doppelfriktionsantrieb für Vor- und Rückwärtsgang.

Das Gewebe streicht über fünf schmiedeeiserne oder gußeiserne Spannriegel und läuft im straff gespannten Zustande durch 3 Preßfugen. Es wird auf der obersten Baumwollwalze aufgewickelt und je nach dem gewünschten Mangeleffekt einige Male hin- und her gerollt; nun hebt man die obere Baumwollwalze und die Entlastungswalze hoch, so daß sie frei hängen und wickelt das Gewebe auf die unmittelbar von der Transmission angetriebene Wickelwalze w auf.

Dieser Vorgang gilt für Mangeleffekte.

Wird nur Glätte und Glanz gewünscht, so läßt man das Gewebe durch alle Preßfugen laufen; schließlich wird es auf *w* aufgewickelt.

Beim Anlassen des Kalanders und Aufwickeln des Gewebes auf die obere Papierwalze ist beim Hochgehen der langen Druckhebel der Räderübersetzungswiderstand zu überwinden, der durch Anziehen der Bremse während des Hin- und Herrollens des Warenwickels dem Effekte entsprechend vergrößert werden kann.

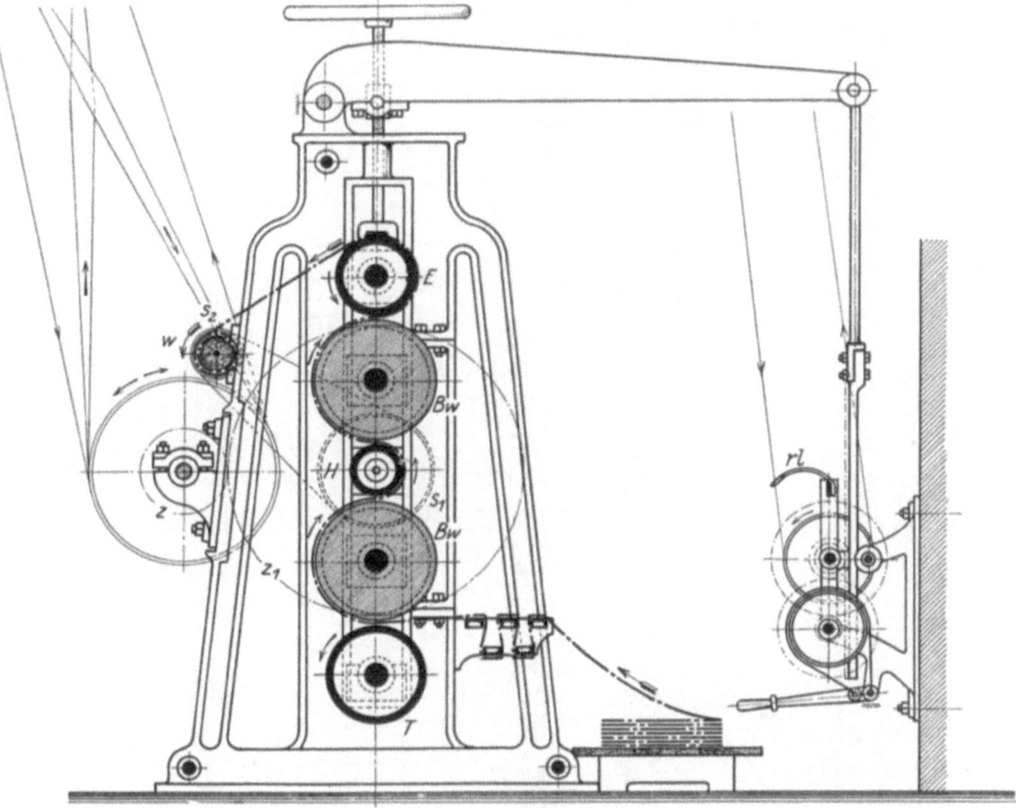

Abb. 226. Der Jutekalander.

Nach dem Mangeln ist zum Abwickeln der Ware die Entlastungswalze *E* und die obere Papierwalze anzuheben, wofür ein besonderes Getriebe vorgesehen ist. Diese Kalander werden in ähnlicher Ausführung von Haubold und Weisbach gebaut.

Die Verbindung der Walzenlager am Jutemangelkalander muß derart sein, daß beim Mangeln die obere Papierwalze, auf welche das Gewebe aufgewickelt wird, sich dem wachsenden Wickeldurchmesser entsprechend heben kann. Außerdem müssen nach dem Mangeln die beiden obersten Walzen zum Abwickeln gemeinschaftlich abgehoben werden, was durch eine besondere Verbindung der beiden Lagerkörper ermöglicht wird.

Der Beetlekalander mit übereinanderlaufender Kalandrierung
dient zur Erzeugung einer moiréartigen Appretur für weißappretierte Leinen-
und Baumwollgewebe.

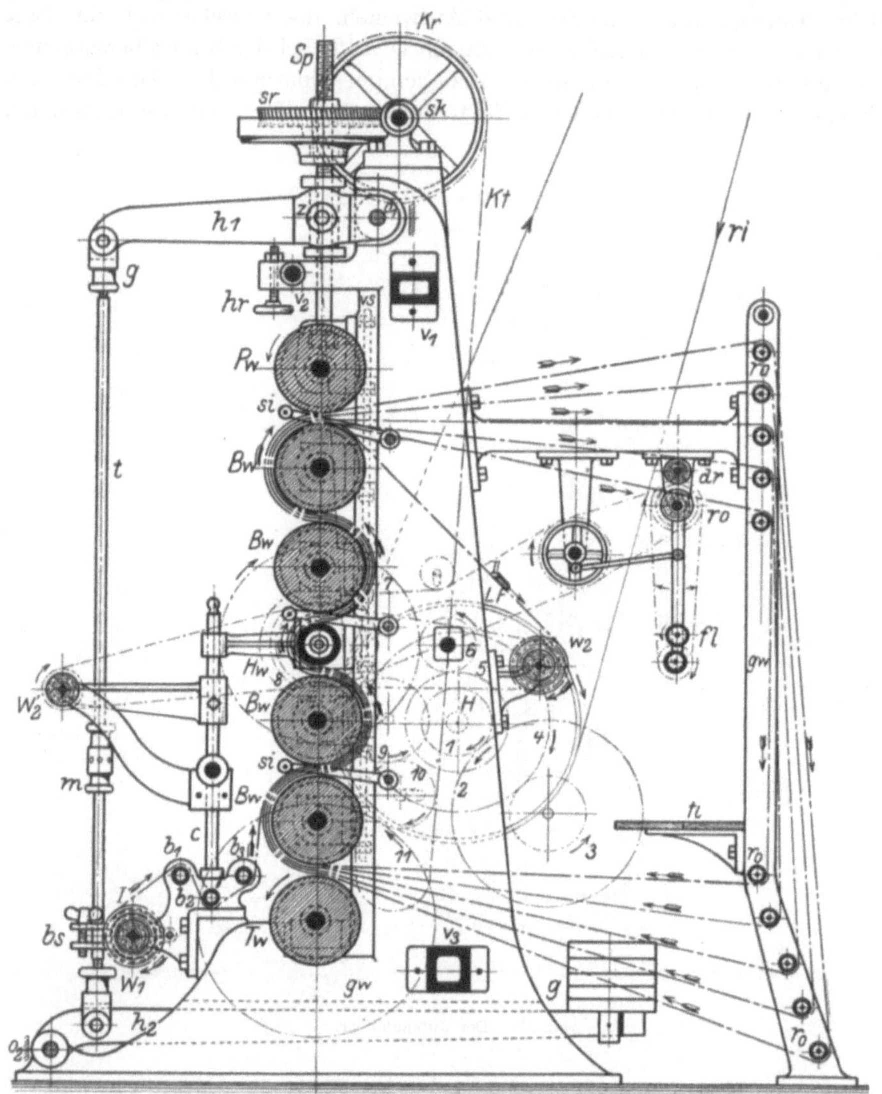

Abb. 227. Der siebenwalzige Beetlekalander mit Chasingvorrichtung von Joh. Kleinewefers Söhne.

Zur Führung des Gewebes in 3 bis 6 übereinanderliegenden Warenlagen
sind an der Rückseite des Kalanders zwei Leitwalzengruppen angeordnet, welche
als Chasingvorrichtung bezeichnet werden. Man nennt diese Art der Kalandrierung auch vielfache Kalandrierung.

Die Beetlekalander mit Chasingvorrichtung sind je nach der Qualität der
zu kalandrierenden Ware und dem Grade des geforderten Effektes 5- bis 7 walzig
gebaut.

Die Walzenanordnung ist folgende:
eine geheizte Tragwalze aus Hartguß mit hochfeinpoliertem Walzenmantel,
3 bis 5 Baumwoll- oder Papierwalzen,
1 geheizte, polierte Hartgußwalze.

Die Aufwicklung des Gewebes geschieht auf eine mit Friktion angetriebene Wickelwalze aus Holz.

Einen siebenwalzigen Beetlekalander mit Chasingvorrichtung von der Firma Joh. Kleinewefers Söhne in Krefeld zeigt die Abb. 227.

Zur Erzielung eines höheren Glanzes zwischen den Baumwollwalzen ist noch eine geheizte Hartgußwalze einzusetzen. Bei dem gezeichneten Kalander kann diese anstatt der Baumwollwalze Bw_3 angeordnet sein. a sind angetriebene Ausbreitwalzen.

3. Die Friktionskalander oder Glanzkalander. In der Bauart und Walzenanordnung stimmen die Friktionskalander mit den Rollkalandern überein; sie unterscheiden sich von diesen nur durch die Geschwindigkeitsverhältnisse der Walzen. Während bei den Rollkalandern deren sämtliche Walzen sich mit der gleichen Umfangsgeschwindigkeit bewegen, ist bei den Friktionskalandern die Umfangsgeschwindigkeit der geheizten Hartgußwalzen (Friktionswalzen) größer als jene der Baumwoll- oder Papierwalzen. Alle Walzen sind zwangläufig angetrieben. Diesen geänderten Geschwindigkeitsverhältnissen entsprechend ist die Wirkung der unter hohem Druck stehenden Walzen ähnlich der beim Bügeln oder Plätten. Die rechte Warenseite muß auf den geheizten Hartgußwalzen laufen, während die elastischen Walzen zur Fortbewegung der Ware dienen; zwischen dieser und den elastischen Walzen besteht daher keine relative Geschwindigkeit, da die Adhäsion größer als zwischen ihr und der glatten Metallwalze ist.

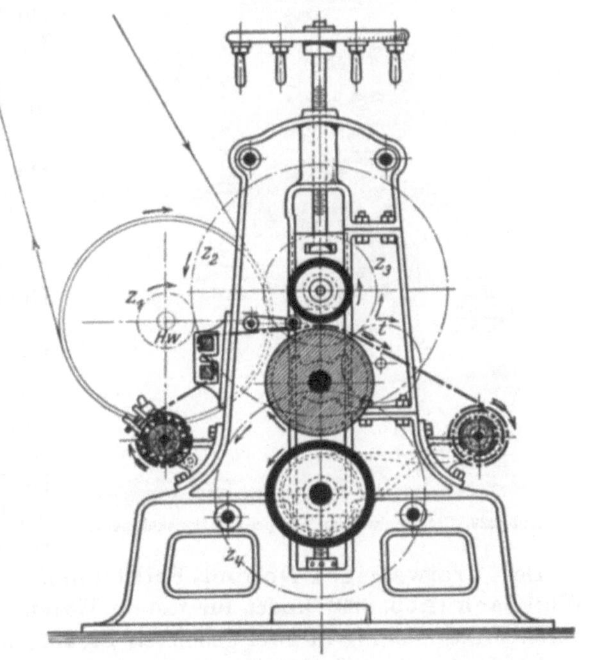

Abb. 228. Der Spezial-Friktionskalander von C. H. Weisbach.

Das Gewebe wird in den Preßfugen der langsamer laufenden elastischen Walzen und der schneller bewegten geheizten Hartgußwalze durch Friktion (Reibung) geglättet und gepreßt und erhält einen Hochglanz. Wird das Friktionieren zu weit getrieben, so kann das Gewebe zerrissen werden. Bei hoher Friktion beugt man dem Zerreißen der Ware durch Verminderung des Druckes vor. Festere Gewebe können stärker friktioniert werden als leichte. Die Veränderung der Friktionierung geschieht durch Wechselräder.

Aber nicht nur mit der Höhe der Friktion, sondern auch mit der Temperatur der geheizten Walze erhöht sich der Glanz.

Auf den Friktionskalandern behandelt man die mit Hochglanz auszurüstenden Baumwollbuntgewebe, bedruckte Kattuns, gebleichte und gefärbte Baumwollgewebe, namentlich Futterstoffe (Satins-Glacé), Buchbinderkaliko, seidene und halbseidene Gewebe. Die Heizung bewerkstelligt man durch Dampf oder Gas. Die Glanzseite (rechte Warenseite) darf nicht mehr mit den Baumwollwalzen in Berührung kommen.

Der Spezial-Friktions-Kalander von C. H. Weisbach in Chemnitz (Abb. 228), dient zum Ausrüsten von Buchbinderkalikos und anderen ähnlichen Waren, die zur Erzielung eines schönen Glanzes unter höchstem Drucke und bei hoher Temperatur der Friktionswalze mit stärkster Friktion kalandriert werden müssen. Die hohe Erhitzung der Friktionswalze ist nur mit Gasheizung erreichbar; auf der geheizten Walze darf daher die vierte (Papier-)Walze nicht aufliegen, weil diese ohne Warenzwischenlage einer oftmaligen Erneuerung des Papierüberzuges bedarf.

Die Walzenanordnung ist von unten nach oben:

Gußeiserne Tragwalze 550 mm Durchmesser,

Papierwalze 550 mm Durchmesser,

heizbare Hartgußwalze 330 mm Durchmesser.

Der Druck wird hier mittels Handrädern und Schraubenspindeln ausgeübt. Der Antrieb erfolgt von der Transmission aus oder mittels elektrischem Einzelantrieb. Die Friktionierung findet zwischen der Papierwalze und der heizbaren Hartgußwalze statt.

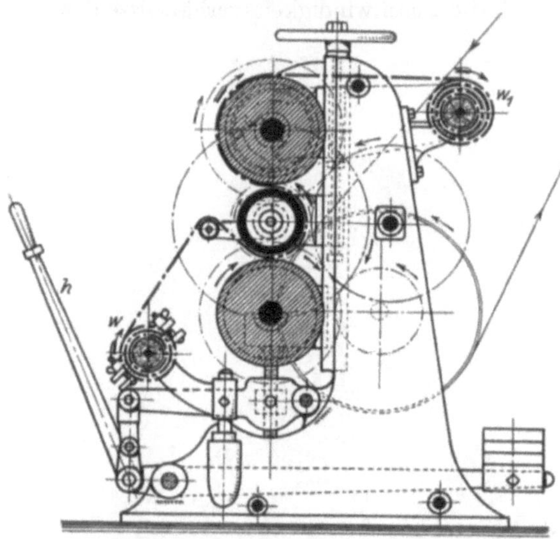

Abb. 229. Der dreiwalzige Doppel-Friktionskalander.

Der dreiwalzige Doppel-Friktionskalander von Haubold und Weisbach (Abb. 229) findet für festere Waren zur Erzeugung von Hochglanz durch Friktionierung in zwei geheizten Preßfugen Anwendung.

Die beiden Papierwalzen bewegen sich mit gleicher Umfangsgeschwindigkeit, die geheizte Hartgußwalze mit einer dem Friktionseffekt und der Gewebefestigkeit entsprechend höheren Geschwindigkeit. Der Walzendruck erfolgt auf die unterste Walze mittels doppelter Gewichtshebelübersetzung. Friktioniert wird in den beiden Preßfugen. — Die Walzenanordnung ist folgende:

Papierwalze,

heizbare Hartgußwalze,

Papierwalze.

Zur Momententlastung dient der Hebel h und eine Knickhebelvorrichtung, welche zwischen beiden Gewichtshebeln eingeschaltet ist und in einer gelenkig geteilten Stange besteht.

Die Spindel an dem Handrade *hr* hält beim Senken der Unterwalze das Lager der Mittelwalze mit Muttern. Sämtliche Walzen drehen sich in gleicher Richtung, wodurch die Bewegungsrichtung der Berührungsstellen an den Preßfugen entgegengesetzt und die Friktionierung besonders kräftig ist.

Die Baumwollwalzen führen das Gewebe durch den Kalander; die Aufwicklung der Ware auf W_1 erfolgt mittels Friktionsantriebs.

Das Pressen.

Das Pressen hat den gleichen Zweck wie das Kalandern, nämlich die Er· zielung einer vollkommen glatten Oberfläche. Beim Kalandern wird ein möglichst hoher Druck ausgeübt, unter dessen Wirkung die Fäden unter Umständen breitgequetscht und die Poren, das sind die Zwischenräume zwischen den Ketten- und Schußfäden, geschlossen werden, so daß gleichzeitig auch eine Verdichtung des Gefüges entsteht. Einen zu hohen Druck ertragen nur die Bastfasern (Flachs, Hanf und Jute), bis zu einem gewissen Grade auch die Baumwolle. Die Seidengewebe können einem Kalandern nur soweit unterworfen werden, daß ein Breitquetschen der Fäden nicht zu befürchten ist. Ein weiteres Kennzeichen des Kalanderns ist der lineare Druck, indem sich der ganze Druck auf die Berührungslinie der Kalanderwalzen zusammendrängt und dadurch erst die hohe spezifische Pressung erzeugt, die bei allen Geweben aus tierischen Haaren, also Schafwolle, Ziegenwolle, Kamelwolle usw., unbedingt zu vermeiden ist. Diese dürfen nur einem Flächendruck unterworfen werden, den man im allgemeinen mit dem Namen Pressen bezeichnet.

Die vorzüglichste Eigenschaft der — gesunden — tierischen Haare und Wollen, nämlich die Elastizität, würde aber die Wirkung der Druckgebung vereiteln, da nach Aufhören des Preßdruckes die Fasern in ihre ursprüngliche Form zurückkehren würden. Hier kommt dem Appreteur eine andere vorzügliche Eigenschaft, die Formbarkeit zu Hilfe. Diese besteht darin, daß die Wolle und alle daraus hergestellten Gebilde sich in warmem und feuchtem Zustande in eine beliebige Form bringen lassen, die sie dauernd beibehalten, wenn man sie in dieser Form auskühlen und trocknen läßt.

Diese Eigenschaft wird praktisch dazu benutzt, um dem Gewebe die nach dem Rauhen, Scheren und Bürsten verliehene Strichdecke dauernd zu sichern, was um so vollkommener geschieht, je länger die Ware dem Preßdrucke ausgesetzt bleibt. Daraus folgt einerseits, daß das Pressen eine kostspielige Arbeit ist, die sich nur bei den feineren und feinsten Stoffen bezahlt macht, anderseits, daß eine fortlaufende Arbeit wie beim Kalandern nicht möglich ist.

Die Ausübung des Flächendruckes kann in zweierlei Art vor sich gehen: entweder dadurch, daß man das Gewebe zwischen zylindrischen Flächen hindurch führt (Zylinderpresse, Walzenpresse oder Muldenpresse) oder in Falten legt und mittels zwischengelegter, vollkommen glatt polierter Pappendeckel (Preßspäne) in einer — gewöhnlich hydraulischen — Presse zusammenpreßt (Spanpresse). Es ist klar, daß die Muldenpresse eine beschleunigte, dem Kalandern ähnliche Arbeitsweise ermöglicht; da aber der Preßdruck beim fortlaufenden Arbeiten nur vorübergehend ist, kann man eine dauernde Wirkung nicht erzielen, da eine der Bedingungen, d. i. das Abkühlen und Trocknen im geformten Zustande, entfällt. Wegen dieser vorübergehenden, also unvollkommenen Wirkung hat das Muldenpressen nur die Bedeutung einer vorbereitenden oder Zwischenbehandlung, die aber doch wegen der Beschleunigung des Arbeitsganges in der Fabrikation der Schafwoll- und Halbwollwaren bereits unentbehrlich geworden ist.

Demgegenüber bildet das Spanpressen eine Schlußarbeit, die aber nichtsdestoweniger mehrmals vorgenommen werden muß. Dies begründet sich zunächst dadurch, daß der Stoff in Falten gelegt zur Presse gelangt und daher beim ersten Pressen nicht auf der ganzen Fläche bearbeitet wird, sondern die Umkehrstellen (Rücken) bleiben preßfrei. Aus diesem Grunde müssen die Gewebe ein zweites Mal derart gefaltet werden, daß die beim ersten Pressen unbearbeitet gebliebenen Rücken in die Mitte der Preßflächen kommen.

Ein anderer Grund, warum das Pressen mehrmals vorgenommen werden muß, ist der, daß durch die zwischengelegten Preßspäne ein zu hoher Glanz entstanden ist, der als Preßglanz oder Speckglanz dem Gewebe ein unschönes Aussehen gibt und daher gemildert oder „abgezogen" werden muß (Glanzabziehen), damit die Ware den edlen, natürlichen oder milden Wollglanz erhält. Auch ist das Gewebe noch nicht gegen die Witterungseinflüsse gesichert, d. h. gegen Wärme und Feuchtigkeit empfindlich. In früherer Zeit, als das Tuchmachergewerbe noch handwerksmäßig betrieben wurde, hat man sich damit begnügt, indem man es dem Schneider überließ, dem Gewebe durch Eintauchen in heißes Wasser und Ausbügeln das Bestreben, in der Länge und Breite „einzugehen", zu nehmen. Das Eingehen nennt man das „Schrumpfen" oder „Krumpfen" (englisch: shrink, shrinkage), die Beseitigung dieser Eigenschaft das „Krumpffreimachen" (engl.: Shrinking, franz.: Décatissage) oder auch — weil man dem Schneider diese Arbeit vorwegnimmt — „Nadelfertigmachen".

Daß danach eine dem Bügeln des Schneiders entsprechende Schlußausrüstung durch eine leichte Presse folgt, ergibt sich aus dem Gesagten von selbst; dies nennt man das „Fertigpressen".

Bei Halbwollwaren sowie bei leichten Qualitäten von Kammgarn- und Streichgarnwaren, insbesondere solchen aus Kunstwolle, findet häufig eine eigentliche Appretur statt, welche in einem einseitigen Gummieren (Linksappretur) oder in einem Imprägnieren besteht. Diese Arbeit muß stets im gepreßten Zustande vor sich gehen, um eine glatte und gleichmäßige Oberfläche zu erzielen, wofür aber auch das „Zylindrieren" (auf der Muldenpresse) als Vorpresse genügt, so daß noch ein Nach- oder Fertigpressen erforderlich ist.

Aus der Erklärung der Eigenschaft der Formbarkeit ergibt sich, daß dem Pressen stets ein Befeuchten vorausgeht. Dies geschieht entweder dadurch, daß man das feucht vorbehandelte Gewebe nicht völlig austrocknet, sondern noch etwas Feuchtigkeit darin läßt, oder daß man es mit den bereits beschriebenen Befeuchtungsapparaten leicht anfeuchtet oder aber, indem man es über einen Dämpftisch zieht, ehe es zum Pressen kommt. Den Zylinderpressen ist ein solcher Dämpftisch, auch Dudel oder Mops genannt, in der Regel unmittelbar vorgebaut; beim Spanpressen bildet das Dämpfen einen besonderen Arbeitsgang, der zugleich dazu benutzt wird, um dem Gewebe durch Spannung in der Längsrichtung einen etwa eingetretenen Längenverlust zu ersetzen.

Das Dämpfen hat außerdem den Vorteil, daß es dem Gewebe zugleich die zum Pressen erforderliche Wärme verleiht, wodurch beim Pressen selbst nicht unwesentliche Wärmeersparnisse erzielt werden und auch der eigentliche Zweck des

Pressens, d. i. eine glatte und gleichmäßige Oberfläche begünstigt wird. Hierbei ist aber auf eine völlig gleichmäßige Durchfeuchtung der Ware zu achten und Tropfenbildung unbedingt zu vermeiden.

Das Gewebe muß aber auch während der Druckgebung erwärmt werden, was teils den Zweck hat, das Formen der Wolle zu unterstützen, teils ein Trocknen des angefeuchteten Stoffes herbeizuführen, damit dieser die Presse im lufttrockenen Zustande verlassen kann. Die Pressen enthalten demnach Einrichtungen zur Druckgebung und zur Erwärmung, allenfalls auch zur Anfeuchtung; hierzu kommen noch die Ein- und Ausführung der Ware. Dem Gange der Fabrikation entsprechend soll zunächst die

Zylinder- oder Muldenpresse beschrieben werden.

Sie besitzt als arbeitende Bestandteile einen dampfgeheizten, entsprechend der Warenlaufgeschwindigkeit angetriebenen Zylinder Z aus Hartguß, der mit einer, ebenfalls dampfgeheizten, aber feststehenden Mulde M derart zusam-

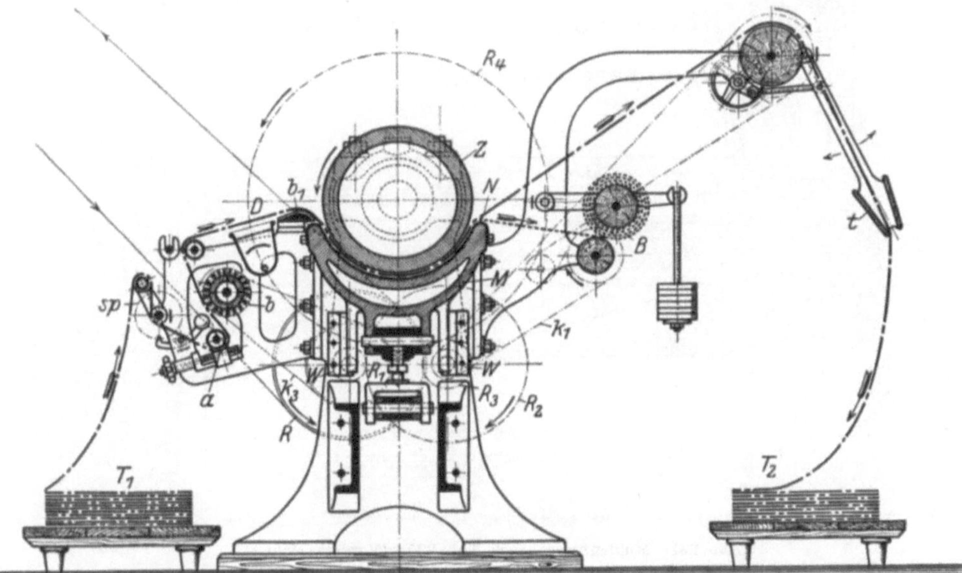

Abb. 230. Muldenpresse mit Hebeldruck von Ernst Gessner A.-G. (Querschnitt.)

menpaßt, daß ihre Oberflächen beim Durchlaufen der Ware konzentrisch sind (Abb. 230). Dies kann streng genommen nur bei einer einzigen Warendicke der Fall sein; bei dünneren oder dickeren Waren können Zylinder und Mulde nicht am ganzen Umfang an der Ware anliegen, sondern bei dünneren Stoffen findet die Berührung nur in der Mitte, bei dickeren Stoffen an der Ein- und Ausgangsseite statt. Bei nicht zu großen Dickenunterschieden spielt dies aber keine Rolle, da das Zylindrieren ohnedies nur eine Vorarbeit ist.

Da die Mulde feststeht, findet zwischen ihr und der Ware immer ein Gleiten statt, welches einen unerwünschten Glanz hervorruft, der bei der nachfolgenden Behandlung beseitigt werden muß. Aus diesem Grunde läßt man in der Regel die linke Warenseite auf der Mulde laufen, die zur Vermeidung einer Beschädigung der Ware glatt poliert sein muß.

Wird jedoch Hochglanz gewünscht, so kann man die rechte Ware auf der Mulde laufen lassen; in diesem Falle kann man auch einen Preßspan aus Neusilberblech (Neusilberspan) einlegen. Dieser ist in Abb. 230 durch die kräftige Linie N angedeutet; auch sind die Befestigungsschrauben an der Mulde deutlich sichtbar.

Der Zylinder soll die gleiche Umfangsgeschwindigkeit wie die Ware erhalten, damit kein Gleiten und darum auch keine Glanzerhöhung oder Warenbeschädigung stattfindet. Er wird deshalb auch nicht poliert, sondern bloß geschabt, so daß er mit seiner rauhen Oberfläche die Weiterbewegung der Ware unterstützt.

Man hat den Zylinder auch mit polierter Umfläche ausgeführt und mit Voreilung gegen den Warenlauf angetrieben, wodurch man Hochglanz auch auf der rechten Warenseite er-

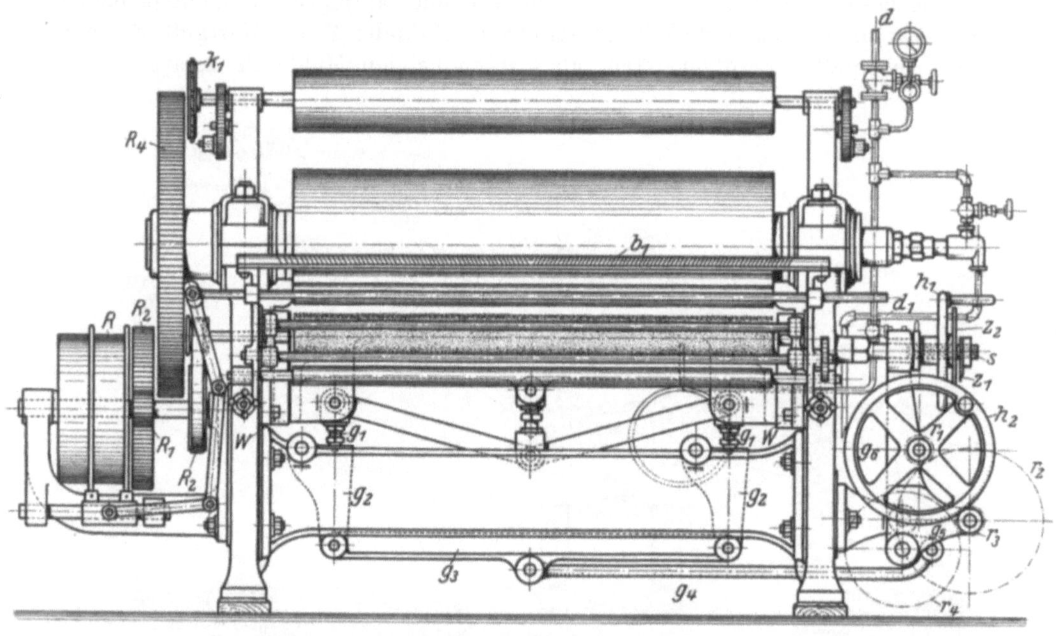

Abb. 231. Muldenpresse nach Abb. 230. (Vorderansicht.)

hielt. Solche Maschinen nannte man Bügelmaschinen. Man glaubte, dadurch billige Stoffe mit geringem Kostenaufwand nadelfertig machen zu können. Sie haben sich aber für diesen Zweck nicht eingeführt.

Die Muldenpressen werden entweder mit einer oder mit zwei Mulden ausgeführt. Abb. 230 zeigt eine Einmuldenpresse älterer Bauart von Ernst Gessner A.-G., Aue i. E., bei welcher die Mulde von unten her an den festgelagerten Zylinder angepreßt wird. Die Mulde M ist zu diesem Zwecke in Wangen W des Gestelles lotrecht geführt (vgl. auch Abb. 231 und 232). Der Andruck geschieht mittels des Gestänges $g_1 - g_6$ durch Handrad h_1 und Schraube s; an einem Zeiger z_1 und Zifferblatt z_2 ist der jeweilige Andruck abzulesen. Das Abheben der Mulde erfolgt mittels der Räderübersetzung $r_1 - r_4$ vom Handrade h_2 aus, indem der Hebelarm g_5, der seinen Drehpunkt in g_6 hat, nach abwärts gedreht wird (nach Abb. 232 aus der strichliert gezeichneten Stellung in die voll ausgezogene Stellung). Das Abheben der Mulde ist notwendig beim Einlassen der

Ware in die Presse, beim Durchlassen der Verbindungsstelle zweier aneinander-
genähter Stücke oder wenn ein Fehler, eine Störung in der Ware, ein Fremdkörper, z. B. eine Nähnadel, Nägel u. dgl. bemerkt werden. Es ist also große Aufmerksamkeit der Bedienung notwendig, weshalb man bei den neuesten Muldenpressen Wächtervorrichtungen anbringt, welche das Abstellen der Maschine
selbsttätig besorgen, wenn eine solche Störung kommt, ehe diese zwischen Mulde
und Zylinder gelangt (H. Krantz, Aachen).

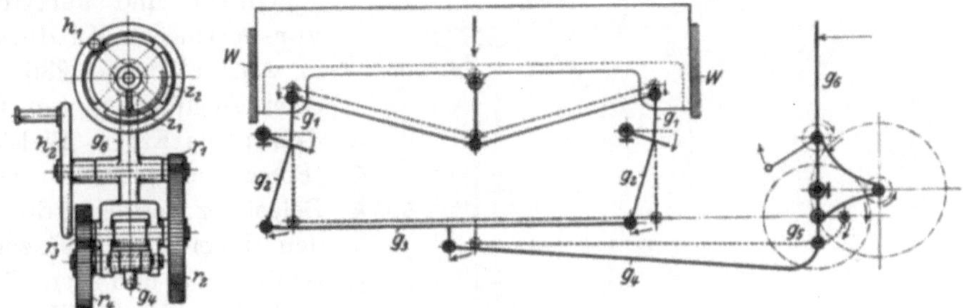

Abb. 232. Die Anpressung der Mulde.

Die Abb. 233 stellt einen Längsschnitt durch den Zylinder mit dem Dampf-
eintritt DE und dem Kondenswasseraustritt WA dar. Der Antrieb ist aus Abb. 230
ersichtlich. Von der Transmission geht die Bewegung auf die Riemenscheibe R
und durch die Räder $R_1 - R_4$ auf den Zylinder; der Kettenbetrieb k_1 betätigt
die Bäumvorrichtung B oder den Abtafler t, der Riementrieb k_2 die Bürstwalze
b (Linksseitbürste).

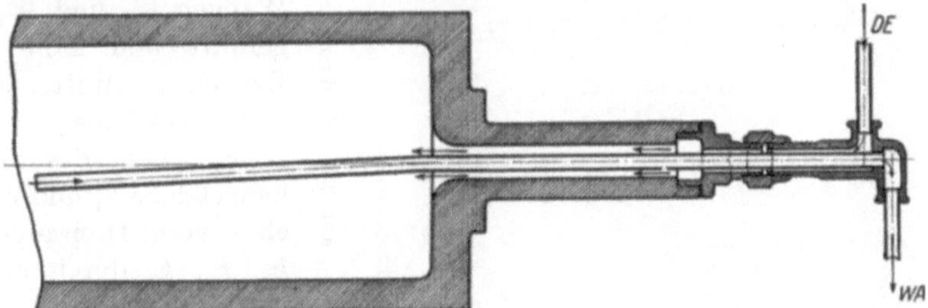

Abb. 233. Der Preßzylinder. (Längsschnitt.)

Vom Vorlegetisch T_1 streicht die Ware über den Spannriegel sp, über die
Anstellwalze a, die Bürstwalze b und gelangt über die Dämpfvorrichtung D und
den Ausbreiter b_1 in die Presse. Der Dämpftisch besteht aus einem gelochten
Blech, der mit einem grobporigen Jutegewebe (Juteleinwand) und darüber
mit einem Filztuch bedeckt ist. Er ist in einem Rohr von U-förmigem Querschnitt
eingebaut; die Dampfzuleitung geschieht durch ein gelochtes Dampfrohr am Boden
des U-Rohres; darüber befindet sich eine Prallfläche, welche etwa mitgerissene
Wassertropfen zurückwirft, damit sie nicht an die Ware gelangen (Wasserabscheider). Der Abtafler t legt die Ware auf den Tisch T_2 ab.

Mulde und Zylinder erhalten den Heizdampf vom Dampfrohr d (Abb. 231),
während das Kondenswasser durch das Rohr d_1 abgeleitet wird. Die konstruk-

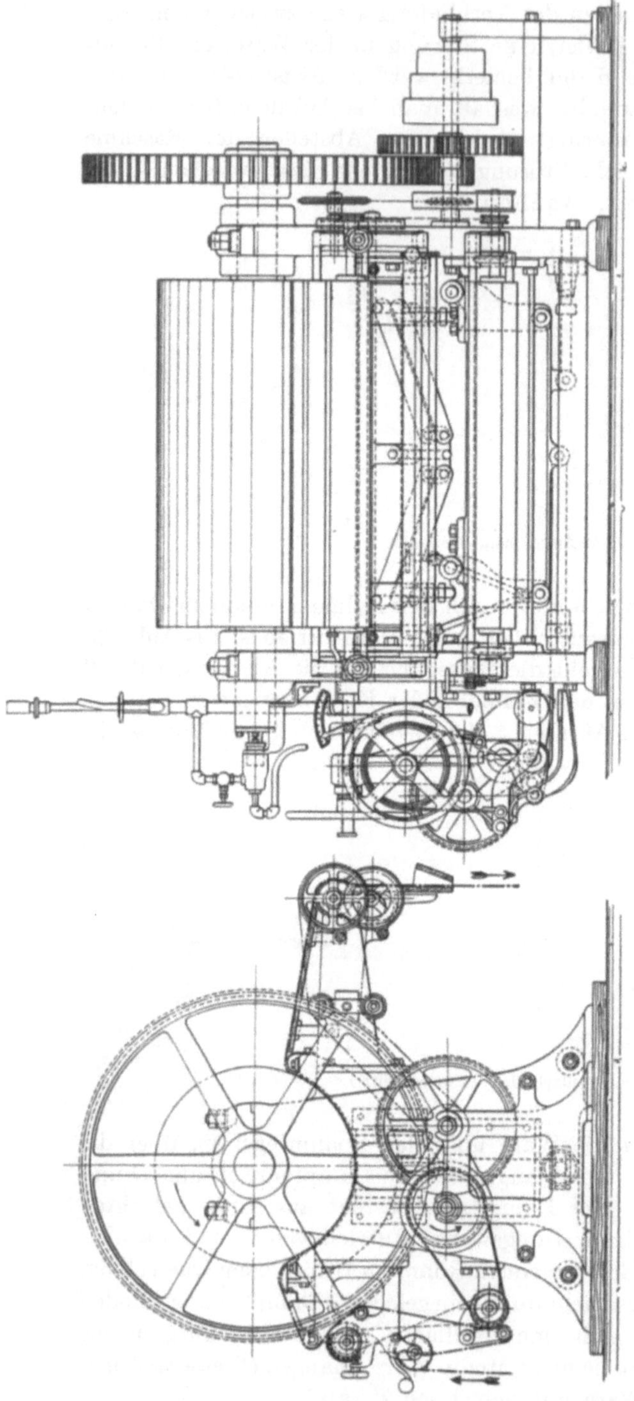

Abb. 234. Die Einmuldenpresse von Ernst Gessner A.-G. (Gesamtansicht).

tive Ausführung einer solchen Einmuldenpresse von 800 mm Zylinderdurchmesser (Bauart Gessner) zeigt die Abb. 234.

Eine Einmuldenpresse mit belastetem Zylinder und seitlich verstellbarer Mulde ist in Abb. 235 und 236 in einer Ausführung von G. Josephys Erben, Bielsko (Polen), dargestellt. Die Belastung erfolgt durch den Hebel H_1, die Exzenterstange s und den Gewichtshebel H_2. Der Zapfen der Stange s ist als Kreisexzenter ausgebildet, das durch das Rädergetriebe $r_1 - r_4$ vom Handrad h aus eine halbe Umdrehung erhält, um den Zylinder abheben zu können.

Die Mulde ist in den Wangen W_1 und W_2 axial geführt und kann durch Drehen der Mutter m seitlich verschoben werden. Hierzu dient das Schnekkengetriebe S_1 und S_2, welches vom Dreiradgetriebe k_1, k_2, k_3 durch entsprechende Schaltung mittels des Handhebels h_1 im einen oder im anderen Sinne gedreht werden kann, wodurch die Mulde M in der Pfeilrichtung *1* oder *2* verstellt wird.

Die seitliche Verstellung der Mulde geschieht zu dem Zwecke, um die Gewebekante, die gewöhnlich dicker als die übrige Ware ist, nicht mitpressen zu müssen, weil dadurch entweder die Kante zerquetscht oder die Ware einen ungenügenden Druck erhalten, also ungepreßt bleiben würde.

Um dies zu vermeiden, verschiebt man die Mulde so weit, daß sie um die Breite der Leiste über den Zylinder hinausragt; ist die Ware jedoch schmäler, so wählt man das Maß der Verschiebung so groß, daß die Berührungslinie zwischen Mulde

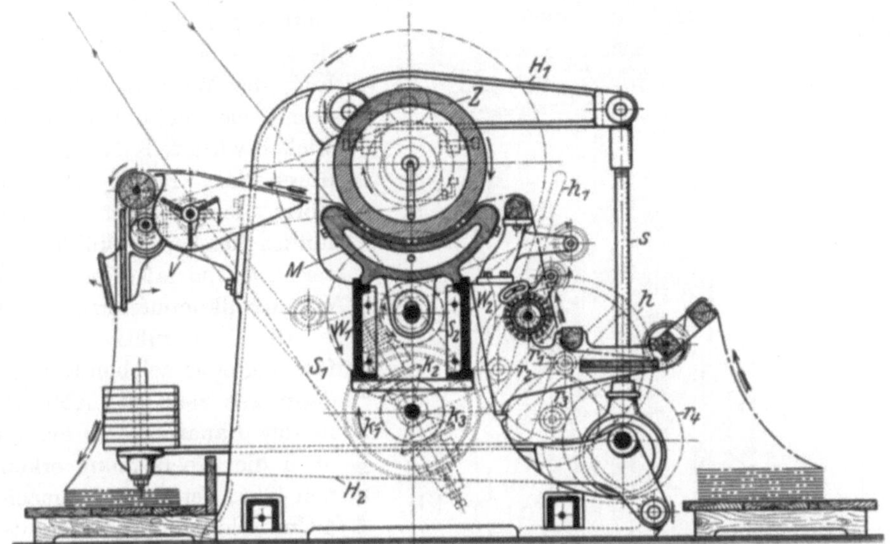

Abb. 235. Die Einmuldenpresse von G. Josephy's Erben. (Querschnitt.)

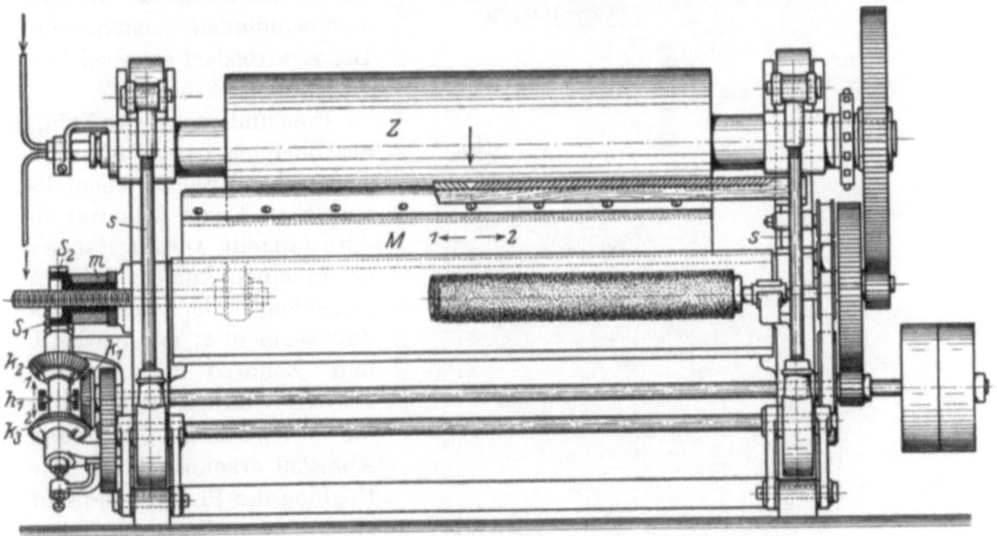

Abb. 236. Die Einmuldenpresse von G. Josephy's Erben. (Vorderansicht).

und Zylinder gleich der um die beiden Leisten verminderten Warenbreite ist. Die eine Leiste schlägt sich dann an dem Zylinderende hoch, die andere Leiste an dem Muldenende tief. Die Führung der Ware erfordert dann große Aufmerksamkeit, da die Mulde folgen muß, wenn die Ware „wandert". Hierzu dient der Handhebel h_1, der die Dreiradkupplung $k_1 - k_3$ steuert.

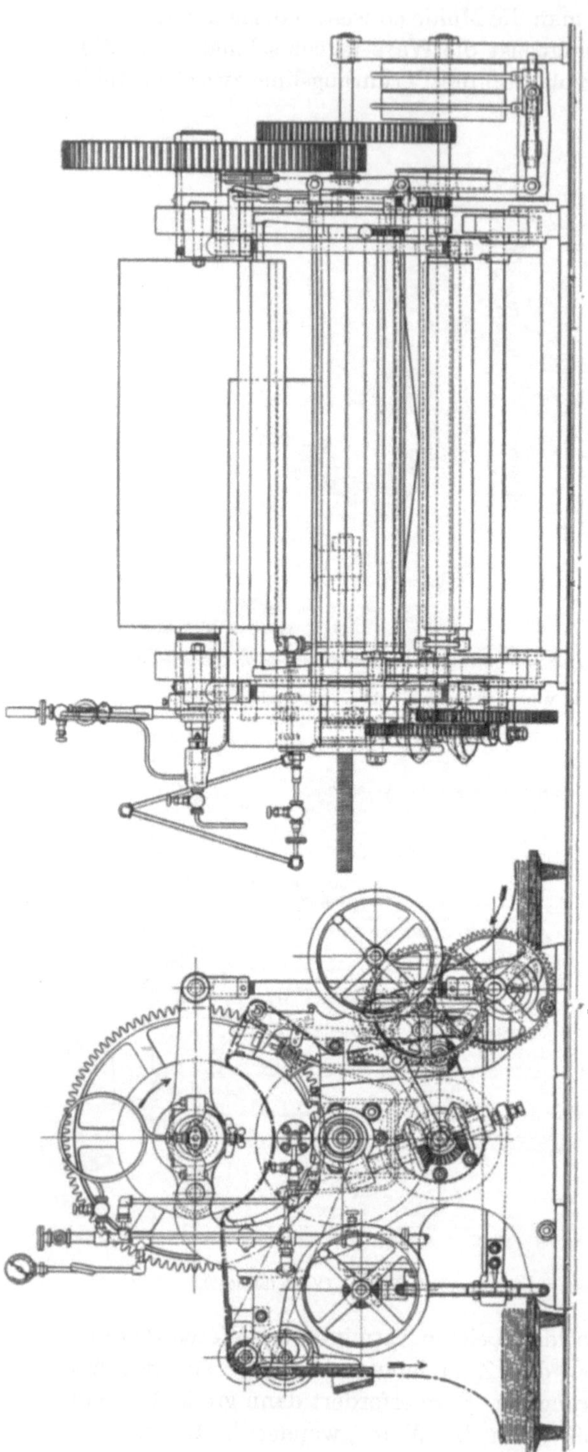

Abb. 237. Die Einmuldenpresse mit seitlich verstellbarer Mulde von Ernst Gessner A.-G.

Nach dem Verlassen der Presse wird die heiße Ware über eine Mulde geführt, in der ein Windflügel V kalte Luft gegen die Ware schleudert, die eine rasche Abkühlung der Ware bewirkt, teils damit sie nicht heiß aufgewickelt wird, teils damit sie die durch das Pressen erhaltene Form nicht verliert. Immerhin ist dies kein Abkühlen unter Druck, so daß dieser Zweck nur unvollkommen erfüllt wird.

Die konstruktive Durchführung einer solchen Einmuldenpresse zeigt die Abb. 237 in der Bauart Gessner, die auch die Übersetzung erkennen läßt; der Zylinder macht 4 Umdrehungen in der Minute, was bei 600 mm Zylinderdurchmesser 7,5 m Warengeschwindigkeit entspricht. Der Kraftbedarf einer solchen Maschine ist 3 bis 4 PS.

Eine andere Art der Zylinderabhebung ist aus Abb. 238 zu ersehen, welche ebenfalls eine Bauart von Gessner in Aue darstellt. Die Zugstange s ist in einen kurzen Hebel h eingehängt, der durch das Zahnsegment z_1 mit Kurbel k und Zahnrad z_2 um 180° gedreht werden kann, wie die schematische Zeichnung Abb. 239 erkennen läßt. Zur Reglung des Preßdruckes und zur Feineinstellung des Zylinders gegen die Mulde dient das Handrad h_1 und die am Ende des Belastungshebels H_1 gelenkig eingehängte Schraubenmutter m.

Die Mulde umspannt nahe zu die Hälfte des Zylinders;

sie muß daher sehr starkwandig ausgeführt werden, um den hohen Druck auszuhalten. Dadurch wird aber der Wärmedurchgang erschwert, was Wärmeverluste und geringe Preßwirkung zur Folge hat. Dieser Grundgedanke führte zum Bau

einer Zylinderpresse, deren Mulde aus zwei Abteilungen besteht, wie die Abb. 240 zeigt (Ausführung von Rudolph & Kühne). Die erste Abteilung an der Wareneinlaufseite erhält ebenso Heizdampf wie die zweite Abteilung an der Warenauslaufseite. Hierdurch wird eine längere Preßdauer und ein höherer Preßeffekt erzielt. Die Zwischenwand dient zur Versteifung, damit eine Deformation der Wandung vermieden wird; auch kann man etwas dünnere Wandstärken

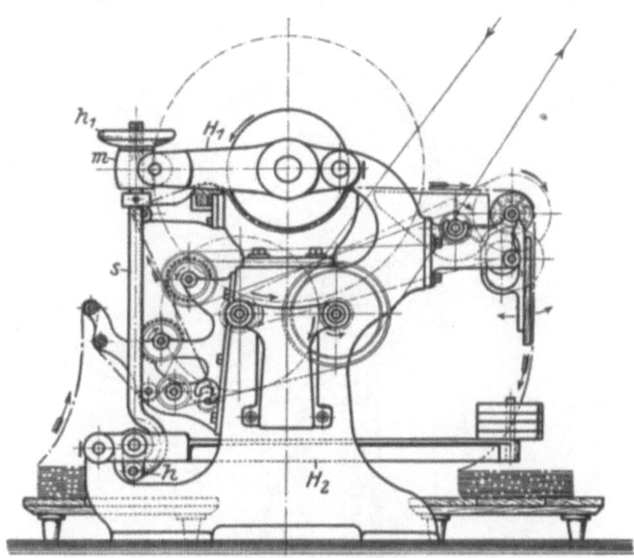

Abb. 238. Die Zylinderabhebung von Ernst Gessner A.-G.
(Konstruktive Ausführung.)

benützen, um die Wärmeübertragung zu verbessern. Diese Zeichnung sowie die Ansicht (Abb. 241) zeigt auch den hydraulischen Andruck der Mulde, die sich aber nicht eingeführt hat.

In vollkommenster Weise hat dieses Problem: Ausnützung des Zylinderumfanges, Verlängerung der Preßdauer und zugleich Entlastung der Zylinderlagerung Ernst Gessner in Aue durch Anordnung zweier Preßmulden gelöst, wie Abb. 245 zeigt. Dies ist die Zweimuldenpresse. Die beiden Mulden M_1 und M_2 sind in kräftigen Hebeln H_1 und H_2 gelagert und durch die Schrauben s_1 und s_2 fein einstellbar. Der Andruck an den Zylinder Z geschieht vermittels der federnden Stange S, welche einerseits mit dem Zahnbogen z_1 und Zahnrad z_2, ander

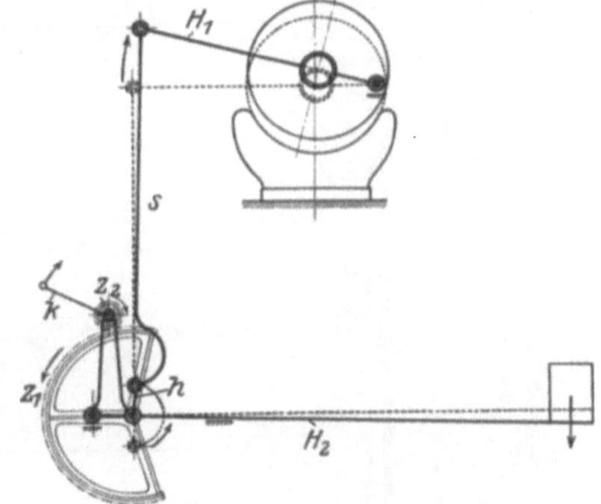

Abb. 239. Die Zylinderabhebung nach Abb. 238.
(Schematische Darstellung.)

seits mit einer Schraubenspindel s, Schraubenmutter m und Schneckentrieb mit Handrad h versehen ist. Das Zahnbogengetriebe ist im Hebel H_1, das Schneckengetriebe im Hebel H_2 gelagert. Das Schneckengetriebe dient zur Spannung der Feder, also zur Einstellung des Preßdruckes, der an einer mit dem Schneckenrad verbundenen Zifferscheibe (Abb. 244) abgelesen werden kann;

das Zahnbogengetriebe dient zum Abheben der Mulden (Entlastung der Presse). Die Hebel H_1 und H_2 sind exzentrisch gelagert und dadurch in der Höhen-

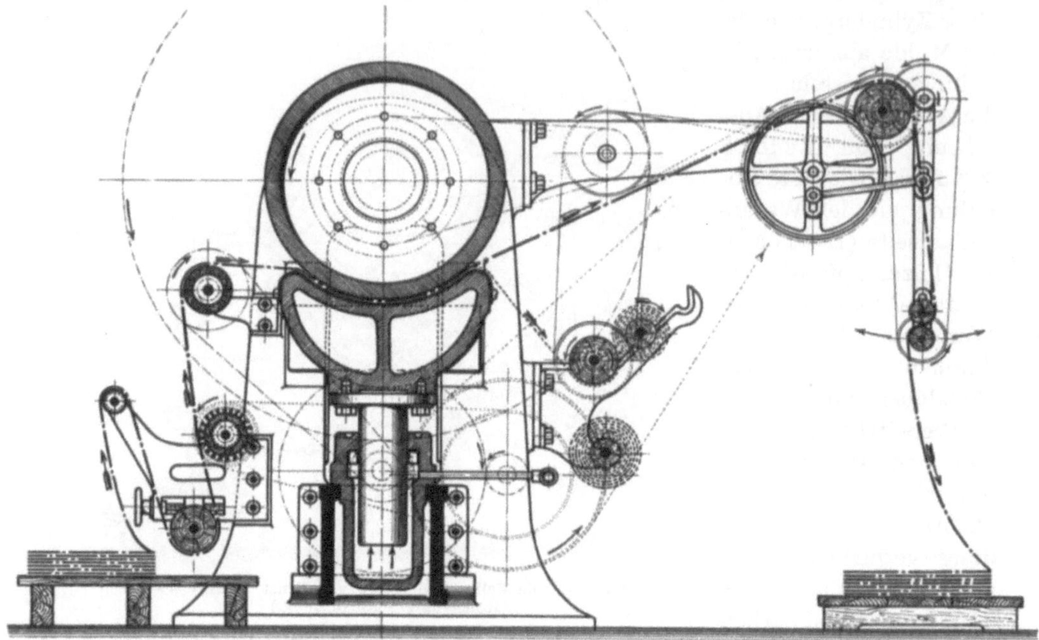

Abb. 240. Die hydraulische Muldenpresse mit zwei Kammern von Rudolph & Kühne. (Querschnitt.)

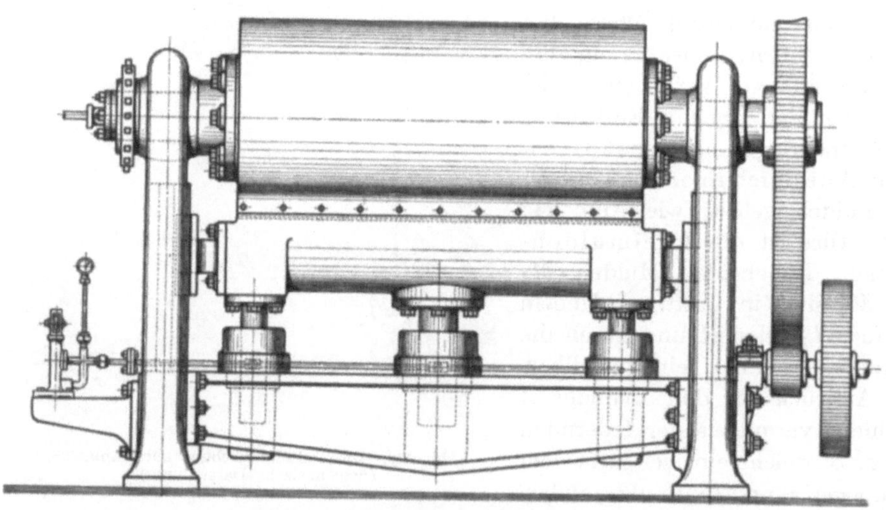

Abb. 241. Die hydraulische Muldenpresse von Rudolph & Kühne. (Vorderansicht.)

richtung einstellbar, wobei sich die Mulden mit dem unteren Ende auf den schiefen Ebenen E_1 und E_2 aufstützen. An der Wareneinlaufseite befindet sich ein Dämpftisch, an der Warenauslaufseite kann auch eine Kühlvorrichtung angeordnet werden, wie in Abb. 235 zu sehen ist. Beide Mulden sind mit Neusilberspan ausgekleidet, um den Gleitwiderstand der Ware zu verringern.

Die Abb. 243 zeigt die konstruktive Durchführung einer Zweimuldenpresse von Gessner. Die Erteilung des Preßdruckes mittels des Schneckengetriebes und des Zahnbogengetriebes sowie die Höheneinstellung der exzentrisch gelagerten Hebel H_1 und H_2 sind aus der Abb. 244 ersichtlich.

Für besonders glanzlose Appretur versieht man die Muldenpresse mit einem endlosen Filz, der um den Zylinder läuft und durch eine Spannwalze immer straff gehalten wird. Abb. 245 zeigt eine sogenannte Filzpresse von Ernst Gessner in Aue. Der Filz F geht über den Zylinder Z und die Spannwalze W. Durch die rauhe Zylinderoberfläche wird der ebenfalls rauhe Filz mitgenommen, der seinerseits an der Ware so viel Reibung findet, daß kein Gleiten und darum auch keine Glanzgebung auftreten kann. Auf der der Mulde zugekehrten Seite ergibt sich natürlich doch ein Hochglanz. Um auch diesen zu beseitigen, wird nach der in Abb. 246 dargestellten Filzpresse (ebenfalls von Ernst Gessner in Aue) der Filz F zwischen Ware W und Mulde M mitlaufen gelassen.

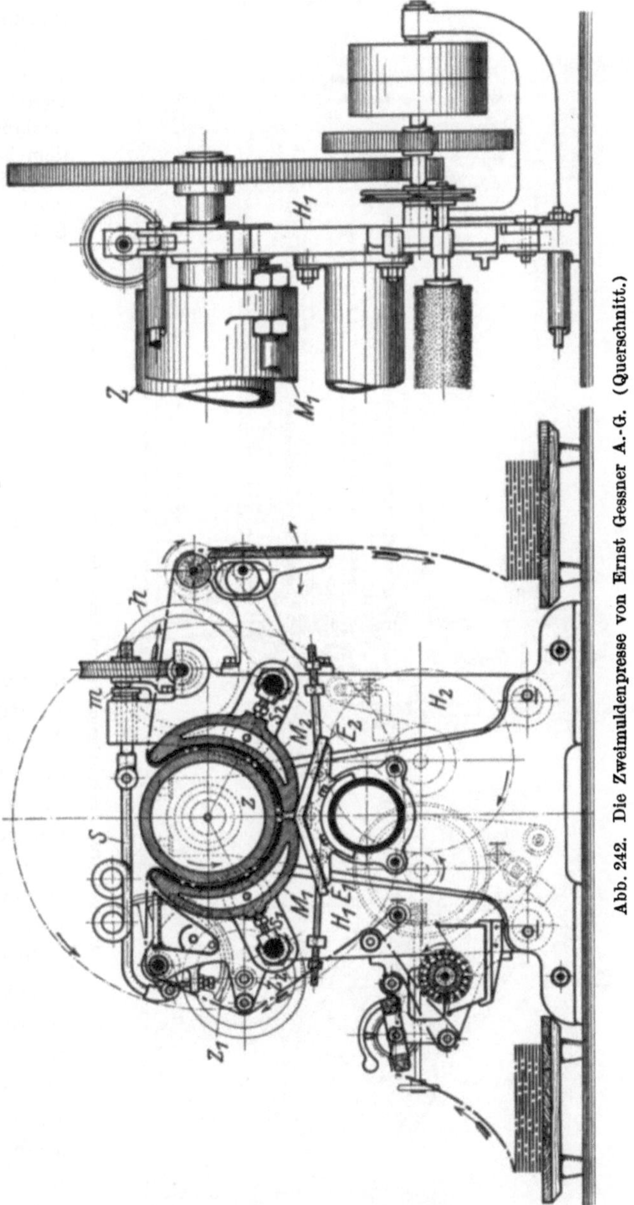

Abb. 242. Die Zweimuldenpresse von Ernst Gessner A.-G. (Querschnitt.)

Der weiche Filz verhindert auch ein Glattdrücken der Ware, so daß auch erhabene Muster geschont bleiben. Ferner wird infolge der Mitnahme der Ware ohne relative Geschwindigkeitsunterschiede keine Längenstreckung hervorgerufen; diese

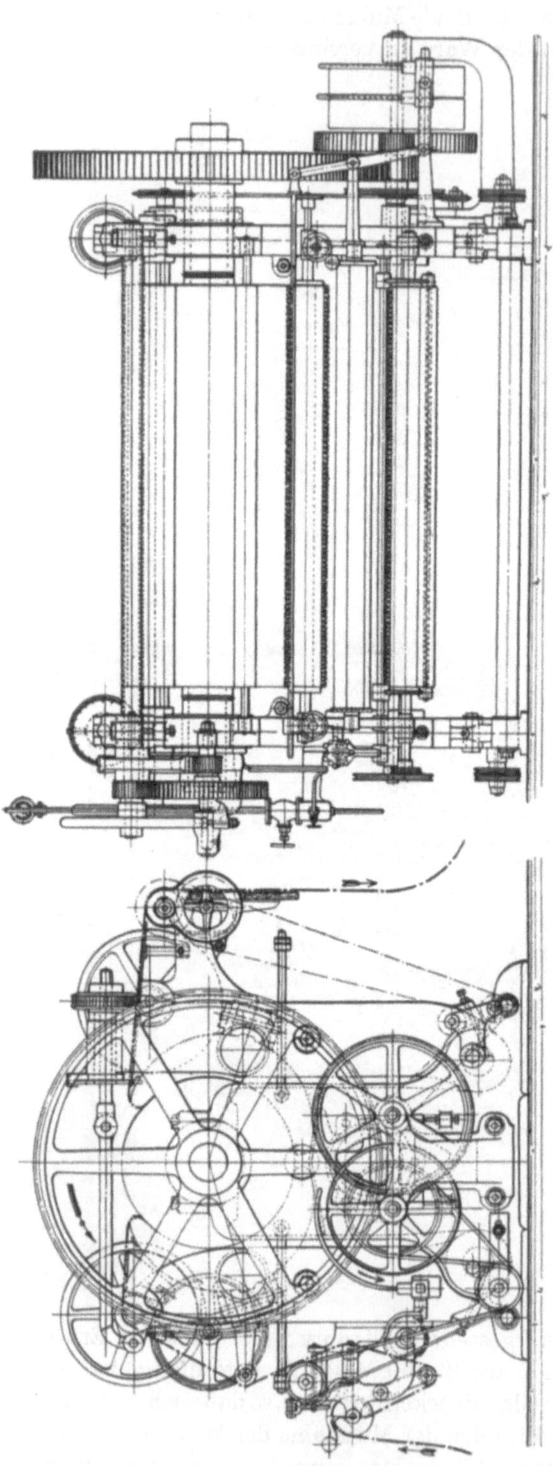

Abb. 243. Die Zweimuldenpresse von Ernst Gessner A.-G. (Gesamtansicht.)

Presse eignet sich daher auch zum Fertig- und Nachpressen von krumpffreien oder nadelfertigen Waren.

Die endlosen Filze dürfen selbstverständlich keine Naht haben. Sie werden auf breiten Webstühlen als Schlauchgewebe erzeugt, deren Breite dem halben Umfange des Rundfilzes entspricht, während die Arbeitsbreite der Presse die Länge des vom ganzen Stück abzuschneidenden Rundfilzes bestimmt. Die Längsrichtung beim Rundlaufen ist die Schußrichtung des Gewebes und die Querrichtung (parallel zur Zylinderachse) die Kettrichtung des Gewebes.

Das Spanpressen. Dieses hat seinen Namen davon, daß das Pressen der Ware zwischen vollkommen glatten Pappendeckeln, Preßspäne genannt, vor sich geht. Zu diesem Zwecke bedarf die Ware einer Vorbereitung, welche man das Einspänen nennt. Während das Gewebe in der Muldenpresse in voller Breite behandelt wird, geschieht dies beim Spanpressen zumeist in halber Breite, da die Presse für ganze Breite zu große Abmessungen erhält und einen sehr großen Kraftaufwand erfordert. Trotzdem ist man in neuerer Zeit zum Pressen in voller Breite übergegangen, da es sehr viele wirtschaftliche und technische Vorteile bietet. Die wirtschaftlichen Vorteile bestehen darin, daß man das Falten oder Dublieren, auch Stoßen genannt, erspart und die doppelte Warenmenge auf einmal pressen kann. Die technischen Vorteile bestehen darin, daß infolge des Entfallens der preßfreien Rücken die Ware in der Breite gleichmäßiger gepreßt wird. In der

Länge kommen aber die ungepreßten Rücken auch vor, weshalb auch hier ein zweites Pressen mit den Rücken in der Mitte der Preßfläche notwendig ist.

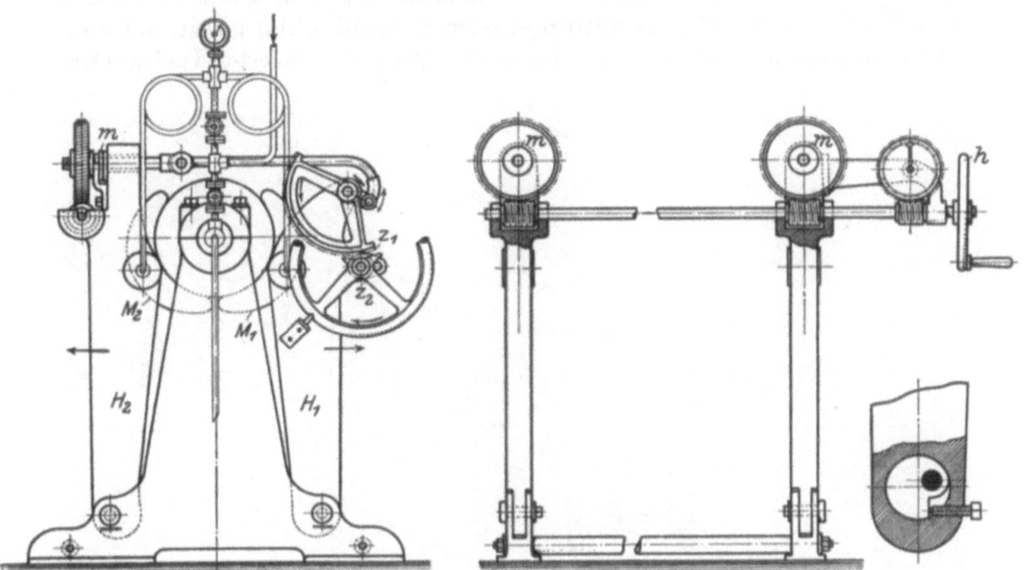

Abb. 244. Die Momententlastung der Zweimuldenpresse nach Abb. 243.

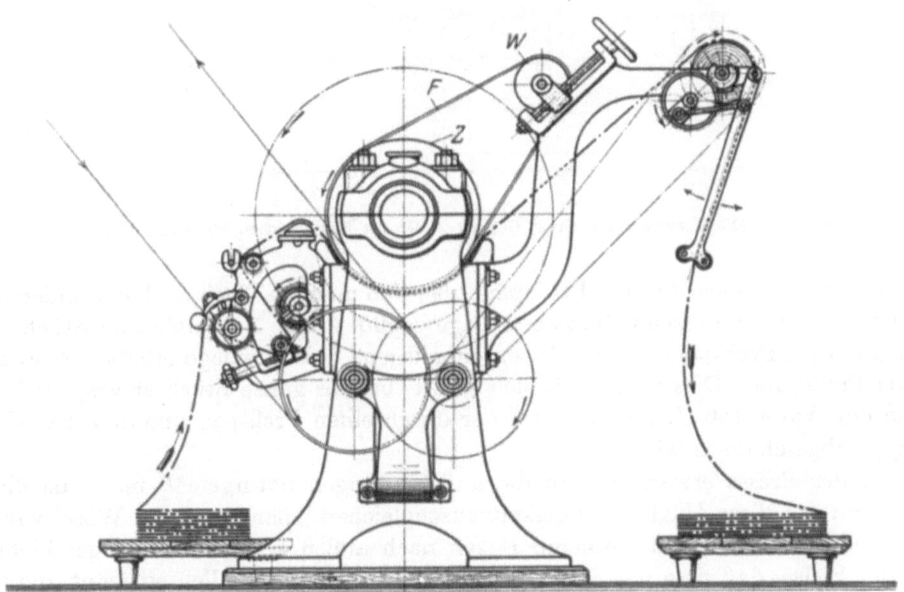

Abb. 245. Die Filzpresse von Ernst Gessner A.-G. mit Filz zwischen Ware und Zylinder.

Die Leiste darf in keinem Falle mitgepreßt werden, worauf man beim Einspänen achten muß.

Das Einspänen ist gegenwärtig immer noch zumeist Handarbeit und wird gleichzeitig mit dem Doublieren oder Stoßen ausgeführt. Man bedient sich hierzu einer langen Holztafel (Einspäntisch), welche zwei drehbare Holzwalzen trägt, um die Ware leichter einziehen zu können. Auf den Tisch wird zuerst ein starker Pappendeckel (Brandpappe oder Branddeckel) gelegt, auf diese ein Preßspan, darauf kommt der Anfang des mittlerweile dublierten Tuchstückes.

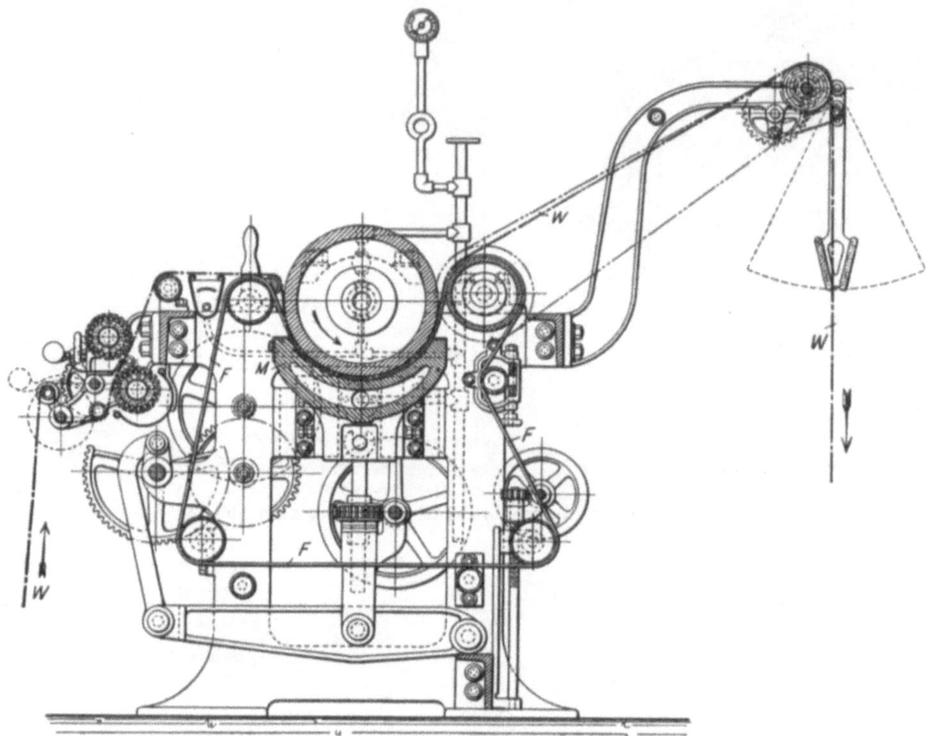

Abb. 246. Die Filzpresse von Ernst Gessner A.-G. mit Filz zwischen Ware und Mulde.

Dann legt man einen zweiten Preßspan, über den man das Tuch nach der anderen Seite zieht, welches somit die zweite Lage gebildet hat. Bei dublierten Stücken hat man die Preßspäne in den Falten einzulegen; jede Preßlage erhält demnach zwei Preßspäne. Dies wiederholt sich so oft, bis das ganze Stück eingespänt ist und ein Warenstoß (Lage) entsteht, der durch einen Preßspan und eine Brandpappe abgeschlossen wird.

In der Presse erwärmen sich die äußeren Lagen naturgemäß mehr als die inneren; um diese Ungleichmäßigkeit auszugleichen, spänt man die Ware beim zweiten Male so, daß die inneren Lagen nach außen kommen. Dies geschieht in der Weise, daß man das Stück bis zur Hälfte wie gewöhnlich einspänt, dann herumwirft, wodurch der Anfang in die Mitte kommt. Die nun unten liegende Hälfte legt man soweit heraus, wie die Höhe der ersten Hälfte ausmacht und spänt die zweite Hälfte durch. Hierauf legt man diese nach links, kippt sie rechts auf die erste Hälfte und legt die Späne ein. Dadurch kommen beide Enden in die Mitte. Dies nennt man Taschen- oder Mantelpressen.

Bei strichloser Ware kann man an dem einen oder anderen Ende beginnen; bei Strichware dagegen beginnt man beim Vorderende oder Schlage mit dem Einspänen, da man sonst durch das Einschieben der Späne das Haar wieder aufrichten und den Strich zerstören würde.

Die Einspänmaschine arbeitet in der Weise, daß die Ware von einer Rolle in einen Rahmen eingeführt wird, der auf Rollen gelagert ist und auf einem Wagen hin und her läuft. Unterhalb des Rahmens sind auf jeder Seite zwei Gummibälle angebracht, die mit einer Saugleitung in Verbindung stehen und die auf seitlichen Tischen aufgestapelten Preßspäne erfassen, um sie in die gleichzeitig sich bildenden Warenlagen einzulegen. Wenn der Rahmen in der Mitte der Maschine angelangt ist, öffnet sich ein Luftventil, wodurch die saugende Wirkung der Gummibälle aufgehoben wird und die Preßspäne mit der Ware auf einen darunter befindlichen Tisch fallen, der sich entsprechend senkt, damit seine Oberfläche stets in Arbeitshöhe bleibt. In demselben Maß heben sich die seitlichen Tische mit den vorbereiteten Preßspänen.

Das Ausspänen der fertig gepreßten Ware geschieht ebenfalls mit der Hand. Die hierfür gebauten Maschinen sind sehr einfach und bestehen in einem Ablegeapparat (Tafelapparat, Abtafelvorrichtung), der die Ware vom Warenstoß abzieht, wobei die Preßspäne zu beiden Seiten in vorbereitete Mulden oder Tressen fallen. Die Ware wird zur Unterstützung der Ablegearbeit zweckmäßig mittels eines in der Mitte untergelegten Holzbalkens hohl gelegt.

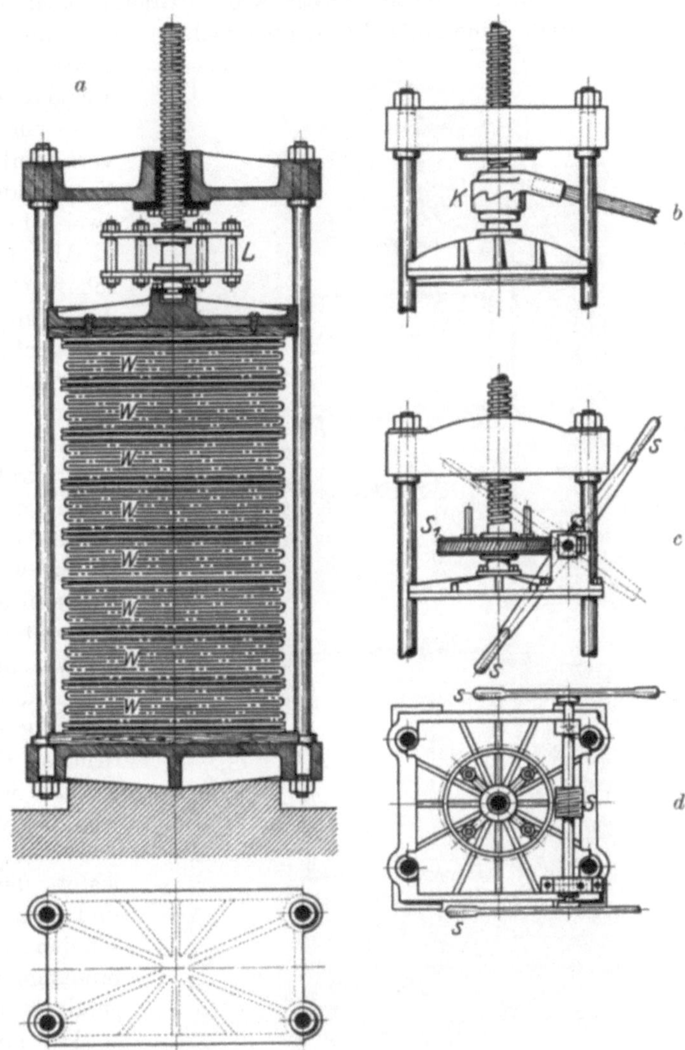

Abb. 247. Die Spanpresse (Handpresse, Spindelpresse). *a* mit Laterne, *b* mit Klauenkupplung, *c—d* mit Schneckenrad.

Nun wird die eingespänte Ware „eingesetzt", d. h. Stoß um Stoß in die Presse gebracht, indem man zu unterst und zwischen den einzelnen Stößen vorgewärmte Eisenplatten legt; auch zu oberst kommt eine solche erwärmte Eisenplatte. Diese Eisenplatten sind die eigentlichen Preßplatten, welche die zur Formgebung erforderliche Wärme durch die Brandplatten hindurch an die Ware abgeben.

Diese Wärmeabgabe ist ein natürlicher Vorgang, den man nicht beliebig beschleunigen kann, darum braucht es geraume Zeit, bis der Warenstoß gleichmäßig durchwärmt ist. Da außerdem die Ware bis zum völligen Erkalten unter Druck bleiben muß, so benötigt dieser Arbeitsvorgang einen Zeitaufwand von 6 bis 12 Stunden. Eine Aufsicht ist aber nicht nötig, weshalb man das „Einsetzen"

gewöhnlich unmittelbar vor Feierabend oder — bei Schichtwechsel — vor Beendigung der Schicht vornimmt und die Ware über Nacht oder während einer bzw. zwei Schichten in der Presse läßt.

Um auch diese Arbeit wirtschaftlich zu gestalten, geschieht das Einsetzen in besonderen „Wagen", die aus einem auf Rädern laufenden „Preßtisch" und einem „Preßdeckel" bestehen, das sind starke Eisenplatten, die durch kräftige Schrauben miteinander verbunden werden können (siehe Abb. 251). Nach dem Einsetzen wird der Wagen in die hydraulische Presse eingefahren und unter Druck gesetzt, wobei die Warenlagen zusammensinken, so daß die Schrauben bis zur Erreichung des eigentlichen Preßdruckes (150 bis 400 at) nachgezogen werden müssen. Hierauf wird die hydraulische Presse durch Ablassen des Preßwassers entlastet, der Wagen ausgefahren und zum Abkühlen beiseite geschoben, worauf ein neuer Wagen mit eingesetzten Warenstößen eingefahren werden kann.

Der eingesetzte Wagen steht unter einem Druck, der nur vom Gewicht der eingesetzten

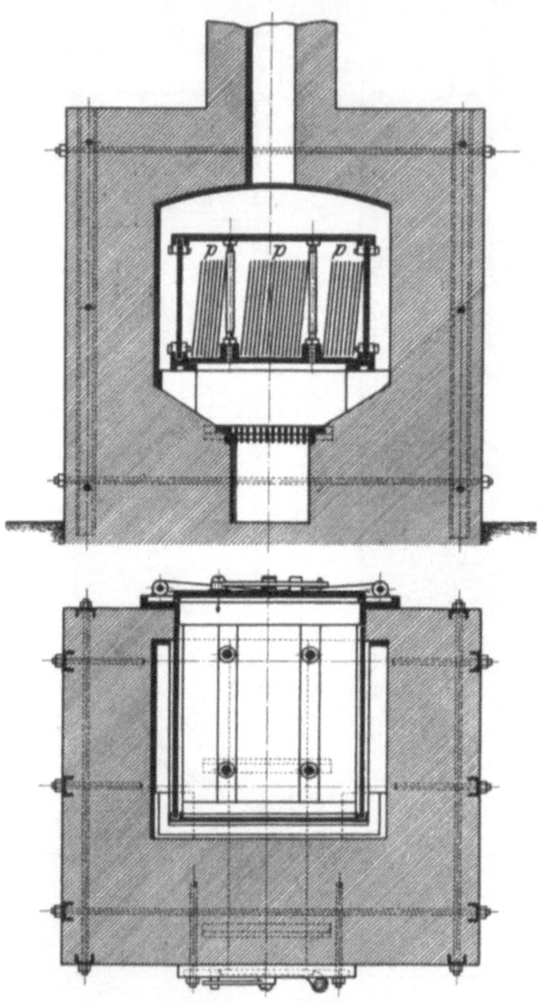

Abb. 248. Der Plattenofen (Querschnitt und Grundriß).

Warenstöße herrührt, also sehr klein ist. Die Druckgebung in der hydraulischen Presse geht in zwei Stufen vor sich: Die erste Stufe dient dazu, um die natürlichen Zwischenräume, die vom Einspänen und Einsetzen herrühren, zu beseitigen; hierzu ist kein großer Druck, etwa 15 bis 20 at, erforderlich, der aber zweckmäßig bis auf 50 at getrieben wird, als Übergang zum eigentlichen Pressen, bei welchem der Druck plötzlich ansteigt und entsprechend langsam dann auf 150 bis 400 at wächst. Die Preßpumpe ist dementsprechend so eingerichtet, daß sie mit zwei Preßkolben arbeitet, da man für die erste Stufe eine kleinere

Übersetzung als für die große benötigt. Während der ersten Stufe arbeitet ein großer Kolben (Füllkolben) auf den Plunger (Tauchkolben) der hydraulischen Presse; nach Erreichung des zugehörigen Druckes erfolgt die selbsttätige Umsteuerung, d. h. Ausschaltung des großen und Einschaltung des kleinen Kolbens (Druckkolbens). Trotzdem erfordert die Bedienung der Preßpumpe große Aufmerksamkeit und müssen die Druckmesser (Manometer) während des Pressens ständig beobachtet werden. Die beiden Grenzdrücke sind auf dem Druckmesser durch rote Striche kenntlich gemacht.

Die Pressen unterscheiden sich nach der Art der Betätigung in Schrauben- oder Spindelpressen und in hydraulische Pressen; nach der Art, wie die Preß-

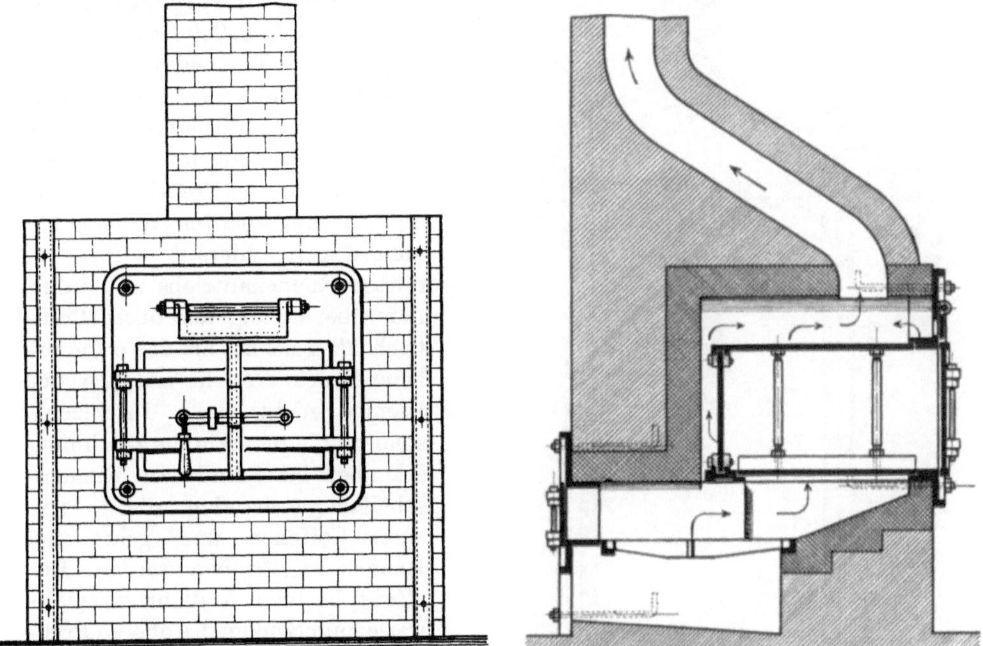

Abb. 249. Der Plattenofen. (Längsschnitt und Vorderansicht.)

platten erwärmt werden, in Pressen mit ofengeheizten Preßplatten, mit dampfgeheizten und mit elektrisch geheizten Preßplatten.

In Abb. 247 ist eine Handpresse dargestellt. Man erkennt die eingespänten Warenstöße W, die zwischen den Branddeckeln B liegen. Die Branddeckel sind durch die Preßplatten p getrennt, die in diesem Falle in einem sogenannten Plattenofen erwärmt werden müssen. Dieser ist ein Muffelofen (Abb. 248 und 249), der durch eine Rostfeuerung geheizt wird. Die Hitze braucht nur eine gelinde zu sein, da die Preßplatten nicht glühend werden dürfen, um die Branddeckel nicht zu versengen. Die Preßplatten p werden aufrecht in den Ofen eingeschoben, damit sie mittels Zangen leicht wieder herausgezogen werden können. Das Auflegen auf die Branddeckel geschieht mit den Händen, die die Arbeiter zuvor mit Filzhandschuhen (Fäustlingen) bekleiden.

Die Warenstöße ruhen auf dem unteren Preßtisch T und werden durch Niederschrauben des oberen Preßtisches T_1 zusammengepreßt. Das Drehen der

Schraubenspindel geschieht entweder — wie in der Hauptzeichnung dargestellt — mittels einer sechsteiligen Laterne L, zwischen deren Stäbe man einen langen Knebel steckt. Etwas beschleunigt wird die Arbeit durch Anwendung einer Klauenkupplung K, an Stelle der Laterne (Abb. 247 b); einen ununterbrochenen Antrieb gestattet die Schneckenradübersetzung SS_1 mit Spillenrad s (Abb. 247 c und d). Immerhin kann man mit einer solchen Presse nur geringe Drücke ausüben und wenig Pressungen ausführen, da die Stücke bis zum Auskühlen in der Presse verbleiben müssen. Darum haben sich

a) Die Spindelpressen eingeführt. In Abb. 250 ist eine Spindelpresse mit Transmissionsantrieb von F. B. Rucks & Sohn, Glauchau, dargestellt, die ebenfalls nur für kleine Leistungen bestimmt ist. Auf dem unteren Preßtisch T werden die eingespänten Warenstöße aufgestapelt; hierauf wird vermittels Riemenantriebs und Zahnräderübersetzung der obere Preßtisch T_1 gesenkt, bis der erforderliche Druck erreicht ist, d. h. der Riemen nicht mehr durchzieht, sondern gleitet. Wie die Zeichnung erkennen läßt, sind zwei Riemenscheiben vorhanden, die je von einem offenen und gekreuzten Riemen angetrieben werden. Der offene Riemen R dient beispielsweise zum Senken des oberen Preßtisches, also zum eigentlichen Pressen, der gekreuzte R_1 zum Heben des oberen Preßtisches, um nach beendigtem Pressen die Ware herausnehmen zu können. Die Handhebel h und h_1 dienen zum Ein- und Ausrücken der Riemenantriebe.

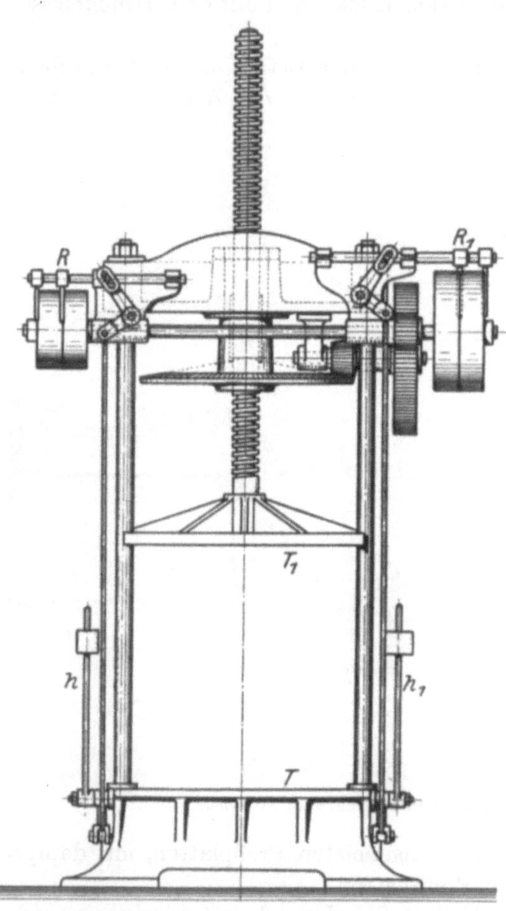

Abb. 250. Die Spindelpresse (Spanpresse) mit Transmissionsantrieb von F. B. Rucks & Sohn.

b) die hydraulischen Pressen haben sich bereits allgemein eingeführt (Abb. 251). Der untere Preßtisch T ist mit dem Tauchkolben K fest verbunden. Unabhängig davon wird der Kopf (Gegenplatte) P von vier starken Säulen S getragen. Außerhalb der Presse wird der Wagen beschickt. Dieser besteht aus den beiden Platten p und p_1, deren untere (p) auf Rädern sitzt und auf den Schienen s ein- und ausgefahren werden kann. Die obere Platte (p_1) ist mittels Mutter und Gegenmutter auf den Säulen getragen, die mit ziemlich tief herabreichendem Schraubengewinde versehen sind. Wenn der Wagen in die Presse eingeschoben ist, wird der Preßtisch so hoch gehoben, bis die obere Platte p_1 an der Gegenplatte

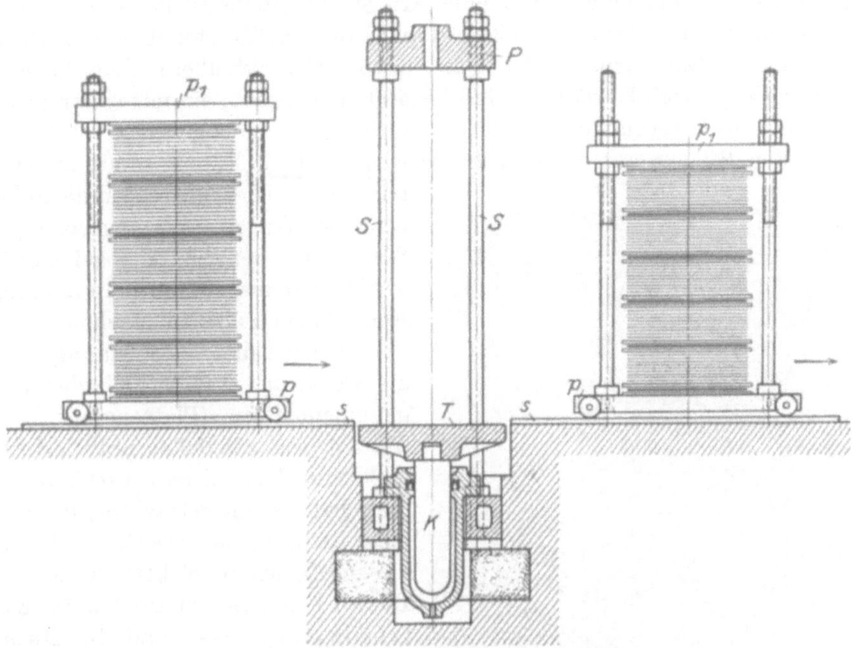

Abb. 251. Die hydraulische Spanpresse mit Wagen.

P anliegt; dann werden die unteren Schraubenmuttern niedergeschraubt, damit beim weiteren Heben des Preßtisches das Zusammendrücken der Warenstöße ungehindert vor sich gehen kann; in demselben Maße müssen die oberen Schraubenmuttern nachgezogen werden.

Bis zu dem Zeitpunkte, wo die obere Platte p_1 die Gegenplatte P berührt, herrscht kein Druck in der Pumpe, das Manometer zeigt nahe auf Null. Dann folgt das Zusammendrükken bis auf etwa 50 at mittels des großen Kolbens der Pumpe (Füllkolben); bei den

Abb. 252. Die Preßpumpe von F. B. Rucks & Sohn.

neueren Preßpumpen (von F. B. Rucks & Sohn, Glauchau i. Sa.) arbeiten in der ersten Stufe beide Kolben gemeinsam (Abb. 252). Nach Erreichung dieses Druckes (bei großen Anlagen 60 bis 70 at) wird der große Kolben selbsttätig

ausgeschaltet, zu welchem Zweck eine Art Sicherheitsventil mit einem Steuerhebel verbunden ist, der auf das Zulaufventil für den Tauchkolben einwirkt und
dieses schließt. Dann arbeitet der kleine Kolben (Druckkolben) allein, bis er den
Höchstdruck (je nach Einstellung 150 bis 400 at) erreicht; ein mit einem zweiten
Sicherheitsventil verbundener Hebel löst dann den gebogenen Gewichtshebel
aus, der den Riemen auf die Losscheibe wirft und die Pumpe somit außer Betrieb setzt. Hierauf werden die Schrauben am Wagen fest angezogen, das
Wasser aus der Pumpe abgelassen und der Wagen ausgefahren, um dem nächsten Wagen Platz zu machen.

Abb. 253. Die Elektroplattenpresse
von F. B. Rucks & Sohn.

Auch bei dieser Anordnung müssen die Preßplatten außerhalb der Presse
in einem Ofen (Plattenofen) erhitzt werden, was zweifellos mit Verlust an
Zeit und Heizmitteln verbunden ist. Man hat darum getrachtet, diese Ver-
luste dadurch zu beseitigen, daß man die Preßplatten elektrisch oder mit
Dampf heizt. So entstanden die Elektroplattenpresse und die Dampfplattenpresse.

Die Elektroplattenpresse, in Abb. 253 in einer Ausführungsform von
F. B. Rucks & Sohn, Glauchau, dargestellt, besitzt die Heizplatten zwischen dem Preßtisch und der Gegenplatte so eingebaut, daß sie einzeln
durch eine besondere Hebevorrichtung in jede beliebige Höhe gebracht werden können. Die Heizplatten ruhen zu diesem Zwecke auf Bolzen auf, die mit
einer Kette gekuppelt werden können; die Kette kann durch ein Räderwerk
nach beiden Richtungen gedreht wer-
den. Die Heizplatten bestehen aus
Schmiedeeisentafeln, zwischen denen die Heizelemente gut isoliert untergebracht
sind. Zu jeder Heizplatte geht eine Zuleitungsschnur, die in der Schalttafel an
der Wand ihren besonderen Ausschalter und ihre Stöpselsicherung besitzt. Bei
der ersten Pressung ist die Dauer des Anheizens 20 bis 30 Minuten, bei den folgenden Pressungen entsprechend kürzer. Die Plattenzahl ist beliebig und beträgt
in der Regel 6, 12 oder 21.

Das Einsetzen geschieht in der Weise, daß zunächst sämtliche Heizplatten
hochgehoben werden; hierauf wird der erste Warenstoß eingelegt und die unterste
Heizplatte darauf gesenkt, dann folgt der zweite Warenstoß usf. Die Tuchstapel
müssen bis zum Abkühlen in der Presse verbleiben, weshalb je nach dem Umfang der Erzeugung mehrere Pressen erforderlich sind. Will man auch hier ein-

und ausfahrbare Wagen verwenden, so geschieht das Einspänen für den ganzen Tuchstapel mittels gewöhnlicher Preßspäne und zeitweiligen Einlegens von elektrischen Heizspänen, die aber sehr empfindlich sind und häufiger Reparaturen bedürfen.

Die Presse kann in halber oder ganzer Warenbreite ausgeführt werden, wonach sich der Stromverbrauch richtet, der bei einer Plattengröße von 850 × 1150 mm etwa 700 Watt beträgt.

Die Dampfplattenpresse ist in Abb. 254 in einer Ausführungsform von F. B. Rucks & Sohn, Glauchau, als Breitpresse veranschaulicht. Die Einrichtung zum Heben und Senken der Heizplatten ist die gleiche wie bei der Elektroplattenpresse. Die Dampfplatten sind massive, 24 bis 25 mm starke Schmiedeeisenplatten, in denen die Kanäle für den durchströmenden Dampf eingebohrt sind. Die Zuführung des Dampfes in die Platten erfolgt mittels eines Stopfbüchsenregisters, dessen Röhren den Weg der Platten mitmachen. Auch hier können beliebig viele Platten verwendet werden, in der Regel 6, 12 oder 21, wonach sich die Leistungsfähigkeit der Presse richtet. Das Einsetzen in einen Wagen, also außerhalb der Presse, ist allerdings bei der Dampfplattenpresse nicht möglich.

Abb. 254. Die Dampfplattenpresse von F. B. Rucks & Sohn.

Um das Einsetzen zu erleichtern, ist die Presse bis zu etwa ⅓ der Höhe im Fußboden versenkt; der Preßtisch wird anfangs bis zum Fußboden angehoben und nach Maßgabe der eingesetzten Warenstöße gesenkt. Ist er ganz unten angelangt, so müssen die noch einzusetzenden Warenstöße angehoben werden, wozu ein Hebezeug dient, um die Beschickung zu erleichtern.

Der Dampf wird schon während des Einsetzens eingelassen, wodurch die Platten in etwa 10 Minuten vollständig und gleichmäßig warm werden, alsdann wird der Dampf abgestellt. Der Dampfverbrauch ist sehr gering und bei vorhandener Kesselanlage kaum merklich.

V. Das Fixieren und Abziehen des Glanzes.

Beim Pressen benützte man die „Formbarkeit" der Schafwolle, um die Fasern an der Gewebeoberfläche niederzulegen, wodurch sie das Licht nur nach einer Richtung reflektieren und dem Gewebe einen Glanz verleihen, der höher ist, als er dem Gebrauchszweck entspricht, und auch als unschön empfunden wird. Man hat also durch das Pressen die Glanzgebung über das natürliche Maß getrieben, was außerdem zur Folge hat, daß der Glanz sich von selbst auf das natürliche Maß zurückbildet, wenn der Zwang, der durch das Pressen auf die Fasern ausgeübt wurde, aufhört. Der Preßglanz ist also einesteils zu hoch — ein übertriebener Glanz heißt auch „Speckglanz" — andernteils nicht beständig; insbesondere vermag er beim Feuchtwerden der Ware keinen Widerstand zu leisten, da dieses die Hauptursache der Rückbildung des Glanzes ist. Geschieht das Feuchtwerden unregelmäßig — z. B. durch Witterungseinflüsse, wie Regen, Schnee u. dgl. —, so erscheint auch der Glanz unregelmäßig verändert und die Ware „fleckig". Die stark gepreßte Ware fühlt sich auch hart und steif an und ein Anzug würde sich nicht angenehm tragen. Schließlich wäre unter den Witterungseinflüssen auch die Länge und Breite nicht beständig, d. h. die Ware würde eingehen, einspringen oder krumpfen.

Es handelt sich also darum: 1. den Preßglanz zu mildern, was man das „Glanzabziehen" nennt, 2. den gemilderten Preßglanz zu „fixieren", d. h. beständig gegen Witterungseinflüsse zu machen; 3. den Griff der Ware etwas weicher und voller, d. h. kerniger zu machen; 4. die Länge und Breite zu „fixieren", d. h. die Ware „krumpffrei" zu machen. Dies ist die Aufgabe und der Zweck des Dekatierens, das ursprünglich — décatir (französisch) = den Glanz nehmen — nur zur Milderung des Preßglanzes verwendet wurde, aber im Laufe der Zeit durch die bei der Bearbeitung gemachten Beobachtungen und Erfahrungen die wichtigste Vollendungsarbeit wurde. Darum sind die Methoden des Dekatierens und die Hilfsmittel hierzu allmählich ausgestaltet und vervollkommnet worden. Daß hierzu wirklich vieljährige Erfahrungen erforderlich waren, beweist der Umstand, daß man in den 80er Jahren des vorigen Jahrhunderts das Dekatieren im Fabrikbetrieb noch nicht kannte, sondern das Krumpffreimachen entweder dem Schneider überließ oder die Stoffe in eine „Dekatieranstalt" schickte, woraus hervorgeht, daß das Dekatieren eine besondere Kunst und ein besonderes Gewerbe war, das zum Teil heute noch besteht.

1. Das Wickeln oder Aufdocken.

Eine wichtige Vorarbeit für das Dekatieren ist das Aufwickeln auf den Dekatierzylinder oder die Dekatierwalze. Man benützt hierzu einen Wickelbock, das ist ein Gestell, das in der Hauptsache einen bremsbaren Warenbaum zur Abwicklung, einen Spannriegel, einen Breithalter und eine Aufbäumvorrichtung enthält. Die Ware muß vollkommen faltenfrei und gleichmäßig gespannt aufgewickelt oder „aufgedockt" werden, auch muß darauf geachtet werden, daß die Leisten genau übereinanderlaufen, da sich alle Unebenheiten in die darunter befindlichen Stofflagen einpressen und daselbst „fixiert" werden. Es sind daher zwei Arbeiter erforderlich, von denen jeder die Ware an einer Leiste richtig und straff führt. Der Anfang und das Ende des Stückes dürfen nicht übereinander kommen, damit kein Wulst entsteht, der ebenfalls in die Ware eingepreßt würde. Das Aufwickeln oder Aufdocken geschieht stets in voller Breite.

Die Dekatierwalze besteht aus einem gelochten (perforierten) Kupferzylinder, der auf einer Seite mit einem Verschlußstück, auf der anderen Seite mit einem hohlen Zapfen zur Zuleitung des Dampfes oder Wassers versehen ist (siehe auch Abb. 255). Da sich die Löcher des Dekatierzylinders ebenfalls in die Ware ein-

pressen würden, muß dieser zuerst mit einem durchlässigen, also weitmaschigen Stoff aus Jute oder grobem Leinen bewickelt werden, hierauf folgt ein feineres Gewebe (Baumwollbarchent); die Ware muß die Löcher überdecken, da sonst der Dampf oder das heiße Wasser durch diese und nicht durch die Ware strömen würde. Der fertig bewickelte Baum wird zunächst wieder mit einem weichen Baumwollstoff (Barchent) und hernach mit einem Jute- oder Leinengewebe umwickelt. Letzteres ist breiter als die Ware; die vorstehenden Leisten werden mit Stricken am Baum befestigt, damit der Dampf oder das heiße Wasser auch hier nicht austreten kann, wie aus der Abb. 255 zu ersehen ist.

Da die Rückseite gewöhnlich nicht so glatt wie die Vorderseite (Schauseite) der Ware ist, würde sie sich auf dieser abpressen; aus diesem Grunde wickelt man in solchen Fällen zwei Warenstücke so auf, daß die Vorderseiten der beiden Stücke aufeinander zu liegen kommen. Auch kann man sich eines Mitläufertuches bedienen, das glatt genug ist, um die Warenober-fläche nicht zu beeinträchtigen.

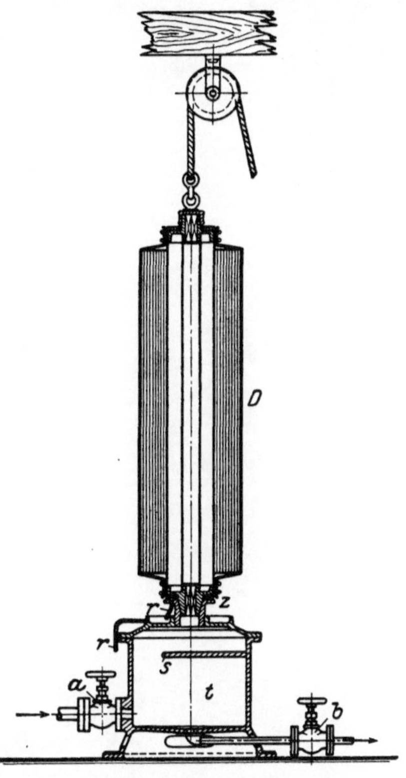

Abb. 255. Der einfache Stockdämpfer (Topf-dekatur) von Ernst Gessner A.-G.

Die Abb. 256 zeigt eine **Dekatier-Auf- und Abwickelmaschine** von **Ernst Gessner A.-G., Aue i. E.** Vom gebremsten Vorbaum B_1 geht ein Warenlauf über den Spannriegel S zur angetriebenen Docke D, vom ebenfalls gebremsten Warenbaum B_2 ein zweiter Warenlauf über die Preßwalze w zur Docke D. Die Walze w wird durch das Gewicht G an die Docke D angepreßt und sorgt für faltenfreie und gleichmäßige Aufwicklung. Die Holzwalze H wird vom Dekatierzylinder D mitgenommen und dient zum faltenfreien und gleichmäßigen Aufwickeln der vom Warenbaum B_1 kommenden Ware. Zum Abwickeln des fertig dekatierten Gewebes wird die Docke in dasselbe Lager wie beim Aufwickeln eingelegt und über Leitwalzen l_1 und l_2 geführt, von denen sie entweder zu einer Wickelwalze W gelangt oder von einem Täfler T abgelegt wird.

2. Das Dekatieren.

Das Dekatieren besteht in einer Behandlung des Stoffes im ausgebreiteten und gespannten Zustande mit Dampf oder heißem Wasser. Das Wollhaar wird durch diese Einwirkung weich und quillt auf, weshalb der Vorgang nur ganz kurze Zeit — 5 bis 10 Minuten — dauern darf, da sonst die Fasern spröde und mürbe

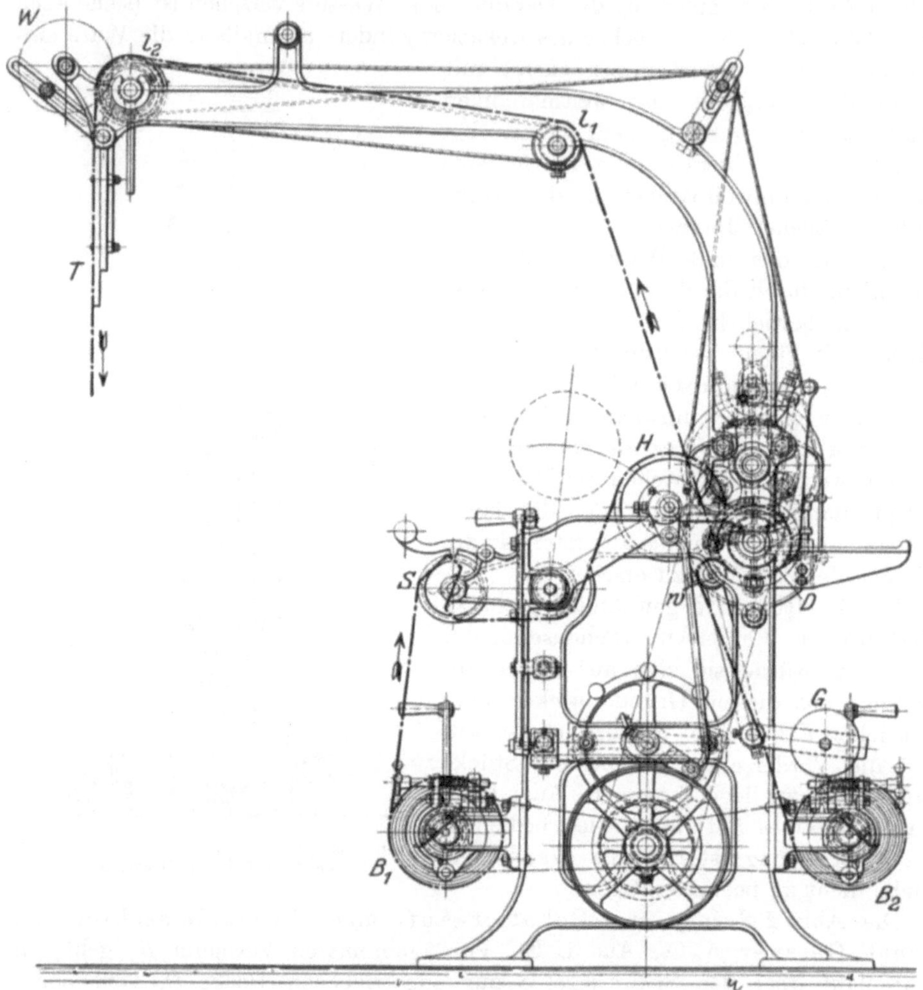

Abb. 256. Die Dekatier-Auf- und Abwickelmaschine von Ernst Gessner A.-G.

würden. Auch auf die Farben muß man Rücksicht nehmen; echte Farben werden beim Dekatieren lebhafter, helle Farben und Weiß werden durch starke Hitze gelblich. Der Dampf muß vollkommen rein sein, da Schlamm, Soda und andere Chemikalien, die von der Wasserreinigung oder vom Kessel herrühren, ebenfalls nachteilig auf die Fasern und Farben einwirken.

Je nachdem, ob man Dampf oder heißes Wasser zum Dekatieren verwendet, unterscheidet man trockene oder nasse Dekatur.

Die Trockendekatur.

Hierunter faßt man jene Vorrichtungen und Verfahren zusammen, bei welchen Dampf zum Dekatieren verwendet wird. Dies kann in verschiedener Art geschehen. Die einfachste und älteste Art ist die sogenannte Topfdekatur oder der Stockdämpfer, der in einer einfachen Ausführung von Gessner in Abb. 255 dargestellt ist. Die Docke D ist mittels des hohlen und außen kegelförmigen Zapfens z in das Mundstück des Dekatiertopfes t dampfdicht eingesetzt. Das obere Verschlußstück k trägt eine Kappe mit Ring zum Anhängen an einen

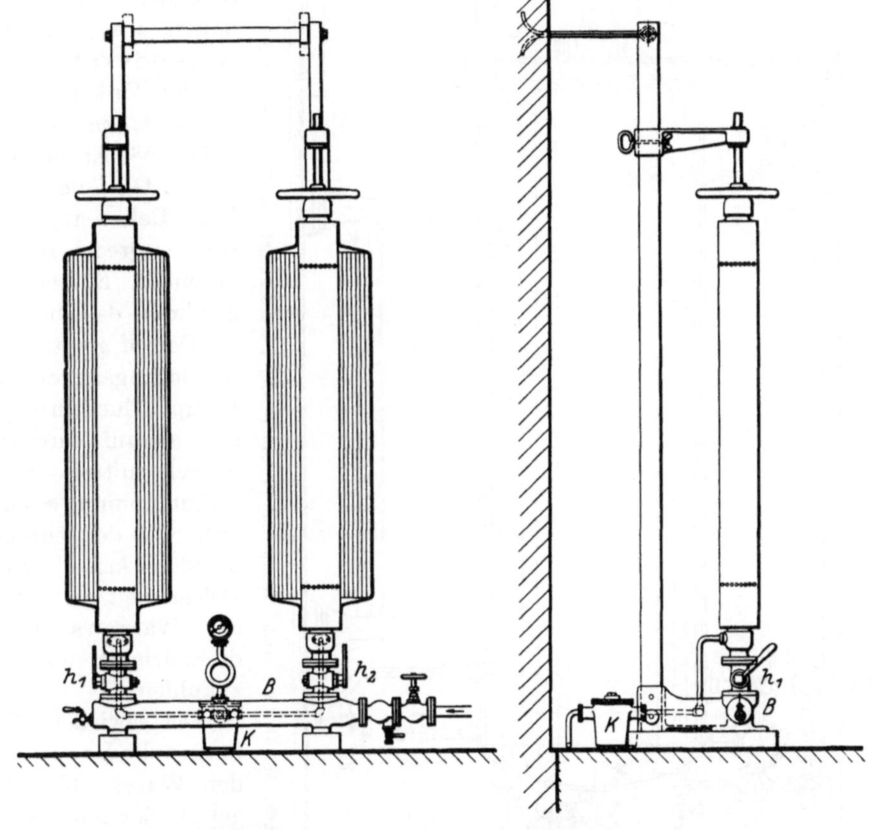

Abb. 257. Der doppelte Stockdämpfer von Ernst Gessner A.-G.

Flaschenzug, um das Aufsetzen auf den Dekatiertopf zu erleichtern. Der Dampf wird durch das Ventil a eingelassen und verliert an der Wand s das mechanisch mitgerissene Wasser (Wasserabscheider); das zwischen den gelochten Röhren sich bildende Kondenswasser wird durch die Röhrchen r abgelassen. Tritt der Dampf an der Außenseite der Docke an allen Stellen aus, so ist das ein Zeichen, daß die Ware gleichmäßig durchfeuchtet ist; dann wird das Ventil a geschlossen. Das Ventil b dient zum Ablassen des überschüssigen Dampfes und des Kondenswassers. Einen doppelten Stockdämpfer von Gessner zeigt die Abb. 257. An Stelle des Topfes ist ein Dampfbehälter B vorhanden, aus dem die Dekatierzylinder

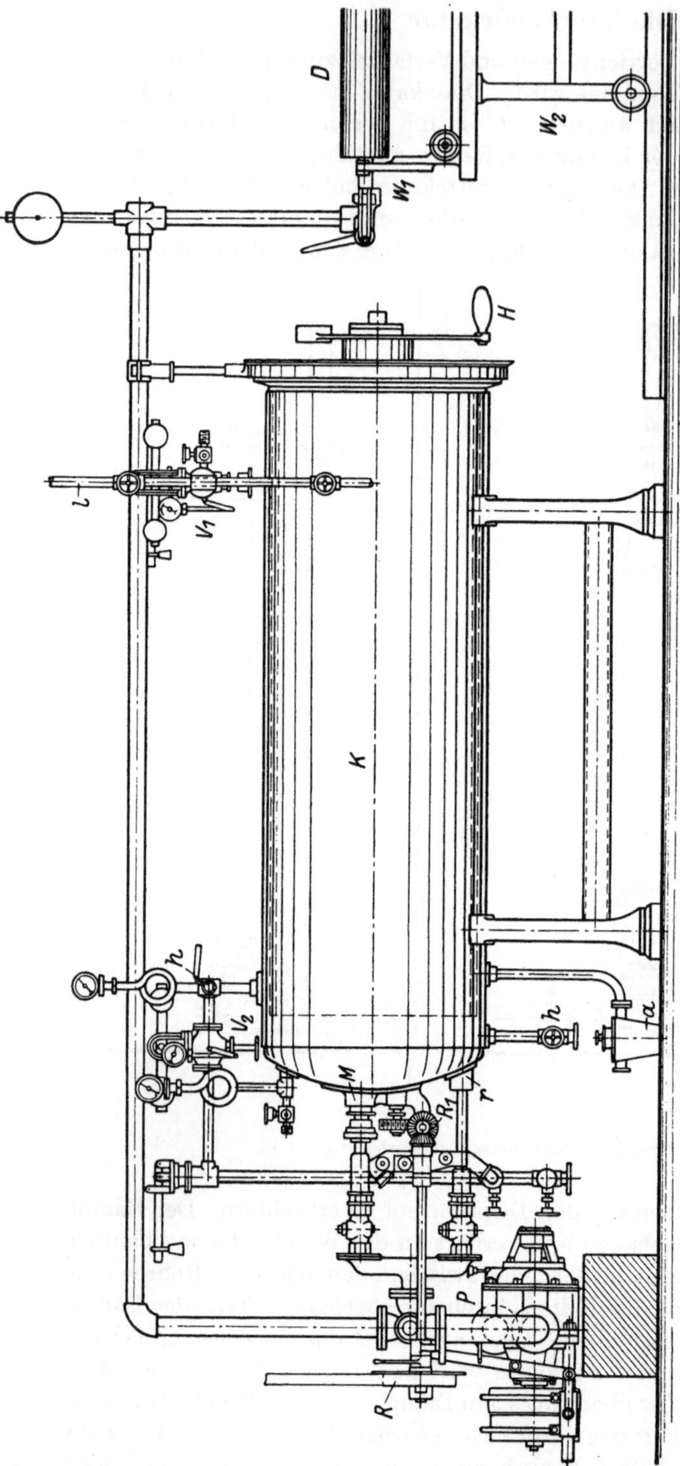

Abb. 258. Der Trockendekatierapparat (Vakuum- oder Kesseldekatur) von Ernst Gessner A.-G.

durch die Dampfhähne h_1 und h_2 gespeist werden. K bedeutet den Kondenswasserablaß. Die Ware bleibt bis zum vollständigen Erkalten aufgedockt.

Eine Beschleunigung des Dekatierens, besonders der Kühldauer, ermöglicht die Kesseldekatur oder der Vakuumdekatierapparat (Abb. 258, Ernst Gessner A.-G., Aue i. E.). Der Dekatierzylinder wird wagrecht in den liegenden Kessel eingefahren, daselbst unter Dampf gesetzt, bis die Docke gänzlich vom Dampf durchdrungen ist; hierauf wird der Kessel mittels einer Vakuumpumpe evakuiert, um der einströmenden kalten Luft Gelegenheit zu geben, die Ware rasch zu durchdringen und abzukühlen.

Der bewickelte Dekatierzylinder wird in den Wagen W_1 eingelegt, der mittels des Wagens W_2 an den Kessel K herangebracht werden kann. Im Inneren des Kessels befinden sich Schienen, auf welche der Wagen W_1 mit der Docke D geschoben wird, bis der hohle, kegelförmige Zapfen auf das Mundstück M am linken

Deckel des Kessels auftrifft. Hierauf wird der rechtsseitige Deckel geschlossen und der auf dieser Seite befindliche Zapfen mittels der Schraube mit Handgriff H abgedichtet. Die Zapfen des Dekatierzylinders sind gleich ausgeführt, so daß man diesen in jeder Lage bewickeln und in den Kessel einführen kann.

Der Kessel ist mit einem Doppelmantel versehen; der dadurch entstehende Hohlraum wird vor dem Dekatieren mittels Dampf angewärmt, um ein Kondensieren des Dampfes und Fleckenbildung in der Ware zu verhüten. Dies geschieht durch das Dampfdruckreduzierventil V_1, welches von der Dampfleitung l gespeist wird. Das im Mantel sich bildende Kondenswasser wird bei a abgeleitet. Dann erfolgt die Füllung des Kessels mit Dampf durch das Ventil V_2, bis die Ware von Dampf durchdrungen ist; hierfür gibt es keine feste Regel, sondern die Dekatierdauer muß für jede Warengattung erprobt werden, ist also Sache der Übung und Erfahrung. Eine zu geringe Dekatierdauer ergibt eine unansehnliche Ware und geringe Krumpffreiheit, ein zu langes Behandeln mit Dampf macht die Ware brüchig und mürbe.

Nach beendigter Dekatierzeit wird die Vakuumpumpe P in Tätigkeit gesetzt, welche den Dampf beim Mundstück M aus dem Dekatierzylinder und beim Rohrstutzen r aus dem Kessel absaugt; durch den gleichzeitig geöffneten Hahn h dringt die Luft von außen ein und kühlt die Ware ab.

Der Antrieb mittels Riemenscheibe R und Räderübersetzung R_1 dient zur Drehung des Dekatierzylinders, wodurch eine sehr gleichmäßige Dekatur erzielt und die Bildung von Wasserflecken verhindert wird. Die Pumpe ist eine Rotationspumpe, deren Antriebsscheibe 950 Umdrehungen in der Minute macht; ihr Kraftbedarf ist 5 PS. Zur Heizung des Mantels wird Dampf von 2 bis 6 at, zur Dekatur ein solcher von ½ bis 2 at verwendet. Die Dekatiereinrichtung ist so angelegt, daß der Wagen W_2 zur Wickelmaschine (siehe Abb. 256) und zum Kessel gefahren werden kann. Der Wagen dient also gleichzeitig als Wickelbock.

Während der Stockdämpfer (Topfdekatur) und der Vakuumkessel (Kesseldekatur) mit trockenem Dampf arbeiten, wird die Finish-Dekatiermaschine von Ernst Gessner A.-G. (Abb. 259) mit gesättigtem Dampf gespeist, weshalb sie auch mit dem Namen Feuchtdampf-Dekatiermaschine belegt wird. Das Kennzeichen dieser Maschine besteht darin, daß der Feuchtdampf durch Wärmeabgabe im Dekatierzylinder kondensiert und darum für eine ständige und restlose Ableitung des Kondenswassers gesorgt werden muß, um nicht durch Begünstigung von Wasserflecken den Erfolg des Dekatierens in Frage zu stellen.

Der Dekatierzylinder Z hat einen Durchmesser von 600 bis 1100 mm und erhält einen Friktionsantrieb f_1 bzw. f_2 zum Auf- und Abwickeln. Die zu dekatierende Ware kommt vom Warenstoß G über eine Leitwalze zu einem Spannriegel s und vereinigt sich mit dem von der gelochten Trommel M kommenden Mitläufer m, der zwischen der gelochten Leittrommel L und dem Dekatierzylinder gleichsam einen Auflegetisch bildet. Das Aufwickeln geschieht mit 15 m/min, die Abwicklung mit 20 m/min. Nach der Bewicklung des Dekatierzylinders wird der Mantel geschlossen und Dampf eingelassen. Das Kondenswasser sammelt sich im unteren Teil des rotierenden Zylinders an, wird von den Schöpfrinnen r angehoben und in die feststehende breite Auslaufrinne R geleitet.

Nach beendigter Dekatur ist die Ware zu kühlen und abzuwickeln. Das Kühlen erfolgt durch eine Rotationspumpe P, welche die Luft mit dem Dampf aus dem Innern des Dekatierzylinders, des Kesselmantels, der Mitläufertrommel *M*, der Leittrommel *L* und der Ablegetrommel *A* absaugt, sodaß die kalte Luft von außen nachströmen und die abgewickelte Ware sowie den abgewickelten Mitläufer kühlt. Das Ablegen der fertig dekatierten Ware geschieht durch den Tafelapparat *T*.

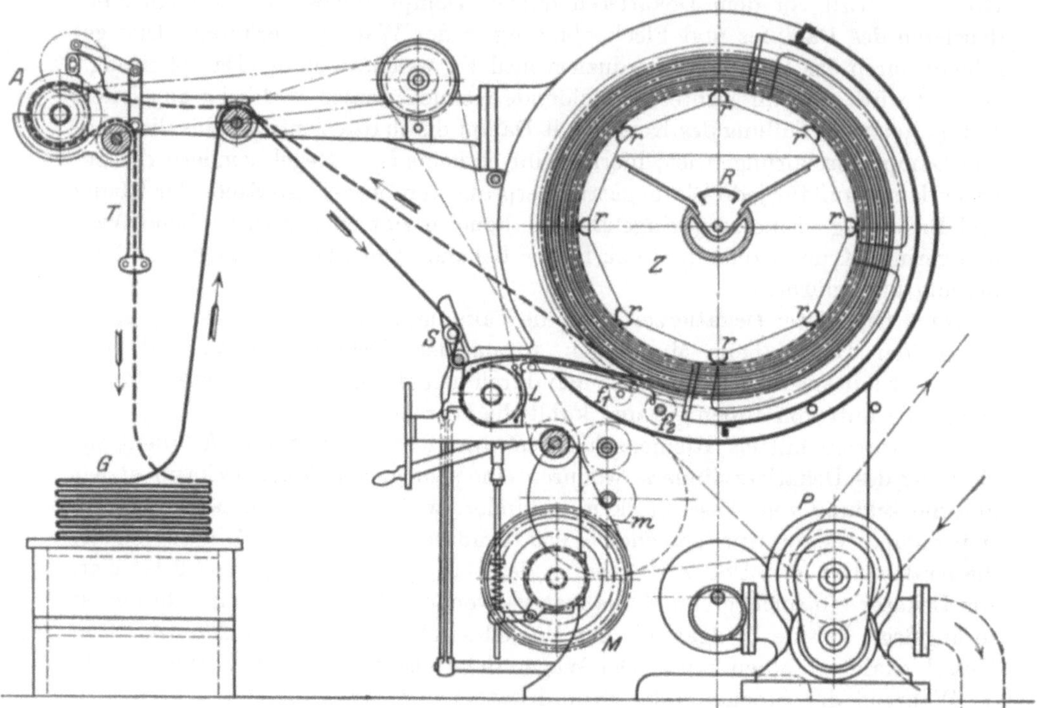

Abb. 259. Die Finish- oder Feuchtdampf-Dekatiermaschine von Ernst Gessner A.-G.

Die Naßdekatur.

Man benützt hierzu je nach Erfordernis heißes Wasser von 70° C allein oder abwechselnd mit Dampf. Das heiße Wasser durchdringt die Ware viel kräftiger als der Dampf, die Härchen quellen mehr auf und nehmen ihre natürliche Stellung ein, die sie sodann dauernd beibehalten. Dadurch erhalten die Stoffe einen volleren (fleischigeren), angenehmen Griff und einen vorzüglichen „Lüster". Stückfärber und Strichtuche erhalten einen klaren und gleichmäßigen Farbenton. Auch findet durch das heiße Wasser eine Auflösung und Beseitigung der feinsten Verunreinigungen des Gewebes statt, so daß in dieser Beziehung die Naßdekatur eine Vollendung der Behandlung beim Kochen oder Brühen (Krabben) ist.

Mit der Naßdekatur kann man Hochglanz oder Mattglanz erzielen, wenn man die Ware nach dem Dekatieren langsam oder rasch abkühlt. Beim langsamen Abkühlen findet eine längere und darum kräftigere Fixierung der Härchen statt, die einen höheren Glanz ergibt; dies geschieht dadurch, daß man nach dem Ablassen des heißen Wassers Dampf in den Dekatierzylinder einströmen läßt. Pumpt man jedoch kaltes Wasser ein, so findet eine rasche Abkühlung statt, die Härchen haben keine Zeit, sich in ihrer Lage zu fixieren, sie bleiben mehr im gequollenen Zustande, wodurch der Glanz geringer ausfällt. Da viele Zwischenstufen möglich sind, ist der Dekateur bei entsprechender Übung und Erfahrung in der Lage, mannigfache Glanzwirkungen zu erzielen, die der Eigenart des Gewebes und des Materiales entsprechen.

Eine wichtige Vorbedingung ist auch hier ein faltenfreies und straffes Aufwickeln auf den Dekatierzylinder, ferner ist es für die Naßdekatur erforderlich, daß die Ware feucht — entweder von der Verstreichmaschine oder von der Kochmaschine — der Dekatiermaschine vorgelegt wird.

Eine Naßdekatiereinrichtung besteht aus einer Wickelvorrichtung und dem Dekatierkessel oder der Kufe. Man unterscheidet Naßdekatiermaschinen

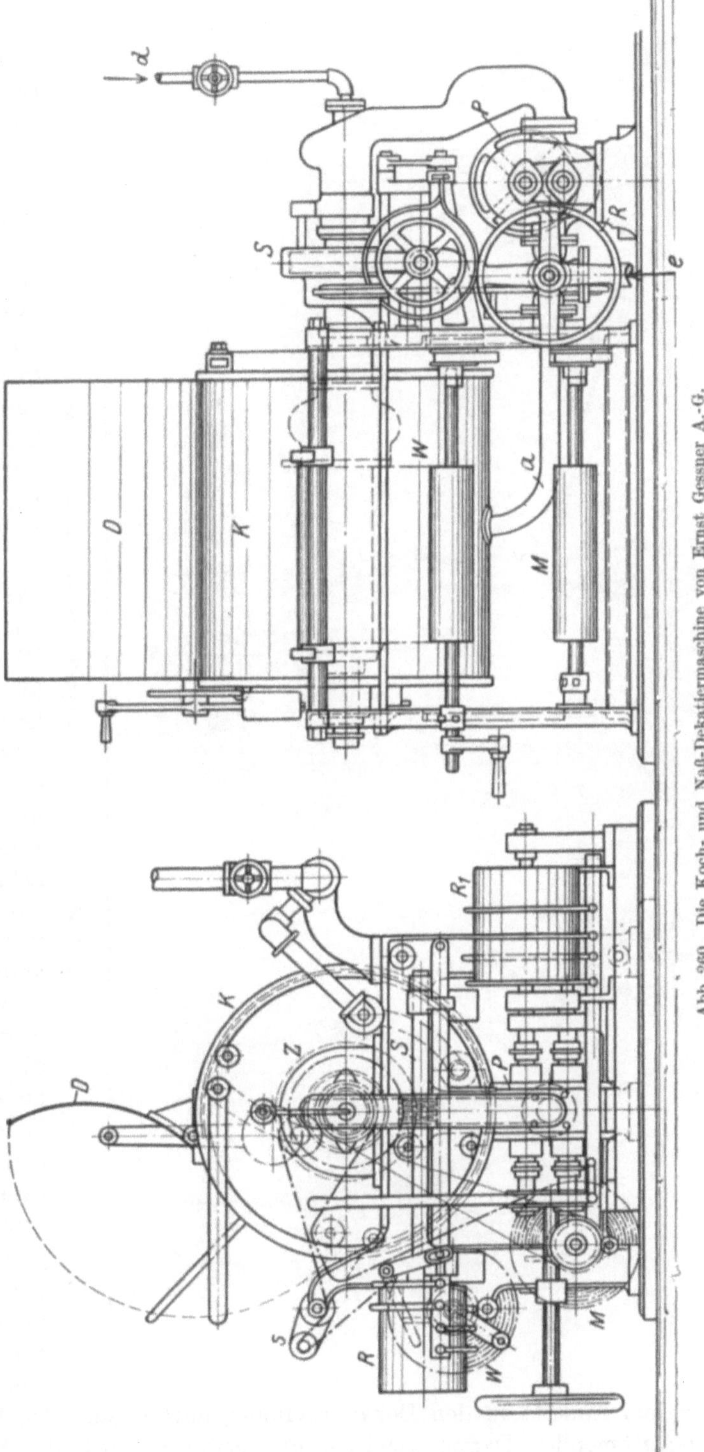

Abb. 260. Die Koch- und Naß-Dekatiermaschine von Ernst Gessner A.-G.

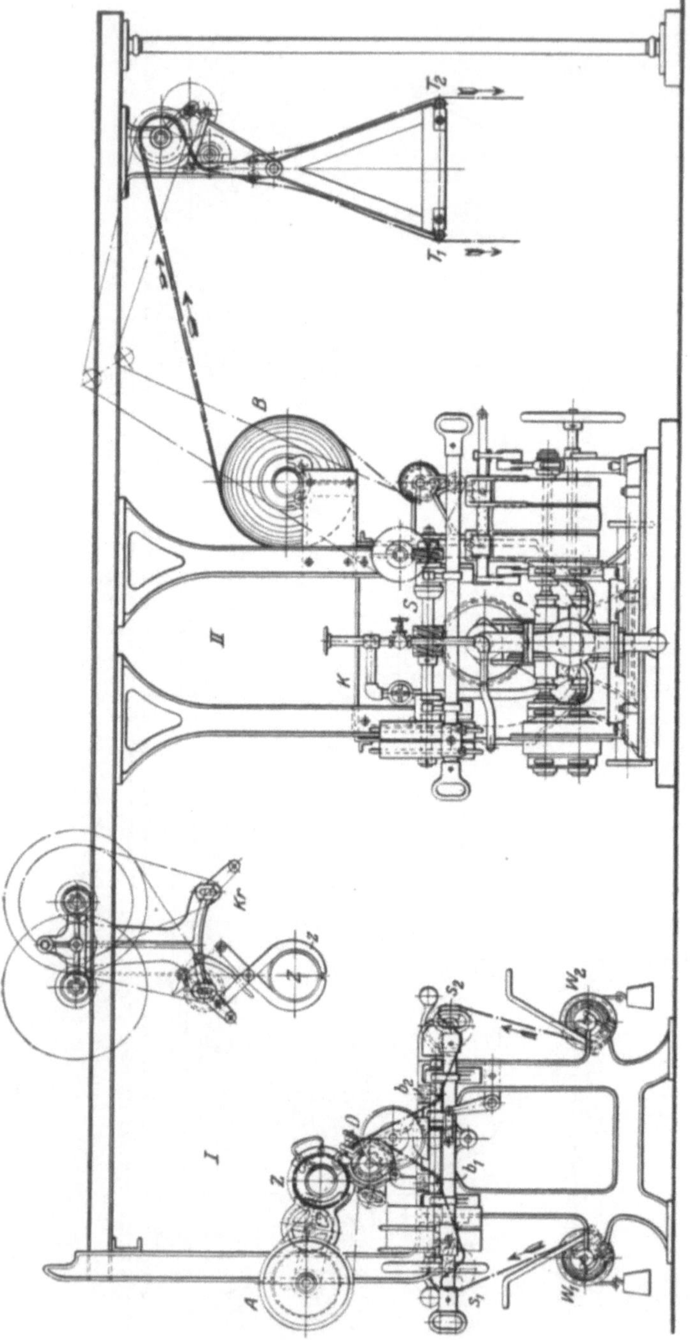

Abb. 261. Die Universal-Naß-Dekatiermaschine von Ernst Gessner A.-G.

mit ortsfestem Dekatierzylinder und angebauter Wickelvorrichtung und solche mit aushebbarem Dekatierzylinder und unabhängiger Wickelvorrichtung.

Die Abb. 260 zeigt eine einfache Naßdekatiermaschine mit ortsfestem Dekatierzylinder und angebauter Wickelvorrichtung von Ernst Gessner A.-G., Aue i. E. Im Kessel K ist der Dekatierzylinder Z mittels Stopfbüchsen drehbar gelagert. Er erhält von der dreiteiligen Riemenscheibe R mittels offenen und gekreuzten Riemens und Schneckenradübersetzung S Vorwärts- und Rückwärtsantrieb zum Auf- und Abwickeln der Ware W und des Mitläufers M. Anstatt des Mitläufers kann ein zweiter Warenwickel vorgelegt werden, von dem aus die Ware mit der von der ersten Wickelwalze (Vorbaum) kommenden, rechte Seite auf rechter Seite liegend, zum Dekatierzylinder gelangt. s ist ein Spannriegel. Eine Rotationspumpe P besorgt die Einleitung des Wassers, das bei e zuströmt und

vor dem Eintritt in den Dekatierzylinder mittels eines Injektors mit dem bei d einströmenden Dampf gemischt und erwärmt wird; durch das Rohr a tritt das Wasser aus und wird von der Pumpe wieder angesaugt. Bei dieser Strömungsrichtung tritt das heiße Wasser durch den hohlen Zapfen von innen ein und strömt nach außen; nach Umsteuerung der Pumpe kann das Wasser von außen einströmen und beim hohlen Zapfen abgesaugt werden. Auf diese Weise ist eine vollkommen gleichmäßige Durchdringung und Dekatur ermöglicht. Zu diesem Zwecke wird auch die Pumpe mit einer dreiteiligen Riemenscheibe R_1 für offenen und gekreuzten Riemen angetrieben. D ist der aufklappbare Deckel des Kessels, durch welchen die Auf- und Abwicklung vor sich gehen kann.

Die einfache Naßdekatiermaschine ist für kleinere Betriebe und geringere Leistungen bestimmt, da während des Auf- und Abwickelns der Ware nicht dekatiert werden kann; ebenso ist während des Dekatierens die Vorbereitung unterbrochen, was mit einem beträchtlichen Zeitverlust verbunden ist. Dagegen fällt für solche Betriebe die einfache Bedienung und die geringe Raumbeanspruchung ins Gewicht. Viel vollkommener ist die Universal-Naßdekatiermaschine, die in Abb. 261 — ebenfalls in einer Ausführung von Ernst Gessner A.-G. — dargestellt ist. Sie ist mit einer Kufe ausgestattet und besteht aus der Wickelvorrichtung I und der Dekatiervorrichtung II.

Die Wickelvorrichtung enthält zwei Vorbäume (Vorwalzen) W_1 und W_2, die wie bei der einfachen Naßdekatiermaschine entweder für Ware und Mitläufer oder für zwei Warenstücke bestimmt sind. Die Spannriegel s_1 und s_2 dienen zum straffen, die Breithalter b_1 und b_2 zum faltenfreien Aufwickeln auf den Dekatierzylinder Z. Der Antrieb erfolgt mittels einer Druckwalze D von der Antriebsscheibe A. Das Abwickeln von Ware und Mitläufer geschieht dadurch, daß die beiden Vorwalzen W_1 und W_2 mittels eines Vorgeleges durch Kegelräder von der Antriebsscheibe A in Drehung versetzt werden.

Der fertig bewickelte Dekatierzylinder wird von einem Kran Kr mittels Zangen z erfaßt, angehoben und über die Kufe K geleitet, wo er in die Lager eingelegt und zum Dekatieren vorgerichtet werden kann. Die Heißwasserzirkulation geschieht durch die Rotationspumpe P, welche wie bei der einfachen Naßdekatiermaschine umsteuerbar ist (dreiteilige Riemenscheibe mit offenem und gekreuztem Riemen). Eine Vervollkommnung besteht darin, daß das Wasser von beiden Seiten in den Dekatierzylinder eintreten kann, da hierdurch eine gleichmäßigere Durchdringung der Ware und demnach eine bessere Dekatur erzielt wird. Der Dekatierzylinder erhält mittels der Schneckenradübersetzung S einen langsamen Antrieb, um eine gleichmäßigere Dekatur zu erhalten; dasselbe erreicht man durch Umsteuerung der Pumpe, um das heiße Wasser entweder von innen nach außen oder von außen nach innen durchströmen zu lassen.

Soll die Ware abgetafelt werden, so wird der Dekatierzylinder mit der fertig dekatierten Ware in den Abrollbock B eingelegt, von dem die beiden Tuche (Warenstücke oder Ware und Mitläufer) durch die Tafelapparate T_1 bzw. T_2 abgelegt werden. Für die Behandlung der Ware zur Erzielung verschiedener Glanzwirkungen gilt das bei der einfachen Naßdekatiermaschine Gesagte. Es werden auch Dekatiermaschinen mit 2 Kufen gebaut, welche eine größere Leistungsfähigkeit haben, da die Wickelvorrichtung für zwei Dekatierapparate, also ununterbrochen arbeiten kann.

VI. Die Herstellung erhabener Flächenverzierungen.

Um in Futterstoffen, Samten, Seidenstoffen und Seidenbändern erhabene Bindungseffekte nachzuahmen oder freie Muster durch Erhöhungen oder Vertiefungen herzustellen, verwendet man erhitzte, gravierte Stahlwalzen, die das Muster erhaben enthalten und mit Papierwalzen zusammenarbeiten, welche das gleiche Muster vertieft enthalten. Die Stoffe werden hierdurch gleichsam geprägt. Diese Flächenverzierung wirkt nicht nur durch die Schatten, die das hervortretende Muster hervorbringt, sondern auch dadurch, daß die flachgedrückten, glänzenden Fadenstellen mustergemäß verteilt sind.

Die vertieften Stellen der geheizten, gravierten Walze üben keine Wirkung auf das Gewebe aus; die betreffenden Fadenpartien bleiben ungepreßt (rund); dagegen drücken die erhabenen Stellen die Fäden oder Fasern flach, die sonach glänzend erscheinen. Auf diesem Grundgedanken beruhen die verschiedenen Arten der mit gravierten Walzen arbeitenden Kalander, die davon ihren Namen haben, welche Art von Mustern sie erzeugen, d. h. wie sie graviert sind.

1. Das Gaufrieren.

Das Gaufrieren (Musterkalandern) (nach dem franz. Worte „gaufrer“ = in Falten pressen) besteht in dem Einpressen beliebiger, freier Muster. Man bearbeitet damit Buchbinderleinwand, Seidenstoffe, Plüsche, Samte, Velours und Kunstseidenstoffe.

Das Muster ist in eine Metallwalze aus Messing, Kupfer oder Stahl eingraviert. Für das Gaufrieren dicker Stoffe (Samte und Plüsche) müssen die Muster der Gravurwalze ziemlich hohe Reliefs bilden. Damit die Muster im glatten Gewebe reliefartig hervortreten, läßt man die hochreliefgravierte Walze mit einer Papierwalze, welche das Muster vertieft enthält, zusammenarbeiten. Das genaue Zusammenpassen der gravierten Walze mit der Papierwalze (Matrizenwalzen) erzielt man durch längeres Zusammenlaufenlassen unter Druck, indem man sie allmählich nachstellt, bis die Vertiefungen der Matrizenwalze mit den erhabenen Stellen der Gravurwalze übereinstimmen.

Vor dem Gaufrieren sind die glatten Stoffe mit stark steifenden Appreturmitteln (Stärke, Gummilösung) zu versehen. Die getrockneten Gewebe müssen in angefeuchtetem Zustande in den Gaufrierkalander eingeführt werden.

Die Gaufrierkalander haben zwei bis drei Walzen und heißen auch **Musterkalander**.

Die **zweiwalzigen Gaufrierkalander** benützt man in der Regel für solche Dessins, welche lange Zeit in Arbeit bleiben, so daß die gravierte Walze nur selten ausgewechselt wird. Zur Vermeidung des Durchbiegens dieser Walze muß ihr Durchmesser größer als beim dreiwalzigen Musterkalander sein.

Der **Hebeldruckgaufrierkalander** von **Weisbach** mit 2 Walzen ist in Abb. 262 dargestellt.

Bei dem dreiwalzigen Muster- oder Gaufrierkalander muß darauf Bedacht genommen werden, daß das Auswechseln der gravierten Walze, das häufig erfolgt, bequem und leicht vonstatten geht. Die gravierten Walzen heizt man mit Gas, weil hier sehr hohe Temperaturen notwendig sind. Besonders schön fällt die Gaufrage bei Samten, Velours und Plüschen aus.

Eine Abart des Gaufrierens ist der **Seidenfinish**, der dazu bestimmt ist, den Baumwollgeweben das Ansehen von Seidengeweben zu verleihen. Diese Arbeit besteht darin, daß man ungemein fein gravierte Walzen verwendet, die 12 bis 24 Riffeln auf 1 mm haben. Die Baumwollfäden erhalten dadurch eine Längsrillung, die den Eindruck erweckt, als ob das Gewebe aus Seidenfäden bestünde. Die Wirkung ist um so schöner, je feiner und glanzreicher die Baumwollfäden von Natur aus sind. Auch die Wahl der Bindung (Kettatlas, fünfschäftiger Satin) trägt dazu bei. Man behandelt auf diese Weise Makogewebe, z. B. Blusenstoffe, Schürzenstoffe, Damenkleiderstoffe, auch Gewebe für Bucheinbände. Der erzielte Glanz ist demjenigen der Seidentafte ähnlich und im trokkenen Zustande auch dauerhaft; durch Anfeuchten verliert er sich bald und kehrt nicht wieder zurück. Je nach dem zu behandelnden Gewebe verlaufen die Riffeln in der Kalanderwalze in der Achsenrichtung oder senkrecht dazu, in der Regel aber unter einem kleinen Winkel gegen die Achsenrichtung schraubenförmig.

2. Das Moirieren.

Das Moirieren im eigentlichen Sinne des Wortes weicht vom Gaufrieren grundsätzlich ab. Das Wässern oder Moirieren besteht in dem stellenweisen Flachdrücken der Schußrippen in Ripsgeweben, welches man dadurch erzielt, daß man zwei

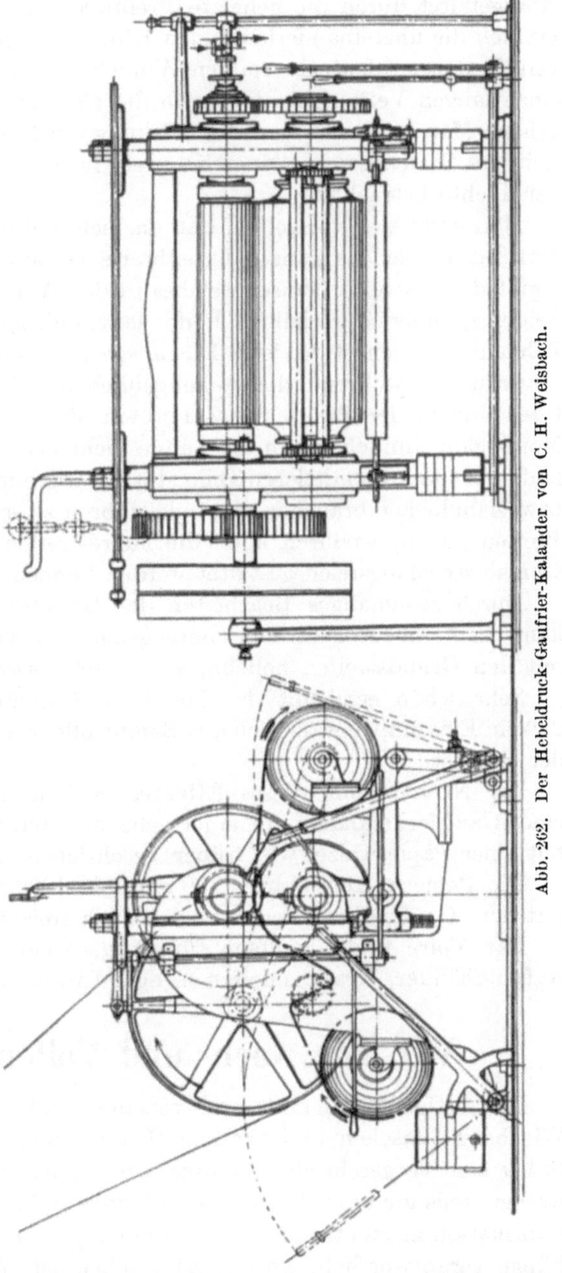

Abb. 262. Der Hebeldruck-Gaufrier-Kalander von C. H. Weisbach.

Gewebe, mit den Ripsseiten aufeinanderliegend, durch die Kalanderwalzen gehen läßt. Es entsteht dadurch derselbe Effekt, wie die Kreise im Wasser bilden, wenn man zwei Steine in größerer Entfernung ins Wasser wirft. Weil das Nieder-

19*

legen der Rippen in ganz natürlicher Unregelmäßigkeit vor sich geht, nennt man dieses reizvolle Muster das echte Moiré.

Ein echtes Moiré erhält man auch, wenn man das Gewebe doubliert, d. h. längsgefaltet durch die geheizte Preßfuge eines Kalanders hindurchgehen läßt. Da sich die übereinanderlaufenden Rippen nie genau decken, sondern sich unter verschiedenen, aber sehr spitzen Winkeln kreuzen, nehmen die Kreuzungsstellen einen langen Verlauf, so daß auch die Glanzstellen allmählich ineinander übergehen. Man kann sich von der Wirkung ein Bild machen, wenn man ein durchsichtiges Seidengewebe (Musselin oder Gaze) in zweifacher Lage im durchfallenden Lichte betrachtet.

Man kann sich vorstellen, daß das echte Moiré nicht nur unregelmäßig, sondern auch über die ganze Warenbreite verläuft. Eine sehr schöne Musterung ergibt das gestreifte Moiré, welches in der Weise hergestellt wird, daß man den Seidenrips über ein Holzlineal laufen läßt, welches wie eine Zahnstange mit breiten Zähnen ausgeschnitten ist. Die ausgeschnittenen Stellen lassen das Gewebe unverändert, während die stehengebliebenen Kanten die Schußrippen niederlegen und in der Breite der Zähne ein Moiré bilden. Dieser wird dem echten Moiré ganz ähnlich, wenn die Zähne nicht geradlinig, sondern bogenförmig verlaufen, so daß die mittleren Teile stärker angreifen als die Seitenteile. Die Zähne bzw. Zahnlücken brauchen nicht gleich breit zu sein, sondern können verschiedene Breiten haben, wodurch auch die Moiréstreifen und die glatten Grundstreifen sehr abwechslungsreich gestaltet werden können.

Durch zweimaliges Bearbeiten des Gewebes mit wechselnder Laufrichtung kann man die Moiréstreifen entgegengesetzt verlaufen und miteinander oder mit den Grundstreifen beliebig abwechseln lassen.

Sehr schön erscheint das Moiré in Seidenbändern und Seidenstoffen mit dickem Einschuß, gewöhnlich aus Baumwolle, wie es bei allen ripsartigen Geweben der Fall ist.

Zur Nachahmung dieses Effektes bedient man sich des Moirierkalanders, eines Gaufrierkalanders mit einer geheizten, moirégravierten Metallwalze, welche mit einer Papierwalze, wie früher beschrieben, unter Druck zusammenarbeitet.

Die Papierwalzen haben 700 mm bis 1000 mm Durchmesser. Man kann mit dem Gaufrierkalander natürlich auch freie Muster in Moiréeffekt darstellen.

Das Moiré findet vielfach für Damenkleiderstoffe, Mantelstoffe, Hut- und Aufputzbänder, Kranzschleifen u. dgl. Anwendung.

VII. Die Nach- und Vollendungsarbeiten.

Die fertige Ware muß nun versand- und verkaufsbereit gemacht werden. Wie beim Waschen und Walken (Fettwalken) dargelegt wurde, bekommt das Stück eine vorgeschriebene Länge; diese muß im fertigen Stück nachgemessen werden, teils um danach den Verkaufspreis zu bestimmen, teils um den Gang der Fabrikation zu kontrollieren. Bei Lohnappretur ist man für die vorgeschriebene Länge verantwortlich, woraus zu ersehen ist, daß das Messen noch vor dem Versand unerläßlich ist, wird doch bei jedem Stück nebst der Stücknummer und Qualitätsbezeichnung, allenfalls Fabrikmarke, immer auch die Stücklänge vermerkt. Der Käufer, in der Regel erst der Einzelhändler, mißt die Stücklänge ebenfalls nach; es ergeben sich nicht selten beträchtliche Unterschiede, welche zu ernsten Zwistigkeiten führen, obwohl beide Teile das Messen gutgläubig ausgeführt haben.

Diese lange Zeit hindurch rätselhafte Erscheinung findet ihre Erklärung darin, daß das Messen wesentlich von der hierbei angewendeten Spannung abhängt. Erwägt man, daß Schafwollgewebe eine sehr hohe Dehnbarkeit — bis zu 30% und darüber — besitzen, so wird man leicht verstehen, daß Dehnungen und damit Längenunterschiede von 5% nicht ungewöhnlich sind; bei einer Stücklänge von etwa 50 m ergeben sich Längenunterschiede von 2,5 m zum — vermeintlichen — Schaden des Einzelhändlers. Dies rührt daher, daß das Messen in der Fabrik mittels Maschinen, also unter Spannung geschieht, wogegen der Einzelhändler (Kaufmann) die Ware „mit der Elle", d. h. von Hand aus, also ohne Spannung mißt. Im gespannten Zustande ergibt sich immer eine größere Länge, so daß die mit der Maschine gemessene, gelegte oder gewickelte Ware beim Nachmessen mit der Hand „einspringt" und ein „Untermaß" aufweist.

Bei Baumwoll- und Leinengeweben, welche nur eine geringe Dehnbarkeit — 5 bis 6% bzw. 1 bis 2% — besitzen, spielt der Längenunterschied keine so große Rolle und kann vernachlässigt werden; auch Seidengewebe sind nicht so stark dehnbar wie Schafwollgewebe, sie beträgt höchstens 10 bis 12%, dagegen fällt hier der hohe Warenpreis schon merklich in die Wagschale.

Das Messen kann entweder so erfolgen, daß man die Länge laufend in Metern bestimmt, indem man den Stoff etwa über Walzen von genau gemessenem Umfang, gewöhnlich 1 m, zieht, so daß die Anzahl Umdrehungen zugleich die Länge des Stoffes in Metern angibt, oder indem man den Stoff in Falten von je 1 m Länge legt, so daß die Anzahl der Falten zugleich die Länge des Stoffes in Metern angibt. Diesen Vorgang nennt man das Legen des Gewebes.

Schmale Gewebe werden in voller Breite gewickelt, was in der Regel bei allen Baumwoll-, Leinen- und Seidengeweben der Fall ist. Nur bei Geweben von 1,20 m aufwärts wickelt man sie in halber Breite, was ausnahmslos mit den sogenannten „doppelbreiten" Tuchen und Kammgarnstoffen vorgenommen wird. Zu diesem Zwecke müssen die Gewebe der Länge nach gefaltet oder „dubliert", d. h. doppelt gelegt werden, was gegenwärtig ebenfalls maschinell geschieht.

Das Wickeln erfolgt unter Zuhilfenahme von Holzbrettchen (Wickelschwertern), die aus dem gewickelten Stück herausgezogen werden, da sie zu kostspielig sind, um mit dem Gewebe versandt zu werden. Wendet man an ihrer Stelle Pappendeckel an, so bleiben sie im Gewebe, ohne daß sie in Rechnung gestellt werden.

Um gleichmäßig lange Lagen zu erhalten, trägt der Wickeltisch vier lotrechte Holzstangen, deren Breitenabstand die halbe Warenbreite um einige Zentimeter überragt und deren Längsabstand dem Fassungsraum der Presse entspricht, so daß etwa 1 m lange Lagen entstehen. Diese Länge erhält man dadurch, daß man Holzstäbe an die Außenseiten der lotrechten Holzstangen legt und die Ware darüber zieht. Nach Maßgabe des fortschreitenden Einspänens werden die Stäbe herausgezogen und in die nächste Lage eingelegt.

Die letzte Arbeit ist das Adjustieren und Etikettieren. In Ballenpressen — die wie die hydraulischen Pressen gebaut sind — werden die gewickelten Stücke leicht gepreßt, in Papier eingeschlagen, verschnürt und mit der Etikette versehen, welche alle notwendigen Merkzeichen, wie eingangs erwähnt, enthalten.

Die Adjustierung, also bereits das Wickeln, muß so erfolgen, daß die rechte Warenseite, das ist die „Schauseite“, oben liegt und auch der „Schlag“ sichtbar ist, das ist der Anfang oder das Ende der Ware, die entweder andersfarbigen Schuß oder ein Fabrikzeichen, den Firmennamen oder sonst ein „Warenzeichen“ eingewebt enthalten, das ein Merkmal für die Warenqualität ist, für welche die Fabrik die Gewähr übernimmt. Solche Waren nennt man „Markenwaren“, die stets auch zugleich Qualitätswaren sind.

Im folgenden sollen die zu diesen Nacharbeiten dienenden Hilfsmittel kurz besprochen werden.

1. Das Messen, Legen und Wickeln.

Die einfachste Vorrichtung ist das Rektometer, welches aus zwei im Abstande von 1 m an einem Gestell befestigten und senkrecht vorstehenden Holzoder Metallstäben besteht, auf denen Metallplättchen mit Stahlspitzen verschiebbar sind (Abb. 263a). Das Gewebe wird mit der Hand hin- und hergeführt und auf den Spitzen aufgenadelt, so daß Warenlagen von je 1 m Faltenlänge entstehen. Dieses Verfahren ist ungenau und zeitraubend.

Zuverlässiger ist es, wenn man — wie dies beim „Überziehen“ oder „Beschauen“ der Ware

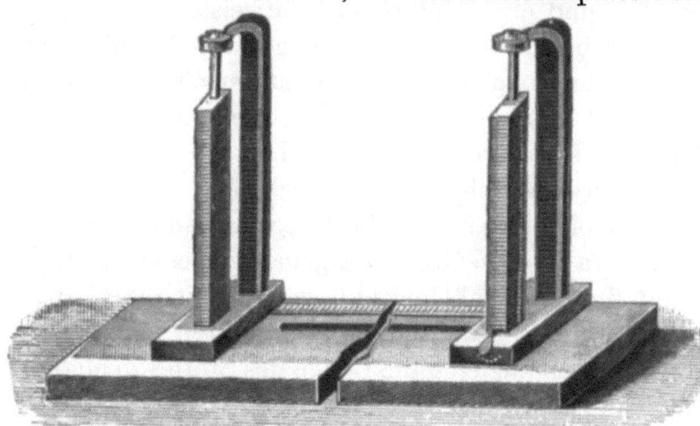

Abb. 263a. Das Rektometer von Louis Schopper, Leipzig.

Abb. 263b. Die Schoppersche Meßmaschine mit Zifferblatt.

geschieht — das Gewebe über eine mit Tuch oder Plüsch überzogene Walze führt, die einen genau gemessenen Umfang, gewöhnlich von 1 m, hat und mit

Hilfe einer Schneckenradübersetzung eine Zählscheibe antreibt, welche die Stücklänge an einem Zeiger mit Skala ablesen läßt. Waren, welche nicht überzogen werden, wie Stapel- oder Massenartikel aus Baumwolle oder Leinen, führt man über einen Tisch, auf dem sie unter den Rädern einer Meßvorrichtung laufen (siehe Abb. 263 b). Die Räder haben ebenfalls 1 m Umfang und übertragen ihre Drehung mittels Schnecke und Schneckenrad auf eine Zählscheibe. Die Räder haben einen geriffelten oder mit Spitzen versehenen Umfang, damit kein Gleiten eintritt, das Unrichtigkeiten im Messen zur Folge hätte; sie setzen der Drehung keinen großen Widerstand entgegen und verursachen daher auch keine merkliche Dehnung, so daß das Messen mit dieser Vorrichtung dem Handmessen ziemlich nahe kommt.

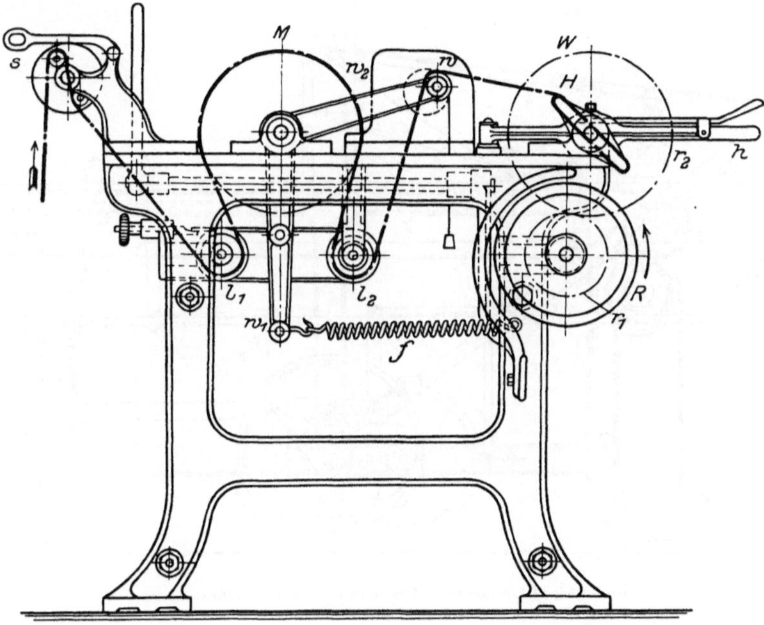

Abb. 264. Die Meß- und Wickelmaschine von A. Monforts.

Das Messen und Wickeln. Bei den Maschinen wird das Messen zumeist mit dem Wickeln verbunden, wie Abb. 264 zeigt, die eine Meß- und Wickelmaschine von A. Monforts, M.-Gladbach, darstellt. Die Ware kommt in der Pfeilrichtung über die Spannriegel s und wird mittels zweier Leitwalzen l_1 und l_2 über einen großen Teil des Umfanges der Meßwalze M und von da vermittels der Spannwalze w zur Wickelvorrichtung W geleitet. Diese besteht aus dem Holzbrett (Wickelschwert) H, das durch die Zahnräder r_1 und r_2 von der Riemenscheibe R angetrieben wird. Der Handgriff h dient zum Einlegen und Ausheben des Wickelschwertes bzw. des fertigen Warenwickels aus den Zapfen der Antriebsvorrichtung. Die Spannwalze ist in dem Winkelhebel $w_1 w_2$ gelagert und steht unter der Wirkung der Feder f, damit sie beim Aufwickeln auf die großen und kleinen Halbmesser des Wickelschwertes nachgeben kann und eine möglichst gleichmäßige Spannung der Ware bewirkt.

Das Messen und Legen. Die hierzu dienenden Maschinen bilden Stofflagen von 1 m Länge, so daß die Anzahl Stofflagen die Stücklänge in Metern angibt. Eine solche Meß- und Legmaschine von A. Monforts in M.-Gladbach ist in Abb. 265 dargestellt. Die Ware kommt in der Pfeilrichtung über die Spannriegel s und wird über den Tisch t geführt, über welchen sie von der Walze l zu den Legemessern L geleitet wird. Die Legemesser bestehen aus zwei Metallschaufeln a und b, die an den Enden verbunden sind und einen Rahmen bilden, innerhalb dessen die Ware geführt wird. Die Schaufel a nimmt die Ware beim Linksgang, die Schaufel b beim Rechtsgang mit. An jedem Hubende legt eine Schaufel die Ware unter die Drahtbürste a_1 bzw. b_1, welche sie bis zur nächsten Lage festhält.

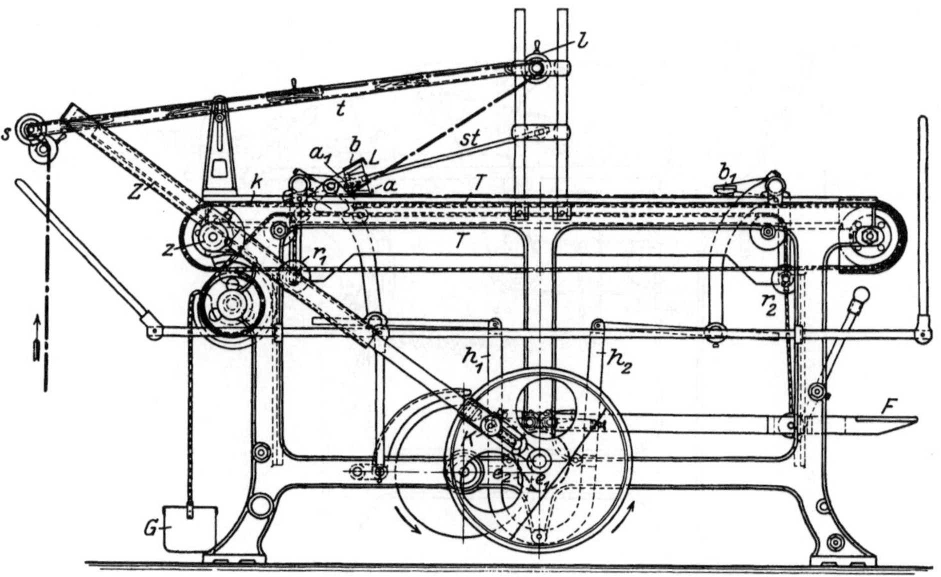

Abb. 265. Die Meß- und Legmaschine von A. Monforts.

Die Legemesser erhalten ihre hin- und hergehende Bewegung durch die Kette K, welche vermittels der von der Kurbel k bewegten Zahnstange Z und des Zahnrades z genau um 1 m hin- und zurückgeführt wird. Die Bürsten a_1 und b_1 gehen abwechselnd auf und ab, was durch die Exzenter e_1 und e_2 vermittels der Hebel h_1 und h_2 bzw. h_3 und h_4 bewerkstelligt wird. Der Tisch T, auf welchen die Stofflagen aufgelegt werden, ist nach abwärts verstellbar und durch die Rollen r_1 und r_2 im Gestell gerade geführt. Das Gewicht G drückt den Tisch nach aufwärts und wird bei jeder Lage um ein der Stoffdicke entsprechendes Stück gehoben. Zum Abheben des Warenstoßes kann der Tisch mittels des Fußtrittes F gesenkt werden. Die Legemesser L erhalten durch die Lenkstange st eine solche Führung, daß bei der Bürste a_1 die Schaufel a, bei der Bürste b_1 die Schaufel b zur Wirkung kommt. Diese Wirkung stellt sich abwechselnd ein, so daß der Tisch auch abwechselnd auf jeder Seite um die Stoffdicke gesenkt wird, während auf der anderen Seite die Bürste die Ware festhält, was auch aus der Form und Stellung der Exzenter e_1 und e_2 zu ersehen ist.

Ein — in der Zeichnung nicht dargestelltes – Zählwerk zeigt die Anzahl der Stofflagen an, wodurch eine genaue und von Irrtümern freie Angabe der Stofflänge ermöglicht wird.

2. Das Dublieren.

Die doppelbreiten Waren — von 120 cm Warenbreite aufwärts — werden der Länge nach auf die halbe Breite zusammengelegt. Dies besorgen die Dubliermaschinen, welche in der Weise wirken, daß die Ware über einen dreieckigen Tisch von der Grundlinie zur Spitze geführt wird, von wo ein Lineal ausgeht, das genau mit der Mittellinie des Gewebes übereinstimmt, wodurch ermöglicht wird, daß im dublierten Gewebe die Leisten genau übereinander zu liegen kommen. Der die Maschine bedienende Arbeiter hat den Wareneinlauf immer so zu regeln, daß diese Führung stets eingehalten wird.

Die Abb. 266 zeigt eine Meß-,

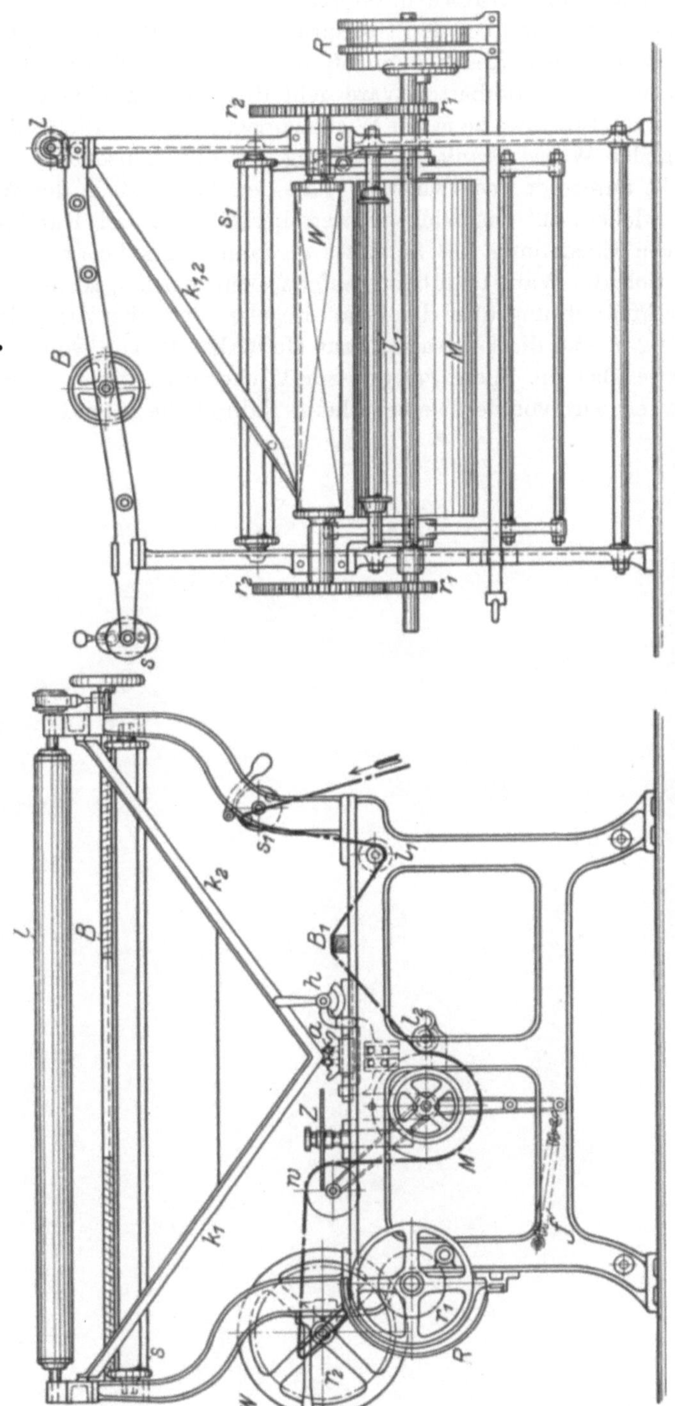

Abb. 266. Die Meß-, Dublier- und Wickelmaschine von A. Monforts.

Dublier- und Wickelmaschine von A. Monforts in M.-Gladbach. Das Gewebe kommt über den Spannriegel s zum Breithalter B und wird von der Leitwalze l dem Keil $k_1 k_2$ zugeführt, an dessen Schneide die Ware gefaltet wird. Die gefaltete (dublierte) Ware geht durch den Schlitz a zur Meßwalze M und über die Spannwalze w zur Wickelvorrichtung W. Die Meßwalze überträgt ihre von der Ware veranlaßte Drehung auf die Zählscheibe z; die Spannwalze w steht unter der Federwirkung f, die den Ausgleich in der Warenspannung beim Aufwickeln auf das Wickelschwert herbeiführt. Der Handhebel h dient zur genauen Einstellung des Schlitzes a, damit stets Leiste auf Leiste aufläuft.

Soll die Ware undubliert aufgewickelt werden, so kommt sie von rechts in der Pfeilrichtung über den Spannriegel s_1 und über die Leitwalze l_1, den Breithalter b_1 und die Leitwalze l_2 zur Meßwalze M, von wo sie in der beschriebenen Weise über die Spannwalze w zur Wickelvorrichtung W gelangt. Das Wickelschwert wird von der Riemenscheibe R durch die Zahnräder r_1 und r_2 angetrieben.

Chemische Appreturverfahren.

Die bisher besprochenen Appreturverfahren hatten den Zweck, die natürlichen Eigenschaften der Faserstoffe, aus denen das Gewebe besteht, zu entfalten, ohne aber ihre Eigennatur zu verändern, d. h. sie sollen keine stoffliche Veränderung an ihnen bewirken. Eine solche stoffliche Veränderung ist Aufgabe der Chemie, welche auch in der Appretur wichtige Erfolge erzielt hat, sei es durch Beseitigung der unschönen Naturfarbe (Bleichen) oder durch Aufbringen beliebiger Farbtöne auf der ganzen Warenfläche (Stückfärberei) oder örtlich (Druckerei), sei es durch Behandlung der Fasererzeugnisse mit Laugen oder Säuren im gespannten oder ungespannten Zustande (Mercerisieren, Transparentieren, Opalisieren, Philanieren), sei es endlich durch Imprägnieren mit chemischen Substanzen, welche das Gewebe gegen Wasser und Feuer, gegen Fäulnis und Mottenfraß beständig machen sollen (Wasserdichtmachen, Flammensichermachen, Antiseptischmachen, Mottensichermachen).

Das Bleichen, Färben und Drucken sind keine eigentlichen Appreturverfahren und bilden besondere Zweige der „Textilveredlung", weshalb sie hier nicht besprochen werden sollen. Die anderen Behandlungsarten hingegen sind als Appreturverfahren anzusprechen und sollen darum hier Aufnahme finden.

1. Das Mercerisieren.

John Mercer — nach welchem das Verfahren benannt wird — fand im Jahre 1844, daß die Baumwolle durch die Behandlung mit Natronlauge bei gewöhnlicher Temperatur ein besseres Aufnahmevermögen für Farbstoffe erhält, in der Länge aber einschrumpft. Im Jahre 1895 führte die Firma Thomas & Prevost in Krefeld die bereits von Mercer beobachtete Erhöhung des Glanzes fabrikmäßig aus, indem sie die Gewebe — das gleiche gilt auch für Garne — während der Behandlung mit Natronlauge und beim nachfolgenden Spülen einer starken Spannung unterwarf, welche das Einschrumpfen verhindern sollte.

Die Wirkung der Natronlauge besteht darin, daß die Baumwollfaser ihre eigentümliche, bandartig gewundene Struktur verliert, indem die Zellwand aufquillt und das Lumen sich bis zu einer feinen Linie verengt, also seidenähnlich wird. Darauf beruht der schöne Seidenglanz der mercerisierten Baumwolle, der auch nach der Wäsche sich nicht verliert, also dauerhaft ist. Dieser Glanz hängt von der Behandlung (Grädigkeit der Natronlauge 28 bis 36° Bé, Temperatur 2 bis 6° C, Spannung bzw. faltenfreies Durchlaufen durch die Maschine) und von der Beschaffenheit der Baumwolle ab. Glänzende, feine Sorten (Mako, Sea-Island, Georgia) geben einen besseren Mercerisiereffekt als glanzlose, grobe Baumwolle (Amerika, Ostindien). Ursprünglich verwendete man

auch nur die erstgenannten Baumwollsorten zum Mercerisieren, wobei als bemerkenswert hervorzuheben ist, daß auch die Festigkeit des Materials — um etwa

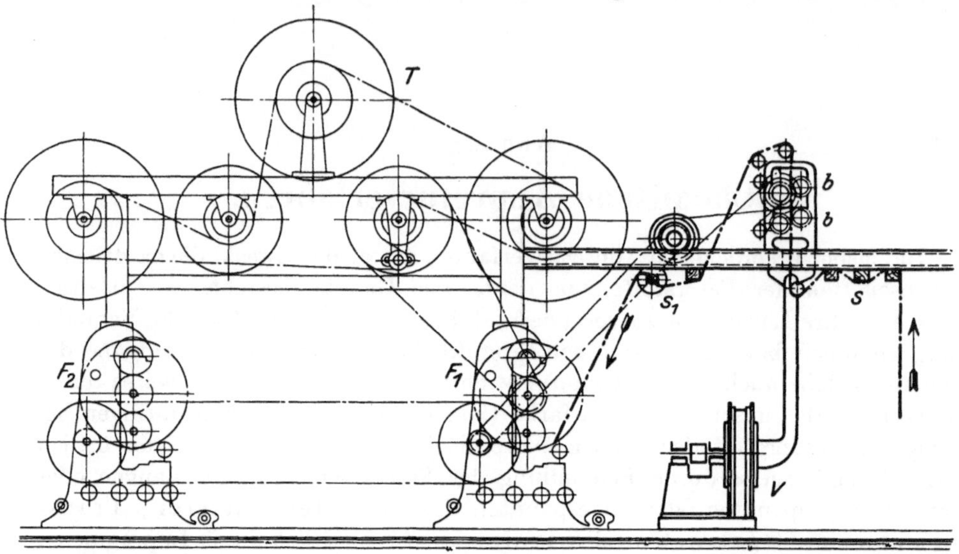

Abb. 267. Der Bürstkasten mit Windflügel. (Zittauer Maschinenfabrik.)

20% — zunimmt. Gegenwärtig werden auch Gewebe aus amerikanischer Baumwolle, Leinen- und Jutegewebe mercerisiert, selbstverständlich aber nicht die
gleichen Effekte erzielt.

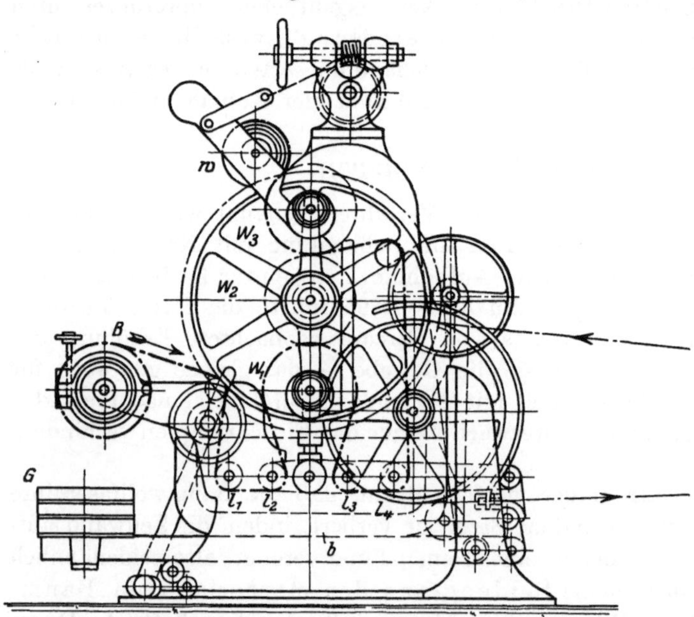

Abb. 268. Der Mercerisierfoulard (Imprägnierfoulard) mit Hebeldruck.
(Zittauer Maschinenfabrik.)

Das Mercerisieren geht dem Bleichen und Färben voraus und beruht darauf, daß die Baumwolle mit der Natronlauge Natronzellulose bildet, welche durch das nachfolgende Waschen und Säuern in Hydratzellulose übergeführt wird. Das Waschen bezweckt die Beseitigung der Lauge, nachdem sie ihre Wirkung getan hat; sie ist aber ein sehr wertvolles Abfallprodukt, das wieder gekühlt und entweder zum Mercerisieren oder Netzen vor
dem Mercerisieren verwendet werden kann. Der nach dem Waschen verblei-

bende Rest wird durch verdünnte Schwefelsäure neutralisiert, d. h. unschädlich gemacht, worauf auch die Säure herausgewaschen werden muß. Hierauf erfolgt das Trocknen.

Der Massenerzeugung der Baumwollstoffe entsprechend, d. h. um das Verfahren lohnend zu gestalten, finden die erwähnten Teilvorgänge in der sogenannten Mercerisiermaschine unmittelbar aufeinander folgend statt, indem die bezüglichen Vorrichtungen hintereinander gereiht sind und von der Ware ohne Unterbrechung durchlaufen werden (Fließarbeit).

Dem Mercerisieren geht das Sengen voraus; es ist zweckmäßig, wenn man das Gewebe vor dem Imprägnieren mit der Mercerisierlauge in 2 bis 3% Abfallauge

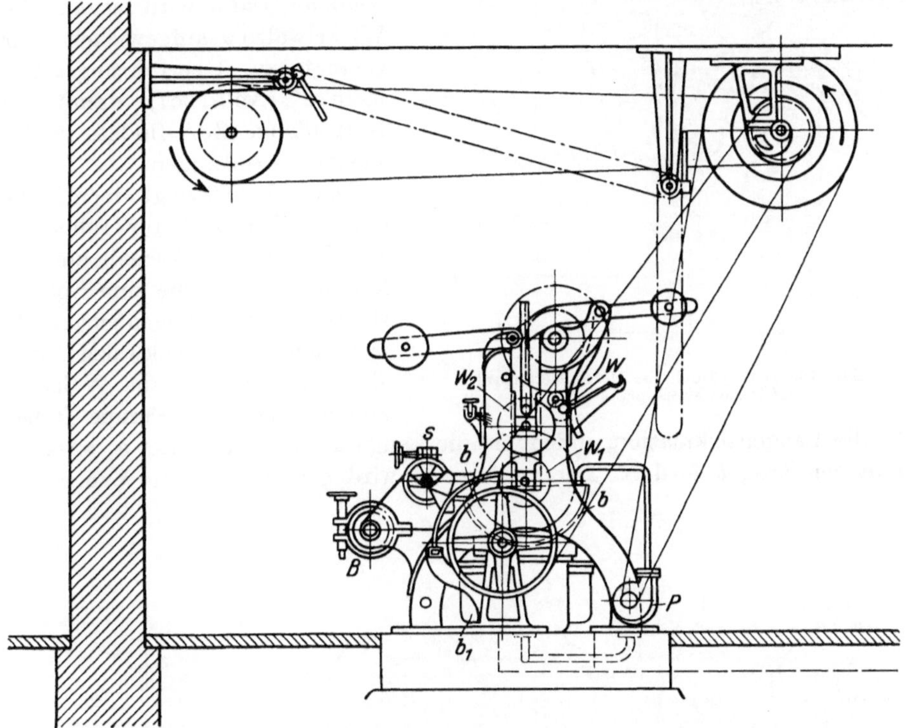

Abb. 269. Der Mercerisierfoulard für rollenden Druck. (Zittauer Maschinenfabrik.)

vorkocht und trocknet oder auch nach dem Sengen entschlichtet, spült und trocknet. Hierauf führt man es durch eine Bürstvorrichtung (Abb. 267[1]), wo es zunächst über einige Spannriegel s, dann zwischen Bürstwalzen b und über Spannriegel s_1 zum Imprägnierfoulard F_1 geht. Ein Windflügel V saugt den abgebürsteten Faserflaum ab.

Der Imprägnierfoulard ist in Abb. 268 in der Gesamtanordnung dargestellt. Er ist ein sogenannter Hebeldruckfoulard und besteht aus 3 Walzen W_1, W_2 und W_3, deren Lager durch einen kräftigen Hebel mit Gewichten G belastet werden, um einen starken Druck zu erzeugen und die Mercerisierlauge

---

[1] Die im nachfolgenden dargestellten Teile der Mercerisieranlage sind nach Zeichnungen der Zittauer Maschinenfabrik wiedergegeben.

gut in das Gewebe hineinzupressen. Die Ware kommt entweder — wie vorhin erwähnt — von der Bürstvorrichtung oder — wie in Abb. 268 gezeigt — von einem gebremsten Warenbaum B über Leitrollen $l_1 - l_2$ in den Laugenbehälter b_1, dann über die unterste Druckwalze zu den Leitwalzen $l_3 - l_4$ zum zweiten Male in den Laugenbehälter, von wo sie aufwärts geführt wird, um in der Quetschfuge zwischen W_2 und W_3 ein zweites Mal ausgequetscht zu werden. Dann wird sie auf die Wickelwalze w aufgewickelt oder gelangt zu Überführungstrommeln T (Abb. 267), damit die Natronlauge Zeit findet, in die Fasern einzudringen.

Die Abb. 269 zeigt einen Mercerisierfoulard für rollenden Druck. Vom Warenbaum B kommt das Gewebe zum Spannriegel s, in den Laugenbehälter b, zwischen die Druckwalzen W_1, W_2 und wird auf die Walze w aufgewickelt. Die Pumpe P bewirkt die Laugenzirkulation, indem sie die Lauge aus dem Behälter b_1 ansaugt und in den Trog b fördert. Der Behälter b_1 wird gekühlt, um die Lauge, die

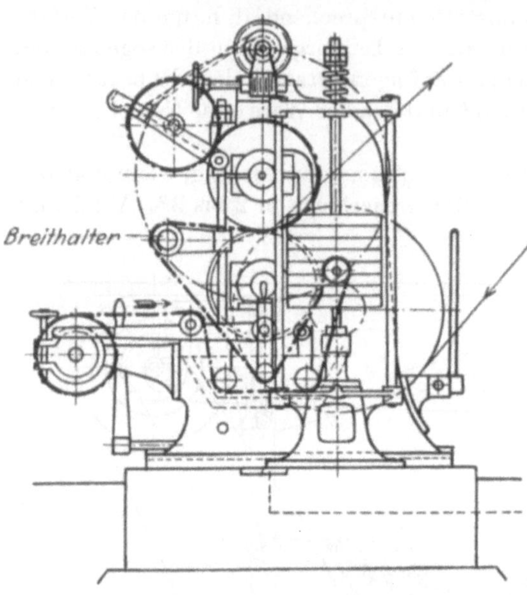

Abb. 270. Der hydraulische Mercerisierfoulard.
(Zittauer Maschinenfabrik.)

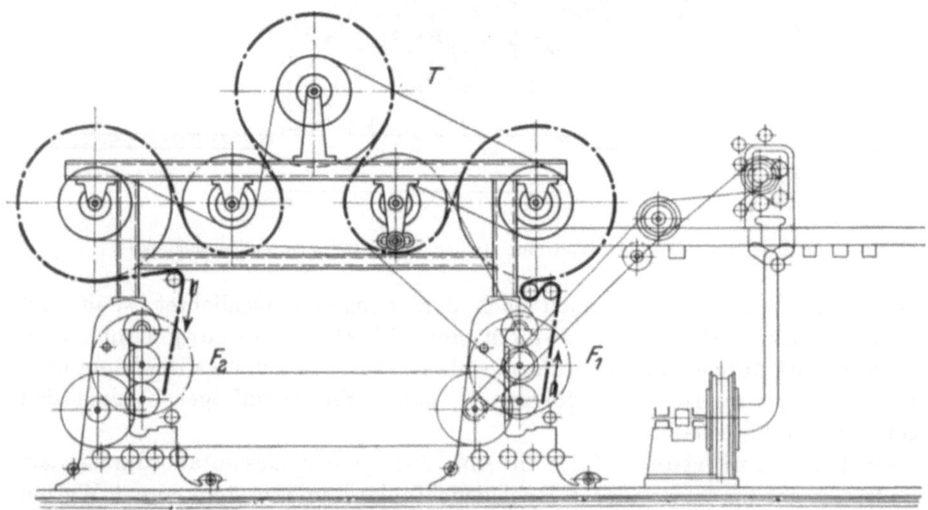

Abb. 271. Die Überführungstrommeln für Zwei-Foulard-Mercerisiermaschinen. (Zittauer Maschinenfabrik.)

sich naturgemäß während des Imprägnierens erwärmt, auf der erforderlichen Temperatur von 2 bis 6° C zu erhalten. Zur Kühlung dient eine Eismaschine

(Ammoniak- oder Kohlensäuremaschine). Die Abb. 270 zeigt einen hydraulischen Mercerisierfoulard.

In Abb. 271 sind die Überführungstrommeln T veranschaulicht, die in allen Fällen angewendet werden, wo zum Zwecke einer kräftigen Imprägnierung zwei Mercerisierfoulards angewendet werden. Wie die Zeichnung erkennen läßt, leiten sie das Gewebe vom ersten Imprägnierfoulard F_1 zum zweiten Imprägnierfoulard F_2. Das Gewebe wird unter Spannung über diese Trommeln geleitet, damit kein Schrumpfen eintreten kann, welches den Glanz beeinträchtigen würde. Im zweiten Imprägnierfoulard wird das Gewebe mit möglichst hoch konzentrierter und stark gekühlter Natronlauge imprägniert, kräftig abgequetscht und von der überschüssigen Lauge so weit wie möglich befreit.

Hierauf folgt das Ausbreiten oder Strecken in der Länge und Breite, was in zweierlei Art erfolgen kann, wonach man auch zwei Systeme von Mercerisiermaschinen unter-

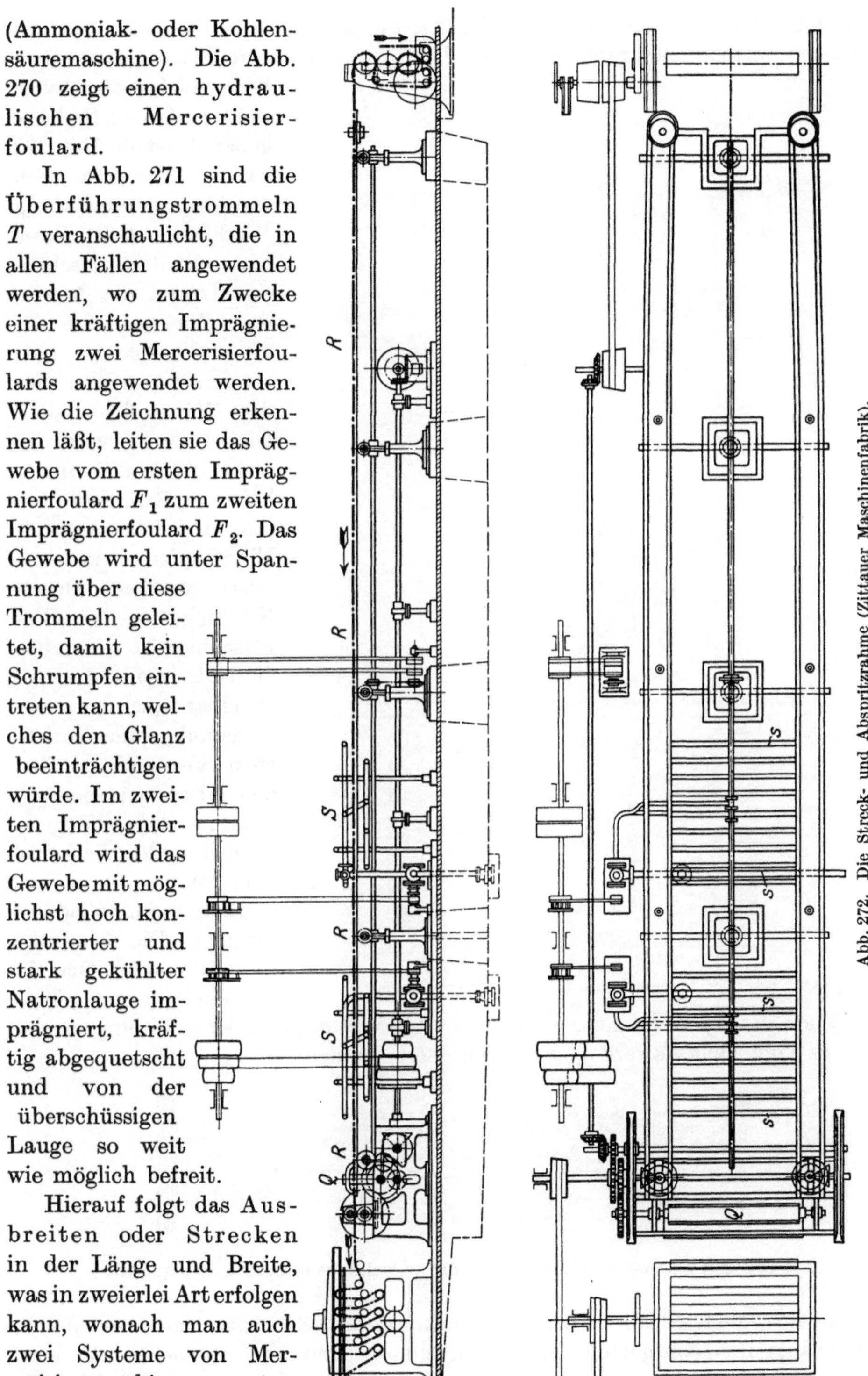

Abb. 272. Die Streck- und Abspritzrahme (Zittauer Maschinenfabrik).

scheidet. Auf den Mercerisiermaschinen mit Spannketten erfolgt das Strecken mittels Spannrahmen wie bei der Spann-Rahm- und Trockenmaschine.

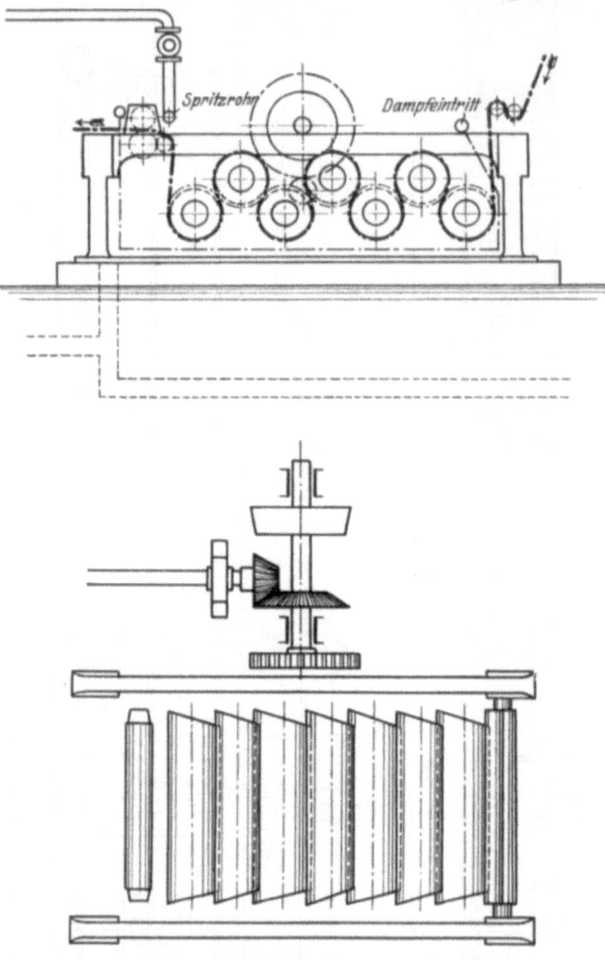

Abb. 273. Der Ausbreitkasten. (Zittauer Maschinenfabrik.)

Eine solche Streckvorrichtung R, auch Rahme genannt, ist in Abb. 272 dargestellt, welche auch die Abspritzvorrichtung S erkennen läßt. Diese bezweckt, die überschüssige Lauge, die bereits ihre Wirkung auf die Fasern ausgeübt hat, zu verdünnen und von der Ware abzuspülen. Diese Lauge wird in einem Kasten K unterhalb der Rahme aufgefangen und kann durch Eindampfen konzentriert werden. Durch Kühlung in der Eismaschine ist sie zum Mercerisieren wieder verwendbar; auch kann sie ungekühlt zum Vorkochen Verwendung finden. Diese Wiederverwendung läßt die gute Reinigung der Ware vor dem Mercerisieren erklärlich und lohnend erscheinen. Die Abspritzrohre s sind im Grundriß deutlich zu sehen.

Am Ende des Spannrahmens verläßt das Gewebe die Streckvorrichtung, nachdem es vom Quetschwerk Q gut entwässert worden ist.

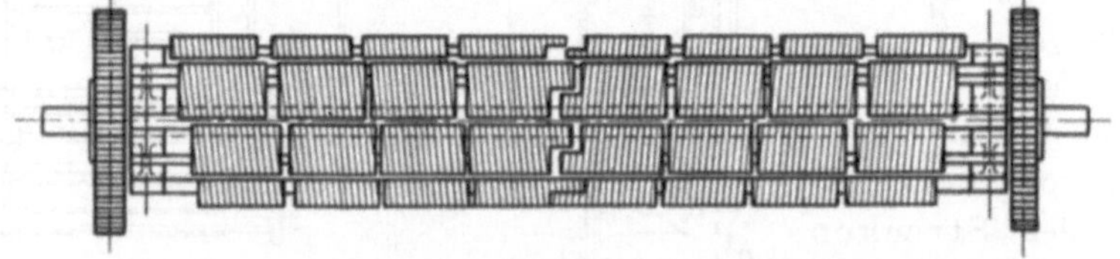

Abb. 274. Der selbsttätige Breithalter oder die Ausbreitwalze (Zittauer Maschinenfabrik.)

Die Spannketten bestehen aus Tasterkluppen, welche das Gewebe ziemlich kräftig angreifen, eine genaue Einstellung entsprechend der Warenbreite erfordern und insbesondere die Gewebekanten stark beanspruchen, so daß bei feineren

Geweben nicht selten ein Abreißen der Kanten oder Leisten vorkommt. Sie sind aber in allen Fällen, wo man die besten Baumwollsorten zur Erzielung eines sehr hohen Glanzes verwendet, unentbehrlich. Da man aber — wie

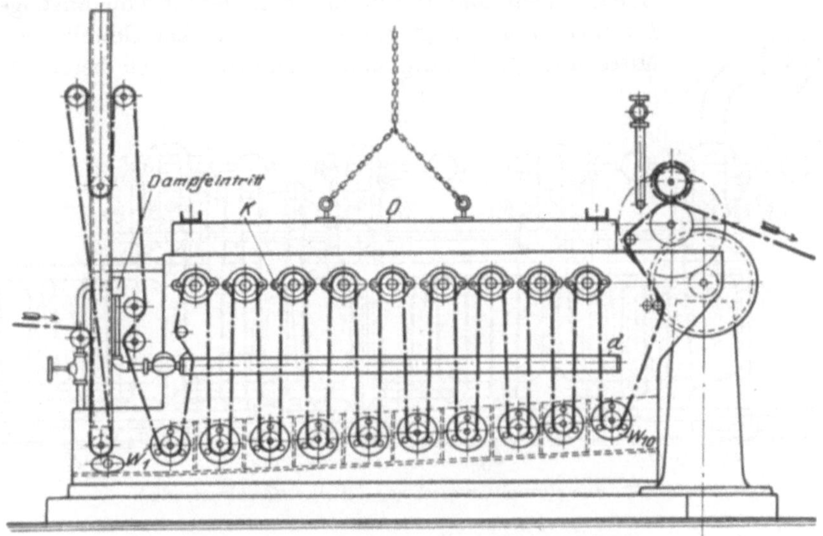

Abb. 275. Der Entlauger. (Zittauer Maschinenfabrik.)

eingangs dieses Kapitels erwähnt — auch Gewebe aus minderen Baumwollsorten mercerisiert und diese naturgemäß keinen so starken Glanz zu erhalten

Abb. 276. Die Dampfwaschmaschine. (Zittauer Maschinenfabrik.)

brauchen, kann man sie schonender behandeln, wenn man auf die Anwendung der Spannketten verzichtet. Dies führte zum Baue der kettenlosen Mercerisiermaschinen, welche an Stelle der Spannketten einen Ausbreitkasten (Abb. 273) besitzen. Dieser enthält eine größere Anzahl von Ausbreitwalzen nach Art der selbsttätigen Breithalter (Abb. 1, 2 und 3), über welche die Ware derart geführt wird, daß sie während des Warenlaufes breitgestrichen werden. Die Ausbreitwalzen sind nach Abb. 274 ausgeführt; sie bestehen aus Segmenten, die auf einer geraden Achse sitzen und durch je ein Exzenter von ansteigender Exzentrizität bewegt werden, so daß das Gewebe von der Mitte aus gleichzeitig und gleichmäßig nach beiden Seiten

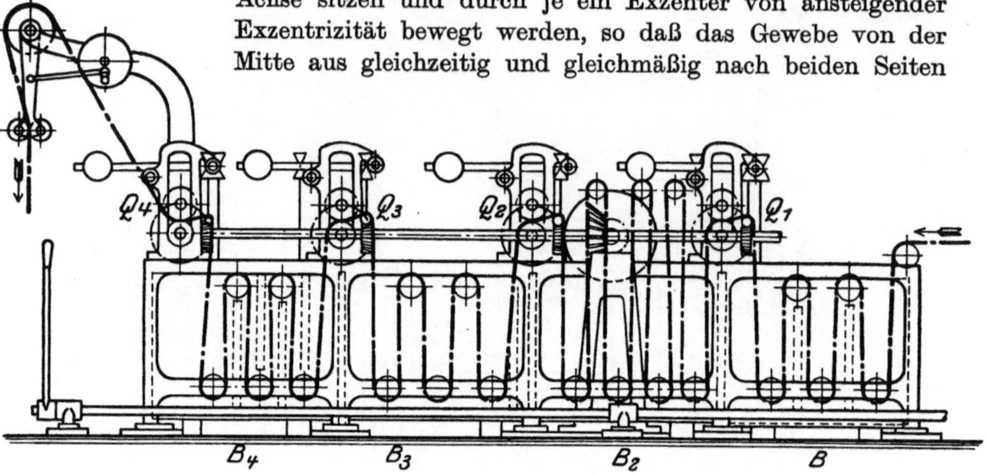

Abb. 277. Die Neutralisiermaschine. (Zittauer Maschinenfabrik.)

breit gestrichen wird. Infolge der Anordnung auf gerader Achse findet kein Verziehen der Schußfäden statt. Auch der Ausbreitkasten ist mit einer Abspritzvorrichtung ausgestattet.

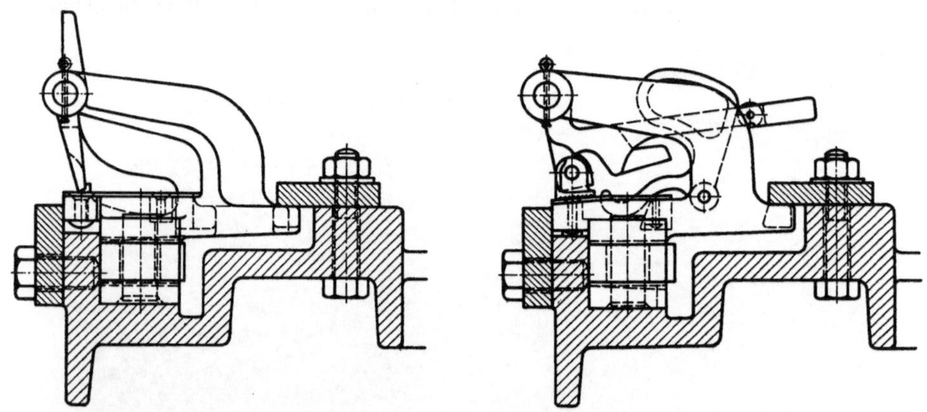

Abb. 278. Kluppe zur Mercerisiermaschine (Normalausführung). (Zittauer Maschinenfabrik.)

Abb. 279. Kluppe zur Mercerisiermaschine mit entlastetem Taster. (Zittauer Maschinenfabrik.)

Nun ist das Gewebe soweit, daß man die Natronlauge vollständig daraus entfernen kann, was in einem Entlauger (Abb. 275) oder in einer Dampfwaschmaschine (Abb. 276) geschieht. Der Entlauger besteht aus einem luftdicht verschlossenen Kasten K, auf dessen Boden stufenförmig angeordnete Wannen $w_1 - w_{10}$ sich befinden, in denen das Gewebe durch das vom Dampfe gebildete Kondenswasser hindurchläuft. Der Dampf kommt durch die Löcher eines Dampfrohres d und dringt in die Poren des Gewebes ein, hierbei die Lauge auflösend und verdünnend. Die aufgelöste Lauge fließt von Stufe zu Stufe und wird bei

e abgeleitet, um wieder verwendet zu werden (Laugenrückgewinnung). Der luft-
dichte Verschluß wird in der Weise erreicht, daß der Deckel *D* mit seinen abwärts

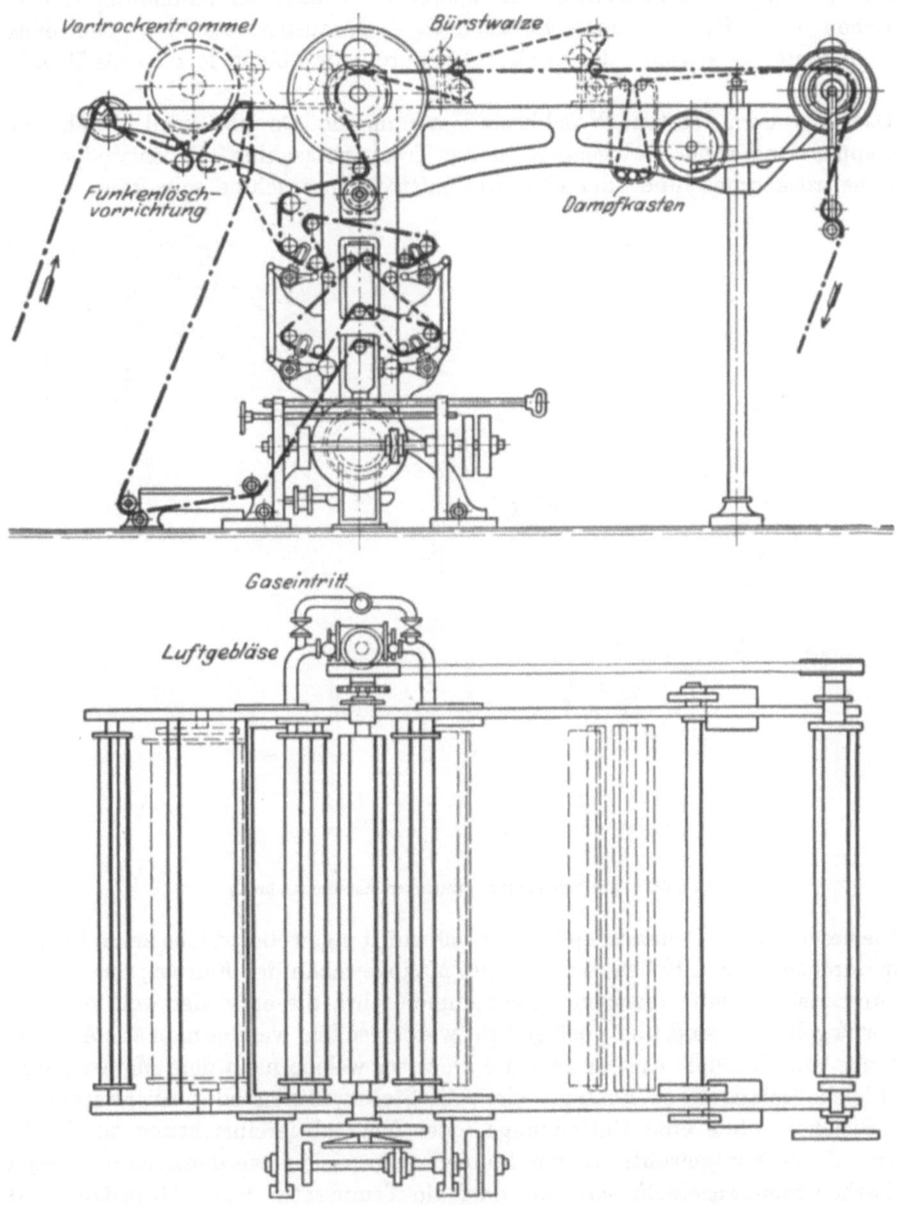

Abb. 280. Die Gassenge für ein- und zweiseitige Sengen. (Zittauer Maschinenfabrik.)

gerichteten Kanten in eine mit Wasser gefüllte Rinne am oberen Rande des
Kastens taucht (Wasserverschluß). In der Dampfwaschmaschine wird das
Gewebe oberhalb eines Wasserbades durch eine größere Anzahl von Spritz-
rohren mit heißem Wasser kräftig abgespritzt.

20*

Nach der Entlaugung wird der Rest der Natronlauge durch ein schwaches
Säurebad niedergeschlagen; hierzu dient die Neutralisiermaschine (Abb. 277),
welche wie eine Waschmaschine mit mehreren — nach der Abbildung vier —
Bottichen $B_1 - B_4$ mit Quetschwerken $Q_1 - Q_4$ ausgestattet ist. Der erste
Bottich dient als Wasch-, der zweite als Säure-, die beiden letzten als Wasch-
kasten.

Das aus dem letzten Waschkasten kommende Gewebe wird durch den
Tafelapparat abgelegt und gelangt in die Trockenmaschine, die entweder eine
Trommeltrockenmaschine oder eine Heißlufttrockenmaschine sein kann.

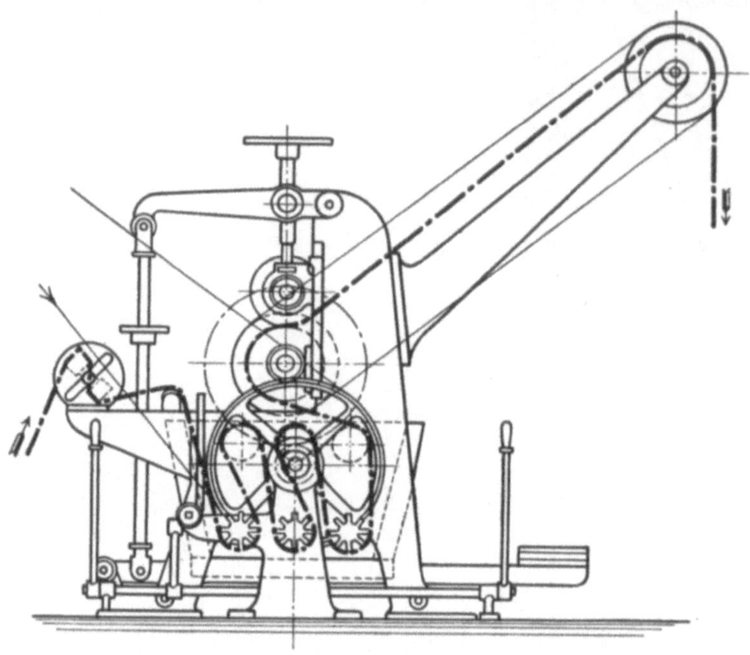

Abb. 281. Der Seif-Foulard. (Zittauer Maschinenfabrik.)

Die beschriebene Behandlung bezieht sich auf Rohgewebe, welche keine Bleiche
mehr durchzumachen haben, wie dies bei Makogeweben der Fall ist; auch wenn
das Mercerisieren mit Geweben vorgenommen wird, die entweder weiß oder ¼,
½ oder ¾ gebleicht sind und noch gefärbt werden sollen, wendet man alle Arbeitsvorgänge an. Handelt es sich aber um Gewebe, welche nach dem Mercerisieren
zur Bleiche gelangen, so kommen sie vom Streckrahmen oder Ausbreitkasten
zum Bleichen, ohne eine Entlaugungs- oder Neutralisiereinrichtung zu durchlaufen. Auch buntgewebte Waren können mercerisiert werden, dann müssen
die Farben mercerisierecht sein und darf die Temperatur beim Abspritzen und
Entlaugen 70° C nicht übersteigen, um ein Ausbluten der Farben zu vermeiden.
In diesem Falle ist die Dampfwaschmaschine dem Entlauger vorzuziehen.

Für Mercerisiermaschinen, welche einen Spannrahmen zur Verhinderung des
Schrumpfens enthalten, verwendet man Kluppenketten, deren Kettenglieder
denen der Spann-Rahm- und Trockenmaschinen ähnlich sind. Die Abb. 278
und 279 zeigen zwei Ausführungsformen der Zittauer Maschinenfabrik, und zwar

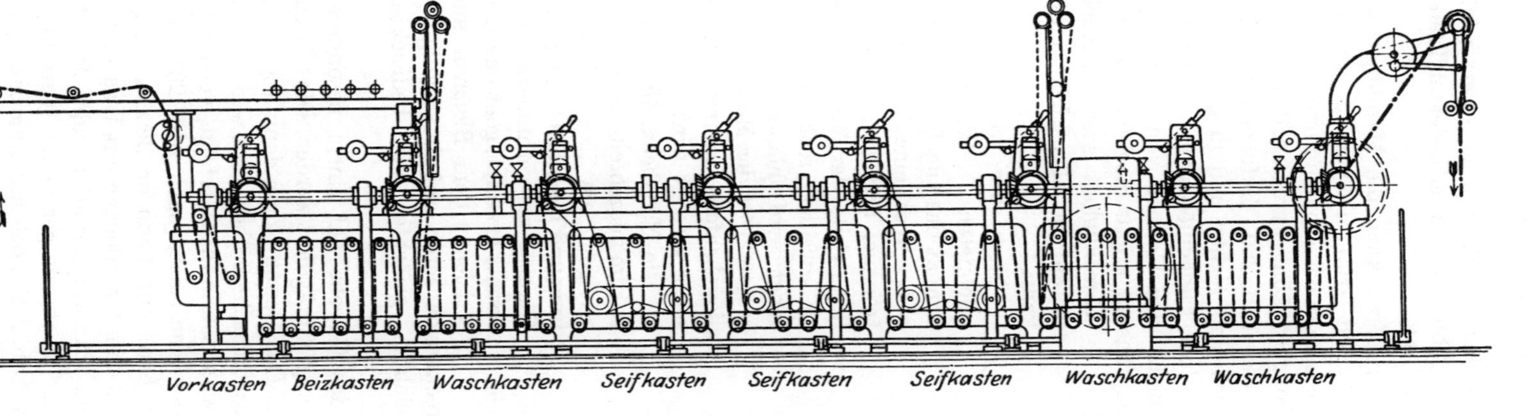

Abb. 282. Die Breitwasch- und Seifmaschine mit 8 Kasten. (Zittauer Maschinenfabrik.)

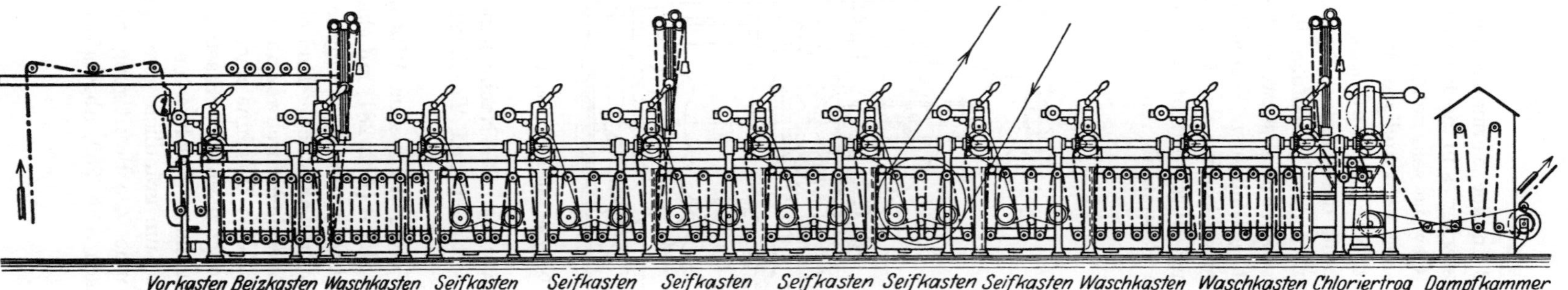

Abb. 283. Die Breitwasch- und Seifmaschine mit 11 Kasten. (Zittauer Maschinenfabrik.)

Abb. 278 in der Normalausführung, wonach das Gewebe um so fester gefaßt wird, je stärker es in die Breite gespannt wird, Abb. 279 mit entlastetem Taster, der das Gewebe sehr schonend und doch fest hält.

Zu einer vollständigen Mercerisieranlage gehören auch die Maschinen zur Vor- und Nachbehandlung der Gewebe, die auf Grund der vorangegangenen Beschreibung der einzelnen Appreturvorgänge bereits bekannt sind und im Nachstehenden in der Reihenfolge ihrer Anwendung erwähnt werden sollen.

Eine Gassenge schwerer Bauart zeigt die Abb. 280. Zufolge der strichpunktiert gezeichneten Warenführung abwechselnd rechts und links, je zweimal, gesengt, kommt das Gewebe dann zu einer Funkenlöschvorrichtung und wird einer Bürstvorrichtung zugeführt, welche das Gewebe von dem abgebrannten Faserstaub reinigt. In einem Dämpfkasten erhält die Ware ihre Geschmeidigkeit wieder zurück, worauf sie abgetafelt werden kann.

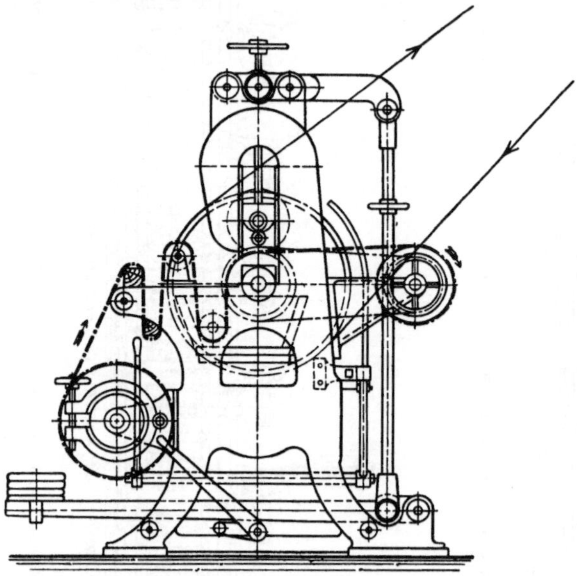

Nach der strichliert gezeichneten Warenführung kommt das angefeuchtete Gewebe über eine Vortrockentrommel und zuerst über die linke Seite der Maschine, wo sie zweimal rechtsseitig gesengt wird, hierauf über die rechte Seite der Maschine, wo sie ebenfalls zweimal rechtsseitig gesengt wird.

Die Nachbehandlung darf nur im ausgebreiteten Zustand erfolgen, um jede Schrumpfung und Beeinträchtigung des Glanzes zu verhindern. Wie bereits erwähnt, geht das Mercerisieren dem Bleichen und Färben voraus.

Abb. 284. Der Zweiwalzen-Foulard. (Zittauer Maschinenfabrik.)

Die Nachbehandlung erstreckt sich somit auf die Reinigung, das Appretieren und Trocknen der gebleichten, gefärbten oder bedruckten Gewebe.

Als Vorbereitung zum Waschen kann das Gewebe auf einem besonderen Seif-Foulard (Abb. 281) mit einer Seifenlösung imprägniert werden. Die Warenführung ist aus der Zeichnung zu erkennen. Das Gewebe kann dann abgetafelt oder unmittelbar anschließend einer Breitwaschmaschine übergeben werden. Sofern das Waschen durchweg auf einer Breitwaschmaschine erfolgt, verwendet man dazu eine Maschine nach Abb. 282 oder eine solche nach Abb. 283. Die Ware gelangt in einen Vorkasten zum Einweichen, wird dann im Beizkasten gesäuert, in einem Waschkasten gespült und in 3 oder 6 Seifkasten mit Waschlauge behandelt, um gründlich gereinigt zu werden. In zwei darauffolgenden Waschkasten findet die Beseitigung der Waschlauge statt; die gereinigte Ware kann dann (nach Abb. 282) abgetafelt oder (nach Abb. 283) noch mit Chlorlauge behandelt und durch einen Dämpfkasten geleitet werden, wo sie gereinigt und zugleich geschmeidig gemacht wird

Das Appretieren geschieht mit Imprägnierfoulards, ähnlich den bereits beschriebenen (Seite 220). Die Einrichtung ist auch hier die gleiche. Die Ware kommt von der gebremsten Wickelwalze (Abb. 284) über Spannriegel in den Appretiertrog, wo sie mit der Appretiermasse getränkt wird (Vollappretur); zwischen den Quetschwalzen, welche bis zu 2500 kg Walzendruck erhalten, wird der Appret in das Gewebe hineingepreßt und die überschüssige Masse ausgequetscht. Dann wird die Ware auf eine Wickelwalze aufgewickelt. Beim

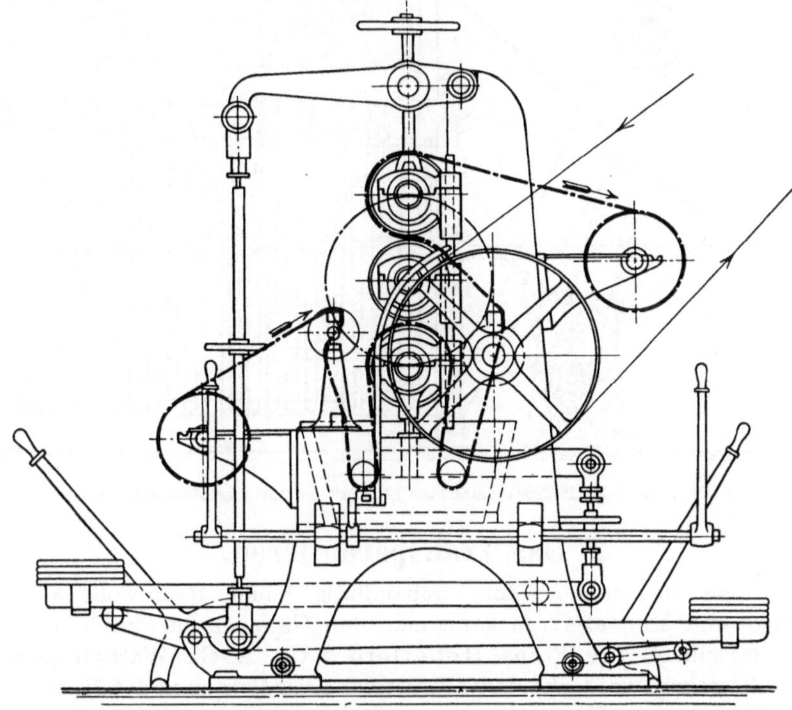

Abb. 285. Der Dreiwalzen-Foulard. (Zittauer Maschinenfabrik.)

Dreiwalzen-Faulard (Abb. 285) geht das Gewebe zweimal in die Appretierflüssigkeit, wird zwischendurch in der unteren Quetschfuge und endlich in der oberen Quetschfuge ausgepreßt. Der Walzendruck beträgt hier bis zu 4000 kg.

Das Trocknen geschieht am zweckmäßigsten unmittelbar anschließend an das Appretieren, wie in Abb. 286 dargestellt. Der empfindlichen Natur der Ware entsprechend geschieht das Trocknen hier mittels warmer Luft. Vom Imprägnierfoulard kommt die Ware zunächst zu einer Spannvorrichtung, welche aus einer in der Warenschleife hängenden Spannwalze besteht, die auf und ab beweglich ist und alle Änderungen in der Warenlänge aufnimmt. Im Trockenraum wird die Ware in lotrechten Schleifen geführt; kleine Zwischenwalzen, die sich in halber Höhe befinden, drängen die Warenbahnen ein wenig aus der lotrechten Lage. Dadurch erhalten die einzelnen Gewebebahnen eine straffe Führung, auch wird dem Aneinanderschlagen der Gewebebahnen vorgebeugt, das bei der engen

Führung über die verhältnismäßig kleinen Leitwalzen unvermeidlich wäre. Die Lufterhitzung geschieht durch einen außerhalb des Trockenraumes befindlichen Heizkörper; zwei Ventilatoren saugen die Heißluft an, treiben sie zwischen die Gewebebahnen hindurch und saugen sie oben wieder ab, von wo sie zum Heizkörper zurückgeführt werden, um neuerdings erhitzt und getrocknet zu werden, sofern man nicht vorzieht, die Abluft ins Freie zu blasen. Das getrocknete Gewebe geht über den Trockenkammern wieder nach vorne, um abgekühlt in der Nähe des Arbeiterstandes abgetafelt zu werden.

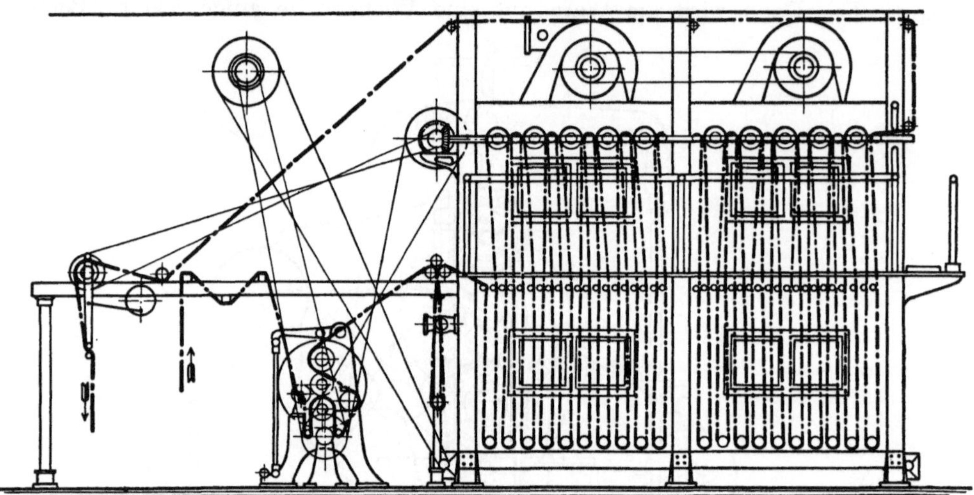

Abb. 286. Die Heißluft-Trockenmaschine „Rapid" der Zittauer Maschinenfabrik.

2. Das Transparentieren.

Durch eine zusammengesetzte Behandlung feiner Baumwollgewebe mit Natronlauge und Mineralsäuren kann man den Geweben ein durchscheinendes Aussehen verleihen. Die Firma Heberlein & Co. A.-G., Wattwil (Schweiz) hat dieses Verfahren entdeckt und ausgestaltet, der Vorgang ist folgender: Ein weitmaschiges Baumwollbatistgewebe aus Mako wird unter Spannung mercerisiert, gebleicht, durch einige Sekunden in einem Bad von konzentrierter Schwefelsäure (rund 60% Schwefelsäure) behandelt, ausgewaschen und nochmals unter Spannung mercerisiert. Das so erhaltene Gewebe ist ein sogenannter Glasbatist, der den Eindruck einer Seidengaze macht. Man hat es in der Hand, den Stoff hart und steif oder weich und geschmeidig zu machen, je nachdem, wie es der Verwendungszweck erheischt. Der erzielte Effekt ist beständig und geht auch bei wiederholtem Waschen nicht verloren. Der Glasbatist weist nicht nur einen höheren Glanz als die Rohware, sondern auch eine Geschlossenheit des Fadens auf, die der bloß mercerisierten Ware fehlt.

3. Das Opalisieren.

Auch dieses Verfahren beruht auf einer zusammengesetzten Behandlung mit Natronlauge und Schwefelsäure und geht folgendermaßen vor sich. Ein Baumwollbatist wird wie beim Transparentieren mercerisiert, gebleicht, mit Schwefel-

säure behandelt, dann aber ohne Spannung mercerisiert. Hierbei ist die Ware
um etwa 20% in der Länge und Breite eingeschrumpft und zu einem sehr feinen
und gleichmäßigen Gewebe von milchiger Weiße geworden, wofür die Bezeichnung
„Opal" treffend gewählt ist. Auch dieser Effekt ist beständig. Bei geeigneter Aus-
wahl der Ware kann man ein wollartiges Gepräge erhalten, besonders wenn man
anstatt Schwefelsäure Salpetersäure verwendet (Verwollung der Baumwolle).
Die Verwollung ist aber nur eine äußere Erscheinung und keine „Animalisierung",
d. h. die opalisierte Baumwolle läßt sich nicht mit Wollfarbstoffen färben.

Durch das Transparentieren und Opalisieren erhält das Baumwollgewebe
pergamentartigen (Pergamentieren) bzw. leinwandartigen Charakter.

4. Das Philanieren.

Dieses von den Farbenfabriken vorm. Meister Lucius & Brüning in
Höchst a. M. nach dem Patent von Ch. Schwartz ausgeführte Verfahren besteht darin, daß das baumwollene Rohgewebe mit konzentrierter Salpetersäure,
in der Zellulose, Stärke u. dgl. aufgelöst sind, behandelt wird. Dadurch werden
weiche wollige Effekte auf glatter und besonders aufgerauhter Ware erzielt,
wobei verhältnismäßig grobe und billige Gewebe durch die Geschlossenheit
und wollartige Beschaffenheit eine beträchtliche Qualitätserhöhung erfahren,
die auch beständig ist.

Alle diese Verfahrungsarten lassen sich auch örtlich anwenden, indem man
beispielsweise konzentrierte Schwefelsäure von 45 bis 55° Bé topisch aufdruckt
oder auf mit Reserven bedruckte Gewebe einwirken läßt.

5. Das Wasserdichtmachen.

Um Gewebe bzw. die daraus hergestellten Kleidungsstücke gegen Wasser
widerstandsfähig zu machen, gibt es zwei Verfahrungsarten: entweder man überzieht oder tränkt das Gewebe mit einer wasserundurchlässigen Substanz, welche
auch die Poren des Gewebes verschließt, oder man imprägniert es mit wasserabstoßenden Mitteln, ohne die Poren zu verschließen.

Zur Ausführung der erstgenannten Art dienen Lösungen von Kautschuk,
Guttapercha, Firnis und Zellulosepräparaten, z. B. Zellulosehydrat, das einen
dauerhaften Appret gibt und gegen heißes Wasser sowie viele Reagenzien widerstandsfähig ist; der Überzug kann durchsichtig oder undurchsichtig sein. Die
Viskose läßt sich in Verbindung mit Kautschuk zur Herstellung wasserdichter
Gewebe verwenden; die mit der Viskoselösung imprägnierten Gewebe werden
zuerst gedämpft und dann gewaschen.

Das Wasserdichtmachen mittels Leinöl beruht auf dessen Eigenschaft,
an der Luft zu einer gelatinösen, wasser- und luftundurchlässigen Masse zu oxy-
dieren. Auf diese Weise stellt man die Wachstuche, das Linoleum, das Pegamoid,
die Lincrusta her, die auch durch farbigen Aufdruck gemustert werden oder
durch Gaufrieren freie Muster erhalten können; versieht man jedoch die
Walzen der Gaufriermaschine mit Gravierungen, welche die Narben des natürlichen Leders aufweisen, so sind täuschende Nachahmungen des Leders möglich,
die auch die Verwendung solcher Gewebe bestimmen.

Für Bekleidungszwecke ist zu erwägen, daß die Luftundurchlässigkeit die
Atmung durch die Haut verhindert und diese Gewebegattung daher unhygienisch,

gesundheitsschädlich macht. Hierfür eignet sich die zweite Art der Verwendung wasserabstoßender Substanzen, deren Wirkung darin besteht, daß sie die Benetzung der Gewebe verhindert oder erschwert. Diese Wirkung ist nicht so nachhaltig wie die der ersten Art, da aber das Gewebe keine Veränderung im Aussehen und in der Porosität erleidet, ist diese Art des Wasserdichtmachens für Kleidungsstücke besonders geeignet und beliebt. Im allgemeinen verwendet man Metallsalze, welche einen wasserabstoßenden Niederschlag auf den Fasern bilden, seltener imprägniert man die Stoffe mit Fetten, welche an und für sich wasserabstoßend sind.

Als wasserabstoßende Mittel stehen in Verwendung: Aluminiumazetatlösungen (essigsaure Tonerdelösungen), Aluminiumhydroxyd, Aluminiumseife (unlösliche Seife), unlösliche Silikate (Wasserglas), Tanninlösung, Formaldehyd u. a.

Lodenstoffe imprägniert man beispielsweise folgendermaßen[1]: 3proz. bei etwa 50° hergestellte Lösungen von Alaun und Bleizucker werden zu gleichen Teilen gemischt; die gebildete Lösung von essigsaurer Tonerde wird nach etwa 3 Stunden vom ausgefällten Bleisulfat abgezogen und auf 2 bis 2½° Bé verdünnt. In dieser Lösung läßt man den Loden etwa 24 Stunden liegen; dann wird sie — nicht zu stark — abgequetscht und im ausgebreiteten Zustande (Trockenrahmen) getrocknet. Hierauf wird die Ware in einer etwa 7proz. Seifenlösung behandelt, abgequetscht und getrocknet. Die Seifenbehandlung ist nötig, um die Ware geschmeidig zu machen, da Aluminiumazetat an sich spröde ist. Das Abquetschen darf nur sehr gelinde geschehen, damit man nicht zu viel Imprägnierflüssigkeit entfernt und den Effekt beeinträchtigt.

Die nach der zweiten Art behandelten Stoffe müssen von Zeit zu Zeit neu imprägniert werden.

6. Das Flammensichermachen.

Nicht alle Gewebe sind in gleicher Weise der Entzündung zugänglich; so sind beispielsweise Baumwoll- und Leinengewebe leichter entzündlich als Woll- und Seidengewebe, was so zu verstehen ist, daß diese langsamer verbrennen und darum weniger gefährlich sind. Das Flammensichermachen bezweckt auch nichts weiter, als das Verbrennen zu verzögern oder nur ein Verglimmen zuzulassen. Bedeutung hat das Verfahren für Theaterdekorationen, Fenstervorhänge, Damenkleider, Feuerwehranzüge und ähnliche Berufskleider.

Die Wirkung der Flammenschutzmittel besteht darin, daß sie auf dem Gewebe einen Überzug bilden, der die Entflammung verhindert, oder in der Hitze flüchtige Verbindungen erzeugen, deren Dämpfe den Zutritt von Sauerstoff und damit die Verbrennung hemmen. Die Flammenschutzmittel können entweder für sich aufgetragen und durch Leim, Dextrin u. dgl. fixiert werden oder den Zusatz der gewöhnlichen Appreturmittel (Stärke) bilden.

Als Flammenschutzmittel finden in erster Linie Ammoniumverbindungen, wie Ammoniumchlorid, Ammoniumsulfat, Ammoniumalaun, Ammoniumkarbonat, Ammoniumphosphat, ferner Borax, Wasserglas, Natriumthiosulfat (unterschwefligsaures Natron), Alaun, essigsaure Tonerde, Kalziumchlorid, Bleisulfat u. a. Anwendung[1].

---

[1] Walland: Wasch-, Bleich- und Appreturmittel. 2. Aufl. Berlin: Julius Springer.

7. Das Antiseptischmachen.

Die Zerstörung der Textilstoffe durch Fäulnis ist auf die Tätigkeit von Mikroorganismen (Bakterien und Schimmelpilze) zurückzuführen, die durch Wärme und Feuchtigkeit begünstigt wird, z. B. Stockflecke, welche in feuchtgelagerten Waren leicht auftreten. Insbesondere sind es die Appreturmassen, welche zumeist hygroskopisch sind und demnach die Entstehung solcher Mikroorganismen herbeiführen. Als Zersetzungsprodukte bilden sich Milchsäure, Buttersäure, Ammoniak, Schwefelwasserstoff und andere übelriechende Stoffe. Nebst dem Schutz der Stoffe selbst gegen Zersetzung hat das Antiseptischmachen eine große Bedeutung für die Wundbehandlung (Verbandstoffe). Eine Bedingung ist hierbei, daß die Antiseptika nicht gesundheitsschädlich sind und auch die Farben nicht verändern.

Die antiseptischen Mittel können anorganischer oder organischer Natur sein. **Anorganische Antiseptika** sind: Zinkvitriol, Zinkchlorid (Chlorzink), Kalziumchlorid (Chlorkalzium), Chlorkalk, Magnesiumchlorid, Borax u. a.; **organische Antiseptika** sind: Formaldehyd, Karbolsäure, Alphanaphtol und Betanaphtol, Kreosot und Salizylsäure. Bemerkenswert ist, daß gebleichte Waren an sich zugleich antiseptisch sind, da Chlorkalk ein sehr kräftig wirkendes Antiseptikum ist; darum genügt es bei Verbandstoffen, wenn sie gut gereinigt und dann vollgebleicht werden. Im übrigen werden die Antiseptika in der Regel den Appreturmassen zugesetzt, wodurch eine der Hauptursachen der Fäulnis und Gährung ausgeschaltet wird.

8. Das Mottensichermachen.

Das Imprägnieren gegen Mottenfraß soll nicht nur die Motten verhindern, ihre Eier in die Kleiderstoffe, Möbelstoffe usw. abzulegen, sondern auch die Brut selbst vernichten. Es ist bekannt, daß nur die Wollstoffe dem Mottenfraß ausgesetzt sind. Das Formaldehyd bzw. dessen Dämpfe töten wohl die Motten, aber nicht die Brut, außerdem muß das Verfahren oft wiederholt werden. Die Mottenbrut wird durch Behandeln der Ware mit den Dämpfen des p-Dichlorbenzols (Globol) oder einer Lösung getötet. Auch besitzen manche Farbstoffe die Eigenschaft, die Wolle gegen Mottenfraß widerstandsfähig zu machen. Einen solchen Farbstoff haben die Farbenfabriken vorm. Friedr. Bayer & Co., Leverkusen a. Rh., in dem Martiusgelb gefunden, das sie unter dem Namen **Eulan extra** in den Handel bringt. Es bewirkt keine Änderung der Farbe, kann also auch für weiße Wolle Verwendung finden, auch übt es keine schädigende Wirkung auf die Faser aus. Dieses Verfahren heißt nach dem angewandten Mittel **Eulanisieren**, die damit behandelte Wolle **eulanisierte Wolle** oder auch **Nomottawolle.**

9. Die Erzeugung von Seidengriff.

Manche verdünnte Säuren haben die Eigenschaft, der Baumwolle, in geringerem Grade auch der Wolle, den der echten Seide eigentümlichen krachenden Griff (Seidengriff, Seidenschrei) zu verleihen. Hierdurch wird die durch Mercerisation bewirkte Ähnlichkeit mit der echten Seide noch täuschender, was auch bei Kunstseide der Fall ist. Man behandelt zu diesem Zwecke die Ware in einem

warmen 1 proz. Bade von Marseillerseife und nach dem Ausschleudern mit einer
verdünnten Lösung von Essigsäure, Ameisensäure, Milchsäure oder Weinsäure.
Die Ameisensäure wirkt kräftiger als die Essigsäure, ohne die Faser so stark
anzugreifen; sie ist auch billiger als die Weinsäure. Man erzielt den Seidengriff
auch beim Färben, indem man, z. B. bei Schwefelfarbstoffen, die Salze der genannten Säuren (Azetate, Formiate, Laktate und Tartrate) zusetzt. Der Seidengriff
ist auch haltbar und erhöht den Gebrauchswert der Ware. Meist wird die Behandlung in den Vorstufen zum Gewebe, also im Garn, und zwar in Form von Strähnen
vorgenommen. Einer der bedeutendsten Artikel für die Nachahmung des Seiden-
griffs sind Herren- und Damenstrümpfe. Diese werden aus feinen gezwirnten
und gasierten Makogarnen (Florgarnen) hergestellt (Florstrümpfe), sodann im
fertigen Zustande auf Seidengriff appretiert und auf Strumpfformen getrocknet.

Sachverzeichnis.

Verlag von Julius Springer / Berlin W 9

Technologie der Textilfasern

Herausgegeben von

Dr. R. O. Herzog

Professor, Direktor des Kaiser-Wilhelm-Instituts für Faserstoffchemie
Berlin-Dahlem

Bisher liegen vor:

Band II, Erster Teil:
Die Spinnerei. Von Geh. Hofrat Prof. Dr.-Ing. e. h. A. Lüdicke. Mit 440 Textabbildungen. VI, 268 Seiten. 1927. Gebunden RM ·28.—

Band II, Zweiter Teil:
Die Weberei. Von Geh. Hofrat Prof. Dr.-Ing. e. h. A. Lüdicke.
Die Maschinen zur Band- und Posamentenweberei. Von Prof. K. Fiedler.
Die Bindungslehre. Von Johann Gorke. Mit 854 Abbildungen im Text und auf 30 Tafeln. VII, 319 Seiten. 1927. Gebunden RM 36.—

Band II, Dritter Teil:
Wirkerei und Strickerei, Netzen und Filetstrickerei. Von Fachschulrat Carl Aberle.
Maschinenflechten und Maschinenklöppeln. Von Walter Krumme.
Flecht- und Klöppelmaschinen. Von Geh. Regierungsrat Prof. H. Glafey, Dipl.-Ing.
Samt, Plüsch, künstliche Pelze. Von Geh. Regierungsrat Prof. H. Glafey, Dipl.-Ing.
Die Herstellung der Teppiche. Von H. Sautter.
Stickmaschinen. Von Regierungsrat Dipl.-Ing. R. Glafey. Mit 824 Textabbildungen. VIII, 615 Seiten. 1927. Gebunden RM 57.—

Band III:
Künstliche organische Farbstoffe. Von Prof. Dr. H. E. Fierz-David. Mit 18 Textabbildungen, 12 einfarbigen und 8 mehrfarbigen Tafeln. XVI, 719 Seiten. 1926. Gebunden RM 63.—

Band IV, Erster Teil:
Botanik und Kultur der Baumwolle. Von Geh. Reg.-Rat Prof. Dr. L. Wittmack. Mit einem Abschnitt: **Chemie der Baumwollpflanze.** Von Dr. St. Fraenkel. Mit 92 Textabbildungen. VIII, 352 Seiten. 1928. Gebunden RM 36.—

Band IV, Dritter Teil:
Chemische Technologie der Baumwolle. Von Prof. Dr. R. Haller.
Mechanische Hilfsmittel zur Veredlung der Baumwoll-Textilien. Von Geh. Regierungsrat Prof. H. Glafey, Dipl.-Ing. Mit 266 Textabbildungen. XIV, 711 Seiten. 1928. Gebunden RM 67.50

Band V, Zweiter Teil: Hanf und Hartfasern.
Die Hanfpflanze. Von Prof. Dr. O. Heuser.
Die Hanfweltwirtschaft. Von Direktor Dr. P. Koenig.
Mechanische Technologie des Hanfes. Von Oberingenieur O. Wagner.
Chemische Technologie des Hanfes. Von Dr. H. v. Frank.
Weltwirtschaft und Landwirtschaft der Hartfasern und anderer Fasern. Von Direktor Dr. P. Koenig.
Verarbeitung der ausländischen Fasern zu Seilerwaren. Von Hermann Oertel und Dr.-Ing. Fr. Oertel. Mit 105 Textabbildungen. VII, 266 Seiten. 1927. Gebunden RM 24.—

Band VII: Kunstseide.
Zur Kolloidchemie der Kunstseide. Von Prof. Dr. R. O. Herzog.
Die Nitrokunstseide. Von Oberreg.-Rat Prof. Dr. A. v. Vajdaffy.
Über Kupferoxyd-Ammoniak-Zellulose. Von Prof. Dr. W. Traube.
Kupferseide. Von Dr. H. Hoffmann.
Die Viskosekunstseide. Von Dr. R. Gaebel.
Über Azetatseide. Von Dr. A. Eichengrün.
Die Färberei der Kunstseide. Von Dr. A. Oppé.
Mechanische Technologie der Kunstseideverarbeitung. Von Prof. Dipl.-Ing. E. A. Anke.
Wirtschaftliches. Von Dr. Fritz Loewy. Mit 203 Textabbildungen. VIII, 354 Seiten. 1927. Gebunden RM 33.—

Handbuch der Spinnerei. Von Ing. **Josef Bergmann †,** o. ö. Professor an der Technischen Hochschule in Brünn. Nach dem Tode des Verfassers ergänzt und herausgegeben von Dr.-Ing. e. h. **A. Lüdicke,** Geh. Hofrat, o. Professor emer., Braunschweig. Mit 1097 Textabbildungen. VII, 962 Seiten. 1927.　　Gebunden RM 84.—

Neue mechanische Technologie der Textilindustrie. Ein Hand- und Hilfsbuch für den Unterricht an Textilschulen und technischen Lehranstalten, sowie zur Selbstausbildung in der Faserstoff-Technologie. Von Dr.-Ing. e. h. **G. Rohn,** Schönau bei Chemnitz. In drei Bänden nebst Ergänzungsband.

Erster Band: **Die Spinnerei.** Zweite, neubearbeitete Auflage. Von Prof. Dr.-Ing. **Edwin Meister,** Dresden.　　In Vorbereitung.

Zweiter Band: **Die Garnverarbeitung.** Die Fadenverbindungen, ihre Entwicklung und Herstellung für die Erzeugung der textilen Waren. Mit 221 Textfiguren. XVI, 168 Seiten. 1917.　　Gebunden RM 5.—

Dritter Band: **Die Ausrüstung der textilen Waren.** Mit einem Anhange: Die Filz- und Watten-Herstellung. Mit 196 Textfiguren. XX, 240 Seiten. 1918.　　Gebunden RM 7.—

Ergänzungsband: **Textilfaserkunde** mit Berücksichtigung der Ersatzfasern und des Faserstoffersatzes. Mit 87 Textfiguren. X, 94 Seiten. 1920.　　Gebunden RM 3.—

Technik und Praxis der Kammgarnspinnerei. Ein Lehrbuch, Hilfs- und Nachschlagewerk. Von Direktor **Oskar Meyer,** Spinnerei-Ingenieur zu Gera-Reuß, und **Josef Zehetner,** Spinnerei-Ingenieur, Betriebsleiter in Teichwolframsdorf bei Werdau i. Sa. Mit 235 Abbildungen im Text und auf einer Tafel sowie 64 Tabellen. XI, 420 Seiten. 1923.　　Gebunden RM 20.—

Die Mercerisation der Baumwolle und die Appretur der mercerisierten Gewebe. Von **Paul Gardner,** Technischer Chemiker. Zweite, völlig umgearbeitete Auflage. Mit 28 Textfiguren. IV, 196 Seiten. 1912.　　Gebunden RM 9.—

Die Mercerisierungsverfahren. Von Dr. **Erwin Sedlaczek,** Oberregierungsrat. VII, 269 Seiten. 1928.　　Gebunden RM 18.—

Ein ausführlicher Prospekt steht auf Wunsch zur Verfügung

Die Getriebe der Textiltechnik. Ein Beitrag zur Kinematik für Maschinen-ingenieure, Textiltechniker, Fabrikanten und Studierende der Textilindustrie. Von a. o. Prof. Dr.-Ing. **Oscar Thiering,** Budapest. Mit 258 Textabbildungen. IV, 134 Seiten. 1926.　　RM 12.—; gebunden RM 13.50

Kenntnis der Wasch-, Bleich- und Appreturmittel. Ein Lehr- und Hilfsbuch für technische Lehranstalten und die Praxis. Von Ing.-Chem. **Heinrich Walland,** Professor an der Technisch-gewerblichen Bundeslehranstalt, Wien I. Zweite, verbesserte Auflage. Mit 59 Textabbildungen. X, 337 Seiten. 1925.　　Gebunden RM 16.50

Die Gaufrage. Das Einpressen von Mustern in Textilien, Papier, Leder, Kunst-leder, Zelluloid, Gummi, Glas, Holz und verwandte Stoffe. Von **Wilhelm Kleine-wefers.** Mit 59 Textabbildungen. 117 Seiten. 1925.　　Gebunden RM 15.—

Mechanisch- und physikalisch-technische Textiluntersuchungen. Von Prof. Dr. **Paul Heermann,** früher Abteilungsvorsteher der Textilabteilung am Staatl. Materialprüfungsamt in Berlin-Dahlem. Zweite, vollständig umgearbeitete Auflage. Mit 175 Abbildungen im Text. VIII, 270 Seiten. 1923.

Gebunden RM 12.—

Färberei- und textilchemische Untersuchungen. Anleitung zur chemischen Untersuchung und Bewertung der Rohstoffe, Hilfsmittel und Erzeugnisse der Textilveredelungsindustrie. Von Prof. Dr. **Paul Heermann,** früher Abteilungsvorsteher der Textilabteilung am Staatl. Materialprüfungsamt in Berlin-Dahlem. Vereinigte vierte Auflage der „Färbereichemischen Untersuchungen" und der „Koloristischen und textilchemischen Untersuchungen". Mit 8 Textabbildungen. X, 370 Seiten. 1923.

Gebunden RM 15.—

Taschenbuch für die Färberei mit Berücksichtigung der Druckerei. Von **R. Gnehm.** Zweite Auflage, vollständig umgearbeitet und herausgegeben von Dr. **R. v. Muralt,** dipl. Ing.-Chemiker, Zürich. Mit 50 Abbildungen im Text und auf 16 Tafeln. VII, 220 Seiten. 1924. Gebunden RM 13.50

Praktikum der Färberei und Druckerei für die chemisch-technischen Laboratorien der Technischen Hochschulen und Universitäten, für die chemischen Laboratorien höherer Textil-Fachschulen und zum Gebrauch im Hörsaal bei Ausführung von Vorlesungsversuchen. Von Dr. **Kurt Brass,** a. o. Professor der Technischen Hochschule Stuttgart, an der Chemischen Abteilung des Technikums und des Forschungs-Instituts für Textil-Industrie, Reutlingen. Mit 4 Textabbildungen. VI, 86 Seiten. 1924.

RM 3.30

Betriebspraxis der Baumwollstrangfärberei. Eine Einführung von **Fr. Eppendahl,** Chemiker. Mit 8 Textfiguren. VIII, 117 Seiten. 1920. RM 4.—

Der Flachs als Faser- und Ölpflanze. Unter Mitarbeit von G. Bredemann, K. Opitz, J. J. Rjaboff und E. Schilling herausgegeben von Prof. Dr. **Fr. Tobler.** Mit 71 Abbildungen im Text. VI, 273 Seiten. 1928. Gebunden RM 19.50

Ein ausführlicher Prospekt steht auf Wunsch zur Verfügung.

Die Unterscheidung der Flachs- und Hanffaser. Von Prof. Dr. **Alois Herzog,** Dresden. Mit 106 Abbildungen im Text und auf einer farbigen Tafel. VII, 109 Seiten. 1926. RM 12.—; gebunden RM 13.20

Die Textilfasern. Von **J. Merrits Matthews,** New York. Autorisierte Übersetzung von Dr. W. Anderau, Basel. Mit einem Vorwort von Prof. Dr. Hans Eduard Fierz-David, Zürich. Mit 387 Textabbildungen. X, 847 Seiten.

Erscheint im August 1928.

Die künstliche Seide, ihre Herstellung und Verwendung. Mit besonderer Berücksichtigung der Patent-Literatur bearbeitet von Dr. **K. Süvern,** Geh. Regierungsrat. Fünfte, stark vermehrte Auflage. Unter Mitarbeit von Dr. H. Frederking. Mit 634 Textfiguren. XIX, 1108 Seiten. 1926. Gebunden RM 64.50

Die Kunstseide und andere seidenglänzende Fasern. Von Dr. techn. **Franz Reinthaler,** a. o. Professor an der Hochschule für Welthandel, Wien. Mit 102 Abbildungen im Text. V, 165 Seiten. 1926. Gebunden RM 14.40

Die Kunstseide auf dem Weltmarkt. Von Dr. **Martin Hölken** jr., Geschäftsführer der Hölken-Seide G. m. b. H. in Barmen. Mit einem Diagramm im Text. IV, 82 Seiten. 1926. RM 3.90

Die Herstellung und Verarbeitung der Viskose unter besonderer Berücksichtigung der Kunstseidenfabrikation. Von Ing.-Chemiker **Johann Eggert.** Mit 13 Textabbildungen. V, 92 Seiten. 1926. RM 6.60

Die mikroskopische Untersuchung der Seide mit besonderer Berücksichtigung der Erzeugnisse der Kunstseidenindustrie. Von Prof. Dr. **Alois Herzog,** Dresden. Mit 102 Abbildungen im Text und auf 4 farbigen Tafeln. VII, 197 Seiten. 1924. Gebunden RM 15.—

Die neuzeitliche Seidenfärberei. Handbuch für Seidenfärbereien, Färbereischulen und Färbereilaboratorien. Von Dr. **Hermann Ley,** Färbereichemiker und Chemischer Beirat der Elberfeld-Barmer-Seiden-Trocknungsanstalt. Mit 13 Textabbildungen. VI, 160 Seiten. 1921. RM 6.—

Technologie der Textilveredelung. Von Prof. Dr. **Paul Heermann,** früher Abteilungsvorsteher der Textilabteilung am Staatlichen Materialprüfungsamt in Berlin-Dahlem. Zweite, erweiterte Auflage. Mit 204 Textabbildungen und einer Farbentafel. XII, 656 Seiten. 1926. Gebunden RM 33.—

Betriebseinrichtungen der Textilveredelung. Von Prof. Dr. **Paul Heermann,** Berlin-Dahlem und Ingenieur **Gustav Durst,** Fabrikdirektor, Konstanz a. B. Zweite Auflage von „Anlage, Ausbau und Einrichtungen von Färberei-, Bleicherei- und Appretur-Betrieben" von Dr. Paul Heermann. Mit 91 Textabbildungen. VI, 164 Seiten. 1922. Gebunden RM 7.50